Einführung in die Analysis I

Winfried Kaballo

Einführung in die Analysis I

2. Auflage

Spektrum Akademischer Verlag   Heidelberg · Berlin

Autor:
Prof. Dr. Winfried Kaballo
Fachbereich Mathematik
Universität Dortmund

e-mail: kaballo@math.uni-dortmund.de

Die Deutsche Bibliothek – CIP-Einheitsaufnahme

Kaballo, Winfried:
Einführung in die Analysis / Winfried Kaballo. – Heidelberg ; Berlin :
Spektrum, Akad. Verl.
    (Spektrum-Hochschultaschenbuch)
    1 (2000)
    ISBN 3-8274-1033-9

© 2000 Spektrum Akademischer Verlag GmbH   Heidelberg · Berlin

Lektorat: Bianca Alton/Dr. Andreas Rüdinger
Einbandgestaltung: Eta Friedrich, Berlin
Druck und Verarbeitung: Franz Spiegel Buch GmbH, Ulm

Für
Paz, Michael und Angela

Vorwort

Das vorliegende Buch ist der erste Teil einer zweibändigen Einführung in die Analysis; sein zentrales Thema ist die Differential- und Integralrechnung für Funktionen einer reellen Veränderlichen. Es ist aus Vorlesungen entstanden, die der Autor mehrfach an der Universität Dortmund und an der University of the Philippines gehalten hat. Das Buch wendet sich an Studenten von Diplom- und Lehramtsstudiengängen (Sekundarstufe I oder Sekundarstufe II) der Fachrichtungen Mathematik, Physik, Informatik und Statistik sowie an mathematisch interessierte Schüler und an Lehrer der genannten Fachrichtungen.

Der Hauptteil des Buches enthält den Stoff einer „Analysis I"-Vorlesung in einem Wintersemester und sollte als Begleittext zu einer solchen Vorlesung wie auch zum Selbststudium gut geeignet sein. Der Autor hat sich sehr um eine für Studienanfänger möglichst gut verständliche Darstellung bemüht. Die entwickelte Theorie wird durch viele Beispiele sowie zahlreiche Abbildungen und numerische Rechnungen (die mit Hilfe der Programme *texcad, gnuplot* und *mathematica* auf einem PC 486 hergestellt bzw. durchgeführt wurden) illustriert. Weiter sind spezielle *Bemerkungen* eingestreut, die oft mündlich in Vorlesungen gemacht werden, etwa Hinweise auf spezielle Tricks, auf Zusammenhänge mit anderen Stellen des Textes oder auch auf die Möglichkeit, schwierige oder weniger wichtige Stellen zunächst zu übergehen.

Spezielle Vorkenntnisse werden von den Lesern nicht erwartet, nützlich ist aber eine gewisse Vertrautheit mit Zahlen, Logik und Mengenlehre sowie der Differential- und Integralrechnung, wie sie im Schulunterricht vermittelt wird. Der besseren Verständlichkeit wegen werden viele Themen in diesem Buch ähnlich wie in der Schulmathematik dargestellt, so etwa die Einführung von Sinus und Kosinus (obwohl es dafür elegantere Methoden gibt). Studienanfängern nicht sehr vertraute Konzepte werden möglichst erst dann eingeführt, wenn sie die Lösung konkreter Probleme erleichtern, so etwa Suprema zur Konstruktion von Wurzeln, komplexe Zahlen zur Integration rationaler Funktionen oder unendliche Reihen in Verbindung mit der Taylor-Formel und der Approximation elementarer Funktionen. Topologische Begriffe treten in Band 1 gar nicht auf; Gleichmäßigkeitsbegriffe dagegen werden relativ früh behandelt, da sie für den hier gewählten Zugang zur Integralrechnung benötigt werden. Diese wird vor der Differentialrechnung eingeführt, um den Aspekt des Flächeninhalts gegenüber dem der Stammfunktion besonders zu betonen; jedoch können die Abschnitte 19–21 auch ohne weiteres vor Abschnitt 16 gelesen werden.

Neben dem Hauptteil enthält das Buch einen ergänzenden *-Teil, der vor allem für besonders interessierte Studienanfänger, für Studenten höherer Semester (etwa im Hinblick auf Examensvorbereitungen) sowie für Lehrer interessant sein sollte. Dieser *-Teil enthält neben kleineren Ergänzungen wichtige Themen und Anwendungen der Analysis, etwa Fourier-Reihen und numerische Verfahren, auf die im Hauptteil, wie auch meist in Vorlesungen, aus Zeitmangel nicht eingegangen werden kann. Der *-Teil besteht aus kompletten Abschnitten und aus Anhängen zu Abschnitten des Hauptteils; in einigen durch (*) gekennzeichneten Fällen überwiegt dieser Anhang. Natürlich ist der Hauptteil völlig unabhängig von dem *-Teil lesbar. Die meisten *-Teile setzen nur den vorhergehenden Hauptteil voraus; Ausnahmen davon sind die jeweils letzten Teile der Abschnitte 40* und 43*, in denen *-Teile aus den Abschnitten 18, 23 (*), 25 und 37 (*)–39* verwendet werden. Abschnitt 41* baut auf Abschnitt 40* auf, ebenso Abschnitt 43* auf Abschnitt 42*. Weitere Einzelheiten zum Aufbau des Buches findet man in der Einleitung und natürlich im Inhaltsverzeichnis; zu Beginn der fünf Kapitel werden jeweils kurze Überblicke über deren Inhalte gegeben.

Erfahrungsgemäß erlernen Studenten eine mathematische Theorie nur durch aktive Mitarbeit, nicht durch passives Konsumieren von Vorlesungen oder Büchern. Den Lesern sei daher sehr empfohlen, dieses Buch „mit Papier und Bleistift durchzuarbeiten". Insbesondere ist eine ernsthafte Beschäftigung mit möglichst vielen Übungsaufgaben wichtig; am Ende des Buches sind die Lösungen der meisten Aufgaben skizziert, um den Lesern eine Erfolgskontrolle zu ermöglichen. Einigen Abschnitten des Buches sind Aufgaben vorangestellt, die an der entsprechenden Stelle bereits formulierbar sind, aber erst später ohne weiteres gelöst werden können (oder auch gelöst werden). Ernsthafte Versuche (auch nicht erfolgreiche), diese Aufgaben vor der Lektüre des Abschnitts selbst zu lösen, sind für ein wirkliches Verständnis des Textes sehr hilfreich. Dies gilt natürlich auch für Versuche, vor der Lektüre eines Beweises einen solchen selbst zu finden.

Danken möchte ich meiner Frau M. Sc. Paz Kaballo sowie den Herren Dr. V. Arnold, Dr. P. Furlan, Dr. F. Mantlik, Priv.-Doz. Dr. M. Poppenberg und Dr. R. Vonhoff für die kritische Durchsicht von Teilen früherer Versionen des Textes und die Beratung bei LaTeX-Problemen. Nicht zuletzt gilt mein Dank dem Spektrum Akademischer Verlag für die vertrauensvolle Zusammenarbeit.

Dortmund, im September 1995   Winfried Kaballo

Vorwort zur zweiten Auflage

Das vorliegende Buch ist der erste Band einer Einführung in die Analysis; sein zentrales Thema ist die Differential- und Integralrechnung für Funktionen einer reellen Veränderlichen. Entgegen der ursprünglichen Ankündigung besteht das Gesamtwerk aus drei Bänden; Schwerpunkt des 1996 erschienenen zweiten Bandes ist die Differentialrechnung, der des 1999 erschienenen dritten Bandes die Integralrechnung für Funktionen von mehreren reellen Veränderlichen.

Für die vorliegende zweite Auflage des ersten Bandes wurden eine Reihe von Tippfehlern berichtigt und einige Abbildungen neu gestaltet. Darüberhinaus wurde der Text an manchen Stellen erweitert oder überarbeitet, insbesondere bei den Ungleichungen in Abschnitt 4, der Einführung von Cauchy-Folgen in Abschnitt 6, der gleichmäßigen Stetigkeit in Abschnitt 13, der Approximation der Kreisfläche nach Archimedes in Abschnitt 16 und der Einführung des Konvergenzradius in Abschnitt 33. Die wichtigsten Resultate in Abschnitt 38 zur Konvergenz von Funktionenreihen wurden für Reihen komplexer Zahlen noch einmal explizit formuliert.

Für Hinweise auf Tippfehler und für Verbesserungsvorschläge möchte ich mich bei Lesern der ersten Auflage bedanken, insbesondere bei den Herren Dr. P. Furlan, Dipl.-Math. E. Köhler und Dr. R. Vonhoff.

Dortmund, im April 2000   Winfried Kaballo

Inhalt

Einleitung

Nach mehreren früheren Ansätzen seit Archimedes (287–212 v. Chr.) wurden ab 1665 (publiziert 1684/93) das Problem der *Flächenberechnung* und das Problem der *Konstruktion von Tangenten* bzw. der Bestimmung von *Momentangeschwindigkeiten* von Isaac Newton (1642–1727) und Gottfried Wilhelm Leibniz (1646–1716) gelöst, die dazu den Kalkül („Calculus") der *Differential- und Integralrechnung* entwickelten.

Dieser wurde im folgenden Jahrhundert von Jakob (1654–1705) und Johann Bernoulli (1667–1748), Leonhard Euler (1707–1783) und vielen anderen wesentlich *erweitert* und mit ungeheurem Erfolg auf Probleme in den *Naturwissenschaften,* insbesondere in der *Physik,* und in der *Technik* angewendet. Die damaligen Rechnungen waren aus heutiger Sicht alles andere als exakt, und von *schlüssigen* Beweisen (die man aus der Euklidischen Geometrie durchaus kannte!) konnte keine Rede sein.

Eine strenge Begründung des Calculus erfolgte erst im 19. Jahrhundert. Der moderne *Stetigkeitsbegriff* stammt von Bernhard Bolzano (1781–1848); Augustin Louis Cauchy (1789–1857) führte Differentiation und Integration auf den *Grenzwertbegriff* zurück. Die von Jean Baptiste Fourier (1768–1830) begonnene Untersuchung *trigonometrischer Reihen* führte schrittweise zu einem allgemeinen *Funktionsbegriff;* traditionell galten als „Funktionen" nur solche, die sich durch „analytische Formeln" darstellen lassen. Die bei solchen *Fourier-Reihen* auftretenden *Konvergenzprobleme* führten Karl Weierstraß (1815–1897) zum wichtigen Begriff der *gleichmäßigen* Konvergenz; von ihm stammen auch die heute üblichen „ε–δ"-Formulierungen bei Grenzwerten.

Damit war der Calculus vollständig auf *Eigenschaften der reellen Zahlen zurückgeführt.* Es ist bemerkenswert, daß deren vollständiges Verständnis erst recht spät erzielt wurde. Bis weit ins 19. Jahrhundert hinein blieben die irrationalen Zahlen mysteriös (und die Differential- und Integralrechnung im Grunde unfundiert). Erst 1872 und 1883 wurden von Richard Dedekind (1831–1916) und Georg Cantor (1845–1918) *Konstruktionen* der reellen Zahlen angegeben, die von den rationalen Zahlen ausgehen.

In dem vorliegenden einführenden Lehrbuch über Analysis wird der Calculus *systematisch* entwickelt; dadurch wird die Reihenfolge der wichtigen Begriffe im Vergleich zu deren historischer Entwicklung in etwa umgekehrt. Als Grundlage der Analysis dienen einige einleuchtende Eigenschaften der *reellen Zahlen,* die in den beiden ersten Kapiteln als *Axiome* formuliert werden; die Konstruktionen von Dedekind und Cantor werden in dem ergänzenden

Abschnitt 15* vorgestellt. Nach der Erklärung des allgemeinen *Abbildungs-* bzw. *Funktionsbegriffs* wird der für die Analysis zentrale *Grenzwertbegriff* eingeführt, und zwar zunächst für *Folgen reeller Zahlen*. Danach wird der Grenzwertbegriff auch für *reellwertige Funktionen einer reellen Veränderlichen* behandelt, und auf diesem Fundament wird schließlich die *Differential- und Integralrechnung* entwickelt.

Ausführlichere Inhaltsübersichten werden jeweils am Anfang der fünf Kapitel angegeben; an dieser Stelle sei nur auf einige Punkte besonders hingewiesen: Im Vergleich etwa zu Darstellungen der Differential- und Integralrechnung in Schulbüchern ist die vorliegende Darstellung der Analysis sicher recht präzise, gründlich und abstrakt. Wesentlich für die Theorie sind *Gleichmäßigkeitsbegriffe* und, damit zusammenhängend, Aussagen über die *Vertauschbarkeit von Grenzprozessen*. Theoretische Erkenntnisse führen zu durchaus nicht auf der Hand liegenden *konkreten* Ergebnissen, etwa zur Berechnung von

$$\sum_{k=1}^{\infty} \frac{(-1)^{k+1}}{k}, \quad \sum_{k=1}^{\infty} \frac{1}{k^2}, \quad \int_0^{\infty} \frac{dx}{1+x^4} \quad \text{oder} \quad \int_0^{\infty} \frac{\sin x}{x}\,dx,$$

zu präzisen Näherungen für Fakultäten (Formel von James Stirling (1692–1770)) und auch zu *effektiven numerischen Verfahren zur Lösung von Gleichungen,* zur *Berechnung von Integralen* oder zur genauen *Berechnung der Kreiszahl* π. Am Ende des Buches wird der 1882 von Ferdinand Lindemann (1852–1939) gefundene Beweis der *Transzendenz von* π vorgestellt und damit das klassische Problem der *„Quadratur des Kreises"* negativ gelöst.

Aus Platzgründen kann in diesem Buch kaum auf Anwendungen der Analysis außerhalb der Mathematik eingegangen werden; daher sollen zum Abschluß dieser Einleitung zwei „konkrete" Probleme vorgestellt werden, die sich mit den zu entwickelnden Methoden lösen lassen:

Problem A. Ein Rechteck mit der festen Fläche von $12\,\text{m}^2$ soll eingezäunt werden, wobei die Kosten pro m auf einer Seite höher sind als auf den drei anderen, z. B. 50 DM statt 20 DM (vgl. Abb. A). Gesucht ist das „billigste" solche Rechteck.

Lösungsversuch: Die Kosten betragen

$$K(x,y) \;=\; 50x + 20y + 20x + 20y \;=\; 70x + 40y$$

in Abhängigkeit von den Seitenlängen x, y. Da die Fläche $x \cdot y = 12$ konstant ist, kann man $y = \frac{12}{x}$ setzen und findet

$$K(x) = 70x + \frac{480}{x},$$

also eine Kostenfunktion der einen Variablen x. Das Problem ist nun, die Seitenlänge x so zu wählen, daß $K(x)$ minimal wird. Man berechnet etwa $K(1) = 550$, $K(2) = 380$, $K(3) = 370$, $K(4) = 400$, $K(5) = 446$, $K(6) = 500$ usw. Aufgrund von Abbildung B „erkennt" man, daß K irgendwo zwischen 2 und 3 minimal wird. Mit Hilfe der *Differentialrechnung* läßt sich das Minimum (leicht) bestimmen.

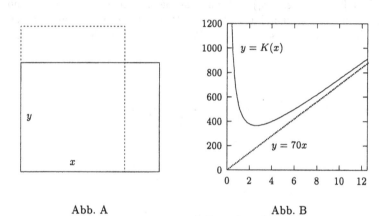

Abb. A   Abb. B

Problem B. Es werden der Prozeß der stetigen Verzinsung sowie ähnliche *Wachstumsprozesse* diskutiert.

Bei einem Zinssatz von α (etwa $0,05$) pro Jahr vermehrt sich ein Kapital K ohne Zinseszinsen innerhalb von t Jahren auf $K(1 + \alpha t)$. Hat man in dieser Zeit dagegen zwei Zinstermine, so vermehrt sich K auf $K(1 + \frac{\alpha t}{2})(1 + \frac{\alpha t}{2})$, bei dreien auf $K(1 + \frac{\alpha t}{3})^3$. Allgemein vermehrt sich das Kapital bei n Zinsterminen ($n = 1, 2, 3, \ldots$) auf

$$K_n(t) = K\left(1 + \frac{\alpha t}{n}\right)^n.$$

Analoges gilt etwa bei *biologischen Wachstumsprozessen* (mit meist viel größerem α) oder beim *radioaktiven Zerfall* (mit negativem α).

Der Idealfall der „*stetigen Verzinsung*" wäre „$n = \infty$", was an dieser Stelle den *Grenzwertbegriff* ins Spiel bringt. Ist etwa $\alpha t = 1$, so ist die *Folge*

$$e_n := \left(1 + \frac{1}{n}\right)^n$$

zu untersuchen. Aufgrund der bisherigen Diskussion sollte diese *monoton wachsend* sein, d. h. es sollte (vgl. Abb. C)

$$2 = e_1 \leq e_2 \leq e_3 \leq \ldots \leq e_n \leq e_{n+1} \leq \ldots$$

gelten; dies wird in Satz 4.7 in der Tat bewiesen. Man hat z. B.

$$e_2 = 2,250\,, \ e_3 = 2,370\,, \ e_4 = 2,441\,, \ e_6 = 2,522\,, \ e_8 = 2,566\,,$$
$$e_{12} = 2,613\,, \ e_{100} = 2,70481\,, \ e_{1000} = 2,71692\,, \ e_{10000} = 2,71815\,,$$

und man kann zeigen, daß $e_n \leq 3$ für alle n gilt (vgl. Satz 4.8). Dies suggeriert, daß die Zahlen (e_n) sich auf eine bestimmte Zahl $2 < e < 3$ hin „verdichten" oder gegen eine bestimmte Zahl $2 < e < 3$ *konvergieren* sollten; in der Tat spielt diese *Eulersche Zahl e* eine große Rolle in der Analysis.

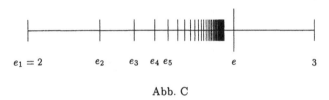

Abb. C

Für feste $\alpha, t > 0$ lassen sich entsprechende Überlegungen auch für $K_n(\alpha t) = K\left(1 + \frac{\alpha t}{n}\right)^n$ durchführen. Den Grenzwert der Ausdrücke $\left(1 + \frac{\alpha t}{n}\right)^n$ nennt man *Exponentialfunktion* $\exp(\alpha t)$. Aufgrund der obigen Diskussion sollte für diese die „*Funktionalgleichung*"

$$\exp\left(\alpha(t_1 + t_2)\right) \ = \ \exp\left(\alpha t_1\right) \cdot \exp\left(\alpha t_2\right)$$

gelten, was in Satz 11.4 in der Tat bewiesen wird.

I. Zahlen und Funktionen

Grundlegend für die Mathematik sind *Zahlen,* die oft *geometrische* oder *physikalische* Größen beschreiben, sowie *Beziehungen* zwischen Zahlen. Besonders wichtig für die *Analysis* sind die *reellen Zahlen,* die als *Zahlengerade* veranschaulicht werden können. Ihre elementaren Eigenschaften werden im ersten Abschnitt kurz diskutiert; die wichtige Eigenschaft der *Vollständigkeit* (diese bedeutet anschaulich, daß die Zahlengerade keine „Lücken" hat) wird in Kapitel II ausführlich behandelt.

Oft möchte man Aussagen wie „$n \le 2^n$ " für alle *natürlichen Zahlen* n zeigen. Kann man die Aussage für $n = 1$ verifizieren und aus ihrer Gültigkeit für n stets auf die für $n + 1$ schließen, so ist die Aussage für alle n richtig. Als erste Anwendungen dieses *Prinzips der vollständigen Induktion* werden in Abschnitt 2 die *geometrische Summenformel* und der *binomische Satz* gezeigt.

Beziehungen zwischen Zahlen sind oft als *Gleichungen* oder *Ungleichungen* wie etwa „$y = x^2$ " oder „$4\,x\,(1 - x) \le 1$ " gegeben, die mit Hilfe von *Abbildungen* formuliert sind. Erste Feststellungen zu Gleichungen und Abbildungen findet man in Abschnitt 3. Mittels *bijektiver* Abbildungen läßt sich die *Mächtigkeit* von Mengen definieren, mit deren Hilfe *unendliche* Mengen der „Größe" nach klassifiziert werden können. So ist z. B. die Menge der *rationalen Zahlen abzählbar,* die der *reellen Zahlen* aber *überabzählbar* und somit „größer".

In Abschnitt 4 werden wichtige *Ungleichungen* der Analysis vorgestellt. Insbesondere wird durch zwei spezielle Intervallschachtelungen die Definition der *Eulerschen Zahl e* vorbereitet.

1 Reelle Zahlen

Bemerkung: In diesem ersten Abschnitt werden elementare Eigenschaften der reellen Zahlen diskutiert, die sicher allen Lesern bekannt sind. Gleichzeitig sollen dabei Grundbegriffe und Bezeichnungen der Aussagenlogik und Mengenlehre erklärt werden.

Es wird angenommen, daß die Leser mehr oder weniger mit den Eigenschaften der Menge $\mathbb{R}$ der reellen Zahlen vertraut sind. Alle bekannten Tatsachen über $\mathbb{R}$ lassen sich aus einigen wenigen grundlegenden Eigenschaften, den sogenannten *Axiomen* ableiten. Eigenschaften der Addition und Multiplikation beschreiben die *Körperaxiome K1–K11 :*

Axiom K1 *Je zwei Elementen* $a, b \in \mathbb{R}$ *ist eindeutig ein Element* $a + b \in \mathbb{R}$ *zugeordnet, das* Summe *von a und b heißt.*

Axiom K2 *Für* $a, b, c \in \mathbb{R}$ *gilt das* Assoziativgesetz $(a + b) + c = a + (b + c)$.

Axiom K3 *Es gibt ein Element* $0 \in \mathbb{R}$, *so daß für alle* $a \in \mathbb{R}$ *gilt:* $a + 0 = a$.

Axiom K4 *Zu* $a \in \mathbb{R}$ *gibt es* $x \in \mathbb{R}$ *mit* $a + x = 0$.

Axiom K5 *Für* $a, b \in \mathbb{R}$ *gilt das* Kommutativgesetz $a + b = b + a$.

Axiom K6 *Je zwei Elementen* $a, b \in \mathbb{R}$ *ist eindeutig ein Element* $ab \in \mathbb{R}$ *zugeordnet, das* Produkt *von a und b heißt.*

Axiom K7 *Für* $a, b, c \in \mathbb{R}$ *gilt das* Assoziativgesetz $(ab)c = a(bc)$.

Axiom K8 *Es gibt ein Element* $1 \in \mathbb{R}\backslash\{0\}$, *so daß für alle* $a \in \mathbb{R}$ *gilt:* $a1 = a$.

Axiom K9 *Zu* $a \in \mathbb{R}\backslash\{0\}$ *gibt es* $x \in \mathbb{R}$ *mit* $ax = 1$.

Axiom K10 *Für* $a, b \in \mathbb{R}$ *gilt das* Kommutativgesetz $ab = ba$.

Axiom K11 *Für* $a, b, c \in \mathbb{R}$ *gilt das* Distributivgesetz $(a + b)c = ac + bc$.

Einige der auftretenden Bezeichnungen sollen kurz erklärt werden:

Nach G. Cantor versteht man unter einer *Menge* „jede Zusammenfassung M von bestimmten, wohlunterschiedenen Objekten m unserer Anschauung oder unseres Denkens (welche die *Elemente* von M genannt werden) zu einem Ganzen".

$a \in \mathbb{R}$ bedeutet, daß a Element der Menge $\mathbb{R}$ ist.

$N \subseteq M$ bedeutet, daß die Menge N in der Menge M enthalten ist.

$M \cap N := \{a \mid a \in M$ und $a \in N\}$ ist der Durchschnitt,

$M \cup N := \{a \mid a \in M$ oder $a \in N\}$ die Vereinigung von M und N.

Das Wort „oder" ist stets im nicht ausschließenden Sinn gemeint.

$M \backslash N := \{a \in M \mid a \notin N\}$ ist die Menge aller Elemente von M, die nicht zu N gehören. Die letzten Formeln erläutern auch die beschreibende Notation für Mengen.

Viele Formulierungen werden einfacher, wenn man die *Quantoren* $\forall$ „für alle" und $\exists$ „es gibt" verwendet. Damit lautet Axiom K9 z. B. folgendermaßen:

$$\forall\, a \in \mathbb{R}\backslash\{0\}\ \exists\, x \in \mathbb{R}\ :\ ax = 1\,.$$

Die (natürlich falsche) *Negation* dieser Aussage lautet:

$$\exists\, a \in \mathbb{R}\backslash\{0\}\ \forall\, x \in \mathbb{R}\ :\ ax \neq 1\,,$$

und nicht etwa „Für alle $a \in \mathbb{R}\backslash\{0\}$ ist $ax \neq 1$ " o. ä. Zur Formulierung der Negation einer Aussage kann man die Quantoren „$\forall$" und „$\exists$" einfach mechanisch vertauschen und den Rest negieren.

Das in Axiom K9 auftretende $x \in \mathbb{R}$ ist durch a eindeutig bestimmt und heißt das zu a *inverse* Element $x = \frac{1}{a} = 1/a = a^{-1}$. Aus den Körperaxiomen können alle bekannten Eigenschaften der Addition und Multiplikation in $\mathbb{R}$ hergeleitet werden, z. B. $(-a)b = a(-b) = -ab$ für alle $a, b \in \mathbb{R}$.

Die reellen Zahlen können als Punkte auf einer Geraden, der *Zahlengeraden* veranschaulicht werden:

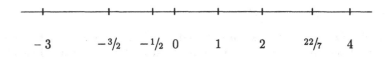

$$-3 \qquad -3/2 \quad -1/2\ 0 \qquad 1 \qquad 2 \qquad 22/7 \qquad 4$$

Abb. 1a : Zahlengerade

Es wird nun die Menge P der *positiven* reellen Zahlen axiomatisch eingeführt:

Axiom O *Es gibt eine unter Addition und Multiplikation abgeschlossene Teilmenge $P \subseteq \mathbb{R}$, so daß für alle $a \in \mathbb{R}$ genau eine der folgenden drei Möglichkeiten zutrifft:*

$$a = 0\ ,\quad a \in P\quad oder\quad -a \in P\,.$$

Für $a, b \in P$ gilt also auch $a + b \in P$ und $ab \in P$.

Die Abgeschlossenheit von P unter der Multiplikation kann so formuliert werden:

$$\forall\, a, b \in \mathbb{R}\ :\ a, b \in P \Rightarrow ab \in P\,. \tag{1}$$

Hierbei bedeutet $(A) \Rightarrow (B)$ die *Implikation* der Aussagen (A) und (B), d.h. „aus (A) folgt (B)". Diese Implikation ist nur dann falsch, wenn (A) richtig, (B) aber falsch ist; in allen anderen Fällen ist die Implikation richtig (auch wenn dies in der Umgangssprache häufig als unsinnig empfunden wird). So ist z. B.

$$\forall\, a \in \mathbb{R} \quad : \quad a = a+1 \Rightarrow a = a+2$$

eine richtige Aussage (wenn auch keine sinnvolle!). Die Negation von Aussage (1) lautet:

$$\exists\, a, b \in \mathbb{R} \quad : \quad a, b \in P \text{ und } ab \notin P.$$

Weiter bedeutet $(A) \Leftrightarrow (B)$ die *Äquivalenz* der Aussagen (A) und (B), d.h. (A) und (B) sind gleichzeitig richtig oder falsch. Man sagt „(A) genau dann, wenn (B)" oder „(A) äquivalent (B)". Ein Beispiel ist $ab = c \Leftrightarrow ba = c$. Die Äquivalenz $(A) \Leftrightarrow (B)$ bedeutet gerade, daß die beiden Implikationen $(A) \Rightarrow (B)$ und $(B) \Rightarrow (A)$ gelten. Bei *Beweisen* von Äquivalenzen sind daher stets *zwei* Richtungen zu zeigen.

Es wird nun eine *Anordnung* auf $\mathbb{R}$ definiert durch

$$a < b \quad :\Leftrightarrow \quad b - a \in P.$$

Dann gilt etwa „$0 < 1$" oder „$a < b$ und $c < 0 \Rightarrow ac > bc$". Hier wurde die Bezeichnung $a > b :\Leftrightarrow b < a$ verwendet. „$a < b$" bedeutet anschaulich, daß auf der Zahlengeraden a „links" von b liegt. Oft wird die Notation

$$a \leq b \quad :\Leftrightarrow \quad a < b \text{ oder } a = b$$

benutzt. So ist z. B. „$0 \leq 1$" eine richtige Aussage, die natürlich zu „$0 < 1$" verschärft werden kann. Entsprechend hat man noch $a \geq b :\Leftrightarrow b \leq a$.

Aufgrund der Anordnung von $\mathbb{R}$ kann man von *größten* und *kleinsten* Elementen gewisser Mengen $M \subseteq \mathbb{R}$ sprechen:

1.1 Definition. *Eine Zahl $a \in M$ heißt* Maximum   [Minimum]   *einer Menge $M \subseteq \mathbb{R}$, falls für alle $x \in M$ gilt: $x \leq a$ $[a \leq x]$. Man schreibt $a = \max M$ $[a = \min M]$.*

1.2 Beispiele und Bemerkungen. a) Sind a_1 und a_2 Maxima von M, so gilt $a_2 \leq a_1$ und $a_1 \leq a_2$, also $a_1 = a_2$. Ebenso sind auch Minima eindeutig bestimmt.
b) Für $J := \{x \in \mathbb{R} \mid 0 \leq x \leq 1\}$ gilt $\min J = 0$ und $\max J = 1$.
c) Die Menge $I := \{x \in \mathbb{R} \mid 0 < x < 1\}$ besitzt *kein Maximum:* Zahlen

außerhalb von I kommen als Maximum nicht in Frage; für $a \in I$ gilt auch $x := \frac{a+1}{2} \in I$, und es ist $x > a$. Genauso sieht man, daß I auch kein Minimum hat.   □

Die Punkte a und $-a$ haben den gleichen *Abstand* von 0 :

1.3 Definition. *Der* Absolutbetrag *oder* Betrag *einer reellen Zahl a wird definiert durch*

$$|a| \;=\; \begin{cases} a & , \quad a \geq 0 \\ -a & , \quad a < 0 \end{cases}.$$

Durch Übergang zum Absolutbetrag wird also das *Vorzeichen* einer Zahl unterdrückt. Stets gilt $a = +|a|$ oder $a = -|a|$, kurz $a = \pm|a|$. Man hat $-|a| \leq a \leq |a|$ und

$$\forall\, a,b \in \mathbb{R} \;:\; |a| \leq b \;\Leftrightarrow\; -b \leq a \leq b. \tag{2}$$

1.4 Feststellung. *Für $a,b \in \mathbb{R}$ gelten:*

$$|a| \geq 0; \quad |a| = 0 \;\Leftrightarrow\; a = 0, \tag{3}$$

$$|ab| \;=\; |a|\,|b|, \tag{4}$$

$$|a+b| \;\leq\; |a| + |b| \qquad \textit{(Dreiecks-Ungleichung)}. \tag{5}$$

BEWEIS. Aussage (3) ist klar. Weiter gilt $|ab| = \pm ab = +|a||b|$ wegen $|ab| \geq 0$ und $|a||b| \geq 0$. Zu (5): Aus $-|a| \leq a \leq |a|$ und $-|b| \leq b \leq |b|$ folgt $-(|a| + |b|) \leq a + b \leq (|a| + |b|)$ und damit die Behauptung.   ◇

In (5) kann „$<$" auftreten, z. B. ist $1 = |\,3 + (-2)\,| < |\,3\,| + |\,-2\,| = 5$. In der Tat gilt genau dann $|a+b| = |a| + |b|$, wenn $ab \geq 0$ ist.

Offenbar ist $|a - b|$ der *Abstand* von a und b. Er ist mindestens so groß wie der der entsprechenden Absolutbeträge:

1.5 Folgerung. *Für $a,b \in \mathbb{R}$ gilt:*

$$\big|\,|a| - |b|\,\big| \;\leq\; |a - b|. \tag{6}$$

BEWEIS. Nach (5) hat man $|a| = |(a - b) + b| \leq |a - b| + |b|$, also $|a| - |b| \leq |a - b|$. Durch Vertauschung der Rollen von a und b folgt somit (6).   ◇

Bemerkung: Den Umgang mit Absolutbeträgen illustriert das folgende Beispiel. Lesern, die damit Schwierigkeiten haben, sei die Bearbeitung der entsprechenden Aufgaben empfohlen. Zur Veranschaulichung von Absolutbeträgen beachte man auch die Abbildungen 3c und 3e.

1.6 Beispiel. Es sei die Menge $M := \{x \in \mathbb{R} \mid |x - 3||x + 3| < 16\}$ gegeben. Nach (4) und (2) gilt

$$x \in M \quad \Leftrightarrow \quad |(x - 3)(x + 3)| < 16 \quad \Leftrightarrow \quad |x^2 - 9| < 16$$
$$\Leftrightarrow \quad -16 < x^2 - 9 < 16 \quad \Leftrightarrow \quad -7 < x^2 < 25 \,.$$

Die linke Ungleichung ist immer erfüllt, und man erhält

$$x \in M \quad \Leftrightarrow \quad x^2 < 25 \quad \Leftrightarrow \quad |x| < 5 \quad \Leftrightarrow \quad -5 < x < 5 \,. \qquad \square$$

Wichtige Teilmengen von $\mathbb{R}$ sind die Mengen

$$\begin{array}{lll} \mathbb{N} & = & \{1, 2, 3, 4, \ldots\} \\ \mathbb{Z} & = & \{0, 1, -1, 2, -2, 3, -3, \ldots\} \\ \mathbb{Q} & = & \{\frac{p}{q} \mid p, q \in \mathbb{Z} \text{ und } q \neq 0\} \end{array} \qquad \begin{array}{l} \text{der natürlichen Zahlen,} \\ \text{der ganzen Zahlen,} \\ \text{der rationalen Zahlen.} \end{array}$$

$\mathbb{R}$ wird durch die Axiome K und O nicht vollständig beschrieben: Nach dem *Satz des Pythagoras*, einer grundlegenden Aussage der ebenen *Geometrie*, gilt für die Länge x der Diagonalen eines Quadrats mit Seitenlänge 1 die Beziehung $x^2 = 1 + 1 = 2$ (vgl. Abb. 1b). Die Lösbarkeit die Gleichung „$x^2 = 2$" in $\mathbb{R}$ kann nur auf der Grundlage der Axiome K und O nicht bewiesen werden. Diese werden nämlich auch von $\mathbb{Q}$ erfüllt, doch kann man leicht zeigen (vgl. Satz 15.2*), daß „$x^2 = 2$" in $\mathbb{Q}$ *keine* Lösung hat. Die Existenz von Quadratwurzeln in $\mathbb{R}$ wird in Abschnitt 6 mit Hilfe der noch fehlenden Axiome für $\mathbb{R}$ bewiesen werden.

Abb. 1b

Bemerkung: Die vorliegende Darstellung der Analysis basiert also auf einem Axiomensystem für $\mathbb{R}$. Es ist auch möglich , „eine oder zwei Ebenen tiefer" mit einem Axiomensystem für $\mathbb{N}$ oder einem Axiomensystem für die Mengenlehre zu starten; dazu sei auf [17] verwiesen. Ausgehend von $\mathbb{N}$ kann man dann nacheinander $\mathbb{Z}$, $\mathbb{Q}$ und $\mathbb{R}$ konstruieren. Nur der letzte Schritt, die „Vervollständigung" von $\mathbb{Q}$ zu $\mathbb{R}$, ist für die Analysis interessant; er wird in dem ergänzenden Abschnitt 15* besprochen.

Aufgaben

1.1 Für Mengen A, B, C zeige man $(A \cap B) \cup C = (A \cup C) \cap (B \cup C)$ und $C \backslash (A \cap B) = (C \backslash A) \cup (C \backslash B)$.

1.2 Es sei A die Menge der geraden und B die Menge der durch 3 teilbaren ganzen Zahlen. Man bestimme die Mengen $A \cap B$ und $B \backslash A$.

1.3 Man bilde die Negation folgender Aussage:

$$\forall \, \varepsilon > 0 \; \exists \, \delta > 0 \; \forall \, x, y \in \mathbb{R} \quad : \quad |x - y| < \delta \; \Rightarrow \; |x^2 - y^2| < \varepsilon.$$

Ist diese Aussage richtig?

1.4 a) Für $a \in \mathbb{R}$ zeige man : $|a| = \max\{a, 0\} + \max\{-a, 0\}$.
b) Für Zahlen $a, \, b \in \mathbb{R}$ zeige man:

$$\max\{a, b\} = \tfrac{1}{2}\,(a + b + |a - b|) \quad , \quad \min\{a, b\} = \tfrac{1}{2}\,(a + b - |a - b|).$$

1.5 Welche Zahlen $x \in \mathbb{R}$ erfüllen die Ungleichungen

$$x + 1 \le 2\,|x| \le x + 2 \quad \text{bzw.} \quad |5x + 3| - |3x - 2| \ge 5 \;\; ?$$

1.6 Man zeige, daß die *Distanz* $d\,(x, y) := |x - y|$ reeller Zahlen folgende Eigenschaften hat:

$$(a) \qquad d\,(x, y) \ge 0\,; \quad d\,(x, y) = 0 \; \Leftrightarrow \; x = y\,,$$

$$(b) \qquad d\,(x, y) = d\,(y, x) \qquad \text{(Symmetrie)}\,,$$

$$(c) \qquad d\,(x, y) \le d\,(x, z) + d\,(z, y) \qquad \text{(Dreiecks-Ungleichung)}.$$

Beim Beweis benutze man nur die Eigenschaften (3)–(5) des Betrages, nicht aber seine Definition.

2   Vollständige Induktion

Aufgabe: Man berechne $1 + 3$, $1 + 3 + 5$ und $1 + 3 + 5 + 7$, leite eine allgemeine Formel für $1 + 3 + \cdots + (2n - 3) + (2n - 1)$ her und versuche, diese zu beweisen.

In diesem Abschnitt werden einige grundlegende Formeln hergeleitet, die später oft verwendet werden. Die erste dieser Formeln ist die *geometrische Summenformel:* Für $q \in \mathbb{R}$ und $k \in \mathbb{N}$ sei $q^k = q \cdots q$ (k Faktoren q) die k-te Potenz von q; weiter setzt man $q^0 := 1$ und $q^{-k} := (\tfrac{1}{q})^k$ (für $q \ne 0$). Um die Summe

$$1 + q + q^2 + q^3 + \cdots + q^n$$

zu berechnen, schreibt man

$$\begin{aligned}
(1 - q)\,(1 + q + q^2 + \cdots + q^n) &= 1 + q + q^2 + \cdots + q^n \\
&\quad\;\; -q - q^2 - \cdots - q^n - q^{n+1}
\end{aligned}$$

und erhält sofort

$$(1 - q)\,(1 + q + q^2 + \cdots + q^n) = 1 - q^{n+1}. \tag{1}$$

Bemerkung: Es ist sicher nicht schwierig, die angegebene Herleitung von (1) nachzuvollziehen; den verwendeten „Trick" selbst zu finden, wäre aber wohl vielen Lesern recht schwer gefallen. In diesem Buch werden noch weitere „Tricks" dieser Art vorkommen; den Lesern sei empfohlen, sich diese einzuprägen, um sie bei eigenen Überlegungen verwenden zu können.

Summen wie in (1) werden im folgenden mit Hilfe des *Summenzeichens* kürzer geschrieben:

$$1 + q + q^2 + q^3 + \cdots + q^n =: \sum_{k=0}^{n} q^k \,.$$

Dieses wird allgemein für $n, m \in \mathbb{Z}$ mit $m \le n$ und $a_m, a_{m+1}, \ldots, a_n \in \mathbb{R}$ so definiert:

$$\sum_{k=m}^{n} a_k := a_m + a_{m+1} + \cdots + a_n \,.$$

Auf die Bezeichnung des Index (hier k) kommt es nicht an; man hat etwa

$$\sum_{k=m}^{n} a_k = \sum_{i=m}^{n} a_i.$$

Beispielsweise gilt

$$\sum_{k=3}^{7} a_k = a_3 + a_4 + a_5 + a_6 + a_7 = \sum_{j=2}^{6} a_{j+1} = \sum_{\ell=4}^{8} a_{\ell-1} \,;$$

hier wurden die *Index-Transformationen* $k = j + 1$ bzw. $k = \ell - 1$ durchgeführt. Dabei mußten die *Summationsgrenzen* entsprechend *mittransformiert* werden; würde man dies unterlassen, erhielte man für $k = j + 1$ etwa $\sum_{j=3}^{7} a_{j+1} = a_4 + a_5 + a_6 + a_7 + a_8$, und dies ist $\ne \sum_{k=3}^{7} a_k$ für $a_8 \ne a_3$.

Analoge Erläuterungen gelten für das *Produktzeichen*

$$\prod_{k=m}^{n} a_k := a_m \cdot a_{m+1} \cdots a_n \,.$$

Leere Summen, z. B. $\sum_{k=1}^{0} a_k$, werden als 0 , leere Produkte, z. B. $\prod_{k=n+1}^{n} a_k$, als 1 definiert.

Natürlich hängen Summen und Produkte beliebiger endlicher Länge weder von der Reihenfolge noch der Beklammerung der Summanden bzw. Faktoren ab. Man hat die folgende Variante der Dreiecks-Ungleichung:

$$\left| \sum_{k=1}^{n} a_k \right| \le \sum_{k=1}^{n} |a_k| \quad \text{für } n \in \mathbb{N}. \tag{2}$$

Diese läßt sich genauso wie (1.5) beweisen, ergibt sich daraus aber auch mit Hilfe des **Prinzips der vollständigen Induktion**. Dabei handelt es sich um folgende Eigenschaft der Menge $\mathbb{N}$ der natürlichen Zahlen:

2.1 Feststellung (Induktionsprinzip). *Es sei $M \subseteq \mathbb{N}$ eine Menge mit den Eigenschaften*

$$(a) \qquad 1 \in M\,,$$
$$(b) \qquad n \in M \;\Rightarrow\; n+1 \;\in\; M\,.$$

Dann folgt $M = \mathbb{N}$.

Dies ist anschaulich völlig klar: Mit (b) folgt aus (a) $2 = 1+1 \in M$, dann wieder mit (b) $3 = 2+1 \in M$, $4 = 3+1 \in M$ usw. Man kann das Induktionsprinzip mit Hilfe der Axiome K und O *beweisen* (und auch die Menge $\mathbb{N}$ exakt *definieren*), was hier nicht ausgeführt wird. Konstruiert man, ausgehend von $\mathbb{N}$, nacheinander $\mathbb{Z}$, $\mathbb{Q}$ und $\mathbb{R}$, so ist das Induktionsprinzip eines der Axiome für $\mathbb{N}$, ein *Peano-Axiom*.

Eine für *Induktionsbeweise* besonders gut geeignete Formulierung des Induktionsprinzips ist die folgende:

2.2 Feststellung (Induktionsprinzip). *Es sei $n_0 \in \mathbb{Z}$, und für $n \in \mathbb{Z}$ mit $n \geq n_0$ sei eine Aussage $A(n)$ gegeben. Es gelte:*

$$(a) \qquad A(n_0) \;\; ist\; richtig,$$
$$(b) \qquad \forall n \in \mathbb{Z},\, n \geq n_0 \;:\;\; A(n) \;\Rightarrow\; A(n+1)\,.$$

Dann ist $A(n)$ für alle $n \in \mathbb{Z}$ mit $n \geq n_0$ richtig.

Dies ergibt sich aus Feststellung 2.1 so: Für die Menge

$$M := \{\, k \in \mathbb{N} \mid A(n_0 - 1 + k) \text{ ist richtig} \,\}$$

gelten die Aussagen 2.1 (a) und (b), so daß also $M = \mathbb{N}$ sein muß.

2.3 Beispiele. a) Ein INDUKTIONSBEWEIS von (2) verläuft einfach so: Für $n = 1$ ist (2) richtig. Gilt (2) für $n \in \mathbb{N}$, so folgt mit (1.5) sofort

$$\left| \sum_{k=1}^{n+1} a_k \right| = \left| \sum_{k=1}^{n} a_k + a_{n+1} \right| \leq \left| \sum_{k=1}^{n} a_k \right| + |a_{n+1}|$$
$$\leq \sum_{k=1}^{n} |a_k| + |a_{n+1}| = \sum_{k=1}^{n+1} |a_k|\,.$$

b) Es folgt nun ein INDUKTIONSBEWEIS von

$$(1 - q) \sum_{k=0}^{n} q^k = 1 - q^{n+1} \quad \text{für } q \in \mathbb{R} \text{ und } n \in \mathbb{N}. \tag{1}$$

Wegen $(1 - q) \sum_{k=0}^{1} q^k = (1 - q)(1 + q) = 1 - q^2$ ist (1) für $n = 1$ richtig. Gilt (1) für $n \in \mathbb{N}$, so folgt

$$\begin{aligned}
(1 - q) \sum_{k=0}^{n+1} q^k &= (1 - q) \sum_{k=0}^{n} q^k + (1 - q) q^{n+1} \\
&= (1 - q^{n+1}) + (q^{n+1} - q^{n+2}) = 1 - q^{n+2},
\end{aligned}$$

d. h. (1) gilt auch für $n + 1$.   □

An dieser Stelle sei noch folgende Konsequenz aus (1) notiert:

$$\forall \, 0 \le q < 1 \ \forall \, n \in \mathbb{N} : \sum_{k=0}^{n} q^k \le \frac{1}{1 - q}. \tag{3}$$

Bemerkung: Im Gegensatz zur Herleitung von (1) erfordert der Induktionsbeweis von (1) keinen „Trick", dafür aber bereits die Kenntnis des Ergebnisses. Dies gilt entsprechend auch für andere Formeln und Abschätzungen in diesem Buch, beispielsweise für die folgende Formel (4):

Als nächstes wird $1 + 2 + \cdots + (n - 1) + n = \sum_{k=1}^{n} k$ berechnet. Man schreibt

$$\begin{aligned}
1 + \quad 2 \quad + \cdots + (n - 1) + n& \\
+ \, n + (n - 1) + \cdots + \quad 2 \quad + 1& \\
= n \cdot (n + 1)&
\end{aligned}$$

und erhält damit die *arithmetische Summenformel*

$$\sum_{k=1}^{n} k = \tfrac{1}{2} n (n + 1) \quad \text{für } n \in \mathbb{N}. \tag{4}$$

Nun werden *Fakultäten* natürlicher Zahlen durch

$$n! := \prod_{k=1}^{n} k = 1 \cdot 2 \cdot 3 \cdots n \tag{5}$$

eingeführt. Man setzt noch $0! = 1$. Die Fakultäten wachsen mit n sehr schnell an; so gilt z. B. $2! = 2$, $3! = 6$, $4! = 24$, $5! = 120$, $6! = 720$, $7! = 5040$, $8! = 40320$, $\ldots$, $12! = 479001600$, $16! = 2,09228\ldots \cdot 10^{13}$, $30! = 2,65253\ldots \cdot 10^{32}$, $100! = 9,33262\ldots \cdot 10^{157}$, vgl. auch Tabelle 6.6.

Für die Produkte der ersten n natürlichen Zahlen gibt es keine einfache Formel wie (4) im Fall der entsprechenden Summen. Die möglichst genaue Erfassung des Wachstums von $n!$ ist für die Analysis wichtig; nach Vorstufen in den Sätzen 4.10 und 6.5 gelingt dies durch die *Stirlingsche Formel* in Kapitel V. Diese kann auch zur *näherungsweisen* Berechnung von $n!$ benutzt werden; die *exakte* Berechnung gemäß (5) ist für große n selbst für leistungsfähige Computer sehr langwierig.

2.4 Satz. *Es ist $n!$ die Anzahl der möglichen Anordnungen* (Permutationen) *einer Menge aus n Elementen.*

BEWEIS. Für $n = 1$ ist dies richtig. Aus einer von $n!$ möglichen Anordnungen $a_1\, a_2\, \ldots\, a_n$ einer n-elementigen Menge erhält man $n+1$ Anordnungen einer $(n + 1)$-elementigen Menge:

$$
\begin{array}{ccccccc}
b & a_1 & a_2 & a_3 & \cdots & a_{n-1} & a_n \\
a_1 & b & a_2 & a_3 & \cdots & a_{n-1} & a_n \\
a_1 & a_2 & b & a_3 & \cdots & a_{n-1} & a_n \\
\vdots & \vdots & \vdots & \vdots & \cdots & \vdots & \vdots \\
a_1 & a_2 & a_3 & a_4 & \cdots & b & a_n \\
a_1 & a_2 & a_3 & a_4 & \cdots & a_n & b
\end{array}
$$

Gilt also die Behauptung für n, so auch für $n + 1$.   ◇

Ab jetzt wird die Notation $\mathbb{N}_0 := \mathbb{N} \cup \{0\}$ benutzt. Die *Binomialkoeffizienten* werden für $n \in \mathbb{N}_0$, $k = 0, \ldots, n$ definiert durch

$$
\binom{n}{k} := \frac{n(n-1)\cdots(n-k+1)}{k!} = \frac{n!}{k!\,(n-k)!}.
$$

Für $k \in \mathbb{Z}$ mit $k < 0$ oder $k > n$ setzt man noch $\binom{n}{k} = 0$.

2.5 Satz. *Für $k = 1, \ldots, n$ ist $\binom{n}{k}$ die Anzahl der möglichen Ergebnisse einer Ziehung von k Zahlen aus der Menge der n Zahlen $\{1, 2, \ldots, n\}$.*

BEWEIS. Für die Ziehung der 1. Zahl gibt es n Möglichkeiten, für die der 2. Zahl dann noch $n - 1, \ldots$, für die der k. Zahl noch $(n - k + 1)$ Möglichkeiten. Jedes solche Ziehungsergebnis, etwa $\{1, 2, \ldots, k\}$, kann aber mit verschiedenen Reihenfolgen erreicht werden, so daß die Gesamtzahl an Möglichkeiten, $n \cdot (n-1) \cdots (n-k+1)$, noch durch die Zahl der möglichen Permutationen einer k-elementigen Menge, nach Satz 2.4 also durch $k!$, dividiert werden muß.   ◇

Beim Zahlenlotto „6 aus 49" gibt es also

$$\binom{49}{6} = \frac{49 \cdot 48 \cdot 47 \cdot 46 \cdot 45 \cdot 44}{1 \cdot 2 \cdot 3 \cdot 4 \cdot 5 \cdot 6} = 49 \cdot 47 \cdot 46 \cdot 3 \cdot 44 = 13\,983\,816$$

Ziehungsmöglichkeiten. Es gilt z. B.

$$\binom{n}{0} = \binom{n}{n} = 1 \quad , \quad \binom{n}{1} = \binom{n}{n-1} = n,$$

$$\binom{n}{2} = \frac{n(n-1)}{2} \quad , \quad \binom{n}{k} = \binom{n}{n-k}, \quad k = 0, \ldots, n.$$

Weiter hat man (das Wort „Lemma" bedeutet „Hilfssatz"):

2.6 Lemma. *Für* $n \in \mathbb{N}_0$ *und* $k = 0, \ldots, n+1$ *gilt*

$$\binom{n+1}{k} = \binom{n}{k} + \binom{n}{k-1}. \tag{6}$$

BEWEIS. Für $k = 0$ und $k = n+1$ ist das klar. Für $1 \leq k \leq n$ gilt

$$\begin{aligned}
\binom{n}{k} + \binom{n}{k-1} &= \frac{n \cdots (n-k+1)}{k!} + \frac{n \cdots (n-k+2)}{(k-1)!} \\
&= \frac{n \cdots (n-k+2)}{(k-1)!} \left\{ \frac{n-k+1}{k} + 1 \right\} \\
&= \frac{n \cdots (n-k+2)\,(n+1)}{k!} = \binom{n+1}{k}. \quad \diamond
\end{aligned}$$

Die Aussage des Lemmas kann durch das *Pascalsche Dreieck* veranschaulicht werden:

$n = 0$						1						
$n = 1$					1		1					
$n = 2$				1		2		1				
$n = 3$			1		3		3		1			
$n = 4$		1		4		6		4		1		
$n = 5$	1		5		10		10		5		1	
$n = 6$	1	6		15		20		15		6		1

In Zeile n stehen die $(n+1)$ Binomialkoeffizienten $\binom{n}{k}$; gemäß Lemma 2.6 ist jede Zahl die Summe der beiden „darüber" stehenden Zahlen.

Bekanntlich gilt für $x, y \in \mathbb{R}$ die Formel $(x+y)^2 = x^2 + 2xy + y^2$, und analog folgt

$$\begin{aligned}
(x+y)^3 &= (x^2 + 2xy + y^2)(x+y) = x^3 + 3x^2y + 3xy^2 + y^3, \\
(x+y)^4 &= x^4 + 4x^3y + 6x^2y^2 + 4xy^3 + y^4, \\
(x+y)^5 &= x^5 + 5x^4y + 10x^3y^2 + 10x^2y^3 + 5xy^4 + y^5.
\end{aligned}$$

Multipliziert man allgemein den Ausdruck $(x+y)^n$ aus, so erhält man eine Summe von Termen $x^{n-k}y^k$, wobei der k-te Term so oft auftritt, wie die Zahl der möglichen Ziehungen von k Exemplaren von y aus der Menge $\{1,\dots,n\}$ angibt, nach Satz 2.5 also $\binom{n}{k}$ mal:

2.7 Satz (Binomischer Satz). *Für* $n \in \mathbb{N}$, $x,y \in \mathbb{R}$ *gilt:*

$$(x+y)^n = \sum_{k=0}^{n} \binom{n}{k} x^{n-k} y^k.$$

BEWEIS. Für $n = 1$ ist dies klar. Gilt die Behauptung für n, so folgt

$$(x+y)^{n+1} = (x+y)(x+y)^n = (x+y) \sum_{k=0}^{n} \binom{n}{k} x^{n-k} y^k$$

$$= \sum_{k=0}^{n} \binom{n}{k} x^{n-k+1} y^k + \sum_{k=0}^{n} \binom{n}{k} x^{n-k} y^{k+1}.$$

In der zweiten Summe nimmt man die Index-Transformation $k = j - 1$ vor,

$$\sum_{k=0}^{n} \binom{n}{k} x^{n-k} y^{k+1} = \sum_{j=1}^{n+1} \binom{n}{j-1} x^{n-j+1} y^j,$$

und ersetzt anschließend j wieder durch k.
Wegen (6) und $\binom{n}{-1} = \binom{n}{n+1} = 0$ folgt dann weiter

$$(x+y)^{n+1} = \sum_{k=0}^{n} \binom{n}{k} x^{n-k+1} y^k + \sum_{k=1}^{n+1} \binom{n}{k-1} x^{n-k+1} y^k$$

$$= \sum_{k=0}^{n+1} \left(\binom{n}{k} + \binom{n}{k-1} \right) x^{n+1-k} y^k$$

$$= \sum_{k=0}^{n+1} \binom{n+1}{k} x^{n+1-k} y^k,$$

und die Behauptung gilt auch für $n + 1$. $\diamond$

Bemerkung: Lesern, die mit Summenzeichen und Index-Transformationen noch Schwierigkeiten haben, sei geraten, die im Beweis des binomischen Satzes auftretenden Summen ausführlich aufzuschreiben und auch die Aufgaben 2.1 und 2.2 zu bearbeiten.

2.8 Beispiele und Bemerkungen. a) Der binomische Satz kann für *Näherungsrechnungen* benutzt werden. Ist etwa $0 \leq y < x$ und $q := \frac{y}{x}$ klein, so hat man

$$(x+y)^n = x^n (1 + \tfrac{y}{x})^n \approx x^n (1 + nq + \tfrac{n(n-1)}{2} q^2) \sim x^n (1 + nq).$$

b) Ein zu 5% Zinsen pro Jahr angelegtes Kapital vermehrt sich in 12 Jahren um den Faktor $w = 1,05^{12} = 1,79586$. Die Näherungsrechnungen ergeben $w \sim 1 + 12 \cdot 0,05 = 1,6$ und $w \approx 1 + 12 \cdot 0,05 + 6 \cdot 11 \cdot 0,05^2 = 1,765$. $\Box$

Am Ende dieses Abschnitts werden noch weitere Varianten des Induktionsprinzips besprochen. Die erste besagt, daß die Menge $\mathbb{N}$ *„wohlgeordnet"* ist:

2.9 Satz (Wohlordnungssatz). *Jede nichtleere Menge $M \subseteq \mathbb{N}$ besitzt ein Minimum.*

BEWEIS. Ist $1 \in M$, so ist die Behauptung richtig. Andernfalls definiert man $H := \{n \in \mathbb{N} \mid \{1, 2, \ldots, n\} \cap M = \emptyset\}$. Dann gilt $1 \in H$; wäre auch „$n \in H \Rightarrow n + 1 \in H$" richtig, so folgte aus dem Induktionsprinzip 2.1 sofort $H = \mathbb{N}$ und damit der Widerspruch $M = \emptyset$. Somit gibt es $n \in H$ mit $n + 1 \notin H$. Dies bedeutet $\{1, 2, \ldots, n\} \cap M = \emptyset$, aber $n + 1 \in M$. Folglich ist $n + 1$ das gesuchte Minimum. $\diamond$

2.10 Folgerung. *Es sei $\emptyset \neq M \subseteq \mathbb{Z}$, und es gebe $k \in \mathbb{Z}$ mit $k < n$ für alle $n \in M$. Dann besitzt M ein Minimum.*

BEWEIS. Für $M^* := \{n - k \mid n \in M\}$ gilt $\emptyset \neq M^* \subseteq \mathbb{N}$. Ist m^* das Minimum von M^*, so ist $m := m^* + k$ das Minimum von M. $\diamond$

Aus dem Wohlordnungssatz ergibt sich leicht:

2.11 Feststellung (Induktionsprinzip). *Es sei $M \subseteq \mathbb{N}$ eine Menge mit den Eigenschaften*

$\quad (a) \quad 1 \in M$,

$\quad (b) \quad \{1, 2, \ldots, n\} \subseteq M \Rightarrow n + 1 \in M$.

Dann folgt $M = \mathbb{N}$.

BEWEIS. Ist $A := \mathbb{N}\backslash M \neq \emptyset$, so besitzt A ein Minimum $k = \min A$. Wegen (a) gilt $k > 1$, und $\{1, 2, \ldots, k - 1\} \subseteq M$ widerspricht dann (b). $\diamond$

Aus 2.11 folgt sofort wieder 2.1, da ja 2.1 (b) $\Rightarrow$ 2.11 (b) gilt. Die Aussagen 2.1, 2.9 und 2.11 sind also *äquivalent*.

Schließlich wird noch auf *induktive* oder *rekursive Definitionen* eingegangen. Sollen für alle $n \in \mathbb{N}$ Objekte D_n definiert werden, so genügt es, zuerst D_1 und dann D_{n+1} unter Verwendung von $D_1, \ldots, D_n$ zu definieren. Beispielsweise können durch $1! := 1$ und $(n + 1)! := (n + 1) \cdot n!$ die Fakultäten erklärt werden. Die Gültigkeit dieses *Rekursionsprinzips* ist genauso einleuchtend wie die des Induktionsprinzips; einen formalen Beweis mit Hilfe des Induktionsprinzips findet man etwa in [17], Kap. 1, §2.2.

Aufgaben

2.1 Für $k \in \mathbb{Z}$ seien Zahlen $a_k \in \mathbb{R}$ gegeben. Man mache sich folgende Formeln klar und führe jeweils die Index-Transformationen $k = j + 1$ bzw. $k = \ell - 1$ durch:

$$\sum_{k=0}^{3} a_{2k-1} = a_{-1} + a_1 + a_3 + a_5 \,, \qquad \sum_{k=3}^{6} a_{2^k} = a_8 + a_{16} + a_{32} + a_{64} \,.$$

2.2 Für $k \in \mathbb{Z}$ seien Zahlen $a_k \in \mathbb{R}$ gegeben. Für $n, m \in \mathbb{Z}$, $m \le n$ mache man sich folgende Formeln klar:

$$\sum_{k=m}^{n} a_k + \sum_{k=m}^{n} a_{k+1} = a_m + 2 \sum_{k=m+1}^{n} a_k + a_{n+1} \,,$$

$$\prod_{k=2m}^{2n} a_k \cdot \prod_{k=m}^{n} a_{2k} = \prod_{k=m}^{n} a_{2k}^2 \cdot \prod_{k=m}^{n-1} a_{2k+1} \,.$$

2.3 Man gebe einen Induktionsbeweis für (4) an. Für $n \in \mathbb{N}$ zeige man weiter $\sum_{k=1}^{n} k^2 = \frac{1}{6} n (n+1) (2n+1)$ und $\sum_{k=1}^{n} k^3 = \left(\sum_{k=1}^{n} k \right)^2 = \frac{1}{4} n^2 (n+1)^2$.

2.4 Für $n \in \mathbb{N}$ berechne man $\sum_{k=1}^{n} (2k - 1)$ und $\sum_{k=1}^{n} (2k - 1)^2$.

2.5 Für welche $n \in \mathbb{N}$ gelten die Ungleichungen
a) $2^n > n^2$, b) $3^{2^n} < 2^{3^n}$, c) $\prod_{k=1}^{n} k^k < n^{\frac{n(n+1)}{2}}$?

2.6 Für $n \in \mathbb{N}$ zeige man $\sum_{k=0}^{n} \binom{n}{k} = 2^n$ und $\sum_{k=0}^{n} (-1)^k \binom{n}{k} = 0$.

2.7 Man beweise induktiv, daß endliche Mengen $M \subseteq \mathbb{R}$ ein Maximum und ein Minimum besitzen.

2.8 In $\mathbb{Z}$ ist die „*Division mit Rest*" möglich. Genauer beweise man folgende Aussage *(Euklidischer Algorithmus)*:
Zu $p \in \mathbb{Z}$ und $q \in \mathbb{N}$ gibt es eindeutig bestimmte Zahlen $t, r \in \mathbb{Z}$ mit

$$p = t \cdot q + r, \quad \text{wobei } 0 \le r < q \,.$$

HINWEIS. Man wende 2.10 auf die Menge $M := \{ n \in \mathbb{Z} \mid \frac{p}{q} < n \}$ an.

3   Abbildungen

Ein zentrales Konzept der Mathematik ist das der *Abbildung*. Es wird zunächst anhand einer provisorischen Definition erläutert:

3.1 Definition. *Es seien zwei Mengen M, N gegeben. Unter einer* **Abbildung** f *von M nach N versteht man eine Vorschrift, die jedem Element $x \in M$ genau ein Element $y = f(x) \in N$ zuordnet.*

3.2 Beispiele. a) Für $M = N$ wird durch $I(x) := x$, $x \in M$, die *identische Abbildung* $I = I_M : M \mapsto M$ definiert.

b) Für festes $c \in N$ wird durch $c(x) := c$, $x \in M$, eine *konstante Abbildung* $c : M \mapsto N$ definiert.

c) Für $M = N = \mathbb{R}$ wird durch $f(x) := 2x + 1$, $x \in \mathbb{R}$, eine *affine* Abbildung $f : \mathbb{R} \mapsto \mathbb{R}$ definiert.

d) Für $M = N = \mathbb{R}$ und $k \in \mathbb{N}_0$ wird durch $p_k(x) := x^k$, $x \in \mathbb{R}$, eine *Potenzfunktion* $p_k : \mathbb{R} \mapsto \mathbb{R}$ definiert. Man kann p_k auch als Abbildung $p_k : \{x \in \mathbb{R} \mid x \geq 0\} \mapsto \mathbb{R}$ oder $p_k : \{x \in \mathbb{R} \mid x \geq 0\} \mapsto \{x \in \mathbb{R} \mid x \geq 0\}$ auffassen.

e) Für $M = N = \mathbb{R} \backslash \{0\}$ wird durch $j(x) := \frac{1}{x}$, $x \in \mathbb{R} \backslash \{0\}$, die *Inversionsabbildung* $j : \mathbb{R} \backslash \{0\} \mapsto \mathbb{R} \backslash \{0\}$ definiert.

f) Für $M = N = \mathbb{R}$ wird durch $A(x) := |x|$, $x \in \mathbb{R}$, die *Betragsfunktion* $A : \mathbb{R} \mapsto \mathbb{R}$ definiert. $\qquad\square$

In Definition 3.1 heißt M *Definitionsbereich* $D(f)$, N *Zielbereich* $Z(f)$ von f. Zwei Abbildungen f, g werden nur dann als *gleich* betrachtet, wenn $D(f) = D(g)$, $Z(f) = Z(g)$ und $f(x) = g(x)$ für alle $x \in D(f)$ gilt. Insbesondere sind in Beispiel 3.2 d) drei verschiedene Abbildungen angegeben.

In Definition 3.1 wird der Begriff „Abbildung" durch den ebenfalls undefinierten Begriff „Vorschrift" erklärt. Allerdings kommt es nicht auf die Natur dieser „Vorschrift" an, sondern nur darauf, daß jedem $x \in M$ *genau ein* $y \in N$ zugeordnet ist. Daher kann man Definition 3.1 mit Hilfe des Mengenbegriffs präzisieren:

3.3 Definition. *Für Mengen M, N bezeichnet*

$$M \times N := \{(x, y) \mid x \in M, \ y \in N\}$$

das kartesische Produkt *von M und N, d. h. die Menge aller* geordneten Paare (x, y) *mit $x \in M$ und $y \in N$.*

Eine Abbildung $f : M \mapsto N$ wird nun durch ihren *Graphen*

$$\Gamma(f) := \{(x, y) \mid x \in M, y = f(x)\} = \{(x, f(x)) \mid x \in M\} \subseteq M \times N \qquad (1)$$

eindeutig festgelegt. Dieser hat offenbar die Eigenschaft

$$\forall\, x \in M\ \exists_1\, y \in N\ :\ (x,y) \in \Gamma(f)\,;$$

hierbei hat der Quantor „$\exists_1$ " die Bedeutung „es gibt *genau* ein". Man identifiziert nun eine Abbildung einfach mit ihrem Graphen und erhält die folgende formale Definition:

3.4 Definition. *Eine* Abbildung $f : M \mapsto N$ *ist eine Teilmenge* $f \subseteq M \times N$, *für die gilt:* $\forall\, x \in M\ \exists_1\, y \in N\ :\ (x,y) \in f$.

Im folgenden wird allerdings weiterhin die mehr intuitive Vorstellung von Definition 3.1 beibehalten und f von seinem Graphen $\Gamma(f)$ unterschieden. Außer zur exakten Definition von Abbildungen dient der Graph natürlich zu ihrer *Veranschaulichung*; für $M = N = \mathbb{R}$ kann ja $\mathbb{R} \times \mathbb{R} =: \mathbb{R}^2$ als *Ebene* aufgefaßt werden. Abb. 3a unten zeigt die Graphen der Identität und einer konstanten Abbildung, Abb. 3b die der Potenzfunktionen p_2 und p_3.

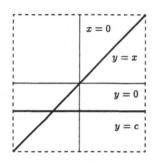

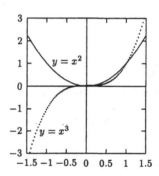

Abb. 3a   Abb. 3b

Eine Abbildung $f : M \mapsto \mathbb{R}$ mit Zielbereich $\mathbb{R}$ heißt auch **Funktion.** Für Funktionen f, g auf M lassen sich *Summe, Produkt* und *Quotient* einfach *punktweise* definieren:

$$(f + g)(x) \quad := \quad f(x) + g(x), \quad x \in M\,; \tag{2}$$

$$(f \cdot g)(x) \quad := \quad f(x) \cdot g(x), \quad x \in M\,; \tag{3}$$

$$\left(\tfrac{f}{g}\right)(x) \quad := \quad \tfrac{f(x)}{g(x)}, \quad g(x) \neq 0\,, \tag{4}$$

wobei $\tfrac{f}{g}$ nur auf $M \backslash \{x \in M \mid g(x) = 0\}$ erklärt ist. Entsprechend definiert man $|f|$, $\max\{f, g\}$ und $\min\{f, g\}$. Weiter hat man die „*punktweise* $\le$ " Beziehung

$$f \le g \quad :\Leftrightarrow \quad \forall\, x \in M\ :\ f(x) \le g(x). \tag{5}$$

Es zeigt Abb. 3c die Betragsfunktion $A \geq 0$, Abb. 3d die Funktionen
$f : x \mapsto |5x + 3|$, $g : x \mapsto -|3x - 2|$ und ihre Summe $f + g$ sowie
Abb. 3e die Identität I und die Inversion $j = 1/I$.

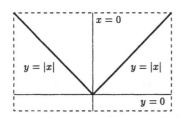

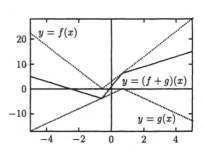

Abb. 3c

Abb. 3d

3.5 Definition. *Eine Menge* $M \subseteq \mathbb{R}$
heißt
a) nach oben beschränkt, *falls*
$\exists\, C \in \mathbb{R} \; \forall\, x \in M : x \leq C$,
b) nach unten beschränkt, *falls*
$\exists\, C \in \mathbb{R} \; \forall\, x \in M : C \leq x$,
c) beschränkt, *falls M nach oben und nach*
unten beschränkt ist.

Zahlen $C \in \mathbb{R}$, die a) bzw. b) erfüllen, heißen *obere* bzw. *untere Schranke* von M. Es
ist M genau dann beschränkt, falls
$\exists\, C \in \mathbb{R} \; \forall\, x \in M : |x| \leq C$.

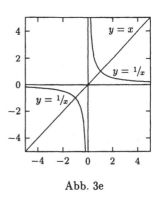

Abb. 3e

3.6 Beispiele. a) Hat $M \subseteq \mathbb{R}$ ein Maximum bzw. ein Minimum, so ist M
nach oben bzw. nach unten beschränkt. Die Umkehrung dieser Aussage ist
falsch, was bereits in Beispiel 1.2 c) gezeigt wurde.

b) Für $0 \leq q < 1$ ist die Menge $M := \{\sum_{k=0}^{n} q^k \mid n \in \mathbb{N}\}$ beschränkt. In der
Tat gilt nach (2.3) ja $0 \leq x \leq \frac{1}{1-q}$ für alle $x \in M$.

c) Die Menge $M := \{x \in \mathbb{R} \mid x^3 \leq 2\}$ ist nach oben beschränkt. Wegen
$x > 2 \Rightarrow x^3 > 8$ gilt in der Tat $x \leq 2$ für alle $x \in M$. Dagegen ist M
wegen $\{x \in \mathbb{R} \mid x < 0\} \subseteq M$ nicht nach unten beschränkt.   □

Wichtige Teilmengen von $\mathbb{R}$ sind **Intervalle**. *Beschränkte* Intervalle sind für $a \leq b \in \mathbb{R}$ definiert durch

$$[a,b] \ := \{x \in \mathbb{R} \mid a \leq x \leq b\}, \qquad (a,b) \quad := \{x \in \mathbb{R} \mid a < x < b\},$$
$$[a,b) \ := \{x \in \mathbb{R} \mid a \leq x < b\}, \qquad (a,b] \quad := \{x \in \mathbb{R} \mid a < x \leq b\};$$

hierbei ist für $a = b$ nur $[a,b] = \{a\} \neq \emptyset$. *Unbeschränkte* Intervalle sind

$$[a,\infty) \ := \{x \in \mathbb{R} \mid x \geq a\}, \qquad (-\infty,a] \quad := \{x \in \mathbb{R} \mid x \leq a\},$$
$$(a,\infty) \ := \{x \in \mathbb{R} \mid x > a\}, \qquad (-\infty,a) \quad := \{x \in \mathbb{R} \mid x < a\}.$$

Hier wie auch stets im folgenden dient das Symbol „∞" für „unendlich" nur als *Abkürzung* und bedarf daher keiner philosophischen Erklärung.

Die Intervalle $[a,b]$, $[a,\infty)$ und $(-\infty,a]$ heißen *abgeschlossen*, (a,b), (a,∞) und $(-\infty,a)$ heißen *offen*, $[a,b)$ und $(a,b]$ nennt man *halboffen*. Auch ganz $\mathbb{R}$ wird als Intervall betrachtet, das sowohl abgeschlossen wie auch offen ist. Ein abgeschlossenes und beschränktes Intervall $[a,b]$ heißt auch *kompaktes* Intervall.

Die Beschränktheitsbegriffe aus Definition 3.5 lassen sich auf *Funktionen* übertragen, indem man sie auf die *Bilder* $f(M)$ anwendet. Dieser Bildbegriff kann für beliebige Abbildungen definiert werden:

3.7 Definition. *Es sei $f : M \mapsto N$ eine Abbildung. Für $A \subseteq M$ und $B \subseteq N$ werden durch*

$$f(A) \ := \ \{f(x) \mid x \in A\} \ \subseteq N \,,$$
$$f^{-1}(B) \ := \ \{x \in M \mid f(x) \in B\} \ \subseteq M$$

das Bild von A *und das* Urbild von B *definiert.*

Für *Funktionen*, d. h. im Fall $N = \mathbb{R}$, trifft man also die folgende

3.8 Definition. *Eine Funktion $f : M \mapsto \mathbb{R}$*
a) heißt [nach oben bzw. unten] beschränkt, falls $f(M)$ [nach oben bzw. unten] beschränkt ist,
b) besitzt ein Maximum *bzw. ein* Minimum *auf M, falls $f(M)$ ein Maximum bzw. ein Minimum besitzt.*

Punkte $x_0 \in M$ mit

$$f(x_0) \ = \ \max f(M) \ =: \ \max_{x \in M} f(x) \qquad \text{bzw.} \tag{6}$$
$$f(x_0) \ = \ \min f(M) \ =: \ \min_{x \in M} f(x) \tag{7}$$

heißen *Extremalstellen*, genauer *Maximalstellen* bzw. *Minimalstellen* von f.
Extremalstellen *stetiger* bzw. *differenzierbarer* Funktionen werden in den
Sätzen 13.1, 20.2, 20.13 und 34.7 untersucht.

3.9 Beispiele. a) Die Inversion $j : x \mapsto \frac{1}{x}$ ist auf $M := (0, \infty)$ nicht nach
oben beschränkt. Ist in der Tat $C > 0$ gegeben, so ist $x := \frac{1}{2C} \in M$, und
es gilt $j(x) = 2C > C$. Nach unten ist j durch 0 beschränkt, hat allerdings
kein Minimum auf M, da ja für $a \in M$ auch $x := a + 1$ in M liegt und
$j(x) < j(a)$ gilt.

b) Die Funktion $f : x \mapsto x(1-x)$
ist auf $M := \mathbb{R}$ durch $\frac{1}{4}$ nach oben
beschränkt, vgl. Abb. 3f. In der Tat
gilt $x^2 - x + \frac{1}{4} = (x - \frac{1}{2})^2 \geq 0$,
also $x - x^2 \leq \frac{1}{4}$ für alle $x \in \mathbb{R}$.
Gleichheit gilt genau für $x = \frac{1}{2}$,
d. h. $\frac{1}{2}$ ist die einzige Maximalstelle,
und $f(\frac{1}{2}) = \frac{1}{4}$ ist das Maximum von
f auf M.   □

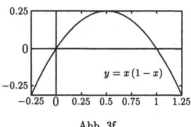

Abb. 3f

Für Funktionen mit $D(f) \subseteq \mathbb{R}$ hat man folgende *Monotonie-Begriffe*:

3.10 Definition. *Es sei $M \subseteq \mathbb{R}$. Eine Funktion $f : M \mapsto \mathbb{R}$ heißt*
a) [streng] *monoton wachsend, falls gilt:*
$\forall \, x, y \in M : \; x < y \; \Rightarrow \; f(x) \leq f(y) \; [f(x) < f(y)]$;
b) [streng] *monoton fallend, falls gilt:*
$\forall \, x, y \in M : \; x < y \; \Rightarrow \; f(x) \geq f(y) \; [f(x) > f(y)]$.

3.11 Beispiele. a) Konstante Funktionen sind monoton wachsend und monoton fallend.
b) Die *Potenzfunktionen* $p_k : [0, \infty) \mapsto \mathbb{R}$ sind für $k \geq 1$ streng monoton wachsend; für *ungerade* k gilt dies wegen $(-x)^k = -x^k$ auch für ihre
Fortsetzungen $p_k : \mathbb{R} \mapsto \mathbb{R}$.
c) $j : x \mapsto \frac{1}{x}$ ist auf $(0, \infty)$ streng monoton fallend.
d) Monotone Funktionen f auf kompakten Intervallen $[a, b]$ sind beschränkt;
in der Tat gilt ja $f(a) \leq f(x) \leq f(b)$ oder $f(a) \geq f(x) \geq f(b)$ für alle
$x \in [a, b]$. Das Beispiel $p_2 : x \mapsto x^2$ auf $[-1, 1]$ zeigt, daß die Umkehrung
dieser Aussage nicht gilt.   □

Es werden nun wieder allgemeine Abbildungen betrachtet.

3.12 Definition. *Eine Abbildung $f : M \mapsto N$ heißt*
a) injektiv, *falls gilt:* $\forall \, x, x' \in M : \; f(x) = f(x') \; \Rightarrow \; x = x'$,
b) surjektiv, *falls $f(M) = N$ ist, und*
c) bijektiv, *falls f injektiv und surjektiv ist.*

Zur Verdeutlichung zeigt Abb. 3g eine injektive, nicht surjektive Abbildung, Abb. 3h eine surjektive, nicht injektive Abbildung, Abb. 3i eine bijektive Abbildung und Abb. 3j eine Abbildung, die weder injektiv noch surjektiv ist.

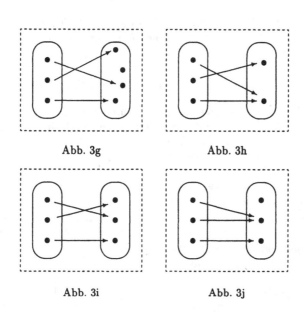

Abb. 3g   Abb. 3h

Abb. 3i   Abb. 3j

3.13 Bemerkung. Die soeben definierten Begriffe sind wichtig im Zusammenhang mit **Gleichungen**

$$f(x) = y , \tag{8}$$

wobei eine Abbildung $f : M \mapsto N$ und $y \in N$ gegeben sind und *Lösungen* $x \in M$ gesucht werden. Die Untersuchung von Gleichungen war und ist eine wesentliche Motivation für die Entwicklung der Mathematik.

Nun ist offenbar f genau dann *injektiv*, wenn (8) für alle $y \in N$ *höchstens* eine Lösung $x \in M$ hat; f ist genau dann *surjektiv*, wenn (8) für alle $y \in N$ *mindestens* eine Lösung $x \in M$ hat und f ist genau dann *bijektiv*, wenn (8) für alle $y \in N$ *genau* eine Lösung $x \in M$ hat.   □

3.14 Definition. *Für eine bijektive Abbildung $f : M \mapsto N$ wird die* Umkehrabbildung $f^{-1} : N \mapsto M$ *definiert durch $f^{-1}(y) := x$, wobei $x \in M$ die eindeutige Lösung der Gleichung (8) $f(x) = y$ für $y \in N$ ist.*

Im Fall $M, N \subseteq \mathbb{R}$ nennt man f^{-1} auch *Umkehrfunktion* von f.

3.15 Satz. *Es seien $M \subseteq \mathbb{R}$ und $f : M \mapsto \mathbb{R}$ streng monoton wachsend.*
a) Dann ist f injektiv und somit $f : M \mapsto f(M)$ sogar bijektiv.
b) Die Umkehrfunktion $f^{-1} : f(M) \mapsto \mathbb{R}$ ist ebenfalls streng monoton wachsend.

BEWEIS. a) ist klar. b): Andernfalls gäbe es $y, y' \in f(M)$ mit $y < y'$, aber $x := f^{-1}(y) \geq f^{-1}(y') =: x'$. Dann erhielte man aber den Widerspruch $x' \leq x$ und $f(x') > f(x)$. $\diamond$

Satz 3.15 gilt sinngemäß auch für streng monoton fallende Funktionen.

3.16 Beispiele und Bemerkungen. a) Durch $f : x \mapsto ax + b$ wird für $a, b \in \mathbb{R}$ eine *affine* Funktion auf $\mathbb{R}$ definiert, deren Graph eine *Gerade* in der Ebene $\mathbb{R}^2$ ist. Für $a \neq 0$ hat die Gleichung (8) $f(x) = ax + b = y$ die eindeutig bestimmte Lösung $x = \frac{y-b}{a}$. Somit ist $f : \mathbb{R} \mapsto \mathbb{R}$ bijektiv, und es gilt $f^{-1}(x) = \frac{x-b}{a}$ für $x \in \mathbb{R}$. Abb. 3k zeigt für $a = 2$ und $b = 1$ die Graphen von f und f^{-1}; sie gehen durch *Spiegelung* an der „Winkelhalbierenden" $\{(x, y) \mid y = x\}$ auseinander hervor.

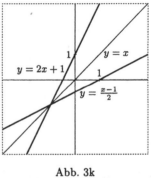

Abb. 3k

b) Die *Potenzfunktionen* $p_k : \mathbb{R} \mapsto \mathbb{R}$ sind wegen 3.11 b) genau für *ungerade* k injektiv (vgl. auch Abb. 3b); ihre *Einschränkungen* $p_k|_{[0,\infty)}$ auf $[0, \infty)$ sind dagegen auch für *gerade* k injektiv. Natürlich gilt $p_k[0, \infty) \subseteq [0, \infty)$; in 9.8 wird die *Surjektivität* von $p_k : [0, \infty) \mapsto [0, \infty)$ bewiesen.

c) Die Beispiele in b) zeigen, daß der Begriff „injektiv" stark von der Wahl des Definitionsbereichs $D(f)$ abhängt, „surjektiv" sogar von der Wahl von $D(f)$ und Zielbereich $Z(f)$.

d) Die Inversion $j : x \mapsto \frac{1}{x}$ ist eine bijektive Abbildung $j : (0, \infty) \mapsto (0, \infty)$, und es gilt $j^{-1} = j$. Der Graph $\Gamma(j)$ ist symmetrisch zur Winkelhalbierenden, vgl. Abb. 3d. $\square$

3.17 Definition. *Für Abbildungen $f : M \mapsto N$, $g : N \mapsto U$ definiert man die* Komposition, Hintereinanderausführung *oder* Verkettung $g \circ f : M \mapsto U$ *durch $(g \circ f)(x) := g(f(x))$ für alle $x \in M$.*

3.18 Feststellung. *a) Für $f : M \mapsto N$, $g : N \mapsto U$ und $h : U \mapsto V$ gilt $h \circ (g \circ f) = (h \circ g) \circ f : M \mapsto V$.*

b) $f : M \mapsto N$ ist genau dann bijektiv, wenn eine Abbildung $g : N \mapsto M$ existiert mit $g \circ f = I$ und $f \circ g = I$.

Für die Komposition von Abbildungen gilt also das *Assoziativgesetz* (vgl. Abb. 31). Die Beweise von a) und b) sind klar; in b) gilt natürlich $g = f^{-1}$.

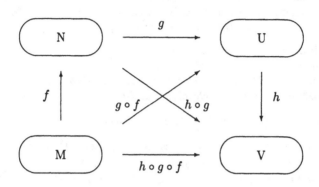

Abb. 31

Der Abbildungsbegriff wird nun benutzt, um die *Mächtigkeit von Mengen* zu definieren. Dieser wichtige Begriff wurde 1883 von G. Cantor eingeführt; er erlaubt es, *unendliche* Mengen der Größe nach zu vergleichen:

3.19 Definition. *Zwei Mengen M, N heißen* gleichmächtig, *in Zeichen:* $M \sim N$, *wenn es eine bijektive Abbildung $f : M \mapsto N$ gibt.*

3.20 Feststellung. „$\sim$ " *ist eine* Äquivalenzrelation, *d. h. es gilt:*
a) $M \sim M$ (Reflexivität),
b) $M \sim N \Rightarrow N \sim M$ (Symmetrie),
c) $M \sim N$ und $N \sim U \Rightarrow M \sim U$ (Transitivität).

BEWEIS. a) Es ist $I : M \mapsto M$ eine bijektive Abbildung.
b) Ist $f : M \mapsto N$ bijektiv, so ist auch $f^{-1} : N \mapsto M$ bijektiv.
c) Sind $f : M \mapsto N$, $g : N \mapsto U$ bijektiv, so ist $g \circ f : M \mapsto U$ bijektiv mit $(g \circ f)^{-1} = f^{-1} \circ g^{-1}$ (vgl. Abb. 3m). $\diamond$

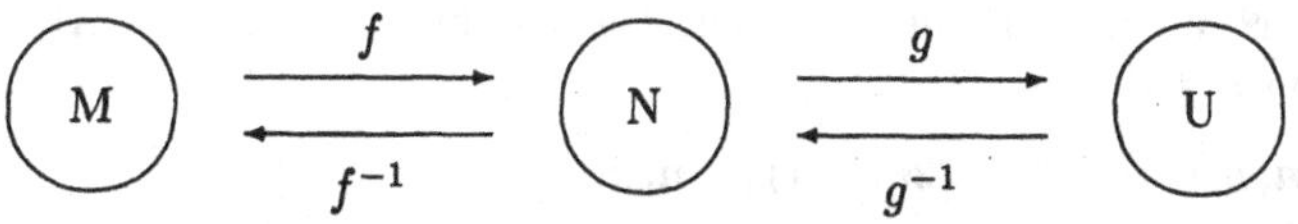

Abb. 3m

Für eine *endliche* Menge gilt $M \sim \mathbb{N}_p := \{1, 2, \ldots, p\}$ für ein geeignetes $p \in \mathbb{N}$. Dieses ist eindeutig bestimmt wegen

3.21 Feststellung. *Für $q < p$ gibt es keine surjektive Abbildung von $\mathbb{N}_q$ auf $\mathbb{N}_p$.*

Dies ist unmittelbar klar (und läßt sich auch leicht durch Induktion über p oder q zeigen). Auch eine injektive Abbildung von $\mathbb{N}_p$ nach $\mathbb{N}_q$ gibt es nicht; insbesondere gilt stets $\mathbb{N}_p \not\sim \mathbb{N}_q$ für $p \neq q$.

3.22 Definition. *Eine Menge M heißt*
a) abzählbar unendlich, *falls $M \sim \mathbb{N}$ gilt,*
b) abzählbar, *falls M endlich oder abzählbar unendlich ist,*
c) überabzählbar, *falls M nicht abzählbar ist.*

3.23 Satz. *Jede Teilmenge $M \subseteq \mathbb{N}$ ist abzählbar.*

Für nicht endliches M sieht man dies so ein: Es sei $f(1) = \min M$, dann $f(2) = \min(M \backslash \{f(1)\})$, dann $f(3) = \min(M \backslash \{f(1), f(2)\})$, usw. Dies definiert dann eine *bijektive* Abbildung $f : \mathbb{N} \mapsto M$; ein Beweis dafür wird in 3.27* angegeben.

3.24 Folgerung. *Es sei M eine Menge, so daß es*
a) eine injektive Abbildung $f : M \mapsto \mathbb{N}$ oder
b) eine surjektive Abbildung $g : \mathbb{N} \mapsto M$ gibt.
Dann ist M abzählbar.

BEWEIS. a) $f : M \mapsto f(M) \subseteq \mathbb{N}$ ist bijekiv, also $M \sim f(M)$ abzählbar.
b) Zu $x \in M$ wählt man $h(x) \in \mathbb{N}$ mit $g(h(x)) = x$. Dadurch wird eine Abbildung $h : M \mapsto \mathbb{N}$ definiert. Ist $h(x) = h(x')$, so folgt sofort $x = g(h(x)) = g(h(x')) = x'$, d.h. h ist *injektiv*, und die Behauptung folgt aus a).   ◇

Das folgende *Theorem* (das Wort wird für besonders wichtige Sätze benutzt) ist das Hauptergebnis dieses Abschnitts:

3.25 Theorem. *a) Sind M, N abzählbar, so auch $M \times N$.*
b) Für $n \in \mathbb{N}$ sei M_n eine abzählbare Menge. Dann ist auch $M := \bigcup\limits_{n=1}^{\infty} M_n$ abzählbar.

BEWEIS. a) Sind $f : M \mapsto \mathbb{N}$ und $g : N \mapsto \mathbb{N}$ injektiv, so gilt dies auch für $h : M \times N \mapsto \mathbb{N} \times \mathbb{N}$, $h(x, y) := (f(x), g(y))$. Es genügt also zu zeigen, daß $\mathbb{N} \times \mathbb{N}$ abzählbar unendlich ist. Dazu definiert man eine Abbildung $\iota : \mathbb{N} \times \mathbb{N} \mapsto \mathbb{N}$ durch

$$\iota(n, m) := 2^{n-1} \cdot (2m - 1), \quad n, m \in \mathbb{N}. \tag{9}$$

Es sei nun $2^{n-1}(2m - 1) = 2^{r-1}(2s - 1)$ für $n, m, r, s \in \mathbb{N}$. Ist $r < n$, so dividiert man durch 2^{r-1} und erhält $2^{n-r}(2m - 1) = (2s - 1)$; dies ist aber unmöglich, da links eine gerade und rechts eine ungerade Zahl steht. Genauso ist $r > n$ unmöglich, und es folgt $r = n$. Dann ist aber $2m - 1 = 2s - 1$ und damit auch $m = s$.

Somit ist ι *injektiv*, und die Behauptung folgt bereits aus 3.24 a). Es ist aber auch leicht, die *Surjektivität* von ι einzusehen: Für $p \in \mathbb{N}$ existiert $n := \max\{k \in \mathbb{N} \mid 2^{k-1}$ teilt $p\}$. Es folgt $p = 2^{n-1}q$, wobei $q \in \mathbb{N}$ *ungerade*, also von der Form $q = 2m - 1$ sein muß. Somit gilt $p = \iota(n, m)$.

b) Es gibt surjektive Abbildungen $f_n : \mathbb{N} \mapsto M_n$ für alle $n \in \mathbb{N}$. Definiert man dann $g : \mathbb{N} \times \mathbb{N} \mapsto M$ durch $g(n, k) := f_n(k)$, so ist auch g surjektiv. Da nach a) $\mathbb{N} \times \mathbb{N} \sim \mathbb{N}$ gilt, folgt die Behauptung jetzt aus 3.24 b). $\diamond$

3.26 Folgerung. $\mathbb{Z}$ *und* $\mathbb{Q}$ *sind abzählbar.*

BEWEIS. Offenbar ist $-\mathbb{N} \sim \mathbb{N}$, also $\mathbb{Z} = -\mathbb{N} \cup \{0\} \cup \mathbb{N}$ nach Theorem 3.25 b) abzählbar. Durch $f : (p, q) \mapsto \frac{p}{q}$ wird offenbar eine surjektive Abbildung $f : \mathbb{Z} \times \mathbb{N} \mapsto \mathbb{Q}$ definiert; da $\mathbb{Z} \times \mathbb{N}$ nach Theorem 3.25 a) abzählbar ist, folgt nun die Abzählbarkeit von $\mathbb{Q}$ aus Folgerung 3.24 b). $\diamond$

In Satz 6.21 wird dagegen gezeigt, daß $\mathbb{R}$ *überabzählbar* ist.

Bemerkung: Nach den Erfahrungen des Autors ist der Abzählbarkeitsbegriff für viele Studienanfänger schwierig. Die Abzählbarkeit von $\mathbb{N} \times \mathbb{N}$ *und* $\mathbb{Q}$ *ist jedoch für die Analysis sehr wichtig, so daß den Lesern intensive Bemühungen um ein Verständnis dieser Tatsachen empfohlen seien.*
Die jetzt folgende (etwas kompliziertere) präzise Fassung des Beweises von Satz 3.23 kann zunächst übergangen werden, ebenso der Rest dieses Abschnitts.

3.27 * Beweis von Satz 3.23. a) Es sei also $M \subseteq \mathbb{N}$ gegeben. Ist M endlich, so ist M sicher abzählbar.

b) Jetzt sei M nicht endlich. Nach dem Wohlordnungssatz 2.9 besitzt M ein kleinstes Element $x_1 = \min M$. Dann betrachtet man $M \backslash \{x_1\}$ und findet das Minimum x_2 dieser Menge. Offenbar gilt dann $1 \leq x_1 < x_2$.

c) Es seien nun bereits $x_1, \ldots, x_n \in M$ mit $x_1 < \ldots < x_n < x$ für alle $x \in M_n := M \backslash \{x_1, \ldots, x_n\}$ gefunden. Ist dann $x_{n+1} = \min M_n$, so gilt offenbar auch $x_1 < \ldots < x_n < x_{n+1} < x$ für alle $x \in M_{n+1} = M \backslash \{x_1, \ldots, x_n, x_{n+1}\}$.

d) Durch $f : n \mapsto x_n$ hat man nun rekursiv eine Abbildung $f : \mathbb{N} \mapsto M$ definiert. Nach Konstruktion ist f streng monoton wachsend und daher *injektiv;* zu zeigen bleibt also die *Surjektivität* von f. Dazu sei $m \in M$ gegeben. Da $f : n \to x_n$ streng monoton wachsend ist, gilt $m \leq x_m$. Wegen c) folgt $m \notin M_m = M \backslash \{x_1, \ldots, x_m\}$, also $m = x_k = f(k)$ für ein geeignetes $k \in \{1, \ldots, m\}$. ◇

In (9) wurde eine bijektive Abbildung $\iota : \mathbb{N} \times \mathbb{N} \to \mathbb{N}$ konstruiert. Es wird noch kurz auf eine andere solche Bijektion eingegangen:

3.28 * Eine weitere Bijektion von $\mathbb{N} \times \mathbb{N}$ auf $\mathbb{N}$. Man schreibt $\mathbb{N} \times \mathbb{N}$ in einem quadratischen Schema auf

$$(1,1) \quad (1,2) \quad (1,3) \quad (1,4) \quad (1,5) \quad (1,6) \quad \cdots$$
$$(2,1) \quad (2,2) \quad (2,3) \quad (2,4) \quad (2,5) \quad (2,6) \quad \cdots$$
$$(3,1) \quad (3,2) \quad (3,3) \quad (3,4) \quad (3,5) \quad (3,6) \quad \cdots$$
$$(4,1) \quad (4,2) \quad (4,3) \quad (4,4) \quad (4,5) \quad (4,6) \quad \cdots$$
$$(5,1) \quad (5,2) \quad (5,3) \quad (5,4) \quad (5,5) \quad (5,6) \quad \cdots$$
$$(6,1) \quad (6,2) \quad (6,3) \quad (6,4) \quad (6,5) \quad (6,6) \quad \cdots$$
$$\vdots \qquad \vdots \qquad \vdots \qquad \vdots \qquad \vdots \qquad \vdots \qquad \ddots$$

und führt eine *diagonale* Abzählung durch, d. h.
$(1,1), (1,2), (2,1), (1,3), (2,2), (3,1), (1,4), (2,3), \ldots$.
Dies liefert eine Bijektion $f : \mathbb{N} \times \mathbb{N} \to \mathbb{N}$, die durch die Formel

$$f(\ell, k) = \frac{(\ell+k-2)(\ell+k-1)}{2} + \ell \tag{10}$$

gegeben ist. Ist in der Tat $\ell + k = r$, so hat man zunächst die Diagonalen $\ell + k = 2$, $\ell + k = 3$, $\ldots$, $\ell + k = r-1$ mit jeweils $1, 2, \ldots, r-2$ Elementen zu durchlaufen und dann das ℓ-te Element in der Diagonalen $\ell + k = r$ zu nehmen. Daher folgt (10) aus (2.4). □

Aufgaben

3.1 Es sei $f : M \mapsto N$ eine Abbildung, und es seien $A, A' \subseteq M$ und $B, B' \subseteq N$. Man zeige:

$$f(A \cap A') \subseteq f(A) \cap f(A'), \qquad f(A \cup A') = f(A) \cup f(A'),$$
$$f^{-1}(B \cap B') = f^{-1}(B) \cap f^{-1}(B') \quad , \quad f^{-1}(B \cup B') = f^{-1}(B) \cup f^{-1}(B').$$

Gilt sogar stets $f(A \cap A') = f(A) \cap f(A')$?

3.2 Für eine Abbildung $f : M \mapsto N$ zeige man:
a) f injektiv $\Leftrightarrow \exists \ell : N \mapsto M : \ell \circ f = I$.
ℓ heißt eine *Linksinverse* von f. Welche Abbildungen f haben eine *eindeutig bestimmte* Linksinverse?
b) f surjektiv $\Leftrightarrow \exists r : N \mapsto M : f \circ r = I$.
r heißt eine *Rechtsinverse* von f. Welche Abbildungen f haben eine *eindeutig bestimmte* Rechtsinverse?

3.3 Es seien f, $g : \mathbb{R} \mapsto \mathbb{R}$ beschränkte bzw. monoton wachsende Funktionen. Sind dann auch die Funktionen $f + g$, $f \cdot g$ und $f \circ g$ beschränkt bzw. monoton wachsend?

3.4 Man finde eine Funktion $f : [0,1] \mapsto \mathbb{R}$, die injektiv, aber nicht monoton ist.

3.5 Man zeige, daß für Abbildungen $f : M \mapsto M$ im Fall *endlicher* Mengen M Injektivität und Surjektivität äquivalent sind.

3.6 Für Mengen A, M, N und Abbildungen $f : A \mapsto M$, $g : A \mapsto N$ wird $h : A \mapsto M \times N$ durch $h(x) := (f(x), g(x))$ für $x \in A$ definiert. Man beweise oder widerlege durch Gegenbeispiele die folgenden Aussagen:

f, g injektiv $\Rightarrow$ h injektiv, $\quad$ h injektiv $\Rightarrow$ f, g injektiv,

f, g surjektiv $\Rightarrow$ h surjektiv, $\quad$ h surjektiv $\Rightarrow$ f, g surjektiv.

3.7 Für folgende Mengen M gebe man jeweils eine bijektive Abbildung $f : \mathbb{N} \mapsto M$ an: $M := \mathbb{Z}$, $M := p\mathbb{Z} := \{pz \mid z \in \mathbb{Z}\}$ für $p \in \mathbb{N}$, $M := 2\mathbb{Z} \backslash 3\mathbb{Z}$, $M := 2\mathbb{Z} \cup 3\mathbb{Z}$.

3.8 Für folgende Mengen M gebe man jeweils eine bijektive Abbildung $f : (0,1) \mapsto M$ an: $M := (-3,7)$, $M := (0,\infty)$, $M := \mathbb{R}$.

3.9 Man zeige, daß folgende Mengen überabzählbar sind:
a) Die Menge $\{0,1\}^{\mathbb{N}}$ aller Abbildungen von $\mathbb{N}$ nach $\{0,1\}$,
b) Die Menge $\mathfrak{P}(\mathbb{N})$ aller Teilmengen von $\mathbb{N}$.

4 Ungleichungen

Aufgaben: 1. Man zeige, daß die Mengen $\{\frac{n^2}{2^n} \mid n \in \mathbb{N}\}$ und $\{\frac{5^n}{n!} \mid n \in \mathbb{N}\}$ beschränkt sind.
2. Man versuche, für die Zahlen $\{e_n = (1 + \frac{1}{n})^n \mid n \in \mathbb{N}\}$ (vgl. Problem B in der Einleitung) die Ungleichung $e_{n-1} \leq e_n$ zu zeigen.

In der Analysis ist es oft nicht möglich, kompliziertere Ausdrücke, wie etwa $n!$, durch einfachere Ausdrücke *genau* auszurechnen. Statt dessen gelingt es aber oft, *Abschätzungen* zu zeigen. Ein erstes wichtiges Beispiel ist die folgende:

4.1 Satz (Bernoullische Ungleichung). *Es gilt*

$$(1 + x)^n \geq 1 + nx \quad \text{für } x \geq -2 \text{ und } n \in \mathbb{N}. \tag{1}$$

BEWEIS. a) Für $n = 1$ ist dies offenbar richtig.

b) Ist $n \geq 2$ und $-2 \leq x \leq -1$, so gilt $-1 \leq 1 + x \leq 0$, also $1 + nx \leq 1 - n \leq -1 \leq (1 + x)^n$.

c) Für $x \geq -1$ verwendet man das Induktionsprinzip. Gilt (1) für n, so folgt wegen $1 + x \geq 0$ auch

$$
\begin{aligned}
(1 + x)^{n+1} &= (1 + x)^n (1 + x) \\
&\geq (1 + nx)(1 + x) = 1 + nx + x + nx^2 \\
&\geq 1 + (n + 1) x .
\end{aligned}
$$
◇

Abschätzung (1) wird in Abb. 4a für $n = 3$ illustriert. Für $x \geq 0$ folgt sie natürlich unmittelbar aus dem binomischen Satz. Ihre Gültigkeit auch für *negative* Zahlen $x \geq -2$ ist für einige Beweise in der Analysis wichtig, so etwa für die Beweise der Sätze 4.7 a) und 4.8 b)*.

Eine erste Folgerung aus der Bernoullischen Ungleichung ist die Abschätzung

$$\forall \, 0 \leq q < 1 \, \exists \, C > 0 \, \forall \, n \in \mathbb{N} : \quad q^n \leq C \cdot \tfrac{1}{n} . \tag{2}$$

Für $0 < q < 1$ beachtet man $\frac{1}{q} = 1 + x$ mit $x > 0$. Damit folgt $(\frac{1}{q})^n = (1 + x)^n \geq 1 + nx \geq nx$; dies impliziert (2) mit $C = \frac{1}{x}$.

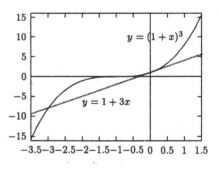

Abb. 4a

Für festes $n \in \mathbb{N}$ stehen auf beiden Seiten von (1) Funktionen, die auf $[-2, \infty)$ definiert sind. Für festes $x \in [-2, \infty)$ kann man diese Ausdrücke aber auch als *auf $\mathbb{N}$ definierte Funktionen* betrachten. Dies führt auf den folgenden wichtigen Begriff:

4.2 Definition. *Eine Funktion* $f : \mathbb{N} \mapsto \mathbb{R}$ *heißt* **Folge**. *Die Funktionswerte* $a_n := f(n)$ *heißen* Folgenglieder, *und man schreibt* $f = (a_n)$.

Statt $\mathbb{N}$ kann auch etwa $\mathbb{N}_0$ Definitionsbereich einer Folge sein. Da Folgen spezielle (auf $\mathbb{N} \subseteq \mathbb{R}$ definierte) Funktionen sind, sind die *Beschränktheits-* und *Monotonie-Begriffe* aus 3.8 und 3.10 erklärt.

Als erste Beispiele werden die Summen

$$h_n := \sum_{k=1}^{n} \frac{1}{k} = 1 + \frac{1}{2} + \frac{1}{3} + \cdots + \frac{1}{n}, \tag{3}$$

$$s_n := \sum_{k=1}^{n} \frac{1}{k^2} = 1 + \frac{1}{4} + \frac{1}{9} + \cdots + \frac{1}{n^2} \tag{4}$$

untersucht. Die Folgen (h_n) und (s_n) sind offenbar streng monoton wachsend. Einige Zahlenwerte findet man in der folgenden

4.3 Tabelle.

n	h_n	s_n
2	1,5	1,25
3	1,83333	1,36111
4	2,08333	1,42361
5	2,28333	1,46361
10	2,92897	1,54977
30	3,99499	1,61215
100	5,18738	1,63498
1000	7,48547	1,64393
10000	9,78761	1,64483

Die Folge (s_n) ist *beschränkt*:

4.4 Satz. *Für alle $n \in \mathbb{N}$ gilt die Abschätzung*

$$s_n = \sum_{k=1}^{n} \frac{1}{k^2} \leq 2.$$

BEWEIS. Für alle $n \in \mathbb{N}$ gilt

$$
\begin{aligned}
s_n &= 1 + \tfrac{1}{2 \cdot 2} + \tfrac{1}{3 \cdot 3} + \tfrac{1}{4 \cdot 4} + \cdots + \tfrac{1}{n \cdot n} \\
&\leq 1 + \tfrac{1}{2 \cdot 1} + \tfrac{1}{3 \cdot 2} + \tfrac{1}{4 \cdot 3} + \cdots + \tfrac{1}{n \cdot (n-1)} \\
&= 1 + (\tfrac{1}{1} - \tfrac{1}{2}) + (\tfrac{1}{2} - \tfrac{1}{3}) + (\tfrac{1}{3} - \tfrac{1}{4}) + \cdots + (\tfrac{1}{n-1} - \tfrac{1}{n}).
\end{aligned}
$$

Dies ist eine *„Teleskop-Summe"*, die durch Umklammern „zusammengeschoben" werden kann:

$$
\begin{aligned}
s_n &\leq 1 + \tfrac{1}{1} - (\tfrac{1}{2} - \tfrac{1}{2}) - (\tfrac{1}{3} - \tfrac{1}{3}) - (\tfrac{1}{4} - \ ) - \cdots - (\ - \tfrac{1}{n-1}) - \tfrac{1}{n} \\
&= 1 + 1 - \tfrac{1}{n} \leq 2.
\end{aligned}
$$

$\diamond$

Bemerkung: In diesem Beweis wurden also die Terme $\frac{1}{k^2}$ durch $\frac{1}{k(k-1)}$ abgeschätzt. Dieser nicht sofort auf der Hand liegende „Trick" wird durch den weiteren Verlauf des Beweises motiviert. Auch der Beweis des nächsten Satzes erfordert einen „Trick":

Aus Tabelle 4.3 läßt sich nicht ohne weiteres ablesen, ob die Folge (h_n) beschränkt ist. Man kann aber zeigen:

4.5 Satz. *Für $n, m \in \mathbb{N}$ und $n \geq 2^m$ gilt*

$$h_n = \sum_{k=1}^{n} \frac{1}{k} \geq 1 + \frac{m}{2}.$$

BEWEIS. Geschickte Zusammenfassung von Summanden ergibt:

$$
\begin{aligned}
h_n &= 1 + \frac{1}{2} + (\frac{1}{3} + \frac{1}{4}) + \cdots + (\frac{1}{2^{m-1}+1} + \cdots + \frac{1}{2^m}) + \cdots + \frac{1}{n} \\
&\geq 1 + \frac{1}{2} + \frac{1}{2} \quad + \cdots + \frac{1}{2} \qquad\qquad + 0 \\
&= 1 + \frac{m}{2}.
\end{aligned}
$$

$\diamond$

Aufgrund der anschaulich klaren Tatsache, daß $\mathbb{N}$ unbeschränkt ist (diese wird im nächsten Abschnitt als *Axiom* formuliert), ist dann die Folge (h_n) *unbeschränkt*. Diese Aussage wird in Beispiel 18.9 b) verfeinert.

Es werden nun erste Abschätzungen für die Fakultäten

$$n! = 1 \cdot 2 \cdot 3 \cdots (n-1) \cdot n$$

hergeleitet. Es ist naheliegend, alle Faktoren durch ihren ungefähren Mittelwert $\frac{n}{2}$ zu ersetzen und dann $n!$ mit der Potenz $\left(\frac{n}{2}\right)^n$ zu vergleichen. Einfache Rechungen zeigen $n! \geq \left(\frac{n}{2}\right)^n$ für $1 \leq n \leq 5$, andererseits aber $6! = 720 < 729 = 3^6 = \left(\frac{6}{2}\right)^6$ und auch etwa $n! \leq \left(\frac{n}{2}\right)^n$ für $6 \leq n \leq 10$. Aufgrund der aus der Bernoullischen Ungleichung oder dem binomischen Satz folgenden Abschätzung $\left(1 + \frac{1}{n}\right)^n \geq 2$ ergibt sich dann induktiv:

4.6 Satz. *Es gilt $n! \leq \left(\frac{n}{2}\right)^n$ für $n \in \mathbb{N}$, $n \geq 6$.*

BEWEIS. Für $n = 6$ ist dies richtig. Gilt die Behauptung für $n \in \mathbb{N}$, so folgt auch

$$(n+1)! = (n+1)\, n! \leq (n+1) \left(\frac{n}{2}\right)^n \leq (n+1) \left(\frac{n+1}{2}\right)^n \left(\frac{n}{n+1}\right)^n =$$

$$= \left(\frac{n+1}{2}\right)^n (n+1) \left(\frac{1}{1+\frac{1}{n}}\right)^n \leq \left(\frac{n+1}{2}\right)^n (n+1)\, \frac{1}{2} = \left(\frac{n+1}{2}\right)^{n+1}. \diamond$$

Im Induktionsschritt kann offenbar die Zahl 2 durch jede Zahl $c \geq 2$ ersetzt werden, die die Abschätzung $\left(1 + \frac{1}{n}\right)^n \geq c$ erfüllt. Gilt umgekehrt $\left(1 + \frac{1}{n}\right)^n \leq C$ für alle $n \in \mathbb{N}$ und eine Zahl $C \geq 2$, so liefert der Beweis von Satz 4.6 die untere Abschätzung $\left(\frac{n}{C}\right)^n \leq n!$ für die Fakultäten. Dies ist etwa für $n = 3$ der Fall und wird in Satz 4.10 unten ausgeführt.

Es ist also interessant, die Folge

$$e_n = \left(1 + \frac{1}{n}\right)^n, \quad n \in \mathbb{N}, \tag{5}$$

zu untersuchen, die, wie in der Einleitung erwähnt, auch bei kontinuierlichen Wachstumsprozessen auftritt. Ihr Monotonieverhalten liegt nicht sofort auf der Hand, da die Folge $n \mapsto 1 + \frac{1}{n}$ monoton fällt, andererseits aber die Folge $n \mapsto (1 + d)^n$ für jedes *feste* $d > 0$ monoton wächst. Dies gilt entsprechend auch für die „Hilfsfolge"

$$e_n^* := \left(1 + \frac{1}{n}\right)^{n+1} = e_n \left(1 + \frac{1}{n}\right), \quad n \in \mathbb{N}. \tag{6}$$

Die Monotoniefrage kann mittels der Bernoullischen Ungleichung entschieden werden:

4.7 Satz. *Die Folge (e_n) ist monoton wachsend, die Folge (e_n^*) monoton fallend.*

BEWEIS. a) Für $n \geq 2$ gilt nach der Bernoullischen Ungleichung

$$\begin{aligned}
\frac{e_n}{e_{n-1}} &= \left(\frac{n+1}{n}\right)^n \left(\frac{n-1}{n}\right)^{n-1} = \frac{n+1}{n} \left(\frac{n+1}{n} \cdot \frac{n-1}{n}\right)^{n-1} \\
&= \frac{n+1}{n} \left(\frac{n^2-1}{n^2}\right)^{n-1} = \frac{n+1}{n} \left(1 - \frac{1}{n^2}\right)^{n-1} \\
&\geq \left(1 + \frac{1}{n}\right)\left(1 - \frac{n-1}{n^2}\right) = 1 + \frac{1}{n^3} \geq 1.
\end{aligned}$$

b) Ähnlich ergibt sich auch

$$\begin{aligned}
\frac{e_{n-1}^*}{e_n^*} &= \left(\frac{n}{n-1}\right)^n \left(\frac{n}{n+1}\right)^{n+1} = \frac{n}{n+1} \left(\frac{n^2}{n^2-1}\right)^n \\
&= \frac{n}{n+1} \left(1 + \frac{1}{n^2-1}\right)^n \geq \frac{n}{n+1} \left(1 + \frac{n}{n^2-1}\right) \\
&\geq \frac{n}{n+1} \left(1 + \frac{1}{n}\right) = 1.
\end{aligned}$$

$\diamond$

Nach Satz 4.7 gilt also (vgl. Abb. 4b und 4c)

$$2 = e_1 \leq \ldots \leq e_n \leq e_{n+1} \leq \ \cdots \ \leq e_{n+1}^* \leq e_n^* \leq \ldots \leq e_1^* = 4$$

und insbesondere $e_n \leq 4$ für alle $n \in \mathbb{N}$.

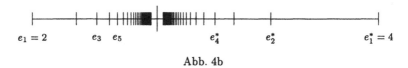

$e_1 = 2$ $\qquad\qquad$ e_3 $\quad$ e_5 $\qquad\qquad$ e_4^* $\qquad\qquad$ e_2^* $\qquad\qquad\qquad$ $e_1^* = 4$

Abb. 4b

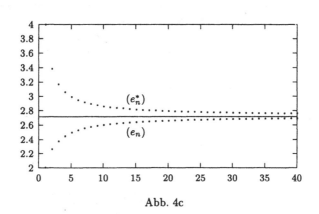

Abb. 4c

Für die *Intervalle* $J_n := [e_n, e_n^*]$ gelten daher die Inklusionen

$$J_1 \supseteq J_2 \supseteq \ldots \supseteq J_n \supseteq J_{n+1} \supseteq \cdots ,$$

und die *Intervallängen* $|J_n| = e_n^* - e_n = \frac{1}{n} \cdot e_n \leq \frac{4}{n}$ „werden mit wachsendem n immer kleiner". Die Zahlengeraden-Anschauung suggeriert nun, daß es *genau eine* Zahl $e \in \mathbb{R}$ geben sollte, die in allen Intervallen J_n dieser *Intervallschachtelung* enthalten ist. Dies wird in Abschnitt 6 als Axiom I formuliert.

Es werden nun auch die Folgen

$$E_n \quad := \quad \sum_{k=0}^{n} \tfrac{1}{k!} , \quad n \in \mathbb{N}_0 , \tag{7}$$

$$E_n^* \quad := \quad E_n + \tfrac{1}{n \cdot n!} , \quad n \in \mathbb{N} , \tag{8}$$

untersucht. Die Folge (E_n) ist offenbar streng monoton wachsend. Aus

$$E_{n+1} - E_n \quad = \quad \tfrac{1}{(n+1)!} \quad < \quad \tfrac{1}{n \cdot n!} - \tfrac{1}{(n+1)\,(n+1)!}$$

ergibt sich

$$E_{n+1}^* \; = \; E_{n+1} + \tfrac{1}{(n+1)\,(n+1)!} \; < \; E_n + \tfrac{1}{n\cdot n!} \; = \; E_n^* \,,$$

d. h. die Folge (E_n^*) ist streng monoton fallend. Folglich bilden auch die $I_n := [E_n, E_n^*]$ eine Intervallschachtelung, wobei aber die Intervallängen $|I_n| = E_n^* - E_n = \tfrac{1}{n\cdot n!}$ „wesentlich schneller klein" werden als die der J_n.

Bemerkung: Im folgenden Satz werden die Abschätzungen a) $e_n \leq E_n$ und b) $E_n^* \leq e_n^*$ gezeigt. Aussage b) wird im folgenden nicht benötigt, so daß der etwas komplizierte Beweis ohne weiteres übergangen werden kann.

4.8 Satz. *Für $n \in \mathbb{N}$ gilt $I_n \subseteq J_n$.*

BEWEIS. a) Nach dem binomischen Satz gilt

$$e_n \; = \; \left(1 + \tfrac{1}{n}\right)^n \; = \; \sum_{k=0}^{n} \binom{n}{k} \tfrac{1}{n^k} \; = \; \sum_{k=0}^{n} \tfrac{n!}{k!\,(n-k)!} \, \tfrac{1}{n^k}$$

$$= \; 1 + \sum_{k=1}^{n} \tfrac{n}{n} \tfrac{n-1}{n} \cdots \tfrac{n-k+1}{n} \tfrac{1}{k!} \; \leq \; \sum_{k=0}^{n} \tfrac{1}{k!} \; = \; E_n \,.$$

b)* Für $n = 1$ ist $E_n^* \leq e_n^*$ offenbar richtig. Um dies für $n \geq 2$ zu zeigen, muß nun die vorletzte Summe nach unten abgeschätzt werden. Zunächst gilt nach der Bernoullischen Ungleichung

$$c_{n,k} \; := \; \left(1 - \tfrac{1}{n}\right) \cdot \left(1 - \tfrac{2}{n}\right) \cdots \left(1 - \tfrac{k-1}{n}\right)$$

$$\geq \; \left(1 - \tfrac{k-1}{n}\right)^{k-1} \; \geq \; 1 - \tfrac{(k-1)^2}{n} \,.$$

Damit folgt dann

$$E_n - e_n \; = \; \left(2 + \sum_{k=2}^{n} \tfrac{1}{k!}\right) - \left(2 + \sum_{k=2}^{n} c_{n,k} \cdot \tfrac{1}{k!}\right)$$

$$= \; \sum_{k=2}^{n} (1 - c_{n,k}) \cdot \tfrac{1}{k!} \; \leq \; \sum_{k=2}^{n} \tfrac{(k-1)^2}{n} \cdot \tfrac{1}{k!}$$

$$\leq \; \tfrac{1}{2n} + \tfrac{1}{n} \sum_{k=3}^{n} \tfrac{1}{(k-2)!} \; = \; \tfrac{1}{n} \cdot \left(E_{n-2} - \tfrac{1}{2}\right)$$

und daraus

$$E_n^* - e_n \; = \; E_n - e_n + \tfrac{1}{n\cdot n!} \; \leq \; \tfrac{1}{n} \cdot \left(E_n - \tfrac{1}{2}\right)$$

$$\leq \; \tfrac{1}{n} \cdot \left(E_2^* - \tfrac{1}{2}\right) \; = \; \tfrac{1}{n} \cdot e_2 \; \leq \; \tfrac{1}{n} \cdot e_n \,,$$

also $E_n^* \leq \left(1 + \tfrac{1}{n}\right) e_n = e_n^*$. $\diamond$

Es werden nun einige Zahlenwerte angegeben:

4.9 Tabelle.

n	e_n	E_n	E_n^*	e_n^*
1	2	2	3	4
2	2,25	2,5	2,75	3,375
3	2,37037	2,6667	2,72222	3,16049
4	2,44141	2,70833	2,71875	3,05176
5	2,48832	2,71667	2,71833	2,98598
6	2,52163	2,71806	2,71829	2,94190
7	2,5465	2,71825	2,71828	2,91029
8	2,56578	2,71828	2,71828	2,88651
12	2,61304	2,71828	2,71828	2,83079
20	2,65330	2,71828	2,71828	2,78596
100	2,70481	2,71828	2,71828	2,73186
10^3	2,71692	2,71828	2,71828	2,71964
10^4	2,71815	2,71828	2,71828	2,71842
10^5	2,71827	2,71828	2,71828	2,71830

Insbesondere hat man $e_n \leq E_n \leq E_1^* = 3$ für alle $n \in \mathbb{N}$. Wie bereits nach Satz 4.6 erwähnt, liefert dies folgende Abschätzungen für die Fakultäten:

4.10 Satz. *a) Für alle $n \in \mathbb{N}$ gilt $\left(\frac{n}{3}\right)^n \leq n!$.*
b) Es gilt $\left(\frac{n}{3}\right)^n \leq n! \leq \left(\frac{n}{2}\right)^n$ für $n \in \mathbb{N}$, $n \geq 6$.

BEWEIS. a) Die Behauptung ist klar für $n = 1$. Gilt die Behauptung für $n \in \mathbb{N}$, so folgt auch

$$\left(\tfrac{n+1}{3}\right)^{n+1} = \tfrac{n+1}{3}\left(\tfrac{n+1}{3}\right)^n = \tfrac{n+1}{3}\left(\tfrac{n+1}{n}\right)^n\left(\tfrac{n}{3}\right)^n$$
$$= \tfrac{n+1}{3}\left(1+\tfrac{1}{n}\right)^n\left(\tfrac{n}{3}\right)^n \leq \tfrac{n+1}{3}\cdot 3\cdot n! = (n+1)!$$

aufgrund der Induktionsannahme und der Abschätzung $e_n \leq 3$.
b) folgt nun sofort aus a) und Satz 4.6.   ◇

Für $n = 100$ hat man $1,94033 \cdot 10^{152} \leq 9,33262 \cdot 10^{157} \leq 7,88861 \cdot 10^{169}$; die Abschätzungen in Satz 4.10 sind also recht grob. Aufgrund der Bemerkungen nach Satz 4.6 und der Tabelle 4.9 kann man sie beispielsweise zu $\left(\frac{n}{2,72}\right)^n \leq n! \leq \left(\frac{n}{2,7}\right)^n$ für $n \geq 100$ verbessern. Weitere Verschärfungen folgen nach Einführung der *Eulerschen Zahl e* in Abschnitt 6 und später in Kapitel V *(Stirlingsche Formeln)*.

Aufgaben

4.1 Man zeige die folgende Variante der Bernoullischen Ungleichung:
Für $0 \leq x \leq 1$ und $n \in \mathbb{N}$ gilt

$$(1 - x)^n \leq \tfrac{1}{1+nx}.$$

4.2 Man zeige die folgende Verallgemeinerung der Bernoullischen Ungleichung: Sind $x_1, \ldots, x_n \in \mathbb{R}$ mit $-1 \leq x_k \leq 0$ für alle k oder $x_k \geq 0$ für alle k, so gilt

$$\prod_{k=1}^{n} (1 + x_k) \geq 1 + \sum_{k=1}^{n} x_k.$$

4.3 Läßt sich Satz 4.4 mit Hilfe des Induktionsprinzips beweisen?

4.4 Man zeige die folgende Verschärfung von Satz 4.4:
Die Folge $(s_n^* := s_n + \frac{1}{n})$ ist monoton fallend, und somit gilt $s_n \leq s_m^*$ für alle $n, m \in \mathbb{N}$.

4.5 Man zeige, daß die Folgen $(\frac{h_n}{n})$ und $(\frac{h_n^2}{n})$ beschränkt sind.

4.6 Man zeige für $n \in \mathbb{N}$ die Ungleichungen

$$1 - \frac{1}{n} \leq (1 - \frac{1}{n^2})^n \leq 1 \leq (1 + \frac{1}{n^2})^n \leq 1 + \frac{2}{n}.$$

4.7 Man gebe einen einfachen Beweis für die Ungleichung

$$e_n \leq e_{2n}, \quad n \in \mathbb{N}.$$

II. Konvergenz und Stetigkeit

Mit diesem Kapitel II beginnt die Untersuchung des für die Analysis zentralen *Grenzwertbegriffs*. Dieser wird zunächst für *reelle Zahlenfolgen* (a_n) eingeführt; die Aussage „$\lim_{n\to\infty} a_n = \ell$" bedeutet in etwa, daß sich die Folgenglieder a_n „für große n" um den *Limes* ℓ herum „stabilisieren" (vgl. Definition 5.1). Konkrete Konvergenzaussagen beruhen auf der *Unbeschränktheit von* $\mathbb{N}$ (*Axiom A* in Abschnitt 5) und der *Vollständigkeit von* $\mathbb{R}$. Diese wird in Abschnitt 6 als *Axiom I* formuliert: Zu jeder *Intervallschachtelung* $J_1 \supseteq J_2 \supseteq \dots$ kompakter Intervalle existiert eine Zahl $c \in \bigcap_{n=1}^{\infty} J_n$. Äquivalent dazu sind das *Cauchysche Konvergenzkriterium* oder die *Existenz von Grenzwerten monotoner beschränkter Folgen*. In Abschnitt 15* wird kurz auf die *Konstruktionen* von $\mathbb{R}$ nach R. Dedekind und G. Cantor eingegangen.

Ab Abschnitt 8 werden *Grenzwerte reeller Funktionen* untersucht. Die Aussage „$\lim_{x\to a} f(x) = \ell$" bedeutet in etwa, daß sich die Funktionswerte $f(x)$ „für x nahe a" um den *Limes* ℓ herum „stabilisieren" (vgl. Feststellung 8.5). Gilt zusätzlich $\ell = f(a)$, so heißt f *stetig* im Punkte a.

Zu den wichtigsten Resultaten in Kapitel II zählen der *Zwischenwertsatz* in Abschnitt 9 und der *Satz von Bolzano-Weierstraß* in Abschnitt 12. Der Zwischenwertsatz besagt, daß für eine auf einem Intervall $I \subseteq \mathbb{R}$ definierte *stetige* Funktion $f : I \mapsto \mathbb{R}$ auch $f(I)$ wieder ein *Intervall* ist. Somit besitzt eine Gleichung $f(x) = c$ bereits dann eine Lösung $\xi \in I$, wenn Zahlen $a, b \in I$ mit $f(a) < c < f(b)$ existieren. Mit Hilfe des Zwischenwertsatzes werden die *Existenz m-ter Wurzeln* positiver Zahlen und die *Existenz reeller Nullstellen für Polynome ungeraden Grades* gezeigt; in Abschnitt 11 ergibt sich die *Existenz des Logarithmus* als Umkehrfunktion der *Exponentialfunktion* $\exp : \mathbb{R} \mapsto (0, \infty)$. Dort werden auch reelle Potenzen $a^b = \exp(b \log a)$ positiver Zahlen eingeführt.

Im Mittelpunkt des letzten Teils von Kapitel II stehen *Teilfolgen* und *Gleichmäßigkeitsbegriffe*. Der Satz von Bolzano-Weierstraß besagt, daß jede beschränkte Folge in $\mathbb{R}$ eine konvergente Teilfolge besitzt. Daraus ergibt sich, daß auf *kompakten* Intervallen $J \subseteq \mathbb{R}$ definierte stetige Funktionen $f : J \mapsto \mathbb{R}$ *Maxima* und *Minima* besitzen sowie *gleichmäßig stetig* sind (vgl. Definition 13.5). Die letzte Aussage wird für die *Integration* stetiger Funktionen in Kapitel III benötigt. In Abschnitt 14 werden die *punktweise* und die *gleichmäßige Konvergenz* von *Funktionenfolgen* diskutiert und gezeigt, daß sich im letzteren Fall die *Stetigkeit* auf die *Grenzfunktion* vererbt.

5   Konvergenz von Folgen

Bei der Untersuchung von Folgen kommt es meistens nicht etwa darauf an, *einzelne* Folgenglieder genau zu bestimmen, sondern *das Verhalten der Folgenglieder „für große n"* zu erfassen. Bei den im letzten Abschnitt betrachteten Folgen (s_n), (e_n), (E_n), (E_n^*) oder (e_n^*) unterscheiden sich die Folgenglieder für große n nur noch wenig voneinander (die konkrete Bedeutung von „groß" hängt stark von der betrachteten Folge ab), scheinen sich also um eine gewisse Zahl herum zu stabilisieren, gegen eine gewisse Zahl zu *konvergieren*. Es ist allerdings nicht klar, um jeweils welche Zahl es sich dabei handeln könnte.

Dieses Phänomen kann leichter bei Folgen (a_n) analysiert werden, für die es offensichtlich ist, gegen welchen *Grenzwert* $a \in \mathbb{R}$ sie konvergieren sollten, z. B. also für $(a_n = \frac{1}{n})$ oder $(a_n = \frac{(-1)^n}{n})$ und $a = 0$.

Um „die richtige" Definition für die Konvergenz von (a_n) gegen a zu finden, kann man folgendermaßen verfahren: Die gewünschte Konvergenz liegt sicher dann nicht vor, wenn alle a_n einen Respektabstand $\varepsilon > 0$ von a haben, d. h. wenn gilt $\exists\, \varepsilon > 0 \; \forall\, n \in \mathbb{N} \;:\; |a_n - a| \geq \varepsilon$. Die Negation dieser Aussage lautet:

$$\forall\, \varepsilon > 0 \; \exists\, n \in \mathbb{N} \;:\; |a_n - a| < \varepsilon.$$

Offenbar reicht diese Aussage für „$a_n \to a$" nicht aus, so würde z. B. die Folge (n) gegen jedes $a \in \mathbb{N}$ konvergieren. Offenbar muß nicht nur ein a_n, sondern müssen *viele* a_n kleinen Abstand zu a haben. Andererseits kann man

$$\forall\, \varepsilon > 0 \; \forall\, n \in \mathbb{N} \;:\; |a_n - a| < \varepsilon$$

sicher nicht verlangen; dann würde z. B. $\frac{1}{n} \to 0$ nicht gelten. Eine weitere Möglichkeit wäre

$$\forall\, \varepsilon > 0 \;:\; |a_n - a| < \varepsilon \text{ für unendlich viele } n.$$

Für die Folge $((-1)^n)$ wäre dann $(-1)^n \to 1$, aber auch $(-1)^n \to -1$ erfüllt und Grenzwerte wären nicht *eindeutig*. Die folgende, „richtige" Definition geht in dieser Form auf K. Weierstraß zurück:

5.1 Definition. *Eine Folge* $(a_n) \subseteq \mathbb{R}$ *heißt* **konvergent** *gegen einen Grenzwert oder* Limes $a \in \mathbb{R}$*, falls folgendes gilt:*

$$\forall\, \varepsilon > 0 \; \exists\, n_0 \in \mathbb{N} \; \forall\, n \geq n_0 \;:\; |a_n - a| < \varepsilon. \tag{1}$$

Man schreibt $a = \lim\limits_{n \to \infty} a_n$ *oder* $a_n \to a$.
Nicht konvergente Folgen heißen divergent.

$a_n \to a$ bedeutet also, daß für jedes gegebene $\varepsilon > 0$ ab einem gewissen Index $n_0 \in \mathbb{N}$ alle Folgenglieder in dem Intervall mit Länge 2ε um a liegen müssen (vgl. Abb. 5a). Der Index $n_0 = n_0(\varepsilon) \in \mathbb{N}$ hängt natürlich von ε (und von der Folge) ab.

$$a - \varepsilon \qquad\qquad a \qquad\qquad a + \varepsilon$$

Abb. 5a

Die Folge $((-1)^n)$ ist divergent: Für jedes $a \in \mathbb{R}$ gilt ja $|a - (-1)^n| \geq 1$ entweder für alle geraden oder für alle ungeraden n.

Als erstes Beispiel für Konvergenz bietet sich natürlich $\frac{1}{n} \to 0$ an. Da diese Folge *monoton fällt,* ist (1) für sie äquivalent zu

$$\forall\, \varepsilon > 0\; \exists\, n \in \mathbb{N}\; :\; \tfrac{1}{n} < \varepsilon$$

oder, mit $C = \frac{1}{\varepsilon}$, zu

$$\forall\, C > 0\; \exists\, n \in \mathbb{N}\; :\; n > C.$$

Es gilt also $\frac{1}{n} \to 0$ genau dann, wenn $\mathbb{N}$ *unbeschränkt* ist. Wegen $\frac{p}{q} < p+1$ für $p, q \in \mathbb{N}$ hat $\mathbb{N}$ sicher keine obere Schranke in $\mathbb{Q}$, doch läßt sich mit Hilfe der Axiome K und O nicht beweisen, daß es auch in $\mathbb{R}$ keine solche obere Schranke gibt. Es wird daher das *Axiom des Archimedes* postuliert:

Axiom A $\mathbb{N}$ *ist unbeschränkt.*

Damit gilt also $\lim\limits_{n \to \infty} \frac{1}{n} = 0$, d.h. $(\frac{1}{n})$ ist eine *Nullfolge.* Nach Satz 4.5 ist übrigens mit $\mathbb{N}$ auch die Folge $(h_n = \sum\limits_{k=1}^{n} \frac{1}{k})$ unbeschränkt.

Es werden nun allgemeine Aussagen zur Konvergenz gezeigt. Zunächst wird Definition 5.1 etwas flexibler formuliert: statt „<" genügt in (1) auch „≤", und ε kann mit einer festen Konstanten multipliziert werden.

5.2 Feststellung. *Eine Folge (a_n) konvergiert genau dann gegen $a \in \mathbb{R}$, falls folgendes gilt:*

$$\exists\, C > 0\; \forall\, \varepsilon > 0\; \exists\, n_0 \in \mathbb{N}\; \forall\, n \geq n_0\; :\; |a_n - a| \leq C \cdot \varepsilon. \qquad (2)$$

BEWEIS. „$\Rightarrow$" folgt sofort mit $C := 1$. Umgekehrt gelte (2), und zum Beweis von (1) sei $\varepsilon > 0$ gegeben. Man wendet nun (2) für $\varepsilon' := \frac{\varepsilon}{2C}$ an, findet also $n_0 \in \mathbb{N}$ mit $|a_n - a| \leq C \cdot \varepsilon'$ für $n \geq n_0$. Dieses n_0 kann man dann auch in (1) wählen: für $n \geq n_0$ gilt ja $|a_n - a| \leq C \cdot \varepsilon' = \frac{\varepsilon}{2} < \varepsilon$. $\diamond$

Grenzwerte sind stets *eindeutig* bestimmt:

5.3 Feststellung. *Eine Folge* $(a_n) \subseteq \mathbb{R}$ *hat höchstens einen Grenzwert.*

BEWEIS. Es gelte $a_n \to a$ und $a_n \to b$. Ist $a \neq b$, so ist $d := |a - b| > 0$. Es gibt $n_1 \in \mathbb{N}$ mit $|a_n - a| < \frac{d}{2}$ für $n \geq n_1$ und $n_2 \in \mathbb{N}$ mit $|a_n - b| < \frac{d}{2}$ für $n \geq n_2$. Ist $n_0 := \max\{n_1, n_2\}$, so ergibt sich für $n \geq n_0$ der Widerspruch $|a - b| \leq |a - a_n| + |a_n - b| < \frac{d}{2} + \frac{d}{2} = d$. $\diamond$

Oft können Konvergenzaussagen mit Hilfe von bereits bekanntem Konvergenzverhalten anderer Folgen gewonnen werden:

5.4 Feststellung. *Für die Folgen* (a_n), (b_n), $(c_n) \subseteq \mathbb{R}$ *gelte*

$$\exists \, n_0 \in \mathbb{N} \, \forall \, n \geq n_0 : \; a_n \leq c_n \leq b_n \, . \tag{3}$$

Aus $\lim\limits_{n \to \infty} a_n = \lim\limits_{n \to \infty} b_n = c$ *folgt dann auch* $\lim\limits_{n \to \infty} c_n = c$.

BEWEIS. Zu $\varepsilon > 0$ gibt es $n_1 \in \mathbb{N}$ mit $a_n > c - \varepsilon$ für $n \geq n_1$ und $n_2 \in \mathbb{N}$ mit $b_n < c + \varepsilon$ für $n \geq n_2$. Ist $n_3 := \max\{n_0, n_1, n_2\}$, so gilt für $n \geq n_3$ dann $c - \varepsilon < a_n \leq c_n \leq b_n < c + \varepsilon$, also $|c_n - c| < \varepsilon$. $\diamond$

Argumente wie „$n_3 := \max\{n_0, n_1, n_2\}$" werden im folgenden nicht mehr explizit angegeben.

5.5 Feststellung. *Es seien* $(c_n) \subseteq \mathbb{R}$ *eine Folge und* $c \in \mathbb{R}$. *Es gebe Nullfolgen* $(a_n) \geq 0$, $(b_n) \geq 0$ *und Konstanten* $C, D \geq 0$ *mit*

$$\exists \, n_0 \in \mathbb{N} \, \forall \, n \geq n_0 \; : \; |c_n - c| \; \leq \; Ca_n + Db_n \, . \tag{4}$$

Dann folgt $\lim\limits_{n \to \infty} c_n = c$.

BEWEIS. Zu $\varepsilon > 0$ gibt es $n_1 \geq n_0$, so daß für $n \geq n_1$ gilt $a_n < \varepsilon$ und $b_n < \varepsilon$, nach (4) also auch $|c_n - c| < (C + D)\varepsilon$. Die Behauptung folgt somit aus Feststellung 5.2. $\diamond$

Natürlich gilt dies erst recht, wenn man eine Abschätzung (4) mit *einer* Nullfolge hat. Die gewählte Formulierung wird sich bald als nützlich erweisen. Natürlich könnte man auch jede andere feste endliche Anzahl von Nullfolgen auf der rechten Seite von (4) zulassen.

5.6 Feststellung. *Konvergente Folgen $a_n \to a$ sind beschränkt.*

BEWEIS. Zu $\varepsilon = 1$ gibt es $n_0 \in \mathbb{N}$ mit $|a_n - a| < 1$ für $n \geq n_0$. Mit $C := \max \{|a_1|, |a_2|, \ldots, |a_{n_0 - 1}|, |a| + 1\}$ (man beachte Aufgabe 2.7) gilt dann $|a_n| \leq C$ für alle $n \in \mathbb{N}$. $\diamond$

Die Umkehrung dieser Aussage gilt natürlich nicht, wie etwa das Beispiel $(a_n) = ((-1)^n)$ zeigt.

5.7 Beispiele. a) Für alle $k \in \mathbb{N}$ gilt $\lim\limits_{n \to \infty} \dfrac{1}{n^k} = 0$. Dies folgt sofort aus $0 \leq \frac{1}{n^k} \leq \frac{1}{n}$ und $\frac{1}{n} \to 0$.

b) Für $q \in \mathbb{R}$ wird die Folge (q^n) betrachtet. Für $q = 1$ gilt $q^n \to 1$, für $q = -1$ ist $(q^n) = ((-1)^n)$ divergent. Für $|q| > 1$ schreibt man $|q| = 1 + h$ mit $h > 0$. Es folgt $|q^n| = |q|^n \geq 1 + nh$ nach der Bernoullischen Ungleichung; (q^n) ist also unbeschränkt und somit divergent.

Für $|q| < 1$ gilt nach (4.2)

$$\exists\, C > 0 \,\forall\, n \in \mathbb{N} \;:\; |q^n| = |q|^n \leq C \cdot \frac{1}{n}\,;$$

somit ist $(n \cdot q^n)$ beschränkt, und wegen Feststellung 5.5 gilt $q^n \to 0$.

c) Allgemeiner wird nun induktiv gezeigt:

$$\forall\, k \in \mathbb{N}_0 \,\forall\, q \in (-1, 1) \;:\; \lim_{n \to \infty} n^k \cdot q^n = 0. \tag{5}$$

Für $k = 0$ ist dies nach b) richtig; nun gelte (5) für $k \in \mathbb{N}_0$. Zu $q \in (-1, 1)$ wählt man $r \in \mathbb{R}$ mit $|q| < r < 1$, z. B. $r := \frac{|q| + 1}{2}$. Mit $p := \frac{q}{r}$ gilt dann $p \in (-1, 1)$ und $q = p \cdot r$. Damit folgt

$$|n^{k+1} q^n| = (n\, r^n) \cdot (n^k |p|^n) \leq C \cdot n^k |p|^n,$$

da ja nach b) $(n\, r^n)$ beschränkt ist. Aufgrund der Induktionsvoraussetzung $n^k |p|^n \to 0$ folgt nach Feststellung 5.5 also auch $n^{k+1} q^n \to 0$.

d) Für alle $a \in \mathbb{R}$ gilt $\lim\limits_{n \to \infty} \dfrac{a^n}{n!} = 0$. Nach Satz 4.10 gilt nämlich

$$\left| \frac{a^n}{n!} \right| \leq \left(\frac{3|a|}{n} \right)^n \leq \left(\tfrac{1}{2} \right)^n \quad \text{für } n \geq 6|a|. \qquad \square$$

Konvergenz ist mit den *algebraischen Operationen verträglich:*

5.8 Satz. *Es seien (a_n), (b_n) Folgen mit $\lim\limits_{n \to \infty} a_n = a$ und $\lim\limits_{n \to \infty} b_n = b$. Dann folgt $\lim\limits_{n \to \infty} (a_n + b_n) = a + b$ und $\lim\limits_{n \to \infty} (a_n \cdot b_n) = a \cdot b$. Für $b \neq 0$ ist auch $b_n \neq 0$ für große n, und es gilt $\lim\limits_{n \to \infty} \dfrac{a_n}{b_n} = \dfrac{a}{b}$.*

BEWEIS. a) Es ist

$$|(a_n + b_n) - (a + b)| = |(a_n - a) + (b_n - b)| \leq |a_n - a| + |b_n - b|,$$

und die Behauptung folgt aus Feststellung 5.5.

b) Nach 5.6 ist (a_n) beschränkt, d. h. $|a_n| \leq C$ für $n \in \mathbb{N}$. Es folgt

$$|a_n b_n - ab| = |a_n(b_n - b) + (a_n - a)b| \leq C|b_n - b| + |b||a_n - a|,$$

und man verwendet wieder Feststellung 5.5.

c) Wegen b) kann man $a_n = 1$ annehmen. Zu $\varepsilon := \frac{|b|}{2}$ gibt es $n_0 \in \mathbb{N}$ mit $|b_n - b| < \frac{|b|}{2}$ für $n \geq n_0$, also $|b_n| = |b - (b - b_n)| \geq |b| - \frac{|b|}{2} = \frac{|b|}{2} > 0$ wegen (1.6). Für diese n folgt

$$\left| \frac{1}{b_n} - \frac{1}{b} \right| = \left| \frac{b - b_n}{b_n b} \right| \leq \frac{2}{|b|^2} |b - b_n|$$

und somit wegen 5.5 die Behauptung.   ◇

5.9 Beispiele. a) $\dfrac{2 - n + 3n^2}{4 + 7n^2} = \dfrac{\frac{2}{n^2} - \frac{1}{n} + 3}{\frac{4}{n^2} + 7} \to \dfrac{0 - 0 + 3}{0 + 7} = \dfrac{3}{7}$.

b) $\dfrac{n^5 2^n - 4n^9 + 8}{2n - 3^n} = \dfrac{n^5 \left(\frac{2}{3}\right)^n - \frac{4n^9}{3^n} + \frac{8}{3^n}}{\frac{2n}{3^n} - 1} \to \dfrac{0 - 0 + 0}{0 - 1} = 0$.

c) $\dfrac{7^n + 2^n n!}{n^{n+1} + n^3} = \dfrac{\frac{7^n}{n^{n+1}} + \frac{2^n}{n^n} n! \frac{1}{n}}{1 + \frac{n^3}{n^{n+1}}} \to \dfrac{0 + 0}{1 + 0} = 0$ wegen Satz 4.10 b).

d) Wegen Beispiel 5.7 b) und Satz 5.8 ergibt sich aus der geometrischen Summenformel (2.1) die wichtige Aussage

$$\lim_{n \to \infty} \sum_{k=0}^{n} q^k = \lim_{n \to \infty} \frac{1 - q^{n+1}}{1 - q} = \frac{1}{1 - q}, \quad |q| < 1. \tag{6}$$

e) Im Fall $a = b = 0$ kann keine allgemeine Aussage über das Verhalten der Quotienten a_n/b_n gemacht werden. Als Beispiel diene etwa $b_n = 1/n^2 \to 0$. Für $a_n = 1/n^3$ gilt $a_n/b_n = 1/n \to 0$, für $a_n = c/n^2$ gilt $a_n/b_n = c \to c$, und für $a_n = 1/n$ ist $(a_n/b_n = n)$ divergent. Den Fall $a \neq 0$, $b = 0$ behandelt Aufgabe 5.4.   □

Konvergenz ist auch mit *Absolutbetrag* und *Ordnung* auf $\mathbb{R}$ *verträglich*:

5.10 Feststellung. *a) Aus $a_n \to a$ folgt stets auch $|a_n| \to |a|$.*

b) Es seien (a_n), (b_n) Folgen mit $a_n \leq b_n$ ab einem $n_0 \in \mathbb{N}$. Aus $a_n \to a$ und $b_n \to b$ folgt dann $a \leq b$.

BEWEIS. a) Es ist $||a_n| - |a|| \leq |a_n - a|$ wegen Folgerung 1.5.

b) Andernfalls ist $2d := a - b > 0$. Mit $c := b + d = a - d$ gilt ab einem $n_1 \geq n_0$ dann $a_n > a - d = c$ und $b_n < b + d = c$, also $a_n > b_n$. Dies ist aber ein Widerspruch. $\Diamond$

Das Beispiel $a_n := -\frac{1}{n} < b_n := +\frac{1}{n}$ zeigt, daß Aussage b) für „$<$" nicht richtig ist.

Am Ende dieses Abschnitts wird noch eine bequeme Sprechweise für gewisse divergente Folgen eingeführt:

5.11 Definition. *Eine Folge* $(a_n) \subseteq \mathbb{R}$ *strebt gegen* $+\infty$ *bzw. strebt gegen* $-\infty$, *falls folgendes gilt:*

$$\forall\, \varepsilon > 0 \ \exists\, n_0 \in \mathbb{N} \ \forall\, n \geq n_0 \ : \ a_n > \tfrac{1}{\varepsilon} \ \ bzw. \ \ a_n < -\tfrac{1}{\varepsilon}. \tag{7}$$

Man schreibt $a_n \to +\infty$ *bzw.* $a_n \to -\infty$.

5.12 Bemerkung. Die *Symbole* $\pm\infty$ sind natürlich *keine* reellen Zahlen. Manchmal ist es jedoch bequem, $\mathbb{R}$ durch sie zur Menge

$$\overline{\mathbb{R}} := \mathbb{R} \cup \{+\infty, -\infty\} \tag{8}$$

zu erweitern. Dann sollen einige einleuchtende Regeln gelten, etwa

$$-\infty < x < +\infty, \ x \pm \infty = \pm\infty, \ \frac{x}{\pm\infty} = 0 \quad \text{für } x \in \mathbb{R},$$

$$x \cdot \pm\infty = \pm\infty \ \text{ für } x > 0\,, \quad x \cdot \pm\infty = \mp\infty \ \text{ für } x < 0.$$

Man beachte, daß einige Ausdrücke, wie etwa $0 \cdot \infty$, $\frac{\infty}{\infty}$, 1^∞ oder $\infty - \infty$ *nicht definiert* sind. $\square$

5.13 Feststellung. *Es gilt* $a_n \to \pm\infty$ *genau dann, wenn ab einem* $n_0 \in \mathbb{N}$ *gilt* $a_n \gtrless 0$ *und* $\frac{1}{a_n} \to 0$.

Dies ist offensichtlich.

5.14 Bemerkungen. Es ist für die Analysis sehr wichtig, die *Wachstumsgeschwindigkeit* von Folgen $a_n \to +\infty$ zu erfassen. Eine Folge (b_n) strebt *schneller* gegen $+\infty$ als (a_n), falls $\frac{a_n}{b_n} \to 0$ gilt. In der folgenden Liste strebt jede Folge schneller nach $+\infty$ als die vorhergehende:

a) (n^k), $k \in \mathbb{N}$; b) (q^n), $q > 1$; c) $(n!)$; d) (n^n); e) 2^{n^2}.

Die beiden ersten Behauptungen gelten nach 5.7. Weiter gilt $\frac{n!}{n^n} \leq \frac{1}{2^n} \to 0$ nach Satz 4.10 b) sowie $\frac{n^n}{2^{n^2}} = \left(\frac{n}{2^n}\right)^n \leq \frac{n}{2^n} \to 0$ nach Beispiel 5.7 c). $\square$

Aufgaben

5.1 Man untersuche die angegebenen Folgen auf Konvergenz und bestimme ggf. die Grenzwerte:

a) $a_n = \dfrac{4n^3 - (-1)^n\, n^2}{5n + 2n^3}$,   b) $a_n = \dfrac{3n^4 + n^n}{5^n + 4^n\, n!}$,   c) $a_n = \dfrac{2^{n^3}}{n! \cdot 5^{n^2} + n^n}$,

d) $a_n = \dfrac{(n^3 - 5n)^4 - n^{12}}{n^{11}}$,   e) $a_n = \dfrac{1}{h_n}$, $h_n = \sum\limits_{k=1}^{n} \dfrac{1}{k}$.

5.2 Für festes $k \in \mathbb{N}$ zeige man $\lim\limits_{n \to \infty} 2^{-n} \cdot \binom{n}{k} = 0$.

5.3 Es seien (a_n) eine Nullfolge und (b_n) eine beschränkte Folge. Man zeige, daß auch $(a_n \cdot b_n)$ eine Nullfolge ist.

5.4 Es gelte $a_n \to a \neq 0$ und $b_n \to 0$. Man zeige $\left| \dfrac{a_n}{b_n} \right| \to +\infty$.

5.5 Man finde eine unbeschränkte Folge, die weder nach $+\infty$ noch nach $-\infty$ strebt.

5.6 Es sei $(a_n) \subseteq \mathbb{R} \backslash \{3\}$ eine Folge mit $\lim\limits_{n \to \infty} a_n = 3$.

Existiert dann $\lim\limits_{n \to \infty} \dfrac{a_n^2 - 9}{a_n - 3}$?

5.7 Man berechne die Grenzwerte $\lim\limits_{n \to \infty} n^{-2} \sum\limits_{k=1}^{n} k$ und $\lim\limits_{n \to \infty} n^{-3} \sum\limits_{k=1}^{n} k^2$.

5.8 Für die Folge $\left(h_n = \sum\limits_{k=1}^{n} \frac{1}{k} \right)$ zeige man $\lim\limits_{n \to \infty} \dfrac{h_n^p}{n} = 0$ für alle $p \in \mathbb{N}$.

5.9 Es sei (b_n) eine streng monoton wachsende Folge mit $b_n \to \infty$. Es sei (a_n) eine weitere Folge mit $\lim\limits_{n \to \infty} \dfrac{a_n - a_{n-1}}{b_n - b_{n-1}} = \ell$. Man beweise, daß dann auch $\lim\limits_{n \to \infty} \dfrac{a_n}{b_n} = \ell$ gilt.

HINWEIS. Man setze $c_n := a_n - a_{n-1}$ und $d_n := b_n - b_{n-1}$.
Für $\varepsilon > 0$ gilt dann ab einem geeigneten $n_0 \in \mathbb{N}$:
$a_n = c_n + c_{n-1} + \cdots + c_{n_0+1} + a_{n_0} \sim (\ell \pm \varepsilon)(b_n - b_{n_0}) + a_{n_0}$.

5.10 Für $p \in \mathbb{N}$ zeige man $\lim\limits_{n \to \infty} \dfrac{1}{n^{p+1}} \sum\limits_{k=1}^{n} k^p = \dfrac{1}{p+1}$.

5.11 Für eine Folge $(s_n)_{n \in \mathbb{N}_0}$ betrachte man die Folge der *arithmetischen Mittel*

$$\sigma_n := \tfrac{1}{n+1}(s_0 + \cdots + s_n).$$

a) Aus $\lim\limits_{n \to \infty} s_n = \ell$ folgere man auch $\lim\limits_{n \to \infty} \sigma_n = \ell$.

b) Man gebe eine divergente Folge (s_n) an mit $\lim\limits_{n \to \infty} \sigma_n = 0$.

c) Für $n \geq 1$ setze man $a_n := s_n - s_{n-1}$ und beweise

$$s_n - \sigma_n = \tfrac{1}{n+1} \sum_{k=1}^{n} k\, a_k.$$

d) Aus $\lim\limits_{n \to \infty} \sigma_n = \ell$ und $\lim\limits_{n \to \infty}(n \cdot a_n) = 0$ folgere man auch $\lim\limits_{n \to \infty} s_n = \ell$.

6   Vollständigkeit von $\mathbb{R}$

Aufgabe: Man finde $r \in \mathbb{Q}$ mit $|r^2 - 2| < 10^{-3}$. Mit Hilfe von Axiom I, Theorem 6.9 oder Theorem 6.12 versuche man die Existenz von $x \in \mathbb{R}$ mit $x^2 = 2$ zu zeigen.

Bisher wurden nur solche Beispiele für die Konvergenz von Folgen behandelt, bei denen der Grenzwert von vornherein offensichtlich war. Bereits in Abschnitt 4 traten aber auch andere Situationen auf: Zu der Intervallschachtelung $J_n = [e_n, e_n^*]$ mit $|J_n| \leq \frac{4}{n} \to 0$ (vgl. Abb. 4b) „sollte" es genau eine Zahl $e \in \bigcap\limits_{n \in \mathbb{N}} J_n$ geben, und wegen $0 \leq e - e_n \leq |J_n| \to 0$ müßte für diese $e = \lim\limits_{n \to \infty} e_n$ gelten.

Die Existenz dieser *Eulerschen Zahl* e läßt sich auf der Grundlage der Axiome K, O und A *nicht beweisen:* diese Axiome werden ja auch von $\mathbb{Q}$ erfüllt, aufgrund von Satz 6.4 unten ist aber e *irrational.*

Die Existenz von e in $\mathbb{R}$ folgt aber nun aus dem letzten Axiom für $\mathbb{R}$, das die **Vollständigkeit** oder „Lückenlosigkeit" der Zahlengeraden präzisiert:

Axiom I (Intervallschachtelungsprinzip)
Es sei $(J_n := [a_n, b_n])$ eine Folge kompakter Intervalle mit

$$J_1 \supseteq J_2 \supseteq \ldots \supseteq J_n \supseteq J_{n+1} \supseteq \cdots \tag{1}$$

und $\lim\limits_{n \to \infty} |J_n| = 0$. Dann existiert $c \in \bigcap\limits_{n=1}^{\infty} J_n$.

6.1 Bemerkung. In der Situation von Axiom I ist c *eindeutig* bestimmt; wegen $0 \leq c - a_n \leq b_n - a_n \to 0$ und $0 \leq b_n - c \leq b_n - a_n \to 0$ gilt nämlich $c = \lim\limits_{n \to \infty} a_n = \lim\limits_{n \to \infty} b_n$. □

Axiom I sichert also insbesondere die Existenz von e:

6.2 Definition. *Die* **Eulersche Zahl** e *wird definiert durch*

$$e = \lim_{n \to \infty} e_n.$$ (2)

In Abschnitt 4 wurde auch die Intervallschachtelung $I_n = [E_n, E_n^*]$ mit $E_n = \sum\limits_{k=0}^{n} \frac{1}{k!}$ und $E_n^* = E_n + \frac{1}{n \cdot n!}$ untersucht. Nach Satz 4.8 gilt $I_n \subseteq J_n$ und somit auch $\lim\limits_{n \to \infty} E_n = e$. Es folgt nun ein von Beweisteil b)* von Satz 4.8 unabhängiger Beweis dieser Tatsache:

6.3 Satz. *Für die Eulersche Zahl gilt auch*

$$e = \lim_{n \to \infty} E_n.$$ (3)

BEWEIS. a) Nach Axiom I existiert eine Zahl $E \in \bigcap\limits_{n=1}^{\infty} I_n$, und nach Bemerkung 6.1 gilt $E = \lim\limits_{n \to \infty} E_n$.

b) Nach Satz Satz 4.8 a) gilt $e_n \le E_n$ für alle $n \in \mathbb{N}$, und daraus folgt sofort $e \le E$.

c) Es sei nun $m \in \mathbb{N}$ fest und $n \ge m$. Dann gilt

$$e_n = \left(1 + \frac{1}{n}\right)^n = \sum_{k=0}^{n} \binom{n}{k} \frac{1}{n^k} = 1 + \sum_{k=1}^{n} \frac{n}{n} \frac{n-1}{n} \dots \frac{n-k+1}{n} \frac{1}{k!}$$

$$\ge 1 + \sum_{k=1}^{m} \frac{n}{n} \frac{n-1}{n} \dots \frac{n-k+1}{n} \frac{1}{k!},$$

und mit $n \to \infty$ folgt $e \ge \sum\limits_{k=0}^{m} \frac{1}{k!} = E_m$. Da dies für alle $m \in \mathbb{N}$ gilt, hat man auch $e \ge E$. $\Diamond$

Die Abschätzung $E_n \le e \le E_n + \frac{1}{n \cdot n!}$ liefert bereits mit $n = 35$ die Eulersche Zahl e auf 40 Stellen genau:

$$e = 2,7182818284590452353602874713526624977572\dots.$$

Sie erlaubt auch den Beweis von:

6.4 Satz. *Die Eulersche Zahl ist irrational:* $e \notin \mathbb{Q}$.

BEWEIS. Es sei also $e = \frac{p}{q}$ mit $p, q \in \mathbb{N}$. Da die Folge (E_n) *streng* monoton wächst, gilt $0 < e - E_q \le \frac{1}{q \cdot q!}$, also $0 < q! \cdot e - q! \cdot E_q \le \frac{1}{q}$. Wegen $[E_2, E_2^*] \subseteq (2,3)$ ist sicher $e \notin \mathbb{N}$, also $q \ge 2$. Für die *ganze* Zahl

$$g := q! \cdot e - q! \cdot E_q = q! \cdot \frac{p}{q} - q! \cdot E_q = p(q-1)! - \sum_{k=0}^{q} \frac{q!}{k!} \in \mathbb{Z}$$

hat man also $0 < g < 1$, und dies ist ein Widerspruch!   ◇

Mittels der Eulerschen Zahl e läßt sich Satz 4.10 verschärfen:

6.5 Satz. *Für $n \in \mathbb{N}$ gilt die Abschätzung*

$$e \left(\frac{n}{e}\right)^n \leq n! \leq en \left(\frac{n}{e}\right)^n. \tag{4}$$

BEWEIS. Für $n = 1$ ist dies klar. Für $n \geq 2$ multipliziert man die Ungleichungen $e_k \leq e \leq e_k^*$ für $k = 1, \ldots, n - 1$ miteinander, wobei fast „*Teleskop-Produkte*" entstehen. Es gilt

$$
\begin{aligned}
e_{n-1} \cdot e_{n-2} \cdots e_2 \cdot e_1 &= \left(\tfrac{n}{n-1}\right)^{n-1} \cdot \left(\tfrac{n-1}{n-2}\right)^{n-2} \cdots \left(\tfrac{3}{2}\right)^2 \cdot \left(\tfrac{2}{1}\right)^1 \\
&= \tfrac{n^{n-1}}{(n-1) \cdot (n-2) \cdots 2 \cdot 1} = \tfrac{n^{n-1}}{(n-1)!}
\end{aligned}
$$

und genauso $\prod\limits_{k=1}^{n-1} e_k^* = \frac{n^n}{(n-1)!}$. Somit folgt die Behauptung (4) aus

$$\frac{n^{n-1}}{(n-1)!} \leq e^{n-1} \leq \frac{n^n}{(n-1)!}. \quad ◇ \tag{5}$$

Abschätzung (4) wird durch folgende Tabelle illustriert:

6.6 Tabelle.

n	$e \left(\frac{n}{e}\right)^n$	$n!$	$en \left(\frac{n}{e}\right)^n$
6	$314,366$	$720,000$	$1886,194$
7	$2041,359$	$5040,000$	$14289,513$
8	$15298,841$	$40320,000$	$1,22391 \cdot 10^5$
9	$1,29965 \cdot 10^5$	$3,6288 \cdot 10^5$	$1,16969 \cdot 10^6$
10	$1,235 \cdot 10^6$	$3,6288 \cdot 10^6$	$1,235 \cdot 10^7$
20	$5,87496 \cdot 10^{17}$	$2,4329 \cdot 10^{18}$	$1,17499 \cdot 10^{19}$
100	$1,01122 \cdot 10^{157}$	$9,33262 \cdot 10^{157}$	$1,01122 \cdot 10^{159}$
1000	$1,37979 \cdot 10^{2566}$	$4,02387 \cdot 10^{2567}$	$1,37979 \cdot 10^{2569}$

Es werden nun zwei weitere wichtige Formulierungen der Vollständigkeit von $\mathbb{R}$ besprochen, mit deren Hilfe Konvergenzbeweise ohne vorherige Kenntnis des Grenzwertes geführt werden können. Als erstes wird in Theorem 6.9 das **Cauchysche Konvergenzkriterium** bewiesen, das an vielen Stellen der Analysis, z. B. bei der Konstruktion des *Integrals* in Abschnitt 17, von entscheidender Bedeutung ist.

Bemerkung: *Nach den Erfahrungen des Autors ist der jetzt folgende Begriff der „Cauchy-Folge" für viele Studienanfänger schwierig. Dieser ist jedoch für die Analysis grundlegend, so daß den Lesern intensive Bemühungen um sein Verständnis empfohlen seien.*

6.7 Definition. *Eine Folge* $(a_n) \subseteq \mathbb{R}$ *heißt* Cauchy-Folge, *falls gilt:*

$$\forall\, \varepsilon > 0 \,\exists\, n_0 \in \mathbb{N} \,\forall\, n, m \geq n_0 \;:\; |a_n - a_m| < \varepsilon. \tag{6}$$

6.8 Bemerkungen. a) Bedingung (6) ist die übliche Formulierung des Begriffs der Cauchy-Folge. Eine etwas einfachere äquivalente Formulierung lautet:

$$\forall\, \varepsilon > 0 \,\exists\, m \in \mathbb{N} \,\forall\, n \geq m \;:\; |a_n - a_m| < \varepsilon. \tag{7}$$

Offenbar impliziert (6) auch (7) mit $m := n_0$. Gilt umgekehrt (7), so wählt man zu $\varepsilon > 0$ ein $n_0 \in \mathbb{N}$ mit $|a_n - a_{n_0}| < \frac{\varepsilon}{2}$ für $n \geq n_0$ und erhält auch

$$|a_n - a_m| \leq |a_n - a_{n_0}| + |a_{n_0} - a_m| < \varepsilon \quad \text{für} \quad n, m \geq n_0.$$

b) Die Bedingungen (6) und (7) ähneln formal der Konvergenzbedingung (5.1); Feststellung 5.2 gilt für sie sinngemäß. Im Gegensatz zu (5.1) muß nicht der Abstand $|a_n - a|$ eines Folgengliedes zu dem (möglicherweise nicht bekannten) Grenzwert, sondern müssen „nur" die Abstände $|a_n - a_m|$ von (in jedem Fall bekannten) Folgengliedern zueinander abgeschätzt werden.

c) Eine weitere zu (6) oder (7) äquivalente Bedingung ist:

$$\forall\, \varepsilon > 0 \;\exists\, J \subseteq \mathbb{R} \text{ kompaktes Intervall mit } |J| < \varepsilon \text{ und} \tag{8}$$
$$\exists\, m \in \mathbb{N} \,\forall\, n \geq m \;:\; a_n \in J.$$

In der Tat impliziert (8) sofort (7). Gilt umgekehrt (7), so wählt man $m \in \mathbb{N}$ zu $\frac{\varepsilon}{3} > 0$ und erhält (8) mit $J := [a_m - \frac{\varepsilon}{3}, a_m + \frac{\varepsilon}{3}]$.

d) Auch die Konvergenzbedingung (5.1) läßt sich ähnlich formulieren: Man hat $\lim\limits_{n \to \infty} a_n = \ell$ genau dann, falls folgendes gilt:

$$\forall\, \varepsilon > 0 \;\exists\, J \subseteq \mathbb{R} \text{ kompaktes Intervall mit } |J| < \varepsilon \text{ und} \tag{9}$$
$$\exists\, m \in \mathbb{N} \,\forall\, n \geq m \;:\; \ell, a_n \in J. \qquad\qquad \square$$

6.9 Theorem (Cauchysches Konvergenzkriterium). *Eine Folge* $(a_n) \subseteq \mathbb{R}$ *ist genau dann eine Cauchy-Folge, wenn sie konvergent ist.*

BEWEIS. a) „$\Leftarrow$ ": Aus (9) folgt sofort (8).

b) „$\Rightarrow$ ": Nach (8) gibt es zu $k \in \mathbb{N}$ kompakte Intervalle $I_k \subseteq \mathbb{R}$ mit $|I_k| < \frac{1}{k}$ und Indizes $n_k \in \mathbb{N}$ mit $a_n \in I_k$ für $n \geq n_k$. Dann folgt auch

$a_n \in J_k := I_1 \cap I_2 \cap \ldots \cap I_k$ für $n \geq m_k := \max\{n_1, \ldots, n_k\}$, insbesondere also $J_k \neq \emptyset$. Die Intervalle J_k bilden somit eine Intervallschachtelung mit $|J_k| \leq |I_k| < \frac{1}{k}$, also $|J_k| \to 0$ aufgrund von Axiom A. Nach Axiom I existiert eine Zahl $\ell \in \bigcap_{k=1}^{\infty} J_k$, und man hat $\ell, a_n \in J_k$ für $n \geq m_k$. Dies bedeutet aber $\lim_{n \to \infty} a_n = \ell$ aufgrund von Bemerkung 6.8 d). ◇

6.10 Bemerkungen. Oft ist es leicht möglich, etwa bei Folgen wie $(h_n = \sum_{k=1}^{n} \frac{1}{k})$, die Differenzen $|a_{n+1} - a_n|$ *aufeinanderfolgender* Folgenglieder abzuschätzen. Setzt man $m = n+1$ in (6), so erhält man einfach die Bedingung „$|a_{n+1} - a_n| \to 0$". Diese impliziert die Konvergenz von (a_n) jedoch *nicht*: Die Folge (h_n) etwa ist nach Satz 4.5 und Axiom A unbeschränkt, obwohl $|h_{n+1} - h_n| = \frac{1}{n+1} \to 0$ gilt. Ein anderes Beispiel folgt in 6.19 b); es sei auch auf Aufgabe 6.4 hingewiesen. □

Die Konvergenz von (a_n) wird allerdings dann impliziert, wenn die Differenzen $|a_{n+1} - a_n|$ *schnell genug* gegen 0 streben:

6.11 Satz. *Für eine Folge* $(a_n) \subseteq \mathbb{R}$ *gelte die Bedingung*

$$\exists\, 0 \leq q < 1, \, C > 0, \, \ell \in \mathbb{N} \,\, \forall\, n \geq \ell : \, |a_{n+1} - a_n| \leq C q^n. \tag{10}$$

Dann ist (a_n) *konvergent.*

BEWEIS. Es wird gezeigt, daß (a_n) eine Cauchy-Folge ist. Man hat

$$|a_n - a_m| = |\sum_{k=m}^{n-1} (a_{k+1} - a_k)| \leq \sum_{k=m}^{n-1} |a_{k+1} - a_k|$$

$$\leq C \sum_{k=m}^{n-1} q^k = C q^m \sum_{k=0}^{n-1-m} q^k \leq \frac{C}{1-q} q^m$$

für $n > m \geq \ell$ aufgrund von (2.3). Wegen $q^k \to 0$ gibt es zu $\varepsilon > 0$ ein $m \geq \ell$ mit $\frac{C}{1-q} q^m < \varepsilon$, und es folgt $|a_n - a_m| < \varepsilon$ für $n \geq m$. ◇

Systematische Konvergenzuntersuchungen für Folgen, bei denen die Differenzen $a_{n+1} - a_n$ eine wesentliche Rolle spielen, werden als Theorie der *unendlichen Reihen* in Kapitel V durchgeführt. Eine Anwendung von Satz 6.11 ist der Banachsche Fixpunktsatz 35.2*.

Eine weitere Formulierung der Vollständigkeit von $\mathbb{R}$ ist:

6.12 Theorem. *Monotone beschränkte Folgen sind konvergent.*

BEWEIS. a) Es sei (a_n) monoton wachsend und beschränkt. Es wird wieder gezeigt, daß (a_n) eine Cauchy-Folge ist. Gilt (7) nicht, so hat man

$$\exists\, \varepsilon > 0 \ \forall\, m \in \mathbb{N}\ \exists\, n \geq m\ :\ |a_n - a_m| = a_n - a_m \geq \varepsilon. \qquad (11)$$

Zunächst sei $n_1 = 1$. Zu $m := n_1$ wählt man gemäß (11) $n_1 < n_2 \in \mathbb{N}$ mit $a_{n_2} - a_{n_1} \geq \varepsilon$, zu $m := n_2$ dann $n_2 < n_3 \in \mathbb{N}$ mit $a_{n_3} - a_{n_2} \geq \varepsilon$. So fortfahrend konstruiert man induktiv eine streng monoton wachsende Folge $(n_k) \subseteq \mathbb{N}$ von Indizes mit $a_{n_k} - a_{n_{k-1}} \geq \varepsilon$ für alle $k \geq 2$. Dann folgt

$$a_{n_k} \geq \varepsilon + a_{n_{k-1}} \geq 2\varepsilon + a_{n_{k-2}} \geq \ldots \geq (k-1)\varepsilon + a_{n_1},$$

und somit kann die Folge (a_n) nicht beschränkt sein.
b) Für monoton fallende und beschränkte Folgen (a_n) ergibt sich die Behauptung wegen Satz 5.8 durch Übergang zu $(-a_n)$. ◇

6.13 Bemerkung. Es sei $(J_n := [a_n, b_n])$ eine Intervallschachtelung wie in Axiom I. Offenbar ist die Folge (a_n) monoton wachsend und durch b_1 nach oben beschränkt; aus Theorem 6.12 ergibt sich also sofort die Existenz von $c := \lim_{n\to\infty} a_n$ und somit die Aussage von Axiom I.

Unter der Annahme der Axiome K, O und A sind daher Axiom I, Theorem 6.9 und Theorem 6.12 *äquivalent*. Weitere Formulierungen der Vollständigkeit von $\mathbb{R}$ werden in Abschnitt 15* diskutiert. □

6.14 Beispiel. Aus Theorem 6.12 und Satz 4.4 folgt die Existenz von

$$s := \lim_{n\to\infty} s_n = \lim_{n\to\infty} \sum_{k=1}^{n} \frac{1}{k^2} \leq 2. \qquad (12)$$

Nach Aufgabe 4.4 hat man die schärferen Abschätzungen $s_n \leq s \leq s_n + \frac{1}{n}$ für alle $n \in \mathbb{N}$, wegen Tabelle 4.3 insbesondere $1{,}64483 \leq s \leq 1{,}64494$. In Formel (41.4)* wird s genau identifiziert werden. □

Es wird nun die *Existenz von Quadratwurzeln*, d. h. die Lösbarkeit der Gleichung $x^2 = a$ für $a \geq 0$ gezeigt (die Gleichung $x^m = a$ für beliebige $m \in \mathbb{N}$ wird in Folgerung 9.8 gelöst). Da $p_2 : x \mapsto x^2$ auf $[0, \infty)$ injektiv ist (vgl. Beispiel 3.16 b)), gibt es *höchstens eine* solche Lösung mit $x \geq 0$.

Der folgende Existenzbeweis kann *geometrisch* motiviert werden: Zu $a > 0$ wird ein *Quadrat* mit Seitenlänge $x > 0$ und Flächeninhalt $x^2 = a$ gesucht. Man startet mit einem *Rechteck* R_0 mit Flächeninhalt a und Seitenlängen $x_0 > 0$ und $\frac{a}{x_0}$. Dann konstruiert man ein neues Rechteck R_1 mit einer Seitenlänge $x_1 = \frac{1}{2}(x_0 + \frac{a}{x_0})$, dem *arithmetischen Mittel* der Seitenlängen von R_0, und hofft, daß R_1 eine bessere Annäherung an ein Quadrat ist als R_0. Die *Iteration* dieser Methode führt dann zum Ziel:

Dazu wird zunächst eine einfache Ungleichung gezeigt: Für Zahlen $c, d \in \mathbb{R}$ gilt $0 \leq (c - d)^2 = c^2 - 2cd + d^2$, also $4cd \leq c^2 + 2cd + d^2$ und somit

$$cd \leq \left(\tfrac{1}{2}(c+d)\right)^2, \quad c, d \in \mathbb{R}. \tag{13}$$

6.15 Satz. *Es sei $a > 0$ gegeben. Für einen* beliebigen *Startwert $x_0 > 0$ wird durch*

$$x_{n+1} := \frac{1}{2}\left(x_n + \frac{a}{x_n}\right) \tag{14}$$

rekursiv *eine Folge $(x_n) \subseteq (0, \infty)$ definiert. Die Folge $(x_n)_{n \in \mathbb{N}}$ ist monoton fallend, und für den Grenzwert $x := \lim\limits_{n \to \infty} x_n$ gilt $x^2 = a$.*

BEWEIS. a) Es ist $x_0 > 0$ nach Voraussetzung. Ist x_n bereits definiert und $x_n > 0$, so folgt aus (14) auch sofort $x_{n+1} > 0$. Daher wird durch (14) tatsächlich rekursiv eine Folge $(x_n) \subseteq (0, \infty)$ definiert.

b) Nach (13) gilt $x_{n+1}^2 \geq x_n \cdot \dfrac{a}{x_n} = a$ für $n \geq 0$. Damit folgt für $n \geq 1$:

$$x_{n+1}^2 = \frac{1}{4}\left(x_n^2 + 2a + \left(\frac{a}{x_n}\right)^2\right) \leq \frac{1}{4}\left(x_n^2 + 2x_n^2 + \left(\frac{x_n^2}{x_n}\right)^2\right) = x_n^2,$$

d. h. $(x_n)_{n \in \mathbb{N}}$ ist monoton fallend (vgl. Satz 3.15 b)).

c) Nach Theorem 6.12 existiert $x := \lim\limits_{n \to \infty} x_n$, und wegen $x_n^2 \geq a$ für $n \geq 1$ ist auch $x^2 \geq a$ (vgl. 5.10 b)), also $x > 0$. Es gilt auch $x = \lim\limits_{n \to \infty} x_{n+1}$, und mit $n \to \infty$ in (14) folgt $x = \frac{1}{2}(x + \frac{a}{x})$ wegen 5.8. Somit gilt $x^2 = a$. $\diamond$

6.16 Definition. *Die zu $a \geq 0$ ein-deutig bestimmte Zahl $x \geq 0$ mit $x^2 = a$ heißt* Quadratwurzel, *kurz* Wurzel *von a, Notation: $x = \sqrt{a}$.*

Als Umkehrfunktion der Potenzfunktion $p_2 : [0, \infty) \mapsto [0, \infty)$ erhält man die auf $[0, \infty)$ definierte *Wurzelfunktion* $w_2 : x \mapsto \sqrt{x}$ (vgl. Abb. 6a). Nach Satz 3.15 b) ist diese streng monoton wachsend.

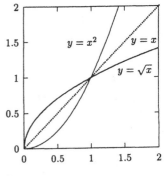

Abb. 6a

Für $x, y \geq 0$ heißt $\sqrt{xy} = \sqrt{x} \cdot \sqrt{y}$, die Seitenlänge des Quadrats mit Flächeninhalt xy, das *geometrische Mittel* von x und y. Aus (13) ergibt sich sofort die *Ungleichung zwischen geometrischem und arithmetischem Mittel:*

6.17 Feststellung. *Für $x, y \geq 0$ gilt $\sqrt{xy} \leq \frac{x+y}{2}$.*

Konvergenz ist mit der Bildung von Quadratwurzeln verträglich:

6.18 Satz. *Es sei $(a_n) \geq 0$ eine konvergente Folge und $\lim\limits_{n \to \infty} a_n = a$. Dann folgt auch $\lim\limits_{n \to \infty} \sqrt{a_n} = \sqrt{a}$.*

BEWEIS. a) Zunächst sei $a = 0$. Zu $\varepsilon > 0$ wählt man $n_0 \in \mathbb{N}$ mit $a_n < \varepsilon^2$ für $n \geq n_0$; dann folgt sofort $\sqrt{a_n} < \varepsilon$ für diese n.

b) Jetzt sei $a > 0$. Dann gilt $\left| \sqrt{a_n} - \sqrt{a} \right| = \left| \dfrac{a_n - a}{\sqrt{a_n} + \sqrt{a}} \right| \leq \dfrac{1}{\sqrt{a}} \left| a_n - a \right|$, und die Behauptung folgt aus Feststellung 5.5. $\diamond$

6.19 Beispiele. a) Aus $\frac{1}{n} \to 0$ folgt also auch $\frac{1}{\sqrt{n}} \to 0$.

b) Die Folge $(a_n := \sqrt{n})$ strebt gegen $+\infty$. Trotzdem gilt für die Differenzen der Folgenglieder (vgl. die Bemerkungen 6.10)

$$0 \leq a_{n+1} - a_n = \sqrt{n+1} - \sqrt{n} = \frac{(n+1) - n}{\sqrt{n+1} + \sqrt{n}} \leq \frac{1}{2\sqrt{n}} \to 0. \qquad \square$$

Bemerkung: Im Beweis von Satz 6.18 und in Beispiel 6.19 b) wurde eine Differenz $\sqrt{A} - \sqrt{B}$ als Bruch mit Nenner 1 aufgefaßt und mit $\sqrt{A} + \sqrt{B}$ „erweitert". Dieser Trick ist in vielen ähnlichen Situationen sehr nützlich.

6.20 Bemerkungen. Die in (14) definierte Folge (x_n) konvergiert *sehr schnell* gegen $\sqrt{a}$. Für $a = 2$ etwa ergeben sich folgende Werte mit dem Startwert $x_0 = 2$:

n	x_n
1	$1,5$
2	$1,41667$
3	$1,414215686$
4	$1,4142135623746899$
5	$1,41421356237309504880168 96$
6	$1,41421356237309504880168872420969807 8570$

Man erhält mit jedem Iterationsschritt etwa doppelt soviele gültige Stellen wie zuvor, d. h. der *Fehler* $d_n := x_n - \sqrt{a}$ *fällt quadratisch.* Dies läßt sich auch allgemein beweisen:

$$d_{n+1} = \frac{1}{2}\left(x_n + \frac{a}{x_n}\right) - \sqrt{a} = \frac{1}{2x_n}\left(x_n^2 + a - 2x_n\sqrt{a}\right)$$

$$= \frac{1}{2x_n}\left(x_n - \sqrt{a}\right)^2 \leq \frac{1}{2\sqrt{a}}\left(x_n - \sqrt{a}\right)^2, \quad \text{also}$$

$$d_{n+1} \leq \frac{1}{2\sqrt{a}}\, d_n^2. \tag{15}$$

Man spricht von *quadratischer Konvergenz*. Für $a \geq 1$ (andernfalls berechnet man zuerst $\sqrt{1/a}$) fällt der Fehler sehr schnell gegen 0, sobald $d_n < 1$ erreicht ist (dies ist um so eher der Fall, je näher der Startwert an $\sqrt{a}$ lag). Da $x_0 > 0$ beliebig wählbar ist, spielen eventuelle Rundungsfehler bei der Rechnung keine Rolle. Ist $a \in \mathbb{Q}$ und wählt man $x_0 \in \mathbb{Q}$, so gilt auch $(x_n) \subseteq \mathbb{Q}$, d. h. man kann *rational* rechnen.   □

Nach Satz 6.4 gilt $e \in \mathbb{R}\backslash\mathbb{Q}$. Aus der Vollständigkeit von $\mathbb{R}$ wird nun die Existenz von weit mehr *irrationalen Zahlen* gefolgert:

6.21 Satz. *Jedes offene Intervall $\emptyset \neq I \subseteq \mathbb{R}$ ist überabzählbar.*

BEWEIS. Es sei $\varphi : \mathbb{N} \mapsto I$ eine Abbildung und $x_n := \varphi(n)$. Es wird eine Zahl $x \in I$ mit $x \neq x_n$ für alle $n \in \mathbb{N}$ konstruiert: Dazu sei $J_1 \subseteq I$ ein kompaktes Intervall mit $|J_1| > 0$ und $x_1 \notin J_1$. Zerlegt man J_1 in drei gleichlange kompakte Teilintervalle, so enthält mindestens eines den Punkt x_2 nicht; dieses wird mit J_2 bezeichnet. Nun zerlegt man J_2 in drei gleichlange kompakte Teilintervalle und wählt als J_3 eines davon, das den Punkt x_3 nicht enthält. Man fährt so fort und erhält eine Folge von kompakten Intervallen (J_k) mit

$$J_1 \supseteq J_2 \supseteq J_3 \supseteq \cdots \quad \text{und} \quad |J_k| = \frac{|J_1|}{3^{k-1}} \to 0.$$

Aufgrund von Axiom I existiert dann $x \in \mathbb{R}$ mit $x \in J_n$ für alle $n \in \mathbb{N}$. Offenbar gilt $x \in I$, und wegen $x_n \notin J_n$ folgt $x \neq x_n$ für alle $n \in \mathbb{N}$. Folglich kann $\varphi : \mathbb{N} \mapsto I$ nicht bijektiv sein.   ◇

Insbesondere ist $\mathbb{R}$ selbst überabzählbar. Nach Theorem 3.25 und Folgerung 3.24 ist $I \cap \mathbb{Q}$ abzählbar. Wäre nun auch $I\backslash\mathbb{Q}$ abzählbar, so müßte nach Theorem 3.25 auch $I = (I \cap \mathbb{Q}) \cup (I\backslash\mathbb{Q})$ abzählbar sein! Wegen Satz 6.21 ist also $I\backslash\mathbb{Q}$ überabzählbar (es gibt *„mehr" irrationale als rationale Zahlen*) und insbesondere $I\backslash\mathbb{Q} \neq \emptyset$.

Die irrationalen Zahlen *„liegen"* also *„dicht"* in $\mathbb{R}$. Es wird nun gezeigt, daß dies auch für die rationalen Zahlen gilt. Im Beweis tritt der Begriff der *„Gauß-Klammer"* auf:

6.22 Feststellung. *Zu $x \in \mathbb{R}$ gibt es genau eine ganze Zahl $m \in \mathbb{Z}$ mit $m \leq x < m + 1$, die Gauß-Klammer $m =: [x]$ von x.*

BEWEIS. a) *Eindeutigkeit:* Es sei auch $k \in \mathbb{Z}$ mit $k \leq x < k + 1$. Dann folgt $m \leq x < k + 1$, also $m \leq k$, und genauso ergibt sich auch $k \leq m$.

b) *Existenz:* Zu $-x \in \mathbb{R}$ gibt es nach Axiom A ein $\ell \in \mathbb{N}$ mit $\ell > -x$, also $-\ell < x$. Die Menge $M := \{n \in \mathbb{Z} \mid n > x\}$ ist somit durch $-\ell \in \mathbb{Z}$ *nach unten beschränkt,* und nach Axiom A gilt $M \neq \emptyset$. Nach 2.10 existiert daher $k := \min M$. Somit gilt $k - 1 \leq x < k$, und man setzt $[x] := m := k - 1$. $\diamond$

Nun kann die Dichtheit von $\mathbb{Q}$ in $\mathbb{R}$ gezeigt werden. Für die Dichtheit von $\mathbb{R} \backslash \mathbb{Q}$ in $\mathbb{R}$ wird ein weiterer, vom Abzählbarkeitsbegriff unabhängiger Beweis angegeben, der nur die Existenz *einer* irrationalen Zahl benötigt.

6.23 Satz. *Jedes offene Intervall $(a, b) \subseteq \mathbb{R}$ enthält sowohl rationale als auch irrationale Zahlen.*

BEWEIS. a) (vgl. Abb. 6b) Zu $d := b - a > 0$ gibt es wegen $\lim\limits_{n \to \infty} \frac{1}{n} = 0$ ein $q \in \mathbb{N}$ mit $\frac{1}{q} < d$. Für $p := [q \cdot a] + 1$ gilt $p - 1 \leq q \cdot a < p$, für $r := \frac{p}{q}$ also $r - \frac{1}{q} \leq a < r$. Daraus folgt dann $a < r \leq a + \frac{1}{q} < a + d = b$.

Abb. 6b   Abb. 6c

b) (vgl. Abb. 6c) Nach a) gibt es $r_1 \in \mathbb{Q}$ mit $a < r_1 < b$ und dann $r_2 \in \mathbb{Q}$ mit $r_1 < r_2 < b$. Wegen $0 < \frac{e}{4} < 1$ folgt $r_1 < r_1 + \frac{e}{4}(r_2 - r_1) < r_2$. Wegen Satz 6.4 gilt $s := r_1 + \frac{e}{4}(r_2 - r_1) \notin \mathbb{Q}$, und aus $s \in (r_1, r_2) \subseteq (a, b)$ folgt die Behauptung. $\diamond$

6.24 Folgerung. *Zu $x \in \mathbb{R}$ existieren Folgen $(r_n) \subseteq \mathbb{Q}$ und $(s_n) \subseteq \mathbb{R} \backslash \mathbb{Q}$ mit $r_n \to x$ und $s_n \to x$.*

BEWEIS. Zu $n \in \mathbb{N}$ wählt man einfach $r_n \in \mathbb{Q} \cap (x - \frac{1}{n}, x + \frac{1}{n})$ und $s_n \in (\mathbb{R} \backslash \mathbb{Q}) \cap (x - \frac{1}{n}, x + \frac{1}{n})$. $\diamond$

Aufgaben

6.1 Man gebe einen Induktionsbeweis für Satz 6.5 an.

6.2 Man berechne die arithmetischen und geometrischen Mittel der Zahlen $e \left(\frac{n}{e} \right)^n$ und $e n \left(\frac{n}{e} \right)^n$ aus (4). Welches dieser Mittel liefert eine bessere Approximation für $n!$?

6.3 Für eine Folge kompakter Intervalle (J_n) mit (1) zeige man $\bigcap\limits_{n=1}^{\infty} J_n \neq \emptyset$.

6.4 Es sei $(a_n) \subseteq \mathbb{R}$ eine *beschränkte* Folge mit der Eigenschaft $|a_{n+1} - a_n| \to 0$. Folgt daraus die Konvergenz von (a_n)?

6.5 Für eine Folge $(a_n) \subseteq \mathbb{R}$ gelte die Bedingung

$$\exists\, C > 0,\ \ell \in \mathbb{N}\ \forall\, n \geq \ell\ :\ |a_{n+1} - a_n| \leq C \cdot \frac{1}{n^2}. \tag{16}$$

Man zeige die Konvergenz von (a_n).

6.6 Für welche $y \in \mathbb{R}$ ist die Gleichung $\frac{x^2}{4} + \frac{y^2}{9} - x - \frac{2}{3}y + 1 = 0$ lösbar? Für diese y bestimme man alle Lösungen $x \in \mathbb{R}$.

6.7 Für $a > 0$ setze man $x_1 := 2a$ und rekursiv $x_{n+1} = 2a + \dfrac{1}{x_n}$. Man zeige die Konvergenz der Folge (x_n) und bestimme ihren Grenzwert.

HINWEIS. Es kommt nur ein $x > 0$ als Grenzwert in Frage. Ähnlich wie in Bemerkung 6.20 schätze man den Fehler $d_{n+1} := |x - x_{n+1}|$ durch d_n ab.

6.8 Man untersuche die angegebenen Folgen auf Konvergenz und bestimme ggf. die Grenzwerte:

a) $a_n = \sqrt{n^4 + an^3 + bn^2 + cn} - n^2$ für $a, b, c \geq 0$, \quad b) $a_n = \dfrac{[4n]}{n}$,

c) $a_n = \dfrac{3n^2 + \sqrt{n 3^n}}{2^n}$, \quad d) $\dfrac{1}{\sqrt{\sqrt{n}}}$, \quad e) $a_n = \dfrac{1}{\sqrt{n}} \sum\limits_{k=1}^{n} \dfrac{1}{k}$, \quad f) $a_n = (1 + \dfrac{1}{2n})^n$.

6.9 Man berechne $[408\sqrt{2}]$ und $[56\sqrt{3}]$.

6.10 Man zeige $\dfrac{n^5}{2^{[\sqrt{n}]}} \to 0$ und $\dfrac{n^{[\sqrt{n}]}}{n!} \to 0$.

HINWEIS. Man betrachte zuerst die Folgenglieder a_n mit $n = m^2$, $m \in \mathbb{N}$.

6.11 Es sei $(\varepsilon_n) \subseteq (0, \infty)$ eine Nullfolge. Zu $a > 0$ konstruiere man eine Folge $(k_n) \subseteq \mathbb{N}$ mit $k_n \varepsilon_n \to a$.

7 * Dezimal- und Kettenbruchentwicklungen

Aufgabe: Man versuche, Folgen (k_n), $(\ell_n) \subseteq \mathbb{Z}$ mit $k_n \sqrt{2} + \ell_n \to 0$ zu finden.

Konkrete Rechnungen mit reellen Zahlen lassen sich i.a. *nicht exakt* durchführen; man muß daher mit geeigneten *Approximationen* durch *rationale Zahlen* arbeiten. Üblicherweise bricht man dazu einfach die Dezimalbruchentwicklungen der gegebenen Zahlen an einer gewissen Stelle ab, wodurch sich natürlich *Rundungsfehler* ergeben, selbst bei manchen rationalen Zahlen wie etwa $\frac{1}{3}$. Diese Rundungsfehler können sich bei längeren Rechnungen „aufschaukeln" und in ungünstigen Fällen das Ergebnis erheblich verfälschen. Eine genauere Untersuchung dieses Problems ist ein wichtiges Thema der Numerischen Mathematik.

Manchmal ist es günstig, zunächst alle Daten möglichst gut durch rationale Zahlen zu approximieren, dann in $\mathbb{Q}$ nach den Regeln der Bruchrechnung zu verfahren und erst die Ergebnisse wieder in Dezimalzahlen umzuwandeln. Die bisherigen Tabellen in diesem Buch (mit Ausnahme von s_{10000} in 4.3) wurden so erstellt. Dabei ist es wichtig, die rationalen Approximationen so zu wählen, daß die *Nenner* (und damit auch die Zähler) *möglichst klein* bleiben. Dieses Ziel wird mit Hilfe der *Kettenbruchentwicklungen* erreicht, die im zweiten Teil des Abschnitts besprochen werden.

Bemerkung: Dieser Abschnitt kann von Studienanfängern ohne weiteres übergangen werden. Dezimalbruchentwicklungen sind sicher allen Lesern bekannt. Kettenbruchentwicklungen, Fibonacci-Folge und rationale Approximationen mit kleinen Nennern werden nur gelegentlich im $*$- Teil des Buches vorkommen.

Zunächst wird die Dezimalbruchentwicklung, allgemeiner die *g-adische Entwicklung* ($2 \leq g \in \mathbb{N}$) reeller Zahlen besprochen; neben $g = 10$ sind vor allem auch die Fälle $g = 2$ oder $g = 3$ interessant.

Es sei $x \in (0, \infty)$ gegeben. Mit $m := \min \{n \in \mathbb{Z} \mid x < g^{n+1}\}$ gilt $g^m \leq x < g^{m+1}$. Es ist $x_0 := [x/g^m]$ eine *Ziffer* in $\{1, \ldots, g-1\}$, für die

$$0 \leq r_0 := x - x_0 g^m < g^m$$

gilt. Mit $x_1 := [r_0/g^{m-1}] \in \{0, 1, \ldots, g-1\}$ folgt

$$0 \leq r_1 := r_0 - x_1 g^{m-1} = x - x_0 g^m - x_1 g^{m-1} < g^{m-1},$$

und rekursiv werden für $k \in \mathbb{N}$ durch

$$x_k := \left[\frac{r_{k-1}}{g^{m-k}}\right], \quad r_k := r_{k-1} - x_k g^{m-k}$$

Ziffern $x_k \in \{0, 1, \ldots, g-1\}$ definiert, für die

$$0 \leq x - \sum_{k=0}^{n} x_k\, g^{m-k} = r_n < g^{m-n}, \quad n \in \mathbb{N}_0, \tag{1}$$

gilt. Wegen $g^{m-n} \to 0$ für $n \to \infty$ hat man somit

$$x = \lim_{n \to \infty} \sum_{k=0}^{n} x_k\, g^{m-k}. \tag{2}$$

Für diese *g-adische Entwicklung* (1) oder (2) von x schreibt man

$$x = x_0, x_1\, x_2\, x_3 \ldots \cdot g^m; \tag{3}$$

zum Beispiel $\frac{1}{4} = 2,5 \cdot 10^{-1}$ für $g = 10$ oder $10 = 1,01 \cdot 2^3$ für $g = 2$.

In (3) kann nicht $x_k = g-1$ ab einem $\ell \in \mathbb{N}_0$ gelten. In diesem Fall hätte man nämlich wegen (2.1) und $g^{-(n-\ell+1)} \to 0$ die Aussage

$$\sum_{k=\ell}^{n} x_k g^{m-k} = (g-1) g^{m-\ell} \sum_{j=0}^{n-\ell} g^{-j} = (g-1) g^{m-\ell} \frac{1 - g^{-(n-\ell+1)}}{1 - g^{-1}}$$

$$\to \quad g^{m-\ell} \frac{g-1}{1 - g^{-1}} = g^{m-\ell} g = g^{m-\ell+1} \quad \text{für } n \to \infty;$$

für $\ell = 0$ folgte dann $x = 1,000\ldots \cdot g^{m+1}$, für $\ell \geq 1$ (und $x_{\ell-1} < g-1$) analog $x = \sum_{k=0}^{\ell-1} x_k g^{m-k} + g^{m-\ell+1} = x_0, x_1 \ldots x_{\ell-2} (x_{\ell-1}+1) \, 000 \ldots \cdot g^m$.

Es seien nun $m \in \mathbb{Z}$ und eine Folge $(x_k)_{k \geq 0} \subseteq \{0, 1, \ldots, g-1\}$ von Ziffern mit $x_0 > 0$ gegeben. Die Folge

$$\left(s_n := \sum_{k=0}^{n} x_k\, g^{m-k} \right)$$

ist monoton wachsend und wegen

$$s_n \leq \sum_{k=0}^{n} (g-1)\, g^{m-k} = (g-1)\, g^m \sum_{k=0}^{n} g^{-k} \leq (g-1)\, g^m \frac{1}{1 - g^{-1}} = g^{m+1}$$

auch beschränkt. Nach Theorem 6.12 existiert also $x := \lim_{n \to \infty} s_n \in (0, \infty)$, und es ist $x = x_0, x_1\, x_2\, x_3 \ldots \cdot g^m$, falls nicht der Fall $x_k = g-1$ für $k \geq \ell$ vorlag.

Es folgt nun eine Diskussion von Kettenbruchentwicklungen. Für $x \in \mathbb{R} \backslash \mathbb{Z}$ setzt man $x_1 := x$ und definiert $x_2 > 1$ durch $x_1 = [x_1] + {}^1/x_2$. Ist $x_2 \notin \mathbb{N}$, so definiert man $x_3 > 1$ durch $x_2 = [x_2] + {}^1/x_3$; dann gilt also

$$x = [x_1] + \frac{1}{[x_2] + \frac{1}{x_3}}.$$

Man kann nun rekursiv $x_{n+1} > 1$ durch

$$x_n = [x_n] + \frac{1}{x_{n+1}} \tag{4}$$

definieren, solange $x_n \notin \mathbb{N}$ gilt. Mit $g_n := [x_n]$ entsteht der *Kettenbruch*

$$x = g_1 + \cfrac{1}{g_2 + \cfrac{1}{\ddots + \cfrac{1}{g_n + \frac{1}{x_{n+1}}}}}, \tag{5}$$

der im folgenden mit $[g_1, \ldots, g_n, x_{n+1}]$ bezeichnet wird. Gilt $x_{n+1} \in \mathbb{N}$, so bricht die Kettenbruchentwicklung ab, und x ist *rational;* auch die Umkehrung dieser Aussage ist richtig (vgl. Aufgabe 7.2).

Kettenbrüche $[h_1, \ldots, h_n]$ hängen eng mit gewissen *Differenzengleichungen* zusammen:

7.1 Satz. *Gegeben seien* $2 \leq \ell \in \mathbb{N} \cup \{\infty\}$ *sowie Zahlen* $h_1 \in \mathbb{Z}$ *und* $(h_n)_{2 \leq n < \ell} \subseteq (0, \infty)$. *Die Differenzengleichung*

$$y_n = h_n y_{n-1} + y_{n-2}, \quad 2 \leq n < \ell, \tag{6}$$

mit den Anfangsbedingungen

$$y_0 = 1, \ y_1 = h_1 \quad bzw. \quad y_0 = 0, \ y_1 = 1 \tag{7}$$

besitzt eindeutige Lösungen $(p_n)_{0 \leq n < \ell}$ *bzw.* $(q_n)_{0 \leq n < \ell}$. *Für* $1 \leq n < \ell$ *gilt*

$$\frac{p_n}{q_n} = [h_1, \ldots, h_n]. \tag{8}$$

BEWEIS. Durch (6) und (7) sind $(p_n)_{0 \leq n < \ell}$ und $(q_n)_{0 \leq n < \ell}$ rekursiv definiert. Für $n = 1$ ist (8) wegen $\frac{p_1}{q_1} = h_1 = [h_1]$ richtig. Es sei nun (8) für m mit $m + 1 < \ell$ und alle Daten $(h_n^*)_{1 \leq n \leq m}$ bereits gezeigt. Dann folgt

$$[h_1, \ldots, h_{m+1}] = [h_1, \ldots, h_{m-1}, h_m + \frac{1}{h_{m+1}}] = \frac{p_m^*}{q_m^*},$$

wobei die $p_1^*, \ldots, p_m^*$ und $q_1^*, \ldots, q_m^*$ zur Folge $h_1, \ldots, h_{m-1}, h_m + \frac{1}{h_{m+1}}$ gebildet seien. Offenbar gilt $p_n^* = p_n$ und $q_n^* = q_n$ für $n \leq m - 1$ und

$$\begin{aligned}
h_{m+1} p_m^* &= h_{m+1} \left((h_m + \frac{1}{h_{m+1}}) p_{m-1} + p_{m-2} \right) \\
&= (h_{m+1} h_m + 1) p_{m-1} + h_{m+1} p_{m-2} \\
&= h_{m+1} (h_m p_{m-1} + p_{m-2}) + p_{m-1} \\
&= h_{m+1} p_m + p_{m-1} = p_{m+1}.
\end{aligned}$$

Genauso folgt $h_{m+1} q_m^* = q_{m+1}$ und somit $[h_1, \ldots, h_{m+1}] = \dfrac{p_m^*}{q_m^*} = \dfrac{p_{m+1}}{q_{m+1}}$,

also (8) für $m+1$. ◇

7.2 Beispiel. Es wird der Fall $\ell = \infty$ und $h_n = 1$ für alle $n \in \mathbb{N}$ untersucht. Die Differenzengleichung

$$y_n = y_{n-1} + y_{n-2} \quad \text{für} \quad n \geq 2 \tag{9}$$

mit der Anfangsbedingung $y_0 = y_1 = 1$ wurde von Leonardo von Pisa (Fibonacci) im 13. Jahrhundert als Modell der Kaninchen-Vermehrung diskutiert. Man hat

$$(y_n) = (1, 1, 2, 3, 5, 8, 13, 21, 34, 55, 89, 144, 233, 377, \ldots).$$

a) Die Folge (y_n) ist monoton wachsend, und es gilt $2y_{n-2} \leq y_n \leq 2y_{n-1}$, woraus sich induktiv $y_n \leq 2^{n-1}$ und $y_{2m} \geq 2^m = \sqrt{2}^{2m}$, also $y_n \geq \sqrt{2}^{n-1}$ für alle $n \in \mathbb{N}_0$ ergibt.

b) Zur genauen Berechnung der *Fibonacci-Zahlen* y_n macht man den *Ansatz*

$$y_n := t^n, \quad n \in \mathbb{N}_0.$$

Damit ergibt sich $t^n = y_n = y_{n-1} + y_{n-2} = t^{n-1} + t^{n-2}$, also $t = 0$ oder $t^2 = t + 1$. Der Fall $t = 0$ ist uninteressant; die andere Möglichkeit liefert

$$0 = t^2 - t - 1 = (t - \tfrac{1}{2})^2 - \tfrac{5}{4},$$

also die beiden Lösungen

$$t_\pm = \tfrac{1}{2} \pm \sqrt{\tfrac{5}{4}} = \tfrac{1 \pm \sqrt{5}}{2}. \tag{10}$$

Man hat $t_+ = 1{,}618033988749895\ldots$ und $t_- = 1 - t_+$.

c) Für $c, d \in \mathbb{R}$ sind auch die Folgen $(a_n := c t_+^n + d t_-^n)$ Lösungen der Differenzengleichung. Die Anfangsbedingungen $a_0 = a_1 = 1$ ergeben dann $c + d = 1$ und $c t_+ + d t_- = 1$, also $d = 1 - c$ und $c t_+ + (1 - c)(1 - t_+) = 1$. Es folgt $c = \dfrac{t_+}{2t_+ - 1} = \dfrac{t_+}{\sqrt{5}}$ und $d = \dfrac{\sqrt{5} - t_+}{\sqrt{5}} = -\dfrac{t_-}{\sqrt{5}}$. Die *Fibonacci-Folge* ist also gegeben durch

$$y_n = \tfrac{1}{\sqrt{5}}(t_+^{n+1} - t_-^{n+1}), \quad n \in \mathbb{N}_0. \tag{11}$$

d) Für die Kettenbrüche $[1, \ldots, 1] = \dfrac{p_n}{q_n}$ gilt also $p_n = y_n$ aufgrund von Satz 7.1; wegen $(q_n) = (0, 1, 1, 2, 3, 5, \ldots)$ hat man $q_n = y_{n-1}$, und es folgt $[1, \ldots, 1] = \dfrac{y_n}{y_{n-1}} = \dfrac{t_+^{n+1} - t_-^{n+1}}{t_+^n - t_-^n}$. Aus (10) ergibt sich daher

$$\lim_{n \to \infty} \underbrace{[1, \ldots, 1]}_{n} = t_+ = \tfrac{1 + \sqrt{5}}{2}. \qquad \square \tag{12}$$

7.3 Satz. *a) In der Situation von Satz 7.1 gilt*

$$p_{n+1} q_n - p_n q_{n+1} = (-1)^{n+1}, \quad 1 \le n+1 < \ell. \tag{13}$$

b) Die Brüche $b_n := p_n/q_n$ sind gekürzt. Man hat

$$\frac{p_{n+1}}{q_{n+1}} - \frac{p_n}{q_n} = \frac{(-1)^{n+1}}{q_n q_{n+1}}, \quad 2 \le n+1 < \ell, \quad \text{also} \tag{14}$$

$$b_1 \le \ldots \le b_{2k-1} \le b_{2k+1} \le \ldots \le b_{2k+2} \le b_{2k} \le \ldots \le b_2. \tag{15}$$

c) Ist $h_n \ge 1$ für $2 \le n < \ell$, so gilt $q_n \ge y_{n-1}$ für $1 \le n < \ell$ mit den Fibonacci-Zahlen (y_n) aus (11).
d) Ist $\ell = \infty$ und $h_n \ge 1$ für $n \ge 2$, so ist die Folge der Kettenbrüche $(b_n = p_n/q_n = [h_1, \ldots, h_n])$ konvergent.

BEWEIS. a) Für $n = 0$ ist (13) richtig. Gilt nun (13) für n mit $n + 2 < \ell$, so folgt auch

$$\begin{aligned} p_{n+2} q_{n+1} - p_{n+1} q_{n+2} &= (h_{n+2} p_{n+1} + p_n) q_{n+1} - p_{n+1} (h_{n+2} q_{n+1} + q_n) \\ &= p_n q_{n+1} - p_{n+1} q_n = (-1)^{n+2}, \end{aligned}$$

also (13) für $n + 1$.
b) Jeder Teiler von p_n und q_n ist nach (13) ein Teiler von 1. Wegen $q_n > 0$ für $n \ge 1$ folgen (14) und dann auch (15) sofort aus (13).
c) Nach Satz 7.1 sind die (q_n) durch $q_0 = 0$, $q_1 = 1$ und $q_n = h_n q_{n-1} + q_{n-2}$ definiert, die (y_{n-1}) durch $y_{-1} = 0$, $y_0 = 1$ und $y_{n-1} = y_{n-2} + y_{n-3}$. Wegen $h_n \ge 1$ folgt daraus sofort $q_n \ge y_{n-1}$.
d) Nach (14) gilt $|b_{n+1} - b_n| \le \frac{1}{q_n q_{n+1}} \le 2^{-n+2}$ aufgrund von c) und Beispiel 7.2 a); die Behauptung folgt also aus Satz 6.11. ◇

Umgekehrt hat *jede reelle Zahl eine Kettenbruchentwicklung*:

7.4 Satz. *Zu $x \in \mathbb{R}$ seien für $1 \le n < \ell$ die Zahlen (x_n) gemäß (4) definiert, und es sei $g_n := [x_n]$. Mit $b_n := p_n/q_n := [g_1, \ldots, g_n]$ gelten dann für $n + 1 < \ell$ die Approximationsformeln bzw. Abschätzungen*

$$x - \frac{p_n}{q_n} = \frac{(-1)^{n+1}}{q_n (x_{n+1} q_n + q_{n-1})}, \tag{16}$$

$$\left| x - \frac{p_n}{q_n} \right| \le \frac{1}{q_n (q_n + q_{n-1})} \le \frac{1}{q_n^2} \le \frac{1}{y_{n-1}^2} \le \frac{4}{2^n}. \tag{17}$$

Für $x \in \mathbb{R} \backslash \mathbb{Q}$ gilt $x = \lim\limits_{n \to \infty} p_n/q_n = \lim\limits_{n \to \infty} [g_1, \ldots, g_n]$.

BEWEIS. Nach (5) gilt $x = [g_1, \ldots, g_n, x_{n+1}] =: \dfrac{p_{n+1}^*}{q_{n+1}^*}$. Aus (14) folgt daher

$$x - \frac{p_n}{q_n} = \frac{p_{n+1}^*}{q_{n+1}^*} - \frac{p_n}{q_n} = \frac{(-1)^{n+1}}{q_n q_{n+1}^*} = \frac{(-1)^{n+1}}{q_n (x_{n+1} q_n + q_{n-1})},$$

also (16). Wegen $x_{n+1} > 1$ impliziert dies sofort die erste Ungleichung in (17); die anderen folgen dann aus 7.3 c) und 7.2 a). Für $x \in \mathbb{R} \backslash \mathbb{Q}$ gilt $\ell = \infty$, und daher folgt die letzte Behauptung sofort aus (17). $\diamond$

Wegen (16) wird x durch $[g_1, \ldots, g_n]$ besonders gut approximiert, wenn der *Teilnenner* $g_{n+1} = [x_{n+1}]$ relativ groß ist.
Eine Konsequenz aus Satz 7.4 ist der folgende *Approximationssatz:*

7.5 Satz. *Es sei $x \in \mathbb{R} \backslash \mathbb{Q}$ gegeben. Dann existiert zu jedem $y \in \mathbb{R}$ eine Folge $(\omega_n) \subseteq \Omega_x := \{ k\,x + \ell \mid k, \ell \in \mathbb{Z} \}$ mit $\omega_n \to y$.*

BEWEIS. a) Zunächst sei $y = 0$. Ist p_n/q_n der n- te *Näherungsbruch* der Zahl x, so gilt nach (17) $|q_n x - p_n| \le 1/q_n \to 0$, und die Behauptung folgt mit $\omega_n := q_n x - p_n$.
b) Jetzt sei $y > 0$. Mit den ω_n aus a) gilt auch $\varepsilon_n := |\omega_n| \in \Omega_x$. Für $k_n := [\frac{y}{\varepsilon_n}] \in \mathbb{N}_0$ gilt $k_n \le \dfrac{y}{\varepsilon_n} < k_n + 1$, und wegen $\varepsilon_n \to 0$ folgt $\Omega_x \ni k_n \varepsilon_n \to y$.
c) Für $y < 0$ gibt es nach b) $\Omega_x \ni \omega_n \to -y$, und es folgt $-\omega_n \to y$. $\diamond$

Die Näherungsbrüche $[g_1, \ldots, g_n] = b_n = p_n/q_n$ sind die *bestmöglichen* rationalen Approximationen zu x mit Nenner $\le q_n$:

7.6 Satz. *In der Situation von Satz 7.4 gelte $|x - \dfrac{c}{d}| < |x - \dfrac{p_n}{q_n}|$ mit $c \in \mathbb{Z}$ und $d \in \mathbb{N}$. Dann folgt $d > q_n$.*

BEWEIS. Ist $d \le q_n < q_{n+1}$, so gilt wegen Satz 7.3 b) auch $\dfrac{c}{d} \ne \dfrac{p_{n+1}}{q_{n+1}}$, also $|c\,q_{n+1} - d\,p_{n+1}| \ge 1$. Mit (15) erhält man einen Widerspruch aus

$$\frac{1}{q_n q_{n+1}} \le \frac{1}{d\,q_{n+1}} \le |\frac{c}{d} - \frac{p_{n+1}}{q_{n+1}}| \le |\frac{c}{d} - x| + |x - \frac{p_{n+1}}{q_{n+1}}|$$

$$< |\frac{p_n}{q_n} - x| + |x - \frac{p_{n+1}}{q_{n+1}}| = |\frac{p_n}{q_n} - \frac{p_{n+1}}{q_{n+1}}| = \frac{1}{q_n q_{n+1}} . \quad \diamond$$

7.7 Beispiel. a) Es wird die Kettenbruchentwicklung von $x = \sqrt{2}$ berechnet. Es ist $g_1 = [x_1] = 1$ und $x = g_1 + \dfrac{1}{x_2}$, also $x_2 = \dfrac{1}{\sqrt{2} - 1} = \sqrt{2} + 1$. Ist schon $x_n = \sqrt{2}+1$ gezeigt, so folgt sofort auch $x_{n+1} = \dfrac{1}{x_n - 2} = \dfrac{1}{\sqrt{2}-1} = \sqrt{2}+1$. Somit gilt also $x_n = \sqrt{2}+1$ und $g_n = 2$ für $n \geq 2$, daher

$$\sqrt{2} = \lim_{n \to \infty} \underbrace{[1,2,2,\ldots,2]}_{n}. \tag{18}$$

b) Es folgt eine Tabelle der ersten Kettenbrüche b_n für $\sqrt{2}$. In der 3. Spalte sind die *absoluten Fehler* $d_n := b_n - \sqrt{2}$ aufgeführt, in der 4. Spalte die *relativen Fehler* $\delta_n := q_n^2 \cdot d_n$:

n	b_n	d_n	δ_n
1	$^1/_1$	$-0,4142$	$-0,4142$
2	$^3/_2$	$+0,0858$	$+0,3431$
3	$^7/_5$	$-0,0142$	$-0,3553$
4	$^{17}/_{12}$	$+0,0025$	$+0,3532$
5	$^{41}/_{29}$	$-0,0004$	$-0,353606$
6	$^{99}/_{70}$	$+7,215 \cdot 10^{-5}$	$+0,353544$
7	$^{239}/_{169}$	$-1,238 \cdot 10^{-5}$	$-0,35355$
8	$^{577}/_{408}$	$+2,124 \cdot 10^{-6}$	$+0,35355313$
9	$^{1393}/_{985}$	$-3,644 \cdot 10^{-7}$	$-0,35355344$
10	$^{3363}/_{2378}$	$+6,252 \cdot 10^{-8}$	$+0,35355338$

Die Beträge $|\delta_n|$ der relativen Fehler scheinen zu konvergieren. In der Tat gilt nach (16)

$$|\delta_n| = q_n^2 \left| x - \frac{p_n}{q_n} \right| = \left(x_{n+1} + \frac{q_{n-1}}{q_n} \right)^{-1}.$$

Wegen (6) gilt $q_n = 2q_{n-1} + q_{n-2}$, woraus sich $q_n/q_{n-1} \to 1 + \sqrt{2}$ (vgl. Aufgabe 6.7) und dann $|\delta_n| \to \frac{1}{2\sqrt{2}} = 0,353553390593\ldots$ ergibt.

c) Nun wird diese Tabelle der Kettenbrüche mit den in 6.20 tabellierten Werten der in (6.14) definierte Folge (x_n) (für $a = 2$) verglichen. Die x_n werden als Brüche angegeben; wie vorher ist $d_n := x_n - \sqrt{2}$ und $\delta_n := z_n^2 \cdot d_n$, wobei z_n den Nenner von x_n bezeichnet:

n	x_n	d_n	δ_n
1	$^2/_1$	$0,5858$	$0,5858$
2	$^3/_2$	$0,0858$	$0,3431$
3	$^{17}/_{12}$	$0,0025$	$0,3532$
4	$^{577}/_{408}$	$2,124 \cdot 10^{-6}$	$0,35355313$
5	$^{665857}/_{470832}$	$1,595 \cdot 10^{-12}$	$0,353553390593$
6	$^{886731088897}/_{627013566048}$	$8,993 \cdot 10^{-25}$	$0,353553390593$

Man kommt so zu der Vermutung $x_{n+1} = b_{2^n}$, die sich nach expliziter Berechnung der (p_n) und (q_n) induktiv bestätigen läßt (Aufgabe 7.7). $\square$

Die Kettenbruchentwicklungen $\lim\limits_{n\to\infty}[g_1,\ldots,g_n]$ von $t_+ = \frac{1+\sqrt{5}}{2}$ und von $\sqrt{2}$ sind *periodisch*, d.h. es gibt p, $\ell \in \mathbb{N}$ mit $g_{n+p} = g_n$ für $n \geq \ell$. Nach einem Resultat von L. Euler (vgl. etwa [21]) hat $x \in \mathbb{R}\backslash\mathbb{Q}$ genau dann eine periodische Kettenbruchentwicklung, wenn $x = s \pm \sqrt{r}$ mit s, $r \in \mathbb{Q}$ gilt.

7.8 Beispiele. a) Der Anfang der Kettenbruchentwicklung von e (mit absoluten und relativen Fehlern $d_n = b_n - e$ und $\delta_n = q_n^2 \cdot d_n$) lautet:

n	x_n	g_n	b_n	d_n	δ_n
1	e	2	2	$-0,71828$	$-0,71828$
2	$1,39221$	1	3	$+0,28172$	$+0,28172$
3	$2,54965$	2	$8/3$	$-0,05162$	$-0,46454$
4	$1,81935$	1	$11/4$	$+0,03172$	$+0,50749$
5	$1,22048$	1	$19/7$	$-0,00400$	$-0,19581$
6	$4,53557$	4	$87/32$	$+0,00047$	$+0,47941$
7	$1,86716$	1	$106/39$	$-0,00033$	$-0,50666$
8	$1,15319$	1	$193/71$	$+2,803 \cdot 10^{-5}$	$+0,14130$
9	$6,52771$	6	$1264/465$	$-2,259 \cdot 10^{-6}$	$-0,48836$

Die sich daraus ergebende Vermutung $g_{3k} = 2k$, $g_{3k+1} = g_{3k+2} = 1$ wurde ebenfalls bereits von L. Euler bewiesen (vgl. [21]). Die günstigsten rationalen Approximationen von e sind also 3, $\frac{19}{7}$, $\frac{193}{71}$, $\ldots$, allgemein b_{3k+2}.
b) In Abschnitt 24 (vgl. auch Abschnitt 16*) wird die *Kreiszahl* π eingeführt. Rechnungen in 30.7* oder 35.7* liefern

$$\pi = 3,14159265358979323846264338327950288419716939937 5\ldots.$$

Der Anfang der Kettenbruchentwicklung von π (mit absoluten und relativen Fehlern $d_n = b_n - \pi$ und $\delta_n = q_n^2 \cdot d_n$) lautet:

n	x_n	g_n	b_n	d_n	δ_n
1	π	3	3	$-0,14159$	$-0,14159$
2	$7,063$	7	$22/7$	$+0,00126$	$+0,06196$
3	$15,997$	15	$333/106$	$-8,322 \cdot 10^{-5}$	$-0,93506$
4	$1,003$	1	$355/113$	$+2,668 \cdot 10^{-7}$	$+0,00341$
5	$292,635$	292	$103993/33102$	$-5,779 \cdot 10^{-10}$	$-0,63322$
6	$1,576$	1	$104348/33215$	$+3,316 \cdot 10^{-10}$	$+0,36586$

Sehr günstige rationale Approximationen zu π sind also $^{22}/_7$ und $^{355}/_{113}$. Es werden noch weitere Teilnenner von π angegeben:

$$\pi = [3, 7, 15, 1, 292, 1, 1, 1, 2, 1, 3, 1, 14, 2, 1, 1, 2, 2, 2, 2, 1, 84, 2, 1, 1, 15, \ldots];$$

ein einfaches Bildungsgesetz für diese ist nicht erkennbar.   □

Aufgaben

7.1 Man zeige, daß $x \in \mathbb{R}$ genau dann rational ist, wenn die g-adische Entwicklung (3) *periodisch* ist, d. h. wenn $p, \ell \in \mathbb{N}$ mit $x_{k+p} = x_k$ für $k \geq \ell$ existieren.

7.2 Für $m, n \in \mathbb{N}$ mit $m > n$ führe man nacheinander folgende Divisionen mit Rest (vgl. Aufgabe 2.8) durch:

$$m = q_1 n + r_1 , \quad n = q_2 r_1 + r_2 , \quad r_1 = q_3 r_2 + r_3 , \quad \ldots .$$

Man zeige $r_\ell = 0$ für ein geeignetes $\ell \in \mathbb{N}$ und schließe $\frac{m}{n} = [q_1, q_2, \ldots, q_\ell]$. Welche Bedeutung hat die Zahl $r_{\ell-1}$?

7.3 Gegeben seien gewisse Ergebnisse $\lambda_0 = 15233, 1$; $\lambda_1 = 20564, 1$; $\lambda_2 = 23032, 4$; $\lambda_3 = 24372, 9$; $\lambda_4 = 25181, 3$ von mit Ungenauigkeiten behafteten Messungen.

a) Man finde genaue und einfache rationale Approximationen ρ_j (mit Nennern ≤ 200) für die Quotienten $\mu_j := \frac{\lambda_0}{\lambda_j}$, $j = 1, \ldots, 4$.

b) Man finde eine einfache rationale Formel für die Zahlen $(\frac{1}{4} - \frac{1}{9})\frac{1}{\rho_j}$ und somit für die gemäß a) korrigierten Meßergebnisse.

7.4 In einem regulären Fünfeck sind stets eine Seite s und eine Diagonale d parallel. Mittels der Ähnlichkeit der Dreiecke AED und $BE'C$ zeige man $\alpha := \frac{d}{s} = \frac{s}{d-s} = 1+\frac{1}{\alpha}$ und schließe daraus $\alpha = t_+ = \frac{1+\sqrt{5}}{2}$. Das Verhältnis $\frac{s}{d} = \frac{1}{t_+} = t_+ - 1 = 0,61803\ldots$ heißt „*goldener Schnitt*" (vgl. Abb. 7a).

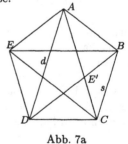

Abb. 7a

7.5 Man berechne $\lim\limits_{n \to \infty} [1, 3, 1, 3, 1 \ldots, 2 + (-1)^n]$.

7.6 Es seien $x \in \mathbb{R} \backslash \mathbb{Q}$ und $y \in [0, 1]$ gegeben. Man konstruiere eine Folge $(k_n) \subseteq \mathbb{N}$ mit $k_n x - [k_n x] \to y$.

7.7 Man berechne die p_n und q_n der Kettenbruchentwicklung von $\sqrt{2}$ explizit und bestätige die Behauptungen in Beispiel 7.7 b) und c).

8 Grenzwerte von Funktionen und Stetigkeit

Als *Motivation* für den *Grenzwertbegriff* bei *Funktionen* diene das folgende

8.1 Beispiel. Die Funktion $f : x \mapsto \frac{x^2-4}{x-2}$
ist im Punkte 2 nicht definiert, vgl. Abb. 8a.
Wegen $f(x) = x + 2$ für $x \neq 2$ liegen die
Funktionswerte nahe an 4, wenn x in der
Nähe von 2 liegt. Genauer gilt für jede Fol-
ge $(x_n) \subseteq \mathbb{R}\backslash\{2\} : x_n \to 2 \Rightarrow f(x_n) \to 4$.
Somit sollte 4 der „*Grenzwert*" von f bei
Annäherung an 2 sein.   □

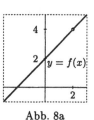

Abb. 8a

8.2 Definition. *Gegeben seien ein offenes Intervall $I \subseteq \mathbb{R}$, $a \in I$ und eine
Funktion $f : I\backslash\{a\} \mapsto \mathbb{R}$. Eine Zahl $\ell \in \mathbb{R}$ heißt* **Grenzwert** *oder* **Limes**
*von f in a, falls für jede Folge $(x_n) \subseteq I\backslash\{a\}$ aus $x_n \to a$ stets $f(x_n) \to \ell$
folgt. Man schreibt $\ell = \lim\limits_{x\to a} f(x)$ oder $f(x) \to \ell$ für $x \to a$.*

Wegen Feststellung 5.3 sind solche Grenzwerte *eindeutig* bestimmt.

8.3 Beispiele. a) Es gilt also $\lim\limits_{x\to 2} \frac{x^2-4}{x-2} = 4$.

b) Allgemeiner hat man $\lim\limits_{x\to a} \frac{x^2-a^2}{x-a} = \lim\limits_{x\to a}(x + a) = 2a$ für $a \in \mathbb{R}$.

c) Für $a > 0$ gilt $\lim\limits_{x\to a} \sqrt{x} = \sqrt{a}$ wegen Satz 6.18. Mit Satz 5.8 (vgl. auch

8.6 unten) ergibt sich daraus auch $\lim\limits_{x\to a} \frac{\sqrt{x}-\sqrt{a}}{x-a} = \lim\limits_{x\to a} \frac{1}{\sqrt{x}+\sqrt{a}} = \frac{1}{2\sqrt{a}}$.   □

In Definition 8.2 braucht die Funktion f in a nicht definiert zu sein. Ist dies
doch der Fall, so spielt der Funktionswert $f(a)$ für die Grenzwertbetrach-
tung keine Rolle.

8.4 Beispiel. Die Funktion $f : \mathbb{R}\backslash\{2\} \mapsto \mathbb{R}$ aus Beispiel 8.1 kann für jedes
$c \in \mathbb{R}$ durch $f(2) := c$ zu einer auf ganz $\mathbb{R}$ definierten Funktion fortgesetzt
werden. In allen Fällen gilt $\lim\limits_{x\to 2} f(x) = 4$.   □

Eine äquivalente Formulierung der Grenzwert-Definition enthält

8.5 Feststellung. *Gegeben seien ein offenes Intervall $I \subseteq \mathbb{R}$, $a \in I$ und
eine Funktion $f : I\backslash\{a\} \mapsto \mathbb{R}$. Für $\ell \in \mathbb{R}$ gilt genau dann $\lim\limits_{x\to a} f(x) = \ell$,
falls folgendes erfüllt ist:*

$$\forall \, \varepsilon > 0 \, \exists \, \delta > 0 \, \forall \, x \in I : \quad 0 < |x - a| < \delta \Rightarrow |f(x) - \ell| < \varepsilon. \quad (1)$$

BEWEIS. a) „$\Rightarrow$": Gilt (1) nicht, so gibt es $\varepsilon > 0$, so daß zu $\delta_n := \frac{1}{n}$ Punkte $x_n \in I\backslash\{a\}$ existieren mit $|x_n - a| < \frac{1}{n}$, aber $|f(x_n) - \ell| \geq \varepsilon$. Dies bedeutet $x_n \to a$, aber $f(x_n) \not\to \ell$, also einen Widerspruch.

b) „$\Leftarrow$": Es sei $(x_n) \subseteq I\backslash\{a\}$ mit $x_n \to a$. Zu $\varepsilon > 0$ wähle $\delta > 0$ gemäß (1). Es gibt $n_0 \in \mathbb{N}$ mit $0 < |x_n - a| < \delta$ für $n \geq n_0$. Für diese n gilt dann $|f(x_n) - \ell| < \varepsilon$, also folgt $f(x_n) \to \ell$. $\diamond$

Die Aussage dieser Feststellung wird in Abb. 8b verdeutlicht: Zu jedem 2ε - Intervall $I_\varepsilon(\ell)$ mit Mittelpunkt ℓ muß es ein 2δ - Intervall $I_\delta(a)$ mit Mittelpunkt a geben, so daß $f(I_\delta(a)\backslash\{a\}) \subseteq I_\varepsilon(\ell)$ gilt. Man beachte auch die Analogie von (1) zu (5.1).

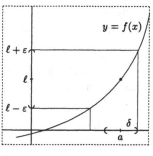

Wie die Konvergenz von Folgen (vgl. Satz 5.8) ist auch die Grenzwertbildung bei Funktionen mit den algebraischen Operationen verträglich:

Abb. 8b

8.6 Feststellung. *Gegeben seien ein offenes Intervall $I \subseteq \mathbb{R}$, $a \in I$ und Funktionen $f, g : I\backslash\{a\} \mapsto \mathbb{R}$ mit $\lim\limits_{x \to a} f(x) = \ell$ und $\lim\limits_{x \to a} g(x) = m$.*
a) Dann folgt $\lim\limits_{x \to a}(f + g)(x) = \ell + m$ und $\lim\limits_{x \to a}(fg)(x) = \ell m$.
b) Für $m \neq 0$ gilt auch $\lim\limits_{x \to a} \frac{f}{g}(x) = \frac{\ell}{m}$.

Dies folgt sofort aus Satz 5.8. Im Fall b) ist der Quotient für x nahe a definiert: Zu $\varepsilon := \frac{|m|}{2}$ gibt es $\delta > 0$ mit $|g(x) - m| < \frac{|m|}{2}$ für $x \in I$ mit $0 < |x - a| < \delta$ und somit $|g(x)| = |m - (m - g(x))| > \frac{|m|}{2}$ für diese x.

Bemerkung: In der Literatur wird oft die in Feststellung 8.5 angegebene Formulierung zur Definition von Grenzwerten benutzt. Zur Einübung solcher „ε-δ - Argumente" sei es empfohlen, Feststellung 8.6 unabhängig von Satz 5.8 mit Hilfe von (1) zu beweisen.

8.7 Beispiele. a) Die *Heaviside-Funktion* wird auf $\mathbb{R}$ definiert durch
$$H(x) := \begin{cases} 0 & , \quad x < 0 \\ 1 & , \quad x \geq 0 \end{cases}, \text{ vgl. Abb. 8c. Der}$$
Grenzwert $\lim\limits_{x \to 0} H(x)$ existiert offenbar nicht; für Folgen $(x_n) \subseteq (0, \infty)$ mit $x_n \to 0$ gilt aber $H(x_n) \to 1$, und für Folgen $(x_n) \subseteq (-\infty, 0)$ mit

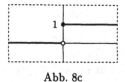

Abb. 8c

$x_n \to 0$ gilt $H(x_n) \to 0$. Man kann daher 1 als *rechtsseitigen* und 0 als *linksseitigen Grenzwert* von H in 0 auffassen.

b) Auch für die auf $\mathbb{R}\backslash\{0\}$ definierte Inversion $j : x \mapsto \frac{1}{x}$ (vgl. Abb. 3c) existiert der Grenzwert $\lim_{x\to 0} j(x)$ nicht. Für jede Folge $(x_n) \subseteq (0,\infty)$ mit $x_n \to 0$ gilt $j(x_n) \to +\infty$, und für jede Folge $(x_n) \subseteq (-\infty,0)$ mit $x_n \to 0$ hat man $j(x_n) \to -\infty$; bei Annäherung von x an 0 von *rechts* bzw. *links* strebt also $j(x)$ gegen $+\infty$ bzw. $-\infty$.

Strebt dagegen x gegen $+\infty$ oder $-\infty$, so strebt $j(x)$ gegen 0, d. h. man hat $\lim_{n\to\infty} j(x_n) = 0$ für jede Folge $x_n \to +\infty$ oder $x_n \to -\infty$.   □

Die Beispiele 8.7 legen es nahe, auch *einseitige* Grenzwerte sowie Grenzwerte bei $\pm\infty$ zu betrachten. Weiter soll auch der Fall erfaßt werden, daß f keinen endlichen Grenzwert besitzt, sondern nach $+\infty$ oder $-\infty$ strebt. Es sei an die Notation $\overline{\mathbb{R}} = \mathbb{R} \cup \{+\infty, -\infty\}$ aus (5.8) erinnert.

8.8 Definition. *Es seien $I \subseteq \mathbb{R}$ ein Intervall und $a \in \overline{\mathbb{R}}$, so daß eine Folge $(x_n) \subseteq I\backslash\{a\}$ mit $x_n \to a$ existiert. Eine Funktion $f : I\backslash\{a\} \mapsto \mathbb{R}$ strebt gegen ein $\ell \in \overline{\mathbb{R}}$ (Notation: $f(x) \to \ell$) für $x \to a$ in I, falls für jede Folge $(x_n) \subseteq I\backslash\{a\}$ aus $x_n \to a$ stets $f(x_n) \to \ell$ folgt. Im Fall $\ell \in \mathbb{R}$ nennt man ℓ Grenzwert oder Limes von f in a bezüglich I.*

In Definition 8.8 werden die folgenden fünf Fälle erfaßt: $a = -\infty$ und $I = (-\infty,b)$; $a = +\infty$ und $I = (b,\infty)$; $a \in \mathbb{R}$ und $I = (a,b)$; $a \in \mathbb{R}$ und $I = (b,a)$ sowie $c < a < b$ und $I = (c,b)$. Statt „$x \to a$ in I" schreibt man in diesen Fällen „$x \to -\infty$", „$x \to +\infty$" (oder einfach „$x \to \infty$"), „$x \to a^+$", „$x \to a^-$" oder „$x \to a$"; für $\ell \in \mathbb{R}$ werden die Grenzwerte in den ersten vier Fällen mit

$$\ell = \lim_{x\to -\infty} f(x), \ \ell = \lim_{x\to\infty} f(x), \ \ell = \lim_{x\to a^+} f(x), \ \ell = \lim_{x\to a^-} f(x) \quad (2)$$

bezeichnet, und im Fall $a \in \mathbb{R}$ hat man auch die Notationen

$$\lim_{x\to a^+} f(x) = f(a^+) \quad \text{und} \quad \lim_{x\to a^-} f(x) = f(a^-) \quad (3)$$

für die *rechtsseitigen* und *linksseitigen* Grenzwerte von f in a. Für innere Punkte a von I existiert $\lim_{x\to a} f(x)$ genau dann, wenn $f(a^-)$ und $f(a^+)$ existieren und gleich sind.

Die Feststellungen 8.5 und 8.6 gelten sinngemäß für die Situationen von Definition 8.8 unter Berücksichtigung von Bemerkung 5.12.

8.9 Beispiele. a) Für die Heaviside-Funktion ist also $H(0^+) = 1$ und $H(0^-) = 0$.

b) Für die auf $\mathbb{R}\backslash\{0\}$ definierte Inversion $j : x \mapsto \frac{1}{x}$ gilt also $j(x) \to 0$ für

$x \to -\infty$, $j(x) \to -\infty$ für $x \to 0^-$, $j(x) \to +\infty$ für $x \to 0^+$, $j(x) \to 0$ für $x \to +\infty$.

c) Nach Satz 6.18 gilt $\lim\limits_{x\to 0^+} \sqrt{x} = 0$. Damit folgt im Gegensatz zu Beispiel 8.3 c) $\frac{\sqrt{x}}{x} = \frac{1}{\sqrt{x}} \to +\infty$ für $x \to 0^+$.

d) Für die in der Einleitung diskutierte Kostenfunktion $K : x \mapsto 70x + \frac{480}{x}$ gilt $K(x) \to +\infty$ für $x \to 0^+$ und $K(x) \to +\infty$ für $x \to +\infty$. Die letztere Aussage kann noch präzisiert werden: Es gilt $K(x) - 70x = \frac{480}{x} \to 0$ für $x \to +\infty$; die Gerade $y = 70x$ ist eine *Asymptote* für den Graphen von K (vgl. Abb. B).

e) Für $x \to +\infty$ hat man $\dfrac{3x^2 - 2}{x\sqrt{x} + 5x + 1} = \dfrac{3\sqrt{x} - 2/x\sqrt{x}}{1 + 5/\sqrt{x} + 1/x\sqrt{x}} \to +\infty$.   □

Funktionen, deren *Grenzwerte* in einem Punkt stets mit den *Funktionswerten* in diesem Punkt übereinstimmen, sind von besonderer Bedeutung in der Analysis:

8.10 Definition. *Es sei $I \subseteq \mathbb{R}$ ein Intervall.*
a) Eine Funktion $f : I \mapsto \mathbb{R}$ heißt **stetig** *in einem Punkt $a \in I$, falls $f(a)$ der Limes von f in a bezüglich I ist.*
b) Eine Funktion $f : I \mapsto \mathbb{R}$ heißt **stetig** *(auf I), falls f in jedem Punkt von I stetig ist.*

Für ein offenes Intervall I heißt $f : I \mapsto \mathbb{R}$ *rechts-* bzw. *linksseitig stetig* in $a \in I$, falls $f(a^+) = f(a)$ bzw. $f(a^-) = f(a)$ gilt.

Die Stetigkeit einer Funktion kann von der *Wahl des Definitionsbereichs abhängen*. So sind etwa für die Heaviside-Funktion aus Beispiel 8.7 a) $H : [0,\infty) \mapsto \mathbb{R}$ und $H : (-\infty, 0) \mapsto \mathbb{R}$ stetig, nicht aber $H : (-\infty, 0] \mapsto \mathbb{R}$ oder $H : (-1, 1) \mapsto \mathbb{R}$. Die letzte Funktion ist in 0 rechtsseitig stetig.

Für Intervalle $J \subseteq I$ nennt man eine Funktion $f : I \mapsto \mathbb{R}$ *stetig auf J*, wenn ihre *Einschränkung* $f|_J : J \mapsto \mathbb{R}$ stetig ist. In diesem Sinne ist $H : \mathbb{R} \mapsto \mathbb{R}$ auf $[0,1]$ stetig, obwohl H in $0 \in \mathbb{R}$ unstetig ist.

8.11 Feststellung. *Es seien $I \subseteq \mathbb{R}$ ein Intervall und $a \in I$. Eine Funktion $f : I \mapsto \mathbb{R}$ ist genau dann in a stetig, wenn eine der folgenden äquivalenten Bedingungen erfüllt ist:*
a) Für jede Folge $(x_n) \subseteq I$ gilt: $x_n \to a \Rightarrow f(x_n) \to f(a)$.
b) Es gilt die folgende Aussage:

$$\forall\, \varepsilon > 0 \; \exists\, \delta > 0 \; \forall\, x \in I : \; |x - a| < \delta \Rightarrow |f(x) - f(a)| < \varepsilon. \quad (4)$$

Der Beweis ergibt sich sofort aus den Definitionen 8.10 und 8.2 sowie Feststellung 8.5. Aussage (4) wird in Abb. 8b veranschaulicht. Sie impliziert, daß für in a stetige Funktionen der Funktionswert $f(a)$ mit Hilfe von Werten $f(x)$ mit x nahe a *näherungsweise* berechnet werden kann; dies ist etwa dann interessant, wenn a nicht exakt bekannt ist oder die Auswertung von f in a schwierig ist.

8.12 Feststellung. *Es seien $f, g : I \mapsto \mathbb{R}$ in $a \in I$ stetig. Dann sind auch $f + g$, fg und, für $g(a) \neq 0$, f/g in a stetig.*

Dies folgt sofort aus Feststellung 8.6 bzw. Satz 5.8. Auch die *Komposition* stetiger Funktionen ist stetig (vgl. Abb. 8d):

8.13 Feststellung. *Es seien $I, J \subseteq \mathbb{R}$ Intervalle, $f : I \mapsto J$ in $a \in I$ und $g : J \mapsto \mathbb{R}$ in $f(a) \in J$ stetig. Dann ist auch $g \circ f : I \mapsto \mathbb{R}$ in a stetig.*

BEWEIS. Es sei $(x_n) \subseteq I$ eine Folge mit $x_n \to a$. Nach Feststellung 8.11 a) folgt zuerst $f(x_n) \to f(a)$ und dann $g(f(x_n)) \to g(f(a))$, also die Stetigkeit von $g \circ f$ auf I. $\diamond$

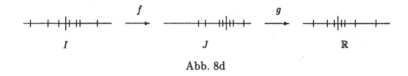

Abb. 8d

8.14 Beispiele. a) Die *Potenzfunktionen* $p_k : x \mapsto x^k$ sind wegen Satz 5.8 auf $\mathbb{R}$ stetig.
b) Nach 8.3 c) und 8.9 c) ist die Funktion $x \mapsto \sqrt{x}$ stetig auf $[0, \infty)$.
c) Funktionen wie $x \mapsto x\,\sqrt{2x^4 + \sqrt{x^2 + 1}}$ sind nach den Feststellungen 8.12 und 8.13 stetig. $\square$

Es werden nun zwei wichtige Typen von *Unstetigkeiten*, nämlich *Sprünge* und *Oszillationen* vorgestellt:

8.15 Beispiele. a) Die *Heaviside-Funktion* $H : \mathbb{R} \mapsto \mathbb{R}$ aus Beispiel 8.7 a) hat eine *Sprungstelle* bei 0 wegen $H(0^-) \neq H(0^+)$.
b) Die durch $Z : x \mapsto 1 - |x|$ auf $[-2, 2]$ definierte Funktion wird durch

$$Z(x) := Z(x - 4k), \quad x \in [4k - 2, 4k + 2), \quad k \in \mathbb{Z}, \tag{5}$$

zu einer auf ganz $\mathbb{R}$ definierten *4-periodischen „Zackenfunktion"* fortgesetzt (vgl. Abb. 8e), d. h. es gilt $Z(x + 4) = Z(x)$ für alle $x \in \mathbb{R}$. Wegen $Z(-2) = Z(2)$ ist Z auf $\mathbb{R}$ stetig. Wegen $Z(4k) = 1$ und $Z(4k + 2) = -1$

für alle $k \in \mathbb{Z}$ existieren die Grenzwerte $\lim\limits_{x \to +\infty} Z(x)$ und $\lim\limits_{x \to -\infty} Z(x)$ nicht.

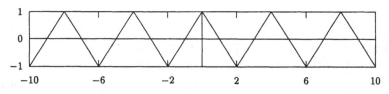

Abb. 8e : Zackenfunktion Z

c) Mit der Zackenfunktion Z aus (5) definiert man die „*Wackelfunktion*" $W : \mathbb{R} \mapsto \mathbb{R}$ durch

$$W(x) := \begin{cases} Z(\frac{1}{x}) &, \quad x \neq 0 \\ 0 &, \quad x = 0 \end{cases}, \tag{6}$$

vgl. Abb. 8f, die links und rechts von 0 *oszilliert*. Wegen 8.12 und 8.13 ist W stetig auf $\mathbb{R}\backslash\{0\}$. Wegen $W(\frac{1}{4k}) = 1$ und $W(\frac{1}{4k+2}) = -1$ für alle $k \in \mathbb{Z}$ existieren die Grenzwerte $\lim\limits_{x \to 0^+} W(x)$ und $\lim\limits_{x \to 0^-} W(x)$ nicht. Auch durch Abänderung von $W(0)$ kann W nicht zu einer in 0 (auch nur einseitig) stetigen Funktion gemacht werden.

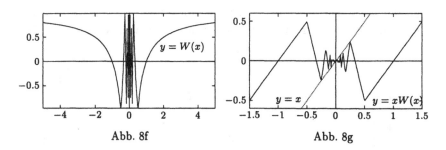

Abb. 8f   Abb. 8g

d) Durch *Dämpfung* der Oszillation von W, z. B. durch Multiplikation mit x, entsteht eine *stetige* Funktion. In der Tat folgt wegen $|W(x)| \leq 1$ für alle $x \in \mathbb{R}$ aus $x_n \to 0$ auch stets $x_n W(x_n) \to 0$, und daher ist die Funktion $x \mapsto x W(x)$ (vgl. Abb. 8g) stetig in 0 (und auf ganz $\mathbb{R}$).

Bemerkung: Üblicherweise werden Oszillationen anhand der Beispiele $\cos \frac{1}{x}$ *oder* $\sin \frac{1}{x}$ *illustriert. Da Sinus und Kosinus erst in Abschnitt 24 eingeführt werden, dienen bis dahin gelegentlich* $Z(x)$ *bzw.* $W(x)$ *als „Ersatz" für* $\cos x$ *bzw.* $\cos \frac{1}{x}$.

Die Beispiele in 8.15 haben höchstens je eine Unstetigkeitsstelle. Es gibt jedoch auch Funktionen mit „sehr vielen" Unstetigkeitsstellen:

8.16 Beispiele. a) Für die durch $D(x) := \begin{cases} 0 & , \quad x \notin \mathbb{Q} \\ 1 & , \quad x \in \mathbb{Q} \end{cases}$ auf $\mathbb{R}$ definierte *Dirichlet-Funktion* (die sich der Veranschaulichung entzieht) existiert $\lim\limits_{x \to a} D(x)$ für kein $a \in \mathbb{R}$, da ja für rationale Folgen $x_n \to a$ stets $D(x_n) = 1$, für irrationale Folgen $x_n \to a$ aber $D(x_n) = 0$ gilt (man beachte Folgerung 6.24). Insbesondere ist D *in jedem Punkt unstetig*.
b) Für die durch

$$B(x) := \begin{cases} 1/q & , \quad x \in \mathbb{Q}, \quad x = p/q \text{ gekürzter Bruch mit } q \in \mathbb{N} \\ 0 & , \quad x \notin \mathbb{Q} \end{cases} \tag{7}$$

auf $J := [0,1]$ definierte „*Stammbrüche-Funktion*" B (vgl. Abb. 8h) gilt $\lim\limits_{x \to a} B(x) = 0$ für alle $a \in J$ (einseitige Grenzwerte in den Endpunkten). Zum Beweis sei $a \in J$ und $\varepsilon > 0$. Es gibt nur endlich viele $q \in \mathbb{N}$ mit $1/q \geq \varepsilon$; zu jedem solchen q gibt es höchstens $(q+1)$ gekürzte Brüche der Form p/q in J. Somit gibt es nur endlich viele Zahlen $\{r_1, \ldots, r_m\} \subseteq J \backslash \{a\}$ mit $B(r_j) \geq \varepsilon$. Es ist

$$\delta := \min\{|r_1 - a|, \ldots, |r_m - a|\} > 0,$$

und für $x \in J$ folgt aus $0 < |x - a| < \delta$ daher $B(x) < \varepsilon$. Somit ist B in den rationalen Punkten unstetig, in den irrationalen aber stetig. $\quad\square$

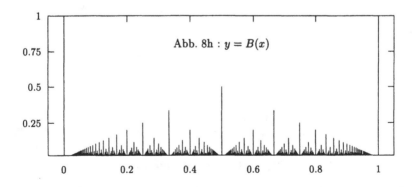

Abb. 8h : $y = B(x)$

Aus den Theoremen 6.9 und 6.12 ergeben sich analoge Aussagen zur Existenz von *Grenzwerten bei Funktionen*. Zunächst wird das *Cauchysche Konvergenzkriterium* formuliert:

8.17 Satz. *Für eine Funktion* $f : (a,b) \mapsto \mathbb{R}$ *existiert genau dann der Grenzwert* $f(b^-) = \lim\limits_{x \to b^-} f(x)$, *wenn folgendes gilt:*

$$\forall\, \varepsilon > 0 \,\exists\, \delta > 0 \,\forall\, x,y \in (b-\delta,b) \;:\; |f(x) - f(y)| < \varepsilon. \tag{8}$$

BEWEIS. a) Es existiere $\lim\limits_{x \to b^-} f(x) =: \ell$. Zu $\varepsilon > 0$ gibt es dann $\delta > 0$ mit $|f(x) - \ell| < \frac{\varepsilon}{2}$ für $b - \delta < x < b$. Für $x,y \in (b - \delta, b)$ folgt dann $|f(x) - f(y)| < \varepsilon$ aus der Dreiecks-Ungleichung.

b) Es gelte nun (8), und es sei $(x_n) \subseteq (a,b)$ eine Folge mit $x_n \to b$. Dann ist $(f(x_n))$ eine Cauchy-Folge: Zu $\varepsilon > 0$ wählt man $\delta > 0$ gemäß (8). Es gibt $n_0 \in \mathbb{N}$ mit $b - \delta < x_n < b$ für $n \geq n_0$, und für $n,m \geq n_0$ gilt dann $|f(x_n) - f(x_m)| < \varepsilon$ nach (8). Nach Theorem 6.9 existiert somit $\lim\limits_{n \to \infty} f(x_n) =: \ell$.

c) Ist nun $(y_n) \subseteq (a,b)$ eine andere Folge mit $y_n \to b$, so folgt wegen (8) ähnlich wie in b) $|f(x_n) - f(y_n)| \to 0$, also auch $\lim\limits_{n \to \infty} f(y_n) = \ell$. Somit ist $\ell = \lim\limits_{x \to b^-} f(x)$. ◇

8.18 Satz. *Es seien* $I = (a,b) \subseteq \mathbb{R}$ *ein offenes Intervall und* $f : I \mapsto \mathbb{R}$ *monoton wachsend und beschränkt. Dann existiert* $f(b^-) = \lim\limits_{x \to b^-} f(x)$.

BEWEIS. Wegen Satz 8.17 genügt es, die Cauchy-Bedingung (8) zu zeigen. Ist diese nicht erfüllt, so findet man wie im Beweis von Theorem 6.12 ein $\varepsilon > 0$ und Zahlen $a < x_0 < x_1 < \ldots < x_{n-1} < x_n < \ldots < b$ mit $f(x_k) - f(x_{k-1}) \geq \varepsilon$ für alle $k \in \mathbb{N}$. Dies bedeutet aber $f(x_k) \geq k \cdot \varepsilon + f(a)$ für alle $k \in \mathbb{N}$, d. h. f kann nicht beschränkt sein. ◇

Satz 8.17 gilt natürlich auch für rechtsseitige und beidseitige Grenzwerte sowie entsprechend für Grenzwerte in $\pm\infty$; Satz 8.18 gilt sinngemäß auch für Grenzwerte in $+\infty$ sowie für monoton fallende Funktionen.

8.19 Folgerung. *Es seien* $I \subseteq \mathbb{R}$ *ein Intervall und* $f : I \mapsto \mathbb{R}$ *monoton. Dann existieren die Grenzwerte* $f(c^-)$ *und* $f(c^+)$ *für alle* $c \in I$ *(nur einer in eventuellen Endpunkten).*

Im Fall monotoner Funktionen besteht also die Menge $S_f :=$ $\{c \in I \mid f \text{ ist unstetig in } c\}$ nur aus *Sprungstellen*. Für die *Gauß-Klammer-Funktion* $G : x \mapsto [x]$ (vgl. 6.22 und Abb. 8i) etwa ist $S_G = \mathbb{Z}$. Allgemein gilt:

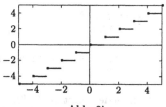

Abb. 8i

8.20 Satz. *Es seien $I \subseteq \mathbb{R}$ ein Intervall und $f : I \to \mathbb{R}$ monoton. Dann ist die Menge $S_f := \{c \in I \mid f \text{ ist unstetig in } c\}$ abzählbar.*

BEWEIS. Es sei f monoton wachsend. Für $c \in S_f$ gilt $f(c^-) < f(c^+)$. Man wählt eine rationale Zahl $r(c)$ mit $f(c^-) < r(c) < f(c^+)$ und erhält wegen der Monotonie von f dadurch eine *injektive Abbildung* $r : S_f \mapsto \mathbb{Q}$. Somit folgt die Behauptung aus Folgerung 3.26. ◇

Aufgaben

8.1 Man berechne die Grenzwerte

$$\lim_{x \to 2} \frac{x^3 - 6x^2 + 12x - 8}{x - 2}, \qquad \lim_{x \to 0} \frac{1 + {}^1\!/x^2}{1 + {}^1\!/x^4},$$

$$\lim_{x \to \infty} \frac{(x+7)^2 \sqrt{x+2}}{7x^2 \sqrt{x} - 2x \sqrt{x}}, \qquad \lim_{x \to \infty} (\sqrt{x^2 + 3x + 1} - x).$$

8.2 Man zeige die Existenz der Grenzwerte $\lim\limits_{x \to \infty} \frac{Z(x)}{x}$ und $\lim\limits_{x \to \infty} W(x)$.

8.3 In welchen Punkten $x \in \mathbb{R}$ ist die Funktion $x \mapsto D(x) \cdot (x^2 - 1)$ stetig?

8.4 Für Funktionen $f, g : \mathbb{R} \mapsto \mathbb{R}$ und $a \in \mathbb{R}$ beweise oder widerlege man die folgenden Aussagen:
a) f ist stetig in a $\Leftrightarrow$ $|f|$ ist stetig in a.
b) f, g stetig in a $\Rightarrow$ $\max\{f, g\}$, $\min\{f, g\}$ stetig in a.
c) f, g stetig in a $\Leftrightarrow$ $f \cdot g$ stetig in a.

8.5 Für $f : \mathbb{R} \mapsto \mathbb{R}$ gelte $\lim\limits_{h \to 0} (f(x + h) - f(x - h)) = 0$ für alle $x \in \mathbb{R}$. Folgt daraus die Stetigkeit von f?

8.6 Es sei $f : [a, b] \mapsto \mathbb{R}$ stetig. Man konstruiere eine *stetige Fortsetzung* von f auf ganz $\mathbb{R}$.

8.7 Man folgere Satz 8.18 direkt aus Theorem 6.12.

8.8 Es seien $I \subseteq \mathbb{R}$ ein Intervall und $f : I \mapsto \mathbb{R}$ monoton, so daß $f(I)$ ein Intervall ist. Man zeige, daß f stetig ist.

8.9 Man konstruiere eine monotone Funktion $f : [0, 1] \mapsto \mathbb{R}$ mit unendlich vielen Unstetigkeitsstellen.

8.10 Kann jede Funktion $f : [0, 1] \mapsto \mathbb{R}$ in der Form $f = g - h$ mit monoton wachsenden g, h geschrieben werden?

9   Suprema und Zwischenwertsatz

Aufgabe: Man versuche, die Existenz von $x \in \mathbb{R}$ mit $x^5 + x + 1 = 0$ zu zeigen.

In diesem Abschnitt wird die *Existenz m-ter Wurzeln*, d. h. die Lösbarkeit der Gleichungen $x^m = c$ für $c > 0$ gezeigt. Dies könnte analog zu Satz 6.15 mittels eines geeigneten Iterationsverfahrens erfolgen (vgl. Beispiel 35.4*), doch soll hier eine andere Methode vorgestellt werden:

Die Menge $M := \{ x \geq 0 \,|\, x^m \leq c \}$ ist nach oben beschränkt, z. B. durch $b := c + 1$ (vgl. Abb. 9a). Ist nun ξ das *Maximum* der Menge M, so gilt $\xi^m \leq c$, aber $x^m > c$ für alle $x > \xi$. Wegen der *Stetigkeit* der Funktion $p_m : x \mapsto x^m$ muß dann auch $\xi^m \geq c$ gelten !

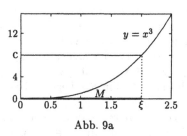

Abb. 9a

Es ist nicht offensichtlich, daß die Menge M wirklich ein Maximum besitzt. Wie schon in Beispiel 1.2 c) bemerkt wurde, gibt es ja beschränkte Mengen ohne Maximum, z. B. das offene Intervall $I = (0,1)$. Zwar ist jede Zahl $s \geq 1$ obere Schranke von I, doch gilt stets $s \notin I$. Offenbar ist 1 die *kleinstmögliche* obere Schranke von I. Dieser wichtige Begriff wird jetzt allgemein untersucht:

9.1 Definition. *Es sei $\emptyset \neq M \subseteq \mathbb{R}$ nach oben beschränkt. Hat die Menge*

$$S_M := \{ a \in \mathbb{R} \mid \forall\, x \in M \;:\; x \leq a \} \tag{1}$$

der oberen Schranken von M ein Minimum $s = \min S_M$, so heißt dieses kleinste obere Schranke *oder* **Supremum** *von M, Notation:* $s = \sup M$.

9.2 Beispiele und Bemerkungen. a) Nach Bemerkung 1.2 a) sind Suprema *eindeutig bestimmt.*
b) Falls M ein Maximum besitzt, so gilt $\max M = \sup M$.
c) Für $I = (0,1)$ gilt also $S_I = [1,\infty)$ und $\sup I = \min S_I = 1$. $\square$

9.3 Feststellung. *Es sei $\emptyset \neq M \subseteq \mathbb{R}$ nach oben beschränkt. Dann ist genau dann $s = \sup M$, wenn die folgenden beiden Bedingungen gelten:*
(a) $x \leq s$ für alle $x \in M$,
(b) Es gibt eine Folge $(x_n) \subseteq M$ mit $x_n \to s$.

BEWEIS. „$\Rightarrow$ ": Zunächst gilt $s \in S_M$, also (a). Zu (b): Für $n \in \mathbb{N}$ ist $s - \frac{1}{n} \notin S_M$, d. h. es gibt $x_n \in M$ mit $s - \frac{1}{n} < x_n \leq s$.

„⇐ ": Nach (a) gilt $s \in S_M$. Nach (b) gibt es zu jeder Zahl $t < s$ ein $n \in \mathbb{N}$ mit $t < x_n$, d.h. t kann keine obere Schranke von M sein.   ◇

Aus Axiom A und der *Vollständigkeit* von $\mathbb{R}$ ergibt sich nun die *Existenz des Supremums* für jede nach oben beschränkte Menge:

9.4 Satz. *Für jede nach oben beschränkte Menge $\emptyset \neq M \subseteq \mathbb{R}$ existiert die kleinste obere Schranke* sup M.

BEWEIS. a) Zunächst wählt man $b \in S_M$. Wegen $M \neq \emptyset$ ist die Menge $A := \{k \in \mathbb{N}_0 \mid b - k \in S_M\}$ *endlich;* daher existiert $m := \max A$, und man setzt $s_0 := b - m$. Offenbar gilt dann $s_0 \in S_M$, aber $s_0 - 1 \notin S_M$.
b) Es seien bereits Zahlen $b \geq s_0 \geq \ldots \geq s_{n-1}$ in S_M konstruiert, so daß $s_k - 2^{-k} \notin S_M$ für $0 \leq k \leq n-1$ gilt. Man setzt dann $s_n := s_{n-1} - 2^{-n}$, falls diese Zahl in S_M liegt, andernfalls $s_n := s_{n-1}$. In jedem Fall gilt dann $s_{n-1} \geq s_n \in S_M$ und $s_n - 2^{-n} \notin S_M$.
c) Die in b) rekursiv definierte Folge (s_n) ist monoton fallend, und es gilt $x \leq s_n$ für alle $x \in M$ und $n \in \mathbb{N}$. Nach Theorem 6.12 existiert $s := \lim\limits_{n\to\infty} s_n$, und es gilt $x \leq s$ für alle $x \in M$, also $s \in S_M$. Wegen $s_n - 2^{-n} \notin S_M$ gibt es $x_n \in M$ mit $s_n - 2^{-n} < x_n \leq s$. Aus $s_n \to s$ folgt auch $x_n \to s$ und somit $s = \sup M$ aufgrund von Feststellung 9.3.   ◇

Entsprechend existieren auch *größte untere Schranken:*

9.5 Feststellung. *Für $\emptyset \neq M \subseteq \mathbb{R}$ sei $-M := \{-x \mid x \in M\}$. Ist M nach unten beschränkt, so ist*

$$\inf M := -\sup(-M) \tag{2}$$

die größte untere Schranke von M, das Infimum *von M.*

BEWEIS (vgl. Abb. 9b). Offenbar ist $-M$ nach oben beschränkt, und nach Satz 9.4 existiert $t := \sup(-M)$. Es gilt also $-x \leq t$ und somit $x \geq -t$ für alle $x \in M$, d.h. $-t$ ist untere Schranke von M. Nach Feststellung 9.3 gibt es eine Folge $(x_n) \subseteq M$ mit $-x_n \to t$, also $x_n \to -t$; daher muß $-t$ die größtmögliche untere Schranke von M sein.   ◇

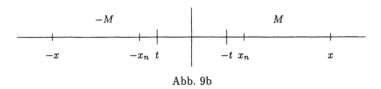

Abb. 9b

Auf Satz 9.4 beruht die folgende *Charakterisierung* von *Intervallen:*

9.6 Satz. *Eine Menge $I \subseteq \mathbb{R}$ ist genau dann ein Intervall, wenn für alle $x, y \in I$ aus $x < \xi < y$ auch stets $\xi \in I$ folgt.*

BEWEIS. „$\Rightarrow$" ist klar. Für „$\Leftarrow$" hat man 4 Fälle zu unterscheiden. Es sei etwa I nach oben unbeschränkt, nach unten aber beschränkt mit inf $I =: a$. Für $a \in I$ folgt dann $I = [a, \infty)$, für $a \notin I$ dagegen $I = (a, \infty)$. In der Tat ist $I \subseteq [a, \infty)$ klar. Ist umgekehrt $a < \xi < +\infty$, so gibt es $x, y \in I$ mit $x < \xi < y$, und nach Voraussetzung folgt auch $\xi \in I$. $\diamond$

Das zu Beginn des Abschnitts angedeutete Argument für die Existenz m-ter Wurzeln kann jetzt exakt durchgeführt werden. In der Tat liefert es sogar ein wesentlich allgemeineres Ergebnis:

9.7 Theorem (Zwischenwertsatz). *Es seien $a < b \in \mathbb{R}$, $f : [a, b] \mapsto \mathbb{R}$ stetig und $f(a) < c < f(b)$. Dann gibt es $\xi \in (a, b)$ mit $f(\xi) = c$.*

BEWEIS. Es sei $M := \{x \in [a, b] \mid f(x) \leq c\}$. Wegen $a \in M$ ist $M \neq \emptyset$, und b ist eine obere Schranke von M. Nach Satz 9.4 existiert somit $\xi := \sup M$ (vgl. Abb. 9c). Nach Feststellung 9.3 existiert eine Folge $(x_n) \subseteq M$ mit $x_n \to \xi$; da f stetig ist, ergibt sich $f(\xi) = \lim_{n \to \infty} f(x_n) \leq c$. Insbesondere ist $\xi \in M$ (also $\xi = \max M$) und $\xi < b$. Man wählt nun eine Folge $(y_n) \subseteq (\xi, b]$ mit $y_n \to \xi$; dann ist stets $f(y_n) > c$, und aus der Stetigkeit von f folgt auch $f(\xi) = \lim_{n \to \infty} f(y_n) \geq c$. $\diamond$

Der angegebene Beweis liefert offenbar die *maximale* Lösung der Gleichung $f(x) = c$ in $[a, b]$. Entsprechend erhält man die *minimale* Lösung durch $\eta = \inf \{x \in [a, b] \mid f(x) \geq c\}$. Der Zwischenwertsatz gilt auch im Fall $f(a) > c > f(b)$, wie man durch Übergang zu $-f$

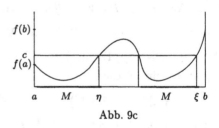

Abb. 9c

einsieht. Es werden also *alle Zahlen* zwischen zwei gegebenen Funktionswerten von der stetigen Funktion f *angenommen*.

9.8 Folgerung. *Es seien $m \in \mathbb{N}$ und $c \geq 0$. Dann gibt es eine eindeutig bestimmte Zahl $x \geq 0$ mit $x^m = c$.*

BEWEIS. Die Eindeutigkeit folgt aus der Injektivität von $p_m : x \mapsto x^m$ auf $[0, \infty)$; für $c = 0$ ist $x = 0$ die Lösung. Für $c > 0$ ergibt sich mit $a := 0$ und $b := c + 1$ die Existenz der Lösung aus dem Zwischenwertsatz. $\diamond$

9.9 Definition. *Die zu $c \geq 0$ eindeutig bestimmte Zahl $x \geq 0$ mit $x^m = c$ heißt* m-te Wurzel *von c, Notation: $x = \sqrt[m]{c}$.*

Die *Wurzelfunktion* $w_m : [0, \infty) \mapsto [0, \infty)$, $w_m(x) := \sqrt[m]{x}$, ist die Umkehr-funktion der Potenzfunktion $p_m : [0, \infty) \mapsto [0, \infty)$ (vgl. Abb. 6a für $m = 2$.) Nach 3.15 b) ist sie streng monoton wachsend. Ihre *Stetigkeit* ergibt sich aus einem allgemeineren Ergebnis über die *Stetigkeit von Umkehrfunktionen*:

9.10 Satz. *Es seien $I \subseteq \mathbb{R}$ ein Intervall und $f : I \mapsto \mathbb{R}$ streng monoton und stetig. Dann ist auch $f(I) =: J$ ein Intervall, und $f^{-1} : J \mapsto \mathbb{R}$ ist ebenfalls stetig.*

BEWEIS. Es sei f streng mono-ton wachsend; für fallende f be-trachtet man einfach $-f$. Aufgrund von Satz 9.6 und dem Zwischen-wertsatz ist dann $f(I) = J$ ein Intervall. Es seien nun $d \in J$, $c = f^{-1}(d) \in I$ und $\varepsilon > 0$ (vgl. Abb. 9d). Für $(c - \varepsilon, c + \varepsilon) \subseteq I$ setzt man $y_{\pm} = f(c \pm \varepsilon)$ und dann

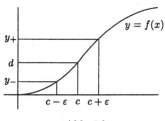

Abb. 9d

$\delta = \min\{d - y_-, y_+ - d\}$. Aus $|y - d| < \delta$ folgt $y_- < y < y_+$, und aus der Monotonie von f^{-1} (vgl. 3.15 b)) ergibt sich auch $c - \varepsilon < f^{-1}(y) < c + \varepsilon$. Für Randpunkte c von I verläuft der Beweis genauso. $\diamond$

9.11 Folgerung. *Die Wurzelfunktionen* $w_m : [0, \infty) \mapsto [0, \infty)$ *sind stetig.*

Es werden nun einige mit Hilfe n-ter Wurzeln definierte Folgen untersucht:

9.12 Beispiele. a) Es gilt $\lim\limits_{n \to \infty} \sqrt[n]{n} = 1$. Dies sieht man so ein: Für $\varepsilon > 0$ ergibt der binomische Satz

$$(1 + \varepsilon)^n \geq 1 + \binom{n}{2}\varepsilon^2 = 1 + \frac{n(n-1)}{2}\varepsilon^2.$$

Wählt man $n_0 \in \mathbb{N}$ mit $2/n_0 \leq \varepsilon^2$, so gilt $(1 + \varepsilon)^n \geq 1 + (n - 1) = n$ für $n \geq n_0$. Dies bedeutet aber $1 \leq \sqrt[n]{n} \leq 1 + \varepsilon$ für diese n.

b) Ist $a \geq 1$, so gilt $1 \leq \sqrt[n]{a} \leq \sqrt[n]{n}$ für $n \geq a$, also $\lim\limits_{n \to \infty} \sqrt[n]{a} = 1$. Wegen Satz 5.8 impliziert dies auch $\lim\limits_{n \to \infty} \sqrt[n]{a} = 1$ für $0 < a \leq 1$.

c) Wegen $n! \geq \left(\frac{n}{3}\right)^n$ (vgl. Satz 4.10) gilt $\sqrt[n]{n!} \to +\infty$. Aus Satz 6.5 erhält man genauer $\dfrac{\sqrt[n]{e}}{e} \leq \dfrac{\sqrt[n]{n!}}{n} \leq \dfrac{\sqrt[n]{en}}{e}$ und daher nach a) und b)

$$\lim_{n \to \infty} \frac{\sqrt[n]{n!}}{n} = \frac{1}{e} = 0{,}367879441\ldots. \tag{3}$$

d) Es folgt eine Tabelle einiger dieser Werte:

n	$\sqrt[n]{e}$	$\sqrt[n]{n}$	$\sqrt[n]{n!}$	$\sqrt[n]{n!}/n$
2	1,64872	1,41421	1,41421	0,70711
3	1,39561	1,44225	1,81712	0,60571
4	1,28403	1,41421	2,21336	0,55334
5	1,22140	1,37973	2,60517	0,52103
10	1,10517	1,25893	4,52873	0,45287
20	1,05127	1,16159	8,30436	0,41522
100	1,01005	1,04713	37,99269	0,37993
1000	1,00100	1,00693	369,49166	0,36949 □

Bemerkung: Das letzte Resultat dieses Abschnitts wird im vorliegenden Band 1 nicht benötigt und kann beim ersten Lesen übergangen werden.

9.13 * **Satz.** *Es seien* $I \subseteq \mathbb{R}$ *ein Intervall und* $f : I \mapsto \mathbb{R}$ *stetig und injektiv. Dann ist* f *streng monoton.*

BEWEIS. a) Zunächst sei $J = [a,b]$ kompakt und $f(a) < f(b)$ (vgl. Abb. 9e). Gibt es $a \leq x < y \leq b$ mit $f(x) \geq f(y)$, so muß wegen der Injektivität von f sogar $f(x) > f(y)$ sein. Ist $f(x) > f(a)$, so wählt man $c \in \mathbb{R}$ mit $\max{(f(a),f(y))} < c < f(x)$ und

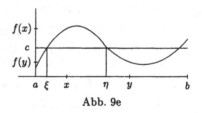

Abb. 9e

findet mit dem Zwischenwertsatz Punkte $\xi \in (a,x)$ und $\eta \in (x,y)$ mit $f(\xi) = c = f(\eta)$, was der Injektivität von f widerspricht. Ist $f(x) \leq f(a)$, so folgt $f(y) < f(b)$, und es ergibt sich analog ein Widerspruch für ein c mit $f(y) < c < \min{(f(x),f(b))}$. Folglich muß f streng monoton wachsend sein.

b) Im Fall $f(a) > f(b)$ wendet man a) auf $-f$ an und schließt, daß f streng monoton fallend sein muß.

c) Ist nun I ein beliebiges Intervall, so gibt es eine Folge kompakter Intervalle (J_k) mit $J_k \subseteq J_{k+1}$ für alle k und $I = \bigcup\limits_{k=1}^{\infty} J_k$. Nach a) und b) ist f auf jedem J_k streng monoton. Ist daher f auf J_1 streng monoton *wachsend*, so muß dies auf allen J_k und dann auch auf ganz I gelten. Andernfalls ist f streng monoton fallend. ◇

Aufgaben

9.1 Man entscheide, ob folgende Mengen $M \subseteq \mathbb{R}$ nach oben bzw. nach unten beschränkt sind und bestimme ggf. sup M und inf M. Weiter entscheide man, ob M ein Maximum oder ein Minimum besitzt:

a) $M = \{x \in \mathbb{R} \mid x^2 \leq 10\}$,   b) $M = \{x \in \mathbb{R} \mid x^3 < 27\}$,

c) $M = \{1 + \frac{1}{n} \mid n \in \mathbb{N}\}$,   d) $M = \{1 - \frac{1}{n} + \frac{1}{2^m} \mid n, m \in \mathbb{N}\}$.

9.2 Es sei (a_n) eine beschränkte monoton wachsende Folge. Man zeige $\sup\{a_n\} = \lim_{n \to \infty} a_n$.

9.3 Für eine Menge $M \subseteq (0, \infty)$ definiert man $M^{-1} := \{x \in \mathbb{R} \mid \frac{1}{x} \in M\}$. Man zeige: M^{-1} ist genau dann nach oben beschränkt, wenn inf $M > 0$ ist, und in diesem Fall gilt $\sup M^{-1} = (\inf M)^{-1}$.

9.4 Man definiere $M + N := \{x + y \in \mathbb{R} \mid x \in M,\ y \in N\}$ für Mengen $M, N \subseteq \mathbb{R}$. Für beschränkte Mengen M, N zeige man $\sup(M + N) = \sup M + \sup N$ und $\inf(M + N) = \inf M + \inf N$.

9.5 Die Funktionen $f, g : M \mapsto \mathbb{R}$ seien nach oben beschränkt. Man zeige, daß auch $f + g$ nach oben beschränkt ist und daß

$$\sup(f + g)(M) \leq \sup f(M) + \sup g(M)$$

gilt. Man gebe ein Beispiel an, bei dem „$<$" auftritt.

9.6 Es seien $I = (a, b) \subseteq \mathbb{R}$ ein offenes Intervall und $f : I \mapsto \mathbb{R}$ monoton wachsend. Man zeige, daß $f(b^-)$ genau dann existiert, wenn f nach oben beschränkt ist, und daß in diesem Fall $f(b^-) = \sup f(I)$ gilt.

9.7 Man zeige, daß folgende Aussage zum Zwischenwertsatz äquivalent ist:

Ist $I \subseteq \mathbb{R}$ ein Intervall und $f : I \mapsto \mathbb{R}$ stetig, so ist $f(I) \subseteq \mathbb{R}$ ebenfalls ein Intervall.

9.8 Mit Hilfe des Zwischenwertsatzes beweise man: Jede stetige Abbildung $f : [a, b] \mapsto [a, b]$ hat einen *Fixpunkt*, d. h. es gibt $x_0 \in [a, b]$ mit $f(x_0) = x_0$.

9.9 Es sei $W : \mathbb{R} \mapsto \mathbb{R}$ die Wackelfunktion aus Beispiel 8.15 c). Man zeige, daß für jedes $c \in [-1, 1]$ die Gleichung $W(x) = c$ abzählbar unendlich viele Lösungen in $(0, 1)$ hat.

9.10 Für $p, q \in \mathbb{N}_0$ untersuche man die Folge $a_n := \dfrac{\sqrt[q]{n}}{\sqrt[p]{n}}$ auf Konvergenz.

9.11 Man berechne folgende Grenzwerte:

a) $\lim_{n \to \infty} \sqrt[n]{n^5 + 4n}$,   b) $\lim_{n \to \infty} (\sqrt[n]{n} - 1)^n$,   c) $\lim_{n \to \infty} \sqrt[3]{n} (\sqrt{n+2} - \sqrt{n})$.

9.12 Für $a, b \geq 0$ zeige man $\lim_{n \to \infty} \sqrt[n]{a^n + b^n} = \max\{a, b\}$.

10   Polynome und Nullstellen

Als *Polynome* bezeichnet man Ausdrücke wie etwa $P(x) = 15x^3 - 15x - 4$, die man als auf $\mathbb{R}$ definierte Funktionen auffassen kann:

10.1 Definition. *a) Eine auf* $\mathbb{R}$ *definierte Funktion der Form*

$$P : x \mapsto \sum_{k=0}^{m} a_k x^k = a_m x^m + a_{m-1} x^{m-1} + \cdots + a_1 x + a_0 \qquad (1)$$

heißt **Polynom**; $a_0, a_1, \ldots, a_m \in \mathbb{R}$ *sind die* Koeffizienten *von* P.
b) Die Menge aller Polynome wird mit $\mathbb{R}[x]$ *bezeichnet.*
c) Gilt $a_m \neq 0$ *in (1), so heißt* $\deg P := m$ *der* Grad *von* P.

10.2 Beispiele und Bemerkungen. a) Die Polynome vom Grad 0 sind die *konstanten* Funktionen $\neq 0$. Es ist bequem, $\deg 0 := -\infty$ zu setzen. Für $m \in \mathbb{N}_0$ setzt man noch $\mathbb{R}_m[x] := \{P \in \mathbb{R}[x] \mid \deg P \leq m\}$.
b) Für $P(x) = 3x^4 - x^2$ und $Q(x) = x^2 + 2$ hat man $\deg P = 4$, $\deg Q = 2$. Weiter gilt $(P + Q)(x) = 3x^4 + 2$, $(P \cdot Q)(x) = 3x^6 + 5x^4 - 2x^2$ sowie $\deg(P + Q) = 4$, $\deg(P \cdot Q) = 6$. Mit $S(x) := -3x^4 + 5x$ dagegen ist $(P + S)(x) = -x^2 + 5x$ und $\deg(P + S) = 2$. Allgemein gilt:
c) Für $P, Q \in \mathbb{R}[x]$ ist stets auch $P + Q$, $P \cdot Q \in \mathbb{R}[x]$, und man hat $\deg(P + Q) \leq \max\{\deg P, \deg Q\}$ sowie $\deg(P \cdot Q) = \deg P + \deg Q$.   □

Quotienten von Polynomen sind i.a. keine Polynome. Wie bei ganzen Zahlen, etwa $\frac{25}{7} = \frac{3 \cdot 7 + 4}{7} = 3 + \frac{4}{7}$ (vgl. Aufgabe 2.8), ist jedoch die *Division mit Rest* möglich. Im folgenden Satz entspricht das Polynom P der Zahl 25, Q der Zahl 7, T der Zahl 3 und R der Zahl 4 in diesem Beispiel.

10.3 Satz (Euklidischer Algorithmus). *Zu Polynomen* $P, Q \in \mathbb{R}[x]$ *gibt es eindeutig bestimmte Polynome* $T, R \in \mathbb{R}[x]$ *mit*

$$P = T \cdot Q + R \quad und \quad \deg R < \deg Q. \qquad (2)$$

BEWEIS. a) *Eindeutigkeit:* Gilt auch $P = T_1 Q + R_1$ mit $\deg R_1 < \deg Q$, so folgt aus $P = TQ + R = T_1 Q + R_1$ sofort $(T - T_1) Q = R_1 - R$; wegen $\deg(R_1 - R) < \deg Q$ erzwingt dies $T - T_1 = 0$ und dann auch $R_1 - R = 0$.
b) *Existenz:* Im Fall $\deg P =: m < n := \deg Q$ kann man einfach $T = 0$, $R = P$ setzen. Für $m \geq n$ verwendet man Induktion über m : Für

$$P(x) = \sum_{k=0}^{m} a_k x^k \quad \text{und} \quad Q(x) = \sum_{k=0}^{n} b_k x^k \text{ gilt } b_n \neq 0,$$ und man betrachtet $R_1(x) := P(x) - \frac{a_m}{b_n} x^{m-n} Q(x)$. Dann ist $\deg R_1 \leq m - 1$, und nach Induktionsvoraussetzung gilt $R_1 = S_1 Q + R$ mit $\deg R < \deg Q$. Daraus folgt nun sofort $P = R_1 + \frac{a_m}{b_n} x^{m-n} Q = (S_1 + \frac{a_m}{b_n} x^{m-n}) Q + R$, also die Behauptung.   ◇

10.4 Beispiele und Bemerkungen. a) Der Beweis von Satz 10.3 ist *konstruktiv:* Zuerst erhält man durch Division der höchsten Terme von P und Q das Polynom $T_1(x) := \frac{a_m}{b_n}x^{m-n}$. Natürlich kann man nun nicht $P - T_1 Q = 0$ erwarten, aber für den *Rest* $R_1 = P - T_1 Q$ gilt $\deg R_1 < m$. Ist noch $\deg R_1 \geq n$, so wendet man das gleiche Verfahren auf R_1 an: Durch Division der höchsten Terme von R_1 und Q entsteht ein Polynom T_2, so daß für den *Rest* $R_2 = R_1 - T_2 Q$ gilt $\deg R_2 < \deg R_1$, also $\deg R_2 < m-1$. Man hat dann

$$P = T_1 Q + R_1 = (T_1 + T_2)Q + R_2.$$

Dieser *Algorithmus* (Rechenverfahren) kann nun so lange fortgesetzt werden, bis der Grad des Restes kleiner als $n = \deg Q$ wird.

b) Die Durchführung des Euklidischen Algorithmus wird nun anhand des Beispiels $P(x) = 4x^4 + 3x^3 - x - 1$ und $Q(x) = 2x^2 + 2$ erläutert:

$$
\begin{array}{llll}
(\ 4x^4 & +3x^3 & -x & -1 \quad) : (2x^2 + 2) = 2x^2 + \frac{3}{2}x - 2 \\
\quad 4x^4 & & +4x^2 & \\
\hline
\quad 3x^3 & -4x^2 & -x & -1 \\
\quad 3x^3 & & +3x & \\
\hline
\quad -4x^2 & -4x & -1 \\
\quad -4x^2 & & -4 \\
\hline
\quad -4x & +3 \\
\end{array}
$$

Zunächst ist $T_1(x) = \frac{4x^4}{2x^2} = 2x^2$. In der 2. Zeile des Schemas steht $T_1 Q$, in der 3. Zeile dann $R_1 = P - T_1 Q$. Damit folgt $T_2(x) = \frac{3x^3}{2x^2} = \frac{3}{2}x$; in der 4. Zeile steht $T_2 Q$, in der 5. Zeile dann $R_2 = R_1 - T_2 Q$. Es folgt $T_3(x) = \frac{-4x^2}{2x^2} = -2$, und in der 7. Zeile erhält man dann den Rest $R = R_3 = R_2 - T_3 Q$, der nun $\deg R < \deg Q$ erfüllt. Folglich gilt $P(x) = (2x^2 + \frac{3}{2}x - 2)Q(x) + (-4x + 3)$.

c) Für $a \in \mathbb{R}$ und $m \in \mathbb{N}$ wird nun $P(x) := x^m - a^m$ durch $Q(x) := x - a$ dividiert. Man erhält

$$T_1(x) = x^{m-1}\ ,\ R_1(x) = x^m - a^m - x^{m-1}(x - a) = x^{m-1}a - a^m,$$
$$T_2(x) = x^{m-2}a\ ,\ R_2(x) = x^{m-1}a - a^m - x^{m-2}a(x - a) = x^{m-2}a^2 - a^m,$$

allgemein $T_j(x) = x^{m-j}a^{j-1}$, $R_j(x) = x^{m-j}a^j - a^m$ für $1 \leq j \leq m - 1$. Der letzte Schritt ergibt schließlich dann $T_m(x) = a^{m-1}$ und $R_m(x) = xa^{m-1} - a^m - a^{m-1}(x - a) = 0$. Somit gilt

$$x^m - a^m = (x - a)(x^{m-1} + x^{m-2}a + x^{m-3}a^2 + \cdots + xa^{m-2} + a^{m-1}). \quad (3)$$

Diese Formel läßt sich auch leicht aus (2.1) folgern.

d) Für Teilmengen $\mathbb{M} \subseteq \mathbb{R}$ bezeichne $\mathbb{M}[x]$ die Menge der Polynome mit

Koeffizienten in $\mathbb{M}$. Ist $\mathbb{M}$ unter den algebraischen Operationen abgeschlossen, z. B. $\mathbb{M} = \mathbb{Q}$, so liefert der Euklidische Algorithmus für P, $Q \in \mathbb{M}[x]$ Polynome T, R mit (2), die ebenfalls in $\mathbb{M}[x]$ liegen. □

Ist eine *Nullstelle* x_0 eines Polynoms bekannt, so kann der *Linearfaktor* $x - x_0$ *abgespalten* werden:

10.5 Satz. *a) Es sei* $0 \neq P \in \mathbb{R}[x]$ *mit* $P(x_0) = 0$ *für ein* $x_0 \in \mathbb{R}$. *Dann gibt es* $Q \in \mathbb{R}[x]$ *mit* $\deg Q = \deg P - 1$ *und*

$$P(x) = (x - x_0) \cdot Q(x) \,. \tag{4}$$

b) Ein Polynom vom Grad $m \in \mathbb{N}$ *hat höchstens* m *Nullstellen.*

BEWEIS. a) Nach (2) gilt $P(x) = (x - x_0) Q(x) + R(x)$, wobei $R \in \mathbb{R}[x]$ ein Polynom vom Grad < 1, also konstant ist. Wegen $P(x_0) = 0$ folgt $R(x_0) = 0$ und somit $R = 0$.

b) Es seien $x_1, \ldots, x_n$ Nullstellen von P mit $n \geq m$. Durch wiederholte Anwendung von a) findet man:

$$\begin{aligned}
P(x) &= (x - x_1) Q_1(x) = (x - x_1)(x - x_2) Q_2(x) = \ldots \\
&= (x - x_1) \cdots (x - x_m) Q_m(x)
\end{aligned}$$

mit $\deg Q_m = 0$. Somit ist $Q_m \neq 0$ konstant, und es folgt $n \leq m$.   ◇

10.6 Bemerkungen. a) Stimmen die Werte von zwei Polynomen $P \in \mathbb{R}_m[x]$ und $Q \in \mathbb{R}_n[x]$ in mindestens $\ell := \max\{n, m\} + 1$ verschiedenen Punkten $x_1, \ldots, x_\ell \in \mathbb{R}$ überein, so muß aufgrund von Satz 10.5 b) also $P - Q$ das Nullpolynom sein.

b) In der *Algebra* werden *Polynome* als *formale Summen* $P(x) = \sum\limits_{k=0}^{m} a_k x^k$ in der *Unbestimmten* x (die, wie auch die Koeffizienten, nicht unbedingt eine Zahl sein muß) betrachtet und von den *Polynomfunktionen* $P : x \mapsto P(x)$ unterschieden. Zwei Polynome werden als *gleich* betrachtet, wenn ihre Koeffizienten übereinstimmen. Nach a) ist dies zur Gleichheit der entsprechenden Polynomfunktionen in genügend vielen Punkten äquivalent; Polynome werden daher in diesem Buch mit den entsprechenden auf $\mathbb{R}$, gelegentlich auch auf (mindestens zweipunktigen) Intervallen definierten Polynomfunktionen identifiziert. □

Es ist also wichtig, Nullstellen von Polynomen zu finden. Ein Polynom $P(x) = ax + b$ vom Grad 1 hat genau eine Nullstelle $x_0 = -b/a$. Ein Polynom $P(x) = x^2 + 2px + q$ vom Grad 2 hat wegen

$$x^2 + 2px + q = 0 \quad \Leftrightarrow \quad (x + p)^2 = p^2 - q$$

genau dann eine Nullstelle in $\mathbb{R}$, wenn $p^2 \geq q$ ist. Die Unlösbarkeit der Gleichung $x^2 + 1 = 0$ in $\mathbb{R}$ gibt Anlaß zur Erweiterung der Zahlengeraden $\mathbb{R}$ zur *Zahlenebene* $\mathbb{C}$ der *komplexen Zahlen*, die in Abschnitt 27 besprochen wird. In $\mathbb{C}$ hat dann *jedes* Polynom eine Nullstelle (*Fundamentalsatz der Algebra*, vgl. Theorem 27.16).

Nach Satz 5.8 sind Polynome *stetige* Funktionen auf $\mathbb{R}$. Aus dem Zwischenwertsatz ergibt sich daher die *Existenz reeller Nullstellen* für Polynome *ungeraden* Grades:

10.7 Satz. *Es sei* $P(x) = \sum\limits_{k=0}^{m} a_k x^k$ *ein Polynom vom Grad* m. *Ist* m *ungerade, so gibt es* $x_0 \in \mathbb{R}$ *mit* $P(x_0) = 0$.

BEWEIS. Bei beliebigem Grad $m \in \mathbb{N}_0$ gilt stets

$$\lim_{x \to +\infty} \frac{P(x)}{a_m x^m} = \lim_{x \to -\infty} \frac{P(x)}{a_m x^m} = 1. \tag{5}$$

Ist nun m *ungerade* und etwa $a_m > 0$, so gibt es nach (5) ein $b > 0$ mit $P(-b) < 0 < P(b)$, und die Behauptung folgt sofort aus dem Zwischenwertsatz. Im Fall $a_m < 0$ wendet man dies einfach auf $-P$ an.   ◇

Es wird nun ein einfaches konstruktives Verfahren zur Berechnung von Nullstellen stetiger Funktionen angegeben:

10.8 Methode (Intervallhalbierungsverfahren).
a) Es sei eine stetige Funktion $f : I \mapsto \mathbb{R}$ gegeben. Zunächst findet man, etwa auf Grund einer Wertetabelle, Zahlen $a < b \in I$, in denen f entgegengesetzte Vorzeichen annimmt, z. B. $f(a) < 0 < f(b)$. Man betrachtet $J_0 := [a, b]$ und den Mittelpunkt $x_0 := \frac{1}{2}(a + b)$ von J_0. Ist $f(x_0) = 0$, so ist eine Nullstelle von f gefunden. Für $f(x_0) > 0$ bzw. $f(x_0) < 0$ definiert man $J_1 := [a, x_0]$ bzw. $J_1 := [x_0, b]$. Für $J_1 =: [a_1, b_1]$ gilt dann $J_1 \subseteq J_0$, $|J_1| = \frac{1}{2}|J_0|$ und $f(a_1) < 0 < f(b_1)$.
b) Man wendet die Überlegungen aus a) auf J_1 statt J_0 an und fährt rekursiv entsprechend fort:
    Es seien bereits $J_0 \supseteq J_1 = [a_1, b_1] \supseteq \ldots \supseteq J_n = [a_n, b_n]$ mit $|J_k| = 2^{-k}|J_0|$ und $f(a_k) < 0 < f(b_k)$ für $1 \leq k \leq n$ konstruiert. Man betrachtet den Mittelpunkt $x_n := \frac{1}{2}(a_n + b_n)$ von J_n. Ist $f(x_n) = 0$, so ist eine Nullstelle von f gefunden. Für $f(x_n) > 0$ bzw. $f(x_n) < 0$ definiert man $J_{n+1} := [a_n, x_n]$ bzw. $J_{n+1} := [x_n, b_n]$.
c) Das Verfahren aus b) bricht ab, oder man erhält eine Intervallschachtelung $J_1 \supseteq J_2 \supseteq \ldots \supseteq J_n \supseteq J_{n+1} \supseteq \ldots$ kompakter Intervalle mit

$|J_n| = 2^{-n} |J_0| \to 0$. Nach Axiom I gibt es genau ein $\xi \in \bigcap\limits_{n=0}^{\infty} J_n$. Wegen $a_n \to \xi$ gilt $f(\xi) = \lim\limits_{n\to\infty} f(a_n) \le 0$, und wegen $b_n \to \xi$ gilt auch $f(\xi) = \lim\limits_{n\to\infty} f(b_n) \ge 0$.

d) Zur *Berechnung* von ξ benutzt man $\xi = \lim\limits_{n\to\infty} x_n$; für die *Fehler* $d_n := |\xi - x_n|$ gilt dann die Abschätzung $d_n \le |J_{n+1}| = 2^{-n-1} |J_0|$. $\square$

In 10.8 wurde der Zwischenwertsatz nicht benutzt; das Intervallhalbierungsverfahren liefert somit einen neuen Beweis von Theorem 9.7, der ohne Verwendung von Suprema oder Infima auskommt. Man beachte, daß auch die Existenz des Supremums in Satz 9.4 im wesentlichen mit Hilfe von Intervallhalbierungen bewiesen wurde.

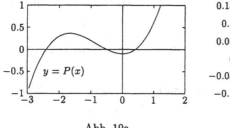

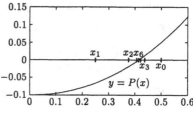

Abb. 10a   Abb. 10b

10.9 Beispiel. Für das Polynom $P(x) := \frac{1}{5}x^3 + \frac{1}{2}x^2 - \frac{1}{10}$ wird eine Nullstelle bestimmt (vgl. Abb. 10 a,b). Es ist $P(0) = -0,1 < 0$ und $P(1) = 0,6 > 0$; daher kann man $a = 0$, $b = 1$ wählen. Für $x_0 = \frac{1}{2}$ ergibt sich $P(\frac{1}{2}) = 0,05 > 0$, also $J_1 = [0, \frac{1}{2}]$. Weitere Rechnungen liefern

$$x_1 = 0,25;\ x_2 = 0,375;\ x_3 = 0,4375;\ x_4 = 0,40625;$$
$$x_5 = 0,42188;\ x_6 = 0,41406 \text{ mit } P(x_6) = -0,00008.$$

Die entsprechende exakte Lösung ξ wird in Aufgabe 10.5 berechnet. $\square$

Bemerkung: Am Ende dieses Abschnitts wird noch das Horner-Schema besprochen, eine effektive Methode zur Berechnung von Polynomwerten. Dieses wird im folgenden nicht benötigt und kann daher übergangen werden.

10.10 * Methode (Horner-Schema).

a) Ein Polynom $P(x) = a_0 + a_1 x + a_2 x^2 + \cdots + a_m x^m = \sum\limits_{k=0}^{m} a_k x^k \in \mathbb{R}[x]$ vom Grad m kann folgendermaßen geschrieben werden:

$$P(x) = a_0 + x(a_1 + x(a_2 + x(\cdots + x(a_{m-1} + x a_m)\cdots))).$$

Bei der numerischen Auswertung von $P(x_1)$ an einer Stelle $x_1 \in \mathbb{R}$ arbeitet man die Klammern von innen nach außen ab und schreibt die Ergebnisse in schematischer Form auf:

$$
\begin{array}{c|ccccccc}
 & a_m & a_{m-1} & a_{m-2} & \cdots & a_1 & a_0 \\
x_1 & & b_m x_1 & b_{m-1} x_1 & \cdots & b_2 x_1 & b_1 x_1 \\
\hline
 & b_m & b_{m-1} & b_{m-2} & \cdots & b_1 & b_0
\end{array}
$$

Mit $b_m := a_m$ wird $b_{m-1} = a_{m-1} + b_m x_1$, dann $b_{m-2} = a_{m-2} + b_{m-1} x_1$, usw. Allgemein gilt also

$$b_m := a_m , \quad b_{k-1} = a_{k-1} + b_k x_1 ; \quad k = m, \ldots, 1 . \tag{6}$$

Nach m Schritten erhält man $b_0 = P(x_1)$.

b) Die Bedeutung der Zahlen b_k, $k = 1, \ldots, m$, ergibt sich folgendermaßen: Anwendung des Euklidischen Algorithmus 10.3 auf $P(x)$ und $x - x_1$ liefert

$$P(x) = c_0 + (x - x_1) Q(x) , \qquad \deg Q = m - 1, \ c_0 = P(x_1) .$$

Nun setzt man $Q(x) = c_1 + c_2 x + \cdots + c_m x^{m-1}$ an und vergleicht Koeffizienten (vgl. Bemerkung 10.6):

$$
\begin{aligned}
P(x) &= c_0 + c_1(x - x_1) + c_2(x - x_1)x + \cdots + c_m(x - x_1)x^{m-1} \\
&= c_m x^m + (c_{m-1} - c_m x_1)x^{m-1} + (c_{m-2} - c_{m-1}x_1)x^{m-2} \\
&\quad + \cdots + (c_1 - c_2 x_1)x + (c_0 - c_1 x_1) \\
&\overset{!}{=} a_m x^m + a_{m-1} x^{m-1} + \cdots + a_1 x + a_0 .
\end{aligned}
$$

Daraus ergibt sich $c_m = a_m$, $c_{k-1} - c_k x_1 = a_{k-1}$, und wegen (6) folgt $c_k = b_k$, $k = 0, \ldots, m$ mit den b_k aus dem Horner-Schema. Folglich gilt

$$P(x) = b_0 + (x - x_1)(b_1 + b_2 x + \cdots + b_m x^{m-1}) . \tag{7}$$

c) Diese Formel läßt sich *iterieren*. Man erhält dann Zahlen d_k (mit $d_0 = b_0$) und Polynome Q_k vom Grad k mit

$$
\begin{aligned}
P(x) &= d_0 + (x - x_1) Q_{m-1}(x) \\
&= d_0 + (x - x_1)[d_1 + (x - x_1) Q_{m-2}(x)] \\
&= \cdots \\
&= d_0 + (x - x_1)[d_1 + (x - x_1)\{d_2 + \cdots + (d_{m-1} + (x - x_1) Q_0) \cdots \}] .
\end{aligned}
$$

Wegen $\deg Q_0 = 0$ ist $Q_0(x) = d_m$ eine Konstante. Man hat also eine *Entwicklung von P nach Potenzen von* $(x - x_1)$:

$$P(x) = \sum_{k=0}^{m} d_k (x - x_1)^k . \tag{8}$$

Aufgaben

10.1 Man dividiere das Polynom $P(x) = x^4 + x^3 - 2x^2 + 4x - 24$ durch das Polynom $Q(x) = x^2 + x - 6$ und berechne $\lim\limits_{x \to 2} \frac{P(x)}{Q(x)}$.

10.2 Man beweise (3) induktiv sowie mit Hilfe von (2.1). Weiter diskutiere man geeignete Verallgemeinerungen von Aufgabe 5.6.

10.3 a) Für $m \in \mathbb{N}$ und $0 < |x| < 1$ definiere man $\rho(x) \in \mathbb{R}$ durch

$$\sqrt[m]{1 + x} = 1 + \frac{x}{m} \cdot \rho(x).$$

Man zeige $\lim\limits_{x \to 0} \rho(x) = 1$ mit Hilfe von (3).

b) Man berechne die Grenzwerte

$$\lim\limits_{n \to \infty} (\sqrt[3]{n^3 + 4n^2 - 1} - n) \quad \text{und} \quad \lim\limits_{n \to \infty} (\sqrt{n + 2} - \sqrt{n})(\sqrt[6]{n^4 + 3n^3 - n} - \sqrt[3]{n^2}).$$

c) Mit Hilfe des binomischen Satzes beweise man $0 \leq |1 - \rho(x)| \leq C|x|$ für $0 < |x| < 1$ und ein geeignetes $C > 0$.

10.4 Mit Hilfe des Euklidischen Algorithmus zeige man folgendes Analogon zu Formel (7.1):
Es sei ein Polynom Q vom Grad m gegeben. Zu $P \in \mathbb{R}[x]$ gibt es eindeutig bestimmte Polynome $P_0, P_1, \ldots, P_r \in \mathbb{R}[x]$ mit $\deg P_k < m$ und

$$P = P_r Q^r + P_{r-1} Q^{r-1} + \cdots + P_1 Q + P_0.$$

10.5 Es ist $x_0 = -\frac{1}{2}$ eine Nullstelle des Polynoms $P(x) := 2x^3 + 5x^2 - 1$. Man berechne zwei weitere Nullstellen von P.

10.6 Kann ein Polynom dritten Grades genau zwei reelle Nullstellen haben?

10.7 Für $m, n \in \mathbb{N}$ gilt $(1+x)^{m+n} = (1+x)^m \cdot (1+x)^n$. Durch Anwendung des binomischen Satzes und „Koeffizientenvergleich" (vgl. 10.6) zeige man

$$\binom{m+n}{k} = \sum_{j=0}^{k} \binom{n}{j} \cdot \binom{m}{k-j}, \quad 0 \leq k \leq m + n.$$

10.8 Es sei $P(x) = x^m + \sum\limits_{k=0}^{m-1} a_k x^k$ ein normiertes Polynom vom Grad m, und es gelte $P(x_0) = 0$. Man zeige

$$|x_0| \leq \max\{1, |a_0| + \cdots + |a_{m-1}|\} \quad \text{und}$$
$$|x_0| \leq 2 \max\{ \sqrt[m-k]{|a_k|} \mid k = 0, \ldots, m-1 \}.$$

10.9 Man berechne eine Nullstelle des Polynoms $P(x) = x^5 + x + 1$ bis auf einen Fehler $< 10^{-3}$.

10.10 * Für das Polynom $P(x) = x^4 - 2x^2 + 3x - 7$ berechne man $P(2)$, $P(0,2)$ und $P(0,02)$ sowie die Entwicklung nach Potenzen von $(x + 2)$.

11   Exponentialfunktion und Logarithmus

Wie in der Einleitung erwähnt, können *stetige Wachstums-* oder *Zerfallsprozesse* durch die *Exponentialfunktion* $x \mapsto \lim\limits_{n\to\infty} (1+\frac{x}{n})^n$ beschrieben werden. Zum Nachweis der Existenz dieses Grenzwertes definiert man

$$e_n(x) := \left(1 + \frac{x}{n}\right)^n, \quad E_n(x) := \sum_{k=0}^{n} \frac{x^k}{k!}, \quad x \in \mathbb{R}, \; n \in \mathbb{N}. \tag{1}$$

11.1 Satz. *a) Für alle $x \in \mathbb{R}$ existiert $\lim\limits_{n\to\infty} E_n(x)$.*
b) Für $x \in \mathbb{R}$ existiert auch $\lim\limits_{n\to\infty} e_n(x) = \lim\limits_{n\to\infty} E_n(x)$.

BEWEIS. a) Für $n \geq 6\,|x|$ gilt wegen Satz 4.10 a)

$$|E_n(x) - E_{n-1}(x)| \;=\; \left|\frac{x^n}{n!}\right| \;=\; \frac{|x|^n}{n!} \;\leq\; \left(\frac{3|x|}{n}\right)^n \;\leq\; \left(\frac{1}{2}\right)^n\,;$$

daher folgt a) sofort aus Satz 6.11.
b) Es wird $\lim\limits_{n\to\infty} (E_n(x) - e_n(x)) = 0$ gezeigt. Man hat

$$
\begin{aligned}
E_n(x) - e_n(x) &= \sum_{k=0}^{n} \frac{x^k}{k!} - \left(1 + \frac{x}{n}\right)^n = \sum_{k=0}^{n} \frac{x^k}{k!} - \sum_{k=0}^{n} \binom{n}{k}\frac{x^k}{n^k} \\
&= \sum_{k=1}^{n} \left(\frac{x^k}{k!} - \frac{n}{n}\frac{n-1}{n}\cdots\frac{n-k+1}{n}\frac{x^k}{k!} \right) \\
&= \sum_{k=2}^{n} (1 - c_{n,k})\frac{x^k}{k!}
\end{aligned}
$$

mit den bereits im Beweis von Satz 4.8 verwendeten Zahlen

$$c_{n,k} := \left(1 - \tfrac{1}{n}\right)\cdot\left(1 - \tfrac{2}{n}\right)\cdots\left(1 - \tfrac{k-1}{n}\right).$$

Für $b_{n,k} := 1 - c_{n,k}$ gilt dann $0 \leq b_{n,k} \leq 1$ und $\lim\limits_{n\to\infty} b_{n,k} = 0$ für festes $k \geq 2$. Es sei nun $\varepsilon > 0$ gegeben. Da die Folge $(E_n(|x|))$ nach a) konvergiert, gibt es $m \in \mathbb{N}$ mit $\sum\limits_{k=m+1}^{n} \frac{|x|^k}{k!} = E_n(|x|) - E_m(|x|) \leq \varepsilon$ für $n > m$. Für diese n folgt dann

$$
\begin{aligned}
|E_n(x) - e_n(x)| &\leq \sum_{k=2}^{n} b_{n,k}\frac{|x|^k}{k!} \leq \sum_{k=2}^{m} b_{n,k}\frac{|x|^k}{k!} + \sum_{k=m+1}^{n} \frac{|x|^k}{k!} \\
&\leq \sum_{k=2}^{m} b_{n,k}\frac{|x|^k}{k!} + \varepsilon.
\end{aligned}
$$

Wegen $b_{n,k} \to 0$ für $2 \leq k \leq m$ gibt es $n_0 \geq m$ mit $\sum\limits_{k=2}^{m} b_{n,k}\frac{|x|^k}{k!} \leq \varepsilon$ für $n \geq n_0$, und daraus folgt sofort $|E_n(x) - e_n(x)| \leq 2\varepsilon$ für diese n.   ◇

11.2 Definition. *Die* **Exponentialfunktion** *wird auf* $\mathbb{R}$ *definiert durch*

$$\exp(x) := \lim_{n \to \infty} E_n(x) = \lim_{n \to \infty} e_n(x), \quad x \in \mathbb{R}. \tag{2}$$

Die Approximation der Exponentialfunktion durch E_1, E_2 und E_3 wird in Abb. 11a illustriert. Der Beweis der bereits in der Einleitung erwähnten wichtigen *Funktionalgleichung* (4) der Exponentialfunktion beruht auf dem folgenden

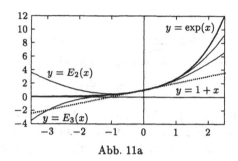

Abb. 11a

11.3 Lemma. *a) Es gilt*

$$|e_n(x) - 1| \leq (e-1)|x| \quad \text{für} \ |x| \leq 1 \ \text{und} \ n \in \mathbb{N}. \tag{3}$$

b) Für eine Folge $(a_n) \subseteq \mathbb{R}$ *mit* $\lim\limits_{n \to \infty} a_n = 0$ *gilt* $\lim\limits_{n \to \infty} \left(1 + \dfrac{a_n}{n}\right)^n = 1$.

BEWEIS. a) Für $|x| \leq 1$ hat man

$$|e_n(x) - 1| = |\left(1 + \tfrac{x}{n}\right)^n - 1| = |\sum_{k=1}^{n} \binom{n}{k} \tfrac{x^k}{n^k}|$$

$$\leq \sum_{k=1}^{n} \binom{n}{k} \tfrac{|x|}{n^k} \leq (e_n - 1)|x| \leq (e-1)|x|.$$

b) Nach a) gilt $|\left(1 + \tfrac{a_n}{n}\right)^n - 1| = |e_n(a_n) - 1| \leq (e-1)|a_n|$ ab einem $n_0 \in \mathbb{N}$. $\diamond$

11.4 Satz. *Es gilt die* Funktionalgleichung

$$\exp(x+y) = \exp(x) \cdot \exp(y) \quad \text{für alle} \ x, y \in \mathbb{R}. \tag{4}$$

BEWEIS. Für $n \in \mathbb{N}$ gilt $e_n(x) \cdot e_n(y) = \left(1 + \tfrac{x+y}{n} + \tfrac{xy}{n^2}\right)^n$.
Für $n > |x| + |y|$ schreibt man

$$1 + \tfrac{x+y}{n} + \tfrac{xy}{n^2} = \left(1 + \tfrac{x+y}{n}\right)\left(1 + \tfrac{a_n}{n}\right)$$

mit $a_n = \tfrac{xy}{n+x+y}$. Offenbar gilt $\lim\limits_{n \to \infty} a_n = 0$; aus

$$e_n(x) \cdot e_n(y) = e_n(x+y)\left(1 + \tfrac{a_n}{n}\right)^n$$

folgt daher mit $n \to \infty$ die Behauptung aufgrund von Lemma 11.3 b). $\diamond$

11.5 Folgerung. *a) Es ist* $\exp(0) = 1$ *und* $\exp(x) \geq 1 + x$ *für* $x \geq 0$.
b) Es gilt $\exp(-x) = (\exp(x))^{-1}$ *und* $\exp(x) > 0$ *für* $x \in \mathbb{R}$.
c) Es gilt die Ungleichung (vgl. Abb. 11b)

$$| \exp(x) - 1 | \leq (e-1) |x| \quad \text{für } |x| \leq 1. \tag{5}$$

d) Man hat $\lim\limits_{x \to -\infty} \exp(x) = 0$ *und* $\exp(x) \to +\infty$ *für* $x \to +\infty$; *genauer gelten sogar die Aussagen (vgl. Abb. 11c)*

$$\forall \, n \in \mathbb{N}_0 : \lim_{x \to +\infty} \frac{x^n}{\exp(x)} = 0, \quad \lim_{x \to -\infty} x^n \exp(x) = 0. \tag{6}$$

BEWEIS. a) ist klar; aus (4) folgt dann $\exp(x)\exp(-x) = \exp(0) = 1$ und somit b); c) folgt sofort aus (3) mit $n \to \infty$.
d) Für $x > 0$ und $n \in \mathbb{N}_0$ gilt $\exp(x) \geq E_{n+1}(x) \geq \frac{x^{n+1}}{(n+1)!}$; somit folgt
$\frac{x^n}{\exp(x)} \leq \frac{(n+1)!}{x} \to 0$ für $x \to \infty$.
Für $x < 0$ folgt daraus $|x^n \exp(x)| = \frac{(-x)^n}{\exp(-x)} \to 0$ für $x \to -\infty$. $\diamond$

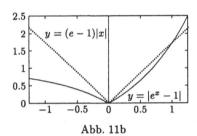

Abb. 11b   Abb. 11c

11.6 Satz. *Die Exponentialfunktion* $\exp : \mathbb{R} \to (0,\infty)$ *ist stetig, streng monoton wachsend und bijektiv.*

BEWEIS. a) Es sei $a \in \mathbb{R}$ gegeben. Für $x \in \mathbb{R}$ mit $|x-a| \leq 1$ folgt aus (4) und (5):

$$\begin{aligned}
| \exp(x) - \exp(a) | &= | \exp(a + (x-a)) - \exp(a) | \\
&= \exp(a) | \exp(x-a) - 1 | \leq (e-1) \exp(a) |x-a|.
\end{aligned}$$

Somit ist $\exp$ stetig auf $\mathbb{R}$.
b) Für $x > a$ hat man wegen Folgerung 11.5 a) und b)

$$\exp(x) - \exp(a) = \exp(a) (\exp(x-a) - 1) \geq \exp(a) (x-a) > 0.$$

c) Für $c \in (0,\infty)$ gibt es wegen Folgerung 11.5 d) Zahlen $a < 0 < b$ mit $\exp(a) < c < \exp(b)$. Nach dem Zwischenwertsatz gibt es also $\xi \in (a,b)$ mit $\exp(\xi) = c$. Folglich ist $\exp : \mathbb{R} \to (0,\infty)$ surjektiv. $\diamond$

11.7 Definition. *Die Umkehrfunktion der Exponentialfunktion*
$\exp : \mathbb{R} \to (0, \infty)$ *heißt* **Logarithmus** $\log : (0, \infty) \to \mathbb{R}$.

11.8 Satz. *Der Logarithmus* $\log : (0, \infty) \to \mathbb{R}$ *ist stetig, streng monoton wachsend und bijektiv. Es gilt die* Funktionalgleichung

$$\log(xy) = \log x + \log y \quad \text{für} \quad x, y > 0. \tag{7}$$

BEWEIS. Die ersten Behauptungen folgen sofort aus den Sätzen 3.15 und 9.10. Für $x, y > 0$ sei $u = \log x$, $v = \log y$; dann ist

$$\log(x\,y) = \log(\exp(u)\exp(v)) = \log\exp(u + v) = u + v$$

nach (4). Daraus folgt sofort (7). $\diamond$

Speziell gilt $\log 1 = 0$, $\log e = 1$ und (vgl. Abb. 11d)

$$\log x \to -\infty \quad \text{für} \quad x \to 0^+, \qquad \log x \to +\infty \quad \text{für} \quad x \to +\infty. \tag{8}$$

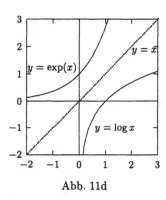

Abb. 11d

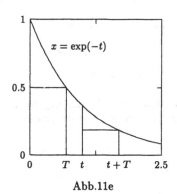

Abb.11e

11.9 Beispiel. Für M, $\alpha > 0$ bezeichne $x(t) := M \exp(-\alpha t)$ die Masse einer zerfallenden (z. B. radioaktiven) Substanz zur Zeit $t \geq 0$. Die *Halbwertszeit* T des Zerfallsprozesses wird durch die Forderung

$$x(T) = \tfrac{1}{2} \cdot x(0) \tag{9}$$

bestimmt. Offenbar bedeutet dies gerade $M \exp(-\alpha T) = \frac{M}{2}$, also $-\alpha T = \log \frac{1}{2} = -\log 2$ oder

$$\alpha T = \log 2. \tag{10}$$

Aufgrund von (4) ergibt sich nun, daß die zu irgendeinem Zeitpunkt $t \geq 0$ vorhandene Masse $x(t)$ in der Zeitspanne T auf die Hälfte $\frac{1}{2} \cdot x(t)$ fällt:

$$x(t + T) = M \exp(-\alpha(t + T)) = \exp(-\alpha T)\, M \exp(-\alpha t) = \tfrac{1}{2} \cdot x(t).$$

Diese Aussage wird für $\alpha = 1$ und $T = \log 2$ in Abb. 11e verdeutlicht. $\square$

Als nächstes werden beliebige *reelle Potenzen* positiver Zahlen eingeführt. Für festes $a > 0$ erhält man durch Iteration von (4)

$$a^n = (\exp(\log a))^n = \exp(n \log a) \quad \text{für } n \in \mathbb{N}.$$

Weiter gilt für $m \in \mathbb{N}$ auch $(\exp(\frac{1}{m} \log a))^m = \exp(m \cdot \frac{1}{m} \log a) = a$, also $\sqrt[m]{a} = \exp(\frac{1}{m} \log a)$. In der elementaren Potenzrechnung definiert man

$$a^{n/m} := \sqrt[m]{a^n} = (\sqrt[m]{a})^n, \quad a^{-n/m} := 1/a^{n/m} \quad \text{für } n, m \in \mathbb{N}.$$

Wegen $\exp(-x) = (\exp(x))^{-1}$ gilt daher

$$a^r = \exp(r \log a) \quad \text{für } a > 0 \text{ und } r \in \mathbb{Q}.$$

Dies motiviert die folgende

11.10 Definition. *Für $a > 0$ und $b \in \mathbb{R}$ definiert man*

$$a^b = \exp(b \log a). \tag{11}$$

Für $a = e$ erhält man speziell

$$\exp(x) = e^x, \quad x \in \mathbb{R}; \tag{12}$$

dies erklärt den Namen *Exponentialfunktion* für exp . Ab jetzt wird meist die Bezeichnung e^x statt $\exp(x)$ verwendet.

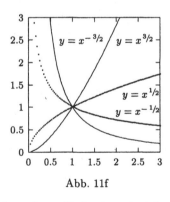
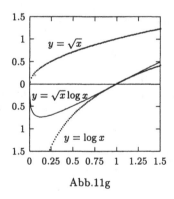

Abb. 11f   Abb.11g

Aufgrund von Definition 11.10 kann man die Funktionen

$$\exp_a : x \mapsto a^x, \quad x \in \mathbb{R}, \qquad (\text{ für } a > 0) , \tag{13}$$

$$p_\alpha : x \mapsto x^\alpha, \quad x > 0, \qquad (\text{ für } \alpha \in \mathbb{R}) \tag{14}$$

betrachten. Diese sind aufgrund von Feststellung 8.13 stetig. Die Funktion p_α ist streng monoton wachsend für $\alpha > 0$ und streng monoton fallend für $\alpha < 0$ (vgl. Abb. 11f für $\alpha = \pm\frac{1}{2}$, $\pm\frac{3}{2}$). Weiter gilt

$$\lim_{x\to 0^+} x^\alpha = 0 \quad \text{für} \quad \alpha > 0. \tag{15}$$

Aus $x_n \to 0^+$ folgt wegen (8) zunächst $\log x_n \to -\infty$, wegen $\alpha > 0$ auch $\alpha \log x_n \to -\infty$, und aus Folgerung 11.5 d) dann $x_n^\alpha = \exp(\alpha \log x_n) \to 0$.

Mit $0^\alpha := 0$ für $\alpha > 0$ ist also $p_\alpha : [0,\infty) \mapsto \mathbb{R}$ stetig.

Ähnlich wie (15) zeigt man auch

$$\lim_{x\to 0^+} x^\alpha \log x = 0 \quad , \quad \lim_{x\to\infty} \frac{\log x}{x^\alpha} = 0 \quad \text{für} \quad \alpha > 0. \tag{16}$$

Für $x_n \to 0^+$ setzt man $y_n := \log x_n \to -\infty$. Aufgrund von (6) gilt dann $x_n^\alpha \log x_n = \exp(\alpha y_n)\, y_n \to 0$ wegen $\alpha > 0$.

Für $x_n \to +\infty$ gilt auch $y_n := \log x_n \to +\infty$. Nach (6) folgt dann $\frac{\log x_n}{x_n^\alpha} = \frac{y_n}{\exp(\alpha y_n)} \to 0$ wieder wegen $\alpha > 0$. Die erste Aussage von (16) wird in Abb. 11g durch $\log x$, $\sqrt{x}$, $\sqrt{x}\log x$ illustriert.

11.11 Bemerkungen. Die in 5.14 diskutierte „*Wachstumshierarchie*" für Folgen kann nun verfeinert werden; sie wird hier für *Funktionen* formuliert. Die Funktion $g : [a,\infty) \mapsto \mathbb{R}$ strebt *schneller* gegen $+\infty$ als $f : [a,\infty) \mapsto \mathbb{R}$, falls $\lim_{x\to+\infty} \frac{f(x)}{g(x)} = 0$ gilt. In der folgenden Liste strebt jede Funktion schneller nach $+\infty$ als die vorhergehende:

a) $(\log\log x)^\alpha$, $\alpha > 0$; b) $(\log x)^\beta$, $\beta > 0$;
c) x^γ, $\gamma > 0$; d) $\exp(\delta x^\eta)$, $\delta, \eta > 0$.

Dies folgt sofort aus oder analog zu (6) und (16). Bei den Funktionen in d) wird das Wachstum primär von η bestimmt; erst bei gleichen η spielt δ eine Rolle. Zwischen den Typen b) und d) liegen die Funktionen $\exp(\gamma (\log x)^\sigma)$, $\gamma, \sigma > 0$, wobei c) genau den Fall $\sigma = 1$ beschreibt. Die Funktion $x^x = e^{x\log x}$ liegt zwischen den Funktionen $e^{\delta x}$ und $\exp(\delta x^\eta)$ mit $\eta > 1$. □

Schließlich werden noch zwei wichtige Grenzwerte berechnet: Aus

$$E_n(x) - 1 = x + \frac{x^2}{2!} + \frac{x^3}{3!} + \cdots + \frac{x^n}{n!}, \quad x \in \mathbb{R},$$

folgt offenbar

$$\frac{E_n(x)-1}{x} - 1 = \frac{x}{2!} + \frac{x^2}{3!} + \cdots + \frac{x^{n-1}}{n!}, \quad x \neq 0,$$

und somit für $0 < |x| \leq 1$ sofort

$$\left| \tfrac{E_n(x)-1}{x} - 1 \right| \; \leq \; |x|\,(\tfrac{1}{2!} + \tfrac{1}{3!} + \cdots + \tfrac{1}{n!}) \; \leq \; (e-2)\,|x|, \quad \text{also}$$

$$\left| \tfrac{e^x-1}{x} - 1 \right| \; \leq \; (e-2)\,|x| \quad \text{für } 0 < |x| \leq 1 \tag{17}$$

und insbesondere

$$\lim_{x \to 0} \frac{e^x - 1}{x} \; = \; 1. \tag{18}$$

Für $x > 0$ und $n \in \mathbb{N}$ gilt

$$n\,(\sqrt[n]{x} - 1) \; = \; n\,(\exp(\tfrac{1}{n} \log x) - 1) \; = \; \tfrac{\exp(y_n)-1}{y_n} \cdot \log x$$

mit $y_n := \tfrac{\log x}{n}$. Für $n \to \infty$ folgt $y_n \to 0$, und aus (18) ergibt sich

$$\lim_{n \to \infty} n\,(\sqrt[n]{x} - 1) \; = \; \log x, \quad x > 0. \tag{19}$$

Es sei noch darauf hingewiesen, daß auch andere Zugänge zu Exponentialfunktion und Logarithmus möglich sind; so kann man etwa zuerst den Logarithmus durch (19) oder mit Hilfe der Integralrechnung (vgl. Aufgabe 22.7) einführen und dann die Exponentialfunktion als dessen Umkehrfunktion definieren.

Aufgaben

11.1 Für $a, d > 0$ zeige man $\log(a^b) = b \log a$, $a^{bc} = (a^b)^c$, $a^b d^b = (ad)^b$.

11.2 Man berechne $\lim\limits_{x \to 0^+} x^x$, $\lim\limits_{x \to 0^+} x^{1/x}$ und $\lim\limits_{x \to \infty} x^{1/x}$.

11.3 Man zeige, daß folgende Funktionen auf $\mathbb{R}$ stetig sind und fertige jeweils Skizzen an:

$$f(x) := \begin{cases} \exp(-\tfrac{1}{x^2}) &, \; x \neq 0 \\ 0 &, \; x = 0 \end{cases} , \quad g(x) := \begin{cases} \exp(-\tfrac{1}{1-x^2}) &, \; |x| < 1 \\ 0 &, \; |x| \geq 1 \end{cases} .$$

11.4 Für eine Folge $(a_k) > 0$ betrachte man die Folge der *geometrischen Mittel* $\gamma_n := \sqrt[n+1]{\prod\limits_{k=0}^{n} a_k}$. Mit Hilfe von Aufgabe 5.11 zeige man, daß aus $\lim\limits_{k \to \infty} a_k = \ell$ auch $\lim\limits_{n \to \infty} \gamma_n = \ell$ folgt.

11.5 Man zeige $|e_n(x) - e_n(a)| \leq e^b\,|x-a|$ mit $b := \max\{1, |x|, |a|\}$ und schließe $\lim\limits_{n \to \infty} \left(1 + \tfrac{a_n}{n}\right)^n = e^a$ für Folgen $(a_n) \subseteq \mathbb{R}$ mit $a_n \to a$.

11.6 Für $\alpha \in \mathbb{R}$ zeige man $\lim\limits_{x\to 1} \frac{x^\alpha - 1}{\log x} = \alpha$ und $\lim\limits_{n\to\infty} n \left(1 - \left(1 - \frac{1}{n}\right)^\alpha\right) = \alpha$.

11.7 Es sei $f : \mathbb{R} \to \mathbb{R}$ eine stetige Funktion mit den Eigenschaften

$$f(x + y) \;=\; f(x) \cdot f(y) \quad \text{für } x, y \in \mathbb{R}, \qquad f(0) = 1.$$

Mit $a := f(1)$ $(> 0 \;!)$ zeige man $f(x) \;=\; a^x$ für $x \in \mathbb{R}$.

HINWEIS. Man zeige die Behauptung nacheinander für $x \in \mathbb{N}$, $x \in \mathbb{Z}$, $x \in \mathbb{Q}$ und $x \in \mathbb{R}$.

12   Konvergente Teilfolgen

Aufgabe: Man versuche, für die Kostenfunktion $K : x \mapsto 70x + \frac{480}{x}$ aus der Einleitung die Existenz eines Minimums auf $(0, \infty)$ zu beweisen.

In diesem Abschnitt wird gezeigt, daß jede *beschränkte* (etwa oszillierende oder sonstwie divergente) *Folge* eine *konvergente Teilfolge* besitzt. Diese Tatsache hat wichtige Konsequenzen für *stetige Funktionen auf kompakten Intervallen*.

12.1 Beispiele. Gegeben sei eine Folge

$$(a_n) \;=\; (a_1, a_2, a_3, a_4, a_5, a_6, a_7, a_8, a_9, \ldots),$$

etwa $(a_n) = \left(\frac{(-1)^n}{n}\right)$. Durch Aussonderung gewisser Folgenglieder erhält man *Teilfolgen* von (a_n), etwa

$$(a_{2j}) \;=\; (a_2, a_4, a_6, a_8, a_{10}, \ldots) = (\tfrac{1}{2}, \tfrac{1}{4}, \tfrac{1}{6}, \tfrac{1}{8}, \tfrac{1}{10}, \ldots),$$
$$(a_{2j-1}) \;=\; (a_1, a_3, a_5, a_7, a_9, \ldots) = (-1, -\tfrac{1}{3}, -\tfrac{1}{5}, -\tfrac{1}{7}, -\tfrac{1}{9}, \ldots),$$
$$(a_{2^j}) \;=\; (a_2, a_4, a_8, a_{16}, a_{32}, \ldots) = (\tfrac{1}{2}, \tfrac{1}{4}, \tfrac{1}{8}, \tfrac{1}{16}, \tfrac{1}{32}, \ldots).$$

Es ist (a_{2^j}) auch eine Teilfolge von (a_{2j}), nicht aber von (a_{2j-1}). $\square$

Der Begriff „Teilfolge" kann formal so erklärt werden:

12.2 Definition. *Es seien $a = (a_n)$ eine Folge und $\varphi : \mathbb{N} \mapsto \mathbb{N}$ eine streng monoton wachsende Abbildung. Dann heißt die Komposition $a \circ \varphi$ Teilfolge von a. Man schreibt $n_j := \varphi(j)$ und (a_{n_j}) für $a \circ \varphi$.*

In Beispiel 12.1 hat man $n_j = \varphi(j) = 2j$, $2j - 1$ oder 2^j. Aus Definition 5.1 ergibt sich unmittelbar:

12.3 Feststellung. *Für eine Folge $(a_n) \subseteq \mathbb{R}$ gelte $\lim\limits_{n\to\infty} a_n = \ell$. Dann gilt auch $\lim\limits_{j\to\infty} a_{n_j} = \ell$ für jede Teilfolge (a_{n_j}) von (a_n).*

Die Teilfolgen in Beispiel 12.1 sind alle monoton, was auf die ursprüngliche Folge $(a_n) = (\frac{(-1)^n}{n})$ nicht zutrifft. Man kann nun zeigen, daß *jede* Folge $(a_n) \subseteq \mathbb{R}$ eine *monotone Teilfolge* hat. Mit Hilfe der folgenden Begriffsbildung (vgl. Abb. 12a) läßt sich diese auf den ersten Blick unwahrscheinlich wirkende Tatsache recht leicht beweisen:

12.4 Definition. *Eine Zahl $n \in \mathbb{N}$ heißt* Gipfelstelle *einer Folge* (a_n), *falls $a_n > a_m$ für alle $m > n$ gilt.*

12.5 Lemma. *Jede Folge* $(a_n) \subseteq \mathbb{R}$ *hat eine monotone Teilfolge.*

BEWEIS. a) Es gebe eine Folge $n_1 < \ldots < n_j < n_{j+1} < \ldots$ von Gipfelstellen der Folge (a_n). Dann ist (a_{n_j}) eine (sogar streng) monoton *fallende* Teilfolge von (a_n).
b) Die Folge (a_n) habe nur endlich viele Gipfelstellen $n_1' < \ldots < n_r'$. Man setzt $n_1 := n_r' + 1$. Da n_1 keine Gipfelstelle ist, gibt es $n_2 > n_1$ mit $a_{n_1} \leq a_{n_2}$. Es seien bereits Zahlen $n_1 < n_2 < \ldots < n_j$ konstruiert mit

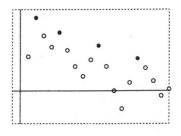

Abb. 12a

$a_{n_1} \leq a_{n_2} \leq \ldots \leq a_{n_j}$. Da auch n_j keine Gipfelstelle ist, gibt es $n_{j+1} > n_j$ mit $a_{n_j} \leq a_{n_{j+1}}$; somit erhält man rekursiv eine monoton *wachsende* Teilfolge. ◇

12.6 Theorem (Bolzano-Weierstraß). *Jede beschränkte Folge hat eine konvergente Teilfolge.*

Dies folgt nun sofort aus Lemma 12.5 und Theorem 6.12. Der Satz von Bolzano-Weierstraß kann auch ohne Verwendung von Lemma 12.5 mit Hilfe von *Intervallhalbierungen* bewiesen werden.

Für eine Folge $(a_n) \subseteq \mathbb{R}$ werden nun die Grenzwerte konvergenter Teilfolgen von (a_n) näher untersucht:

12.7 Definition. *Eine Zahl $h \in \mathbb{R}$ heißt* Häufungswert *einer Folge* (a_n), *falls diese eine Teilfolge mit $a_{n_j} \to h$ besitzt. $\Lambda(a_n)$ bezeichne die Menge aller Häufungswerte von* (a_n).

12.8 Bemerkungen. a) Nach dem Satz von Bolzano-Weierstraß besitzt jede *beschränkte* Folge einen Häufungswert.
b) Aus $\lim\limits_{n \to \infty} a_n = \ell$ folgt $\Lambda(a_n) = \{\ell\}$ (vgl. Feststellung 12.3).

c) Es gilt genau dann $h \in \Lambda(a_n)$, falls zu jedem $\varepsilon > 0$ unendlich viele $n \in \mathbb{N}$ mit $|a_n - h| < \varepsilon$ existieren.

„$\Rightarrow$" ist klar. Für „$\Leftarrow$" wählt man zunächst $n_1 \in \mathbb{N}$ mit $|a_{n_1} - h| < 1$. Sind $n_1 < n_2 < \ldots < n_j$ schon konstruiert, so wählt man $n_{j+1} > n_j$ mit $|a_{n_{j+1}} - h| < \frac{1}{j+1}$. Damit gilt dann $a_{n_j} \to h$.

d) Gilt $a_n \leq C$ oder $a_n \geq c$ für alle $n \in \mathbb{N}$, so folgt auch $h \leq C$ oder $h \geq c$ für alle $h \in \Lambda(a_n)$. □

Bemerkung: Nach den Erfahrungen des Autors ist der jetzt folgende Begriff des „Limes superior" für viele Studienanfänger schwierig. Dieser wird jedoch an einigen wichtigen Stellen der Analysis benötigt, z. B. bei Potenzreihen in Abschnitt 33. Den Lesern sei daher ein sorgfältiges Studium der folgenden Nummern 12.9 – 12.14 empfohlen; die zusätzlichen Informationen in 12.15* und 12.16* können dagegen übergangen werden.

12.9 Definition. *Es sei $(a_n) \subseteq \mathbb{R}$ eine nach oben beschränkte Folge mit $\Lambda(a_n) \neq \emptyset$; z. B. sei (a_n) beschränkt. Dann heißt*

$$\limsup a_n := \sup \Lambda(a_n) \tag{1}$$

der Limes superior *der Folge* (a_n).

12.10 Satz. *Für eine nach oben beschränkte Folge $(a_n) \subseteq \mathbb{R}$ mit $\Lambda(a_n) \neq \emptyset$ gilt $\limsup a_n \in \Lambda(a_n)$, also $\limsup a_n = \max \Lambda(a_n)$. Weiter hat man:*

$$\forall\, \varepsilon > 0\; \exists\, j_0 \in \mathbb{N}\; \forall\, j \geq j_0\; :\; a_j < \limsup a_n + \varepsilon. \tag{2}$$

BEWEIS. a) Aufgrund von 12.8 d) ist $\Lambda(a_n)$ nach oben beschränkt, (1) also sinnvoll. Es sei $\lambda := \limsup a_n$ und $\varepsilon > 0$. Wegen 9.3 gibt es $h \in \Lambda(a_n)$ mit $|\lambda - h| < \frac{\varepsilon}{2}$. Nach 12.8 c) gilt $|h - a_n| < \frac{\varepsilon}{2}$ für unendlich viele n, und für diese n gilt offenbar auch $|\lambda - a_n| < \varepsilon$. Dies zeigt $\lambda \in \Lambda(a_n)$.

b) Es sei $a_n \leq C$ für alle $n \in \mathbb{N}$. Ist (2) nicht richtig, so gibt es $\varepsilon > 0$ und eine Teilfolge (a_{n_j}) von (a_n) mit $\lambda + \varepsilon \leq a_{n_j} \leq C$ für alle j. Nach dem Satz von Bolzano-Weierstraß hat dann (a_{n_j}) eine gegen ein $h^* \in [\lambda + \varepsilon, C]$ konvergente Teilfolge. Dann ist aber $h^* > \lambda$ ein Häufungswert von (a_n) im Widerspruch zu (1). ◇

In der Situation von Definition 12.9 ist also $\limsup a_n$ der *größte* Häufungswert der Folge (a_n).

Aussage (2) beinhaltet „eine Seite" der Konvergenzbedingung aus Definition 5.1. Die „andere Seite" läßt sich mit Hilfe des *Limes inferior* formulieren:

12.11 Definition. *Es sei $(a_n) \subseteq \mathbb{R}$ eine nach unten beschränkte Folge mit $\Lambda(a_n) \neq \emptyset$; z. B. sei (a_n) beschränkt. Dann heißt*

$$\liminf a_n := \inf \Lambda(a_n) \tag{3}$$

der Limes inferior *der Folge* (a_n).

12.12 Satz. *Für eine nach unten beschränkte Folge (a_n) mit $\Lambda(a_n) \neq \emptyset$ gilt $\liminf a_n \in \Lambda(a_n)$, also $\liminf a_n = \min \Lambda(a_n)$. Weiter hat man:*

$$\forall\, \varepsilon > 0\ \exists\, j_0 \in \mathbb{N}\ \forall\, j \geq j_0\ :\ a_j > \liminf a_n - \varepsilon. \tag{4}$$

Dies ergibt sich analog zu Satz 12.10 oder daraus durch Übergang zu $(-a_n)$.

12.13 Feststellung. *Eine Folge $(a_n) \subseteq \mathbb{R}$ ist genau dann konvergent, wenn sie beschränkt ist und $\liminf a_n = \limsup a_n$ gilt.*

BEWEIS. „$\Rightarrow$" folgt aus 5.6 und 12.8 b), „$\Leftarrow$" aus (2) und (4).   ◇

12.14 Beispiele. a) Die Folge $((-1)^n)$ hat die beiden Häufungswerte 1 und -1; folglich gilt $\limsup (-1)^n = 1$ und $\liminf (-1)^n = -1$.
b) Nach 3.26 gibt es eine Folge (r_n), die die Menge $\mathbb{Q} \cap (0,1)$ durchläuft. Dann ist $\Lambda(r_n) = [0,1]$, also $\limsup r_n = 1$ und $\liminf r_n = 0$.   □

Für eine nach oben beschränkte Folge $(a_n) \subseteq \mathbb{R}$ setzt man

$$\lambda_k := \sup_{n > k} a_n = \sup \{a_{k+1},\, a_{k+2},\, a_{k+3},\, \ldots\},\quad k \in \mathbb{N}. \tag{5}$$

Die Folge (λ_k) ist offenbar monoton fallend.

12.15 * Satz. *Die Folge (λ_k) aus (5) ist genau dann konvergent, wenn (a_n) einen Häufungswert besitzt. In diesem Fall gilt*

$$\lim_{k \to \infty} \lambda_k = \limsup a_n. \tag{6}$$

BEWEIS. a) Es sei $h \in \Lambda(a_n)$. Für $\varepsilon > 0$ gilt dann $h - \varepsilon < a_n$ für unendlich viele $n \in \mathbb{N}$; nach (5) impliziert dies $h - \varepsilon \leq \lambda_k$ für alle k. Folglich ist (λ_k) nach unten beschränkt und somit konvergent. Da $\varepsilon > 0$ beliebig war, gilt offenbar $h \leq \lim_{k \to \infty} \lambda_k =: \ell$ und daher auch $\limsup a_n \leq \ell$.
b) Es gibt $C \in \mathbb{R}$ mit $a_n \leq C$ für alle $n \in \mathbb{N}$. Existiert nun $\ell := \lim_{k \to \infty} \lambda_k$, so gilt $\ell \leq \lambda_k$ für alle k. Zu $\varepsilon > 0$ gibt es wegen (5) eine Teilfolge (a_{n_j}) in $[\ell - \varepsilon, C]$ von (a_n), die aufgrund des Satzes von Bolzano-Weierstraß einen Häufungswert $h \in [\ell - \varepsilon, C]$ besitzt. Es folgt auch $h \in \Lambda(a_n)$, also $\Lambda(a_n) \neq \emptyset$, sowie $\ell - \varepsilon \leq \limsup a_n$. Mit $\varepsilon \to 0$ folgt die Behauptung.   ◇

Entsprechendes gilt für den Limes inferior: Für eine nach unten beschränkte Folge $(a_n) \subseteq \mathbb{R}$ setzt man

$$\mu_k := \inf_{n > k} a_n = \inf \{a_{k+1}, a_{k+2}, a_{k+3}, \ldots\}, \quad k \in \mathbb{N}. \tag{7}$$

Die Folge (μ_k) ist offenbar monoton wachsend.

12.16 *** Satz.** *Die Folge (μ_k) aus (7) ist genau dann konvergent, wenn (a_n) einen Häufungswert besitzt. In diesem Fall gilt*

$$\lim_{k \to \infty} \mu_k = \liminf a_n. \tag{8}$$

Aufgaben

12.1 Man bestimme alle Gipfelstellen der Folge $(\dfrac{(-1)^{[\sqrt{n}]}}{n})$.

12.2 a) Es sei $(a_n) \subseteq \mathbb{R}$ eine Folge mit unendlich vielen Gipfelstellen $n_1 < \ldots < n_j < n_{j+1} < \ldots$. Man zeige $\lim_{j \to \infty} a_{n_j} = \limsup a_n$.
b) Man formuliere und beweise eine analoge Aussage für den Limes inferior.

12.3 Eine Folge $(a_n) \subseteq \mathbb{R}$ besitze genau einen Häufungswert $h \in \mathbb{R}$. Folgt daraus die Konvergenz von (a_n)? Man beantworte diese Frage auch für *beschränkte* Folgen (a_n)!

12.4 Für die Folge $(a_n := \frac{n+(-1)^n (2n+1)}{n})$ berechne man $\limsup a_n$ und $\liminf a_n$.

12.5 Für eine beschränkte Folge $(a_n) \subseteq \mathbb{R}$ zeige man

$$\liminf a_n = -\limsup (-a_n).$$

12.6 Für beschränkte Folgen (a_n), $(b_n) \subseteq \mathbb{R}$ zeige man

$$\limsup (a_n + b_n) \leq \limsup a_n + \limsup b_n.$$

Man gebe ein Beispiel an, wo tatsächlich „$<$" auftritt.

13   Extrema und gleichmäßige Stetigkeit

Der Satz von Bolzano-Weierstraß wird nun auf die Untersuchung von *stetigen Funktionen* auf *kompakten Intervallen* angewendet.

13.1 Theorem. *Es seien $J \subseteq \mathbb{R}$ ein kompaktes Intervall und $f : J \mapsto \mathbb{R}$ stetig. Dann ist f beschränkt und besitzt ein Maximum und ein Minimum.*

BEWEIS. a) Ist f nicht beschränkt, so gibt es eine Folge $(a_n) \subseteq J$ mit $|f(a_n)| > n$. Mit J ist auch (a_n) *beschränkt;* nach dem Satz von Bolzano-Weierstraß gibt es daher eine konvergente Teilfolge $a_{n_j} \to a \in \mathbb{R}$. Da J ein *abgeschlossenes* Intervall ist, gilt $a \in J$. Somit folgt $f(a_{n_j}) \to f(a)$ im Widerspruch zu $|f(a_{n_j})| > n_j$.

b) Nach a) ist f beschränkt, und somit existiert $M := \sup f(J)$. Nach Feststellung 9.3 existiert eine Folge $(x_n) \subseteq J$ mit $f(x_n) \to M$ (vgl. Abb. 13a). Wie in a) hat man eine konvergente Teilfolge $x_{n_j} \to x_0 \in J$, und wegen der Stetigkeit von f muß $f(x_0) = M$ sein.

c) Die Existenz eines Minimums folgt durch Anwendung von b) auf $-f$. $\diamond$

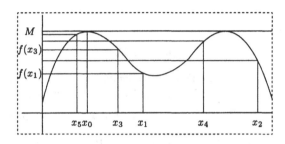

Abb. 13a

13.2 Bemerkungen. a) Der Beweis von Theorem 13.1 ist nicht konstruktiv. Die *Berechnung* von Maximal- oder Minimalstellen gelingt oft mit Hilfe der *Differentialrechnung* (vgl. die Sätze 20.2, 20.13 und 34.7).

b) Für andere Intervalltypen ist Theorem 13.1 nicht richtig, was im wesentlichen schon in Beispiel 3.9 a) bemerkt wurde. Der Beweisteil a) von Theorem 13.1 wird noch einmal kurz für die Inversion $j : (0,1) \mapsto \mathbb{R}$, $j(x) = \frac{1}{x}$ diskutiert: Ist j nicht beschränkt, so gibt es eine Folge $(a_n) \subseteq (0,1)$ mit $|j(a_n)| > n$, z.B. $(a_n) = (\frac{1}{2n})$. Diese Folge ist konvergent, der Beweis scheitert aber daran, daß ihr Limes $a = 0$ nicht in $(0,1)$ liegt. $\square$

In vielen Fällen existieren doch Extrema von stetigen Funktionen auf nicht kompakten Intervallen. Eine typische Anwendung von Theorem 13.1 ist:

13.3 Beispiel. Es sei $K : x \mapsto 70x + \frac{480}{x}$ die in der Einleitung betrachtete Funktion auf $(0, \infty)$. Wegen $K(x) \to +\infty$ für $x \to 0^+$ und für $x \to +\infty$ gibt es ein kompaktes Intervall $J \subseteq (0, \infty)$ mit $3 \in J$ und $K(x) \geq K(3) = 370$ für $x \notin J$. Nach Theorem 13.1 besitzt K ein Minimum auf J, das somit auch das Minimum von K auf $(0, \infty)$ sein muß. $\square$

Es wird nun das wichtige Konzept der **gleichmäßigen Stetigkeit** eingeführt. Als Motivation diene:

13.4 Beispiel. a) Die Stetigkeit der Funktion $j : (0,1) \mapsto \mathbb{R}$, $j(x) := \frac{1}{x}$, soll ausführlich bewiesen werden. Dazu sei $a \in (0,1)$ fest und $\varepsilon > 0$. Wegen $\left| \frac{1}{x} - \frac{1}{a} \right| = \left| \frac{a-x}{ax} \right|$ wählt man zunächst $|x-a| < \frac{a}{2}$, woraus $x \geq \frac{a}{2}$ und $|j(x) - j(a)| \leq \frac{2}{a^2} |x-a|$ folgen. Wählt man nun

$$\delta := \min \left\{ \frac{a}{2}, \; \frac{a^2}{2} \varepsilon \right\}, \tag{1}$$

so gilt $|x-a| < \delta \Rightarrow |j(x) - j(a)| < \frac{2\delta}{a^2} \leq \varepsilon$.

b) Man beachte, daß δ nicht nur von ε, sondern auch *von a abhängt;* bei festem $\varepsilon > 0$ gilt für $a \to 0$ in (1) offenbar $\delta \to 0$.

Es ist in der Tat unmöglich, ein nur von ε abhängiges $\delta > 0$ zu finden, das in allen Punkten $a \in (0,1)$ die Stetigkeitsbedingung aus (8.4) erfüllt: Zu $\varepsilon = \frac{1}{2}$ etwa wählt man $x_n := \frac{1}{n}$, $y_n := \frac{1}{n+1}$; dann ist $|x_n - y_n| < \frac{1}{n}$, aber $|j(x_n) - j(y_n)| = 1 > \varepsilon$.

c) Die in b) formulierten Beobachtungen können so veranschaulicht werden: Soll der Graph von j in Kästchen mit *konstanter Höhe* 2ε um Punkte $(a, f(a))$ eingeschlossen werden, so strebt mit $a \to 0$ deren *Breite* gegen 0. Abb. 13b zeigt dies für $\varepsilon = 1$ und $a = \frac{1}{2}$ sowie $a = \frac{1}{8}$.   □

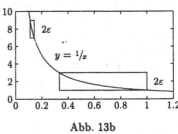

Abb. 13b

Das soeben besprochene Phänomen führt zu folgendem Begriff:

13.5 Definition. *Es sei $I \subseteq \mathbb{R}$ ein Intervall. Eine Funktion $f : I \mapsto \mathbb{R}$ heißt* gleichmäßig stetig *auf I, falls folgendes gilt:*

$$\forall \, \varepsilon > 0 \; \exists \, \delta > 0 \; \forall \, x,y \in I \; : \; |x-y| < \delta \; \Rightarrow \; |f(x) - f(y)| < \varepsilon. \tag{2}$$

Es soll also möglich sein, zu jedem $\varepsilon > 0$ ein $\delta > 0$ zu finden, das die Stetigkeitsbedingung (8.4) in allen Punkten aus I gleichzeitig erfüllt.

Eine Charakterisierung der gleichmäßigen Stetigkeit mittels *Folgen* lautet:

13.6 Satz. *Es sei $I \subseteq \mathbb{R}$ ein Intervall. Eine Funktion $f : I \mapsto \mathbb{R}$ ist genau dann gleichmäßig stetig auf I, falls für je zwei Folgen (x_n) und (y_n) in I aus $|x_n - y_n| \to 0$ stets auch $|f(x_n) - f(y_n)| \to 0$ folgt.*

BEWEIS. „$\Rightarrow$": Zu $\varepsilon > 0$ wählt man $\delta > 0$ mit (2). Dann gibt es $n_0 \in \mathbb{N}$ mit $|x_n - y_n| < \delta$ für $n \geq n_0$, und (2) impliziert dann $|f(x_n) - f(y_n)| < \varepsilon$ für diese n.

„$\Leftarrow$ ": Ist (2) nicht richtig, so gilt

$$\exists\, \varepsilon > 0 \;\forall\, n \in \mathbb{N} \;\exists\, x_n, y_n \in I \;:\; |x_n - y_n| < \tfrac{1}{n},\; |f(x_n) - f(y_n)| \geq \varepsilon, \quad (3)$$

also $|x_n - y_n| \to 0$, aber $|f(x_n) - f(y_n)| \not\to 0$. $\qquad\qquad \diamond$

Gleichmäßig stetige Funktionen sind natürlich auch stetig. Beispiel 13.4 zeigt, daß die Umkehrung i.a. nicht richtig ist. Es gilt aber das folgende wichtige Resultat, das für die *Integration stetiger Funktionen* von entscheidender Bedeutung ist (vgl. Theorem 17.11):

13.7 Theorem. *Es seien* $J \subseteq \mathbb{R}$ *ein* kompaktes *Intervall und* $f : J \mapsto \mathbb{R}$ *stetig. Dann ist* f *gleichmäßig stetig.*

BEWEIS. Ist f nicht gleichmäßig stetig, so gilt Aussage (3). Wie im Beweis von Theorem 13.1 zeigt man, daß (x_n) eine Teilfolge mit $x_{n_j} \to a \in J$ hat; wegen $|x_n - y_n| < \tfrac{1}{n}$ gilt auch $y_{n_j} \to a$. Da f in a stetig ist, gibt es $\delta > 0$ mit $|f(x) - f(a)| < \tfrac{\varepsilon}{2}$ für $|x - a| < \delta$. Nun wählt man $j \in \mathbb{N}$ mit $|x_{n_j} - a| < \delta$ und $|y_{n_j} - a| < \delta$ und erhält den Widerspruch

$$|f(x_{n_j}) - f(y_{n_j})| \leq |f(x_{n_j}) - f(a)| + |f(a) - f(y_{n_j})| < \varepsilon. \qquad \diamond$$

Für stetige Funktionen auf *beschränkten offenen* Intervallen gilt:

13.8 Satz. *Es sei* $f : (a,b) \mapsto \mathbb{R}$ *stetig.* f *ist genau dann gleichmäßig stetig auf* (a,b), *wenn die Grenzwerte* $f(b^-)$ *und* $f(a^+)$ *(vgl. (8.2)) existieren.*

BEWEIS. a) „$\Leftarrow$ ": Wenn $f(a^+)$ und $f(b^-)$ existieren, kann f zu einer stetigen Funktion $f : [a,b] \mapsto \mathbb{R}$ fortgesetzt werden, die nach Theorem 13.7 gleichmäßig stetig ist.
b) „$\Rightarrow$ ": Nach (2) impliziert die gleichmäßige Stetigkeit von $f : (a,b) \mapsto \mathbb{R}$ die Cauchy-Bedingung (8.8), und die Existenz von $f(b^-)$ folgt aus Satz 8.17. Genauso ergibt sich die Existenz von $f(a^+)$. $\qquad\qquad \diamond$

Ein nützliches hinreichendes Kriterium für gleichmäßige Stetigkeit, das auch über *unbeschränkten* Intervallen anwendbar ist, ergibt sich aus dem *Mittelwertsatz der Differentialrechnung*, vgl. Satz 20.9. An dieser Stelle werden noch zwei Beispiele besprochen:

13.9 Beispiele. a) Die Funktion $p_2 : [0,\infty) \mapsto \mathbb{R}$, $p_2(x) = x^2$, ist nicht gleichmäßig stetig: Für $x_n = n + \tfrac{1}{n}$, $y_n = n$ gilt $|x_n - y_n| = \tfrac{1}{n} \to 0$, aber $|p_2(x_n) - p_2(y_n)| = \left(n + \tfrac{1}{n}\right)^2 - n^2 = 2 + \tfrac{1}{n^2} \geq 2$.

b) Die Funktion $w_2 : [0, \infty) \mapsto \mathbb{R}$, $w_2(x) = \sqrt{x}$, ist gleichmäßig stetig. Für $x, y \geq 1$ gilt nämlich $|\sqrt{x} - \sqrt{y}| = \left| \dfrac{x - y}{\sqrt{x} + \sqrt{y}} \right| \leq \dfrac{1}{2} |x - y|$, woraus mit $\delta := \varepsilon$ sofort die gleichmäßige Stetigkeit von w_2 auf $[1, \infty)$ folgt. Nach Theorem 13.7 ist w_2 auch auf $[0, 2]$ gleichmäßig stetig; es gibt also $\eta > 0$ mit $|\sqrt{x} - \sqrt{y}| < \varepsilon$ für $x, y \in [0, 2]$ mit $|x - y| < \eta$. Mit $\delta := \min\{1, \eta, \varepsilon\} > 0$ folgt dann $|\sqrt{x} - \sqrt{y}| < \varepsilon$ für alle $x, y \in [0, \infty)$ mit $|x - y| < \delta$. □

Bemerkung: Gleichmäßigkeitsbegriffe sind in der Analysis sehr wichtig. Den Lesern sei daher empfohlen, sich den Unterschied der Begriffe „stetig" und „gleichmäßig stetig" ganz klar zu machen, am besten durch Bearbeitung der relevanten Aufgaben. Eine entsprechende Empfehlung gilt auch für die Begriffe „punktweise konvergent" und „gleichmäßig konvergent" bei Funktionenfolgen im nächsten Abschnitt.

Aufgaben

13.1 Man untersuche, ob die folgenden Funktionen auf den angegebenen Intervallen nach oben bzw. unten beschränkt sind. Ist dies der Fall, so untersuche man, ob sie ein Maximum bzw. Minimum besitzen:

a) $f : x \mapsto \dfrac{1}{1 + x^2}$ auf $\mathbb{R}$,

b) $g : x \mapsto \dfrac{W(x)}{1 + x^2}$ auf $(0, \infty)$ mit der Wackelfunktion W aus (8.6),

c) $h : x \mapsto x^n e^{-x}$, $n \in \mathbb{N}_0$, auf $[0, \infty)$,

d) ein Polynom $P \in \mathbb{R}_{2m}[x]$ geraden Grades auf $\mathbb{R}$.

13.2 Es seien $a \in \mathbb{R}$ und $f : [a, \infty) \mapsto \mathbb{R}$ stetig; weiter existiere $\lim\limits_{x \to \infty} f(x)$. Man zeige:

a) f besitzt ein Maximum oder ein Minimum auf $[a, \infty)$.

b) f ist gleichmäßig stetig auf $[a, \infty)$.

13.3 Man beweise Theorem 13.1 mit Hilfe des Intervallhalbierungsverfahrens.

13.4 Man untersuche folgende Funktionen auf gleichmäßige Stetigkeit:

a) $x \mapsto x\sqrt{x}$ auf $[0, \infty)$,   b) $x \mapsto x + \sqrt[3]{x^2}$ auf $[0, \infty)$,

c) $x \mapsto e^x$ auf $(-\infty, 0]$,   d) $x \mapsto e^x$ auf $[0, \infty)$,

e) $x \mapsto \log x$ auf $(0, 1)$,   f) $x \mapsto \log x$ auf $[1, \infty)$.

13.5 Es sei $h : [0, \infty) \mapsto \mathbb{R}$ stetig mit $h(0) = 0$. Weiter seien $I \subseteq \mathbb{R}$ ein Intervall und $f : I \mapsto \mathbb{R}$ eine Funktion mit

$$\forall\, x, y \in I : \quad |f(x) - f(y)| \leq h(|x - y|).$$

Man zeige, daß f auf I gleichmäßig stetig ist.

13.6 Es seien $I \subseteq \mathbb{R}$ ein Intervall und $f, g : I \mapsto \mathbb{R}$ gleichmäßig stetig.
a) Sind auch $f + g$ und $f \cdot g$ gleichmäßig stetig ?
b) Es seien $J \subseteq \mathbb{R}$ ein Intervall mit $f(I) \subseteq J$ und $h : J \mapsto \mathbb{R}$ gleichmäßig stetig. Ist $h \circ f$ gleichmäßig stetig?

13.7 Es seien $I \subseteq \mathbb{R}$ ein Intervall, $f : I \mapsto \mathbb{R}$ gleichmäßig stetig und $(x_n) \subseteq I$ eine Cauchy-Folge. Man zeige, daß auch $(f(x_n)) \subseteq \mathbb{R}$ eine Cauchy-Folge ist. Gilt dies auch für nur stetige Funktionen f ?

13.8 * Es seien $I \subseteq \mathbb{R}$ ein Intervall und $f : I \mapsto \mathbb{R}$ stetig und *lokal injektiv*, d. h. zu jedem $a \in I$ gebe es $\delta > 0$, so daß f auf $I \cap (a - \delta, a + \delta)$ injektiv ist. Man zeige, daß f auf I injektiv (und somit streng monoton) ist.

14   Gleichmäßige Konvergenz

Für die Exponentialfunktion gilt nach (11.2)

$$\exp(x) = \lim_{n \to \infty} E_n(x) = \lim_{n \to \infty} \sum_{k=0}^{n} \frac{x^k}{k!}, \quad x \in \mathbb{R}. \tag{1}$$

Für *festes* $x \in \mathbb{R}$ konvergiert also die *Zahlenfolge* $(E_n(x))$ gegen $\exp(x)$; für festes $n \in \mathbb{N}$ ist $x \mapsto E_n(x)$ eine *Funktion* auf $\mathbb{R}$. Kombiniert man beide Betrachtungsweisen, so wird man auf folgenden wichtigen Begriff geführt:

14.1 Definition. *Für eine Menge M bezeichne $\mathcal{F}(M) = \mathcal{F}(M, \mathbb{R})$ die Menge aller Funktionen von M nach $\mathbb{R}$.*
a) Eine Abbildung $f : \mathbb{N} \to \mathcal{F}(M)$ heißt **Funktionenfolge.** *Die Abbildungswerte $f_n := f(n)$ heißen* Folgenglieder, *und man schreibt $f = (f_n)$.*
b) Eine Funktionenfolge $(f_n) \subseteq \mathcal{F}(M)$ konvergiert punktweise auf M gegen $f \in \mathcal{F}(M)$, falls gilt

$$\forall \, x \in M : \quad \lim_{n \to \infty} f_n(x) = f(x). \tag{2}$$

Wie bei Zahlenfolgen kann statt $\mathbb{N}$ auch etwa $\mathbb{N}_0$ Definitionsbereich einer Funktionenfolge sein. Die Funktionenfolge (E_n) konvergiert also punktweise auf $\mathbb{R}$ gegen $\exp$.

14.2 Beispiel. a) Es sei $M = [0, 1]$ und $f_n(x) = x^n$, $n \in \mathbb{N}$. Wegen $\lim_{n \to \infty} x^n = 0$ für $0 \le x < 1$ gilt

$$f_n(x) \to f(x) := \begin{cases} 0 & , \quad 0 \le x < 1 \\ 1 & , \quad x = 1 \end{cases}$$

punktweise auf M. Es zeigt Abb. 14a die Funktionen x, x^2, x^5 und x^{20}. Offenbar sind alle f_n stetig, die *Grenzfunktion* aber ist *unstetig*.

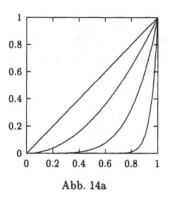

Abb. 14a Abb.14b

b) Um dieses Phänomen zu erklären, wird der Grenzprozeß genauer untersucht. (2) besagt folgendes:

$$\forall\, x \in M\ \forall\, \varepsilon > 0\ \exists\, n_0 \in \mathbb{N}\ \forall\, n \geq n_0\ :\ |f_n(x) - f(x)| < \varepsilon. \tag{3}$$

Für $0 < \varepsilon < 1$ wird nun n_0 explizit angegeben: Für $x = 0$ und $x = 1$ ist $f_n(x) = f(x)$ für alle $n \in \mathbb{N}$, d.h. man kann $n_0 = 1$ wählen. Für $0 < x < 1$ gilt $|f_n(x) - f(x)| = x^n$; um $x^n < \varepsilon$ zu erreichen, muß $n \log x < \log \varepsilon$ sein, d.h.

$$n \geq n_0 > \frac{\log \varepsilon}{\log x}. \tag{4}$$

Wegen $\lim_{x \to 1^-} \log x = 0$ gilt also $n_0 \to +\infty$ für $x \to 1^-$, d.h. n_0 muß größer und größer gewählt werden, wenn x sich dem Intervallendpunkt 1 nähert. In (3) kann also n_0 *nicht unabhängig* von x gewählt werden! Hiermit hat man den „Grund" für die Unstetigkeit von f gefunden. □

Funktionenfolgen, bei denen das Phänomen aus Beispiel 14.2 nicht auftritt, sind von besonderer Bedeutung in der Analysis:

14.3 Definition. *Eine Funktionenfolge* $(f_n) \subseteq \mathcal{F}(M)$ konvergiert **gleichmäßig** *auf M gegen* $f \in \mathcal{F}(M)$, *falls gilt*

$$\forall\, \varepsilon > 0\ \exists\, n_0 \in \mathbb{N}\ \forall\, n \geq n_0\ \forall\, x \in M\ :\ |f_n(x) - f(x)| < \varepsilon. \tag{5}$$

Bei gleichmäßiger Konvergenz hängt also n_0 *nur von ε, nicht aber von* $x \in M$ ab. (5) bedeutet, daß für $n \geq n_0$

$$f(x) - \varepsilon < f_n(x) < f(x) + \varepsilon, \quad x \in M,$$

gilt, d. h. daß der Graph von f_n in einem ε - Schlauch um den Graphen von f liegt, vgl. Abb. 14b. Für die Funktionenfolge in Beispiel 14.2 ist dies z. B. für $\varepsilon = \frac{1}{3}$ nicht der Fall, vgl Abb. 14a.

14.4 Beispiele. a) Für festes $0 < b < 1$ betrachtet man $f_n(x) = x^n$ auf $M := [0, b]$; dann gilt $f_n \to 0$ *gleichmäßig:* Zu $\varepsilon > 0$ wählt man $n_0 > \frac{\log \varepsilon}{\log b}$ gemäß (4). Für $n \geq n_0$ und $0 \leq x \leq b$ gilt dann $|f_n(x) - 0| = x^n \leq b^n < \varepsilon$.

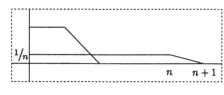

Abb. 14c	Abb. 14d

b) Für $x \geq 0$ definiert man

$$f_n(x) := \begin{cases} \frac{1}{n} & , \quad 0 \leq x \leq n \\ 1 + \frac{1}{n}(1 - x) & , \quad n \leq x \leq n+1 \\ 0 & , \quad x \geq n+1 \end{cases},$$

vgl. Abb. 14c. Dann sind alle f_n stetig, und es gilt $f_n \to 0$ gleichmäßig auf $[0, \infty)$: Zu $\varepsilon > 0$ wählt man n_0 mit $n_0 > \frac{1}{\varepsilon}$; für $n \geq n_0$ und $x \geq 0$ gilt dann $|f_n(x)| \leq \frac{1}{n} < \varepsilon$.

c) Für $0 \leq x \leq 1$ definiert man

$$g_n(x) := \begin{cases} n^2 x & , \quad 0 \leq x \leq \frac{1}{n} \\ 2n - n^2 x & , \quad \frac{1}{n} \leq x \leq \frac{2}{n} \\ 0 & , \quad \frac{2}{n} \leq x \leq 1 \end{cases},$$

vgl. Abb. 14d. Dann sind alle g_n stetig, und es gilt $g_n \to 0$ punktweise auf $[0, 1]$. In der Tat gilt stets $g_n(0) = 0$, und für $x > 0$ hat man $g_n(x) = 0$ für $\frac{2}{n} \leq x$. Die Konvergenz ist jedoch *nicht gleichmäßig.* Um dies zu zeigen, wird die *Negation* von (5) bewiesen. Diese lautet:

$$\exists \, \varepsilon > 0 \, \forall \, n \in \mathbb{N} \, \exists \, k_n \geq n \, \exists \, x_n \in M : \, |f_{k_n}(x_n) - f(x_n)| \geq \varepsilon. \quad (6)$$

Im vorliegenden Beispiel wählt man etwa $\varepsilon = 1$, $k_n = n$ und $x_n = \frac{1}{n}$. Dann folgt $|g_n(x_n) - 0| = n \geq 1 = \varepsilon$.   □

Die Wichtigkeit der gleichmäßigen Konvergenz beruht auf dem folgenden

14.5 Theorem. *Für ein Intervall $I \subseteq \mathbb{R}$ konvergiere die Funktionenfolge $(f_n) \subseteq \mathcal{F}(I)$ gleichmäßig auf I gegen $f \in \mathcal{F}(I)$. Sind dann alle f_n in $a \in I$ stetig, so gilt dies auch für die Grenzfunktion f.*

BEWEIS. Es sei $\varepsilon > 0$. Nach (5) gibt es ein $n_0 \in \mathbb{N}$ mit $|f_n(x) - f(x)| < \varepsilon$ für $n \geq n_0$ und $x \in I$. Da f_{n_0} in a stetig ist, gibt es $\delta > 0$, so daß für alle $x \in I$ mit $|x - a| < \delta$ gilt $|f_{n_0}(x) - f_{n_0}(a)| < \varepsilon$. Für diese x folgt auch

$$\begin{aligned} |f(x) - f(a)| \;\leq\; & |f(x) - f_{n_0}(x)| + |f_{n_0}(x) - f_{n_0}(a)| \\ & + |f_{n_0}(a) - f(a)| \;<\; 3\varepsilon, \end{aligned}$$

und nach Feststellung 8.11 ist f in a stetig. $\Diamond$

Theorem 14.5 ist eine Aussage zur **Vertauschung von Grenzprozessen**; solche Aussagen gehören zu den wichtigsten Ergebnissen der Analysis. Varianten von Theorem 14.5 sind Satz 14.16 und Aufgabe 14.9; weitere wesentliche Aussagen zur Vertauschung von Grenzprozessen folgen in den Theoremen 18.2 und 22.14.

Die gleichmäßige Konvergenz von Funktionenfolgen kann vollkommen analog zu (5.1) formuliert werden; es muß nur der *Absolutbetrag* reeller Zahlen durch die *Norm* von Funktionen ersetzt werden:

14.6 Definition. *Es sei M eine Menge. Die* **Norm** *einer beschränkten Funktion $f : M \mapsto \mathbb{R}$ wird definiert durch*

$$\|f\| := \sup_{x \in M} |f(x)| := \sup \{ |f(x)| \mid x \in M \}. \tag{7}$$

14.7 Bemerkungen. a) Für $\|f\|$ schreibt man $\|f\|_M$, wenn die Menge M, über die das Supremum von $|f|$ gebildet wird, betont werden soll. Zur Unterscheidung von anderen Normen (die allerdings in Band 1 nicht vorkommen werden) sind für $\|f\|$ auch die Bezeichnungen $\|f\|_{\sup}$ oder $\|f\|_\infty$ üblich.

b) Oft wird für apriori *beliebige* Funktionen $f : M \mapsto \mathbb{R}$ eine Ungleichung

$$\|f\| \leq C, \quad C \geq 0, \tag{8}$$

formuliert. Diese soll dann stets beinhalten, daß f *beschränkt* sein muß.

c) Nach Theorem 13.1 ist eine *stetige* Funktion $f : J \mapsto \mathbb{R}$ auf einem *kompakten* Intervall J beschränkt, und man hat

$$\|f\| = \|f\|_J = \max \{ |f(x)| \mid x \in J \}; \tag{9}$$

es ist also $\|f\|$ der maximal mögliche Wert von $|f|$ auf J. $\square$

14.8 Feststellung. *Es sei $f \in \mathcal{F}(M)$. Eine Funktionenfolge $(f_n) \subseteq \mathcal{F}(M)$ konvergiert genau dann gleichmäßig gegen f, wenn $\lim_{n \to \infty} \|f_n - f\| = 0$ gilt, wenn also die Zahlenfolge $(\|f_n - f\|)$ gegen 0 strebt.*

BEWEIS. Nach 5.2 bedeutet die Aussage $\lim\limits_{n\to\infty} \| f_n - f \| = 0$ gerade

$$\forall\, \varepsilon > 0 \;\exists\, n_0 \in \mathbb{N} \;\forall\, n \geq n_0 \;:\; \| f_n - f \| \leq \varepsilon. \tag{10}$$

Natürlich kann man auch in (5) „$< \varepsilon$" durch „$\leq \varepsilon$" ersetzen. Wegen

$$\| f_n - f \| \leq \varepsilon \;\Leftrightarrow\; \sup_{x\in M} | f_n(x) - f(x) | \leq \varepsilon$$
$$\Leftrightarrow\; \forall\, x \in M : | f_n(x) - f(x) | \leq \varepsilon$$

sind dann (10) und (5) äquivalent. $\Diamond$

Es sollen nun zu 1.4 analoge Eigenschaften der Norm formuliert werden. In diesem Zusammenhang ist auch die Einführung folgender Begriffe nützlich:

14.9 Definition. *Es sei M eine Menge.*
a) Eine Menge $\mathcal{V} \subseteq \mathcal{F}(M)$ heißt Funktionenraum *auf M, wenn aus $f, g \in \mathcal{V}$ und $\alpha \in \mathbb{R}$ stets auch $f + g \in \mathcal{V}$ und $\alpha f \in \mathcal{V}$ folgt.*
b) Ein Funktionenraum $\mathcal{A} \subseteq \mathcal{F}(M)$ heißt Funktionenalgebra *auf M, wenn aus $f, g \in \mathcal{A}$ stets auch $f \cdot g \in \mathcal{A}$ folgt.*

Hierbei sind $f + g$, αf und $f \cdot g$ *punktweise* definiert, vgl. (3.2) und (3.3).

14.10 Beispiele. a) $\mathcal{F}(M)$ ist natürlich eine Funktionenalgebra auf M.
b) Für ein Intervall $I \subseteq \mathbb{R}$ ist die Menge

$$\mathcal{C}(I) := \{ f \in \mathcal{F}(I) \mid f \text{ stetig} \} \tag{11}$$

der stetigen Funktionen auf I nach 8.12 eine Funktionenalgebra auf I.
c) Die Menge $\mathbb{R}[x]$ aller Polynome ist eine Funktionenalgebra auf $\mathbb{R}$. Für $m \in \mathbb{N}$ ist $\mathbb{R}_m[x]$ ein Funktionen*raum*, aber keine Funktionen*algebra;* die Menge $\{ P \in \mathbb{R}[x] \mid \deg P = m \}$ ist jedoch *kein* Funktionenraum. $\square$

14.11 Feststellung. *Es sei M eine Menge. Die Menge*

$$\mathcal{B}(M) := \{ f \in \mathcal{F}(M) \mid f \text{ beschränkt} \} \tag{12}$$

der beschränkten Funktionen auf M ist eine Funktionenalgebra auf M. Die Norm $\| \; \| : \mathcal{B}(M) \mapsto \mathbb{R}$ hat folgende Eigenschaften:

$$\| f \| \geq 0; \quad \| f \| = 0 \;\Leftrightarrow\; f = 0; \tag{13}$$

$$\| \alpha f \| = |\alpha| \, \| f \|, \quad \alpha \in \mathbb{R}; \tag{14}$$

$$\| f + g \| \leq \| f \| + \| g \| \quad \text{(Dreiecks-Ungleichung)}, \tag{15}$$

$$\| f \cdot g \| \leq \| f \| \cdot \| g \|. \tag{16}$$

BEWEIS. Aus $\| f \| = 0$ folgt $| f(x) | = 0$ für alle $x \in M$ und somit (13); wegen $| (\alpha f)(x) | = | \alpha | \, | f(x) |$ ergibt sich auch (14). Aus

$$| f(x) + g(x) | \;\leq\; | f(x) | + | g(x) | \;\leq\; \| f \| + \| g \| \quad \text{und}$$
$$| f(x) \cdot g(x) | \;=\; | f(x) | \cdot | g(x) | \;\leq\; \| f \| \cdot \| g \|$$

für alle $x \in M$ folgen schließlich auch (15) und (16). $\qquad\qquad\diamond$

14.12 Beispiele und Bemerkungen. a) In (15) und (16) kann durchaus „$<$" gelten. Es sei etwa $M = [0,1]$, $f : x \mapsto x$ und $g : x \mapsto 1 - x$; dann gelten $\| f \| = \| g \| = 1$, aber $\| f + g \| = \| 1 \| = 1 < 2$ und $\| f \cdot g \| = \frac{1}{4} < 1$ nach Beispiel 3.9 b).

b) Man kann $\| f - g \|$ als *Abstand* der beschränkten Funktionen f und g auffassen; für diesen Abstandsbegriff gelten dann die in Aufgabe 1.6 formulierten Eigenschaften. Nach Bemerkung 14.7 b) ist also $\| f - g \|$ für $f, g \in C(J)$ der *maximale Abstand* zweier Funktionswerte $f(x)$ und $g(x)$. *Andere* Abstandsbegriffe für Funktionen werden in Band 2 behandelt. $\quad\square$

Für die gleichmäßige Konvergenz gilt ein *Cauchy-Kriterium:*

14.13 Satz. *Eine Funktionenfolge $(f_n) \subseteq \mathcal{F}(M)$ konvergiert genau dann gleichmäßig auf M, wenn folgendes gilt:*

$$\forall\, \varepsilon > 0 \; \exists\, n_0 \in \mathbb{N} \; \forall\, n, m \geq n_0 \; : \; \| f_n - f_m \| < \varepsilon. \tag{17}$$

BEWEIS. a) „$\Rightarrow$" folgt sofort aus $\| f_n - f_m \| \leq \| f_n - f \| + \| f - f_m \|$.

b) „$\Leftarrow$": Für festes $x \in M$ gilt $| f_n(x) - f_m(x) | \leq \| f_n - f_m \|$, und daher ist $(f_n(x))$ eine Cauchy-Folge in $\mathbb{R}$. Wegen 6.9 ist diese konvergent, und man definiert $f \in \mathcal{F}(M)$ durch $f(x) := \lim\limits_{n \to \infty} f_n(x)$, $x \in M$. Nun gilt für alle $x \in M$ nach (17) die Abschätzung $| f_n(x) - f_m(x) | < \varepsilon$ für $n, m \geq n_0$. Für festes x und n liefert dann $m \to \infty$ auch $| f_n(x) - f(x) | \leq \varepsilon$, und daraus folgt $\| f_n - f \| \leq \varepsilon$ für $n \geq n_0$. $\qquad\qquad\diamond$

Natürlich läßt sich die Cauchy-Bedingung auch wie in (6.7) formulieren, und auch Satz 6.11 gilt entsprechend für gleichmäßige Konvergenz:

14.14 Satz. *Für eine Funktionenfolge $(f_n) \subseteq \mathcal{F}(M)$ gelte die Bedingung*

$$\exists\, 0 \leq q < 1,\, C > 0,\, \ell \in \mathbb{N} \; \forall\, n \geq \ell \; : \; \| f_{n+1} - f_n \| \leq C\, q^n. \tag{18}$$

Dann ist (f_n) gleichmäßig konvergent.

BEWEIS. Wie im Beweis von Satz 6.11 gilt für $n > m \geq \ell$:

$$\| f_n - f_m \| \;=\; \Big\| \sum_{k=m}^{n-1} (f_{k+1} - f_k) \Big\| \;\leq\; \sum_{k=m}^{n-1} \| f_{k+1} - f_k \|$$
$$\leq\; C \sum_{k=m}^{n-1} q^k \;=\; C\, q^m \sum_{k=0}^{n-1-m} q^k \;\leq\; \tfrac{C}{1-q}\, q^m.$$

Wegen $q^m \to 0$ impliziert dies die Cauchy-Bedingung (17).   ◇

14.15 Beispiel. Die Folge $(E_n(x) = \sum\limits_{k=0}^{n} \frac{x^k}{k!})$ konvergiert *gleichmäßig auf jedem kompakten Intervall* $J \subseteq \mathbb{R}$: Für $J \subseteq [-a, a]$ gilt

$$\| E_{n+1} - E_n \|_J = \| \tfrac{x^{n+1}}{(n+1)!} \|_J \leq \tfrac{a^{n+1}}{(n+1)!} \leq (\tfrac{3a}{n+1})^{n+1} \leq (\tfrac{1}{2})^{n+1}$$

für $n > 6a$, so daß Satz 14.14 anwendbar ist. Die Konvergenz ist dagegen *nicht gleichmäßig auf unbeschränkten Intervallen;* auf solchen sind die Differenzen $E_m - E_n$ nicht einmal beschränkt.   □

Die folgende Variante von Theorem 14.5 ist oft nützlich:

14.16 Satz. *Auf einem beschränkten offenen Intervall* $I = (a, b) \subseteq \mathbb{R}$ *konvergiere die Funktionenfolge* $(f_n) \subseteq \mathcal{F}(I)$ *gleichmäßig gegen* $f \in \mathcal{F}(I)$. *Es existiere* $\ell_n := \lim\limits_{x \to b^-} f_n(x)$ *für alle* $n \in \mathbb{N}$.
a) Dann existiert $\ell := \lim\limits_{n \to \infty} \ell_n$.
b) Es gilt $\lim\limits_{x \to b^-} f(x) = \ell$.

BEWEIS. a) Nach Satz 14.13 ist (f_n) Cauchy-Folge, d. h. es gilt

$$\forall\, \varepsilon > 0\ \exists\, n_0 \in \mathbb{N}\ \forall\, n, m \geq n_0\ \forall\, x \in I\ :\ |f_n(x) - f_m(x)| < \varepsilon. \quad (19)$$

Für festes n, m liefert $x \to b^-$ sofort

$$\forall\, \varepsilon > 0\ \exists\, n_0 \in \mathbb{N}\ \forall\, n, m \geq n_0\ :\ |\ell_n - \ell_m| \leq \varepsilon, \quad (20)$$

d. h. (ℓ_n) ist Cauchy-Folge, und a) folgt aus 6.9. Mit $m \to \infty$ folgt

$$\forall\, \varepsilon > 0\ \exists\, n_0 \in \mathbb{N}\ \forall\, n \geq n_0\ :\ |\ell_n - \ell| \leq \varepsilon. \quad (21)$$

b) wird ähnlich wie Theorem 14.5 gezeigt: Zu $\varepsilon > 0$ wählt man n_0 so, daß (5) und (21) gelten. Wegen $\ell_{n_0} := \lim\limits_{x \to b^-} f_{n_0}(x)$ gibt es $\delta > 0$ mit $|\ell_{n_0} - f_{n_0}(x)| < \varepsilon$ für $b - \delta < x < b$. Für diese x folgt dann auch

$$|f(x) - \ell| \leq |f(x) - f_{n_0}(x)| + |f_{n_0}(x) - \ell_{n_0}| + |\ell_{n_0} - \ell| < 3\varepsilon.   ◇$$

Natürlich gilt ein analoges Ergebnis für rechtsseitige Grenzwerte.

14.17 Folgerung. *Die Funktionenfolge* $(f_n) \subseteq C[a, b]$ *konvergiere gleichmäßig auf* (a, b). *Dann konvergiert* (f_n) *gleichmäßig auf* $[a, b]$ *gegen eine stetige Funktion* $f \in C[a, b]$.

BEWEIS. Der Schluß von (19) auf (20) zeigt, daß die Cauchy-Bedingung (17) auf ganz $[a,b]$ erfüllt ist. Daher folgt die Behauptung aus Satz 14.13 und Theorem 14.5. $\diamond$

14.18 Beispiel. Die Funktionenfolge $(h_n(x) := \sum_{k=1}^{n} \frac{x^k}{k})$ konvergiert gleichmäßig auf jedem kompakten Intervall $J := [-a,a]$ mit $0 \le a < 1$; wegen

$$\| h_{n+1} - h_n \|_J \;=\; \| \tfrac{x^{n+1}}{n+1} \|_J \;\le\; \tfrac{a^{n+1}}{n+1} \;\le\; a^{n+1}$$

folgt dies sofort aus Satz 14.14. Die Konvergenz ist aber *nicht gleichmäßig* auf $(0,1)$; andernfalls müßte nach 14.17 auch die Folge $(h_n(1) = \sum_{k=1}^{n} \frac{1}{k})$ konvergieren, was aber nach Satz 4.5 nicht der Fall ist. $\square$

Bemerkung: Es folgt noch ein nützliches Kriterium für gleichmäßige Konvergenz. Dieses wird für die Aufgaben 14.10* und 17.10* benötigt, kann aber beim ersten Lesen übergangen werden.

14.19 * Satz (Dini). *Gegeben seien ein kompaktes Intervall $J \subseteq \mathbb{R}$ und eine Funktionenfolge $(f_n) \subseteq C(J)$ mit $f_1 \le f_2 \le \dots \le f$ und $f_n \to f$ punktweise auf J. Gilt $f \in C(J)$, so konvergiert (f_n) gleichmäßig auf J gegen f.*

BEWEIS. Andernfalls gilt wegen (6) und $f_n \le f$:

$$\exists\, \varepsilon > 0\ \forall\, n \in \mathbb{N}\ \exists\, k_n \ge n\ \exists\, x_n \in J\ :\ f(x_n) - f_{k_n}(x_n) \ge \varepsilon. \tag{22}$$

Für festes $m \in \mathbb{N}$ und $n \ge m$ gilt $f_{k_n} \ge f_m$; aus (22) folgt also

$$f(x_n) - f_m(x_n) \;\ge\; \varepsilon \quad \text{für } n \ge m. \tag{23}$$

Nach dem Satz von Bolzano-Weierstraß hat (x_n) eine konvergente Teilfolge $x_{n_j} \to x \in J$. Da f und f_m stetig sind, liefert $n = n_j$ und $j \to \infty$ in (23) auch $f(x) - f_m(x) \ge \varepsilon$, was der Konvergenz von $(f_m(x))$ gegen $f(x)$ widerspricht. $\diamond$

Natürlich gilt eine analoge Aussage für monoton fallende Funktionenfolgen.

Aufgaben

14.1 Gegeben seien vier Funktionenfolgen (f_n) :

1) $(\frac{x^{2n}}{1+x^{2n}})$ auf $\mathbb{R}$, 2) $(\frac{n(x-x^2)-1}{nx+1})$ auf $[0,1]$,
3) $(nx(1-x^2)^n)$ auf $[-1,1]$, 4) $(\exp(-nx^2))$ auf $[-1,1]$.

a) Man untersuche diese auf punktweise Konvergenz und bestimme ggf. die Grenzfunktionen f.

b) Man versuche, jeweils $\| f_n \|$ und $\| f - f_n \|$ zu berechnen und entscheide, ob gleichmäßige Konvergenz vorliegt.

14.2 Gegeben seien vier Funktionenfolgen (g_n) :

1) $(\sqrt[n]{x})$ auf $[0, \infty)$,   2) $(n(\sqrt[n]{x} - 1))$ auf $(0, \infty)$,

3) $(\sum\limits_{k=0}^{n} x^k)$ auf $(-1, 1)$,   4) $(\sum\limits_{k=0}^{n} x^k (1-x)^k)$ auf $(0, 1)$.

a) Man zeige, daß diese auf allen kompakten Teilintervallen der angegebenen Intervalle gleichmäßig konvergieren.

b) Ist die Konvergenz auf den angegebenen Intervallen selbst gleichmäßig ?

14.3 Man zeige mit den im Beweis von Satz 11.1 verwendeten Argumenten, daß $(E_n(x) - e_n(x))$ auf kompakten Intervallen von $\mathbb{R}$ gleichmäßig gegen 0 konvergiert. Daraus schließe man auch $e_n(x) \to e^x$ gleichmäßig auf kompakten Intervallen.

14.4 Es seien $I \subseteq \mathbb{R}$ ein Intervall und $(f_n) \subseteq \mathcal{C}(I)$, $f \in \mathcal{C}(I)$. Für die Aussagen

(A) (f_n) konvergiert gleichmäßig gegen f

(B)   Für jede Folge $(x_n) \subseteq I$ und $x \in I$ gilt: $x_n \to x \Rightarrow f_n(x_n) \to f(x)$

zeige man (A) $\Rightarrow$ (B), für kompakte Intervalle I auch die Umkehrung.

14.5 Es sei $(f_n) \subseteq \mathcal{C}(I)$ eine Folge *gleichmäßig* stetiger Funktionen mit $f_n \to f$ gleichmäßig. Man zeige, daß auch f gleichmäßig stetig ist.

14.6 Es seien $(f_n) \subseteq \mathcal{F}(\mathbb{R})$, $f \in \mathcal{F}(\mathbb{R})$ mit $\| f - f_n \| \to 0$. Für eine gleichmäßig stetige Funktion $g : \mathbb{R} \mapsto \mathbb{R}$ zeige man $\| g \circ f - g \circ f_n \| \to 0$.

14.7 Für $m \in \mathbb{Z}$ wird durch

$$\mathcal{V}_m(\mathbb{R}) := \{ f \in \mathcal{C}(\mathbb{R}) \mid \exists\, C > 0 \,\forall\, x \in \mathbb{R} \,:\, | f(x) | \leq C\, (1 + |x|)^m \}$$

eine Funktionenmenge $\mathcal{V}_m(\mathbb{R}) \subseteq \mathcal{C}(\mathbb{R})$ definiert. Man untersuche, ob $\mathcal{V}_m(\mathbb{R})$ ein Funktionenraum oder sogar eine Funktionenalgebra ist.

14.8 Es seien M eine Menge, $f \in \mathcal{B}(M)$ und $f(x) \neq 0$ für alle $x \in M$. Folgt dann $\frac{1}{f} \in \mathcal{B}(M)$?

Man beantworte diese Frage auch für $\mathcal{C}(I)$, $\mathbb{R}[x]$ und $\mathcal{V}_m(\mathbb{R})$.

14.9 a) Für die *Doppelfolge* $(a_{n,m} := (1 - \frac{1}{m})^n)_{n,m \in \mathbb{N}}$ zeige man
$\lim\limits_{n \to \infty} \lim\limits_{m \to \infty} a_{n,m} = 1$ und $\lim\limits_{m \to \infty} \lim\limits_{n \to \infty} a_{n,m} = 0$.

b) Für eine Doppelfolge $(a_{n,m})$ mögen die Grenzwerte $c_n := \lim\limits_{m \to \infty} a_{n,m}$ für feste $n \in \mathbb{N}$ sowie $\ell_m := \lim\limits_{n \to \infty} a_{n,m}$ *gleichmäßig in* m existieren. Man präzisiere die letzte Aussage, zeige die Existenz von $c := \lim\limits_{n \to \infty} c_n$ und beweise dann auch $c = \lim\limits_{m \to \infty} \ell_m$.

14.10 Man definiere rekursiv Polynome P_n durch $P_0(x) = 0$ und

$$P_{n+1}(x) := P_n(x) + \tfrac{1}{2}\left(x - P_n(x)^2\right).$$

a) Für $x \in [0, 1]$ zeige man

$$P_0(x) \le P_1(x) \le \ldots \le P_n(x) \le P_{n+1}(x) \le \ldots \le \sqrt{x}.$$

b) Für $x \in [0, 1]$ zeige man $\lim\limits_{n \to \infty} P_n(x) = \sqrt{x}$.

c)* Aus dem Satz von Dini folgere man $P_n(x) \to \sqrt{x}$ gleichmäßig auf $[0, 1]$.

d)* Man folgere $P_n(x^2) \to |x|$ gleichmäßig auf $[-1, 1]$.

e)* Für $a < b \in \mathbb{R}$, $x_0 \in \mathbb{R}$ und $\varepsilon > 0$ finde man ein Polynom P mit

$$\sup_{x \in [a,b]} \big| \, |x - x_0| - P(x) \, \big| \le \varepsilon.$$

HINWEIS. Zum Beweis von a) zeige man zuerst die Identität

$$\sqrt{x} - P_{n+1}(x) = (\sqrt{x} - P_n(x))\left(1 - \frac{1}{2}(\sqrt{x} + P_n(x))\right).$$

15 * Konstruktionen von $\mathbb{R}$

Aufgabe: Man überlege, wie die Existenz der reellen Zahlen begründet werden könnte.

In diesem letzten Abschnitt von Kapitel II wird noch einmal ausführlich auf die Menge der reellen Zahlen eingegangen. Es werden weitere Möglichkeiten der Formulierung der *Vollständigkeit* von $\mathbb{R}$ diskutiert und zwei von $\mathbb{Q}$ ausgehende *Konstruktionen* von $\mathbb{R}$ vorgestellt. Dabei werden viele Argumente nur skizziert, Details oft nicht ausgeführt.

Bemerkung: Dieser Abschnitt hat ergänzenden Charakter. Leser, denen die Axiome A und I einleuchten, können ihn ohne weiteres übergehen.

Die Axiome K, O und A gelten sowohl in $\mathbb{Q}$ als auch in $\mathbb{R}$. Die Vollständigkeit von $\mathbb{R}$ wurde in Abschnitt 6 mit Hilfe des *Intervallschachtelungsprinzips* formuliert. An die Axiome A und I sowie einige wichtige Konsequenzen wird hier noch einmal kurz erinnert:

(A)　　　$\mathbb{N}$ *ist unbeschränkt.*
(I)　　　*Intervallschachtelungen enthalten genau eine reelle Zahl.*
(C)　　　*Cauchy-Folgen sind konvergent.*
(M)　　　*Monotone beschränkte Folgen sind konvergent.*
(S)　　　*Nach oben beschränkte Mengen* $M \neq \emptyset$ *besitzen ein Supremum.*
(BW)　　*Jede beschränkte Folge hat eine konvergente Teilfolge.*

Andere mögliche Formulierungen der Vollständigkeit von $\mathbb{R}$ sind nun:

15.1 Satz. *Unter der Annahme der Axiome K und O sind folgende Aussagen äquivalent:*
a) (A) und (I),　b) (A) und (C),　c) (M),　d) (S),　e) (BW).

BEWEIS. „a) $\Rightarrow$ b) $\Rightarrow$ c)" wurde in Abschnitt 6 gezeigt.
„c) $\Rightarrow$ a)": Wäre $\mathbb{N}$ beschränkt, so müßte die Folge (n) konvergent sein, was wegen $|n - m| \geq 1$ für $n \neq m$ offenbar unmöglich ist. Die Implikation (M) $\Rightarrow$ (I) wurde in Bemerkung 6.13 gezeigt.
„c) $\Rightarrow$ d)" folgt wie in Satz 9.4.
„d) $\Rightarrow$ c)": Ist $(a_n) \subseteq \mathbb{R}$ monoton wachsend und beschränkt, so konvergiert (a_n) gegen $\sup\{a_n\}$.
„c) $\Rightarrow$ e)" folgt sofort aus Lemma 12.5.
„e) $\Rightarrow$ c)": Ist $(a_n) \subseteq \mathbb{R}$ monoton wachsend und beschränkt, so existiert eine konvergente Teilfolge $a_{n_j} \to \ell$. Dann folgt aber auch sofort $a_n \to \ell$. $\diamond$

Insbesondere folgt also (A) aus (M), (S) oder (BW). Dagegen folgt (A) *nicht* aus (C), vgl. etwa [17], Kap. 2, §5.2. Da „(C) $\Rightarrow$ (I)" ohne Verwendung von (A) gezeigt werden kann (vgl. Aufgabe 15.1), folgt (A) auch *nicht* aus (I).

Nun wird auf die Frage nach der *Existenz* der reellen Zahlen eingegangen. Ein Blick in die Geschichte der Mathematik zeigt, daß diese keineswegs „offensichtlich" ist. Als „Zahlen" galten in der Antike nur die ganzen Zahlen und ihre „*Verhältnisse*", also die *rationalen* Zahlen. Es wurde zunächst versucht, alle Aussagen der *ebenen Geometrie* mit Hilfe von „Zahlen" zu formulieren. Dies setzt voraus, daß zwei beliebige Strecken(längen) a, b stets *kommensurabel* sind, d. h. daß es eine kleine Strecke e und $p, q \in \mathbb{N}$ gibt mit $a = p\,e$ und $b = q\,e$.
　　Im 5. Jahrhundert v. Chr. entdeckte der Pythagoreer Hippasos von Metapont die *Existenz nicht kommensurabler Strecken,* und zwar wahrscheinlich ausgerechnet an einem regelmäßigen Fünfeck (Pentagramm), dem

Ordenssymbol der Pythagoreer (vgl. Abb. 7a). Das Verhältnis einer Seite zu der dazu parallelen Diagonalen ist nämlich durch den *goldenen Schnitt* $\frac{1}{y_+} = \frac{2}{1+\sqrt{5}}$ gegeben (vgl. Aufgabe 7.4*); y_+ hat die *unendliche Kettenbruchentwicklung* (7.12)* und ist somit *irrational*. Einzelheiten hierzu findet man in [17], Kap. 2, §1.

Im Buch X der *Elemente* Euklids (ca. 300 v. Chr.) wird bereits der folgende Beweis der *Irrationalität* von $\sqrt{2}$ angegeben (man beachte dazu auch die Aufgaben 15.2 und 44.6*) :

15.2 Satz. *Die Gleichung* $x^2 = 2$ *ist in* $\mathbb{Q}$ *nicht lösbar.*

BEWEIS. Zunächst zeigt man, daß $n \in \mathbb{Z}$ genau dann *gerade* ist, wenn n^2 gerade ist. Ist nun $x = \frac{p}{q}$ ein *gekürzter* Bruch mit $p, q \in \mathbb{N}$ und $x^2 = 2$, so ist $p^2 = 2q^2$ gerade, also auch p gerade. Mit $p = 2k$ für ein $k \in \mathbb{N}$ folgt dann $4k^2 = 2q^2$, d. h. auch q^2 und q sind gerade, und man erhält einen Widerspruch. $\Diamond$

Die Entdeckung nicht kommensurabler Strecken führte in der Antike nicht etwa zu einer Erweiterung des Zahlbegriffs, sondern zu einer weitgehenden *Trennung von Geometrie und Arithmetik*, die erst im 17. Jahrhundert durch die Entwicklung der *analytischen Geometrie* (R. Descartes) überwunden wurde; diese beruht ja gerade darauf, daß den „Punkten" einer Geraden umkehrbar eindeutig „Zahlen" entsprechen.

Die nicht kommensurablen Strecken waren für die antike Geometrie zunächst sehr problematisch. Für zwei Quadrate etwa mit Seitenlängen a und α und Diagonalen d und δ sollte nach dem Satz des Pythagoras (vgl. Abb. 1b) die Aussage „$\frac{\delta}{\alpha} = \frac{d}{a}$" gelten. Die Frage, wie diese „Gleichung" zu interpretieren sei, wurde im 4. Jahrhundert v. Chr. von Eudoxos von Knidos durch dessen *Proportionenlehre* beantwortet; diese ist im Buch V der *Elemente* Euklids ausführlich dargestellt.

Man betrachtet *„gleichartige" geometrische „Größen"*, also etwa zwei Streckenlängen oder zwei Flächeninhalte a, d und unterstellt Axiom (A), also die Existenz von $n, m \in \mathbb{N}$ mit $na > d$ und $md > a$. Die „Verhältnisse" $\frac{d}{a}$ und $\frac{\delta}{\alpha}$ gleichartiger Größen heißen nun genau dann *gleich*, wenn für alle $p, q \in \mathbb{N}$ gilt:

$$dq > pa \;\Leftrightarrow\; \delta q > p\alpha,$$
$$dq = pa \;\Leftrightarrow\; \delta q = p\alpha,$$
$$dq < pa \;\Leftrightarrow\; \delta q < p\alpha.$$

Natürlich genügt es auch, nur die erste oder die letzte dieser Bedingungen zu fordern. „$\frac{\delta}{\alpha} = \frac{d}{a}$" bedeutet also genau, daß beide „Verhältnisse" die gleichen rationalen Zahlen übertreffen bzw. von den gleichen rationalen Zahlen übertroffen werden. Dies besagt, daß eine reelle Zahl x durch die beiden *rationalen Intervalle* $\mathbb{Q} \cap (-\infty, x)$ und $\mathbb{Q} \cap (x, \infty)$ (oder auch nur eines davon) eindeutig bestimmt ist.

Diese Beobachtung ist grundlegend für eine *Konstruktion der reellen Zahlen*, die 1872 von R. Dedekind publiziert wurde. Sie nimmt die Menge $\mathbb{Q}$ der rationalen Zahlen mit den Axiomen K und O als gegeben an.

15.3 Konstruktion (Dedekind). a) Für Mengen $A, B \subseteq \mathbb{Q}$ heißt $(A|B)$ ein *Dedekindscher Schnitt*, wenn folgendes gilt:

(α) $A \neq \emptyset$, $B \neq \emptyset$, $A \cap B = \emptyset$, $A \cup B = \mathbb{Q}$.
(β) Für $a \in A$ und $b \in B$ gilt stets $a < b$.
(γ) Zu $a \in A$ gibt es $a^* \in A$ mit $a < a^*$.

Wegen $B = \mathbb{Q} \backslash A$ ist $(A|B)$ bereits durch A eindeutig festgelegt. Eigenschaft (β) läßt sich auch so formulieren:

(β^*) Für $a \in A$ und $c \in \mathbb{Q}$ mit $c < a$ gilt auch $c \in A$.

Man definiert nun $\mathbb{R}$ als Menge aller Dedekindschen Schnitte, d. h. als Menge aller Teilmengen $A \neq \emptyset, \mathbb{Q}$ von $\mathbb{Q}$ mit den Eigenschaften (β^*) und (γ).
b) Für $r \in \mathbb{Q}$ ist $A_r := \{s \in \mathbb{Q} \mid s < r\}$ ein Dedekindscher Schnitt, und $r \mapsto A_r$ liefert eine *Einbettung*, d. h. eine injektive Abbildung von $\mathbb{Q}$ nach $\mathbb{R}$. Addition und Ordnung auf $\mathbb{R}$ werden auf naheliegende Weise definiert:

$$A + D \ := \ \{a + d \mid a \in A, \, d \in D\},$$
$$A \leq D \ :\Leftrightarrow \ A \subseteq D.$$

Die *Vollständigkeit* von $\mathbb{R}$ ergibt sich dann leicht aus der Supremums-Eigenschaft (S): Es sei $M \subseteq \mathbb{R}$ durch $C \in \mathbb{R}$ nach oben beschränkt. Wegen $A \subseteq C$ für alle Mengen $A \in M$ ist $S := \bigcup_{A \in M} A$ ein Dedekindscher Schnitt, und offenbar ist S dann das Supremum von M.
c) Für $A, D > 0$ definiert man nun

$$A \cdot D \ := \ \{r \in \mathbb{Q} \mid \exists \, 0 < a \in A, \, 0 < d \in D : r < a \cdot d\},$$

und dehnt anschließend dies zu einer Multiplikation auf $\mathbb{R}$ aus. Der Nachweis der Axiome K und O ist nicht schwierig, aber langwierig; man findet alle Details z. B. in [11], Chapter 28.   □

Als nächstes wird eine andere Konstruktion von $\mathbb{R}$ vorgestellt, die von G. Cantor 1883 publiziert wurde. Auch dabei nimmt man die Menge $\mathbb{Q}$ der rationalen Zahlen mit den Axiomen K und O als gegeben an.

15.4 Konstruktion (Cantor). a) Es sei $\mathcal{R}$ die Menge aller Cauchy-Folgen in $\mathbb{Q}$. Cauchy-Folgen (x_n), $(y_n) \in \mathcal{R}$ heißen *äquivalent*, $(x_n) \sim (y_n)$, wenn $\lim_{n\to\infty} |x_n - y_n| = 0$ gilt. Man rechnet leicht nach, daß dies eine *Äquivalenz-relation* (vgl. Feststellung 3.20) ist und definiert

$$\mathbb{R} := \{\, \xi = \widehat{(x_n)} \mid (x_n) \in \mathcal{R} \,\}$$

als die Menge der entsprechenden Äquivalenzklassen.

b) Addition und Multiplikation in $\mathcal{R}$ können einfach durch

$$(x_n) + (y_n) := (x_n + y_n) \quad , \quad (x_n) \cdot (y_n) := (x_n \cdot y_n)$$

definiert werden. Man zeigt leicht, daß dies entsprechende Operationen auf den Äquivalenzklassen induziert und weist für $\mathbb{R}$ die Körperaxiome K nach. Dann definiert man die Menge P der *positiven* reellen Zahlen durch

$$P := \{\, \widehat{(x_n)} \in \mathbb{R} \mid \exists\, 0 < r \in \mathbb{Q}\ \exists\, n_0 \in \mathbb{N}\ \forall\, n \geq n_0 \ : \ x_n > r \,\},$$

und beweist Axiom O. Absolutbeträge werden wie in 1.3 definiert. Details hierzu findet man etwa in [17], Kapitel 2, §3.

c) Für $r \in \mathbb{Q}$ sei $i(r)$ die Äquivalenzklasse der konstanten Cauchy-Folge $(r) \in \mathcal{R}$; dadurch erhält man eine Einbettung $i : \mathbb{Q} \to \mathbb{R}$, die Summen, Produkte und Anordnung respektiert. Man schreibt einfach r für $i(r)$. Nach Definition von P gibt es zu jedem $\xi \in P$ ein $r \in \mathbb{Q}$ mit $0 < r < \xi$.

d) Nun ergibt sich das Archimedische Axiom A: Es sei $\gamma \in \mathbb{R}$ eine obere Schranke von $\mathbb{N}$. Nach c) gibt es dann $r \in \mathbb{Q}$ mit $0 < r < \frac{1}{\gamma}$, und mit $\frac{1}{r} = \frac{p}{q}$, p, $q \in \mathbb{N}$, folgt der Widerspruch $\gamma < \frac{1}{r} = \frac{p}{q} \leq p \in \mathbb{N}$.

e) Es seien nun $\xi = \widehat{(x_n)} \in \mathbb{R}$ und $0 < \varepsilon \in \mathbb{Q}$ gegeben. Da (x_n) eine rationale Cauchy-Folge ist, gibt es $n_0 \in \mathbb{N}$ mit $|x_n - x_m| < \varepsilon$ für $n, m \geq n_0$. Dies bedeutet aber $|\xi - i(x_m)| < \varepsilon$ für $m \geq n_0$. Insbesondere ist $i(\mathbb{Q})$ *dicht* in $\mathbb{R}$.

f) Die *Vollständigkeit* von $\mathbb{R}$ wird nun mit Hilfe von (C) gezeigt. Dazu sei eine Cauchy-Folge $(\xi_j) \subseteq \mathbb{R}$ gegeben. Nach e) gibt es $r_j \in \mathbb{Q}$ mit $|\xi_j - r_j| < \frac{1}{j}$. Dann ist (r_j) eine Cauchy-Folge in $\mathbb{Q}$; man setzt einfach $\xi := \widehat{(r_j)} \in \mathbb{R}$ und findet wegen e) sofort

$$|\xi - \xi_j| \ \leq \ |\xi - r_j| + |r_j - \xi_j| \to 0. \qquad \square$$

Schließlich wird gezeigt, daß $\mathbb{R}$ durch die Axiome K, O, A und I (oder äquivalente Aussagen gemäß 15.1) *eindeutig bestimmt* ist, daß also jede Konstruktion von $\mathbb{R}$ „das gleiche Ergebnis" liefern muß.

15.5 Definition. *a) Ein Körper F ist eine Menge, auf der eine Addition und eine Multiplikation definiert sind, so daß die Axiome K gelten.*

b) In einem Körper F sei eine Menge $P \subseteq F$ ausgezeichnet, so daß Axiom O gilt. Mit der induzierten Anordnung heißt dann F ein angeordneter Körper. Gilt zusätzlich Axiom A, so heißt F Archimedisch angeordnet.

c) Ein (Archimedisch) angeordneter Körper F heißt vollständig, wenn jede Cauchy-Folge (vgl. Definition 6.7) in F konvergiert.

d) Zwei angeordnete Körper F_1 und F_2 heißen isomorph, wenn es einen Isomorphismus $\Phi : F_1 \mapsto F_2$, d. h. eine bijektive Abbildung mit

$$\Phi(x + y) = \Phi(x) + \Phi(y), \; \Phi(x \cdot y) = \Phi(x) \cdot \Phi(y), \; x < y \Leftrightarrow \Phi(x) < \Phi(y)$$

für alle $x, y \in F_1$ gibt.

15.6 Satz. *Je zwei vollständige Archimedisch angeordnete Körper sind isomorph.*

BEWEIS. Offenbar ist „Isomorphie" eine Äquivalenzrelation. Es genügt daher zu zeigen, daß jeder vollständige Archimedisch angeordnete Körper F zu dem in 15.4 nach G. Cantor konstruierten Körper $\mathbb{R}$ isomorph ist. Da F ein angeordneter Körper ist, gilt für n - fache Summen $n := 1 + \cdots + 1$ stets $n + 1 > n$, insbesondere $n \neq 0$. Man kann daher $\mathbb{N}$, $\mathbb{Z}$ und $\mathbb{Q}$ als Teilmengen von F auffassen. Aufgrund von Axiom A für F ergibt sich wie in Folgerung 6.24 die Dichtheit von $\mathbb{Q}$ in F.
Zu $x \in F$ gibt es also eine Folge $(r_n) \subseteq \mathbb{Q}$ mit $r_n \to x$. Dann ist (r_n) eine rationale Cauchy-Folge, und man definiert $\Phi(x) := \widehat{(r_n)} \in \mathbb{R}$; dieses Element ist von der Wahl der Folge (r_n) unabhängig. Man zeigt leicht, daß Φ Summen, Produkte und Anordnung respektiert. Ist auch $y \in F$ und $\mathbb{Q} \ni s_n \to y$, so folgt aus $x \neq y$ sofort $|r_n - s_n| \not\to 0$ und $\Phi(x) \neq \Phi(y)$. Ist schließlich $\xi = \widehat{(x_n)} \in \mathbb{R}$ gegeben, so existiert wegen der Vollständigkeit von F der Grenzwert $\lim\limits_{n \to \infty} x_n =: x$ in F, und man hat $\Phi(x) = \xi$. Somit ist $\Phi : F \mapsto \mathbb{R}$ ein Isomorphismus. $\Diamond$

Aufgaben

15.1 Man zeige „(C) $\Rightarrow$ (I)" ohne Verwendung von (A).

15.2 Man zeige, daß die Gleichungen $x^2 = 3$ und $x^3 = 2$ in $\mathbb{Q}$ nicht lösbar sind. Warum läßt sich die Beweismethode nicht auf die Gleichung $x^2 = 4$ anwenden?

15.3 Man definiere eine Äquivalenzrelation auf der Menge aller *rationalen Intervallschachtelungen*, so daß $\mathbb{R}$ als Menge der entsprechenden Äquivalenzklassen konstruiert werden kann.

15.4 Es wird eine Konstruktion von $\mathbb{R}$ mit Hilfe von Dezimalbruchentwicklungen oder allgemeinen g-adischen Entwicklungen (vgl. Abschnitt 7*) skizziert.

a) Reelle Zahlen $\alpha = (a, (a_n))$ werden als Paare von ganzen Zahlen $a \in \mathbb{Z}$ und Ziffernfolgen (a_n), $a_n \in \{0, 1, \dots, g-1\}$ definiert, wobei die a_n nicht ab einem Index alle gleich $g-1$ sein dürfen.

Man definiere "$\alpha = (a, (a_n)) < (b, (b_n)) = \beta$" und beweise die Supremums-Eigenschaft (S).

b) Man gebe eine Einbettung $\iota : \mathbb{Q} \mapsto \mathbb{R}$ an. Für $\alpha \in \mathbb{R}$ und $n \in \mathbb{N}$ definiere man $\alpha_n := a + \sum_{k=1}^{n} a_k g^{-k} \in \mathbb{Q}$. Damit setze man

$$\alpha + \beta := \sup_{n \in \mathbb{N}} \iota(\alpha_n + \beta_n),$$

definiere ähnlich $\alpha \cdot \beta$ und beweise die Axiome K und O.

III. Grundlagen der Differential- und Integralrechnung

Die Differential- und Integralrechnung bildet den klassischen Kern der Analysis. Zunächst werden diese beiden Kalküle unabhängig voneinander entwickelt, dann aber ab Abschnitt 22 über den *Hauptsatz* miteinander verknüpft, wodurch beide Kalküle erst ihre volle Stärke entfalten.

Mit Hilfe der *Integralrechnung* können etwa *Flächeninhalte, Mittelwerte* oder *Bogenlängen* berechnet werden. Zunächst wird (in 17.4) das Integral $S(t)$ einer *Treppenfunktion* t über ein kompaktes Intervall J als Summe der Flächeninhalte der Rechtecke "zwischen dem Graphen von t und der x-Achse" definiert. Eine Funktion $f : J \mapsto \mathbb{R}$ heißt *Regelfunktion*, falls es eine Folge (t_n) von Treppenfunktionen gibt, die *gleichmäßig* auf J gegen f konvergiert. Ist dies der Fall, so existiert der *Grenzwert* der Folge $(S(t_n))$ in $\mathbb{R}$ und ist *unabhängig* von der Wahl der f approximierenden Folge (t_n); daher kann man das *Integral* von f über J als $\int_J f(x)\,dx := \lim_{n \to \infty} S(t_n)$ erklären. Die Klasse der Regelfunktionen kann genau charakterisiert werden (Satz 18.10*); wesentlich ist vor allem, daß sie die der *stetigen* Funktionen umfaßt.

Mit Hilfe der *Differentialrechnung* können *lokale Extrema* und *Monotonieeigenschaften* oder auch *Geschwindigkeiten* und *Beschleunigungen* bestimmt werden. Eine nahe $a \in \mathbb{R}$ definierte Funktion f heißt *differenzierbar* in a, falls der Limes $f'(a) := \lim_{x \to a} \frac{f(x)-f(a)}{x-a}$ existiert. Die dabei auftretenden *Differenzenquotienten* können geometrisch als Steigungen der Geraden durch $(a, f(a))$ und $(x, f(x))$ *(Sekanten* an den Graphen von f) oder physikalisch als *mittlere Geschwindigkeiten* im Intervall $[a, x]$ interpretiert werden, die *Ableitungen* $f'(a)$ dann als Steigungen der *Tangenten* in $(a, f(a))$ an den Graphen von f oder als *Momentangeschwindigkeiten* zur Zeit a.

Eine differenzierbare Funktion $\Phi : [a, b] \mapsto \mathbb{R}$ heißt *Stammfunktion* von $f : [a, b] \mapsto \mathbb{R}$, falls $\Phi' = f$ gilt. Der *Hauptsatz* besagt, daß für stetige Funktionen f durch $x \mapsto F(x) := \int_a^x f(t)\,dt$ eine Stammfunktion von f gegeben ist; umgekehrt gilt $\int_a^b f(t)\,dt = \Phi(b) - \Phi(a)$ für jede Stammfunktion Φ von f. Diese Aussage ermöglicht in vielen Fällen die bequeme Berechnung von Integralen; in der Tat lassen sich Stammfunktionen oft durch *Umkehrung von Formeln der Differentialrechnung* angeben, wobei meist der Integrand zunächst mittels *partieller Integration* oder *Substitutionsregel* umgeformt werden muß.

16   Flächeninhalte (∗)

Aufgabe: Man versuche, Flächeninhalt und Umfang eines Kreises mit Radius $r > 0$ zu „bestimmen".

Für Intervalle $I, J \subseteq \mathbb{R}$ der Länge $|I|, |J| \geq 0$ wird der *Flächeninhalt* des *Rechtecks* $R = I \times J$ in der Ebene $\mathbb{R}^2$ durch die Zahl

$$\mathsf{A}(R) := |I| \cdot |J| \in \mathbb{R} \qquad (1)$$

definiert. *Strecken* werden als ausgeartete Rechtecke betrachtet und haben dann den Flächeninhalt 0.

Man möchte nun für eine möglichst große Klasse $\mathfrak{M}$ von Teilmengen der Ebene einen Flächeninhalt $\mathsf{A} : \mathfrak{M} \to [0, \infty)$ definieren; dabei sollten die folgenden einleuchtenden Eigenschaften gelten:

(A1)   Für Rechtecke $R = I \times J$ gilt $R \in \mathfrak{M}$ und $\mathsf{A}(R) = |I| \cdot |J|$.

(A2)   Für $M, N \in \mathfrak{M}$ gilt auch $M \cup N$, $M \cap N \in \mathfrak{M}$, und man hat $\mathsf{A}(M \cup N) = \mathsf{A}(M) + \mathsf{A}(N) - \mathsf{A}(M \cap N)$.

(A3)   Für $M \in \mathfrak{M}$ und eine Translation $\tau : x \mapsto x + b$ der Ebene gilt auch $\tau(M) \in \mathfrak{M}$ und $\mathsf{A}(\tau(M)) = \mathsf{A}(M)$.

(A4)   Für $M \in \mathfrak{M}$ und eine Drehung oder Spiegelung ρ der Ebene gilt auch $\rho(M) \in \mathfrak{M}$ und $\mathsf{A}(\rho(M)) = \mathsf{A}(M)$.

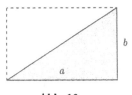   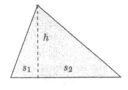

Abb. 16a   Abb. 16b

Liegen *rechtwinklige Dreiecke T* (mit den Seitenlängen a, b) in $\mathfrak{M}$, so ergibt sich aus (A1)–(A4) sofort (vgl. Abb. 16a)

$$\mathsf{A}(T) := \tfrac{1}{2} a b. \qquad (2)$$

Für beliebige Dreiecke D mit einer Seite $s = s_1 + s_2$ und zugehöriger Höhe h erhält man daraus $\mathsf{A}(D) = \tfrac{1}{2} s_1 h + \tfrac{1}{2} s_2 h$ (vgl. Abb. 16b), also

$$\mathsf{A}(D) = \tfrac{1}{2} s h. \qquad (3)$$

Als nächstes werden nun *Polygone* $P \subseteq \mathbb{R}^2$, d. h. endliche Vereinigungen von Dreiecken betrachtet. Man kann $P = \bigcup_{j=1}^{r} D_j$ als *disjunkte* Vereinigung von Dreiecken schreiben (Strecken sind entartete Dreiecke!) und setzt dann

$$A(P) := \sum_{j=1}^{r} A(D_j) \tag{4}$$

(vgl. Abb. 16c). Dieser Ausdruck ist von der *Wahl der Zerlegung* von P in disjunkte Dreiecke *unabhängig* und somit *wohldefiniert*, und der Flächeninhalt $A : \mathfrak{P} \to [0, \infty)$ auf der Klasse $\mathfrak{P}$ aller Polygone erfüllt die Eigenschaften (A1)–(A4). Ein Beweis dieser anschaulich einleuchtenden Tatsachen wäre an dieser Stelle sehr mühsam; mit Hilfe der Integralrechnung wird er sich in Band 3 leicht ergeben.

Bemerkung: Die unbewiesenen Behauptungen über $A : \mathfrak{P} \to [0, \infty)$ *werden nur in diesem ∗ - Abschnitt verwendet, der motivierenden Charakter hat. Als Beispiel für die Bestimmung eines Flächeninhalts wird die Approximation der Kreisfläche nach Archimedes vorgestellt; diese wird später nicht benötigt und kann daher übergangen werden.*

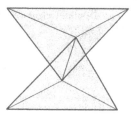 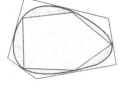

Abb. 16c   Abb. 16d

Eine naheliegende Methode, einen Flächeninhalt für allgemeinere Mengen M in der Ebene zu definieren, besteht darin, M durch Polygone einerseits *auszuschöpfen* und andererseits *einzugrenzen*, vgl. Abb. 16d. Dieses Verfahren wurde bereits von Archimedes (287–212 v. Chr.) erfolgreich angewendet; es wird nun näher erläutert am Beispiel des *Einheitskreises*

$$K := \{(x, y) \in \mathbb{R}^2 \mid x^2 + y^2 \le 1\}. \tag{5}$$

16.1 ∗ **Konstruktion.** a) Für $n \in \mathbb{N}$ betrachtet man zu K einbeschriebene regelmäßige 2^{n+1} - Ecke P_n sowie umbeschriebene regelmäßige 2^{n+1} - Ecke

Q_n, vgl. Abb. 16e.
P_n und Q_n bestehen aus je 2^{n+1} kongruenten Dreiecken; ihre Flächeninhalte p_n und q_n lassen sich mit Hilfe der Längen h_n der in 0 startenden Höhe eines dieser Dreiecke von P_n rekursiv berechnen, und natürlich „sollte" der Flächeninhalt von K stets zwischen p_n und q_n liegen. Für $n = 1$ hat man Quadrate P_1 und Q_1 mit $p_1 = 2$, $q_1 = 4$ und der Höhe $h_1 = \frac{\sqrt{2}}{2}$.

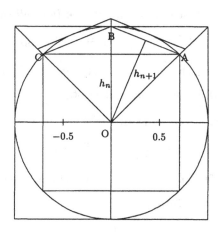

Abb. 16e

b) Ein Blick auf das Dreieck mit den Eckpunkten O, A und C in Abb. 16e und der Satz des Pythagoras zeigen

$$p_n = 2^{n+1} h_n \sqrt{1 - h_n^2}, \tag{6}$$

ein weiterer auf das mit den Eckpunkten O, A und B

$$p_{n+1} = p_n + 2^{n+1} (1 - h_n) \sqrt{1 - h_n^2} = 2^{n+1} \sqrt{1 - h_n^2}. \tag{7}$$

Aus (6) und (7) folgt $p_{n+1} = 2^{n+2} h_{n+1} \sqrt{1 - h_{n+1}^2} = 2^{n+1} \sqrt{1 - h_n^2}$, also $h_{n+1}^2 (1 - h_{n+1}^2) = \frac{1}{4}(1 - h_n^2)$ und damit $h_{n+1}^4 - h_{n+1}^2 + \frac{1 - h_n^2}{4} = 0$ sowie $h_{n+1}^2 = \frac{1}{2} \pm \sqrt{\frac{1}{4} - \frac{1 - h_n^2}{4}} = \frac{1}{2} \pm \frac{h_n}{2}$. Da die Folge (h_n) monoton wächst, ergibt sich die Rekursionsformel

$$h_{n+1} = \sqrt{\frac{1 + h_n}{2}}. \tag{8}$$

Wegen $h_n \leq 1$ für alle $n \in \mathbb{N}$ existiert $h := \lim\limits_{n \to \infty} h_n \in [0, 1]$ aufgrund von Theorem 6.12, und aus (8) ergibt sich sofort $h^2 = \frac{1 + h}{2}$, also $h = 1$.

c) Mittels (6) oder (7) können die p_n aus den h_n berechnet werden. Ein weiterer Blick auf Abb. 16e zeigt $p_n = h_n^2 q_n$, womit auch die Berechnung der q_n geklärt ist. Nach (7) gilt $p_n \leq p_{n+1}$, und mittels (8) ergibt sich auch

$$q_{n+1} = \frac{p_{n+1}}{h_{n+1}^2} = \frac{2p_{n+1}}{1 + h_n} = \frac{2p_n}{h_n (1 + h_n)} = \frac{2 h_n q_n}{1 + h_n} \leq q_n.$$

Somit ist $(J_n := [p_n, q_n])$ eine *Intervallschachtelung* mit

$$|J_n| = q_n - p_n = q_n(1 - h_n^2) \le 4(1 - h_n^2) \to 0,$$

und nach Axiom I existiert genau eine Zahl $\pi \in \bigcap_{n=1}^{\infty} J_n$, die als *Flächeninhalt des Kreises K* anzusehen ist.   □

16.2 * Definition. *Die Kreiszahl π wird definiert durch*

$$\pi := \lim_{n \to \infty} p_n = \lim_{n \to \infty} q_n. \tag{9}$$

Offenbar gilt $2 \le \pi \le 4$. Bessere Abschätzungen liefert die folgende

16.3 * Tabelle.

n	h_n	p_n	q_n
1	0.707107	2	4
2	0.923880	$2,82843$	$3,31371$
3	0.980785	$3,06147$	$3,18260$
4	0.995185	$3,12145$	$3,15172$
5	0.998795	$3,13655$	$3,14412$
6	0.999700	$3,14033$	$3,14222$
7	0.999925	$3,14128$	$3,14175$
8	0.999981	$3,14151$	$3,14163$
9	0.999995	$3,14157$	$3,14160$

Für $n = 9$ liefert die Approximation durch 1024-Ecke also

$$3,14157 \le \pi \le 3,14160; \tag{10}$$

der Fehler ist $\le 3 \cdot 10^{-5}$. Die Bedeutung der Kreiszahl π für die Mathematik ist enorm; dies wird z. B. in den Abschnitten 24 und 44* deutlich werden.

Es wird nun noch auf die Folge $(c_n := 2h_n)$ mit den Höhen h_n aus Konstruktion 16.1* eingegangen. Wegen (8) gilt $c_1 = \sqrt{2}$ und $c_{n+1} = \sqrt{2 + c_n}$, also

$$c_n = \sqrt{2 + \sqrt{2 + \cdots + \sqrt{2}}} \quad \text{(n Wurzelzeichen)}. \tag{11}$$

Wegen (6) und (7) gilt $p_n = h_n p_{n+1}$ und somit

$$p_{n+1} = \frac{p_{n+1}}{p_n} \cdot p_n = \frac{p_{n+1}}{p_n} \cdots \frac{p_2}{p_1} \cdot 2 = \frac{1}{h_n \cdots h_1} \cdot 2,$$

und daraus erhält man die *Formel von Vieta*

$$\frac{2}{\pi} = \lim_{n\to\infty} \frac{2}{p_{n+1}} = \lim_{n\to\infty} h_1 \cdots h_n = \lim_{n\to\infty} \prod_{j=1}^{n} \frac{c_j}{2}. \tag{12}$$

16.4 * Bemerkungen. In 16.1* konnte also die Kreisfläche $\pi = A(K)$ mittels Ausschöpfung und Eingrenzung durch Polygone „bestimmt" werden; die expliziten Rekursionsformeln beruhen natürlich wesentlich auf der speziellen geometrischen Gestalt des Kreises K. Es liegt daher die Vermutung nahe, daß dieses Verfahren für kompliziertere Teilmengen der Ebene (vgl. Abb. 16d) wesentlich schwieriger durchzuführen ist.

Trotzdem kann das Problem der „Bestimmung von Flächeninhalten" von der Analysis „im Prinzip" gelöst werden. Im nächsten Abschnitt wird das *Integral* von (z. B. stetigen) Funktionen über kompakten Intervallen mittels geeigneter Approximationen durch Rechtecksummen konstruiert, wodurch sich Flächeninhalte spezieller Mengen ergeben. Die effektive Berechnung solcher Integrale gelingt oft mit Hilfe der *Differentialrechnung* (vgl. Abschnitt 22, für numerische Methoden Abschnitt 43*). In Band 3 wird die Integrationstheorie auf Funktionen von mehreren Variablen ausgedehnt; mit Hilfe des *zweidimensionalen Lebesgue-Integrals* wird dann ein Flächeninhalt $A : \mathfrak{M} \to [0,\infty)$ für eine sehr große Klasse $\mathfrak{M}$ von Teilmengen der Ebene konstruiert, der (A1)–(A4) erfüllt und sogar „*abzählbar additiv*" ist. Entsprechend liefert das *dreidimensionale* Lebesgue-Integral eine Theorie der *Volumina im Raum.* $\Box$

Aufgaben

16.1 Man zeige die Formeln $p_{n+1} = \sqrt{p_n q_n}$ und $\frac{1}{q_{n+1}} = \frac{1}{2}\left(\frac{1}{p_{n+1}} + \frac{1}{q_n}\right)$. Es ist also p_{n+1} das *geometrische Mittel* von p_n und q_n und q_{n+1} das *harmonische Mittel* von p_{n+1} und q_n.

16.2 Man beweise die Abschätzung $|J_n| = q_n - p_n \le \frac{2}{(2+\sqrt{2})^{n-1}}$ für $n \in \mathbb{N}$.

17   Treppenfunktionen und Integraldefinition

Aufgabe: Man versuche, den Mittelwert der Funktion $p_2 : x \mapsto x^2$ über ein Intervall $[0, b]$ zu „bestimmen".

Ausgangspunkt der Integralrechnung ist also das Problem der „*Bestimmung von Flächeninhalten krummlinig begrenzter Mengen*" in der Ebene. Zunächst werden nur solche Mengen betrachtet, die von zwei Parallelen zur y-Achse, der x-Achse und dem Graphen einer beschränkten Funktion f begrenzt werden (vgl. Abb. 17a). Mit der Notation

$$\backslash c,d\backslash := \left\{ \begin{array}{ll} [c,d] & , \quad c \le d \\ [d,c] & , \quad d \le c \end{array} \right. \tag{1}$$

für das kompakte Intervall zwischen Punkten $c,d \in \mathbb{R}$ lassen sich solche Mengen in der Form

$$M(f) := \{ (x,y) \in \mathbb{R}^2 \mid a \le x \le b,\ y \in \backslash 0, f(x)\backslash \} \tag{2}$$

schreiben. Für geeignete beschränkte Funktionen $f : [a,b] \mapsto \mathbb{R}$ wird nun ein „Flächeninhalt mit Vorzeichen" von $M(f)$ definiert, wobei die Teile von $M(f)$ oberhalb der x-Achse als positiv, die unterhalb der x-Achse als negativ betrachtet werden (vgl. Abb. 17a); diese Größe heißt dann **Integral** $\int_a^b f$ von f.

Zu diesem Zweck wird $M(f)$ durch geeignete Polygone approximiert und $\int_a^b f$ als Grenzwert der entsprechenden Flächeninhalte definiert. Im Gegensatz zu Abschnitt 16* werden statt allgemeiner Polygone (für die der Flächeninhalt ja nicht exakt definiert wurde) nur disjunkte Vereinigungen achsenparalleler Rechtecke verwendet, für die der Flächeninhalt offensichtlich ist (vgl. Abb. 17b). Dadurch konvergieren die Approximationen zwar langsamer als etwa in 16.1*, sind aber einfacher zu handhaben.

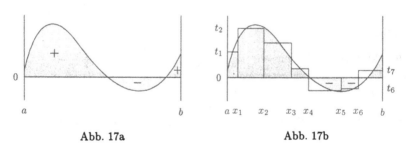

Abb. 17a   Abb. 17b

Bemerkung: Es sei darauf hingewiesen, daß $\int_a^b f$ auch durch Ausschöpfung und Eingrenzung von $M(f)$ mittels „Untersummen" und „Obersummen" definiert werden kann. Dagegen wird bei dem hier gewählten Verfahren die Anordnung von $\mathbb{R}$ nicht benutzt, was für spätere Verallgemeinerungen günstig ist.

Die in Abb. 17b auftretenden Rechtecke können mit Hilfe von *Zerlegungen* und *Treppenfunktionen* effektiv beschrieben werden:

17.1 Definition. *a) Eine* Zerlegung *Z* *eines* *kompakten* *Intervalls* $J = [a, b]$ *ist eine endliche Teilmenge von* J *mit* $a, b \in Z$. *Man schreibt*

$$Z = \{a = x_0 < x_1 < \ldots < x_r = b\}, \quad r \in \mathbb{N}. \tag{3}$$

Mit $3 = 3(J)$ *wird das System aller Zerlegungen von* J *bezeichnet.*
b) Für $Z \in 3(J)$ *wie in (3) werden mit*

$$Z_k := (x_{k-1}, x_k), \quad \overline{Z}_k := [x_{k-1}, x_k], \quad k = 1, \ldots, r, \tag{4}$$

die offenen und abgeschlossenen Teilintervalle der Zerlegung bezeichnet;

$$\Delta(Z) := \max_{k=1}^{r} |Z_k| = \max_{k=1}^{r} (x_k - x_{k-1}) \tag{5}$$

heißt Feinheit *der Zerlegung.*
c) Eine Funktion $t : J \mapsto \mathbb{R}$ *heißt* Treppenfunktion *bzgl.* $Z \in 3(J)$, *falls die Einschränkungen* $t|_{Z_k} =: t_k$ *von* t *auf die offenen Intervalle* Z_k *für* $1 \leq k \leq r$ *konstant sind.*
d) $\mathcal{T}_Z(J)$ *bezeichne die Menge aller Treppenfunktionen auf* J *bzgl.* Z, *und es sei* $\mathcal{T}(J) := \bigcup \{\mathcal{T}_Z(J) \mid Z \in 3(J)\}$.

Für $t \in \mathcal{T}_Z(J)$ müssen die Werte $t(x_k)$ in den Zerlegungspunkten mit den Werten t_k auf den Zerlegungsintervallen in keinerlei Beziehung stehen; für das (in 17.4 definierte) Integral von t sind die Zahlen $t(x_k)$ unerheblich.

17.2 Beispiele und Bemerkungen. a) Für $t \in \mathcal{T}(J)$ ist $t(J)$ *endlich* und daher beschränkt; somit gilt $\mathcal{T}(J) \subseteq \mathcal{B}(J)$.
b) Für $Z, Z' \in 3(J)$ mit $Z \subseteq Z'$ gilt $\mathcal{T}_Z(J) \subseteq \mathcal{T}_{Z'}(J)$.
c) Aus $t \in \mathcal{T}_Z(J)$ folgt auch $|t| \in \mathcal{T}_Z(J)$.
d) Für $Z \in 3(J)$ ist $\mathcal{T}_Z(J)$ eine *Funktionenalgebra*: Mit $t, u \in \mathcal{T}_Z(J)$ sind auch $t + u|_{Z_k} = t_k + u_k$ und $t \cdot u|_{Z_k} = t_k \cdot u_k$ konstant.
e) Auch $\mathcal{T}(J)$ ist eine *Funktionenalgebra*: Zu $t, u \in \mathcal{T}(J)$ gibt es $Z \in 3(J)$ und $Z' \in 3(J)$ mit $t \in \mathcal{T}_Z(J)$, $u \in \mathcal{T}_{Z'}(J)$. Mit $Z'' := Z \cup Z'$ gilt nach b) dann $t, u \in \mathcal{T}_{Z''}(J)$, und mit d) folgt auch $t + u$, $t \cdot u \in \mathcal{T}_{Z''}(J) \subseteq \mathcal{T}(J)$.
f) Für eine Menge $M \subseteq \mathbb{R}$ heißt

$$\chi_M : x \mapsto \begin{cases} 1 & , \quad x \in M \\ 0 & , \quad x \notin M \end{cases} \tag{6}$$

die *charakteristische Funktion* von M. So ist z. B. $\chi_{[0,\infty)} = H$ die Heaviside-Funktion aus Beispiel 8.15 a). Für ein Intervall $I \subseteq J$ gilt offenbar $\chi_I \in \mathcal{T}(J)$. Aufgrund von e) liegen somit auch endliche Summen der Form

$$t = \sum_{n=1}^{m} c_n \chi_{I_n} , \; c_n \in \mathbb{R}, \; I_n \subseteq J \text{ Intervalle, in } \mathcal{T}(J).$$

g) Umgekehrt gilt für jedes $t \in \mathcal{T}_Z(J)$ wie in Definition 17.1 c) offenbar

$$t = \sum_{k=1}^{r} t_k \chi_{Z_k} + \sum_{k=0}^{r} t(x_k) \chi_{[x_k]} . \quad \square \tag{7}$$

Für $t \in \mathcal{T}_Z(J)$ definiert man nun als *Integral* die „Rechtecksumme"

$$\mathsf{S}_Z(t) := \sum_{k=1}^{r} t_k \, |Z_k| . \tag{8}$$

Dieser Ausdruck ist von der Wahl von $Z \in \mathfrak{Z}(J)$ unabhängig:

17.3 Lemma. *Für Z, $Z' \in \mathfrak{Z}(J)$ und $t \in \mathcal{T}_Z(J) \cap \mathcal{T}_{Z'}(J)$ gilt* $\mathsf{S}_Z(t) = \mathsf{S}_{Z'}(t)$.

BEWEIS. a) Zunächst sei $Z^* := Z \cup \{x^*\}$ mit $x_{j-1} < x^* < x_j$. Ausgehend von $\mathsf{S}_Z(t)$ entsteht $\mathsf{S}_{Z^*}(t)$ dadurch, daß der Term $t_j (x_j - x_{j-1})$ durch $t_j (x_j - x^*) + t_j (x^* - x_{j-1})$ ersetzt wird; somit gilt also $\mathsf{S}_Z(t) = \mathsf{S}_{Z^*}(t)$.
b) Durch Iteration von a) folgt $\mathsf{S}_Z(t) = \mathsf{S}_{Z''}(t)$ für $Z \subseteq Z''$.
c) Mit $Z'' := Z \cup Z'$ folgt aus b) sofort $\mathsf{S}_Z(t) = \mathsf{S}_{Z''}(t) = \mathsf{S}_{Z'}(t)$. $\diamond$

17.4 Definition. *Das* **Integral** *einer Treppenfunktion* $t \in \mathcal{T}(J)$ *wird definiert durch*

$$\mathsf{S}(t) := \mathsf{S}_Z(t) = \sum_{k=1}^{r} t_k \, |Z_k| \quad \text{für } t \in \mathcal{T}_Z(J). \tag{9}$$

17.5 Bemerkungen. a) Nach Lemma 17.3 ist also $\mathsf{S}(t)$ wohldefiniert. Neben der Interpretation als „Flächeninhalt mit Vorzeichen" von $M(t)$ hat man auch eine solche als „Mittelwert":
b) Es sei $t \in \mathcal{T}_Z(J)$ für eine *äquidistante* Zerlegung $Z \in \mathfrak{Z}(J)$, d. h. es gelte $|Z_k| = \frac{|J|}{r}$ für $k = 1, \ldots, r$. Dann ist

$$\frac{1}{|J|} \mathsf{S}(t) = \frac{1}{r} \sum_{k=1}^{r} t_k \tag{10}$$

das *arithmetische Mittel* der Zahlen $t_1, \ldots, t_r$. Entsprechend ist $\frac{1}{|J|} \mathsf{S}(t)$ für beliebige $Z \in \mathfrak{Z}(J)$ ein *gewichtetes Mittel* der Zahlen $t_1, \ldots, t_r$, wobei t_k umso stärker gewichtet wird, je größer $|Z_k|$ ist. Somit kann $\frac{1}{|J|} \mathsf{S}(t)$ stets als *Mittelwert* von t über J interpretiert werden. $\square$

Das Integral wird nun auf alle Funktionen ausgedehnt, die auf J *gleichmäßiger Limes von Treppenfunktionen* sind. Diese ähnlich wie in den Sätzen 8.17 und 13.8 verlaufende Konstruktion beruht auf dem folgenden einfachen

17.6 Satz. *a) Für* $t, u \in \mathcal{T}(J)$ *und* $\alpha, \beta \in \mathbb{R}$ *ist*

$$\mathsf{S}(\alpha t + \beta u) = \alpha \mathsf{S}(t) + \beta \mathsf{S}(u).$$

b) Für $t \in \mathcal{T}(J)$ *gilt die Abschätzung*

$$|\mathsf{S}(t)| \leq \mathsf{S}(|t|) \leq (b-a)\|t\|. \tag{11}$$

BEWEIS. a) Es gibt $Z \in \mathfrak{Z}(J)$ mit $t, u \in \mathcal{T}_Z(J)$. Damit folgt

$$\begin{aligned}
\mathsf{S}(\alpha t + \beta u) &= \sum_{k=1}^{r} (\alpha t_k + \beta u_k)\,|Z_k| \\
&= \alpha \sum_{k=1}^{r} t_k\,|Z_k| + \beta \sum_{k=1}^{r} u_k\,|Z_k| = \alpha \mathsf{S}(t) + \beta \mathsf{S}(u).
\end{aligned}$$

b) Für $t \in \mathcal{T}_Z(J)$ ergibt sich

$$\begin{aligned}
|\mathsf{S}(t)| &= \left| \sum_{k=1}^{r} t_k\,|Z_k| \right| \leq \sum_{k=1}^{r} |t_k|\,|Z_k| = \mathsf{S}(|t|) \\
&\leq \max_{1 \leq k \leq r} |t_k| \cdot \sum_{k=1}^{r} |Z_k| = (b-a)\|t\|. \qquad \Diamond
\end{aligned}$$

17.7 Definition. *Eine Funktion* $f \in \mathcal{F}(J)$ *heißt Regelfunktion, falls eine Folge* $(t_n) \subseteq \mathcal{T}(J)$ *mit* $\|f - t_n\| \to 0$ *existiert. Mit* $\mathcal{R}(J)$ *wird die Menge aller Regelfunktionen auf* J *bezeichnet.*

Für $f \in \mathcal{R}(J)$ gilt $f = (f - t_n) + t_n$, und wegen $\mathcal{T}(J) \subseteq \mathcal{B}(J)$ und Feststellung 14.11 folgt somit $\mathcal{R}(J) \subseteq \mathcal{B}(J)$.

17.8 Satz. *Für* $f \in \mathcal{R}(J)$ *und eine Folge* $(t_n) \subseteq \mathcal{T}(J)$ *mit* $\|f - t_n\| \to 0$ *ist die Folge* $(\mathsf{S}(t_n))$ *in* $\mathbb{R}$ *konvergent.*
Für jede andere Folge $(u_n) \subseteq \mathcal{T}(J)$ *mit* $\|f - u_n\| \to 0$ *gilt*

$$\lim_{n \to \infty} \mathsf{S}(u_n) = \lim_{n \to \infty} \mathsf{S}(t_n).$$

BEWEIS. a) Nach Satz 17.6 gilt

$$\begin{aligned}
|\mathsf{S}(t_n) - \mathsf{S}(t_m)| &= |\mathsf{S}(t_n - t_m)| \leq (b-a)\|t_n - t_m\| \\
&\leq (b-a)\,(\|t_n - f\| + \|f - t_m\|),
\end{aligned}$$

d. h. $(\mathsf{S}(t_n))$ ist eine Cauchy-Folge und somit konvergent.
b) Die zweite Behauptung folgt sofort aus

$$\begin{aligned}
|\mathsf{S}(t_n) - \mathsf{S}(u_n)| &= |\mathsf{S}(t_n - u_n)| \leq (b-a)\|t_n - u_n\| \\
&\leq (b-a)\,(\|t_n - f\| + \|f - u_n\|) \to 0. \qquad \Diamond
\end{aligned}$$

17.9 Definition. *Für $J = [a, b]$ wird das* **Integral** *einer Regelfunktion $f \in \mathcal{R}(J)$ definiert durch*

$$\int_J f := \int_J f(x)\,dx := \int_a^b f := \int_a^b f(x)\,dx := \lim_{n \to \infty} \mathsf{S}(t_n)\,, \qquad (12)$$

wobei $(t_n) \subseteq \mathcal{T}(J)$ eine Folge mit $\| f - t_n \| \to 0$ ist.

17.10 Bemerkungen. a) Definition 17.9 ist wegen Satz 17.8 sinnvoll.

b) Für Treppenfunktionen $t \in \mathcal{T}(J)$ gilt natürlich $\int_J t = \mathsf{S}(t)$, da man ja die konstante Folge (t) zur Approximation von t wählen kann.

c) Für $\| f - t \| < \varepsilon$ unterscheiden sich $M(f)$ und $M(t)$ höchstens in einem ε- Schlauch um f, vgl. Abb. 14b. Daher kann $\int_J f(x)\,dx$ als „*Flächeninhalt* mit Vorzeichen" von $M(f)$ interpretiert werden, entsprechend dann $\frac{1}{b-a} \int_a^b f(x)\,dx$ wegen 17.5 b) als *Mittelwert* von f über $J = [a, b]$.

d) Die Bezeichnung „$\int_J f(x)\,dx$ " kann folgendermaßen erklärt werden: Schreibt man $\Delta x_k := |\, Z_k\,|$ und wählt $\xi_k \in Z_k$, so lautet (9) so:

$$\mathsf{S}(t) = \sum_{k=1}^r t(\xi_k)\, \Delta x_k\,.$$

Durch den Grenzübergang (12) geht die endliche Summe S in die „kontinuierliche Summe" $\int$ über, die diskreten Punkte ξ_k werden durch die Variable x ersetzt, und die diskreten Differenzen Δx_k gehen in „infinitesimale Differenzen" dx über. Dieses „Differential" dx wird in diesem Band 1 *nur als Bezeichnung verwendet;* seine exakte mathematische Bedeutung als *Differentialform* wird in Band 2 besprochen.

e) Insbesondere gibt „dx " die Variable an, bezüglich der integriert wird. So hat man z. B. nach 17.12 und 18.1 b) $\int_0^1 x\,y^2\,dx = y^2 \int_0^1 x\,dx = \frac{1}{2}\,y^2$, aber $\int_0^1 x\,y^2\,dy = x \int_0^1 y^2\,dy = \frac{1}{3}\,x$. $\qquad\qquad\Box$

Die Klasse der Regelfunktionen wird im nächsten Abschnitt eingehend untersucht. Von entscheidender Bedeutung für die Analysis ist die aus Theorem 13.7 folgende Tatsache, daß sie die der stetigen Funktionen umfaßt, daß also *stetige Funktionen integrierbar* sind. Der folgende Beweis gibt auch ein *explizites Verfahren zur Berechnung* von $\int_J f(x)\,dx$ an.

Dabei werden folgende Notationen benutzt: Für $f \in \mathcal{B}(J)$ und Tupel $\xi := (\xi_1, \ldots, \xi_r)$ von Punkten $\xi_k \in \overline{Z}_k$ setzt man (vgl. Abb. 17c)

$$t(f, Z, \xi) := \sum_{k=1}^r f(\xi_k)\,\chi_{Z_k} + \sum_{k=0}^r f(x_k)\,\chi_{[x_k]} \in \mathcal{T}(J)\,; \qquad (13)$$

das Integral

$$\Sigma(f, Z, \xi) := \mathsf{S}(t(f, Z, \xi)) = \sum_{k=1}^r f(\xi_k)\,|\,Z_k\,| \qquad (14)$$

von $t(f, Z, \xi)$ heißt *Riemannsche Zwischensumme* von $\int_J f(x)\,dx$.

17.11 Theorem. *a) Es gilt $C(J) \subseteq \mathcal{R}(J)$, d.h. stetige Funktionen sind Regelfunktionen.*

b) Für $f \in C(J)$, jede Folge $(Z^{(n)}) \subseteq \mathfrak{Z}(J)$ mit $\Delta(Z^{(n)}) \to 0$ und jede Wahl von Zwischenpunkten $\xi^{(n)} = (\xi_k^{(n)})$ mit $\xi_k^{(n)} \in \overline{Z}_k^{(n)}$ gilt

$$\int_J f(x)\,dx = \lim_{n\to\infty} \Sigma(f, Z^{(n)}, \xi^{(n)}). \tag{15}$$

BEWEIS. a) Es sei $\varepsilon > 0$ gegeben. Nach Theorem 13.7 ist f *gleichmäßig* stetig, d.h. es gibt $\delta > 0$ mit $|f(x) - f(x')| \le \varepsilon$ für $|x - x'| \le \delta$. Ist nun $Z \in \mathfrak{Z}(J)$ mit $\Delta(Z) < \delta$ und $\xi = (\xi_k)$ mit $\xi_k \in \overline{Z}_k$, so gilt $\|f - t\| \le \varepsilon$ für $t = t(f, Z, \xi)$. In der Tat ist $f(x_k) = t(x_k)$, und für $x \in Z_k$ hat man $|f(x) - t(x)| = |f(x) - f(\xi_k)| \le \varepsilon$ wegen $|x - \xi_k| \le \delta$.

b) Wegen $\Delta(Z^{(n)}) \to 0$ gilt $\|f - t(f, Z^{(n)}, \xi^{(n)})\| \to 0$ aufgrund des Beweises von a), so daß die Behauptung aus (14) und Definition 17.9 folgt.   ◇

Aussage b) ist für alle Regelfunktionen $f \in \mathcal{R}(J)$ richtig. Auf einen Beweis dieser hier nicht benötigten Aussage wird verzichtet; eine schwächere Variante wird in Aufgabe 17.9 formuliert.

Bemerkung: Bei den folgenden Beispielen werden Integrale unter Verwendung früherer Aufgaben berechnet. Unabhängig davon werden sich für die Resultate später aus dem Hauptsatz der Differential- und Integralrechnung (Theorem 22.3) andere, einfachere Beweise ergeben.

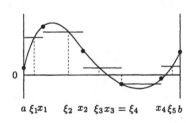

$a\ \xi_1 x_1 \quad \xi_2\ {}^{x_2}\ \xi_3 x_3 = \xi_4 \quad {}^{x_4}\xi_5 b$

Abb. 17c

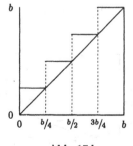

Abb. 17d

17.12 Beispiele. a) Es wird $\int_0^b x\,dx$ berechnet. Da dieses Integral als Flächeninhalt eines Dreiecks anzusehen ist, ist als Wert $\frac{1}{2}b^2$ zu erwarten (vgl. Abb. 17d). Wählt man für $n \in \mathbb{N}$ die äquidistanten Zerlegungen

$$Z^{(n)} := \{0, \tfrac{b}{n}, \tfrac{2b}{n}, \dots, b\} \quad \text{sowie} \quad \xi_k^{(n)} = x_k^{(n)} = k\tfrac{b}{n} \tag{16}$$

für $k = 1, \ldots, n$, so folgt mit (2.4) in der Tat

$$\Sigma(x, Z^{(n)}, \xi^{(n)}) \;=\; \sum_{k=1}^{n} \left(k\tfrac{b}{n}\right) \tfrac{b}{n} \;=\; \tfrac{b^2}{n^2} \sum_{k=1}^{n} k \;=\; \tfrac{b^2}{2} \, \tfrac{n(n+1)}{n^2} \to \tfrac{1}{2} b^2 \,.$$

b) Es wird nun der Flächeninhalt unter der Parabel $\{(x,y) \mid y = x^2\}$ berechnet (vgl. Abb. 17e). Mit den $Z^{(n)}$ und $\xi^{(n)}$ aus (16) erhält man

$$\Sigma(x^2, Z^{(n)}, \xi^{(n)}) \;=\; \sum_{k=1}^{n} \left(k\tfrac{b}{n}\right)^2 \tfrac{b}{n} \;=\; \tfrac{b^3}{n^3} \sum_{k=1}^{n} k^2$$

$$=\; \tfrac{b^3}{n^3} \, \tfrac{n(n+1)(2n+1)}{6} \;=\; \tfrac{b^3}{3} \, \tfrac{n+1}{n} \, \tfrac{2n+1}{2n} \to \tfrac{1}{3} b^3$$

wegen Aufgabe 2.3. Somit gilt also $\int_0^b x^2 \, dx = \tfrac{1}{3} b^3$. Nach Bemerkung 17.10 c) ist dann $\tfrac{1}{3} b^2$ der *Mittelwert* der Funktion $p_2 : x \mapsto x^2$ über $[0, b]$.

c) Allgemeiner soll nun für $\alpha > 0$ das Integral $\int_0^b x^\alpha \, dx$ berechnet werden. Mit den $Z^{(n)}$ und $\xi^{(n)}$ aus (16) erhält man

$$\Sigma(x^\alpha, Z^{(n)}, \xi^{(n)}) \;=\; \sum_{k=1}^{n} \left(k\tfrac{b}{n}\right)^\alpha \tfrac{b}{n} \;=\; b^{\alpha+1} \, \tfrac{1}{n^{\alpha+1}} \sum_{k=1}^{n} k^\alpha \,.$$

Für $\alpha \in \mathbb{N}$ gilt $\tfrac{1}{n^{\alpha+1}} \sum_{k=1}^{n} k^\alpha \to \tfrac{1}{\alpha+1}$ nach Aufgabe 5.10, und daraus folgt

$$\int_0^b x^\alpha \, dx \;=\; \tfrac{1}{\alpha+1} \, b^{\alpha+1} \quad \text{für } \alpha \in \mathbb{N}. \tag{17}$$

Aufgrund von Theorem 22.3 gilt dies sogar für alle $\alpha > 0$ (vgl. Beispiel 22.5). Damit erhält man dann umgekehrt die Aussage

$$\lim_{n \to \infty} \tfrac{1}{n^{\alpha+1}} \sum_{k=1}^{n} k^\alpha \;=\; \tfrac{1}{\alpha+1} \quad \text{für } \alpha > 0. \tag{18}$$

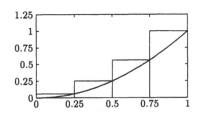

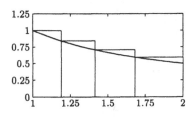

Abb. 17e   Abb. 17f

d) Schließlich wird (vgl. Abb. 17f für $a = 1$, $b = 2$)

$$\int_a^b \tfrac{1}{x} \, dx \;=\; \log b - \log a \quad \text{für } 0 < a < b \in \mathbb{R} \tag{19}$$

gezeigt. Mit $q := \frac{b}{a} > 1$ verwendet man für $n \in \mathbb{N}$ die Zerlegungen

$$Z^{(n)} := \{a = a\,q^{0/n},\, a\,q^{1/n},\, a\,q^{2/n},\, \dots,\, a\,q^{n/n} = b\} \tag{20}$$

sowie $\xi_k^{(n)} = x_{k-1}^{(n)} = a\,q^{(k-1)/n}$ und erhält

$$\Sigma(\tfrac{1}{x}, Z^{(n)}, \xi^{(n)}) = \sum_{k=1}^{n} (a\,q^{(k-1)/n})^{-1}\,(a\,q^{k/n} - a\,q^{(k-1)/n})$$

$$= n\,(q^{1/n} - 1) \to \log q = \log b - \log a$$

aufgrund von (11.19) und (11.7).   □

Aufgaben

17.1 Es sei $t \in \mathcal{T}[-2, 2]$ definiert durch $t(x) := [x^2]$. Man berechne $S(t)$.

17.2 Für $t, u \in \mathcal{T}(J)$ mit $t \leq u$ zeige man $S(t) \leq S(u)$.

17.3 Für welche $t \in \mathcal{T}(J)$ gilt $S(|t|) = 0$?

17.4 Man zeige, daß monotone Funktionen $f : J \mapsto \mathbb{R}$ in $\mathcal{R}(J)$ liegen.

17.5 Man zeige (mit Hilfe von Theorem 14.5), daß Regelfunktionen höchstens abzählbar viele Unstetigkeitsstellen haben.

17.6 Man untersuche, ob folgende Funktionen in $\mathcal{R}[0, 1]$ liegen:
a) die Wackelfunktion W aus Beispiel 8.15 c),
b) die Dirichlet-Funktion D aus Beispiel 8.16 a),
c) die Stammbrüche-Funktion B aus Beispiel 8.16 b).

17.7 Für $a < b \in \mathbb{R}$ zeige man $\int_a^b e^x\,dx = e^b - e^a$ mit einer äquidistanten Zerlegung von $[a, b]$ wie in Beispiel 17.12 a).

17.8 Für $0 < a < b \in \mathbb{R}$ und $\alpha \in \mathbb{R}$ definiere man $F(\alpha, a, b) := \int_a^b x^\alpha\,dx$.
a) Analog zu Beispiel 17.12 d) berechne man $F(\alpha, a, b)$ für $\alpha \neq -1$.
b) Man zeige: $\alpha_n \to \alpha$, $a_n \to a$, $b_n \to b \Rightarrow F(\alpha_n, a_n, b_n) \to F(\alpha, a, b)$.
c) Für welche $\alpha \in \mathbb{R}$ existieren $\lim\limits_{b \to \infty} F(\alpha, a, b)$ bzw. $\lim\limits_{a \to 0^+} F(\alpha, a, b)$?

17.9 Für $f \in \mathcal{R}(J)$ beweise man: Zu $\varepsilon > 0$ gibt es $Z_0 \in \mathfrak{Z}(J)$, so daß für *jede* Verfeinerung $Z_0 \subseteq Z \in \mathfrak{Z}(J)$ und *jede* Wahl von Zwischenpunkten $\xi = (\xi_k)$ mit $\xi_k \in \overline{Z}_k$ gilt $|\int_J f(x)\,dx - \Sigma(f, Z, \xi)| < \varepsilon$.

17.10 Eine Funktion $s \in C(J)$ heißt *stückweise affin*, Notation: $s \in \mathcal{A}_{st}(J)$, falls es $Z \in \mathfrak{Z}(J)$ wie in (3) gibt, so daß für $1 \le k \le r$ die Einschränkungen $s|_{\overline{Z}_k} : x \mapsto s_{k-1} + s_k^*(x - x_{k-1})$ affin, d. h. Polynome ersten Grades sind.
a) Zu $f \in C(J)$ und $\varepsilon > 0$ konstruiere man ähnlich wie im Beweis von Theorem 17.11 ein $s \in \mathcal{A}_{st}(J)$ mit $\| f - s \| \le \varepsilon$.
b) Für $c \in \mathbb{R}$ skizziere man die Funktion $x \mapsto (x - c) + |x - c|$.
c) Man zeige, daß für $s \in \mathcal{A}_{st}(J)$ mit geeigneten $\alpha_k \in \mathbb{R}$ gilt:

$$s(x) = s(a) + \sum_{k=1}^{r} \alpha_k \left((x - x_{k-1}) + |x - x_{k-1}| \right), \quad x \in J = [a, b].$$

d)* Mit Hilfe von Aufgabe 14.10 e) konstruiere man zu $s \in \mathcal{A}_{st}(J)$ und $\varepsilon > 0$ ein Polynom $P \in \mathbb{R}[x]$ mit $\| s - P \| \le \varepsilon$.
e)* Aus a) und d) folgere man den *Weierstraßschen Approximationssatz:*
Zu $f \in C(J)$ und $\varepsilon > 0$ gibt es ein Polynom $P \in \mathbb{R}[x]$ mit $\| f - P \| \le \varepsilon$.

18   Regelfunktionen und Integration

Es werden nun Eigenschaften des in 17.9 für Regelfunktionen $f \in \mathcal{R}(J)$ eingeführten Integrals genauer untersucht. Aus Satz 17.6 ergibt sich zunächst:

18.1 Satz. *a) Es ist $\mathcal{R}(J)$ eine Funktionenalgebra.*
b) Für $f, g \in \mathcal{R}(J)$ und $\alpha, \beta \in \mathbb{R}$ gilt

$$\int_J (\alpha f + \beta g)(x)\, dx = \alpha \int_J f(x)\, dx + \beta \int_J g(x)\, dx.$$

c) Für $f \in \mathcal{R}(J)$ gilt auch $|f| \in \mathcal{R}(J)$, und man hat die Abschätzung

$$\left| \int_J f(x)\, dx \right| \le \int_J |f(x)|\, dx \le (b - a)\|f\|. \tag{1}$$

BEWEIS. Nach Definition 17.7 kann man für Regelfunktionen f, $g \in \mathcal{R}(J)$ Folgen (t_n), $(u_n) \subseteq \mathcal{T}(J)$ mit $\| f - t_n \| \to 0$ und $\| g - u_n \| \to 0$ wählen.
a) Wegen Feststellung 14.11 folgt $f + g$, $fg \in \mathcal{R}(J)$ wie im Beweis von Satz 5.8: Zunächst gilt $\| t_n \| \le \| f \| + 1$ für große n und somit $\| t_n \| \le C$ für ein $C > 0$. Damit ergibt sich dann

$$\| (f + g) - (t_n + u_n) \| \le \| f - t_n \| + \| g - u_n \| \to 0,$$

$$\| fg - t_n u_n \| = \| (f - t_n)g + t_n(g - u_n) \|$$

$$\le \| g \| \| f - t_n \| + C \| g - u_n \| \to 0.$$

b) Insbesondere hat man $\| (\alpha f + \beta g) - (\alpha t_n + \beta u_n) \| \to 0$. Nach Satz 17.6 a) gilt $S(\alpha t_n + \beta u_n) = \alpha S(t_n) + \beta S(u_n)$, und b) folgt mit $n \to \infty$.
c) Wegen (1.6) gilt $\big|\, |f(x)| - |t_n(x)|\, \big| \le |f(x) - t_n(x)|$ für alle $x \in J$

und somit $\||f| - |t_n|\| \le \|f - t_n\| \to 0$. Genauso folgt mit (14.15) auch $\|\|f\| - \|t_n\|\| \le \|f - t_n\| \to 0$. Somit hat man $\mathsf{S}(t_n) \to \int_J f$, $\mathsf{S}(|t_n|) \to \int_J |f|$ und $\|t_n\| \to \|f\|$. Die Behauptung (1) folgt daher mit $n \to \infty$ aus (17.11): $|\mathsf{S}(t_n)| \le \mathsf{S}(|t_n|) \le (b-a)\|t_n\|$.   ◇

Aus (1) folgt leicht die **Vertauschbarkeit von Integration und Grenzübergang** bei **gleichmäßiger Konvergenz** (vgl. die Bemerkungen nach Theorem 14.5):

18.2 Theorem. *Eine Folge $(f_n) \subseteq \mathcal{R}(J)$ konvergiere gleichmäßig gegen $f \in \mathcal{F}(J)$. Dann folgt $f \in \mathcal{R}(J)$, und es gilt*

$$\int_J f(x)\, dx = \lim_{n\to\infty} \int_J f_n(x)\, dx. \tag{2}$$

BEWEIS. Für $n \in \mathbb{N}$ wählt man $t_n \in \mathcal{T}(J)$ mit $\|f_n - t_n\| < \frac{1}{n}$; dann folgt sofort $\|f - t_n\| \le \|f - f_n\| + \|f_n - t_n\| \le \|f - f_n\| + \frac{1}{n} \to 0$ und somit $f \in \mathcal{R}(J)$. Aussage (2) folgt dann wegen Satz 18.1 aus

$$|\int_J f_n - \int_J f| = |\int_J (f_n - f)| \le (b-a)\|f_n - f\| \to 0.   ◇$$

18.3 Beispiele und Bemerkungen. a) Für einen (z. B. radioaktiven) Zerfallsprozeß $x(t) := M \exp(-\alpha t)$ mit ($M, \alpha > 0$ und) Halbwertszeit $T = \frac{\log 2}{\alpha}$ wie in Beispiel 11.9 werden die *Mittelwerte* (vgl. Abb. 18 a)

$$m(t) := \frac{1}{T} \int_0^T x(t+s)\, ds = \frac{1}{T} \int_0^T M \exp(-\alpha(t+s))\, ds \tag{3}$$

über die Zeitintervalle $[t, t+T]$ der Länge T berechnet. Nach Beispiel 14.15 gilt

$$\exp(-\alpha s) = \lim_{n\to\infty} \sum_{k=0}^{n} \frac{(-\alpha s)^k}{k!}$$

gleichmäßig auf $[0, T]$. Mit Theorem 18.2, Satz 18.1 und (17.17) folgt

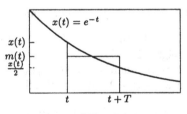

Abb. 18a

$$m(t) = \frac{M}{T} e^{-\alpha t} \int_0^T e^{-\alpha s}\, ds = \frac{M}{T} e^{-\alpha t} \lim_{n\to\infty} \int_0^T \sum_{k=0}^{n} \frac{(-\alpha s)^k}{k!}\, ds$$

$$= \frac{M}{T} e^{-\alpha t} \lim_{n\to\infty} \sum_{k=0}^{n} \frac{(-\alpha)^k}{k!} \int_0^T s^k\, ds = \frac{M}{T} e^{-\alpha t} \lim_{n\to\infty} \sum_{k=0}^{n} \frac{(-\alpha)^k}{k!} \frac{T^{k+1}}{k+1}$$

$$= \frac{M}{T} e^{-\alpha t} \lim_{n\to\infty} \frac{1}{-\alpha} \sum_{k=0}^{n} \frac{(-\alpha T)^{k+1}}{(k+1)!} = -\frac{M}{\alpha T} e^{-\alpha t} (e^{-\alpha T} - 1)$$

$$= \frac{M}{\log 2} e^{-\alpha t} (1 - e^{-\log 2}) = \frac{M}{2\log 2} e^{-\alpha t} = \frac{x(t)}{2\log 2};$$

wegen $\frac{1}{2\log 2} = 0,72134752\ldots$ beträgt also der Mittelwert von x über ein Intervall $[t, t+T]$ der Länge T gut 72% des anfänglichen Wertes $x(t)$.

b) Die Aussagen von Theorem 18.2 sind bei nur *punktweiser* Konvergenz i.a. nicht richtig:

Nach 3.26 gibt es eine Folge (r_k) mit $\{r_k \mid k \in \mathbb{N}\} = J \cap \mathbb{Q}$. Setzt man

$$t_n := \sum_{k=1}^{n} \chi_{[r_k]} = \begin{cases} 1 & , \quad x = r_k \ \text{für ein} \ 1 \leq k \leq n \\ 0 & , \quad \text{sonst} \end{cases} ,$$

so gilt $t_n \in \mathcal{T}(J)$ und $t_n \to \chi_{J \cap \mathbb{Q}} = D$ punktweise. Diese *Dirichlet-Funktion* ist aber *keine Regelfunktion* (vgl. Aufgabe 17.6 und Beispiel 18.11*).

c) Natürlich kann auch bei nur punktweiser Konvergenz die Grenzfunktion integrierbar sein. Dann muß aber (2) nicht gelten, selbst nicht im Fall stetiger Funktionen:

Für die in Beispiel 14.4 c) betrachtete Funktionenfolge $(f_n) \subseteq \mathcal{C}[0,1]$ (vgl. Abb. 18b) gilt $f_n \to 0$ punktweise (jedoch nicht gleichmäßig). Man hat aber offenbar $\int_0^1 f_n(x)\, dx = 1$ für alle $n \in \mathbb{N}$.

d) Es gilt jedoch die folgende Aussage: Es sei $(f_n) \subseteq \mathcal{R}(J)$ eine Folge von Regelfunktionen mit $f_n \to f$ punktweise. Ist dann die Folge $(\|f_n\|)$ *beschränkt* und $f \in \mathcal{R}(J)$, so gilt (2). In Band 3 wird ein allgemeineres Ergebnis im Rahmen der Lebesgueschen Integrationstheorie bewiesen. $\Box$

Die Integration ist mit der punktweisen Halbordnung „$\leq$" auf $\mathcal{R}(J)$ (vgl. (3.5)) verträglich:

18.4 Satz. *Für $f, g \in \mathcal{R}(J)$ mit $f \leq g$ gilt $\int_J f(x)\, dx \leq \int_J g(x)\, dx$.*

BEWEIS. Es ist $h := g - f \geq 0$, und wegen Satz 18.1 b) genügt es, $\int_J h \geq 0$ zu zeigen. Es sei $(t_n) \subseteq \mathcal{T}(J)$ mit $\|h - t_n\| \to 0$. Wie im Beweis von Satz 18.1 c) gilt dann auch $\|h - |t_n|\| = \|\,|h| - |t_n|\,\| \to 0$. Nach (17.9) ist aber $S(|t_n|) \geq 0$, und damit folgt auch $\int_J h = \lim\limits_{n \to \infty} S(|t_n|) \geq 0$. $\Diamond$

Als nächstes werden die *Mittelwertsätze der Integralrechnung* besprochen. Für $f \in \mathcal{R}(J)$ sei

$$M := \sup_{x \in J} f(x) := \sup f(J), \quad m := \inf_{x \in J} f(x) := \inf f(J). \quad (4)$$

Wegen $m \leq f \leq M$ folgt dann aus Satz 18.4 sofort die Abschätzung

$$m \ \leq \ \tfrac{1}{|J|} \int_J f(x)\, dx \ \leq \ M \quad (5)$$

für den Mittelwert von f auf J. Darüberhinaus gilt (vgl. Abb. 18c):

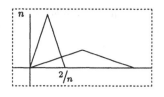

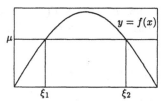

Abb. 18b   Abb. 18c: $\mu := \frac{1}{|J|} \int_J f(x)\, dx$

18.5 Theorem. *a)* (Mittelwertsatz): *Für* $f \in C(J)$ *gibt es* $\xi \in J$ *mit*

$$\tfrac{1}{|J|} \int_J f(x)\, dx \;=\; f(\xi). \tag{6}$$

b) (**verallgemeinerter Mittelwertsatz**): *Für* $f \in C(J)$ *und* $p \in \mathcal{R}(J)$
mit $p \geq 0$ *gibt es* $\xi \in J$ *mit*

$$\int_J f(x)\, p(x)\, dx \;=\; f(\xi)\; \int_J p(x)\, dx. \tag{7}$$

BEWEIS. a) folgt sofort aus (5), Theorem 13.1 und dem Zwischenwertsatz,
ergibt sich aber auch aus b) mit $p(x) := 1$.
b) Nach 18.1 a) gilt $f \cdot p \in \mathcal{R}(J)$. Aus $mp(x) \leq f(x)\,p(x) \leq Mp(x)$ folgt

$$m \int_J p(x)\, dx \;\leq\; \int_J f(x)\, p(x)\, dx \;\leq\; M \int_J p(x)\, dx.$$

Ist $\int_J p(x)\, dx = 0$, so folgt auch $\int_J f(x)\, p(x)\, dx = 0$, und (7) ist für alle
$\xi \in J$ richtig. Für $\int_J p(x)\, dx \neq 0$ gilt

$$\left(\int_J p(x)\, dx \right)^{-1} \int_J f(x)\, p(x)\, dx \;\in\; [m, M], \tag{8}$$

und die Behauptung folgt wieder aus Theorem 13.1 und dem Zwischenwertsatz.   ◇•

18.6 Beispiele und Bemerkungen. a) Für *Treppenfunktionen* ist der
Mittelwertsatz *nicht richtig.* Für $f = \chi_{(0,1)}$ gilt etwa auf $J := [0,2]$:
$\frac{1}{|J|} \int_J f(x)\, dx = \frac{1}{2} \neq f(\xi)$ für alle $\xi \in J$.
b) Der verallgemeinerte Mittelwertsatz macht eine Aussage über die in (8)
auftretenden *gewichteten Mittelwerte* von $f \in C(J)$. Er gilt auch im Fall
$p \leq 0$, nicht aber für Funktionen p mit *Vorzeichenwechsel:*
Für $p(x) = x - \frac{1}{2}$ gilt $\int_0^1 p(x)\, dx = \int_0^1 x\, dx - \frac{1}{2} = 0$, aber für $f(x) = x$ hat
man nach 17.12 $\int_0^1 f(x)\, p(x)\, dx = \int_0^1 x^2\, dx - \frac{1}{2} \int_0^1 x\, dx = \frac{1}{3} - \frac{1}{4} = \frac{1}{12} \neq 0$.
Also ist $\int_0^1 f(x)\, p(x)\, dx = \frac{1}{12} \neq 0 = f(\xi) \int_0^1 p(x)\, dx$ für alle $\xi \in [0,1]$.   □

Es wird nun die *Additivität des Integrals bei Zerlegung des Integrations-
intervalls* gezeigt. Für $a < c < b$ sei $J = [a,b]$, $J_1 = [a,c]$ und $J_2 = [c,b]$.

18.7 Lemma. *Es sei $f \in \mathcal{F}(J)$ und $\varepsilon \geq 0$. Genau dann gibt es $t \in \mathcal{T}(J)$ mit $\| f - t \|_J \leq \varepsilon$, wenn es $t_k \in \mathcal{T}(J_k)$ mit $\| f - t_k \|_{J_k} \leq \varepsilon$ für $k = 1, 2$ gibt.*

BEWEIS. "$\Rightarrow$" folgt sofort mit $t_k := t|_{J_k}$.

"$\Leftarrow$": Man setze $t(x) := \begin{cases} t_1(x) & , \quad a \leq x \leq c \\ t_2(x) & , \quad c < x \leq b \end{cases}$. $\diamond$

18.8 Satz. *a) Für $f \in \mathcal{F}(J)$ gilt $f \in \mathcal{R}(J) \Leftrightarrow f|_{J_k} \in \mathcal{R}(J_k)$ für $k = 1, 2$.*
b) Für $f \in \mathcal{R}(J)$ gilt $\int_a^b f(x)\,dx = \int_a^c f(x)\,dx + \int_c^b f(x)\,dx$.

BEWEIS. a) folgt sofort aus Lemma 18.7.
b) Für $t \in \mathcal{T}(J)$ ist dies offenbar richtig. Zu $f \in \mathcal{R}(J)$ wählt man nun $(t_n) \subseteq \mathcal{T}(J)$ mit $\| f - t_n \|_J \to 0$. Daraus ergibt sich sofort auch $\| f|_{J_k} - t_n|_{J_k} \|_{J_k} \leq \| f - t_n \|_J \to 0$ für $k = 1, 2$ und dann

$$\int_a^b f = \lim_{n \to \infty} \int_a^b t_n = \lim_{n \to \infty} \left(\int_a^c t_n + \int_c^b t_n \right)$$
$$= \lim_{n \to \infty} \int_a^c t_n + \lim_{n \to \infty} \int_c^b t_n = \int_a^c f + \int_c^b f .$$

   $\diamond$

18.9 Beispiele. a) Es sei $f \in \mathcal{C}[1, \infty)$ monoton fallend mit $\lim\limits_{x \to \infty} f(x) = 0$.

Es wird gezeigt, daß die *Summen* $\sum\limits_{k=1}^{n} f(k)$ und die *Integrale* $\int_1^n f(x)\,dx$ für $n \to \infty$ das *gleiche Konvergenz- oder Wachstumsverhalten* haben:
Dazu sei $t^- := \sum\limits_{k=n+1}^{m} f(k) \chi_{(k-1,k)}$ so-

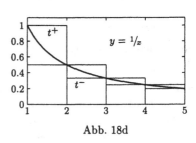

Abb. 18d

wie $t^+ := \sum\limits_{k=n+1}^{m} f(k-1) \chi_{[k-1,k]}$ für $1 \leq n < m \in \mathbb{N}$; offenbar gilt dann $t^-(x) \leq f(x) \leq t^+(x)$ für $x \in [n, m]$ (vgl. Abb. 18d). Aus den Sätzen 18.4 und 18.8 erhält man dann mit $F(x) := \int_1^x f(t)\,dt$ (für $x \geq 1$) sofort

$$\sum_{k=n+1}^{m} f(k) = \mathsf{S}(t^-) \leq \int_n^m f(x)\,dx = F(m) - F(n)$$
$$\leq \mathsf{S}(t^+) = \sum_{k=n+1}^{m} f(k-1) .$$

Für die Folge $(\delta_n := \sum\limits_{k=1}^{n} f(k) - F(n))$ gilt dann für $n < m$:

$$0 \leq \delta_n - \delta_m = F(m) - F(n) - \sum_{k=n+1}^{m} f(k)$$

$$\leq \sum_{k=n+1}^{m} f(k-1) - \sum_{k=n+1}^{m} f(k) = f(n) - f(m).$$

Wegen $\lim\limits_{x \to \infty} f(x) = 0$ ist somit (δ_n) eine (monoton fallende) Cauchy-Folge. Für den Limes $\delta := \lim\limits_{n \to \infty} \delta_n$ erhält man mit $m \to \infty$ sofort die *Fehlerabschätzung* $0 \leq \delta_n - \delta \leq f(n)$.

b) Im Fall $f(x) = \frac{1}{x}$ hat man $F(x) = \log x$ nach (17.19). Der Limes

$$\gamma := \lim_{n \to \infty} \gamma_n := \lim_{n \to \infty} \left(\sum_{k=1}^{n} \frac{1}{k} - \log n \right) \tag{9}$$

heißt *Eulersche Konstante*. Für diese gilt also $0 \leq \gamma_n - \gamma \leq \frac{1}{n}$. Es werden einige Zahlenwerte notiert:

n	$h_n = \sum\limits_{k=1}^{n} \frac{1}{k}$	$\log n$	γ_n
2	1,5	0,69315	0,80685
3	1,83333	1,09861	0,73472
4	2,08333	1,38629	0,69704
6	2,45	1,79176	0,65824
10	2,92897	2,30259	0,62638
30	3,99499	3,40120	0,59379
100	5,18738	4,60517	0,58221
1000	7,48547	6,90776	0,57772
10000	9,78761	9,21034	0,57727

Schneller konvergente Berechnungen (vgl. Beispiel 41.12*) ergeben den Wert

$$\gamma = 0,5772156649015328606\dots.$$

Es ist nicht bekannt, ob γ *rational* ist. □

Bemerkung: Am Ende dieses Abschnitts werden noch interessante Aussagen zur Integration nicht notwendig stetiger Funktionen behandelt. Diese können zur Not beim ersten Lesen übergangen werden, da im Hauptteil dieses Buches nur das Integral für stetige Funktionen benötigt wird.

Man hat die folgende genaue *Charakterisierung* der Regelfunktionen:

18.10 * Satz. *Eine (beschränkte) Funktion $f \in \mathcal{F}(J)$ ist genau dann eine Regelfunktion, wenn für alle $c \in J$ die einseitigen Grenzwerte $f(c^-)$ und $f(c^+)$ existieren (nur einer in den Endpunkten).*

BEWEIS. "⇒": Für $t \in \mathcal{T}(J)$ existieren $t(c^-)$ und $t(c^+)$, so daß die Behauptung sofort aus Satz 14.16 folgt.

"⇐": Diese Richtung wird indirekt gezeigt. Ist $f \notin \mathcal{R}(J)$, so gibt es $\varepsilon > 0$ mit $\| f - t \|_J > \varepsilon$ für alle $t \in \mathcal{T}(J)$. Es sei $m = \frac{a+b}{2}$; nach Lemma 18.7 hat man dann für $J_1 := [a,m]$ oder $J_1 := [m,b]$ stets $\| f - t \|_{J_1} > \varepsilon$ für alle $t \in \mathcal{T}(J_1)$. So fortfahrend findet man eine Intervallschachtelung $J_1 \supseteq J_2 \supseteq \ldots \supseteq J_n \supseteq \ldots$ kompakter Intervalle mit $| J_n | = 2^{-n}(b-a) \to 0$, so daß stets $\| f - t \|_{J_n} > \varepsilon$ für alle $t \in \mathcal{T}(J_n)$ gilt.

Nach Axiom I gibt es $c \in \bigcap_{n=1}^{\infty} J_n$. Für $c \in (a,b)$ (die Fälle $c = a$ und $c = b$ lassen sich analog behandeln) gibt es nach Voraussetzung $\delta > 0$ mit $a < c - \delta < c + \delta < b$ und $| f(x) - f(c^-) | \leq \varepsilon$ für $c - \delta \leq x < c$ sowie $| f(x) - f(c^+) | \leq \varepsilon$ für $c < x \leq c + \delta$. Definiert man $t \in \mathcal{T}[c - \delta, c + \delta]$

durch $t(x) := \begin{cases} f(c^-) &, \quad c - \delta \leq x < c \\ f(c) &, \quad x = c \\ f(c^+) &, \quad c < x \leq c + \delta \end{cases}$, so gilt $\| f - t \|_{[c-\delta, c+\delta]} \leq \varepsilon$.

Für große n ist aber $J_n \subseteq [c - \delta, c + \delta]$, und man hat einen Widerspruch.
◇

Man beachte, daß in 18.10* ein neuer Beweis für Theorem 17.11 a) gegeben wird, der die gleichmäßige Stetigkeit von f nicht benutzt.

18.11 * Beispiele und Folgerungen. a) Wegen Folgerung 8.19 und Satz 18.10* liegen monotone Funktionen in $\mathcal{R}(J)$.

b) Die Dirichlet-Funktion $D = \chi_\mathbb{Q}$ aus Beispiel 8.16 a) und die Wackelfunktion W aus Beispiel 8.15 c) sind nach Satz 18.10* keine Regelfunktionen auf $J = [0,1]$.

c) Nach Beispiel 8.16 b) und Satz 18.10* liegt die Stammbrüche-Funktion B in $\mathcal{R}(J)$ für $J = [0,1]$. Dies kann man auch ohne Verwendung von Satz 18.10* leicht einsehen: In Beispiel 8.16 b) wurde gezeigt, daß es zu $\varepsilon > 0$ nur endlich viele Zahlen $\{r_1, \ldots, r_m\} \subseteq J$ mit $B(r_j) \geq \varepsilon$ gibt. Für $t_\varepsilon := \sum_{k=1}^{m} \chi_{[r_k]} \in \mathcal{T}(J)$ gilt dann $\mathsf{S}(t_\varepsilon) = 0$ und $\| B - t_\varepsilon \| \leq \varepsilon$. Dies zeigt $B \in \mathcal{R}(J)$ und $\int_0^1 B(x)\, dx = 0$.

d) Für $f \in \mathcal{R}[a,b]$ und $g \in \mathcal{C}[m,M]$ (vgl. (4)) gilt auch $g \circ f \in \mathcal{R}[a,b]$. Ist in der Tat $c \in (a,b]$ und $(a,c) \ni x_n \to c$, so folgt $f(x_n) \to f(c^-)$ und dann $(g \circ f)(x_n) \to g(f(c^-))$; dies zeigt die Existenz von $(g \circ f)(c^-) = g(f(c^-))$. Genauso zeigt man $(g \circ f)(c^+) = g(f(c^+))$ für $c \in [a,b)$. □

18.12 ****Bemerkungen.** a) Die Wackelfunktion W liegt nicht in $\mathcal{R}[0,1]$, obwohl sie beschränkt und in nur einem Punkt unstetig ist. Man kann $\int_0^1 W(x)\,dx := \lim\limits_{c \to 0^+} \int_c^1 W(x)\,dx$ als *uneigentliches* Regel-Integral definieren, vgl. Aufgabe 18.5 und Beispiel 25.5 f).

b) In vielen Lehrbüchern wird statt des hier eingeführten Regel-Integrals das etwas allgemeinere *Riemann-Integral* verwendet. Die Wackelfunktion W ist auf $[0,1]$ Riemann-integrierbar, die Dirichlet-Funktion $D = \chi_{\mathbb{Q}}$ aber nicht. Diese ist jedoch *Lebesgue-integrierbar* mit Integral 0; der *Lebesguesche Integralbegriff* wird in Band 3 behandelt. $\qquad\qquad\qquad\qquad\Box$

Aufgaben

18.1 Für Folgen $(c_n) \subseteq \mathbb{R}$ und $(d_n) \subseteq (0,1)$ mit $d_n \to 0$ betrachte man die Folge $(t_n := c_n \chi_{(0,d_n)}) \subseteq \mathcal{T}[0,1]$. Wann gilt $t_n \to 0$ punktweise, wann $t_n \to 0$ gleichmäßig, wann $\int_0^1 t_n(x)\,dx \to 0$.?

18.2 Man gebe einen von Satz 18.10* unabhängigen Beweis der Aussage $g \circ f \in \mathcal{R}[a,b]$ in Beispiel 18.11* d). Gilt diese auch, wenn nur $g \in \mathcal{R}[m,M]$ vorausgesetzt wird ?

18.3 a) Es sei $f \in \mathcal{C}(J)$ mit $\int_J |f(x)|\,dx = 0$. Man zeige $f = 0$.
b)* Für $f \in \mathcal{R}(J)$ beweise man:

$$\int_J |f(x)|\,dx = 0 \;\Leftrightarrow\; \forall\, c \in J \,:\, f(c^-) = f(c^+) = 0.$$

c)* Für $f \in \mathcal{R}(J)$ mit $\int_J |f(x)|\,dx = 0$ zeige man die Abzählbarkeit der Menge $\{x \in J \mid f(x) \neq 0\}$.

d)* Für $f \in \mathcal{R}(J)$ mit $\int_J |f(x)|\,dx = 0$ und $g \in \mathcal{B}(J)$ beweise man $f\,g \in \mathcal{R}(J)$ sowie $\int_J |f(x)\,g(x)|\,dx = 0$.

HINWEIS. a) und b) „$\Rightarrow$" zeige man indirekt.

18.4 Für $f, g \in \mathcal{R}[a,b]$ definiert man ein *Halbskalarprodukt* durch

$$\langle f, g \rangle := \int_J f(x)g(x)\,dx\,.$$

a) Man zeige $\langle f, f \rangle \geq 0$, $\langle f, g \rangle = \langle g, f \rangle$ und
$\langle \alpha f_1 + \beta f_2, g \rangle = \alpha \langle f_1, g \rangle + \beta \langle f_2, g \rangle$.
b) Man beweise die *Schwarzsche Ungleichung*

$$|\langle f, g \rangle|^2 \;\leq\; \langle f, f \rangle \cdot \langle g, g \rangle\,.$$

HINWEIS. Für b) benutze man a) und $\langle f + \lambda g, f + \lambda g \rangle \geq 0$ für alle $\lambda \in \mathbb{R}$.

18.5 Es sei $f : (a, b] \mapsto \mathbb{R}$ stetig und beschränkt. Man zeige die Existenz von $\lim\limits_{c \to a^+} \int_c^b f(x)\, dx$.

18.6 Es sei $s \in \mathcal{A}_{st}(J)$ stückweise affin (vgl. Aufgabe 17.10). Man zeige $\int_a^b s(x)\, dx = \sum\limits_{k=1}^{r} \frac{1}{2}(s_{k-1} + s_k)\, |Z_k|$ (mit $s_r := f(b)$).

18.7 * In der Situation von Konstruktion 16.1* finde man stückweise affine Funktionen $s_n \in \mathcal{A}_{st}[-1, 1]$ mit $\int_{-1}^{1} s_n(x)\, dx = \frac{1}{2} p_n$ und $s_n(x) \to \sqrt{1 - x^2}$ gleichmäßig auf $[-1, 1]$. Man schließe

$$\pi = 2 \int_{-1}^{1} \sqrt{1 - x^2}\, dx .\tag{10}$$

19   Differenzierbare Funktionen

Ausgangspunkte der Differentialrechnung sind das *geometrische* Problem der Bestimmung von *Tangenten* an (zunächst ebene) Kurven und das *physikalische* Problem der Bestimmung von *Momentangeschwindigkeiten,* etwa bei Bewegungen auf solchen Kurven. Zunächst wird das Tangentenproblem für solche Kurven in $\mathbb{R}^2$ untersucht, die *Graph einer Funktion* sind.

Es seien also $I \subseteq \mathbb{R}$ ein offenes Intervall und $f : I \mapsto \mathbb{R}$ eine Funktion. Für $a, x \in I$, $x \neq a$, betrachtet man die Geraden durch $(a, f(a))$ und $(x, f(x))$ (*Sekanten* an den Graphen von f, vgl. Abb. 19a) und ihre *Steigungen;* diese sind offenbar durch die *Differenzenquotienten*

Abb. 19a

$$\Delta f(a; x) := \frac{f(x) - f(a)}{x - a}\tag{1}$$

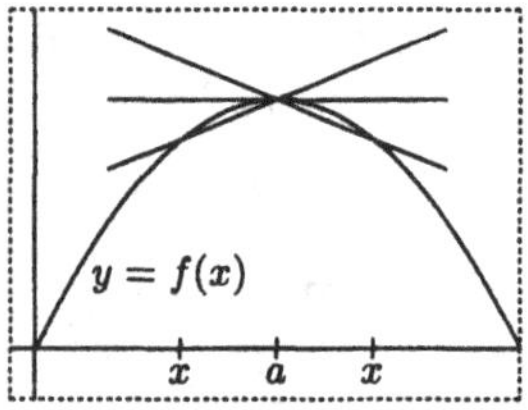

gegeben. Für $x \to a$ (und *stetige* f) nähert sich $(x, f(x))$ dem Punkt $(a, f(a))$, und die Sekante „sollte" sich der „*Tangente*" durch $(a, f(a))$ an den Graphen von f annähern. Dies ist genau dann der Fall, wenn die Sekantensteigungen $\Delta f(a; x)$ für $x \to a$ einen *Grenzwert* besitzen.

19.1 Definition. *Es seien $I \subseteq \mathbb{R}$ ein offenes Intervall und $f : I \mapsto \mathbb{R}$ eine Funktion. f heißt* **differenzierbar** *im Punkt $a \in I$, falls der Grenzwert*

$$f'(a) := \lim_{x \to a} \frac{f(x) - f(a)}{x - a}\tag{2}$$

existiert. $f'(a)$ heißt dann die **Ableitung** *von f an der Stelle $a \in I$.*

Ist f in $a \in I$ differenzierbar, so wird der auf $I \backslash \{a\}$ definierte Differenzen-quotient $x \mapsto \Delta f(a; x)$ durch

$$\tilde{\Delta} f(a; x) := \begin{cases} \frac{f(x) - f(a)}{x - a} & , \quad x \neq a \\ f'(a) & , \quad x = a \end{cases} \tag{3}$$

zu einer auf ganz I definierten Funktion $x \mapsto \tilde{\Delta} f(a; x)$ fortgesetzt, die in a *stetig* ist. Die durch

$$y = f(a) + f'(a)\,(x - a) \tag{4}$$

gegebene Gerade heißt *Tangente* in a an den Graphen von f.
Mit $h := x - a$ läßt sich der Limes in (2) auch schreiben als

$$f'(a) := \lim_{h \to 0} \frac{f(a + h) - f(a)}{h} \, . \tag{5}$$

Auch die Bezeichnungen $\frac{df}{dx}(a) = (\frac{d}{dx} f)(a) = f'(a)$ werden oft für die Ableitung verwendet.

19.2 Beispiele. a) Für $p_n : x \mapsto x^n$, $n \in \mathbb{N}$, gilt wegen (10.3)

$$\Delta p_n(a; x) = \frac{x^n - a^n}{x - a} = x^{n-1} + a x^{n-2} + \cdots + a^{n-1} \to n a^{n-1}$$

für $x \to a$. Somit gilt $p_n'(a) = n a^{n-1}$ für alle $a \in \mathbb{R}$. Dies ist auch für $n = 0$ richtig.

b) Die *Betragsfunktion* $A : x \mapsto |x|$ ist in 0 nicht differenzierbar, vgl. Abb. 3c. Es gilt $\Delta A(0; x) = \frac{|x| - |0|}{x - 0} = \begin{cases} 1 & , \quad x > 0 \\ -1 & , \quad x < 0 \end{cases}$, und dieser Ausdruck hat offenbar keinen Grenzwert für $x \to 0$.

c) Für die *Exponentialfunktion* gilt nach Theorem 11.4 und (11.18)

$$\Delta \exp(a; a + h) = \frac{e^{a+h} - e^a}{h} = e^a \, \frac{e^h - 1}{h} \to e^a \quad \text{für} \quad h \to 0,$$

also $\exp'(a) = \exp(a)$ für alle $a \in \mathbb{R}$. $\qquad \square$

19.3 Bemerkungen. Es wird kurz auf eine *physikalische Interpretation* von *Ableitungen* eingegangen. Bezeichnet $s(t)$ den Ort eines sich auf einer Geraden bewegenden Massenpunktes zur Zeit $t \in \mathbb{R}$, so ist offenbar $\Delta s(\tau; t) = \frac{s(t) - s(\tau)}{t - \tau}$ die *mittlere Geschwindigkeit* des Massenpunktes im Zeitintervall $[\tau, t]$. Daher kann die Ableitung von s in τ, falls sie existiert, als *Momentangeschwindigkeit*

$$\dot{s}(\tau) = \lim_{t \to \tau} \frac{s(t) - s(\tau)}{t - \tau}$$

des Punktes zur Zeit τ aufgefaßt werden. Auch für andere zeitabhängige Größen $s(t)$ ist $\dot{s}(\tau)$ als deren Änderungsgeschwindigkeit zur Zeit τ zu interpretieren. In der Physik werden Ableitungen nach der Zeit meist mit „ $\dot{} = \frac{d}{dt}$ " bezeichnet. □

19.4 Definitionen und Beispiele. a) Oft sind auch *einseitige* Ableitungen wichtig. Funktionen $f : [a, a + \delta) \mapsto \mathbb{R}$ bzw. $f : (a - \delta, a] \mapsto \mathbb{R}$ heißen *rechts-* bzw. *linksseitig differenzierbar* in a, falls die Grenzwerte

$$f'_+(a) := \lim_{x \to a^+} \frac{f(x) - f(a)}{x - a} \quad \text{bzw.} \quad f'_-(a) := \lim_{x \to a^-} \frac{f(x) - f(a)}{x - a} \quad (6)$$

existieren.

b) Für die Betragsfunktion $A : x \mapsto |x|$ gilt $A'_+(0) = 1$, $A'_-(0) = -1$.

c) Die nach Folgerung 9.11 auf $[0, \infty)$ stetige Wurzelfunktion $w_2 : x \mapsto \sqrt{x}$ ist in allen $a > 0$ differenzierbar, in 0 aber nicht rechtsseitig differenzierbar. In der Tat hat man

$$\Delta w_2(a; x) \;=\; \frac{\sqrt{x} - \sqrt{a}}{x - a} \;=\; \frac{1}{\sqrt{x} + \sqrt{a}} \to \begin{cases} \frac{1}{2\sqrt{a}} & , \quad a > 0 \\ +\infty & , \quad a = 0 \end{cases}$$

für $x \to a$ bzw. $x \to 0^+$. Für $a > 0$ gilt also $w'_2(a) = \frac{1}{2\sqrt{a}}$.

d) Eine Funktion $f : I \mapsto \mathbb{R}$ heißt *differenzierbar auf einem Intervall I*, falls f in jedem Punkt von I differenzierbar ist. Dabei wie auch stets im folgenden ist Differenzierbarkeit in Intervallendpunkten als einseitige Differenzierbarkeit zu verstehen. □

19.5 Feststellung. *Ist $f \in \mathcal{F}(I)$ differenzierbar in $a \in I$, so ist f auch stetig in a.*

BEWEIS. Wegen $\Delta f(a; x) \to f'(a)$ gilt $f(x) - f(a) = \Delta f(a; x) \cdot (x - a) \to 0$ für $x \to a$. ◇

Die Beispiele 19.2 b) oder 19.4 c) zeigen, daß die Umkehrung dieser Aussage nicht richtig ist. Nach K. Weierstraß gibt es sogar auf $\mathbb{R}$ stetige Funktionen, die *in keinem Punkt differenzierbar* sind, vgl. Beispiel 19.15* unten.

Den Zusammenhang zwischen Differenzierbarkeit und *algebraischen Operationen* behandelt

19.6 Satz. *Sind $f, g \in \mathcal{F}(I)$ in $a \in I$ differenzierbar, so gilt dies auch für $f + g$, $f \cdot g$ und, im Fall $g(a) \neq 0$, für $\frac{f}{g}$. Es gelten die Regeln*

$$(f + g)'(a) \;=\; f'(a) + g'(a), \tag{7}$$

$$(f \cdot g)'(a) \;=\; f'(a) \cdot g(a) + f(a) \cdot g'(a) \quad \text{(Produktregel)}, \tag{8}$$

$$\left(\frac{f}{g}\right)'(a) \;=\; \frac{f'(a) \cdot g(a) - f(a) \cdot g'(a)}{g(a)^2} \quad \text{(Quotientenregel)}. \tag{9}$$

BEWEIS. a) Für $x \neq a$ gilt

$$\Delta(f+g)(a;x) \; = \; \frac{(f+g)(x)-(f+g)(a)}{x-a} \; = \; \frac{f(x)-f(a)}{x-a} \; + \; \frac{g(x)-g(a)}{x-a}$$
$$\to \; f'(a)+g'(a) \quad \text{für} \; x \to a.$$

b) Aus $(f \cdot g)(x) - (f \cdot g)(a) = f(x)g(x) - f(a)g(x) + f(a)g(x) - f(a)g(a)$ folgt

$$\Delta(f \cdot g)(a;x) \; = \; \frac{f(x)-f(a)}{x-a} \, g(x) \; + \; f(a) \, \frac{g(x)-g(a)}{x-a}$$
$$\to \; f'(a) \cdot g(a) + f(a) \cdot g'(a) \quad \text{für} \; x \to a.$$

c) Wegen b) genügt es, den Fall $f(x) = 1$ zu betrachten. Wegen $g(a) \neq 0$ und der Stetigkeit von g gibt es $\delta > 0$ mit $g(x) \neq 0$ für $|x - a| < \delta$. Für diese x gilt $\frac{1}{g(x)} - \frac{1}{g(a)} = - \frac{g(x)-g(a)}{g(x)g(a)}$, und somit folgt

$$\Delta\left(\frac{1}{g}\right)(a;x) \; = \; - \frac{g(x)-g(a)}{x-a} \, \frac{1}{g(x)g(a)} \; \to \; -\frac{g'(a)}{g(a)^2} \quad \text{für} \; x \to a. \qquad \diamond$$

19.7 Satz (Kettenregel). *Es seien $I, J \subseteq \mathbb{R}$ Intervalle und $f : I \mapsto J$, $h : J \mapsto \mathbb{R}$ Funktionen. Ist f differenzierbar in $a \in I$ und h differenzierbar in $f(a) \in J$, so ist auch $h \circ f : I \mapsto \mathbb{R}$ differenzierbar in a, und es gilt*

$$(h \circ f)'(a) \; = \; h'(f(a)) \cdot f'(a). \tag{10}$$

BEWEIS. Der Differenzenquotient $\frac{h(f(x))-h(f(a))}{x-a}$ kann nicht ohne weiteres mit $f(x) - f(a)$ erweitert werden, da diese Funktion Nullstellen haben kann. Man verwendet daher die in (3) eingeführten Funktionen $y \mapsto \tilde{\Delta}h(f(a);y)$ und $x \mapsto \tilde{\Delta}f(a;x)$, die in $f(a)$ bzw. a stetig sind:

$$h(f(x)) - h(f(a)) \; = \; \tilde{\Delta}h(f(a);f(x)) \cdot (f(x) - f(a))$$
$$= \; \tilde{\Delta}h(f(a);f(x)) \cdot \tilde{\Delta}f(a;x) \cdot (x - a).$$

Für eine Folge $I\backslash\{a\} \ni x_n \to a$ gilt dann auch $f(x_n) \to f(a)$ und somit

$$\frac{h(f(x_n)) - h(f(a))}{x_n - a} = \tilde{\Delta}h(f(a);f(x_n)) \cdot \tilde{\Delta}f(a;x_n) \to h'(f(a)) \cdot f'(a). \qquad \diamond$$

Es folgt nun ein Ergebnis zur Differentiation von *Umkehrfunktionen:*

19.8 Satz. *Es seien $I \subseteq \mathbb{R}$ ein Intervall und $f : I \mapsto \mathbb{R}$ stetig und streng monoton; dann ist auch $J := f(I)$ ein Intervall. Ist f in $a \in I$ differenzierbar und $f'(a) \neq 0$, so ist auch $f^{-1} : J \mapsto I$ in $f(a) \in J$ differenzierbar, und es gilt*

$$(f^{-1})'(f(a)) \; = \; \frac{1}{f'(a)}. \tag{11}$$

BEWEIS. Nach dem Zwischenwertssatz ist $J = f(I)$ ein Intervall, vgl. auch Satz 9.10. Es sei $(y_n) \subseteq J \setminus \{f(a)\}$ eine Folge mit $y_n \to f(a)$. Dann ist $x_n := f^{-1}(y_n) \in I$ und $x_n \neq a$ wegen der Bijektivität von f. Somit gilt

$$\frac{f^{-1}(y_n) - f^{-1}(f(a))}{y_n - f(a)} = \left(\frac{f(x_n) - f(a)}{x_n - a} \right)^{-1}.$$

Nach Satz 9.10 ist f^{-1} stetig, d. h. es gilt $x_n = f^{-1}(y_n) \to f^{-1}(f(a)) = a$. Wegen $f'(a) \neq 0$ und Satz 5.8 folgt somit die Behauptung mit $n \to \infty$. $\diamond$

19.9 Beispiele und Bemerkungen. a) Die Voraussetzung $f'(a) \neq 0$ ist für Satz 19.8 wesentlich. Für die Potenzfunktion $p_3 : x \mapsto x^3$ etwa ist $p_3'(0) = 0$, und $p_3^{-1} = w_3 : y \mapsto \sqrt[3]{y}$ ist in $p_3(0) = 0$ nicht differenzierbar, vgl. Abb. 19b.

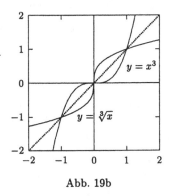

Abb. 19b

b) Wegen Satz 9.13 und Aufgabe 8.8 sind für die übrigen Voraussetzungen von Satz 19.8 auch andere Formulierungen möglich.

c) Wegen $\exp'(x) = \exp(x) \neq 0$ für $x \in \mathbb{R}$ ist $\log : (0, \infty) \mapsto \mathbb{R}$ differenzierbar mit $\log' y = \frac{1}{\exp'(\log y)} = \frac{1}{\exp(\log y)}$, also

$$\log' y = {}^1\!/_y, \quad y > 0. \tag{12}$$

d) Für die Potenzfunktion $p_\alpha : x \mapsto x^\alpha$ ist $p_\alpha(x) = \exp(\alpha \log x)$, $x > 0$. Mit der Kettenregel folgt daher $p_\alpha'(x) = \exp(\alpha \log x) \cdot \alpha \cdot \frac{1}{x}$, also

$$p_\alpha'(x) = \alpha \, x^{\alpha - 1}, \quad x > 0, \, \alpha \in \mathbb{R}. \tag{13}$$

e) Es sei $f : I \mapsto \mathbb{R}$ eine differenzierbare Funktion ohne Nullstellen. Dann gilt nach dem Zwischenwertsatz $f > 0$ oder $f < 0$, und in jedem Fall folgt

$$(\log |f|)' = f'/f. \tag{14}$$

Der Quotient f'/f heißt *logarithmische Ableitung* von f bzw. $|f|$.

f) Es sei $f = \prod_{k=1}^{n} f_k$ ein endliches Produkt differenzierbarer Funktionen auf I ohne Nullstellen. Dann gilt

$$f'/f = (\log |f|)' = \frac{d}{dx} \sum_{k=1}^{n} \log |f_k| = \sum_{k=1}^{n} (\log |f_k|)' = \sum_{k=1}^{n} f_k'/f_k.$$

Auch für Funktionen f_k mit Nullstellen gilt die Produktregel

$$f' = \sum_{k=1}^{n} f_1 \cdots f_{k-1} \cdot f_k' \cdot f_{k+1} \cdots f_n \,, \tag{15}$$

wie man leicht durch Induktion über n bestätigt. $\qquad\qquad\square$

Es werden nun *höhere Ableitungen* und ihre Stetigkeit untersucht:

19.10 Definition. *a) Ist $f : I \mapsto \mathbb{R}$ differenzierbar auf I und die durch $f' : x \mapsto f'(x)$ definierte* Ableitungsfunktion *von f stetig, so heißt f stetig differenzierbar auf I, Notation: $f \in \mathcal{C}^1(I, \mathbb{R}) = \mathcal{C}^1(I)$.*

b) Für $2 \leq m \in \mathbb{N}$ werden rekursiv $\mathcal{C}^m(I) := \{ f \in \mathcal{C}^1(I) \mid f' \in \mathcal{C}^{m-1}(I) \}$ und $f^{(m)} := (f')^{(m-1)}$ für $f \in \mathcal{C}^m(I)$ definiert.

c) $\mathcal{C}^\infty(I) := \bigcap_{m=1}^{\infty} \mathcal{C}^m(I)$ heißt Menge der unendlich oft differenzierbaren Funktionen auf I.

19.11 Beispiele und Bemerkungen. a) Für $f \in \mathcal{C}^m(I)$ heißt $f^{(m)} \in \mathcal{C}(I)$ *die m-te Ableitung* von f. Man schreibt auch $f^{(2)} = f''$, $f^{(3)} = f'''$, allgemein $f^{(m)}(x) = \dfrac{d^m f}{dx^m}(x) = ((\dfrac{d}{dx})^m f)(x)$, und für $m = 0$ auch $f^{(0)}(x) := f(x)$, $\mathcal{C}^0(I) := \mathcal{C}(I)$.

b) Die Ableitung einer differenzierbaren Funktion ist i. a. *nicht stetig;* ein solches Beispiel folgt später in 24.11 c) (man beachte aber Aufgabe 20.6). Allgemein muß eine *m-mal differenzierbare Funktion*, d. h. eine $\mathcal{C}^{m-1}(I)$-Funktion, für die $f^{(m-1)}$ noch differenzierbar ist, nicht in $\mathcal{C}^m(I)$ liegen.

c) Die Funktion $f : x \mapsto x\,|x| = \begin{cases} x^2 & , \quad x \geq 0 \\ -x^2 & , \quad x < 0 \end{cases}$ ist differenzierbar, und es gilt $f'(x) = 2\,|x|$ für $x \in \mathbb{R}$. Somit gilt $f \in \mathcal{C}^1(\mathbb{R})$, aber f ist nicht zweimal differenzierbar.

d) Polynome P liegen in $\mathcal{C}^\infty(\mathbb{R})$. Für $n > \deg P$ gilt offenbar $P^{(n)} = 0$.

e) Wegen $\exp' = \exp$ gilt $\exp \in \mathcal{C}^\infty(\mathbb{R})$.

f) Für die Inversion $j : x \mapsto 1/x$ gilt über $\mathbb{R}\backslash\{0\}$:

$$j'(x) = -\frac{1}{x^2} \,, \; j''(x) = \frac{2}{x^3} \,, \ldots, \; j^{(m)}(x) = (-1)^m \, \frac{m!}{x^{m+1}} \,, \ldots,$$

wie man induktiv bestätigt. Somit gilt $j \in \mathcal{C}^\infty(0, \infty)$ und $j \in \mathcal{C}^\infty(-\infty, 0)$; wegen $\log' = j$ folgt auch $\log \in \mathcal{C}^\infty(0, \infty)$. $\qquad\square$

Aus den Sätzen 19.6–19.8 ergibt sich nun:

19.12 Satz. *Es seien $I \subseteq \mathbb{R}$ ein Intervall und $1 \leq m \leq \infty$.*
a) Es ist $\mathcal{C}^m(I)$ eine Funktionenalgebra.

b) Für $f \in C^m(I)$ *und* $h \in C^m(f(I))$ *gilt* $h \circ f \in C^m(I)$.

c) Ist $f \in C^m(I)$ *und* $f(x) \neq 0$ *für* $x \in I$, *so folgt* $1/f \in C^m(I)$.

d) Es sei $f \in C^m(I)$ *streng monoton, und es gelte* $f'(x) \neq 0$ *für* $x \in I$. *Dann ist auch* $J := f(I)$ *ein Intervall, und es gilt* $f^{-1} \in C^m(J)$.

BEWEIS. Der Beweis wird für $m \in \mathbb{N}$ geführt; der Fall $m = \infty$ ergibt sich daraus durch Durchschnittsbildung.

a) Es seien $f, g \in C^m(I)$. Aus (7) folgt sofort $(f+g)^{(j)} = f^{(j)} + g^{(j)}$ für $0 \leq j \leq m$ und somit $f + g \in C^m(I)$. Im Fall $m = 1$ ist $(fg)' = f'g + fg'$ stetig und somit $fg \in C^1(I)$. Ist nun bereits gezeigt, daß $C^{m-1}(I)$ eine Funktionenalgebra ist, so folgt für $f, g \in C^m(I)$ zunächst $fg \in C^1(I)$ und dann $(fg)' = f'g + fg' \in C^{m-1}(I)$, also $fg \in C^m(I)$.

b) Nach dem Zwischenwertsatz ist $f(I)$ ein Intervall (vgl. Satz 9.10). Für $m = 1$ ist $(h \circ f)' = (h' \circ f) \cdot f'$ stetig. Gilt die Behauptung für $m-1$, so folgt zunächst $h \circ f \in C^1(I)$ und dann $(h \circ f)' = (h' \circ f) \cdot f' \in C^{m-1}(I)$ aufgrund von a) und der Induktionsvoraussetzung.

c) folgt wegen Beispiel 19.11 f) aus b) mit der C^∞ - Funktion $h = j : t \mapsto 1/t$.

d) Der Fall $m = 1$ folgt sofort aus Satz 19.8. Gilt die Behauptung für $m-1$, so folgt zunächst $f^{-1} \in C^1(J)$ und mit (11), c), b) und der Induktionsvoraussetzung dann $(f^{-1})' = \dfrac{1}{f' \circ f^{-1}} \in C^{m-1}(J)$.   ◇

19.13 Beispiele und Bemerkungen. a) In der Situation von Satz 19.12 d) ergibt sich die strenge Monotonie von f bereits aus den übrigen Voraussetzungen: Nach dem Zwischenwertsatz gilt $f' > 0$ oder $f' < 0$, und man verwendet Bemerkung 20.12.

b) *Rationale Funktionen,* d. h. Quotienten von Polynomen, sind außerhalb der Nullstellen des Nenners C^∞-Funktionen.

c) Für $\alpha \in \mathbb{R}$ gilt $p_\alpha = \exp \circ (\alpha \log) \in C^\infty(0, \infty)$.

d) Aus der Produktregel $(fg)' = f'g + fg'$ folgt für $f, g \in C^3(I)$:

$$(fg)'' = f''g + f'g' + f'g' + fg'' = f''g + 2f'g' + fg'', \quad \text{dann}$$
$$(fg)''' = f'''g + 3f''g' + 3f'g'' + fg'''.$$

Allgemein hat man die folgende *Leibniz-Regel für höhere Ableitungen:*

$$(fg)^{(m)} = \sum_{k=0}^{m} \binom{m}{k} f^{(m-k)} g^{(k)} \quad \text{für } f, g \in C^m(I). \tag{16}$$

Der Beweis ergibt sich induktiv genauso wie der des binomischen Satzes unter Verwendung von Lemma 2.6.   □

Bemerkung: Auf der folgenden Formulierung des Begriffs der Differenzierbarkeit basiert dessen Verallgemeinerung auf Funktionen von mehreren Variablen in Band 2. Sie wird, wie auch das anschließende Beispiel, in Band 1 nicht benötigt.

19.14 * **Satz.** *Es seien* $I \subseteq \mathbb{R}$ *ein offenes Intervall und* $f : I \mapsto \mathbb{R}$ *eine Funktion.* f *ist genau dann differenzierbar in* $a \in I$, *wenn folgendes gilt:*

$$\exists \, \ell \in \mathbb{R} \, \exists \, \delta > 0 \, \forall \, h \in (-\delta, \delta) : f(a+h) \; = \; f(a) \; + \; \ell \cdot h \; + \; r(h), \qquad (17)$$

$$\text{wobei} \quad \lim_{h \to 0} \frac{r(h)}{|h|} = 0 \quad \text{gilt.}$$

BEWEIS. „⇐": Aus (17) folgt für $0 < |h| < \delta$ sofort

$$\Delta f(a; a+h) \; = \; \frac{f(a+h)-f(a)}{h} \; = \; \ell + \frac{r(h)}{h} \to \ell \quad \text{für} \quad h \to 0 \, .$$

„⇒": Man setzt $\ell := f'(a)$ und wählt $\delta > 0$ mit $(a - \delta, a + \delta) \subseteq I$. Für $0 < |h| < \delta$ gilt dann

$$\begin{aligned} f(a+h) \; &= \; f(a) + \Delta f(a; a+h) \cdot h \\ &= \; f(a) + \ell \cdot h + (\Delta f(a; a+h) - \ell) \cdot h \; =: f(a) + \ell \cdot h + r(h) \end{aligned}$$

mit $r(h) = (\Delta f(a; a+h) - \ell) \cdot h$, und offenbar hat man

$$\frac{|r(h)|}{|h|} \; \leq \; |\Delta f(a; a+h) - \ell| \to 0 \quad \text{für} \quad h \to 0 \, . \qquad \qquad \diamond$$

In der Nähe von a wird also der Zuwachs $h \mapsto f(a+h) - f(a)$ von f durch eine *lineare* Funktion $h \mapsto \ell \cdot h$ bis auf einen *Fehler* $r(h)$ approximiert, der für $h \to 0$ *schneller* als $|h|$ gegen 0 geht.

19.15 * **Beispiele und Bemerkungen.** a) Es wird nun eine *auf* $\mathbb{R}$ *stetige,* aber *in keinem Punkt differenzierbare* Funktion konstruiert. Eine derartige Funktion ist nach K. Weierstraß (1872) gegeben durch

$$g(x) := \lim_{n \to \infty} \sum_{k=1}^{n} a^k \cos\left(b^k \pi x\right),$$

wobei $b \in \mathbb{N}$ ungerade, $0 < a < 1$ und $ab > 1 + \frac{3}{2}\pi$ ist (nach G.H. Hardy (1916) genügt es, $ab \geq 1$ anzunehmen). Der Kosinus wird hier erst in Abschnitt 24 eingeführt; ohnehin ist es nach T. Takagi (1903) einfacher, statt dessen die Zackenfunktion Z aus Beispiel 8.15 b) zu verwenden:
b) Diese ist auf $\mathbb{R}$ 4 - *periodisch* und auf jedem Intervall $[2(k - 1), 2k]$, $k \in \mathbb{Z}$, *affin* mit Steigung ± 1. Durch $Z_n : x \mapsto 4^{-n} Z(4^n x)$ werden für $n \in \mathbb{N}_0$ weitere Zackenfunktionen definiert. Wegen $\| Z_n \| = 4^{-n}$ und Satz 14.14 ist die Funktionenfolge $(f_m := \sum_{n=0}^{m} Z_n) \subseteq \mathcal{C}(\mathbb{R})$ auf $\mathbb{R}$ gleichmäßig konvergent, und nach Theorem 14.5 ist auch die *Grenzfunktion* $f := \lim_{m \to \infty} f_m$

stetig auf $\mathbb{R}$. Durch das Aufaddieren der Z_n werden soviele „Zacken" erzeugt, daß die Grenzfunktion f nirgendwo differenzierbar sein kann (es zeigt Abb. 19c die Funktionen Z_0 (gepunktet), Z_1 und $f_1 = Z_0 + Z_1$):

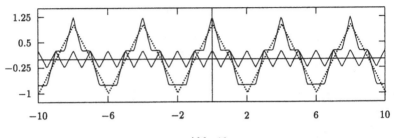

Abb. 19c

c) Es seien $x \in \mathbb{R}$ und $m \in \mathbb{N}_0$. Man hat $x \in I_{m,k} := [\frac{2(k-1)}{4^m}, \frac{2k}{4^m}]$ für ein geeignetes $k \in \mathbb{Z}$. Wegen $|I_{m,k}| = 2 \cdot 4^{-m}$ gilt für $h_m := +4^{-m}$ oder $h_m := -4^{-m}$ auch $[x, x + h_m] \subseteq I_{m,k}$ oder $[x + h_m, x] \subseteq I_{m,k}$. Da Z_n für $n \leq m$ auf $I_{m,k}$ affin mit Steigung ± 1 ist, folgt

$$\epsilon_{m,n} := \frac{Z_n(x + h_m) - Z_n(x)}{h_m} \in \{+1, -1\} \quad \text{für } n \leq m.$$

Für $n > m$ ist Z_n aber $4^{1-n} \geq 4^{-m}$ - *periodisch*, woraus sofort $\epsilon_{m,n} = 0$ folgt. Somit besteht die Folge (δ_m),

$$\delta_m := \frac{f(x + h_m) - f(x)}{h_m} = \sum_{n=0}^{m} \epsilon_{m,n},$$

von Differenzenquotienten abwechselnd aus geraden und ungeraden ganzen Zahlen, ist also divergent. Folglich ist f in x nicht differenzierbar. $\square$

Aufgaben

19.1 Man untersuche die folgenden Funktionen f auf ihren Definitionsbereichen auf Differenzierbarkeit und berechne gegebenenfalls ihre Ableitung:

a) $f(x) = (1 + x^3) e^x$,   b) $f(x) = \begin{cases} 1 - e^{-\alpha x} & , \quad x \geq 0 \\ 0 & , \quad x < 0 \end{cases}$ $(\alpha > 0)$,

c) $f(x) = x^x$, $x > 0$,   d) $f(x) = (\log \frac{1}{x})^{-p}$, $x > 0$ $(p > 0)$.

19.2 Man berechne die vierte Ableitung der Funktion $x \mapsto (1 + x^2)^{-1}$.

19.3 Mit Hilfe der Formel $f \cdot g = \frac{1}{2}((f+g)^2 - f^2 - g^2)$ leite man die Produktregel aus der Kettenregel ab.

19.4 Für eine Funktion $f : (-1,1) \mapsto \mathbb{R}$ gelte $|f(x)| \leq |x|^\gamma$ für ein $\gamma > 1$. Man zeige, daß f in 0 differenzierbar ist mit $f'(0) = 0$.

19.5 Es seien $f, g \in \mathcal{C}^1(I)$. Folgt dann auch $\max\{f, g\} \in \mathcal{C}^1(I)$?

19.6 Für ein Polynom $P(x) := \sum_{k=0}^{n} d_k (x-a)^k$ zeige man $d_k = \frac{P^{(k)}(a)}{k!}$ für $0 \leq k \leq n$.

19.7 Man zeige, daß für $m \in \mathbb{N}$ und $m - 1 < \alpha < m$ die Funktionen $A^\alpha : x \mapsto |x|^\alpha$ in $\mathcal{C}^{m-1}(\mathbb{R})$, nicht aber in $\mathcal{C}^m(\mathbb{R})$ liegen.

19.8 Mit Hilfe der geometrischen Summenformel (2.1) berechne man die Summe $1 + 2x + 3x^2 + \cdots + nx^{n-1}$.

19.9 Man zeige die folgende *Umkehrung* von Satz 19.8:
Für Intervalle I, J sei $f : I \mapsto J$ bijektiv und in $a \in I$ differenzierbar. Ist dann auch f^{-1} in $f(a) \in J$ differenzierbar, so folgt $f'(a) \neq 0$.

19.10 Man beweise die Aussagen in 19.11 f) sowie die Leibniz-Regel (16).

19.11 Für ein Polynom $P \in \mathbb{R}[x]$ mit $\deg P = m \in \mathbb{N}$ konstruiere man für $k \in \mathbb{N}$ Polynome $Q_k \in \mathbb{R}[x]$ mit $\deg Q_k \leq k(m-1)$ und

$$(\frac{d}{dx})^k (\frac{1}{P})(x) = \frac{Q_k(x)}{P^{k+1}(x)} \quad \text{für } P(x) \neq 0.$$

Man schließe daraus $|(\frac{d}{dx})^k (\frac{1}{P})(x)| \leq C |x|^{-(m+k)}$ für große $|x|$.

19.12 Es seien $I, J \subseteq \mathbb{R}$ Intervalle, $f \in \mathcal{C}^\infty(I)$ mit $f(I) \subseteq J$ und $h \in \mathcal{C}^\infty(J)$. Man zeige

$$(h \circ f)'' = (h' \circ f) f'' + (h'' \circ f) f'^2,$$

berechne $(h \circ f)'''$ sowie $(h \circ f)^{(4)}$ und versuche, eine allgemeine Formel für $(h \circ f)^{(m)}$, $m \in \mathbb{N}$, zu finden.

20   Lokale Extrema und Mittelwertsätze

Aufgabe: Man versuche, den Grenzwert $\lim\limits_{x \to 0} \dfrac{e^x + e^{-x} - 2}{x - \log(1 + x)}$ *zu bestimmen.*

In diesem Abschnitt wird gezeigt, daß die Ableitungen differenzierbarer Funktionen in (lokalen) *Extremalstellen* im *Innern* des Definitionsbereichs *verschwinden.* Diese Tatsache hat viele praktische Anwendungen und auch wichtige theoretische Konsequenzen.

20.1 Definition. *Es sei* $I \subseteq \mathbb{R}$ *ein Intervall. Eine Funktion* $f \in \mathcal{F}(I)$ *hat ein lokales Maximum [Minimum] in* $a \in I$, *falls es* $\delta > 0$ *gibt, so daß gilt:*

$$\forall\, x \in I : \; |x - a| < \delta \;\Rightarrow\; f(x) \le f(a) \; [f(x) \ge f(a)]. \tag{1}$$

In diesem Fall heißt a lokale Maximalstelle bzw. Minimalstelle *von* f.

20.2 Satz. *Eine Funktion* $f \in \mathcal{F}(I)$ *habe ein lokales Extremum in einem inneren Punkt* $a \in I$ *des Intervalls* I. *Ist* f *in* a *differenzierbar, so folgt*

$$f'(a) = 0. \tag{2}$$

BEWEIS. Im Fall eines Maximums ist $f(x) - f(a) \doteq \Delta f(a;x)\,(x - a) \le 0$ für x nahe a (vgl. Abb. 20a). Daher gilt $\Delta f(a;x) \le 0$ für $x > a$ und $\Delta f(a;x) \ge 0$ für $x < a$. Mit $x \to a$ folgt also $f'(a) = 0$. Im Fall eines Minimums schließt man genauso.   ◇

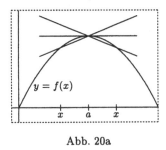 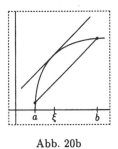

Abb. 20a   Abb. 20b

20.3 Beispiele und Bemerkungen. a) Die Aussage von Satz 20.2 wird für *Randpunkte* i.a. falsch! So hat z.B. die Funktion $p_1 : x \mapsto x$ auf $[0,1]$ ihr (sogar globales) Minimum in 0 und ihr Maximum in 1, aber es gilt $p_1'(0) = p_1'(1) = 1$.
b) Auch die Umkehrung von Satz 20.2 ist i.a. falsch, wie das einfache Beispiel $p_3 : x \mapsto x^3$ in 0 bereits zeigt (vgl. Abb. 3b oder Abb. 19b). (2) ist also

nur eine *notwendige*, keine hinreichende Bedingung für das Vorliegen eines lokalen Extremums. *Hinreichende* Bedingungen werden in den Sätzen 20.13 und 34.7 behandelt.

c) Die in der Einleitung erwähnte Funktion $K : x \mapsto 70x + \frac{480}{x}$ hat nach Beispiel 13.3 eine Minimalstelle x_0 in $(0, \infty)$. Wegen $K'(x) = 70 - \frac{480}{x^2}$ folgt für diese sofort $x_0^2 = \frac{480}{70}$, d. h. $x_0 = 4\sqrt{3/7} = 2,61861\ldots$. Das Minimum von K ist $K(x_0) = 80\sqrt{21} = 366,606\ldots$.   □

Es wird nun folgende geometrische Aufgabe gelöst (vgl. Abb. 20b): Für eine differenzierbare Funktion $f : [a, b] \mapsto \mathbb{R}$ soll eine Tangente an den Graphen $\Gamma(f)$ konstruiert werden, deren Steigung mit der Sekantensteigung $\frac{f(b)-f(a)}{b-a}$ übereinstimmt. Zunächst wird der Fall $f(a) = f(b)$ behandelt:

20.4 Satz (Rolle). *Es sei $f \in C[a,b]$ auf (a,b) differenzierbar, und es gelte $f(a) = f(b)$. Dann gibt es $\xi \in (a,b)$ mit $f'(\xi) = 0$.*

BEWEIS. Nach Theorem 13.1 besitzt f Maximal- und Minimalstellen auf $[a,b]$. Wegen $f(a) = f(b)$ liegt mindestens eine solche Extremalstelle ξ in (a,b), und aus Satz 20.2 folgt dann $f'(\xi) = 0$.   ◇

Daraus ergibt sich nun der *Mittelwertsatz der Differentialrechnung*:

20.5 Theorem (Mittelwertsatz). *Es sei $f \in C[a,b]$ auf (a,b) differenzierbar. Dann gibt es $\xi \in (a,b)$ mit*

$$f'(\xi) = \frac{f(b) - f(a)}{b - a}. \tag{3}$$

BEWEIS. Die Hilfsfunktion $h : [a,b] \mapsto \mathbb{R}$,

$$h(x) := f(x) - \frac{f(b)-f(a)}{b-a}\,(x - a)\,,$$

ist ebenfalls auf $[a,b]$ stetig und auf (a,b) differenzierbar; außerdem ist $h(a) = f(a)$ und auch $h(b) = f(b) - \frac{f(b)-f(a)}{b-a}\,(b-a) = f(a)$. Somit liefert der Satz von Rolle ein $\xi \in (a,b)$ mit $h'(\xi) = 0$, und die Behauptung folgt aus $0 = h'(\xi) = f'(\xi) - \frac{f(b)-f(a)}{b-a}$.   ◇

20.6 Bemerkung. Der Mittelwertsatz wird oft in folgender Formulierung verwendet: Ist $f : I \mapsto \mathbb{R}$ differenzierbar, so gilt für $a, a + h \in I$:

$$f(a + h) = f(a) + f'(a + \theta h) \cdot h \quad \text{für ein } \theta \in (0,1). \tag{4}$$

Dazu wendet man einfach (3) auf $[a, a + h]$ bzw. $[a + h, a]$ an.   □

Es folgen nun erste Konsequenzen des Mittelwertsatzes:

20.7 Folgerung. *Es sei* $f : I \mapsto \mathbb{R}$ *differenzierbar mit* $f'(x) = 0$ *für alle* $x \in I$. *Dann ist* f *konstant.*

BEWEIS. Sind $a, b \in I$ beliebig, so gibt es nach dem Mittelwertsatz ein $\xi \in I$ mit $f(b) - f(a) = f'(\xi)(b - a) = 0$. $\diamond$

Die nächste Aussage wird im folgenden öfter verwendet, um die Differenzierbarkeit von Funktionen in speziellen Punkten ihres Definitionsbereichs zu zeigen. Für ihren Beweis ist es wesentlich, daß beim Mittelwertsatz die Differenzierbarkeit in den Randpunkten *nicht* gefordert werden muß:

20.8 Folgerung. *Es sei* $f \in C[a, b]$ *auf* (a, b) *differenzierbar, und es existiere* $f'(a^+) = \lim\limits_{x \to a^+} f'(x)$. *Dann ist* f *in* a *rechtsseitig differenzierbar, und es gilt* $f'_+(a) = f'(a^+)$.

BEWEIS. Für $x_n \in (a, b]$ gilt $\Delta f(a; x_n) = \dfrac{f(x_n) - f(a)}{x_n - a} = f'(\xi_n)$ mit $a < \xi_n < x_n$. Mit $x_n \to a$ folgt auch $\xi_n \to a$ und somit $\Delta f(a; x_n) = f'(\xi_n) \to f'(a^+)$. $\diamond$

Natürlich gilt eine analoge Aussage für linksseitige und beidseitige Differenzierbarkeit.
Man hat die folgende hinreichende Bedingung für *gleichmäßige Stetigkeit*:

20.9 Satz. *Es seien* $I \subseteq \mathbb{R}$ *ein Intervall und* $f \in \mathcal{F}(I)$ *differenzierbar. Ist* $f' : I \mapsto \mathbb{R}$ *beschränkt, so ist* f *gleichmäßig stetig auf* I.

BEWEIS. Für $x, y \in I$ gilt aufgrund des Mittelwertsatzes $f(y) - f(x) = f'(\xi)(y - x)$ für ein $\xi \in /x, y/$ (vgl. Notation (17.1)), also

$$| f(y) - f(x) | \leq M \, | y - x | \quad \text{für} \quad x, \, y \in I \tag{5}$$

mit $M := \| f' \|$. Daraus folgt (7.2) mit $\delta = \frac{\varepsilon}{M} = \frac{\varepsilon}{\|f'\|}$. $\diamond$

Bedingung (5) ist eine stärkere Eigenschaft als gleichmäßige Stetigkeit. Funktionen, die (5) erfüllen, heißen *Lipschitz-stetig*.

20.10 Beispiele. a) Für $\alpha \leq 1$ ist die Potenzfunktion p_α auf $[1, \infty)$ gleichmäßig stetig. In der Tat gilt $0 \leq p'_\alpha(x) = \alpha x^{\alpha - 1} \leq \alpha$ für $x \geq 1$.
b) Wegen $\log' x = \frac{1}{x}$ ist auch $\log$ auf $[1, \infty)$ gleichmäßig stetig.
c) Die Umkehrung von Satz 20.9 ist i. a. nicht richtig. So ist etwa die Wurzelfunktion $w_2 : x \mapsto \sqrt{x}$ auf $(0, 1)$ gleichmäßig stetig, ihre Ableitung $w'_2 : x \mapsto \frac{1}{2\sqrt{x}}$ dort aber unbeschränkt. $\square$

Es gilt das folgende Monotonie-Kriterium:

20.11 Feststellung. *Eine differenzierbare Funktion $f \in \mathcal{F}(I)$ ist genau dann monoton wachsend, wenn $f'(x) \geq 0$ für alle $x \in I$ gilt.*

BEWEIS. „$\Rightarrow$": Es sei $x \in I$ fest. Dann ist für alle $x \neq y \in I$ stets $\frac{f(y)-f(x)}{y-x} \geq 0$, also auch $f'(x) \geq 0$.
„$\Leftarrow$": Es seien x, $y \in I$ mit $x < y$. Dann gibt es nach dem Mittelwertsatz ein $\xi \in (x,y)$ mit $f(y) - f(x) = f'(\xi)(y - x) \geq 0$. $\diamond$

20.12 Bemerkungen. Die Bedingung „$\forall\, x \in I : f'(x) > 0$" impliziert die *strenge* Monotonie von f; die Umkehrung dieser Aussage ist nicht richtig, wie das einfache Beispiel $p_3 : x \mapsto x^3$ (vgl. Abb. 3b oder 19b) zeigt. Natürlich hat man analoge Aussagen für monoton fallende Funktionen. $\Box$

Man erhält nun das folgende *hinreichende* Kriterium für lokale Extrema:

20.13 Satz. *Es seien $I \subseteq \mathbb{R}$ ein offenes Intervall, $f \in \mathcal{F}(I)$ differenzierbar und $a \in I$ mit $f'(a) = 0$.*
a) Wechselt f' sein Vorzeichen in a, d.h. gilt

$$\exists\, \delta > 0\; \forall\, x \in I\; :\; |x - a| < \delta \;\Rightarrow\; (x - a)\, f'(x) \geq 0 \quad [\,\leq 0\,], \quad (6)$$

so hat f ein lokales Minimum [Maximum] *in a.*
b) Gilt sogar $f \in C^2(I)$ und ist $f''(a) > 0$ [$f''(a) < 0$], so ist (6) erfüllt, und f hat ein lokales Minimum [Maximum] *in a.*

BEWEIS. a) Es gelte (6) mit „≥ 0". Nach Feststellung 20.11 ist dann f monoton fallend auf $(a - \delta, a]$ und monoton wachsend auf $[a, a + \delta)$, muß also in a ein lokales Minimum haben.
b) Im Fall $f''(a) > 0$ gibt es $\delta > 0$ mit $f''(x) > 0$ auf $(a - \delta, a + \delta)$. Nach Bemerkung 20.12 ist f' dort streng monoton wachsend, d.h. es gilt $f'(x) < 0$ für $x \in (a - \delta, a)$ und $f'(x) > 0$ für $x \in (a, a + \delta)$, d.h. der Fall „≥ 0" von (6) liegt vor.
c) Die übrigen Aussagen folgen durch Übergang zu $-f$. $\diamond$

Es wird nun eine Verallgemeinerung des Mittelwertsatzes gezeigt, die sich für die Berechnung von Grenzwerten als nützlich erweist:

20.14 Theorem (zweiter Mittelwertsatz). *Es seien $f, g \in C[a,b]$ auf (a,b) differenzierbar. Dann gibt es $\xi \in (a,b)$ mit*

$$g'(\xi)\,(f(b) - f(a)) \;=\; f'(\xi)\,(g(b) - g(a))\,. \quad (7)$$

BEWEIS. Es wird wieder eine Hilfsfunktion h betrachtet, nämlich

$$h(x) := (f(b) - f(a))(g(x) - g(a)) - (g(b) - g(a))(f(x) - f(a)).$$

Diese erfüllt $h(a) = h(b) = 0$, und aufgrund des Satzes von Rolle gibt es dann $\xi \in (a, b)$ mit $h'(\xi) = 0$. Daraus folgt die Behauptung. $\diamond$

Für $g(x) = x$ erhält man wieder den Mittelwertsatz 20.5.

Theorem 20.14 erlaubt den Beweis der folgenden *Regel von de l'Hospital*:

20.15 Satz. *Es seien* $f, g : (a, b] \to \mathbb{R}$ *differenzierbar; weiter sei* $g(x) \neq 0$ *und* $g'(x) \neq 0$ *für alle* $x \in (a, b]$, *und es gelte*

$$\lim_{x \to a^+} f(x) = \lim_{x \to a^+} g(x) = 0. \tag{8}$$

Wenn $\ell := \lim\limits_{x \to a^+} \frac{f'(x)}{g'(x)}$ *existiert, so existiert auch* $\lim\limits_{x \to a^+} \frac{f(x)}{g(x)}$, *und es ist*

$$\lim_{x \to a^+} \frac{f(x)}{g(x)} = \ell = \lim_{x \to a^+} \frac{f'(x)}{g'(x)}. \tag{9}$$

BEWEIS. Mit $f(a) := g(a) := 0$ gilt $f, g \in \mathcal{C}[a, b]$. Für $x \in (a, b]$ gibt es nach Theorem 20.14 ein $\xi \in (a, x)$ mit $\frac{f(x)}{g(x)} = \frac{f(x) - 0}{g(x) - 0} = \frac{f'(\xi)}{g'(\xi)}$. Mit $x \to a^+$ folgt dann auch $\xi \to a^+$ und somit $\frac{f(x)}{g(x)} = \frac{f'(\xi)}{g'(\xi)} \to \ell$. $\diamond$

Ein analoger Satz gilt auch für links- und beidseitige Grenzwerte, ebenso für solche in $\pm\infty$ und auch für den Fall $\frac{f'(x)}{g'(x)} \to \pm\infty$ (vgl. Aufgabe 20.8).

20.16 Beispiele. a) Für $a, b > 0$ und $x \neq 0$ sei $h(x) := \frac{f(x)}{g(x)} := \frac{a^x - b^x}{x}$. Für $x \to 0$ ist (8) erfüllt. Wegen $f'(x) = a^x \log a - b^x \log b \to \log a - \log b$ für $x \to 0$ und $g'(x) = 1$ folgt aus (9) sofort $\lim\limits_{x \to 0} h(x) = \log a - \log b = \log \frac{a}{b}$. Mit $h(0) := \log \frac{a}{b}$ gilt dann $h \in \mathcal{C}(\mathbb{R})$.

b) Für $\alpha \in \mathbb{R}$ und $x \in (0, \infty) \backslash \{1\}$ sei $\ell(x) := \frac{f(x)}{g(x)} := \frac{x^\alpha - 1}{\log x}$. Für $x \to 1$ ist (8) erfüllt, und wegen $f'(x) = \alpha x^{\alpha-1} \to \alpha$ und $g'(x) = 1/x \to 1$ für $x \to 1$ folgt aus (9) sofort $\lim\limits_{x \to 1} \ell(x) = \alpha$. Mit $\ell(1) := \alpha$ gilt dann $\ell \in \mathcal{C}(0, \infty)$.

c) Mit Hilfe von Satz 20.15 und Folgerung 20.8 kann man auch $h \in \mathcal{C}^1(\mathbb{R})$ und $\ell \in \mathcal{C}^1(0, \infty)$ zeigen und die Ableitungen $h'(0)$ und $\ell'(1)$ berechnen, vgl. Aufgabe 20.10. In Beispiel 33.11 wird gezeigt, daß h und ℓ sogar $\mathcal{C}^\infty$ - Funktionen sind. $\square$

Versucht man, mit Hilfe von Satz 20.15 $\lim\limits_{x \to 0^+} x^\alpha \log x = 0$ für $\alpha > 0$ zu zeigen, so hat man den Bruch als $\dfrac{x^\alpha}{(\log x)^{-1}}$ zu schreiben und dann gemäß

(9) den Limes $\dfrac{\alpha\,x^{\alpha-1}}{-(\log x)^{-2}\cdot 1/x} = -\alpha\,x^{\alpha}(\log x)^2$ zu bestimmen, was ein eher schwierigeres Problem als das ursprüngliche ist.

Schreibt man dagegen den Bruch als $\dfrac{\log x}{x^{-\alpha}}$, so gilt für den Quotienten der Ableitungen $\dfrac{1/x}{-\alpha\,x^{-\alpha-1}} = -\dfrac{x^{\alpha}}{\alpha} \to 0$ für $x \to 0^+$. In der Tat gilt auch eine Regel von de l'Hospital für den Fall „$\frac{\infty}{\infty}$" :

20.17 Satz. *Es seien* $f, g : (a, b] \to \mathbb{R}$ *differenzierbar mit* $g'(x) \neq 0$ *auf* $(a, b]$, *und es gelte*

$$f(x) \to +\infty, \quad g(x) \to +\infty \quad \text{für } x \to a^+. \tag{10}$$

Wenn $\ell := \lim\limits_{x\to a^+} \dfrac{f'(x)}{g'(x)}$ *existiert, so existiert auch* $\lim\limits_{x\to a^+} \dfrac{f(x)}{g(x)}$, *und es ist*

$$\lim_{x\to a^+} \frac{f(x)}{g(x)} = \ell = \lim_{x\to a^+} \frac{f'(x)}{g'(x)}. \tag{11}$$

BEWEIS. Es seien (x_n) eine Folge in $(a, b]$ mit $x_n \to a$ und $\varepsilon > 0$. Es gibt $a < c < b$ mit $\left|\dfrac{f'(\xi)}{g'(\xi)} - \ell\right| \le \varepsilon$ für $a < \xi \le c$. Wegen (10) gibt es $n_0 \in \mathbb{N}$ mit $x_n < c$, $f(x_n) > 0$ und $g(x_n) > \max\{0, g(c)\}$ für $n \ge n_0$. Es gilt

$$\frac{f(x_n)}{g(x_n)} = \frac{f(x_n) - f(c)}{g(x_n) - g(c)}\, \frac{1 - \frac{g(c)}{g(x_n)}}{1 - \frac{f(c)}{f(x_n)}} \tag{12}$$

für diese n. Man hat $1 - \dfrac{g(c)}{g(x_n)} \to 1$ und $1 - \dfrac{f(c)}{f(x_n)} \to 1$ wegen (10), und aufgrund des zweiten Mittelwertsatzes gilt

$$\frac{f(x_n) - f(c)}{g(x_n) - g(c)} = \frac{f'(\xi_n)}{g'(\xi_n)} \quad \text{für geeignete } x_n < \xi_n < c.$$

Aus $\left|\dfrac{f'(\xi_n)}{g'(\xi_n)} - \ell\right| \le \varepsilon$ folgt dann auch $\left|\dfrac{f(x_n)}{g(x_n)} - \ell\right| \le 2\varepsilon$ für alle Indizes $n \in \mathbb{N}$ ab einem geeigneten $n_1 \ge n_0$, und daraus erhält man sofort

$$\ell - 2\varepsilon \le \liminf \frac{f(x_n)}{g(x_n)} \le \limsup \frac{f(x_n)}{g(x_n)} \le \ell + 2\varepsilon.$$

Mittels Feststellung 12.13 ergibt sich daraus $\lim\limits_{n\to\infty} \dfrac{f(x_n)}{g(x_n)} = \ell$, da ja $\varepsilon > 0$ beliebig war, und dies impliziert die Behauptung (11). $\diamond$

Ein analoger Satz gilt auch für links- und beidseitige Grenzwerte, ebenso für solche in $\pm\infty$ und auch für den Fall $\dfrac{f'(x)}{g'(x)} \to \pm\infty$ (vgl. Aufgabe 20.8).

Aufgaben

20.1 Für $a, b, c > 0$ zeige man $a^2 \leq bc \Leftrightarrow \forall\, x > 0 : a \leq bx + \frac{c}{4x}$.

20.2 Es sei $f : (0,\infty) \mapsto \mathbb{R}$ differenzierbar, so daß $\lim\limits_{x\to\infty} f(x)$ und $\lim\limits_{x\to\infty} f'(x)$ existieren. Man zeige $\lim\limits_{x\to\infty} f'(x) = 0$.

20.3 Es sei $f : [a,b] \to [a,b]$ differenzierbar mit $f'(x) \neq 1$ für alle $x \in [a,b]$. Als Ergänzung zu Aufgabe 9.8 zeige man, daß f *genau einen Fixpunkt* $x_0 \in [a,b]$ hat.

20.4 Es sei $f \in C^2[0,1]$ mit $f(0) = 0$, $f(1) = 1$ und $f'(0) = f'(1) = 0$. Man finde ein $\xi \in [0,1]$ mit $|f''(\xi)| \geq 2$.

20.5 Für ein offenes Intervall $I \subseteq \mathbb{R}$ und eine differenzierbare Funktion $f : I \mapsto \mathbb{R}$ definiere man

$$\Delta_n(x) := \Delta f(x, x + \tfrac{1}{n}) = n\left(f(x + \tfrac{1}{n}) - f(x)\right).$$

a) Man zeige $\Delta_n(x) \to f'(x)$ punktweise auf I.
b) Man zeige $f \in C^1(I) \Leftrightarrow \Delta_n(x) \to f'(x)$ *gleichmäßig auf kompakten Teilintervallen* von I.

20.6 Man beweise den *Darbouxschen Zwischenwertsatz:*
Es sei $f : [a,b] \mapsto \mathbb{R}$ differenzierbar, und es gelte $f'(a) < c < f'(b)$. Dann gibt es $\xi \in (a,b)$ mit $f'(\xi) = c$.

HINWEIS. Man zeige, daß $h(x) := f(x) - cx$ ein Minimum auf (a,b) hat.

20.7 Gilt die Umkehrung von Satz 20.13 a) ?

20.8 Man formuliere und beweise die Versionen 20.15 und 20.17 der Regeln von de l'Hospital
a) für den Fall $\frac{f'(x)}{g'(x)} \to \pm\infty$,
b) für Grenzwerte in $\pm\infty$ (dabei benutze man die Transformation $y = \frac{1}{x}$).

20.9 Man berechne folgende Grenzwerte:
a) $\lim\limits_{x\to 0} \dfrac{e^x + e^{-x} - 2}{x - \log(1 + x)}$, b) $\lim\limits_{x\to 1}\left(\dfrac{a}{1 - x^a} - \dfrac{b}{1 - x^b}\right)$, $a, b \neq 0$
c) $\lim\limits_{h\to 0} \dfrac{1}{h}\left(\dfrac{1}{(k - h)(k - 1 - h)\cdots(1 - h)} - \dfrac{1}{k!}\right)$, $k \in \mathbb{N}$.

20.10 Für die Funktionen aus Beispiel 20.16 zeige man $h'(0) = \frac{(\log a)^2 - (\log b)^2}{2}$ und $\ell'(1) = \frac{\alpha^2}{2}$.

21   * Konvexe Funktionen

Aufgabe: Man versuche, $\left(\int_a^b |f(x)| \, dx\right)^3 \leq (b-a)^2 \int_a^b |f(x)|^3 \, dx$ *für* $f \in \mathcal{R}[a,b]$ *zu zeigen.*

Wie in Bemerkung 19.3 angedeutet, können Ableitungen physikalisch als *Geschwindigkeiten* interpretiert werden, *zweite* Ableitungen dann entsprechend als *Beschleunigungen*. In diesem Abschnitt wird nun die *geometrische* Bedeutung der zweiten Ableitungen diskutiert. Dies führt zum wichtigen Begriff der *Konvexität*, mit dessen Hilfe sich eine Reihe interessanter *Ungleichungen* herleiten lassen.

Bemerkung: Der Inhalt dieses Abschnitts wird im vorliegenden Band 1 nicht weiter verwendet. Den Lesern sei aber doch die Lektüre zumindest der Nummern 21.1– 21.10 empfohlen.

21.1 Definition. *a) Es sei* $I \subseteq \mathbb{R}$ *ein Intervall. Eine Funktion* $f : I \mapsto \mathbb{R}$ *heißt konvex, falls für alle* $x, y \in I$ *und* $t \in [0,1]$ *gilt:*

$$f\big((1-t)\,x + t\,y\big) \;\leq\; (1-t)\,f(x) \;+\; t\,f(y). \tag{1}$$

b) Eine Funktion $f : I \mapsto \mathbb{R}$ *heißt konkav, falls* $-f$ *konvex ist.*

Konvexität bedeutet anschaulich, daß der Graph von f immer *unterhalb* der Verbindungsstrecke zweier seiner Punkte liegt (vgl. Abb. 21a); entsprechend bedeutet Konkavität, daß er stets *oberhalb* dieser Strecke liegt. Natürlich ist $f : I \mapsto \mathbb{R}$ genau dann konkav, wenn (1) mit „$\geq$ " für f gilt.

Konvexität ist dazu äquivalent, daß die *Differenzenquotienten*

$$\Delta f(x; y) \;=\; \frac{f(y) - f(x)}{y - x}$$

von f (vgl. (19.1)) *monoton wachsen* (vgl. Abb. 21a):

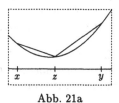

Abb. 21a

21.2 Satz. *Eine Funktion* $f : I \mapsto \mathbb{R}$ *ist genau dann konvex, wenn für alle* $x < z < y \in I$ *gilt:*

$$\frac{f(z) - f(x)}{z - x} \;\leq\; \frac{f(y) - f(z)}{y - z}. \tag{2}$$

BEWEIS. Setzt man $z = (1-t)\,x + t\,y$ mit $t \in (0,1)$, so ist die Gültigkeit von (1) für t äquivalent zu $f(z) \le (1-t)\,f(x) + t\,f(y)$, also zu

$$0 \le (1-t)\,f(x) + t\,f(y) - f(z)\,.$$

Durch Multiplikation mit $y - x$ wird dies äquivalent zu

$$0 \le (1-t)\,(y-x)\,f(x) + t\,(y-x)\,f(y) - (y-x)\,f(z) \quad \Leftrightarrow$$
$$0 \le (y-z)\,f(x) + (z-x)\,f(y) - (y-z+z-x)\,f(z) \quad \Leftrightarrow$$
$$0 \le (f(y) - f(z))\,(z-x) - (f(z) - f(x))\,(y-z)\,.$$

Dies ist offenbar äquivalent zur Gültigkeit von (2) für z.   ◇

21.3 Folgerung. *Eine differenzierbare Funktion $f \in \mathcal{F}(I)$ ist genau dann konvex, wenn f' monoton wachsend ist.*

BEWEIS. „$\Rightarrow$ " : Mit $z \to x^+$ in (2) folgt $f'(x) \le \frac{f(y)-f(x)}{y-x}$; für $z \to y^-$ in (2) auch $\frac{f(y)-f(x)}{y-x} \le f'(y)$.
„$\Leftarrow$ ": Nach dem Mittelwertsatz gilt mit geeigneten $x < \xi_1 < z$ und $z < \xi_2 < y$: $\frac{f(z)-f(x)}{z-x} = f'(\xi_1) \le f'(\xi_2) = \frac{f(y)-f(z)}{y-z}$.   ◇

21.4 Folgerung. *Eine zweimal differenzierbare Funktion $f \in \mathcal{F}(I)$ ist genau dann konvex, wenn $f'' \ge 0$ gilt.*

Dies ergibt sich unmittelbar aus Folgerung 21.3 und Feststellung 20.11.

21.5 Definition. *Eine Funktion $f : I \mapsto \mathbb{R}$ hat einen* Wendepunkt *in einem inneren Punkt $a \in I$, falls f für ein geeignetes $\delta > 0$ auf $(a - \delta, a]$ konkav und auf $[a, a + \delta)$ konvex ist oder dieses auf $-f$ zutrifft.*

21.6 Feststellung. *Die Funktion $f \in \mathcal{F}(I)$ habe einen Wendepunkt in $a \in I$. Ist f auf I differenzierbar, so hat f' ein lokales Extremum in a; ist f auf I zweimal differenzierbar, so folgt $f''(a) = 0$.*

Für differenzierbare $f \in \mathcal{F}(I)$ werden in der Literatur als Wendepunkte manchmal auch *alle* $a \in I$ betrachtet, in denen f' ein lokales Extremum hat (man beachte Aufgabe 20.7).

21.7 Beispiele. a) Die Exponentialfunktion $\exp \in \mathcal{C}^\infty(\mathbb{R})$ ist konvex wegen $\exp'' = \exp \ge 0$.
b) Der Logarithmus $\log \in \mathcal{C}^\infty(0,\infty)$ ist wegen $\log'' x = -\frac{1}{x^2} \le 0$ konkav.
c) Für die Potenzfunktionen $p_\alpha : x \mapsto x^\alpha$ gilt auf $(0,\infty)$:

$$p_\alpha'(x) = \alpha\,x^{\alpha-1}\,, \quad p_\alpha''(x) = \alpha\,(\alpha - 1)\,x^{\alpha-2}\,,$$

d.h. p_α ist für $\alpha \geq 1$ oder $\alpha \leq 0$ konvex, für $0 \leq \alpha \leq 1$ konkav.

d) Es ist p_3 wegen $p_3''(x) = 6x$ auf $(-\infty, 0]$ konkav und auf $[0, \infty)$ konvex. Somit hat p_3 einen Wendepunkt in 0 (vgl. Abb. 21b).

e) Für $p_4 \in C^\infty(\mathbb{R})$ gilt $p_4''(x) = 12x^2 \geq 0$, d.h. p_4 ist auf $\mathbb{R}$ konvex (vgl. Abb. 21b). Trotz $p_4''(0) = 0$ hat p_4 in 0 *keinen* Wendepunkt.   □

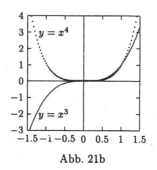

Abb. 21b

Mit Hilfe der Konvexität der Exponentialfunktion lassen sich wichtige *Ungleichungen* beweisen.

21.8 Lemma. *Für $p, q > 1$ mit $\frac{1}{p} + \frac{1}{q} = 1$ und $a, b \geq 0$ gilt:*

$$a \cdot b \leq \frac{1}{p} a^p + \frac{1}{q} b^q. \tag{3}$$

BEWEIS. Für $a \cdot b = 0$ ist dies richtig. Andernfalls erhält man mit $x = \log a$ und $y = \log b$ wegen (1) sofort

$$\begin{aligned}
a \cdot b &= e^x \cdot e^y = e^{x+y} = \exp(\tfrac{1}{p} px + \tfrac{1}{q} qy) \\
&\leq \tfrac{1}{p} \exp(px) + \tfrac{1}{q} \exp(py) = \tfrac{1}{p} a^p + \tfrac{1}{q} b^q.
\end{aligned}$$ ◇

21.9 Satz (Höldersche Ungleichung). *Für $p, q > 1$ mit $\frac{1}{p} + \frac{1}{q} = 1$ und Regelfunktionen $f, g \in \mathcal{R}(J)$ gilt:*

$$\int_J |f(x)g(x)| \, dx \leq \left(\int_J |f(x)|^p \, dx \right)^{1/p} \cdot \left(\int_J |g(x)|^q \, dx \right)^{1/q}. \tag{4}$$

BEWEIS. Nach 18.11* d) gilt auch $|f|^p, |g|^q \in \mathcal{R}(J)$. Für $\varepsilon > 0$ sei

$$A_\varepsilon := \left(\int_J |f(x)|^p \, dx \right)^{1/p} + \varepsilon, \quad B_\varepsilon := \left(\int_J |g(x)|^q \, dx \right)^{1/q} + \varepsilon.$$

Für $x \in J$ wendet man (3) auf $a := \frac{|f(x)|}{A_\varepsilon}$, $b := \frac{|g(x)|}{B_\varepsilon}$ an und erhält

$$\frac{|f(x)g(x)|}{A_\varepsilon B_\varepsilon} \leq \frac{1}{p} \frac{|f(x)|^p}{A_\varepsilon^p} + \frac{1}{q} \frac{|g(x)|^q}{B_\varepsilon^q}.$$

Integration liefert dann wegen Satz 18.4 sofort

$$\frac{1}{A_\varepsilon B_\varepsilon} \int_J |f(x)g(x)| \, dx \leq \frac{1}{pA_\varepsilon^p} \int_J |f(x)|^p \, dx + \frac{1}{qB_\varepsilon^q} \int_J |g(x)|^q \, dx$$

$$\leq \ \tfrac{1}{p} + \tfrac{1}{q} \ = \ 1\,, \quad \text{also}$$

$$\int_J |\,f(x)\,g(x)\,|\,dx \ \leq \ A_\varepsilon \cdot B_\varepsilon\,.$$

Mit $\varepsilon \to 0$ folgt daraus die Behauptung (4).   ◇

Für $p = q = 2$ hat man speziell die **Schwarzsche Ungleichung** (vgl. Aufgabe 18.4 für einen anderen Beweis):

$$\int_J |\,f(x)\,g(x)\,|\,dx \ \leq \ \left(\int_J |\,f(x)\,|^2\,dx\right)^{1/2} \cdot \left(\int_J |\,g(x)\,|^2\,dx\right)^{1/2}. \qquad (5)$$

21.10 Satz (Minkowskische Ungleichung). *Für $p \geq 1$ und Regelfunktionen $f, g \in \mathcal{R}(J)$ gilt:*

$$\left(\int_J |\,f(x) + g(x)\,|^p\,dx\right)^{\frac{1}{p}} \ \leq \ \left(\int_J |\,f(x)\,|^p\,dx\right)^{\frac{1}{p}} + \left(\int_J |\,g(x)\,|^p\,dx\right)^{\frac{1}{p}}. \qquad (6)$$

BEWEIS. Für $p = 1$ ist das klar. Für $p > 1$ und $\tfrac{1}{p} + \tfrac{1}{q} = 1$ berechnet man mit Hilfe der Hölderschen Ungleichung für $A := \int_J |\,f(x) + g(x)\,|^p\,dx$:

$$
\begin{aligned}
A \ &= \ \int_J |\,f(x) + g(x)\,| \cdot |\,f(x) + g(x)\,|^{p-1}\,dx \\[1mm]
&\leq \ \int_J |\,f(x)\,| \cdot |\,f(x) + g(x)\,|^{p-1}\,dx + \int_J |\,g(x)\,| \cdot |\,f(x) + g(x)\,|^{p-1}\,dx \\[1mm]
&\leq \ \left(\int_J |\,f(x)\,|^p\,dx\right)^{1/p} \cdot \left(\int_J |\,f(x) + g(x)\,|^{(p-1)q}\,dx\right)^{1/q} \\[1mm]
&\quad + \ \left(\int_J |\,g(x)\,|^p\,dx\right)^{1/p} \cdot \left(\int_J |\,f(x) + g(x)\,|^{(p-1)q}\,dx\right)^{1/q} \\[1mm]
&= \ \left(\left(\int_J |\,f(x)\,|^p\,dx\right)^{1/p} + \left(\int_J |\,g(x)\,|^p\,dx\right)^{1/p}\right) \cdot A^{1/q}
\end{aligned}
$$

wegen $(p - 1) \cdot q = p$. Für $A = 0$ ist (6) richtig, und für $A \neq 0$ dividiert man die letzte Abschätzung durch $A^{1/q}$.   ◇

Wendet man (4) und (6) auf die *Treppenfunktionen* $f := \sum\limits_{k=1}^{n} x_k\,\chi_{(k-1,k)}$ und $g := \sum\limits_{k=1}^{n} y_k\,\chi_{(k-1,k)}$ an, so erhält man speziell die ebenfalls von Hölder und Minkowski stammenden Ungleichungen

$$\sum_{k=1}^{n} |\,x_k y_k\,| \ \leq \ \left(\sum_{k=1}^{n} |\,x_k\,|^p\right)^{1/p} \cdot \left(\sum_{k=1}^{n} |\,y_k\,|^q\right)^{1/q}\,, \qquad (7)$$

$$\left(\sum_{k=1}^{n} |x_k + y_k|^p \right)^{1/p} \leq \left(\sum_{k=1}^{n} |x_k|^p \right)^{1/p} + \left(\sum_{k=1}^{n} |y_k|^p \right)^{1/p} . \qquad (8)$$

Für Zahlen $x_1, x_2, \ldots, x_n \in \mathbb{R}$ werden nun *gewichtete Mittel*

$$x := \sum_{k=1}^{n} \lambda_k x_k \qquad (9)$$

untersucht; hierbei gilt für die *Gewichte* $\lambda_k \geq 0$ und $\sum_{k=1}^{n} \lambda_k = 1$.

21.11 Satz. *Es sei $I \subseteq \mathbb{R}$ ein Intervall. Für $x_1, x_2, \ldots, x_n \in I$ liegen auch alle gewichteten Mittel $x = \sum_{k=1}^{n} \lambda_k x_k$ in I, und für* konvexe *Funktionen* $\varphi : I \mapsto \mathbb{R}$ *gilt die* Jensensche Ungleichung

$$\varphi(x) \leq \sum_{k=1}^{n} \lambda_k \varphi(x_k). \qquad (10)$$

BEWEIS. Der Fall $n = 1$ ist klar, der Fall $n = 2$ ebenso aufgrund der Konvexität von φ. Die Behauptung sei nun für $n - 1$ bereits gezeigt. Mit $\lambda := \sum_{k=1}^{n-1} \lambda_k$ gilt $\sum_{k=1}^{n-1} \frac{\lambda_k}{\lambda} = 1$, und es folgt $y := \sum_{k=1}^{n-1} \frac{\lambda_k}{\lambda} x_k \in I$. Wegen $x = \lambda y + \lambda_n x_n$ und $\lambda + \lambda_n = 1$ ergibt sich dann auch $x \in I$ und

$$\varphi(x) \leq \lambda \varphi(y) + \lambda_n \varphi(x_n) \leq \lambda \sum_{k=1}^{n-1} \frac{\lambda_k}{\lambda} \varphi(x_k) + \lambda_n \varphi(x_n) = \sum_{k=1}^{n} \lambda_k \varphi(x_k)$$

aus der Konvexität von φ und der Induktionsvoraussetzung. $\diamond$

21.12 Folgerung. *Für Zahlen $x_1, x_2, \ldots, x_n > 0$ und $\lambda_1, \lambda_2, \ldots, \lambda_n \geq 0$ mit $\sum_{k=1}^{n} \lambda_k = 1$ gilt die Abschätzung*

$$x_1^{\lambda_1} \cdot x_2^{\lambda_2} \cdots x_n^{\lambda_n} \leq \sum_{k=1}^{n} \lambda_k x_k . \qquad (11)$$

BEWEIS. Da der Logarithmus auf $(0, \infty)$ *konkav* ist, gilt nach (10)

$$\log \left(\sum_{k=1}^{n} \lambda_k x_k \right) \geq \sum_{k=1}^{n} \lambda_k \log x_k ,$$

und Anwendung der Exponentialfunktion liefert die Behauptung. $\diamond$

Speziell erhält man mit $\lambda_k = \frac{1}{n}$ diese allgemeine Fassung der *Ungleichung zwischen geometrischem und arithmetischem Mittel*:

$$\sqrt[n]{x_1 \cdot x_2 \cdots x_n} \leq \frac{1}{n} \sum_{k=1}^{n} x_k . \qquad (12)$$

Die Höldersche und die Minkowskische Ungleichung (7) und (8) für endliche Summen wurden aus den entsprechenden Ungleichungen (4) und (6) für Integrale gefolgert. Man kann auch umgekehrt vorgehen, was nun am Beispiel der *Jensenschen Ungleichung* gezeigt wird:

21.13 Satz. *Es seien* $f \in \mathcal{R}[a,b]$, $M = \sup\limits_{x \in [a,b]} f(x)$, $m = \inf\limits_{x \in [a,b]} f(x)$ *und* $\varphi : [m,M] \mapsto \mathbb{R}$ *konvex und stetig. Dann gilt:*

$$\varphi \left(\tfrac{1}{b-a} \int_a^b f(x)\, dx \right) \leq \tfrac{1}{b-a} \int_a^b \varphi(f(x))\, dx. \tag{13}$$

BEWEIS. a) Für eine Treppenfunktion $t \in \mathcal{T}[a,b]$ wie in 17.1 c) gilt wegen $\sum\limits_{k=1}^{r} \frac{|Z_k|}{b-a} = 1$ aufgrund von Satz 21.11:

$$\begin{aligned}
\varphi \left(\tfrac{1}{b-a} \int_a^b t(x)\, dx \right) &= \varphi \left(\sum_{k=1}^{r} \tfrac{|Z_k|}{b-a} t_k \right) \leq \sum_{k=1}^{r} \tfrac{|Z_k|}{b-a} \varphi(t_k) \\
&= \tfrac{1}{b-a} \int_a^b \varphi(t(x))\, dx.
\end{aligned}$$

b) Es gibt eine Folge $(t_n) \subseteq \mathcal{T}[a,b]$ mit $\| f - t_n \| \to 0$. Ersetzt man t_n durch $\min(t_n, M)$ und dann durch $\max(t_n, m)$, so gilt noch $(t_n) \subseteq \mathcal{T}[a,b]$ und $\| f - t_n \| \to 0$, aber auch $m \leq t_n \leq M$. Da φ nach Theorem 13.7 *gleichmäßig* stetig ist, gilt auch $\| \varphi \circ f - \varphi \circ t_n \| \to 0$ (vgl. Aufgabe 14.6), und mit Theorem 18.2 folgt

$$\begin{aligned}
\varphi \left(\tfrac{1}{b-a} \int_a^b f(x)\, dx \right) &= \lim_{n \to \infty} \varphi \left(\tfrac{1}{b-a} \int_a^b t_n(x)\, dx \right) \\
&\leq \lim_{n \to \infty} \tfrac{1}{b-a} \int_a^b \varphi(t_n(x))\, dx = \tfrac{1}{b-a} \int_a^b \varphi(f(x))\, dx. \quad \diamond
\end{aligned}$$

Speziell gilt für Funktionen $f \in \mathcal{C}[a,b]$ ohne Nullstellen:

$$\exp \left(\tfrac{1}{b-a} \int_a^b \log |f(t)|\, dt \right) \leq \tfrac{1}{b-a} \left(\int_a^b |f(t)|\, dt \right). \tag{14}$$

Schließlich wird noch kurz auf Stetigkeit und Differentiation konvexer Funktionen eingegangen:

21.14 Satz. *Es seien* $I \subseteq \mathbb{R}$ *ein* offenes *Intervall und* $f : I \to \mathbb{R}$ *konvex. Dann ist* f *stetig, und für alle* $a \in I$ *existieren die einseitigen Ableitungen* $f'_-(a)$ *und* $f'_+(a)$. *Insbesondere ist* f *differenzierbar bis auf eine höchstens abzählbare Ausnahmemenge.*

BEWEIS. Mit einer Rechnung wie im Beweis von Satz 21.2 ergibt sich, daß für $(a - \delta, a + \delta) \subseteq I$ die Differenzenquotienten $x \mapsto \Delta f(a; x)$ auf $(a - \delta, a)$ und auch auf $(a, a + \delta)$ monoton wachsen (vgl. Abb. 21c); nach Satz 21.2 gilt auch $\Delta f(a; x_1) \leq \Delta f(a; x_2)$ für $x_1 < a < x_2$. Somit folgt die Existenz von $f'_-(a)$ und $f'_+(a)$ aus Satz 8.18.

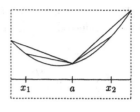

Abb. 21c

Diese impliziert wie in Feststellung 19.5 die Stetigkeit von f. Für $x_1 < x_2$ gilt stets $f'_+(x_1) \leq f'_-(x_2)$, und daraus folgt die letzte Behauptung wie im Beweis von Satz 8.20. $\diamond$

Aufgaben

21.1 Man diskutiere und skizziere die Graphen der auf $(0, \infty)$ definierten Funktionen $x \mapsto x^x$, $x^{1/x}$, $(1 + \frac{1}{x})^x$, $(1 + \frac{1}{x})^{x+1}$.

21.2 Sind Summen bzw. Produkte konvexer Funktionen wieder konvexe Funktionen ?

21.3 a) Es seien $f : I \mapsto J$ konvex und $g : J \mapsto \mathbb{R}$ konvex und monoton wachsend. Man zeige, daß $g \circ f$ konvex ist. Gilt dies auch, wenn g nicht monoton wachsend ist ?
b) Man zeige, daß mit $f : I \mapsto \mathbb{R}$ auch e^f konvex ist. Gilt die Umkehrung dieser Aussage ?

21.4 Für $0 \leq \alpha < 1$ und $p > 0$ wird durch $\varphi(x) := x^\alpha \left(\log \frac{1}{x}\right)^{-p}$ eine Funktion auf $(0, \infty)$ definiert. Man zeige:
a) $\lim\limits_{x \to 0+} \varphi(x) = 0$,
b) $\varphi : [0, \frac{1}{e}] \mapsto \mathbb{R}$ ist stetig, streng monoton wachsend und konkav.

21.5 Es seien $I \subseteq \mathbb{R}$ ein offenes Intervall, $a \in I$ und $f \in \mathcal{C}^3(I)$. Es gelte $f''(a) = 0$, aber $f'''(a) \neq 0$. Ähnlich wie in Satz 20.13 zeige man, daß f in a einen Wendepunkt hat.

21.6 Es sei $\varphi : [0, \infty) \mapsto \mathbb{R}$ stetig, streng monoton wachsend und konkav mit $\varphi(0) = 0$. Man zeige, daß φ *subadditiv* ist, d.h. $\varphi(x + y) \leq \varphi(x) + \varphi(y)$ für $x, y \in [0, \infty)$ erfüllt.

HINWEIS. Man beachte $\Delta \varphi(y; x + y) \leq \Delta \varphi(0; x)$ für $0 \leq x \leq y$.

21.7 Es sei $1 \leq r < t$. Für $f \in \mathcal{R}(J)$ bzw. $x_1, \ldots, x_n \in \mathbb{R}$ zeige man mit Hilfe der Hölderschen Ungleichung

$$\left(\textstyle\int_J |f(x)|^r \, dx \right)^{1/r} \leq |J|^{1/r - 1/t} \left(\textstyle\int_J |f(x)|^t \, dx \right)^{1/t},$$

$$\left(\sum_{k=1}^{n} |x_k|^r \right)^{1/r} \leq n^{1/r - 1/t} \left(\sum_{k=1}^{n} |x_k|^t \right)^{1/t}.$$

21.8 Für $1 \leq r < t$ und $x_1, \ldots, x_n \in \mathbb{R}$ zeige man

$$\left(\sum_{k=1}^{n} |x_k|^t \right)^{1/t} \leq \left(\sum_{k=1}^{n} |x_k|^r \right)^{1/r}.$$

Gilt eine entsprechende Aussage auch für Integrale?

21.9 Ist jede konvexe Funktion $f : [0,1] \mapsto \mathbb{R}$ stetig?

21.10 Man finde eine konvexe Funktion $f : (0,1) \mapsto \mathbb{R}$, die an unendlich vielen Stellen nicht differenzierbar ist.

22   Der Hauptsatz der Differential- und Integralrechnung

In diesem Abschnitt wird der für die Analysis fundamentale Zusammenhang zwischen Differentialrechnung und Integralrechnung hergeleitet. Zwecks Motivation des *Hauptsatzes* wird die nach (17.19) für $x > 1$ gültige Aussage

$$\int_1^x \tfrac{1}{t} \, dt \; = \; \log x \tag{1}$$

diskutiert.   Wie   schon
aus der Notation ersichtlich,
wird nun die (obere) *Gren-*
ze des Integrals als *variabel*
betrachtet (vgl. Abb. 22a);
man studiert also die Variation des Flächeninhalts der
„Menge unter dem Graphen
von $j : t \mapsto {}^1/t$" in Ab-

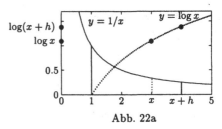

Abb. 22a

hängigkeit von (der rechten Begrenzung) dieser Menge. Für $0 < x < 1$ gilt $\int_x^1 \tfrac{1}{t} \, dt \; = \; \log \tfrac{1}{x} = -\log x$, d.h. (1) gilt auch für $0 < x < 1$, wenn man die Notation

$$\int_b^a f(t) \, dt := -\int_a^b f(t) \, dt \quad \text{für } a < b \text{ und } f \in \mathcal{R}[a,b] \tag{2}$$

verwendet. Nach (19.12) gilt nun $\log' x = 1/x$, d. h. die Ableitung des Integrals (1) nach der oberen Grenze stimmt mit dem Integranden überein, und andererseits wird das Integral (1) des Integranden j durch die *Stammfunktion* log von j ausgedrückt. Diese Zusammenhänge werden nun für beliebige stetige Integranden gezeigt:

22.1 Definition. *Es sei $I \subseteq \mathbb{R}$ ein Intervall. Eine differenzierbare Funktion $F \in \mathcal{F}(I)$ heißt Stammfunktion von $f \in \mathcal{F}(I)$, falls $F' = f$ gilt.*

22.2 Feststellung. *Sind F, $\Phi \in \mathcal{F}(I)$ Stammfunktionen von $f \in \mathcal{F}(I)$, so ist $F - \Phi$ konstant.*

BEWEIS. Wegen $(F - \Phi)' = F' - \Phi' = f - f = 0$ ist dies eine Konsequenz der Folgerung 20.7 aus dem Mittelwertsatz der Differentialrechnung.   ◇

22.3 Theorem (Hauptsatz). *a) Es seien $I \subseteq \mathbb{R}$ ein Intervall und $a \in I$. Für eine stetige Funktion $f \in \mathcal{C}(I)$ wird durch*

$$F(x) := \int_a^x f(t)\,dt, \quad x \in I, \tag{3}$$

eine Stammfunktion F zu f definiert.
b) Ist $f \in \mathcal{C}[a,b]$ und Φ eine Stammfunktion von f auf $[a,b]$, so gilt

$$\int_a^b f(t)\,dt = \Phi(b) - \Phi(a). \tag{4}$$

BEWEIS. a) Für festes $x \in I$ ist also $F'(x) = f(x)$ zu zeigen, wobei $F'(x)$ in Endpunkten von I als einseitige Ableitung zu interpretieren ist. Für $x + h \in I$ gilt nach dem Mittelwertsatz 18.5 (man beachte Notation (2))

$$\Delta F(x; x+h) = \frac{F(x+h) - F(x)}{h} = \frac{1}{h} \int_x^{x+h} f(t)\,dt = f(x + \theta h)$$

für ein $\theta = \theta(x, h) \in [0, 1]$. Für eine Folge $h_n \to 0$ mit $x + h_n \in I$ gilt also $\Delta F(x; x + h_n) = f(x + \theta h_n) \to f(x)$ aufgrund der Stetigkeit von f.
b) Nach a) ist auch $F(x) = \int_a^x f(t)\,dt$ eine Stammfunktion von f. Nach Feststellung 22.2 gilt also $F(x) = \Phi(x) + C$ mit einer Konstanten $C \in \mathbb{R}$. Somit folgt $\int_a^b f(t)\,dt = F(b) = F(b) - F(a) = \Phi(b) - \Phi(a)$.   ◇

22.4 Bemerkungen. a) Der Hauptsatz ist von großer *theoretischer Bedeutung*, da er die *Existenz von Stammfunktionen* zu *allen stetigen Funktionen* garantiert. Für spezielle Funktionen kann es schwierig oder sogar unmöglich sein, Stammfunktionen mit Hilfe bereits bekannter Funktionen explizit auszudrücken.
b) Dieses Phänomen wird bereits durch (1) illustriert: „Die" Stammfunktion (man beachte 22.2) der rationalen Funktion $j : x \mapsto 1/x$ ist *nicht rational*.

Kennt man also den Logarithmus noch nicht (der ja in Abschnitt 11 als Umkehrfunktion der durch einen Grenzprozeß definierten Exponentialfunktion erklärt wurde), so läßt sich keine Stammfunktion von j explizit angeben. Umgekehrt kann man (1) als *Definition* des Logarithmus verwenden, vgl. etwa Aufgabe 22.7 und [11], Chapter 17. Analog dazu wird in Abschnitt 24 die Umkehrfunktion des *Sinus* auf $(-1,1)$ durch $\arcsin x := \int_0^x \frac{dt}{\sqrt{1-t^2}}$ definiert werden.

c) Andererseits ist für viele Funktionen aufgrund von Formeln in Abschnitt 19 die explizite Angabe von Stammfunktionen möglich. In diesen Fällen erlaubt (4) die *bequeme Berechnung von Integralen* (deren *Existenz* schon in Theorem 17.11 gezeigt worden war); hierauf beruht die große *praktische Bedeutung* des Hauptsatzes. □

22.5 Beispiele und Bemerkungen. a) Für die rechte Seite von (4) verwendet man oft die Abkürzung

$$\Phi(x)\big|_a^b := \Phi(b) - \Phi(a)\,. \tag{5}$$

b) Aus $\frac{d}{dx}\,e^x = e^x$ und $\frac{d}{dx}\,x^{\alpha+1} = (\alpha + 1)\,x^\alpha$ für $\alpha \neq -1$ ergibt sich sofort

$$\int_a^b e^x\,dx = e^x\big|_a^b\,, \tag{6}$$

$$\int_a^b x^\alpha\,dx = \frac{1}{\alpha+1}\,x^{\alpha+1}\bigg|_a^b\,, \quad \alpha \neq -1,\ a,\ b > 0\,, \tag{7}$$

letzteres in Übereinstimmung mit (17.17). Im Fall $\alpha > 0$ gilt (7) auch für $a, b \geq 0$, im Fall $\alpha \in \mathbb{N}$ sogar für alle $a, b \in \mathbb{R}$.

c) Für eine Funktion $f \in \mathcal{C}^1[a,b]$ ohne Nullstellen erhält man aus (19.14)

$$\int_a^b \frac{f'(x)}{f(x)}\,dx = \log|f(x)|\ \big|_a^b\,. \quad \square \tag{8}$$

22.6 Bemerkung. Für eine Stammfunktion F von f verwendet man oft die Notation

$$\text{„}\int f(x)\,dx = F(x)\text{“}\,. \tag{9}$$

Das *„unbestimmte Integral“* $\int f(x)\,dx$ bezeichnet *nicht eine* Funktion, sondern die *Menge aller Stammfunktionen* zu f, wegen Feststellung 22.2 also die Menge $\{F + C \mid C \in \mathbb{R}\} \subseteq \mathcal{F}(I)$. Dies ist also die *Äquivalenzklasse* von F unter der Äquivalenzrelation „$F \sim G :\Leftrightarrow F - G$ konstant" auf $\mathcal{F}(I)$ (vgl. Feststellung 3.20). Formeln wie (9) sind stets so zu lesen, daß die Funktion F Element der Menge $\int f(x)\,dx$ ist. □

Natürlich lassen sich Stammfunktionen meist nicht so unmittelbar angeben wie im Fall der Beispiele in 22.5. Zur Berechnung von $\int f(x)\,dx$ versucht man dann, den Integranden geeignet *umzuformen*. Zwei wichtige Methoden dafür ergeben sich aus der *Produktregel* und der *Kettenregel* der Differentialrechnung:

22.7 Satz (Partielle Integration). *Es seien* $f \in C(I)$, F *eine Stammfunktion von* f *und* $g \in C^1(I)$. *Dann gilt*

$$\int f(x) g(x) \, dx = F(x) g(x) - \int F(x) g'(x) \, dx. \tag{10}$$

BEWEIS. Nach der Produktregel gilt $fg = F'g = (Fg)' - Fg'$.   ◇

Im Fall $I = [a, b]$ ergibt sich aus (10) und (4) sofort

$$\int_a^b f(x) g(x) \, dx = F(x) g(x) \big|_a^b - \int_a^b F(x) g'(x) \, dx. \tag{11}$$

22.8 Beispiele. a) Zur Berechnung von $\int \log x \, dx$ über $(0, \infty)$ wählt man $g(x) = \log x$ und $f(x) = 1$; dann kann man $F(x) = x$ wählen und erhält

$$\int \log x \, dx = x \log x - \int x \cdot \tfrac{1}{x} \, dx = x \log x - x.$$

b) Zur Berechnung von $\int x^2 \, e^{-x} \, dx$ wählt man $g(x) = x^2$ und $f(x) = e^{-x}$; dann kann man $F(x) = -e^{-x}$ wählen und erhält

$$\int x^2 \, e^{-x} \, dx = -x^2 \, e^{-x} + 2 \int x \, e^{-x} \, dx.$$

Nochmalige Anwendung der partiellen Integration liefert dann

$$\int x^2 \, e^{-x} \, dx = -x^2 \, e^{-x} - 2x \, e^{-x} + 2 \int e^{-x} \, dx = -(x^2 + 2x + 2) \, e^{-x}. \quad \square$$

22.9 Satz (Substitutionsregel). *Es seien* $f \in C[c, d]$ *und* $g \in C^1[a, b]$ *mit* $g([a, b]) \subseteq [c, d]$. *Dann gilt (mit Notation (2))*

$$\int_a^b f(g(x)) \, g'(x) \, dx = \int_{g(a)}^{g(b)} f(t) \, dt. \tag{12}$$

BEWEIS. Es sei $F \in C^1[c, d]$ eine Stammfunktion von f. Die Kettenregel liefert $(F \circ g)' = (F' \circ g) \cdot g' = (f \circ g) \cdot g'$, und daraus ergibt sich $\int_a^b f(g(x)) \, g'(x) \, dx = (F \circ g) \big|_a^b = F \big|_{g(a)}^{g(b)} = \int_{g(a)}^{g(b)} f(t) \, dt$.   ◇

22.10 Bemerkungen. a) In Satz 22.9 muß g weder monoton noch bijektiv sein. Ist jedoch $g : [a, b] \mapsto [c, d]$ bijektiv mit $g'(x) \neq 0$ auf $[a, b]$, so gilt aufgrund des Zwischenwertsatzes $g' > 0$ oder $g' < 0$ auf $[a, b]$, d.h. g ist streng monoton (vgl. 20.12), und man hat $g(a) = c$, $g(b) = d$ oder $g(a) = d$, $g(b) = c$. Für $h := g^{-1} : [c, d] \mapsto [a, b]$ gilt dann auch

$$\int_c^d f(t) \, dt = \int_{g^{-1}(c)}^{g^{-1}(d)} f(g(x)) \, g'(x) \, dx = \int_{h(c)}^{h(d)} f(h^{-1}(x)) \, \frac{dx}{h'(h^{-1}(x))}, \tag{13}$$

wobei wieder Notation (2) verwendet wurde.

b) Man beachte, daß bei der Substitutionsregel die Integrationsgrenzen mittransformiert werden müssen. Für unbestimmte Integrale lautet (12) so:

$$\int f(g(x))\, g'(x)\, dx \;=\; \Big(\int f(t)\, dt\Big) \circ g\,. \quad \Box \tag{14}$$

22.11 Beispiele. a) Um $\int_a^b (cx+d)^n\, dx$ zu berechnen ($n \in \mathbb{N}$, $c \neq 0$), setzt man $g(x) := cx + d$; dann ist $g'(x) = c$, und man erhält

$$\int_a^b (cx + d)^n\, dx \;=\; \tfrac{1}{c} \int_a^b (g(x))^n g'(x)\, dx \;=\; \tfrac{1}{c} \int_{g(a)}^{g(b)} t^n\, dt \;=\; \tfrac{1}{c} \tfrac{t^{n+1}}{n+1} \Big|_{ca+d}^{cb+d}\,.$$

b) Zur Berechnung von $\int \frac{\log x}{x}\, dx$ (über $(0,\infty)$) setzt man $g(x) := \log x$; dann ist $g'(x) = 1/x$, und mit $f(t) := t$ ergibt sich

$$\int \tfrac{\log x}{x}\, dx \;=\; \int f(g(x))\, g'(x)\, dx \;=\; \Big(\int t\, dt\Big) \circ g \;=\; \tfrac{t^2}{2} \circ g \;=\; \tfrac{1}{2}(\log x)^2\,. \quad \Box$$

22.12 Bemerkungen. Es werden einige nützliche Notationen besprochen.

a) Es ist eine abkürzende Formulierung von (12), im linken Integral „$t = g(x)$" zu *substituieren* und die Regel „$g'(x)\, dx = dt$" zu verwenden. Mit der Notation $\frac{dt}{dx} = g'(x)$ erhält man dafür die suggestive Schreibweise „$\frac{dt}{dx}\, dx = dt$". Ist g bijektiv wie in 22.10 a), so kann man im linken Integral von (13) auch „$x = h(t)$" substituieren und hat „$dx = \frac{dx}{dt}\, dt$" zu beachten. Natürlich müssen die Grenzen stets mittransformiert werden.

b) Beispiel 22.11 b) wird mit diesen Notationen so gerechnet: In $\int_a^b \frac{\log x}{x}\, dx$ substituiert man $t = \log x$; dann ist $dt = \frac{dx}{x}$, also $\int_a^b \frac{\log x}{x}\, dx = \int_{\log a}^{\log b} t\, dt$. Man kann auch $x = e^t$ setzen und erhält dann $dx = e^t\, dt = x\, dt$.

c) Formeln wie „$dt = \frac{dt}{dx}\, dx$" werden hier nur als bequeme Schreibweise für (12), (13) oder (14) gelegentlich verwendet; wie in Bemerkung 17.10 c) bereits gesagt, wird die präzise Bedeutung der Symbole „dx" oder „dt" in Band 2 besprochen. $\quad \Box$

Die Differentialrechnung ist also das wichtigste Hilfsmittel für die explizite Berechnung von Integralen. Umgekehrt läßt sich durch den Hauptsatz die Integrationstheorie zur Behandlung von Problemen der Differentialrechnung verwenden. Dies wird am wichtigen Problem der **Vertauschbarkeit von Differentiation und Limesbildung** gezeigt (vgl. die Bemerkungen nach Theorem 14.5):

22.13 Beispiele und Bemerkungen. a) Ist $(f_n) \subseteq \mathcal{C}^1(I)$ eine konvergente Funktionenfolge, so muß $f := \lim\limits_{n\to\infty} f_n$ *nicht* differenzierbar sein! Bei nur *punktweiser* Konvergenz ergibt sich dies bereits aus Beispiel 14.2. Es wird nun sogar eine Folge von $\mathcal{C}^1$- Funktionen konstruiert, die auf $\mathbb{R}$ *gleichmäßig* gegen die in 0 nicht differenzierbare Betragsfunktion

$A : x \mapsto |x|$ konvergiert, vgl. Abb. 22b.

Dazu versucht man, A auf $[-\frac{1}{n}, \frac{1}{n}]$ so durch ein z. B. *quadratisches Polynom* P_n zu ersetzen, daß eine C^1- Funktion entsteht. Setzt man $P_n(x) = ax^2 + b$ als *gerade* an, so ergibt sich aus $P_n'(\frac{1}{n}) = \frac{2a}{n} \overset{!}{=} 1$ und $P_n(\frac{1}{n}) = \frac{a}{n^2} + b \overset{!}{=} \frac{1}{n}$ sofort $a = \frac{n}{2}$ und $b = \frac{1}{2n}$. Daher definiert man

$$f_n(x) := \begin{cases} \frac{n}{2}x^2 + \frac{1}{2n} & , \quad |x| \leq \frac{1}{n} \\ |x| & , \quad |x| \geq \frac{1}{n} \end{cases} .$$

Damit gilt $f_n \in C^1(\mathbb{R})$, und es ist $\| f_n - A \|$ abzuschätzen. Offenbar gilt

$$\| f_n - A \| = \sup_{|x| \leq 1/n} |P_n(x) - |x|| = \sup_{0 \leq x \leq 1/n} |P_n(x) - x|,$$

da es sich um gerade Funktionen handelt. Wegen $(P_n(x) - x)' = nx - 1$ müssen die Extrema von $P_n(x) - x$ über $[0, \frac{1}{n}]$ in den Randpunkten liegen. Wegen $P_n(\frac{1}{n}) - \frac{1}{n} = 0$ und $P_n(0) - 0 = \frac{1}{2n}$ folgt also schließlich $\| f_n - A \| = \frac{1}{2n} \to 0$ für $n \to \infty$.

b) Nach dem *Weierstraßschen Approximationssatz* (vgl. Theorem 40.12*) und Aufgabe 17.10*) gibt es sogar für alle $f \in C[a,b]$ eine Folge von Polynomen $(P_n) \subseteq \mathbb{R}[x]$ mit $\| P_n - f \|_{[a,b]} \to 0$.

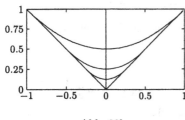

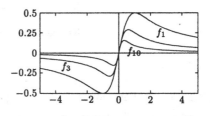

Abb. 22b   Abb. 22c

c) Auch im Fall einer differenzierbaren Grenzfunktion muß die Folge (f_n') nicht gegen f' konvergieren! Als Beispiel wird die Folge $(f_n) \subseteq C^\infty(\mathbb{R})$, $f_n(x) := \dfrac{x}{1 + nx^2}$ betrachtet (vgl. Abb. 22c). Da $\lim\limits_{x \to \pm\infty} f_n(x) = 0$ gilt, ergibt sich ähnlich wie in Beispiel 13.3 die Existenz von Maximal- und Minimalstellen in $\mathbb{R}$ für f_n. Wegen $f_n'(x) = \dfrac{1 - nx^2}{(1 + nx^2)^2}$ muß nach Satz 20.2 für diese Extremalstellen $x^2 = \frac{1}{n}$ gelten, d. h. f_n wird in $\frac{1}{\sqrt{n}}$ maximal und in $-\frac{1}{\sqrt{n}}$ minimal. Insbesondere folgt $\| f_n \| = \frac{1}{2\sqrt{n}} \to 0$. Andererseits gilt jedoch offenbar $f_n'(0) = 1$ für alle $n \in \mathbb{N}$. □

Für eine positive Aussage zur Vertauschbarkeit von Differentiation und Limesbildung muß die *gleichmäßige Konvergenz der Ableitungen vorausgesetzt* werden:

22.14 Theorem. *Es sei* $(f_n) \subseteq C^1[a, b]$ *eine Folge, so daß* (f_n') *gleichmäßig gegen ein* $g \in \mathcal{F}[a, b]$ *konvergiert. Weiter gebe es ein* $x_0 \in [a, b]$ *, so daß die Zahlenfolge* $(f_n(x_0))$ *konvergiert. Dann konvergiert* (f_n) *gleichmäßig gegen ein* $f \in C^1[a, b]$ *, und es gilt* $f' = g$ *.*

BEWEIS. Nach Theorem 14.5 ist g *stetig.* Aufgrund des Hauptsatzes gilt

$$f_n(x) = f_n(x_0) + \int_{x_0}^{x} f_n'(t)\, dt \quad \text{für } x \in [a, b] \text{ und } n \in \mathbb{N}. \tag{15}$$

Nach Theorem 18.2 gilt $\int_{x_0}^{x} f_n'(t)\, dt \to \int_{x_0}^{x} g(t)\, dt$ für alle $x \in [a, b]$, und somit existiert $f(x) := \lim_{n \to \infty} f_n(x)$ für alle $x \in [a, b]$. Aus (15) folgt sofort

$$f(x) = f(x_0) + \int_{x_0}^{x} g(t)\, dt \quad \text{für } x \in [a, b], \tag{16}$$

und der Hauptsatz liefert dann $f'(x) = g(x)$ für $x \in [a, b]$. Wegen

$$
\begin{aligned}
|f_n(x) - f(x)| &\leq |f_n(x_0) - f(x_0)| + \left| \int_{x_0}^{x} f_n'(t)\, dt - \int_{x_0}^{x} g(t)\, dt \right| \\
&\leq |f_n(x_0) - f(x_0)| + |x - x_0| \, \| f_n' - g \| \\
&\leq |f_n(x_0) - f(x_0)| + (b - a) \, \| f_n' - g \|
\end{aligned}
$$

für alle $x \in [a, b]$ ist die Konvergenz von (f_n) gegen f gleichmäßig. $\Diamond$

Aufgaben

22.1 Für die Funktionen $f : x \mapsto \int_1^x \dfrac{x}{1 + e^{2t}}\, dt$ und $g : x \mapsto \int_1^{x^3} \dfrac{x}{1 + e^{2t}}\, dt$ berechne man die Ableitungen $f'(x)$ und $g'(x)$.

22.2 Für $a \in \mathbb{R}$, $h > 0$, $c := a + h$ und $b := a + 2h$ berechne man:

a) $\int_a^b (x - a)\,(x - b)\, dx$,   b) $\int_a^b (x - a)\,(x - c)\, dx$,

c) $\int_a^b (x - b)\,(x - c)\, dx$,   d) $\int_a^b (x - a)\,(x - c)\,(x - b)\, dx$,

e) $\int_a^b (x - a)\,(x - c)^2\,(x - b)\, dx$.

22.3 Für folgende Funktionen f bestimme man Stammfunktionen über geeigneten Intervallen:

a) $\sqrt{x} \log x$ b) $(\log x)^3$ c) $e^{\sqrt{x}}$

d) $\dfrac{1}{\sqrt{1 + e^x}}$ e) $x^x\,(1 + \log x)$ f) $\dfrac{1}{x \log x}$.

22.4 Für die Funktionenfolge $(f_n) \subseteq C^\infty[-1,1]$, $f_n(x) := \frac{1}{n} \exp(-n^3 x^2)$ zeige man $\| f_n \| \to 0$. Gilt $f'_n \to 0$ punktweise bzw. gleichmäßig?

22.5 Im Anschluß an Aufgabe 20.4 finde man die größte Konstante $\gamma \in \mathbb{R}$, so daß zu jedem $f \in C^2[0,1]$ mit $f(0) = 0$, $f(1) = 1$ und $f'(0) = f'(1) = 0$ ein $\xi \in [0,1]$ mit $| f''(\xi) | > \gamma$ existiert.

22.6 Es seien $I \subseteq \mathbb{R}$ ein Intervall, $G \in C^1(I)$ und $g = G'$.
a) Man zeige, daß $y(x) := e^{G(x)}$ die *Differentialgleichung* $y' = g(x)\, y$ löst.
b) Es sei $f \in C^1(I)$ irgendeine Lösung von $y' = g(x)\, y$, d.h. es gelte $f' = g\, f$. Man zeige, daß die Funktion $h : x \mapsto f(x)\, e^{-G(x)}$ konstant ist.

22.7 Für diese Aufgabe ignoriere man alle bisherigen Kenntnisse über den Logarithmus und definiere $L(x) := \int_1^x \frac{dt}{t}$ für $x > 0$.
a) Man zeige $L'(x) = 1/x$ für $x > 0$ und schließe, daß L streng monoton wachsend ist.
b) Mit Hilfe der Substitutionsformel zeige man $L(xy) = L(x) + L(y)$. Man folgere $L(2^n) = nL(2)$ für $n \in \mathbb{N}$, $L(x) \to \infty$ für $x \to \infty$ und die Bijektivität von $L : (0,\infty) \mapsto \mathbb{R}$.
c) Für die Umkehrfunktion $E : \mathbb{R} \mapsto (0,\infty)$ von L beweise man $E' = E$ und $E(0) = 1$. Mit Aufgabe 22.6 schließe man $E = \exp$ und dann $L = \log$.

22.8 Man zeige den *„zweiten Mittelwertsatz der Integralrechnung"*:
Für $f \in C[a,b]$ und monotone $g \in C^1[a,b]$ gibt es $\xi \in [a,b]$ mit

$$\int_a^b f(x)\, g(x)\, dx \; = \; g(a) \int_a^\xi f(x)\, dx \; + \; g(b) \int_\xi^b f(x)\, dx \,.$$

HINWEIS. In (11) wende man (18.7) an.

22.9 Man versuche, Folgerung 20.7 und den Hauptsatz ohne Verwendung von Mittelwertsätzen zu beweisen.

22.10 Es sei $F(x) := \int_{-1}^x H(t)\, dt$ für die *Heaviside-Funktion* H aus Beispiel 8.15 a) und $G(x) := \int_0^x B(t)\, dt$ für die Stammbrüche-Funktion B aus Beispiel 8.16 b). Man berechne $F(x)$ und $G(x)$. Wo sind F bzw. G differenzierbar, und für welche x gilt $F'(x) = H(x)$ bzw. $G'(x) = B(x)$?

22.11 a) Für $f \in \mathcal{R}[a,b]$ definiere man $F(x) := \int_a^x f(t)\, dt$ wie in (3). Man zeige die Stetigkeit von F sowie $F'_+(x) = f(x^+)$, $F'_-(x) = f(x^-)$ für $x \in [a,b)$ bzw. $x \in (a,b]$.
b)* Die Regelfunktion $f \in \mathcal{R}[a,b]$ besitze eine Stammfunktion. Man zeige, daß f stetig sein muß.

23   Bogenlängen und Funktionen von beschränkter Variation (∗)

In diesem Abschnitt wird die Bestimmung von „*Längen*" ebener „*Kurven*",
die als Graphen von Funktionen gegeben sind, diskutiert. Für eine *affine*
Funktion $f : x \mapsto cx + d$ hat man nach dem Satz des Pythagoras

$$L = \sqrt{(b-a)^2 + (f(b) - f(a))^2} = \sqrt{1 + c^2}\,(b-a) \qquad (1)$$

für die Länge der Strecke zwischen den Punkten $(a, f(a))$ und $(b, f(b))$ auf
der Geraden $\Gamma(f)$ (vgl. Abb. 23a).

Es seien nun $J = [a, b]$ ein kompaktes Intervall und $f \in \mathcal{C}(J)$. Für
eine Zerlegung

$$Z = \{a = x_0 < x_1 < \ldots < x_r = b\} \in \mathfrak{Z}(J)$$

des Intervalls J wird die Länge (vgl. Abb. 23b)

$$\mathsf{L}_Z(f) := \sum_{k=1}^{r} \sqrt{(x_k - x_{k-1})^2 + (f(x_k) - f(x_{k-1}))^2} \qquad (2)$$

des Streckenzuges durch die Punkte $(x_0, f(x_0))$, $(x_1, f(x_1))$, …, $(x_r, f(x_r))$
als *Approximation* für die „Bogenlänge" $\mathsf{L}(f)$ von $\Gamma(f)$ betrachtet; bei Verfeinerung der Zerlegung wird diese Approximation besser. Für $f \in \mathcal{C}^1(J)$
ergibt sich aufgrund des Mittelwertsatzes 20.5

$$\mathsf{L}_Z(f) = \sum_{k=1}^{r} \sqrt{(x_k - x_{k-1})^2 + f'(\xi_k)^2\,(x_k - x_{k-1})^2}$$

$$= \sum_{k=1}^{r} \sqrt{1 + f'(\xi_k)^2}\,(x_k - x_{k-1}) = \Sigma(\sqrt{1 + f'^2}, Z, \xi)$$

mit geeigneten $\xi_k \in [x_{k-1}, x_k]$. Nach Theorem 17.11 gilt für *jede* Folge
$(Z^{(n)}) \subseteq \mathfrak{Z}(J)$ mit $\Delta(Z^{(n)}) \to 0$ dann

$$\lim_{n \to \infty} \mathsf{L}_{Z^{(n)}}(f) = \lim_{n \to \infty} \Sigma(\sqrt{1 + f'^2}, Z^{(n)}, \xi^{(n)}) = \int_a^b \sqrt{1 + f'(x)^2}\,dx\,.$$

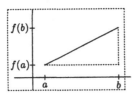

Abb. 23a

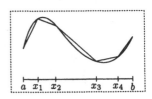

Abb. 23b

Dies legt die folgende Definition nahe (vgl. auch Formel (13) unten):

23.1 Definition. *Für $f \in C^1(J)$ wird die* Bogenlänge *des Graphen von f erklärt als*

$$L(f) := L_a^b(f) := \int_a^b \sqrt{1 + f'(x)^2}\, dx. \tag{3}$$

23.2 Beispiele. a) Für eine affine Funktion $f : x \mapsto cx + d$ hat man $f'(x) = c$ und somit $L_a^b(f) = \int_a^b \sqrt{1 + c^2}\, dx = \sqrt{1 + c^2}\,(b - a)$ in Übereinstimmung mit (1).
b) Es wird die Länge eines *Parabelbogens* berechnet. Für $f : x \mapsto \frac{1}{2} x^2$ ist $f'(x) = x$ und somit

$$L_a^b(f) := \int_a^b \sqrt{1 + x^2}\, dx. \tag{4}$$

Um eine Stammfunktion von $x \mapsto \sqrt{1 + x^2}$ zu berechnen, schreibt man $1 + x^2$ mittels einer Substitution als ein Quadrat. Dies gelingt mit

$$x = \tfrac{1}{2}\left(t - \tfrac{1}{t}\right); \tag{5}$$

in der Tat gilt dann

$$1 + x^2 = 1 + \tfrac{1}{4}\left(t^2 - 2 + \tfrac{1}{t^2}\right) = \tfrac{1}{4}\left(t^2 + 2 + \tfrac{1}{t^2}\right) = \tfrac{1}{4}\left(t + \tfrac{1}{t}\right)^2. \tag{6}$$

Für gegebenes $x \in \mathbb{R}$ ist (5) äquivalent zu $t^2 - 2xt - 1 = 0$, hat also $t = x + \sqrt{1 + x^2}$ als einzige positive Lösung. Folglich ist

$$h : (0, \infty) \mapsto \mathbb{R}, \quad h(t) = \tfrac{1}{2}\left(t - \tfrac{1}{t}\right), \tag{7}$$

bijektiv mit (vgl. Abb. 23c)

$$g = h^{-1} : \mathbb{R} \mapsto (0, \infty), \quad g(x) = x + \sqrt{1 + x^2}. \tag{8}$$

Wegen $dx = \tfrac{1}{2}\left(1 + \tfrac{1}{t^2}\right) dt$ liefert nun die Substitutionsregel

$$\int \sqrt{1 + x^2}\, dx = \tfrac{1}{4} \int \left(t + \tfrac{1}{t}\right)\left(1 + \tfrac{1}{t^2}\right) dt = \tfrac{1}{4} \int \left(t + \tfrac{2}{t} + \tfrac{1}{t^3}\right) dt$$
$$= \tfrac{1}{8}\left(t^2 - \tfrac{1}{t^2} + 4\log t\right).$$

Wegen (5) und (6) gilt $t^2 - \tfrac{1}{t^2} = \left(t - \tfrac{1}{t}\right)\left(t + \tfrac{1}{t}\right) = 2x \cdot 2\sqrt{1 + x^2}$; mit $t = x + \sqrt{1 + x^2}$ folgt also schließlich

$$\int \sqrt{1 + x^2}\, dx = \tfrac{1}{2} x \sqrt{1 + x^2} + \tfrac{1}{2} \log\left(x + \sqrt{1 + x^2}\right). \tag{9}$$

Damit erhält man die Bogenlängen $L_a^b(f)$ direkt aus dem Hauptsatz. Die Funktionen $f(x) = \tfrac{1}{2} x^2$ und $L_0^x(f)$ sind in Abb. 23d skizziert. □

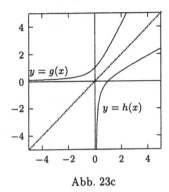

Abb. 23c

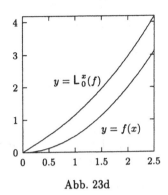

Abb. 23d

Bemerkungen: a) *In Beispiel 23.2 b) lag die Substitution (5) sicher nicht sofort auf der Hand. Sie ist auch bei anderen Integralen, die den Ausdruck $\sqrt{1+x^2}$ enthalten, nützlich; eine Variante davon wird beim Beweis des Satzes 30.5* von Gauß verwendet. Eine andere mögliche Substitution bei solchen Integralen wird in Beispiel 29.7 behandelt.*

b) *Der Rest dieses Abschnitts kann ohne weiteres übergangen werden. Der Begriff der beschränkten Variation tritt allerdings bei der Untersuchung von Fourier-Reihen in Abschnitt 40* auf.*

Für $f \in \mathcal{C}(J)$ läßt sich die Bogenlänge von $\Gamma(f)$ definieren, wenn die Menge $\{\mathsf{L}_Z(f) \mid Z \in \mathfrak{Z}(J)\}$ *beschränkt* ist. Mit

$$\mathsf{V}_Z(f) := \sum_{k=1}^{r} |f(x_k) - f(x_{k-1})| \tag{10}$$

gilt wegen $\sqrt{c^2 + d^2} \leq c + d$ für $c, d \geq 0$ offenbar

$$\mathsf{V}_Z(f) \leq \mathsf{L}_Z(f) \leq (b-a) + \mathsf{V}_Z(f);$$

daher werden im folgenden die einfacheren, für alle $f \in \mathcal{F}(J)$ definierten Ausdrücke $\mathsf{V}_Z(f)$ untersucht.

23.3 * Festellung. *Für Z, $Z^* \in \mathfrak{Z}(J)$ mit $Z \subseteq Z^*$ gilt* $\mathsf{V}_Z(f) \leq \mathsf{V}_{Z^*}(f)$.

BEWEIS. Wie im Beweis von Lemma 17.3 genügt es, den Fall $Z^* := Z \cup \{x^*\}$ mit $x_{j-1} < x^* < x_j$ zu betrachten; für diesen folgt die Behauptung sofort aus $|f(x_j) - f(x_{j-1})| \leq |f(x_j) - f(x^*)| + |f(x^*) - f(x_{j-1})|$. ◇

23.4 ∗ Definition. *Eine Funktion* $f \in \mathcal{F}(J)$ *heißt von* beschränkter Variation, *falls*

$$V(f) := V_a^b(f) := \sup\{V_Z(f) \mid Z \in \mathfrak{Z}(J)\} < \infty \qquad (11)$$

gilt. $V(f)$ *heißt dann* totale Variation *von* f *über* J. *Mit* $\mathcal{BV}(J)$ *wird die Menge aller Funktionen von beschränkter Variation auf* J *bezeichnet.*

23.5 ∗ Satz. *Eine Funktion* $f \in \mathcal{C}^1(J)$ *liegt in* $\mathcal{BV}(J)$, *und es gilt*

$$V(f) = \int_J |f'(x)| \, dx. \qquad (12)$$

BEWEIS. Für $Z \in \mathfrak{Z}(J)$ gilt nach dem Mittelwertsatz 20.5

$$\sum_{k=1}^{r} |f(x_k) - f(x_{k-1})| = \sum_{k=1}^{r} |f'(\xi_k)|(x_k - x_{k-1}) \leq \|f'\|(b-a)$$

mit geeigneten $\xi_k \in \overline{Z}_k$. Es folgt $f \in \mathcal{BV}(J)$, und $V_Z(f) = \Sigma(|f'|, Z, \xi)$ ist eine *Riemannsche Zwischensumme* von $|f'|$. Es sei nun $(Z^{(n)}) \subseteq \mathfrak{Z}(J)$ eine Folge mit $V_{Z^{(n)}}(f) \to V(f)$; durch Verfeinerung der $(Z^{(n)})$ kann man $\Delta(Z^{(n)}) \to 0$ erreichen, wobei wegen Feststellung 23.3 die Aussage $V_{Z^{(n)}}(f) \to V(f)$ erhalten bleibt. Mit Theorem 17.11 folgt dann

$$V(f) = \lim_{n\to\infty} V_{Z^{(n)}}(f) = \lim_{n\to\infty} \Sigma(|f'|, Z^{(n)}, \xi^{(n)}) = \int_J |f'(x)| \, dx. \qquad \diamond$$

Genauso läßt sich im Fall $f \in \mathcal{C}^1(J)$ für die in (3) definierte Bogenlänge

$$L(f) = \sup\{L_Z(f) \mid Z \in \mathfrak{Z}(J)\} \qquad (13)$$

zeigen. Für $f \in \mathcal{C}(J) \cap \mathcal{BV}(J)$ kann man (13) als *Definition* der Bogenlänge $L(f)$ von $\Gamma(f)$ verwenden.

Es gibt *stetige* Funktionen, die *nicht* von beschränkter Variation sind:

23.6 ∗ Beispiel. Es sei $f \in \mathcal{C}[0,1]$ durch $f : x \mapsto xW(x)$ mit der Wackelfunktion W aus 8.15 c) definiert, vgl. auch Abb. 8g. Für die Zerlegungen $Z^{(n)} := \{0, \frac{1}{2n}, \frac{1}{2(n-1)}, \ldots, \frac{1}{4}, \frac{1}{2}, 1\}$ von $[0,1]$ gilt wegen $W(\frac{1}{2k}) = (-1)^k$

$$V_{Z^{(n)}}(f) \geq \sum_{k=1}^{n} \frac{1}{2k} = \frac{1}{2} h_n,$$

und diese Folge ist nach Satz 4.5 unbeschränkt. $\square$

Die Menge $\mathcal{BV}(J)$ wird nun genauer untersucht:

23.7 * **Feststellung.** $\mathcal{BV}(J)$ *ist ein Funktionenraum.*

BEWEIS. Für f, $g \in \mathcal{BV}(J)$, $\alpha \in \mathbb{R}$ und $Z \in \mathfrak{Z}(J)$ gilt offenbar $\mathsf{V}_Z(f+g) \leq \mathsf{V}_Z(f) + \mathsf{V}_Z(g)$ und $\mathsf{V}_Z(\alpha f) = |\alpha| \mathsf{V}_Z(f)$. $\Diamond$

Wie bei Satz 18.8 wird für $a < c < b$ jetzt $J_1 = [a,c]$ und $J_2 = [c,b]$ gesetzt.

23.8 * **Feststellung.** *Für* $f \in \mathcal{F}(J)$ *gilt* $f \in \mathcal{BV}(J) \Leftrightarrow f|_{J_k} \in \mathcal{BV}(J_k)$ *für* $k = 1,2$. *In diesem Fall hat man*

$$\mathsf{V}_a^b(f) = \mathsf{V}_a^c(f) + \mathsf{V}_c^b(f). \tag{14}$$

BEWEIS. „$\Leftarrow$ ": Für $Z \in \mathfrak{Z}(J)$ sei $Z^c := Z \cup \{c\}$ und $Z_k := Z^c \cap J_k$ für $k = 1,2$. Dann folgt $\mathsf{V}_Z(f) \leq \mathsf{V}_{Z^c}(f) \leq \mathsf{V}_{Z_1}(f) + \mathsf{V}_{Z_2}(f) \leq \mathsf{V}_a^c(f) + \mathsf{V}_c^b(f)$, also $f \in \mathcal{BV}(J)$ und „$\leq$ " in (14).
„$\Rightarrow$ ": Für Zerlegungen $Z_k \in \mathfrak{Z}(J_k)$ gilt offenbar $Z := Z_1 \cup Z_2 \in \mathfrak{Z}(J)$ und $\mathsf{V}_a^b(f) \geq \mathsf{V}_Z(f) = \mathsf{V}_{Z_1}(f) + \mathsf{V}_{Z_2}(f)$. Somit folgt $f|_{J_k} \in \mathcal{BV}(J_k)$ und auch „$\geq$ " in (14). $\Diamond$

Für $f \in \mathcal{C}^1(J)$ ergibt sich diese Aussage auch aus den Sätzen 23.5 und 18.8. Es gilt nun die folgende *Charakterisierung* von $\mathcal{BV}(J)$:

23.9 * **Satz (Jordan-Zerlegung).** *Eine Funktion* $f \in \mathcal{F}(J)$ *ist genau dann von beschränkter Variation, wenn es* monoton wachsende *Funktionen* $v, w \in \mathcal{F}(J)$ *gibt mit* $f = v - w$.

BEWEIS. „$\Leftarrow$ ": Es sei $v \in \mathcal{F}(J)$ monoton wachsend. Für $Z \in \mathfrak{Z}(J)$ gilt

$$\mathsf{V}_Z(v) = \sum_{k=1}^{r} (v(x_k) - v(x_{k-1})) = v(b) - v(a).$$

Dies bedeutet $v \in \mathcal{BV}(J)$ und $\mathsf{V}(v) = v(b) - v(a)$. Aufgrund von Feststellung 23.7 folgt dann auch $v - w \in \mathcal{BV}(J)$.
„$\Rightarrow$ " Für $f \in \mathcal{BV}(J)$ betrachtet man die *totale Variationsfunktion*

$$v = v_f : x \mapsto \mathsf{V}_a^x(f). \tag{15}$$

Für $a \leq x < y \leq b$ gilt $\mathsf{V}_a^y(f) = \mathsf{V}_a^x(f) + \mathsf{V}_x^y(f) \geq \mathsf{V}_a^x(f)$ wegen Feststellung 23.8, d.h. v ist monoton wachsend. Für $w := v - f$ gilt dann $w(y) - w(x) = v(y) - f(y) - v(x) + f(x) = \mathsf{V}_x^y(f) - (f(y) - f(x)) \geq 0$, und somit ist auch w monoton wachsend. $\Diamond$

Durch Addition einer genügend großen Konstanten zu v und w kann man in der Jordan-Zerlegung $f = v - w$ stets v, $w \geq 0$ erreichen.

23.10 * **Folgerung.** *a) Es gilt $\mathcal{BV}(J) \subseteq \mathcal{R}(J)$. Die Menge der Unstetigkeitsstellen einer Funktion $f \in \mathcal{BV}(J)$ ist höchstens abzählbar.*
b) $\mathcal{BV}(J)$ ist eine Funktionenalgebra.

BEWEIS. a) ergibt sich sofort aus der Jordan-Zerlegung und Folgerung 18.11* a) sowie Satz 8.20 (vgl. auch Aufgabe 17.5).
b) Für $k = 1, 2$ gilt $f_k = v_k - w_k$ mit monoton wachsenden Funktionen $v_k, w_k \geq 0$. Es folgt

$$f_1 \cdot f_2 = (v_1 v_2 + w_1 w_2) - (v_1 w_2 + v_2 w_1) =: v - w,$$

wobei auch v und w monoton wachsend sind. ◇

Für *stetige* Funktionen von beschränkter Variation gilt:

23.11 * **Satz.** *Für $f \in \mathcal{BV}(J) \cap \mathcal{C}(J)$ ist die in (15) definierte totale Variationsfunktion v_f stetig. Es gilt also $f = v - w$ mit stetigen monoton wachsenden Funktionen $v, w : J \mapsto \mathbb{R}$.*

BEWEIS. Es sei $x_0 \in [a, b]$ und $\varepsilon > 0$. Man wählt zunächst eine Zerlegung $Z = \{x_0 < x_2 < \ldots < x_r = b\}$ von $[x_0, b]$ mit $V_{x_0}^b(f) - \varepsilon < V_Z(f)$ und dann $0 < \delta < x_2 - x_0$ mit $|f(x) - f(x_0)| \leq \varepsilon$ für alle $x \in [a, b]$ mit $|x - x_0| \leq \delta$. Für $x_0 < x_1 < x_0 + \delta \ (< x_2)$ setzt man jetzt $Z_1 = Z \cup \{x_1\}$ und erhält

$$V_{x_0}^b(f) - \varepsilon \leq V_{Z_1}(f) = |f(x_1) - f(x_0)| + \sum_{k=2}^{r} |f(x_k) - f(x_{k-1})| \leq \varepsilon + V_{x_1}^b(f),$$

also $v_f(x_1) - v_f(x_0) = V_{x_0}^{x_1}(f) = V_{x_0}^b(f) - V_{x_1}^b(f) \leq 2\varepsilon$. Somit ist v_f in x_0 rechtsseitig stetig. Für $x_0 \in (a, b]$ folgt die linksseitige Stetigkeit genauso. ◇

Aufgaben

23.1 Man berechne die Bogenlängen $\mathsf{L}_a^b(x^{3/2})$ für $0 \leq a < b \in \mathbb{R}$ und $\mathsf{L}_a^b(\log x)$ für $0 < a < b \in \mathbb{R}$.

23.2 Es seien $h \in \mathcal{C}^1[a, b]$ mit $h'(x) \neq 0$ für $x \in [a, b]$, $[c, d] = h([a, b])$ und $g = h^{-1} : [c, d] \mapsto [a, b]$. Man zeige $\mathsf{L}(h) = \mathsf{L}(g)$ (vgl. etwa Abb. 23c).

23.3 Man berechne die Bogenlängen $\mathsf{L}_1^2(\sqrt{2x})$, $\mathsf{L}_1^2(x^{2/3})$ und $\mathsf{L}_0^b(e^x)$.

23.4 * Man zeige, daß Treppenfunktionen $t \in \mathcal{T}(J)$ und stückweise affine Funktionen $s \in \mathcal{A}_{st}(J)$ (vgl. die Aufgaben 17.10 und 18.6) in $\mathcal{BV}(J)$ liegen und berechne $\mathsf{V}(t)$ und $\mathsf{V}(s)$.

23.5 * Man zeige ohne Verwendung einer Jordan-Zerlegung:

a) Es gilt $\mathcal{BV}(J) \subseteq \mathcal{B}(J)$. Für festes $a \in J$ gilt

$$\| f \| \leq | f(a) | + \mathsf{V}(f) \quad \text{für alle} \quad f \in \mathcal{BV}(J).$$

b) $\mathcal{BV}(J)$ ist eine Funktionenalgebra. Für $f, g \in \mathcal{BV}(J)$ gilt

$$\mathsf{V}(f+g) \leq \mathsf{V}(f) + \mathsf{V}(g) \quad , \quad \mathsf{V}(fg) \leq \| f \| \mathsf{V}(g) + \| g \| \mathsf{V}(f).$$

23.6 * Es sei $(f_n) \subseteq \mathcal{BV}(J)$ eine punktweise gegen $f \in \mathcal{F}(J)$ konvergente Folge, für die $\{\mathsf{V}(f_n) \mid n \in \mathbb{N}\}$ *beschränkt* ist. Man zeige $f \in \mathcal{BV}(J)$.

23.7 * Für $f \in \mathcal{BV}(J)$ konstruiere man eine gleichmäßig gegen f konvergente Folge $(t_n) \subseteq \mathcal{T}(J)$, für die $\{\mathsf{V}(t_n) \mid n \in \mathbb{N}\}$ beschränkt ist.

23.8 * Man zeige, daß eine Funktion $f \in \mathcal{BV}(J)$ genau dann in $x_0 \in J$ stetig ist, wenn dies auf v_f zutrifft.

IV. Elementare Funktionen,

komplexe Zahlen und Integration

Ein wichtiges Thema dieses Kapitels ist die *Weiterentwicklung der Integralrechnung*, ein anderes die *Einführung* interessanter *spezieller Funktionen*, vor allem der sogenannten *elementaren Funktionen* (eine Erklärung dieses Begriffs wird am Ende von Abschnitt 29 gegeben). Beide Themen sind eng miteinander verzahnt: Viele der neuen Funktionen werden *durch Integrale definiert* und liefern dann umgekehrt *neue Möglichkeiten* zur Berechnung von *Stammfunktionen*. Darüber hinaus erfordert die Integration *rationaler Funktionen* die Einführung der *komplexen Zahlen*, die das dritte wichtige Thema des Kapitels bilden.

Als Erweiterung der Integralrechnung werden in Abschnitt 25 die *uneigentlichen Integrale* eingeführt, die die Bestimmung von *Flächeninhalten* gewisser *unbeschränkter Mengen* in der Ebene $\mathbb{R}^2$ ermöglichen; insbesondere können unter geeigneten Konvergenzbedingungen Integrale über *unendliche Intervalle* oder für *unbeschränkte Funktionen* erklärt werden. Uneigentliche Integrale sind auch für die Untersuchung von *Reihen* in Kapitel V nützlich.

In Abschnitt 24 werden *Sinus* und *Kosinus* anhand von Dreiecken am Einheitskreis eingeführt, wobei *Winkel* als *Bogenlängen* gemäß Abschnitt 23 interpretiert, also „im Bogenmaß gemessen" werden. Weitere *trigonometrische Funktionen* und ihre *Umkehrfunktionen*, vor allem der *Arcus-Tangens*, werden in Abschnitt 26 diskutiert. Ähnliche Konstruktionen an einer Hyperbel liefern in Abschnitt 29 die *hyperbolischen Funktionen* und ihre *Umkehrfunktionen*, die durch die Exponentialfunktion und den Logarithmus ausgedrückt werden können.

Die Zahlengerade $\mathbb{R}$ der reellen Zahlen wird in Abschnitt 27 zur *Zahlenebene* $\mathbb{C}$ der *komplexen Zahlen* erweitert; die *imaginäre Einheit* $i = (0,1)$ löst die in $\mathbb{R}$ unlösbare Gleichung $z^2 + 1 = 0$. *Polarkoordinaten* und eine Variante von Theorem 13.1 ermöglichen in Theorem 27.16 einen Beweis des *Fundamentalsatzes der Algebra*. Dieser besagt, daß *jedes nicht konstante Polynom* in $\mathbb{C}$ *Nullstellen besitzt* und daher *in Linearfaktoren zerfällt*. Daraus ergibt sich für *rationale Funktionen* die Existenz einer *Partialbruchzerlegung*, mit deren Hilfe sich deren Stammfunktionen explizit durch rationale Funktionen, den Logarithmus und den Arcus-Tangens ausdrücken lassen.

24   Sinus und Kosinus

Aufgabe: Für den Flächeninhalt A und den Umfang U des Einheitskreises zeige man $U = 2A$.

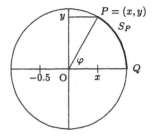

In der elementaren Trigonometrie werden Sinus und Kosinus eines *Winkels* φ folgendermaßen definiert: Man realisiert φ als Winkel zwischen der positiven x-Achse und einer Strecke von $O = (0,0)$ zu einem Punkt $P = (x,y)$ auf der *Kreislinie* $S := \{(\xi,\eta) \in \mathbb{R}^2 \mid \xi^2 + \eta^2 = 1\}$ und setzt dann (vgl. Abb. 24a)

$$\sin \varphi := y, \quad \cos \varphi := x. \tag{1}$$

Abb. 24a

Es tritt nun das Problem auf, daß der Begriff „Winkel" zwar anschaulich klar, jedoch nicht exakt definiert ist. Da aber „offenbar" φ zu der *Länge s* des *Kreisbogens* S_P zwischen den Punkten $Q := (1,0)$ und $P = (x,y)$ proportional ist, arbeitet man einfach mit s statt φ, d. h. „man mißt den Winkel im *Bogenmaß*". Dabei verwendet man üblicherweise noch die Konvention, s im Fall $y > 0$ als *positiv*, im Fall $y < 0$ als *negativ* zu betrachten. Für $P = (x,y) \in S$ mit $x > 0$ gilt offenbar (mit Notation (17.1))

$$S_P = \{(\xi,\eta) \mid \eta \in \setminus 0,y \setminus, \ \xi = \sqrt{1-\eta^2}\}; \tag{2}$$

wegen $|y| < 1$ liegt die Funktion $f : \eta \mapsto \sqrt{1-\eta^2}$ in $\mathcal{C}^1(\setminus 0,y \setminus)$, und mit Definition 23.1 ergibt sich $s = a(y) := \int_0^y \sqrt{1 + f'(\eta)^2}\, d\eta$. Wegen

$$f'(\eta) = \frac{1}{2}(1-\eta^2)^{-1/2} \cdot (-2\eta) = -\frac{\eta}{\sqrt{1-\eta^2}} \tag{3}$$

folgt $s = a(y) = \int_0^y \sqrt{1 + \frac{\eta^2}{1-\eta^2}}\, d\eta = \int_0^y \frac{d\eta}{\sqrt{1-\eta^2}}$. Nach (1) sollte der Sinus als Umkehrfunktion der Funktion a erklärt werden; daher ist diese zunächst genauer zu untersuchen:

Bemerkung: In (2) sind ausnahmsweise y und η die unabhängigen Variablen. Da diese wie stets auf der senkrechten Koordinatenachse variieren, ist Abb. 24a „von links nach rechts" statt „von unten nach oben" zu lesen.

24.1 Definition. *Die Funktion* Arcus-Sinus *wird auf* $(-1,1)$ *definiert durch*

$$\arcsin y := a(y) := \int_0^y \frac{d\eta}{\sqrt{1-\eta^2}}, \quad |y| < 1. \tag{4}$$

24.2 Feststellung. *Es gilt* $a \in C^{\infty}(-1,1)$ *mit* $a'(y) = \frac{1}{\sqrt{1-y^2}}$; *weiter ist* a *streng monoton wachsend und ungerade.*

BEWEIS. Die ersten Behauptungen folgen aus dem Hauptsatz, Satz 19.12 und Bemerkung 20.12. Mit Hilfe der Substitution $\eta = -\zeta$ ergibt sich schließlich $a(-y) = \int_0^{-y} \frac{d\eta}{\sqrt{1-\eta^2}} = -\int_0^y \frac{d\zeta}{\sqrt{1-\zeta^2}} = -a(y)$.   ◇

24.3 Satz. *Es existiert der Grenzwert* $L := \lim_{y \to 1^-} a(y)$.

BEWEIS. Nach Feststellung 24.2 und Satz 8.18 ist nur zu zeigen, daß a beschränkt ist. Dies folgt aus der für $|y| < 1$ gültigen Abschätzung

$$a(y) \leq \int_0^y \frac{d\eta}{\sqrt{1-\eta}} = -2\sqrt{1-\eta}\,\Big|_0^y = 2 - 2\sqrt{1-y} \leq 2 .$$ ◇

Natürlich ist L als die Länge einer Viertelkreislinie zu interpretieren und $2L = 2 \lim_{y \to 1^-} \int_0^y \frac{d\eta}{\sqrt{1-\eta^2}} = \lim_{y \to 1^-} \int_{-y}^y \frac{d\eta}{\sqrt{1-\eta^2}}$ als die einer Halbkreislinie.

24.4 Definition. *Die* **Kreiszahl** π *wird definiert durch*

$$\pi := 2L = 2 \lim_{y \to 1^-} a(y) = 2 \lim_{y \to 1^-} \int_0^y \frac{d\eta}{\sqrt{1-\eta^2}} . \tag{5}$$

24.5 Bemerkungen. a) Wegen $\sqrt{2} \leq L \leq 2$ folgt $2\sqrt{2} \leq \pi \leq 4$.

b) Da a ungerade ist, folgt $\lim_{y \to -1^+} a(y) = -\frac{\pi}{2}$.

Aufgrund des Zwischenwertsatzes ist

$$\arcsin : [-1,1] \mapsto [-\tfrac{\pi}{2}, \tfrac{\pi}{2}] \tag{6}$$

eine *stetige,* streng monoton wachsende *Bijektion* (vgl. Abb. 24b).

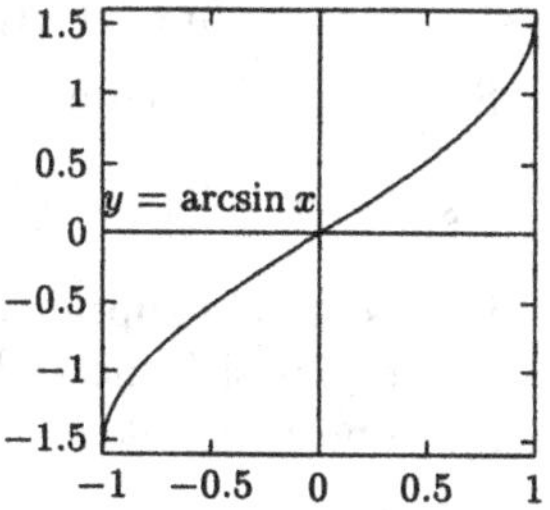

$y = \arcsin x$

Abb. 24b

c) Für $0 < y < 1$ ergibt partielle Integration in (4) wegen (3)

$$a(y) = \int_0^y \frac{1 - \eta^2 + \eta^2}{\sqrt{1-\eta^2}} \, d\eta = \int_0^y \sqrt{1-\eta^2} \, d\eta + \int_0^y \eta \frac{\eta}{\sqrt{1-\eta^2}} \, d\eta$$

$$= \int_0^y \sqrt{1-\eta^2} \, d\eta - \eta \sqrt{1-\eta^2} \,\Big|_0^y + \int_0^y \sqrt{1-\eta^2} \, d\eta$$

$$= 2 \int_0^y \sqrt{1-\eta^2} \, d\eta - y \sqrt{1-y^2} =: 2 \, \mathsf{A}(y) ,$$

wobei $\mathsf{A}(y)$ der Flächeninhalt des *Kreissektors* mit den Eckpunkten O, Q und P ist (vgl. Abb. 24a und die *Bemerkung*). Aufgrund des Hauptsatzes ist A stetig, und $y \to 1^-$ liefert sofort $\frac{\pi}{2} = 2 \int_0^1 \sqrt{1-\eta^2} \, d\eta$. Somit ist

$$\frac{\pi}{2} = 2 \int_0^1 \sqrt{1-\eta^2} \, d\eta = \int_{-1}^1 \sqrt{1-\eta^2} \, d\eta \tag{7}$$

der **Flächeninhalt** eines **Halbkreises** mit Radius 1. Nach Aufgabe 18.7*
stimmt somit Definition 24.4 für π mit Definition 16.2* überein, und insbesondere hat man die Einschließung $3.14157 \le \pi \le 3.14160$ aus (16.10)*.
Auf die genaue Berechnung von π wird in Bemerkung 30.7* und Beispiel
35.3* eingegangen.   □

24.6 Definition. *a) Die Umkehrfunktion von* arcsin $: [-1, 1] \mapsto [-\frac{\pi}{2}, \frac{\pi}{2}]$
heißt **Sinus**

$$\sin : [-\tfrac{\pi}{2}, \tfrac{\pi}{2}] \mapsto [-1, 1]. \tag{8}$$

b) Der **Kosinus** *wird auf* $[-\frac{\pi}{2}, \frac{\pi}{2}]$ *definiert durch*

$$\cos s := \sqrt{1 - \sin^2 s}. \tag{9}$$

24.7 Satz. *a) Es ist* $\sin : [-\frac{\pi}{2}, \frac{\pi}{2}] \mapsto [-1, 1]$ *streng monoton wachsend,
bijektiv, ungerade und stetig. Für* $|s| < \frac{\pi}{2}$ *existiert* $\sin' s = \cos s$.
b) Der Kosinus ist auf $[-\frac{\pi}{2}, \frac{\pi}{2}]$ *stetig und gerade, d. h. für* $s \in [-\frac{\pi}{2}, \frac{\pi}{2}]$ *gilt*
$\cos(-s) = \cos s$. *Für* $|s| < \frac{\pi}{2}$ *existiert* $\cos' s = -\sin s$.

BEWEIS. a) Die ersten Behauptungen sind klar, etwa nach Satz 9.10. Für
$|s| < \frac{\pi}{2}$ ist $y := \sin s \in (-1, 1)$, und nach 24.2 existiert $a'(y) = \frac{1}{\sqrt{1-y^2}} \ne 0$.
Aus Satz 19.8 folgt dann die Differenzierbarkeit des Sinus in s und

$$\sin' s = \tfrac{1}{a'(y)} = \sqrt{1 - y^2} = \sqrt{1 - \sin^2 s} = \cos s.$$

b) Die ersten Behauptungen sind wieder klar. Wegen $|\sin s| < 1$ auf
$(-\frac{\pi}{2}, \frac{\pi}{2})$ ergibt sich die Differenzierbarkeit des Kosinus dort aus der Kettenregel, und man hat

$$\cos' s = \tfrac{1}{2}(1 - \sin^2 s)^{-1/2} \cdot (-2 \sin s \cos s) = -\sin s. \qquad \diamond$$

Die Graphen von Sinus und Kosinus auf $[-\frac{\pi}{2}, \frac{\pi}{2}]$ zeigt Abb. 24c. Beide
Funktionen werden nun auf ganz $\mathbb{R}$ fortgesetzt:
Für $P_1 = (x_1, y_1) \in S$ mit $x_1, y_1 \le 0$ gilt $s_1 = -\mathsf{L}(S_{P_1}) \in [-\pi, -\frac{\pi}{2}]$ und
$s_1 + \pi = \mathsf{L}(S_{-P_1})$ (vgl. Abb. 24d); für $P_2 = (x_2, y_2) \in S$ mit $x_1 \le 0$, $y_1 \ge 0$
hat man entsprechend $s_2 = \mathsf{L}(S_{P_2}) \in [\frac{\pi}{2}, \pi]$ und $s_2 - \pi = -\mathsf{L}(S_{-P_2})$. Dies
führt zu Teil a) der folgenden Definition; anschließend werden Sinus und
Kosinus von $[-\pi, \pi]$ aus 2π - *periodisch* fortgesetzt:

24.8 Definition. *a) Man definiert*

$$\sin s := -\sin(s + \pi), \quad \cos s := -\cos(s + \pi) \quad \textit{für} \quad s \in [-\pi, -\tfrac{\pi}{2}],$$
$$\sin s := -\sin(s - \pi), \quad \cos s := -\cos(s - \pi) \quad \textit{für} \quad s \in [\tfrac{\pi}{2}, \pi].$$

b) Für $k \in \mathbb{Z}$ *und* $(2k-1)\,\pi \leq s \leq (2k+1)\,\pi$ *setzt man*

$$\sin s := \sin(s - 2k\,\pi), \quad \cos s := \cos(s - 2k\,\pi).$$

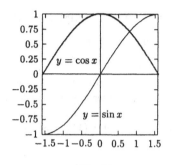

Abb. 24c   Abb. 24d

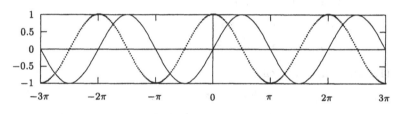

Abb. 24e

24.9 Satz. *Durch Definition 24.8 sind Sinus und Kosinus auf* $\mathbb{R}$ *wohldefiniert und stetig. Weiter gilt* $\sin, \cos \in C^{\infty}(\mathbb{R})$ *und*

$$\sin' s = \cos s, \quad \cos' s = -\sin s \quad \text{für alle} \ s \in \mathbb{R}. \tag{10}$$

BEWEIS. Wegen $\sin\frac{\pi}{2} = -\sin\left(\frac{\pi}{2}-\pi\right) (= 1)$ und $\cos\frac{\pi}{2} = -\cos\left(\frac{\pi}{2}-\pi\right) (= 0)$ sind Sinus und Kosinus in $\frac{\pi}{2}$ eindeutig definiert; analog gilt dies auch in $-\frac{\pi}{2}$. Aus 24.8 a) erhält man $\sin(-\pi) = \sin\pi (= 0)$ und $\cos(-\pi) = \cos\pi (= -1)$, so daß die 2π-periodische Fortsetzung in 24.8 b) wohldefiniert ist. Daraus ergibt sich wegen der Stetigkeit von Sinus und Kosinus auf $[-\frac{\pi}{2}, \frac{\pi}{2}]$ dann auch die Stetigkeit auf ganz $\mathbb{R}$. Wegen Satz 24.7 gilt (10) für $s \in (-\frac{\pi}{2}, \frac{\pi}{2})$, und mit Definition 24.8 folgt dies für alle $s \notin \frac{\pi}{2} \cdot \mathbb{Z} = \{\frac{\pi}{2} \cdot k \mid k \in \mathbb{Z}\}$. Für $t \in \frac{\pi}{2} \cdot \mathbb{Z}$ gilt aber $\lim\limits_{s \to t} \sin' s = \lim\limits_{s \to t} \cos s = \cos t$, wegen Folgerung 20.8 also auch $\sin' t = \cos t$. Genauso ergibt sich auch $\cos' t = -\sin t$. $\diamond$

Aus Definition 24.8 entnimmt man leicht, daß der Sinus auf ganz $\mathbb{R}$ ungerade, der Kosinus dort gerade ist. Abb. 24e zeigt die Graphen von Sinus und Kosinus auf $\mathbb{R}$. Ab jetzt wird die unabhängige Variable statt mit s wieder mit x bezeichnet.

24.10 Satz. *Für Sinus und Kosinus gelten die* **Funktionalgleichungen**

$$\sin(x+y) \;=\; \sin x \cos y \,+\, \cos x \sin y\,, \quad x,y \in \mathbb{R}, \tag{11}$$

$$\cos(x+y) \;=\; \cos x \cos y \,-\, \sin x \sin y\,, \quad x,y \in \mathbb{R}. \tag{12}$$

BEWEIS. Für festes $z \in \mathbb{R}$ berechnet man $h' = 0$ für die Hilfsfunktion $h : x \mapsto \sin x \cos(z-x) + \cos x \sin(z-x)$. Nach Folgerung 20.7 ist h konstant, d. h. es gilt $\sin z = h(0) = h(x) = \sin x \cos(z-x) + \cos x \sin(z-x)$ für alle z, $x \in \mathbb{R}$. Setzt man nun $z := x+y$, so folgt (11). Analog zeigt man auch (12). $\diamond$

Aus (12) ergibt sich insbesondere

$$1 \;=\; \cos(x-x) \;=\; \cos x \cos(-x) - \sin x \sin(-x)\,, \quad \text{also}$$

$$\sin^2 x + \cos^2 x \;=\; 1 \quad \text{für } x \in \mathbb{R}, \tag{13}$$

$$|\sin x|\,,\ |\cos x| \leq 1 \quad \text{für } x \in \mathbb{R}. \tag{14}$$

Aus (11) erhält man speziell

$$\cos x \;=\; \sin(x + \tfrac{\pi}{2}) \quad \text{für } x \in \mathbb{R}; \tag{15}$$

Sinus und Kosinus gehen also durch *Verschiebung* um $\pm\frac{\pi}{2}$ auseinander hervor.

24.11 Beispiele. a) Es wird die bei 0 *oszillierende* Funktion (vgl. Abb. 24f)

$$u : x \mapsto \begin{cases} \cos\frac{1}{x} & ,\ x \neq 0 \\ 0 & ,\ x = 0 \end{cases} \tag{16}$$

untersucht. Wegen $u(\pm\frac{1}{k\pi}) = (-1)^k$ für $k \in \mathbb{N}$ existieren die einseitigen Grenzwerte $u(0^+)$ und $u(0^-)$ *nicht*. Dies gilt auch, wenn man in (16) den Kosinus durch den Sinus ersetzt.

b) Für $\alpha > 0$ sind die Funktionen $u_\alpha : x \mapsto |x|^\alpha \, u(x)$ wegen (14) in 0 (und auf ganz $\mathbb{R}$) *stetig*. Wegen $\Delta(u_\alpha; 0) = \frac{|x|^\alpha}{x} \cos\frac{1}{x}$ ist u_α genau für $\alpha > 1$ in 0 differenzierbar, und dann gilt $u_\alpha'(0) = 0$.

c) Speziell für $\alpha = 2$ (vgl. Abb. 24g) gilt $u_2(x) = x^2 u(x)$ und daher $u_2'(x) = 2x \cos\frac{1}{x} + \sin\frac{1}{x}$ für $x \neq 0$. Nach a) existieren somit die einseitigen Grenzwerte $u_2'(0^+)$ und $u_2'(0^-)$ *nicht*; insbesondere ist u_2 auf $\mathbb{R}$ differenzierbar, u_2' in 0 aber *unstetig*. $\square$

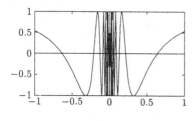

Abb. 24f : $y = \cos 1/x$

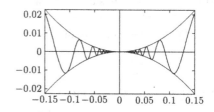

Abb. 24g : $y = x^2 \cos 1/x$

24.12 Beispiel. Für $\beta \in \mathbb{R}$ wird mittels partieller Integration eine Stammfunktion von $x \mapsto e^{-\beta x} \sin x$ berechnet. Man hat

$$\int e^{-\beta x} \sin x \, dx = -e^{-\beta x} \cos x - \int \beta e^{-\beta x} \cos x \, dx$$
$$= -e^{-\beta x} \cos x - \beta e^{-\beta x} \sin x - \int \beta^2 e^{-\beta x} \sin x \, dx \,, \quad \text{also}$$

$$\int e^{-\beta x} \sin x \, dx = -\frac{e^{-\beta x}}{1 + \beta^2} (\cos x + \beta \sin x) . \quad \Box \tag{17}$$

Bemerkung: Es wird nun die bemerkenswerte Wallissche Produktformel für $\frac{\pi}{2}$ hergeleitet. Diese kann zur Not übergangen werden, wird aber zum Beweis der Stirlingschen Formel 36.13* benötigt. Eine andere Herleitung der Wallisschen Produktformel folgt in Beispiel 40.10* d).

24.13 * Beispiel. Es werden die Integrale

$$c_n := \int_0^\pi \sin^n x \, dx \,, \quad n \in \mathbb{N}_0 \,, \tag{18}$$

berechnet. Für $n \geq 2$ ergibt partielle Integration

$$c_n = -\cos x \sin^{n-1} x \big|_0^\pi + (n-1) \int_0^\pi \sin^{n-2} x \cos^2 x \, dx$$
$$= (n-1) \int_0^\pi \sin^{n-2} x \, (1 - \sin^2 x) \, dx \,,$$

also $c_n = (n-1) \, c_{n-2} - (n-1) \, c_n$ oder

$$c_n = \frac{n-1}{n} \, c_{n-2} \,.$$

Wegen $c_0 = \int_0^\pi dx = \pi$ und $c_1 = \int_0^\pi \sin x \, dx = 2$ ergibt sich daraus

$$c_{2n} = \frac{2n-1}{2n} \cdot \frac{2n-3}{2n-2} \cdots \frac{3}{4} \cdot \frac{1}{2} \cdot \pi \,, \tag{19}$$
$$c_{2n+1} = \frac{2n}{2n+1} \cdot \frac{2n-2}{2n-1} \cdots \frac{4}{5} \cdot \frac{2}{3} \cdot 2 \,. \tag{20}$$

Für $0 \leq x \leq \pi$ gilt $\sin^{2n} x \geq \sin^{2n+1} x \geq \sin^{2n+2} x$ wegen $0 \leq \sin x \leq 1$ auf $[0, \pi]$. Integration liefert $c_{2n} \geq c_{2n+1} \geq c_{2n+2} = \frac{2n+1}{2n+2} c_{2n}$. Es folgt $1 \geq \frac{c_{2n+1}}{c_{2n}} \geq \frac{2n+1}{2n+2}$ und somit

$$\lim_{n \to \infty} \frac{c_{2n+1}}{c_{2n}} = 1.$$

Nach (19) und (20) hat man aber

$$\frac{c_{2n+1}}{c_{2n}} = \frac{2n}{2n+1} \cdot \frac{2n}{2n-1} \cdot \frac{2n-2}{2n-1} \cdot \frac{2n-2}{2n-3} \cdots \frac{4}{5} \cdot \frac{4}{3} \cdot \frac{2}{3} \cdot \frac{2}{1} \cdot \frac{2}{\pi},$$

woraus sich die *Wallissche Produktformel* für $\frac{\pi}{2}$ ergibt:

$$\frac{\pi}{2} = \lim_{n \to \infty} \prod_{k=1}^{n} \frac{(2k)^2}{(2k-1)(2k+1)} = \lim_{n \to \infty} \frac{2 \cdot 2}{1 \cdot 3} \cdot \frac{4 \cdot 4}{3 \cdot 5} \cdot \frac{6 \cdot 6}{5 \cdot 7} \cdot \frac{8 \cdot 8}{7 \cdot 9} \cdots . \tag{21}$$

Es seien einige Werte der *endlichen* Produkte $p_n := \prod_{k=1}^{n} \frac{(2k)^2}{(2k-1)(2k+1)}$ notiert: $p_1 = \frac{4}{3}$, $p_2 = \frac{64}{45} = 1,42222$, $p_3 = \frac{256}{175} = 1,46286$, $p_4 = \frac{16384}{11025} = 1,48608, \ldots$, $p_{10} = 1,53385$, $p_{30} = 1,55797$, $p_{100} = 1,56689$. Wegen $\frac{\pi}{2} = 1,5707963 \ldots$ ist also die Konvergenz recht langsam. $\square$

Aufgaben

24.1 Man berechne $\sin \frac{\pi}{6}$, $\sin \frac{\pi}{4}$ und $\sin \frac{\pi}{3}$.

24.2 Man zeige die trigonometrischen Formeln
a) $\sin 2x = 2 \sin x \cos x$, b) $\cos 2x = \cos^2 x - \sin^2 x$,
c) $\cos x - \cos y = -2 \sin \frac{x+y}{2} \sin \frac{x-y}{2}$, d) $\cos \frac{x}{2} = \sqrt{\frac{1+\cos x}{2}}$, $0 \leq x \leq \frac{\pi}{2}$,
e) $\sin x - \sin y = 2 \sin \frac{x-y}{2} \cos \frac{x+y}{2}$, f) $\sin \frac{x}{2} = \sqrt{\frac{1-\cos x}{2}}$, $0 \leq x \leq \frac{\pi}{2}$.

24.3 Man berechne folgende Grenzwerte:
a) $\lim_{x \to 0} \frac{\sin x}{x}$, b) $\lim_{x \to 0} \frac{\sin x - x + x^3/6}{x^5}$, c) $\lim_{x \to 0} \frac{\cos x - 1}{x}$,
d) $\lim_{x \to 0} \frac{\cos x - 1 + x^2/2}{x^4}$, e) $\lim_{x \to 0} (\frac{1}{x} - \frac{1}{\sin x})$, f) $\lim_{x \to \infty} x \sin \frac{1}{x}$.

24.4 Für $x \in \mathbb{R}$ berechne man $\arcsin(\cos x)$.

24.5 a) Es sei $h : \mathbb{R} \mapsto \mathbb{R}$ zweimal differenzierbar und erfülle die *Differentialgleichung* $h'' + h = 0$. Man zeige, daß $h^2 + h'^2$ konstant ist. Aus den *Anfangsbedingungen* $h(0) = h'(0) = 0$ schließe man dann $h = 0$.
b) Es sei $f : \mathbb{R} \mapsto \mathbb{R}$ zweimal differenzierbar mit $f'' + f = 0$. Man zeige $f = A \cos + B \sin$ mit $A = f(0)$ und $B = f'(0)$.
c) Mit Hilfe von b) gebe man einen weiteren Beweis von (11) und (12).

24.6 Man betrachte die Funktionenfolge $(f_n) \subseteq C^\infty(\mathbb{R})$, $f_n(x) := \frac{\sin n^2 x}{n}$.
a) Man zeige, daß (f_n) auf $\mathbb{R}$ gleichmäßig gegen 0 konvergiert.
b) Gilt $f_n'(x) \to 0$ für alle $x \in \mathbb{R}$?

24.7 Man betrachte die Funktionenfolge $(f_n) \subseteq C[0,\pi]$, $f_n(x) := \sin^n x$.
a) Man berechne den punktweisen Grenzwert $f(x) := \lim_{n\to\infty} f_n(x)$.
b) Ist die Konvergenz $f_n \to f$ gleichmäßig ?
c) Man zeige $\lim_{n\to\infty} \int_0^\pi \sin^n x\, dx = 0 = \int_0^\pi f(x)\, dx$.

24.8 Man berechne $\int_0^\pi \sqrt{1 + \cos x}\, dx$ und $\int_1^2 \cos(\log x)\, dx$.

24.9 Man zeige, daß die unstetige Funktion u aus (16) eine Stammfunktion auf $\mathbb{R}$ besitzt.

24.10 Für $f \in C[-1,1]$ zeige man $\int_0^{\pi/2} f(\sin x)\, dx = \int_0^{\pi/2} f(\cos x)\, dx$.
Gilt dies auch für Integrale über $[0,\pi]$?

24.11 Für welche $\alpha > 0$ liegen die Funktionen u_α aus Beispiel 24.11 in $C^1(\mathbb{R})$ bzw. in $C^2(\mathbb{R})$; für welche $\alpha > 0$ sind sie zweimal differerenzierbar bzw. $(*)$ liegen in $\mathcal{BV}[-1,1]$?

24.12 * Man berechne $\lim_{n\to\infty} \frac{1}{\sqrt{n}} \frac{2 \cdot 4 \cdots 2n}{1 \cdot 3 \cdots (2n-1)}$ und $\lim_{n\to\infty} \frac{\sqrt{n}}{4^n} \binom{2n}{n}$.

24.13 * Mit Hilfe der Tatsache $\pi \not\in \mathbb{Q}$ (in Theorem 44.10* wird eine wesentlich schärfere Aussage bewiesen) bestimme man alle Häufungswerte der Folge $(\sin n)$.

25 Uneigentliche Integrale

Aufgabe: Man versuche, $\lim_{y\to\infty} \int_0^y \frac{dx}{1+x^2}$ *zu berechnen.*

In (24.5) wurde die Kreiszahl π als $\pi = 2 \lim_{y\to1^-} \int_0^y \frac{dx}{\sqrt{1-x^2}}$ definiert. Die auf $I := [0,1)$ definierte stetige Funktion $f : x \mapsto (1-x^2)^{-1/2}$ ist auf I *unbeschränkt* und somit sicher keine Regelfunktion. Die Integrale $\int_0^y \frac{dx}{\sqrt{1-x^2}}$ haben aber für $y \to 1^-$ einen *Grenzwert*, den man als *(endlichen)* Flächeninhalt der von den Geraden $x = 0$ und $x = 1$ sowie der x-Achse und dem Graphen von f begrenzten *unbeschränkten* Menge interpretieren kann (vgl. Abb. 25a). Solche Phänomene werden in diesem Abschnitt allgemein untersucht.

25.1 Definition. *Es sei $I \subseteq \mathbb{R}$ ein Intervall. Eine Funktion $f \in \mathcal{F}(I)$ heißt* lokal integrierbar, *falls die Einschränkungen $f|_J$ von f auf alle kompakten Intervalle $J \subseteq I$ in $\mathcal{R}(J)$ liegen. $\mathcal{R}^{loc}(I)$ bezeichne die Menge aller lokal integrierbaren Funktionen auf I.*

Stetige *oder* monotone *Funktionen sind lokal integrierbar.*

25.2 Definition. *a) Es seien $a < b \le +\infty$, $I := [a,b)$ und $f \in \mathcal{R}^{loc}(I)$. Das* uneigentliche Integral[†] $\int_a^{\uparrow b} f(x)\,dx$ *heißt* konvergent, *falls der Limes* $\lim_{y \to b^-} \int_a^y f(x)\,dx$ *existiert, sonst* divergent. *Im Falle der Konvergenz nennt man diesen Limes auch den* Wert *des Integrals und schreibt*

$$\int_a^b f(x)\,dx := \lim_{y \to b^-} \int_a^y f(x)\,dx. \tag{1}$$

b) Analog werden im Fall $-\infty \le a < b$ uneigentliche Integrale $\int_{a\downarrow}^b f(x)\,dx$ über das Intervall $I := (a,b]$ betrachtet. Im Fall der Konvergenz schreibt man

$$\int_a^b f(x)\,dx := \lim_{y \to a^+} \int_y^b f(x)\,dx. \tag{2}$$

Bemerkung: Die (eventuell divergenten) uneigentlichen Integrale $\int_a^{\uparrow b} f(x)\,dx$ sind von ihren Werten $\int_a^b f(x)\,dx$ zu unterscheiden, was hier durch die unterschiedliche Notation erleichtert werden soll.

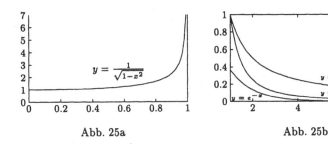

Abb. 25a   Abb. 25b

25.3 Beispiele. a) Es gilt also $\pi = 2 \int_0^1 \frac{dx}{\sqrt{1-x^2}}$.

b) $\int_0^{\uparrow \infty} e^{-x}\,dx$ ist konvergent wegen

$$\int_0^y e^{-x}\,dx = -e^{-x}\big|_0^y = 1 - e^{-y} \to 1 \quad \text{für} \quad y \to \infty.$$

[†]Formal betrachtet, ist $\int_a^{\uparrow b} f(x)\,dx$ nichts anderes als die auf I definierte Funktion $F : y \mapsto \int_a^y f(x)\,dx$.

c) $\int_1^{\uparrow\infty} \frac{dx}{x^\alpha}$ konvergiert genau für $\alpha > 1$. Denn für $\alpha \neq 1$ gilt

$$\int_1^y \frac{dx}{x^\alpha} = \frac{x^{-\alpha+1}}{-\alpha+1}\Big|_1^y = \frac{y^{1-\alpha}}{1-\alpha} - \frac{1}{1-\alpha},$$

und dies ist genau für $\alpha > 1$ konvergent mit $\int_1^\infty \frac{dx}{x^\alpha} = \frac{1}{\alpha-1}$. Für $\alpha = 1$ hat man wegen $\int_1^y \frac{dx}{x} = \log x|_1^y = \log y$ Divergenz. Abb. 25b zeigt die Funktionen $x \mapsto e^{-x}$, $\frac{1}{x^2}$ und $\frac{1}{x}$ auf $[1,\infty)$.

d) $\int_{0\downarrow}^1 \frac{dx}{x^\alpha}$ konvergiert genau für $\alpha < 1$. Denn für $\alpha \neq 1$ gilt

$$\int_y^1 \frac{dx}{x^\alpha} = \frac{x^{-\alpha+1}}{-\alpha+1}\Big|_y^1 = \frac{1}{1-\alpha} - \frac{y^{1-\alpha}}{1-\alpha},$$

und dies ist genau für $\alpha < 1$ konvergent mit $\int_0^1 \frac{dx}{x^\alpha} = \frac{1}{1-\alpha}$. Für $\alpha = 1$ hat man wegen $\int_y^1 \frac{dx}{x} = \log x|_y^1 = -\log y$ Divergenz. $\square$

Durch Anwendung der Sätze 8.17 und 8.18 auf die Stammfunktion $F : y \mapsto \int_a^y f(x)\,dx$ von f erhält man sofort:

25.4 Satz. *Es seien* $I := [a,b)$ *und* $f, g \in \mathcal{R}^{loc}(I)$.

a) $\int_a^{\uparrow b} f(x)\,dx$ *ist genau dann konvergent, falls das folgende* Cauchysche Konvergenzkriterium *erfüllt ist:*

$$\forall\, \varepsilon > 0 \; \exists\, c \in I \; \forall\, c < y_1 < y_2 \in I \; : \; \Big| \int_{y_1}^{y_2} f(x)\,dx \Big| < \varepsilon. \tag{3}$$

b) Für $f \geq 0$ *ist* $\int_a^{\uparrow b} f(x)\,dx$ *genau dann konvergent, wenn die Funktion* $F : y \mapsto \int_a^y f(x)\,dx$ *auf* I *beschränkt ist.*

c) Es gelte $0 \leq f \leq g$, *und* $\int_a^{\uparrow b} g(x)\,dx$ *sei konvergent. Dann ist auch* $\int_a^{\uparrow b} f(x)\,dx$ *konvergent, und es ist* $\int_a^b f(x)\,dx \leq \int_a^b g(x)\,dx$.

Dies gilt entsprechend auch im Fall $I = (a,b]$.

25.5 Beispiele und Bemerkungen. a) Die *Vergleichsaussage* 25.4 c) ist eine wichtige Methode für Konvergenz- oder Divergenzbeweise; in vielen Fällen können die Vergleichsfunktionen $x \mapsto \frac{1}{x^\alpha}$ verwendet werden. Diese Methode wurde bereits beim Beweis von Satz 24.3 benutzt.

b) Die Integrale $\int_e^{\uparrow\infty} \frac{dx}{x\,(\log x)^\gamma}$ liegen "zwischen" den konvergenten Integralen $\int_e^{\uparrow\infty} \frac{dx}{x^\alpha}$ ($\alpha > 1$) und dem divergenten Integral $\int_e^{\uparrow\infty} \frac{dx}{x}$. Mittels der Substitution $t = \log x$ erhält man sofort

$$\int_e^y \frac{dx}{x\,(\log x)^\gamma} = \int_1^{\log y} \frac{dt}{t^\gamma} = \frac{1}{\gamma-1} - \frac{(\log y)^{1-\gamma}}{\gamma-1}$$

und somit Konvergenz genau für $\gamma > 1$.

c) Auch $\int_{0\downarrow}^{1/e} \frac{dx}{x\,\lceil \log x\,\rceil^\gamma} = \int_{0\downarrow}^{1/e} \frac{dx}{x\,(-\log x)^\gamma}$ konvergiert genau für $\gamma > 1$.

d) Gelegentlich kommen auch uneigentliche Integrale $\int_{a\downarrow}^{\uparrow b} f(x)\,dx$ über *offene* Intervalle $I = (a, b)$ vor. Diese heißen *konvergent*, falls für $a < c < b$ die *beiden* Integrale $\int_c^{\uparrow b} f(x)\,dx$ und $\int_{a\downarrow}^c f(x)\,dx$ konvergieren, sonst divergent. So ist also etwa $\int_{-\infty\downarrow}^{\uparrow\infty} x\,dx$ divergent, obwohl $\lim\limits_{y\to\infty} \int_{-y}^{y} x\,dx = 0$ gilt. Es müssen stets beide Grenzübergänge *unabhängig* voneinander durchgeführt werden.

e) Wegen $\frac{1}{1+x^2} \le \frac{1}{x^2}$ und Beispiel 25.3 c) konvergiert $\int_{-\infty\downarrow}^{\uparrow\infty} \frac{dx}{1+x^2}$. Der Wert dieses Integrals wird im nächsten Abschnitt berechnet.

f) Ist $-\infty < a < b < +\infty$ und $f \in \mathcal{R}^{loc}(a, b)$ *beschränkt*, so ist $\int_{a\downarrow}^{\uparrow b} f(x)\,dx$ konvergent. Wegen $\left| \int_{y_1}^{y_2} f(x)\,dx \right| \le \|f\|\,|y_2 - y_1|$ folgt dies sofort aus dem Cauchy-Kriterium (3). Insbesondere sind $\int_{0\downarrow}^1 W(x)\,dx$ (vgl. Bemerkung 18.12* a)) und $\int_{0\downarrow}^1 \cos \frac{1}{x}\,dx$ (vgl. Beispiel 24.11 a)) konvergent. $\square$

Die Linearitätsaussage Satz 18.1 b) gilt auch für uneigentliche Integrale. Dagegen kann die uneigentliche Integration *nicht* mit gleichmäßigen Grenzübergängen vertauscht werden: Für die Funktionenfolge $(f_n) \subseteq \mathcal{C}[0,\infty)$ aus Beispiel 14.4 b) gilt offenbar $\|f_n\| \to 0$, aber $\int_0^\infty f_n(x)\,dx \ge 1$ (vgl. Abb. 25c).

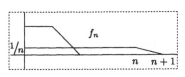

Abb. 25c

Weiter muß im Gegensatz zu Satz 18.1 c) aus der uneigentlichen Integrierbarkeit einer Funktion f nicht die von $|f|$ folgen:

25.6 Beispiele. a) Es wird die Konvergenz von $\int_\pi^{\uparrow\infty} \frac{\sin x}{x}\,dx$ gezeigt (vgl. Abb. 25d). Für $y_2 > y_1 > \pi$ ergibt sich mittels *partieller Integration*

$$\int_{y_1}^{y_2} \frac{\sin x}{x}\,dx = -\frac{\cos x}{x}\Big|_{y_1}^{y_2} - \int_{y_1}^{y_2} \frac{\cos x}{x^2}\,dx, \quad \text{also}$$

$$\left| \int_{y_1}^{y_2} \frac{\sin x}{x}\,dx \right| \le \frac{1}{y_2} + \frac{1}{y_1} + \int_{y_1}^{y_2} \frac{1}{x^2}\,dx = \frac{2}{y_1} \le \varepsilon$$

für $y_2 > y_1 > \frac{2}{\varepsilon}$.

b) Dagegen ist $\int_\pi^{\uparrow\infty} \left| \frac{\sin x}{x} \right|\,dx$ divergent. Dazu berechnet man

$$\int_\pi^{n\pi} \left| \frac{\sin x}{x} \right|\,dx = \sum_{k=2}^{n} \int_{(k-1)\pi}^{k\pi} \left| \frac{\sin x}{x} \right|\,dx$$

$$\geq \sum_{k=2}^{n} \tfrac{1}{k\pi} \int_{(k-1)\pi}^{k\pi} |\sin x|\, dx \geq \tfrac{2}{\pi} \sum_{k=2}^{n} \tfrac{1}{k} \to \infty$$

für $n \to \infty$ aufgrund von Satz 4.5 (vgl. Abb. 25e).   □

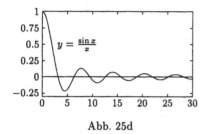

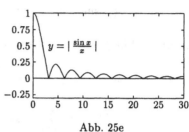

Abb. 25d   Abb. 25e

Dies motiviert die folgende Begriffsbildung:

25.7 Definition. *Für* $f \in \mathcal{R}^{loc}[a, b)$ *heißt das uneigentliche Integral* $\int_{a}^{\uparrow b} f(x)\, dx$ *absolut konvergent, falls* $\int_{a}^{\uparrow b} |f(x)|\, dx$ *konvergiert.*

Analog wird die absolute Konvergenz uneigentlicher Integrale $\int_{a\downarrow}^{b} f(x)\, dx$ und $\int_{a\downarrow}^{\uparrow b} f(x)\, dx$ definiert. Wegen des Cauchy-Kriteriums (3) und der Abschätzung $|\int_{y_1}^{y_2} f(x)\, dx| \leq \int_{y_1}^{y_2} |f(x)|\, dx$ impliziert absolute Konvergenz die (gewöhnliche) Konvergenz; nach Beispiel 25.6 ist aber die *Umkehrung* dieser Aussage *falsch*.

Bemerkung: Der Rest dieses Abschnitts kann übergangen werden; das Riemann-Lebesgue-Lemma ist allerdings für Fourier-Reihen (vgl. Abschnitt 40) wichtig.*

Es wird nun $\int_{0}^{\infty} \frac{\sin x}{x}\, dx$ berechnet (wegen $\lim_{x \to 0} \frac{\sin x}{x} = 1$ kann der Integrand stetig auf $[0, \infty)$ fortgesetzt werden). Dazu wird die folgende *trigonometrische Formel* benötigt: Für $x \in \mathbb{R}$ und $n \in \mathbb{N}_0$ gilt

$$\sin(2n+1)x = \sin x \left(1 + 2 \sum_{k=1}^{n} \cos 2kx\right).   \quad (4)$$

Aus (24.11) und (24.12) ergibt sich zunächst

$$\sin x \, \cos y = \tfrac{1}{2}\left(\sin(x-y) + \sin(x+y)\right), \quad x, y \in \mathbb{R}.   \quad (5)$$

Für $n = 0$ ist (4) offenbar richtig. Gilt nun (4) für $n - 1$, so folgt mit $y = 2nx$ aus (5) sofort

$$\sin(2n+1)x = 2 \sin x \, \cos 2nx + \sin(2n-1)x$$

und damit (4) für n. Eine *Herleitung* von (4) folgt später in Beispiel 37.5.

25.8 * **Lemma (Riemann-Lebesgue).** *Es seien* $I = (a,b)$ *ein beschränktes offenes Intervall und* $f \in \mathcal{R}^{loc}(I)$. *Ist* $\int_{a\downarrow}^{\uparrow b} f(x)\,dx$ *absolut konvergent, so gilt*

$$\lim_{\lambda \to \infty} \int_a^b f(x) \sin \lambda x\,dx \;=\; \lim_{\lambda \to \infty} \int_a^b f(x) \cos \lambda x\,dx \;=\; 0.$$

BEWEIS. a) Für $f = 1$ und $\lambda > 0$ hat man $\int_a^b \sin \lambda x\,dx = -\frac{\cos \lambda x}{\lambda}\big|_a^b \to 0$ für $\lambda \to \infty$.

b) Für $t = \sum_{k=1}^{r} t_k \chi_{Z_k} + \sum_{k=0}^{r} t(x_k) \chi_{[x_k]} \in \mathcal{T}[a,b]$ (vgl. (17.7)) folgt mit a)

$$\int_a^b t(x) \sin \lambda x\,dx \;=\; \sum_{k=1}^{r} t_k \int_{x_{k-1}}^{x_k} \sin \lambda x\,dx \to 0 \quad \text{für} \quad \lambda \to \infty.$$

c) Es sei nun $f \in \mathcal{R}[a,b]$ und $\varepsilon > 0$. Man wählt $t \in \mathcal{T}[a,b]$ mit $\|f-t\| \leq \varepsilon$ und erhält

$$|\int_a^b f(x) \sin \lambda x\,dx| \;\leq\; |\int_a^b (f(x) - t(x)) \sin \lambda x\,dx| + |\int_a^b t(x) \sin \lambda x\,dx|$$
$$\leq\; \varepsilon(b-a) + |\int_a^b t(x) \sin \lambda x\,dx|.$$

Nach b) gibt es nun $\lambda_0 > 0$ mit $|\int_a^b t(x) \sin \lambda x\,dx| < \varepsilon$ für $\lambda > \lambda_0$, und für diese λ folgt dann $|\int_a^b f(x) \sin \lambda x\,dx| \leq \varepsilon(b-a+1)$.

d) Für $f \in \mathcal{R}^{loc}(I)$ gilt nach Satz 18.1 a) auch $f(x) \sin \lambda x \in \mathcal{R}^{loc}(I)$; wegen $|\sin \lambda x| \leq 1$ ist mit $\int_{\downarrow a}^{\uparrow b} f(x)\,dx$ auch $\int_{\downarrow a}^{\uparrow b} f(x) \sin \lambda x\,dx$ absolut konvergent. Zu $\varepsilon > 0$ gibt es $\delta > 0$ mit $\int_a^{a+\delta} |f(x)|\,dx \leq \varepsilon$, $\int_{b-\delta}^b |f(x)|\,dx \leq \varepsilon$. Wegen $f \in \mathcal{R}[a+\delta, b-\delta]$ und c) gibt es $\lambda_0 > 0$ mit $|\int_{a+\delta}^{b-\delta} f(x) \sin \lambda x\,dx| \leq \varepsilon$ für $\lambda > \lambda_0$, und für diese λ folgt dann auch $|\int_a^b f(x) \sin \lambda x\,dx| \leq 3\varepsilon$.

e) Die Aussage $\lim_{\lambda \to \infty} \int_a^b f(x) \cos \lambda x\,dx = 0$ folgt wie in a)–d). $\diamond$

25.9 * **Folgerung.** *Es gilt* $\lim_{\lambda \to \infty} \int_0^{\pi/2} (\frac{1}{x} - \frac{1}{\sin x}) \sin \lambda x\,dx = 0$.

BEWEIS. Es genügt zu zeigen, daß die Funktion $h : x \mapsto \frac{1}{x} - \frac{1}{\sin x}$ eine stetige Fortsetzung nach 0 hat. Nun gilt $h(x) =: \frac{f(x)}{g(x)} = \frac{\sin x - x}{x \sin x}$, und die Voraussetzungen der Regel von de l'Hospital 20.15 sind erfüllt. Dies ist auch für $\frac{f'(x)}{g'(x)} = \frac{\cos x - 1}{\sin x + x \cos x}$ der Fall, und nochmalige Ableitung ergibt $\frac{f''(x)}{g''(x)} = \frac{-\sin x}{\cos x - x \sin x + \cos x} \to 0$ für $x \to 0$. Somit gilt auch $\lim_{x \to 0} h(x) = 0$ aufgrund der Regel von de l'Hospital. $\diamond$

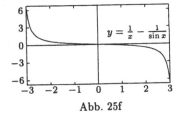

Abb. 25f

25.10 *Satz. Es gilt $\int_0^\infty \frac{\sin x}{x}\, dx = \frac{\pi}{2}$.*

BEWEIS. Da das uneigentliche Integral konvergiert, gilt

$$\int_0^\infty \frac{\sin x}{x}\, dx = \lim_{n\to\infty} \int_0^{(2n+1)\pi/2} \frac{\sin x}{x}\, dx = \lim_{n\to\infty} \int_0^{\pi/2} \frac{\sin(2n+1)t}{t}\, dt.$$

Weiter erhält man $\int_0^\infty \frac{\sin x}{x}\, dx = \lim\limits_{n\to\infty} \int_0^{\pi/2} \frac{\sin(2n+1)t}{\sin t}\, dt$ aufgrund von Folgerung 25.9*. Wegen (4) gilt aber für alle $n \in \mathbb{N}$

$$\int_0^{\pi/2} \frac{\sin(2n+1)t}{\sin t}\, dt = \int_0^{\pi/2} \Big(1 + 2 \sum_{k=1}^n \cos 2kt\Big)\, dt = \frac{\pi}{2},$$

und daraus folgt die Behauptung.   ◇

Aufgaben

25.1 Man entscheide, ob folgende uneigentlichen Integrale konvergieren:

a) $\int_{1\downarrow}^2 \frac{dx}{\log x}$,   b) $\int_1^{\uparrow\infty} \sin^2 \frac{1}{x}\, dx$ c) $\int_0^{\uparrow\infty} \sin(x^2)\, dx$

d) $\int_0^{\uparrow\infty} x^2 e^{-x}\, dx$ e) $\int_0^{\uparrow\infty} x^x e^{-x^2}\, dx$ f) $\int_{0\downarrow}^{\uparrow 1} \frac{dx}{\sqrt{-x \log x}}$.

25.2 Man zeige $\int_0^1 (-\log x)\, dx = \int_0^\infty e^{-x}\, dx = 1$, skizziere diese Flächeninhalte und finde eine geeignete Verallgemeinerung dieser Tatsache.

25.3 Es seien $f, g \in \mathcal{R}^{loc}[a, \infty)$, so daß $\lim\limits_{x\to\infty} \frac{f(x)}{g(x)} =: \ell$ existiert. Man zeige, daß für $\ell \neq 0$ die Konvergenz von $\int_a^{\uparrow\infty} f(x)\, dx$ zu der von $\int_a^{\uparrow\infty} g(x)\, dx$ äquivalent ist. Was läßt sich im Fall $\ell = 0$ aussagen?

25.4 Es sei $f \in \mathcal{R}^{loc}[a, \infty)$, so daß $\int_a^{\uparrow\infty} f(x)\, dx$ konvergiert. Folgt dann $\lim\limits_{x\to\infty} f(x) = 0$? Ist f beschränkt? Man beantworte diese Fragen auch für den Fall absoluter Konvergenz.

25.5 Es sei $f \in \mathcal{C}^1[a, \infty)$ monoton fallend mit $\lim\limits_{x\to\infty} f(x) = 0$. Man zeige, daß $\int_a^{\uparrow\infty} f(x) \sin x\, dx$ und $\int_a^{\uparrow\infty} f(x) \cos x\, dx$ konvergieren.

25.6 Es sei $f \in \mathcal{C}(-\infty, b]$, so daß $\int_{-\infty\downarrow}^b f(x)\, dx$ konvergiert. Für $F(x) := \int_{-\infty}^x f(t)\, dt$ zeige man $F \in \mathcal{C}^1(-\infty, b]$ und berechne F'.

25.7 Man definiere $f_n(x) := \frac{n}{n^2 + x^2}$ für $x \geq 0$ und zeige $\| f_n \| \to 0$. Gilt auch $\int_0^\infty f_n(x)\, dx \to 0$?

25.8 Es seien $f, g \in \mathcal{R}^{loc}(0, 1]$, so daß $\int_{0\downarrow}^1 f(x)\, dx$ und $\int_{0\downarrow}^1 g(x)\, dx$ (absolut) konvergieren. Konvergiert dann auch $\int_{0\downarrow}^1 f(x)g(x)\, dx$ (absolut)?

25.9 * Man berechne $F(t) := \int_0^\infty \frac{\sin tx}{x}\, dx$, $t \in \mathbb{R}$.

26   Arcus-Tangens und Krümmung (∗)

In diesem Abschnitt werden zunächst *Umkehrfunktionen trigonometrischer Funktionen* diskutiert. Die Umkehrfunktion von $\sin : [-\frac{\pi}{2}, \frac{\pi}{2}] \mapsto [-1, 1]$ ist der *Arcus-Sinus* $\arcsin : [-1, 1] \mapsto [-\frac{\pi}{2}, \frac{\pi}{2}]$, der ja in Abschnitt 24 bereits vor der Definition des Sinus eingeführt wurde (vgl. Abb. 24b). Für $k \in \mathbb{Z}$ gilt $\sin(k\pi + x) = (-1)^k \sin x$; daher liefert der Sinus auch bijektive Abbildungen

$$\sin : [k\pi - \tfrac{\pi}{2}, k\pi + \tfrac{\pi}{2}] \mapsto [-1, 1].$$

Die entsprechenden Umkehrabbildungen

$$\arcsin_k : [-1, 1] \mapsto [k\pi - \tfrac{\pi}{2}, k\pi + \tfrac{\pi}{2}] \tag{1}$$

heißen *Nebenzweige* des Arcus-Sinus (vgl. Abb. 26a). Man hat

$$\arcsin_k(y) \;=\; k\pi + (-1)^k \arcsin y, \quad y \in [-1, 1], \quad k \in \mathbb{Z}. \tag{2}$$

Nach (24.15) gilt $\cos x = \sin(x + \frac{\pi}{2})$ für alle $x \in \mathbb{R}$. Für $y \in [-1, 1]$, $k \in \mathbb{Z}$ und $x \in [k\pi, (k+1)\pi]$ hat somit die Gleichung $\cos x = y$ die eindeutig bestimmte Lösung

$$x \;=\; \arcsin_{k+1}(y) - \tfrac{\pi}{2} \;=:\; \arccos_k(y).$$

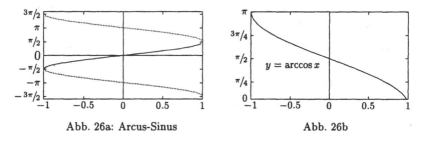

Abb. 26a: Arcus-Sinus   Abb. 26b

Für $k = 0$ erhält man den *Hauptzweig* des Arcus-Kosinus, dieser ist die Umkehrfunktion von $\cos : [0, \pi] \mapsto [-1, 1]$ (vgl. Abb. 26b). Wegen (2) gilt

$$\arccos y \;=\; \tfrac{\pi}{2} - \arcsin y, \quad y \in [-1, 1]. \tag{3}$$

26.1 Definition. *Auf* $\mathbb{R} \backslash \{k\pi + \frac{\pi}{2} \mid k \in \mathbb{Z}\}$ *wird durch*

$$\tan x := \tfrac{\sin x}{\cos x}$$

die Funktion Tangens *erklärt (vgl. Abb. 26c).*

26.2 Satz. *a) Der Tangens ist auf seinem Definitionsbereich eine ungerade und π - periodische C^∞ - Funktion. Es gilt*

$$\tan' x = \frac{1}{\cos^2 x} = 1 + \tan^2 x, \quad x \in \mathbb{R}\backslash\{k\pi + \tfrac{\pi}{2} \mid k \in \mathbb{Z}\}. \qquad (4)$$

b) $\tan : (-\tfrac{\pi}{2}, \tfrac{\pi}{2}) \to \mathbb{R}$ *ist streng monoton wachsend und bijektiv.*

BEWEIS. a) Man hat $\tan(-x) = \frac{\sin(-x)}{\cos(-x)} = \frac{-\sin x}{\cos x} = -\tan x$ und $\tan(x + \pi) = \frac{\sin(x+\pi)}{\cos(x+\pi)} = \frac{-\sin x}{-\cos x} = \tan x$. Aufgrund der Sätze 24.9 und 19.12 ist tan eine C^∞ - Funktion. Nach der Quotientenregel hat man

$$\begin{aligned} \tan' x &= \frac{\cos x \cdot \cos x - \sin x \cdot (-\sin x)}{\cos^2 x} = \frac{1}{\cos^2 x} \\ &= \frac{\cos^2 x + \sin^2 x}{\cos^2 x} = 1 + \tan^2 x. \end{aligned}$$

b) Man hat $\cos^2 x > 0$ auf $(-\tfrac{\pi}{2}, \tfrac{\pi}{2})$, so daß tan wegen (4) dort streng monoton wächst. Weiter ist $\cos x > 0$ auf $(-\tfrac{\pi}{2}, \tfrac{\pi}{2})$, $\cos x \to 0$ und $\sin x \to \pm 1$ für $x \to \pm\tfrac{\pi}{2}$, woraus sich sofort

$$\tan x \to -\infty \text{ für } x \to (-\tfrac{\pi}{2})^+ \quad , \quad \tan x \to +\infty \text{ für } x \to (+\tfrac{\pi}{2})^-$$

ergibt. Daher folgt die Behauptung aus dem Zwischenwertsatz. ◇

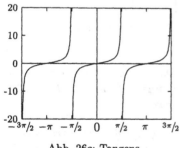

Abb. 26c: Tangens

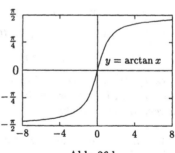

Abb. 26d

26.3 Definition. *Die Umkehrfunktion von* $\tan : (-\tfrac{\pi}{2}, \tfrac{\pi}{2}) \to \mathbb{R}$ *heißt* **Arcus-Tangens** $\arctan : \mathbb{R} \to (-\tfrac{\pi}{2}, \tfrac{\pi}{2})$.

26.4 Satz. *a) Es ist* $\arctan : \mathbb{R} \to (-\tfrac{\pi}{2}, \tfrac{\pi}{2})$ *streng monoton wachsend und bijektiv (vgl. Abb. 26d). Weiter hat man* $\arctan \in C^\infty(\mathbb{R})$ *und*

$$\arctan' x = \frac{1}{1 + x^2}, \quad x \in \mathbb{R}. \qquad (5)$$

BEWEIS. Die ersten Aussagen folgen aus den Sätzen 3.15 b) und 19.12. Nach (19.11) gilt für $x \in \mathbb{R}$ und $y := \arctan x$ wegen (4) die Formel

$$\arctan'(x) \; = \; \frac{1}{\tan' y} \; = \; \frac{1}{1 + \tan^2 y} \; = \; \frac{1}{1 + x^2} \, . \qquad \diamond$$

Für das in Beispiel 25.5 e) betrachtete uneigentliche Integral ergibt sich damit sofort

$$\int_{-\infty}^{\infty} \frac{dx}{1+x^2} \; = \; \lim_{y \to \infty} \arctan y - \lim_{y \to -\infty} \arctan y \; = \; \pi \, . \tag{6}$$

Analog zu (2) sind *Nebenzweige* des Arcus-Tangens durch die Formel

$$\arctan_k(y) \; = \; \arctan y + k\pi \, , \quad y \in \mathbb{R}, \; k \in \mathbb{Z} \, , \tag{7}$$

gegeben; diese sind die Umkehrabbildungen von $\tan : (k\pi - \frac{\pi}{2}, k\pi + \frac{\pi}{2}) \mapsto \mathbb{R}$. Die Zweige $\arctan_{\pm 1}$ treten in Bemerkung 27.5 im Zusammenhang mit *Polarkoordinaten in der Ebene* auf.

In der Trigonometrie betrachtet man noch die auf $\mathbb{R} \backslash \{k\pi \mid k \in \mathbb{Z}\}$ durch $\cot x := \frac{\cos x}{\sin x}$ definierte Funktion *Kotangens* (in der amerikanischen Literatur auch die durch $\sec x := \frac{1}{\cos x}$ und $\csc x := \frac{1}{\sin x}$ definierten Funktionen *Sekans* und *Kosekans*). Aus Satz 24.10 ergibt sich sofort

$$\cot x \; = \; \tan\left(\frac{\pi}{2} - x\right), \quad x \in \mathbb{R} \backslash \{k\pi \mid k \in \mathbb{Z}\} \, , \tag{8}$$

und die Umkehrfunktion von $\cot : (0, \pi) \to \mathbb{R}$ ist gegeben durch

$$\mathrm{arccot}\, x \; = \; \frac{\pi}{2} - \arctan x \, . \tag{9}$$

Bemerkung: Der Rest dieses Abschnitts kann ohne weiteres übergangen werden. Der Krümmungsbegriff wird in Band 1 nicht benötigt und soll in Band 2 in allgemeinerem Rahmen ausführlicher behandelt werden.

Es folgt eine kurze Diskussion des *Krümmungsbegriffs*. Die „*Krümmung*" κ sollte in Punkten einer gegebenen „Kurve" deren Abweichung von einem geraden Verlauf messen. Insbesondere sollte für eine Gerade $\kappa = 0$ sein, und für eine Kreislinie mit Radius $\rho > 0$ sollte $|\kappa|$ zu $\frac{1}{\rho}$ proportional sein. Dies wird durch folgende Konstruktion erreicht: Es seien $a < b \leq +\infty$, $I = [a, b)$ und $f \in \mathcal{C}^2(I)$. Für $x \in I$ ist

$$s := \lambda(x) := \int_a^x \sqrt{1 + f'(t)^2} \, dt \tag{10}$$

nach (23.3) die *Länge* des Graphen $\Gamma(f)$ zwischen den Punkten $(a, f(a))$ und $(x, f(x))$. Wegen $\frac{ds}{dx} = \lambda'(x) = \sqrt{1 + f'(x)^2} > 0$ ist $\lambda : I \mapsto J$ eine streng monoton wachsende $\mathcal{C}^1$ - Abbildung von I auf ein Intervall $J \subseteq \mathbb{R}$.

Man betrachtet nun den *Winkel* $\varphi = \varphi_f(x) \in (-\frac{\pi}{2}, \frac{\pi}{2})$ zwischen der Tangenten in $(x, f(x))$ an $\Gamma(f)$ und der x-Achse (Abb. 26e zeigt für die Parabel $f : x \mapsto x^2$ die Tangenten t_1, t_2 in den Punkten $x_1 = 1$, $x_2 = -1$ und die entsprechenden Winkel φ_1, φ_2) und betrachtet dessen *Änderungsgeschwindigkeit* im Verhältnis zur Bogenlänge als *Krümmung* von f oder $\Gamma(f)$ in x. Mittels $x = \lambda^{-1}(s)$ faßt man also φ als Funktion von s auf und trifft die folgende

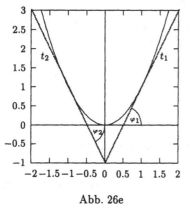

Abb. 26e

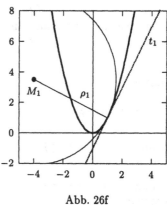

Abb. 26f

26.5 *∗ Definition. Die Ableitung $\kappa := \frac{d\varphi}{ds}$ von φ nach s heißt* Krümmung *von f bzw. $\Gamma(f)$ in s bzw. x.*

26.6 *∗ Satz. Für die Krümmung $\kappa = \kappa_f(x)$ gilt die Formel*

$$\kappa(x) = \frac{f''(x)}{(1 + f'(x)^2)^{3/2}}, \quad x \in I. \tag{11}$$

BEWEIS. Es ist $f'(x)$ gerade die *Steigung* der Tangenten in $(x, f(x))$ an den Graphen $\Gamma(f)$; für den Winkel $\varphi = \varphi_f(x)$ gilt also $\tan \varphi = f'(x)$ und somit $\varphi = \arctan f'(x)$. Mit der Kettenregel und (5) folgt dann

$$\kappa = \frac{d\varphi}{ds} = \frac{d\varphi}{dx} \cdot \frac{dx}{ds} = \frac{f''(x)}{1 + f'(x)^2} \cdot \frac{1}{\sqrt{1 + f'(x)^2}} = \frac{f''(x)}{(1 + f'(x)^2)^{3/2}}. \quad \diamond$$

26.7 *∗ Beispiele und Bemerkungen.* a) Die Krümmung der Kreislinien $f : x \mapsto y_0 \pm \sqrt{\rho^2 - (x - x_0)^2}$ ist $\kappa = \mp\frac{1}{\rho}$, vgl. Aufgabe 26.7∗ b).
b) Für *affine* Funktionen f ist natürlich $\kappa_f \equiv 0$. Es gilt genau dann $\kappa_f \geq 0$ auf I, wenn f dort *konvex* ist (vgl. Folgerung 21.4). In *Wendepunkten* x_0 hat man $\kappa_f(x_0) = 0$.

c) Im Fall $\kappa_f(x_0) = 0$ wird eine Funktion $f \in C^2(I)$ von ihrer Tangente $t : x \mapsto f(x_0) + (x - x_0) f'(x_0)$ in der Nähe von x_0 sehr gut approximiert, da ja dann auch die *zweiten* Ableitungen von f und t in x_0 übereinstimmen. Im Fall $\kappa_f(x_0) \neq 0$ wird f entsprechend gut durch eine *Kreislinie* approximiert, deren Tangente im Punkt $(x_0, f(x_0))$ mit t übereinstimmt und deren Radius $\rho = \frac{1}{|\kappa_f(x_0)|}$ ist. Durch

$$M \;=\; (x_0, f(x_0)) + \frac{1}{\kappa_f(x_0) \sqrt{1 + f'(x_0)^2}} \, (-f'(x_0), 1) \tag{12}$$

wird offenbar der Mittelpunkt dieses *Krümmungskreises* gegeben. Abb. 26f zeigt diesen für die Parabel $f : x \mapsto x^2$ im Punkt $x_1 = 1$. $\square$

Aufgaben

26.1 Man berechne $\dfrac{1}{\sqrt{1 + \tan^2 x}}$ und $\dfrac{\tan x}{\sqrt{1 + \tan^2 x}}$ für $x \in \mathbb{R}$.

26.2 Man zeige $\tan(x + y) = \frac{\tan x + \tan y}{1 - \tan x \tan y}$ und $\tan x + \tan y = \frac{\sin(x+y)}{\cos x \cos y}$ für geeignete $x, y \in \mathbb{R}$.

26.3 Man zeige $\arctan x + \arctan y = \arctan \frac{x+y}{1 - xy}$ für $|xy| < 1$. Speziell folgere man

$$\arctan 1 + \arctan \tfrac{1}{239} \;=\; \arctan \tfrac{120}{119} \;=\; 2 \arctan \tfrac{5}{12} \;=\; 4 \arctan \tfrac{1}{5} \,.$$

26.4 Man zeige $\arcsin x \;=\; \arctan \dfrac{x}{\sqrt{1 - x^2}}$ für $|x| < 1$.

26.5 Man berechne die Grenzwerte

a) $\lim\limits_{x \to 0} \left(\dfrac{1}{\sin x} - \dfrac{1}{\tan x} \right)$,   b) $\lim\limits_{x \to 0} \dfrac{\arcsin x - x - \frac{x^3}{6}}{3x^5}$.

26.6 Für folgende Funktionen f berechne man Stammfunktionen über geeigneten Intervallen :

a) $\arcsin x$ b) $\tan x$ c) $\tan^2 x$

d) $\arctan x$ e) $\dfrac{1}{x^2 + 4x + 5}$ f) $\dfrac{\arctan x}{1 + x^2} \,.$

26.7 * Man berechne die Krümmungen
a) der Potenzfunktionen $p_\alpha : x \mapsto x^\alpha$ auf $(0, \infty)$,
b) der Kreislinien $f : x \mapsto y_0 \pm \sqrt{\rho^2 - (x - x_0)^2}$.

26.8 * Zu $a > 0$ und $x \in \mathbb{R}$ berechne man die Krümmungen $\kappa(x)$ sowie die Mittelpunkte $M(x)$ der Krümmungskreise für die Parabel $x \mapsto ax^2$.

27 Komplexe Zahlen und Polynome

Gewisse quadratische Gleichungen wie „$x^2 + 1 = 0$" besitzen bekanntlich keine reelle Lösung; trotzdem wurden spätestens seit dem 16. Jahrhundert solche Lösungen als zunächst mysteriöse *imaginäre* und *komplexe Zahlen* „gefunden". Diese komplexen Zahlen können als Punkte einer „Ebene" veranschaulicht werden, welche die reelle Zahlengerade als x-Achse enthält; die präzise Fassung dieser Vorstellung wurde von C.F. Gauß und W.R. Hamilton im ersten Drittel des 19. Jahrhunderts entwickelt.

Man definiert auf $\mathbb{C} := \mathbb{R}^2$ eine *Addition* und eine *Multiplikation* durch

$$(x, y) + (u, v) \quad := \quad (x + u, \ y + v),$$

$$(x, y) \cdot (u, v) \quad := \quad (xu - yv, \ xv + yu);$$

für die *imaginäre Einheit* $i := (0, 1)$ gilt dann $i^2 = (-1, 0)$. Für $(x, y) \in \mathbb{C}$ erhält man daraus $(x, y) = (x, 0) + (0, y) = (x, 0) + (0, 1)(y, 0) = x + iy$ mit der Identifizierung $\mathbb{R} \ni x \leftrightarrow (x, 0) \in \mathbb{C}$. Es ist

$$z = x + iy, \quad x, y \in \mathbb{R}, \tag{1}$$

die Standardbeschreibung komplexer Zahlen $z \in \mathbb{C}$. Dabei heißen

$$\operatorname{Re} z := x \quad \text{und} \quad \operatorname{Im} z := y$$

Realteil und *Imaginärteil* von z. Durch

$$\bar{z} := x - iy = \operatorname{Re} z - i \operatorname{Im} z$$

wird die zu z *komplex konjugierte* Zahl definiert. Damit gilt dann stets $z + \bar{z} = 2 \operatorname{Re} z$, $z - \bar{z} = 2i \operatorname{Im} z$ und $z \cdot \bar{z} = (x + iy)(x - iy) = x^2 + y^2 \in \mathbb{R}$.

27.1 Feststellung. *a) Unter der oben definierten Addition und Multiplikation ist $\mathbb{C}$ ein Körper, d. h. es gelten die Axiome K aus Abschnitt 1.*
b) Durch $x \mapsto (x, 0)$ wird $\mathbb{R}$ mit einem Unterkörper von $\mathbb{C}$ identifiziert.
c) Die komplexe Konjugation $z \mapsto \bar{z}$ ist eine Bijektion von $\mathbb{C}$ auf $\mathbb{C}$; stets gilt $\overline{z + w} = \bar{z} + \bar{w}$ und $\overline{z \cdot w} = \bar{z} \cdot \bar{w}$. Man hat $\bar{z} = z \Leftrightarrow z \in \mathbb{R}$.

Dies wird einfach durch Nachrechnen bewiesen; für $0 \neq z = x + iy$ etwa gilt $(x + iy) \cdot \dfrac{x - iy}{x^2 + y^2} = 1$. Die Nenner komplexer Brüche $\frac{z}{w}$ können durch Erweitern mit $\bar{w}$ stets reell gemacht werden: $\frac{z}{w} = \frac{z\bar{w}}{w\bar{w}}$.

27.2 Bemerkungen. a) Rechnungen in $\mathbb{R}$, die nur die Körperaxiome K benutzen, bleiben auch in $\mathbb{C}$ gültig, so etwa die geometrische Summenformel (2.1), der binomische Satz 2.7 oder der Euklidische Algorithmus 10.3 für Polynome.
b) Auf $\mathbb{C}$ existiert keine Ordnung, die Axiom O genügt. Aus diesem würde nämlich $1 = 1^2 > 0$ und auch $-1 = i^2 > 0$ folgen. □

Der Abstand einer komplexen Zahl $z = x + iy \in \mathbb{C}$ zum Nullpunkt heißt *Betrag* oder *Absolutbetrag* von z. Aufgrund des Satzes von Pythagoras ist dieser gegeben durch

$$|z| := \sqrt{x^2 + y^2} = \sqrt{z \cdot \bar{z}}. \tag{2}$$

In Abbildung 27a werden $z = x + iy$, $|z|$, $-z$, $\bar{z}$, und $-\bar{z}$ veranschaulicht. Der Konjugation $z \mapsto \bar{z}$ entspricht geometrisch die *Spiegelung* an der reellen Achse, der Addition komplexer Zahlen die Vektoraddition nach dem „*Parallelogramm der Kräfte*" (vgl. Abb. 27b).

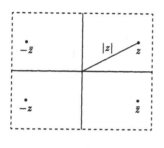
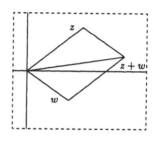

Abb. 27a   Abb. 27b

Offenbar gilt stets $|\bar{z}| = |z|$. Weiter gelten die in Feststellung 1.4 formulierten Eigenschaften des Absolutbetrages auch im Komplexen:

27.3 Satz. *Für $z, w \in \mathbb{C}$ gelten:*

$$|z| \geq 0; \quad |z| = 0 \Leftrightarrow z = 0, \tag{3}$$

$$|zw| = |z||w|, \tag{4}$$

$$|z + w| \leq |z| + |w| \quad \text{(Dreiecks-Ungleichung)}. \tag{5}$$

BEWEIS. Aus $|z| = 0$ folgt $x^2 + y^2 = 0$ und dann $z = x + iy = 0$. Aussage (4) ergibt sich aus

$$
\begin{aligned}
|z \cdot w|^2 &= (z \cdot w)\overline{(z \cdot w)} = (z \cdot w)(\bar{z} \cdot \bar{w}) \\
&= (z \cdot \bar{z})(w \cdot \bar{w}) = |z|^2 \cdot |w|^2 = (|z| \cdot |w|)^2.
\end{aligned}
$$

Schließlich folgt (5) unter Verwendung von (4) aus

$$
\begin{aligned}
|z + w|^2 &= (z + w)\overline{(z + w)} = (z + w)(\bar{z} + \bar{w}) \\
&= z\bar{z} + z\bar{w} + w\bar{z} + w\bar{w} = |z|^2 + 2\,\mathrm{Re}(z\bar{w}) + |w|^2 \\
&\leq |z|^2 + 2|z\bar{w}| + |w|^2 = |z|^2 + 2|z||w| + |w|^2 \\
&= (|z| + |w|)^2.
\end{aligned}
$$

$\diamond$

Natürlich ist (5) ein Spezialfall der Schwarzschen Ungleichung (21.7)*. Für die *Abstände* oder *Distanzen* von Punkten $z_1, z_2, z_3 \in \mathbb{C}$ folgt

$$|z_1 - z_2| = |z_1 - z_3 + z_3 - z_2| \leq |z_1 - z_3| + |z_3 - z_2|,$$

wodurch die Bezeichnung „Dreiecks-Ungleichung" für (5) motiviert wird (vgl. Abb. 27c).

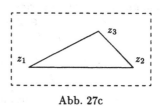

Abb. 27c

Komplexe Zahlen können gemäß (1) durch ihre *rechtwinkligen* oder *kartesischen Koordinaten* x, y, aber auch durch *Polarkoordinaten* r, ϑ beschrieben werden:

27.4 Feststellung. *Zu* $z \in \mathbb{C}$ *gibt es Zahlen* $r \geq 0$ *und* $\vartheta \in \mathbb{R}$ *mit*

$$z = r(\cos\vartheta + i\sin\vartheta). \qquad (6)$$

Dabei gilt stets $r = |z|$, *und für* $z \neq 0$ *wird* ϑ *durch die Bedingung* $-\pi < \vartheta \leq \pi$ *eindeutig festgelegt.*

BEWEIS. Wegen $|\cos\vartheta + i\sin\vartheta|^2 = 1$ für $\vartheta \in \mathbb{R}$ muß $r = |z|$ sein. Für $z \neq 0$ liegt dann $\frac{z}{r}$ auf der *Kreislinie* $S = \{\zeta \in \mathbb{C} \mid |\zeta| = 1\}$, und die Behauptung folgt aus der Konstruktion von Sinus und Kosinus am Anfang von Abschnitt 24 (vgl. insbesondere Abb. 24a). ◇

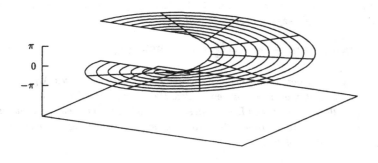

Abb. 27d

27.5 Bemerkungen. a) Natürlich gibt ϑ den (im Bogenmaß gemessenen) *Winkel* an, den die Strecke $[0, z]$ mit der positiven reellen Achse bildet (vgl. Abb. 24a). *Jede* Zahl $\vartheta \in \mathbb{R}$, die (6) erfüllt, heißt ein *Argument* der komplexen Zahl $z \in \mathbb{C}\backslash\{0\}$. Ist ϑ_0 ein Argument von z, so ist

$$\arg z := \{\vartheta = \vartheta_0 + 2k\pi \mid k \in \mathbb{Z}\} \tag{7}$$

die Menge *aller* Argumente von z. Es ist also $\arg z$ *nicht eine* reelle Zahl, sondern eine *Äquivalenzklasse* reeller Zahlen unter der Äquivalenzrelation „$\vartheta_1 \sim \vartheta_2 \Leftrightarrow \vartheta_1 - \vartheta_2 \in 2\pi\mathbb{Z}$". Ähnlich wie bei Stammfunktionen (vgl. Bemerkung 22.6) schreibt man oft

$$\vartheta = \arg z \quad \text{statt} \quad \vartheta \in \arg z. \tag{8}$$

Mit $\operatorname{Arg} z$ wird der *Hauptwert* des Arguments von $z \in \mathbb{C}\backslash\{0\}$, d. h. das eindeutig bestimmte Argument im Intervall $(-\pi, \pi]$ bezeichnet. Die Abbildung $z \mapsto \operatorname{Arg} z$ kann als „Schraubenfläche" über der „gelochten Ebene" $\mathbb{C}\backslash\{0\}$ veranschaulicht werden (vgl. Abb. 27d).
b) Zur Berechnung von $\operatorname{Arg} z = \operatorname{Arg}(x + iy)$ hat man mehrere Fälle zu unterscheiden (vgl. die Überlegungen vor Definition 24.8 und Abb. 24d):
Im Fall $x = 0$ liegt $z = iy$ auf der imaginären Achse; somit ergibt sich $\operatorname{Arg}(iy) = +\frac{\pi}{2}$ für $y > 0$ und $\operatorname{Arg}(iy) = -\frac{\pi}{2}$ für $y < 0$.
Im Fall $x \neq 0$ ist $\tan \operatorname{Arg} z = \frac{y}{x}$. Für $x > 0$ gilt $|\operatorname{Arg} z| < \frac{\pi}{2}$, also

$$\operatorname{Arg}(x + iy) = \arctan \frac{y}{x}.$$

Für $z_1 = x_1 + iy_1$ mit $x_1 < 0, y_1 < 0$ gilt $\operatorname{Arg} z_1 \in (-\pi, -\frac{\pi}{2})$, und man hat $\operatorname{Arg} z_1 + \pi = \operatorname{Arg}(-z_1) = \arctan \frac{y_1}{x_1}$, also

$$\operatorname{Arg}(x_1 + iy_1) = \arctan \frac{y_1}{x_1} - \pi = \arctan_{-1} \frac{y_1}{x_1}.$$

Für $z_2 = x_2 + iy_2$ mit $x_2 < 0, y_2 \geq 0$ gilt $\operatorname{Arg} z_2 \in (\frac{\pi}{2}, \pi]$, und man hat $\operatorname{Arg} z_2 - \pi = \operatorname{Arg}(-z_2) = \arctan \frac{y_2}{x_2}$, also

$$\operatorname{Arg}(x_2 + iy_2) = \arctan \frac{y_2}{x_2} + \pi = \arctan_1 \frac{y_2}{x_2}. \qquad \square$$

Bemerkung: Nach den Erfahrungen des Autors wird der Begriff des Arguments von vielen Studenten nicht richtig verstanden. Da dieser für die Analysis im Komplexen grundlegend ist, sei den Lesern ein sorgfältiges Studium der entsprechenden Nummern 27.4 – 27.10, 27.15 und 37.6 – 37.7 sowie die Bearbeitung der relevanten Übungsaufgaben empfohlen.

Es wird nun zur Abkürzung die Notation (vgl. Satz 37.1)

$$E(\vartheta) := \cos \vartheta + i \sin \vartheta \quad \text{für} \quad \vartheta \in \mathbb{R} \tag{9}$$

eingeführt. Aus den Funktionalgleichungen von Sinus und Kosinus (vgl. Satz 24.10) ergibt sich:

27.6 Satz. *Für komplexe Zahlen* $z_1 = r_1\, E(\vartheta_1)$ *und* $z_2 = r_2\, E(\vartheta_2)$ *gilt*

$$z_1 \cdot z_2 = r_1\, r_2\, E(\vartheta_1 + \vartheta_2)\,. \tag{10}$$

BEWEIS. Man hat

$$
\begin{aligned}
z_1 \cdot z_2 &= r_1 \cdot r_2 \cdot (\cos\vartheta_1 + i\sin\vartheta_1) \cdot (\cos\vartheta_2 + i\sin\vartheta_2) \\
&= r_1 \cdot r_2\ (\ \cos\vartheta_1 \cos\vartheta_2 - \sin\vartheta_1 \sin\vartheta_2 \\
&\qquad\quad + i\,(\cos\vartheta_1 \sin\vartheta_2 + \sin\vartheta_1 \cos\vartheta_2)\ ) \\
&= r_1 \cdot r_2\ (\ \cos(\vartheta_1 + \vartheta_2) + i\sin(\vartheta_1 + \vartheta_2)\ )\,. \qquad \diamond
\end{aligned}
$$

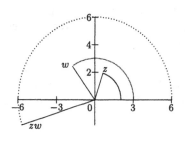

Abb. 27e   Abb. 27f

27.7 Bemerkungen. a) Bei der Multiplikation komplexer Zahlen werden also die Beträge dieser Zahlen multipliziert und ihre Argumente addiert (vgl. Abb. 27e). Insbesondere liefert die Multiplikation mit $E(\vartheta)$ eine *Drehung* der Ebene um den Winkel ϑ.

b) Aus Satz 27.6 ergibt sich die Formel

$$\arg(z_1 \cdot z_2) = \arg z_1 + \arg z_2 := \{\vartheta = \vartheta_1 + \vartheta_2 \mid \vartheta_1 \in \arg z_1\,,\ \vartheta_2 \in \arg z_2\}\,.$$

Insbesondere gilt stets $\operatorname{Arg} z_1 + \operatorname{Arg} z_2 \in \arg(z_1 \cdot z_2)$; diese Summe muß aber *nicht* $= \operatorname{Arg}(z_1 \cdot z_2)$ sein.

So gilt etwa $\operatorname{Arg} i + \operatorname{Arg}(-1) = \frac{\pi}{2} + \pi = \frac{3\pi}{2} = \operatorname{Arg}(-i) + 2\pi$. $\qquad\square$

Aus Satz 27.6 ergibt sich die *Formel von de Moivre:*

27.8 Folgerung. *Für* $z = r\, E(\vartheta)$ *und* $n \in \mathbb{N}$ *gelten*

$$z^n = r^n\, E(n\vartheta)\,, \quad \frac{1}{z} = \frac{1}{r}\, E(-\vartheta)\,. \tag{11}$$

BEWEIS. Die erste Aussage folgt induktiv aus (10), die zweite ebenfalls aus (10) wegen $z \cdot \frac{1}{r}\, E(-\vartheta) = r \cdot \frac{1}{r} \cdot E(\vartheta - \vartheta) = E(0) = 1$. $\qquad \diamond$

Aus der Formel von de Moivre ergibt sich nun leicht:

27.9 Satz. *Für $n \in \mathbb{N}$ und $w \in \mathbb{C}\backslash\{0\}$ gibt es genau n Lösungen der Gleichung $z^n = w$.*

BEWEIS. Ist $w = |w| E(\psi)$, so setzt man $z = |z| E(\vartheta)$ an und findet sofort $|z|^n = |w|$, $n\vartheta \in \arg w$. Es folgt $|z| = \sqrt[n]{|w|}$ und $n\vartheta = \psi + 2k\pi$, $k \in \mathbb{Z}$; dies liefert Lösungen z_k zu den Argumenten $\vartheta_k = \frac{\psi + 2k\pi}{n}$, $k \in \mathbb{Z}$. Wegen $\vartheta_p - \vartheta_q = 2\pi \frac{p-q}{n} \in 2\pi\mathbb{Z}$ für $p - q \in n\mathbb{Z}$ gilt $z_p = z_q$ für $p - q \in n\mathbb{Z}$; daher hat man genau n *verschiedene* Lösungen, nämlich $z_0, \ldots, z_{n-1}$. $\Diamond$

27.10 Beispiel. Die Gleichung $z^n = 1$ hat die n verschiedenen Lösungen $z_{n,k} = \epsilon_n^k$, $k = 0, \ldots, n-1$, mit $\epsilon_n := E(\frac{2\pi}{n})$. Diese *$n$-ten Einheitswurzeln* (vgl. Abb. 27f für $n = 7$) bilden die Eckpunkte eines regelmäßigen n-Ecks mit Umkreis $S = \{z \in \mathbb{C} \mid |z| = 1\}$. $\square$

Die Funktion $p_2 : z \mapsto z^2$ wird noch einmal durch die folgenden beiden Abbildungen veranschaulicht. p_2 bildet die Geraden $\operatorname{Re} z = c$ und $\operatorname{Im} z = c$ auf *Parabeln* ab, Strahlen $\operatorname{Arg} z = c$ wieder auf Strahlen und Kreislinien $|z| = c$ wieder auf Kreislinien.

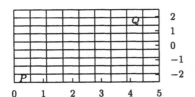
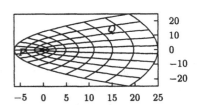

Abb. 27g : $z \mapsto z^2$

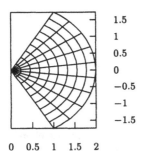
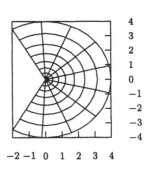

Abb. 27h : $z \mapsto z^2$

Das Hauptergebnis dieses Abschnitts ist der *Fundamentalsatz der Algebra*, der die Existenz komplexer Nullstellen für jedes nicht konstante Polynom sichert. Zum Beweis müssen zunächst einige Konzepte der Analysis im Komplexen entwickelt werden:

27.11 Definition. *a) Eine Funktion $f : \mathbb{N} \mapsto \mathbb{C}$ heißt (komplexe) Folge. Mit $z_n := f(n)$ schreibt man $f = (z_n)$.*

b) Eine Folge $(z_n) \subseteq \mathbb{C}$ heißt konvergent *gegen $z \in \mathbb{C}$, falls $|z_n - z| \to 0$ gilt. Man schreibt $z = \lim\limits_{n \to \infty} z_n$ oder $z_n \to z$.*

Wegen $|z_n - z|^2 = |\operatorname{Re} z_n - \operatorname{Re} z|^2 + |\operatorname{Im} z_n - \operatorname{Im} z|^2$ gilt

$$z_n \to z \Leftrightarrow \operatorname{Re} z_n \to \operatorname{Re} z \quad \text{und} \quad \operatorname{Im} z_n \to \operatorname{Im} z. \tag{12}$$

Mengen $A \subseteq \mathbb{C}$ bzw. Funktionen $f : M \mapsto \mathbb{C}$ heißen *beschränkt*, wenn es $C > 0$ mit $|a| \leq C$ für alle $a \in A$ bzw. $|f(x)| \leq C$ für alle $x \in M$ gibt. *Teilfolgen* werden wie in 12.2 definiert. Wie im Reellen gilt dann

27.12 Satz (Bolzano-Weierstraß). *Jede beschränkte Folge in $\mathbb{C}$ hat eine konvergente Teilfolge.*

BEWEIS. Ist die Folge $(z_n) \subseteq \mathbb{C}$ beschränkt, so gilt dies auch für die reellen Folgen $(x_n = \operatorname{Re} z_n)$ und $(y_n = \operatorname{Im} z_n)$. Nach Theorem 12.6 hat (x_n) eine konvergente Teilfolge $x_{n_j} \to x \in \mathbb{R}$. Wiederum nach Theorem 12.6 hat dann (y_{n_j}) eine konvergente Teilfolge $y_{n_{j_k}} \to y \in \mathbb{R}$, und es folgt $z_{n_{j_k}} \to x + iy =: z \in \mathbb{C}$.   ◇

27.13 Definition. *Es sei $A \subseteq \mathbb{C}$. Eine Funktion $f : A \mapsto \mathbb{C}$ heißt* stetig *in $a \in A$, falls für jede Folge $(a_n) \subseteq A$ gilt: $a_n \to a \Rightarrow f(a_n) \to f(a)$. Weiter heißt f stetig auf A, falls f in jedem Punkt von A stetig ist.*

Analog zu 8.11 ist $f : A \mapsto \mathbb{C}$ genau dann stetig in $a \in A$, falls

$$\forall \, \varepsilon > 0 \; \exists \, \delta > 0 \; \forall \, z \in A : \quad |z - a| < \delta \Rightarrow |f(z) - f(a)| < \varepsilon \tag{13}$$

gilt. Man beachte, daß A eine *beliebige* Teilmenge von $\mathbb{C}$ sein kann; daher erweitert Definition 27.13 auch im Reellen die frühere Definition 8.10. Beispiele stetiger Funktionen auf $\mathbb{C}$ sind etwa $z \mapsto z$, $\bar{z}$, $\operatorname{Re} z$, $\operatorname{Im} z$ oder $z \mapsto |z|$. Wegen Satz 27.3 gelten die Aussagen 5.8, 8.12 und 8.13 auch im Komplexen. Daher liefern auch *Polynome* mit komplexen Koeffizienten

$$P(z) := \sum_{k=0}^{m} a_k z^k \in \mathbb{C}[z], \quad a_k \in \mathbb{C}, \tag{14}$$

stetige Funktionen $P : \mathbb{C} \mapsto \mathbb{C}$. Wie in Abschnitt 10 ist im Fall $a_m \neq 0$ der *Grad* von P gegeben durch $m = \deg P$.

Für $a \in \mathbb{C}$ und $0 < r < \infty$ werden *offene* bzw. *kompakte Kreise* definiert durch

$$K_r(a) \quad := \quad \{z \in \mathbb{C} \mid |z - a| < r\} \quad \text{bzw.} \tag{15}$$
$$\overline{K}_r(a) \quad := \quad \{z \in \mathbb{C} \mid |z - a| \leq r\}; \tag{16}$$
$$S_r(a) \quad := \quad \{z \in \mathbb{C} \mid |z - a| = r\} \tag{17}$$

ist die entsprechende *Kreislinie*. Für $r = \infty$ wird $K_r(a) = \overline{K}_r(a) = \mathbb{C}$ gesetzt. Analog zu Theorem 13.1 gilt nun:

27.14 Satz. *Es seien $0 < r < \infty$ und $A = \overline{K}_r(a)$ ein kompakter Kreis oder $A = S_r(a)$ eine Kreislinie in $\mathbb{C}$.*
a) Ist $f : A \mapsto \mathbb{C}$ stetig, so ist f beschränkt.
b) Ist $f : A \mapsto \mathbb{R}$ stetig, so besitzt f auf A ein Maximum und ein Minimum.

BEWEIS. a) Ist f nicht beschränkt, so gibt es eine Folge $(a_n) \subseteq A$ mit $|f(a_n)| > n$. Da A beschränkt ist, gibt es nach Satz 27.12 eine konvergente Teilfolge $a_{n_j} \to a \in \mathbb{C}$. Es folgt $a \in A$ und somit $f(a_{n_j}) \to f(a)$ im Widerspruch zu $|f(a_{n_j})| > n_j$.
b) Nach a) ist f beschränkt, also existiert $M := \sup f(A)$. Nach Feststellung 9.3 existiert eine Folge $(z_n) \subseteq A$ mit $f(z_n) \to M$. Wie in a) hat man eine konvergente Teilfolge $z_{n_j} \to z_0 \in A$, und wegen der Stetigkeit von f muß $f(z_0) = M$ sein. Die Existenz einer Minimalstelle folgt genauso. $\diamond$

Bemerkung: Aussage und Beweis dieses Satzes gelten allgemeiner für solche Mengen $A \subseteq \mathbb{C}$, für die jede Folge $(a_n) \subseteq A$ eine gegen ein $a \in A$ konvergente Teilfolge besitzt. Solche Mengen heißen kompakt; dieser Begriff wird in Band 2 ausführlich behandelt.

27.15 Beispiele und Bemerkungen. a) Wie bisher sei $S = S_1(0)$ die Einheitskreislinie. Nach Bemerkung 27.5 b) ist die Funktion Arg $: S \mapsto \mathbb{R}$ auf $S \backslash \{-1\}$ stetig, im Punkt $-1 \in S$ aber *unstetig*. Ändert man die Definition des Hauptwertes ab, indem man das Intervall $(-\pi, \pi]$ durch $(\alpha, \alpha + 2\pi]$ ersetzt, so verlagert man diese Unstetigkeit von -1 nach $E(\alpha)$. Die Unstetigkeit kann jedoch nicht beseitigt werden; genauer gilt:
b) Es gibt *keine stetige Argumentfunktion auf S*, d. h. keine stetige Funktion $a : S \mapsto \mathbb{R}$ mit $a(z) \in \arg z$ für alle $z \in S$. Andernfalls hat a nach Satz 27.14 eine Maximalstelle $z_0 \in S$. Ist $z_0 \neq -1$, so gilt

$$\vartheta_0 := a(z_0) \notin \{\pi + 2k\pi \mid k \in \mathbb{Z}\}.$$

Es gibt $\varepsilon > 0$ mit $(\vartheta_0 - \varepsilon, \vartheta_0 + \varepsilon) \cap \{\pi + 2k\pi \mid k \in \mathbb{Z}\} = \emptyset$, und wegen der Stetigkeit von a gibt es $\delta > 0$ mit $a(K_\delta(z_0) \cap S) \subseteq (\vartheta_0 - \varepsilon, \vartheta_0 + \varepsilon)$.

Aus $\vartheta_0 = a(z_0) = \text{Arg}(z_0) + 2k_0\pi$ folgt dann auch $a(z) = \text{Arg}(z) + 2k_0\pi$ für $z \in K_\delta(z_0) \cap S$, so daß z_0 keine Maximalstelle von a sein kann (vgl. Abb. 27i). Im Fall $z_0 = -1$ betrachtet man statt dessen eine Minimalstelle $z_1 \neq -1$ und schließt genauso.

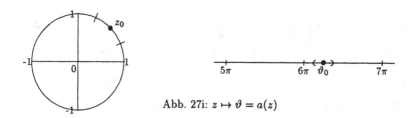

Abb. 27i: $z \mapsto \vartheta = a(z)$

c) Es gibt auch *keine stetige Wurzelfunktion auf* S, d. h. keine stetige Funktion $w : S \mapsto \mathbb{C}$ mit $w(z)^2 = z$ für alle $z \in S$. Andernfalls hat man $w(1) = \pm 1$, und durch Übergang zu $-w$ kann man stets $w(1) = 1$ annehmen. Dann gilt aber $w(z) \neq -1$ für alle $z \in S$, und die Funktion $a : z \mapsto \text{Arg}\, w(z)$ ist stetig auf S. Nun ist aber $2a(z)$ stets ein Argument von $w(z)^2 = z$, und dies widerspricht b).   □

Der nun folgende Beweis des Fundamentalsatzes nach J.R. Argand (1814) beruht auf den Sätzen 27.9 und 27.14:

27.16 Theorem (Fundamentalsatz der Algebra). *Für jedes Polynom*
$$P(z) = \sum_{k=0}^{m} a_k z^k \text{ vom Grad } m \geq 1 \text{ gibt es } z_0 \in \mathbb{C} \text{ mit } P(z_0) = 0.$$

BEWEIS. a) Zunächst wird gezeigt, daß $|P|$ auf $\mathbb{C}$ eine Minimalstelle z_0 besitzt. Da $|P|$ stetig ist, ist dies nach Satz 27.14 auf kompakten Kreisen $\overline{K}_C(0)$ der Fall, und daher wird

$$\inf_{z \in \mathbb{C}} |P(z)| = \inf_{|z| \leq C} |P(z)| \quad \text{für ein } C > 0 \qquad (18)$$

bewiesen: Wie in (10.5) gilt $\dfrac{|P(z)|}{|a_m||z|^m} \to 1$ für $|z| \to \infty$; somit existiert $C > 0$ mit $|P(z)| \geq |P(0)|$ für $|z| \geq C$, und (18) ist gezeigt.

b) Es sei nun $\alpha := P(z_0)$. Der Betrag des Polynoms $Q(z) := P(z + z_0)$ nimmt dann sein Minimum $|\alpha|$ in 0 an. Man hat

$$Q(z) = \alpha + \beta z^n + c_{n+1} z^{n+1} + \cdots + c_m z^m,$$

wobei $1 \leq n \leq m$ und $\beta \neq 0$ gelte. Nach Satz 27.9 gibt es $\gamma \in \mathbb{C}$ mit $\gamma^n = -\frac{\alpha}{\beta}$. Man setzt $d_k := c_k \gamma^k$, $n+1 \leq k \leq m$, und betrachtet Q auf dem Strahl durch 0 und γ. Ist $\alpha \neq 0$, so gilt für $t > 0$

$$
\begin{aligned}
|Q(t\gamma)| &= |\alpha - \alpha t^n + d_{n+1}t^{n+1} + \cdots + d_m t^m| \\
&= |\alpha|\left|1 - t^n + t^n\left(\frac{d_{n+1}}{\alpha}t + \cdots + \frac{d_m}{\alpha}t^{m-n}\right)\right|.
\end{aligned}
$$

Für kleine $t > 0$ ist $\left|\dfrac{d_{n+1}}{\alpha}t + \cdots + \dfrac{d_m}{\alpha}t^{m-n}\right| \leq \dfrac{1}{2}$, und daraus folgt sofort $|Q(t\gamma)| \leq |\alpha|\,(1 - \frac{1}{2}t^n) < |\alpha|$ im Widerspruch zur Minimalität von $|\alpha|$. $\diamond$

Wie in Satz 10.5 (Abspalten von Nullstellen) ergibt sich nun:

27.17 Folgerung. *Für ein Polynom $P \in \mathbb{C}[z]$ vom Grad m gilt*

$$
P(z) = \alpha \prod_{j=1}^{r}(z - z_j)^{m_j}, \quad \alpha,\, z_j \in \mathbb{C}, \quad \sum_{j=1}^{r}m_j = m. \tag{19}
$$

27.18 Beispiele und Bemerkungen. a) Die in (19) auftretenden Zahlen m_j heißen *Vielfachheiten* der Nullstellen z_j; dabei wird $z_j \neq z_k$ für $j \neq k$ angenommen. Im Fall $m_j = 1$ heißt z_j *einfache* Nullstelle von P.
b) Bekanntlich lassen sich *quadratische* Gleichungen $z^2 + 2pz + q = 0$ explizit lösen durch die Formel

$$
z = -p \pm \sqrt{p^2 - q}. \tag{20}
$$

c) *Kubische* Gleichungen $z^3 + bz^2 + cz + d = 0$ werden durch die Substitution $z = w - \frac{b}{3}$ auf die Form $w^3 + pw + q = 0$ reduziert. Setzt man $w = v - \frac{p}{3v}$, so erhält man für v^3 die *quadratische* Gleichung $27(v^3)^2 + 27qv^3 - p^3 = 0$ und somit wieder explizite Lösungen.
d) Es wird die von R. Bombelli im 16. Jahrhundert diskutierte Gleichung

$$
z^3 - 15z - 4 = 0 \tag{21}
$$

gelöst. Mit $z = v + \frac{5}{v}$ erfüllt dann also $u := v^3$ die quadratische Gleichung $27u^2 - 4 \cdot 27u + 15^3 = 0$ oder $u^2 - 4u + 5^3 = 0$. Es folgt

$$
v^3 = u_\pm = 2 \pm \sqrt{4 - 125} = 2 \pm i\sqrt{121} = 2 \pm 11i.
$$

Es ist $|u_\pm| = \sqrt{125}$, also $|v| = \sqrt{5}$ für jede Lösung von $v^3 = u_\pm$. Nach Bemerkung 27.5 b) hat man $\operatorname{Arg} u_+ = \arctan\frac{11}{2}$, für eine Lösung $v_{+,0}$ von $v^3 = u_+$ also $\operatorname{Arg} v_{+,0} = \frac{1}{3}\arctan\frac{11}{2} = \arctan\frac{1}{2}$ (vgl. Aufgabe 26.3). Somit gilt $v_{+,0} = 2 + i$; in der Tat läßt sich $(2+i)^3 = 2 + 11i$ unmittelbar nachrechnen. Für die entsprechende Lösung von (21) ergibt sich

$$
z_{+,0} = 2 + i + \frac{5}{2+i} = 2 + i + \frac{5(2-i)}{5} = 4,
$$

was man durch Einsetzen sofort bestätigt. Ähnlich findet man fünf weitere Lösungen $v_{+,1}$, $v_{+,2}$, $v_{-,0}$, $v_{-,1}$ und $v_{-,2}$ von $v^3 = u_{\pm}$; aus den sechs Lösungen dieser Gleichung ergeben sich aber nur die drei verschiedenen Lösungen 4 und $-2 \pm \sqrt{3}$ von (21).

e) Natürlich kann man in c) auch die Lösung 4 raten und dann mit dem Euklidischen Algorithmus den Faktor $z - 4$ abspalten. Man erhält dann $z^3 - 15z - 4 = (z - 4)(z^2 + 4z + 1)$ und hat nur noch eine quadratische Gleichung zu lösen.

f) Ähnlich wie für kubische Gleichungen gibt es auch explizite Lösungsformeln für Gleichungen 4. Ordnung (vgl. [13], Bd. 1, Kap. H), was aber ab der Ordnung 5 nach einem berühmten Resultat von N.H. Abel (1826) nicht mehr der Fall ist (vgl. etwa [22], §62 – §64).   □

Aufgaben

27.1 Man berechne die Zahlen $\left(\frac{2+3i}{1-2i} + \frac{i}{3+i}\right)^{-1}$ und $(1 + i\sqrt{3})^6$.

27.2 Man skizziere die Mengen $A_1 := \{z \in \mathbb{C} \mid |z| = |z - 1 - i|\}$, $A_2 := \{z \in \mathbb{C} \mid |z| = \operatorname{Im} z + 1\}$, $A_3 := \{z \in \mathbb{C} \mid \operatorname{Re}(iz) \geq 1\}$.

27.3 Man schreibe die folgenden komplexen Zahlen in Polarkoordinaten: $1 - i\sqrt{3}$, $-1 + i$, $-\sqrt{3} - 3i$.

27.4 a) Auf welcher Teilmenge von $\mathbb{C}$ wird für $2 \leq m \in \mathbb{N}$ durch die Formel $\omega_m(z) := \sqrt[m]{|z|}\, E(\frac{\operatorname{Arg} z}{m})$ eine stetige Funktion ω_m mit der Eigenschaft $\omega_m(z)^m = z$ definiert?
b) Man zeige, daß für $2 \leq m \in \mathbb{N}$ keine stetige Funktion $w_m : S \mapsto \mathbb{C}$ mit $w_m(z)^m = z$ für alle $z \in S$ existiert.

27.5 Gegeben sei die Funktion $f : \mathbb{C}\backslash\{1\} \mapsto \mathbb{C}$, $f(z) := \frac{1+z}{1-z}$.
a) Man zeige, daß f stetig und injektiv ist, und finde $f(\mathbb{C})$.
b) Man berechne die Umkehrfunktion von f und zeige ihre Stetigkeit.
c) Man bestimme $f(S_1(0))$ und $f(K_1(0))$.

27.6 Gegeben sei die Funktion $g : \mathbb{C}\backslash\{0\} \mapsto \mathbb{C}$, $g(z) := \frac{1}{2}\left(z + \frac{1}{z}\right)$.
a) Man zeige die Surjektivität von g.
b) Man zeige $g(z) = g(w) \Leftrightarrow z = w$ oder $z = \frac{1}{w}$, finde möglichst große Teilmengen von $\mathbb{C}$, auf denen g injektiv ist und berechne dazu stetige Umkehrfunktionen von g.
c) Für $r > 0$ bestimme man $g(S_r(0))$.

27.7 Man untersuche diese Folgen auf Konvergenz:

a) $(\dfrac{i^n}{1+ni})$,   b) $(\dfrac{e^{2n}}{(3+4i)^n})$,   c) $((1+\dfrac{a_n}{n})^n)$ für Nullfolgen $(a_n) \subseteq \mathbb{C}$,

d) $(2^{-n}(\epsilon_p^n - 1)^n)$ mit $p \in \mathbb{N}_0$ und $\epsilon_p = E(\dfrac{2\pi}{p})$.

27.8 Eine n-te Einheitswurzel $\zeta = \epsilon_n^q$ heißt *primitiv*, falls jede n-te Einheitswurzel eine Potenz von ζ ist. Für welche $q \in \mathbb{N}_0$ ist dies der Fall ?

27.9 a) Das Polynom $P(z) = z^n + \sum\limits_{k=0}^{n-1} a_k z^k$ habe die Nullstellen $z_1, \ldots, z_r$ mit Vielfachheiten $m_1, \ldots, m_r$ (vgl. (19)). Man zeige

$$\sum_{k=1}^{r} m_k z_k = -a_{n-1}   ,   \prod_{k=1}^{r} z_k^{m_k} = (-1)^n a_0 .$$

b) Für die n-ten Einheitswurzeln ($n \geq 2$) folgere man

$$\sum_{k=0}^{n-1} \epsilon_n^k = 0   ,   \prod_{k=0}^{n-1} \epsilon_n^k = (-1)^{n-1} .$$

27.10 Man verifiziere die unbewiesenen Behauptungen in 27.18 b) und c).

27.11 Man finde alle Lösungen der Gleichungen
$z^6 = 1 + i$, $z^3 - 34z + 12 = 0$, $z^4 - z^2 - 20 = 0$.

27.12 a) Mit Hilfe der Moivreschen Formel (11) finde man für $n \in \mathbb{N}_0$ Polynome $T_n \in \mathbb{Z}[z]$ mit ganzen Koeffizienten, so daß $\cos n\vartheta = T_n(\cos\vartheta)$ für alle $\vartheta \in \mathbb{R}$ gilt *(Tschebyscheff-Polynome)*.
b) Offenbar gilt $T_0(z) = 1$ und $T_1(z) = z$. Man beweise die Rekursionsformel $T_{n+2}(z) = 2z T_{n+1}(z) - T_n(z)$ für $n \in \mathbb{N}_0$.
c) Man zeige $T_n(z) = 2^{n-1} \prod\limits_{k=0}^{n-1} (z - \cos\dfrac{2k+1}{2n}\pi)$ für $n \in \mathbb{N}$.

28   Partialbruchzerlegung

Aufgabe: Man versuche, $\int_0^\infty \frac{dx}{1+x^4}$ zu berechnen.

In diesem Abschnitt werden *Stammfunktionen* zu *rationalen Funktionen* konstruiert.

28.1 Definition. *a) Quotienten $R = \frac{P}{Q}$ von Polynomen werden als rationale Funktionen bezeichnet, Notation: $R \in \mathbb{C}(z)$.*
b) Eine Zahl $z_0 \in \mathbb{C}$ heißt Pol von $R = \frac{P}{Q} \in \mathbb{C}(z)$, falls $Q(z_0) = 0$ und $P(z_0) \neq 0$ gilt. Die Vielfachheit m_0 von z_0 als Nullstelle von Q heißt Polordnung von R in z_0. Im Fall $m_0 = 1$ heißt z_0 einfacher Pol von R.

Für $R = \frac{P}{Q} \in \mathbb{C}(z)$ lassen sich Zähler und Nenner gemäß Formel (27.19) in Produkte von Linearfaktoren zerlegen; durch *Kürzen* gemeinsamer Linearfaktoren läßt sich erreichen, daß für alle $w \in \mathbb{C}$ stets $P(w) \neq 0$ oder $Q(w) \neq 0$ gilt.

Zur Vorbereitung der Partialbruchzerlegung in Theorem 28.3 dient:

28.2 Lemma. *Es seien* $P, Q \in \mathbb{C}[z]$ *mit* $\deg P < \deg Q + k$ *für ein* $k \in \mathbb{N}$, *und es gelte* $Q(a) \neq 0$ *für ein* $a \in \mathbb{C}$. *Zu*

$$R(z) := \frac{P(z)}{(z-a)^k Q(z)} \in \mathbb{C}(z) \tag{1}$$

gibt es dann $P_1 \in \mathbb{C}[z]$ *mit* $\deg P_1 < \max\{\deg P, \deg Q\}$ *und* $c \in \mathbb{C}$ *mit*

$$R(z) = \frac{c}{(z-a)^k} + \frac{P_1(z)}{(z-a)^{k-1} Q(z)}. \tag{2}$$

Durch (2) sind P_1 *und* c *eindeutig bestimmt.*

BEWEIS. Multipliziert man (2) und (1) mit $(z-a)^k$, so sieht man, daß $c = \frac{P(a)}{Q(a)}$ gelten muß. Mit dieser Wahl von c hat dann $P - cQ$ eine Nullstelle in a, und nach Satz 10.5 a) folgt $P(z) - cQ(z) = (z-a)P_1(z)$ für ein eindeutig bestimmtes Polynom P_1 mit $\deg P_1 < \max\{\deg P, \deg Q\}$. Damit ergibt sich $P(z) = cQ(z) + (z-a)P_1(z)$ und somit (2).   ◇

28.3 Theorem (Partialbruchzerlegung). *Es sei* $R = \frac{P}{Q} \in \mathbb{C}(z)$ *eine rationale Funktion, und* $Q(z) = \alpha \prod_{j=1}^{r} (z - z_j)^{m_j}$ *sei die Zerlegung von* Q *in Linearfaktoren gemäß (27.19). Dann gibt es* $T \in \mathbb{C}[z]$ *und* $c_{j,k} \in \mathbb{C}$ *mit*

$$R(z) = T(z) + \sum_{j=1}^{r} \sum_{k=1}^{m_j} \frac{c_{j,k}}{(z - z_j)^k}. \tag{3}$$

Durch (3) sind $T \in \mathbb{C}[z]$ *und die* $c_{j,k} \in \mathbb{C}$ *eindeutig bestimmt.*

BEWEIS. Nach dem Euklidischen Algorithmus 10.3 gibt es eindeutig bestimmte Polynome T und S mit $\deg S < \deg Q$ und $R = T + \frac{S}{Q}$. Somit kann man ohne Einschränkung $\deg P < \deg Q$ annehmen; für diesen Fall beweist man die Behauptung durch *Induktion* über $m = \deg Q$:

Für $m = 1$ ist die Behauptung offenbar richtig; sie gelte nun für alle Polynome vom Grad $< m$. Nach der Annahme über Q hat man nun

$$\frac{P(z)}{Q(z)} = \frac{P(z)}{(z - z_1)^{m_1} Q_1(z)}$$

mit $m_1 \geq 1$, $Q_1(z_1) \neq 0$ und $\deg P < \deg Q_1 + m_1 = m$. Nach Lemma 28.2 gibt es $c \in \mathbb{C}$ und $P_1 \in \mathbb{C}[z]$ mit $\deg P_1 < \max\{\deg P, \deg Q_1\}$, also $\deg P_1 < \deg Q_1 + (m_1 - 1)$, so daß

$$\frac{P(z)}{Q(z)} = \frac{c}{(z-z_1)^{m_1}} + \frac{P_1(z)}{(z-z_1)^{m_1-1}Q_1(z)}$$

gilt. Hierbei sind c und P_1 eindeutig bestimmt. Nach Induktionsvoraussetzung gibt es dann genau eine Zerlegung

$$\frac{P_1(z)}{(z-z_1)^{m_1-1}Q_1(z)} = \sum_{j=1}^{r} \sum_{k=1}^{m_j} \frac{c_{j,k}}{(z-z_j)^k},$$

wobei speziell $c_{1,m_1} = 0$ ist. Daraus folgt die Behauptung. $\diamond$

28.4 Beispiel. Zur praktischen Durchführung einer Partialbruchzerlegung setzt man (3) mit *unbestimmten Koeffizienten* an und berechnet diese anschließend. Die rationale Funktion $R(z) = \frac{z^2+1}{z^3-2z^2+z}$ etwa hat den Nenner $Q(z) = z\,(z-1)^2$, und man macht den Ansatz

$$R(z) = \frac{z^2+1}{z\,(z-1)^2} = \frac{a}{z} + \frac{b}{z-1} + \frac{c}{(z-1)^2}.$$

Multiplikation mit z liefert

$$\frac{z^2+1}{(z-1)^2} = a + z\left(\frac{b}{z-1} + \frac{c}{(z-1)^2}\right), \quad \text{also} \quad a = 1,$$

und Multiplikation mit $(z-1)^2$ ergibt

$$\frac{z^2+1}{z} = c + (z-1)\left(\frac{z-1}{z} + b\right), \quad \text{also} \quad c = 2.$$

Es ist also $\frac{z^2+1}{z\,(z-1)^2} = \frac{1}{z} + \frac{b}{z-1} + \frac{2}{(z-1)^2}$, und Einsetzen von $z = 2$ liefert nun $b = \frac{5}{2} - \frac{1}{2} - 2 = 0$. $\square$

Aufgrund von Theorem 28.3 läßt sich die *Integration rationaler Funktionen* auf die der speziellen Funktionen $z \mapsto (z-a)^{-n}$, $a \in \mathbb{C}$, $n \in \mathbb{N}$, zurückführen. Da (auch für $R \in \mathbb{R}(z)$) i. a. $a \notin \mathbb{R}$ gilt, muß zunächst die Differential- und Integralrechnung auch für komplexwertige Funktionen entwickelt werden:

28.5 Definition. *Es sei $I \subseteq \mathbb{R}$ ein Intervall. Eine Funktion $f : I \mapsto \mathbb{C}$ heißt auf I* differenzierbar*, falls die Ableitung*

$$f'(a) := \lim_{x \to a} \frac{f(x) - f(a)}{x - a} \in \mathbb{C} \tag{4}$$

für alle $a \in I$ existiert.

28.6 Bemerkungen. a) Mit (4) ist natürlich $\dfrac{f(x_n) - f(a)}{x_n - a} \to f'(a)$ für alle Folgen $I \ni x_n \to a$ gemeint.

b) Wegen (27.12) ist die Differenzierbarkeit von f äquivalent zu der von $\operatorname{Re} f$ und von $\operatorname{Im} f$; ist diese gegeben, so gilt $f' = (\operatorname{Re} f)' + i (\operatorname{Im} f)'$.

c) Satz 19.6 gilt auch für komplexwertige Funktionen, und wie in 19.10 definiert man die Funktionenalgebren $C^m(I, \mathbb{C})$ für $m \in \mathbb{N}_0 \cup \{\infty\}$.

d) Wie in Definition 22.1 heißt nun eine Funktion $F : I \mapsto \mathbb{C}$ *Stammfunktion* von f, falls $F' = f$ gilt. □

28.7 Definition. *Es sei $J \subseteq \mathbb{R}$ ein kompaktes Intervall. Eine Funktion $f : J \mapsto \mathbb{C}$ heißt* Regelfunktion, $f \in \mathcal{R}(J, \mathbb{C})$, *falls $\operatorname{Re} f$ und $\operatorname{Im} f$ in $\mathcal{R}(J, \mathbb{R})$ liegen. In diesem Fall definiert man das* Integral *von f als*

$$\int_J f(x)\, dx := \int_J \operatorname{Re} f(x)\, dx + i \int_J \operatorname{Im} f(x)\, dx \in \mathbb{C}. \tag{5}$$

Mit diesen Definitionen gilt der Hauptsatz 22.3 auch für komplexwertige Funktionen.

Es ist auch möglich, die Integralkonstruktion aus Abschnitt 17 für komplexwertige Funktionen durchzuführen:

28.8 Definitionen und Bemerkungen a) Für eine Menge M wird auf der Funktionenalgebra $\mathcal{B}(M, \mathbb{C})$ der beschränkten Funktionen auf M durch

$$\| f \| := \| f \|_M := \sup_{x \in M} | f(x) | := \sup \{ | f(x) | \mid x \in M \} \tag{6}$$

analog zu Definition 14.6 eine Norm erklärt; Feststellung 14.11 gilt dann entsprechend.

b) Wie in Feststellung 14.8 konvergiert eine Funktionenfolge $(f_n) \subseteq \mathcal{F}(M, \mathbb{C})$ genau dann *gleichmäßig* gegen $f \in \mathcal{F}(M, \mathbb{C})$, wenn $\| f - f_n \| \to 0$ gilt. Analog zu Theorem 14.5 vererbt sich im Fall $M \subseteq \mathbb{C}$ die Stetigkeit von den f_n auf die Grenzfunktion f.

c) Wie in Definition 17.1 läßt sich für kompakte Intervalle $J \subseteq \mathbb{R}$ die Funktionenalgebra $\mathcal{T}(J, \mathbb{C})$ der komplexwertigen *Treppenfunktionen* erklären. Für $f \in \mathcal{F}(J, \mathbb{C})$ gilt dann

$$f \in \mathcal{R}(J, \mathbb{C}) \Leftrightarrow \exists\, (t_n) \subseteq \mathcal{T}(J, \mathbb{C}) \text{ mit } \| f - t_n \| \to 0.$$

Ist dies der Fall, so hat man $\int_J f(x)\, dx = \lim_{n \to \infty} \int_J t_n(x)\, dx$. Allgemeiner gilt auch Theorem 18.2 für komplexwertige Funktionen. □

28.9 Integration rationaler Funktionen a) Wegen (5) ist das Integral auch auf $\mathcal{R}(J, \mathbb{C})$ linear, d. h. es gilt Satz 18.1 b). Nach Theorem 28.3 sind also nur Funktionen der Form $(x - a)^{-n}$, $a \in \mathbb{C}$, $n \in \mathbb{N}$, (über Intervalle I

mit $I \not\ni a$) zu integrieren.

b) Wie in Beispiel 19.2 a) zeigt man $\frac{d}{dx}(x-a)^m = m\,(x-a)^{m-1}$ für $m \in \mathbb{N}_0$; mittels der Quotientenregel folgt dies dann auch für $m \in \mathbb{Z}$.
Für $n > 1$ ergibt sich daraus

$$\int \frac{dx}{(x-a)^n} = -\frac{1}{n-1}\frac{1}{(x-a)^{n-1}} = -\frac{1}{n-1}\frac{(x-\bar{a})^{n-1}}{|x-a|^{2n-2}}. \qquad (7)$$

c) Für $n = 1$ und $a \in \mathbb{R}$ hat man

$$\int \frac{dx}{x-a} = \log|x-a|. \qquad (8)$$

d) Für $a = b + ic$ mit $c \neq 0$ ist $\frac{1}{x-(b+ic)} = \frac{x-b+ic}{(x-b)^2+c^2}$, und man hat

$$\int \frac{x-b}{(x-b)^2+c^2}\,dx = \frac{1}{2}\log\left((x-b)^2+c^2\right), \qquad (9)$$

$$\int \frac{ic}{(x-b)^2+c^2}\,dx = i\arctan\frac{x-b}{c}. \quad \square \qquad (10)$$

28.10 Beispiele und Bemerkungen. a) Es ist

$$\int \frac{dx}{(x+i)^5} = -\frac{1}{4\,(x+i)^4} = -\frac{(x-i)^4}{4\,(x^2+1)^4}.$$

Daraus ergibt sich auch das reelle Integral

$$\int \left(\frac{1}{(x+i)^5} + \frac{1}{(x-i)^5}\right)dx = 2\operatorname{Re}\int \frac{dx}{(x+i)^5} \quad \text{als}$$

$$2\int \frac{x^5-10x^3+5x}{(x^2+1)^5}\,dx = -\frac{x^4-6x^2+1}{2\,(x^2+1)^4}.$$

b) Hat $Q \in \mathbb{R}[z]$ *reelle* Koeffizienten, so folgt aus $Q(a) = 0$ stets auch $Q(\bar{a}) = \overline{Q(a)} = 0$. In der Partialbruchzerlegung (3) von $R \in \mathbb{R}(z)$ tritt daher mit $\dfrac{c}{(x-a)^k}$ stets auch der Term $\dfrac{\bar{c}}{(x-\bar{a})^k}$ auf. Wie in a) hat man dann einfach

$$\int \left(\frac{c}{(x-a)^k} + \frac{\bar{c}}{(x-\bar{a})^k}\right)dx = 2\operatorname{Re}\int \frac{c}{(x-a)^k}\,dx.$$

Ein Beispiel für den Fall $k = 1$ folgt in 28.13. $\qquad\qquad\square$

Die Partialbruchzerlegung kann im Fall *einfacher* Pole mit Hilfe von *Ableitungen* bequem berechnet werden. Dabei wird der wichtige Begriff der *komplexen Differenzierbarkeit* benutzt:

28.11 Definition. *Es seien* $0 < r \leq \infty$ *und* $a \in \mathbb{C}$. *Eine Funktion* $f : K_r(a) \to \mathbb{C}$ *heißt* **komplex-differenzierbar** *im Punkte* $w \in K_r(a)$, *falls der Grenzwert*

$$f'(w) := \lim_{z \to w} \frac{f(z)-f(w)}{z-w} \in \mathbb{C} \qquad (11)$$

existiert, d. h. falls $\dfrac{f(z_n) - f(w)}{z_n - w} \to f'(w)$ *für alle Folgen* $K_r(a) \ni z_n \to w$

gilt. In diesem Fall heißt $f'(w) = \frac{df}{dz}(w)$ *die komplexe Ableitung von* f *an der Stelle* $w \in K_r(a)$.

28.12 Beispiele und Bemerkungen. a) Wie in Feststellung 19.5 sind komplex-differenzierbare Funktionen stetig. Satz 19.6 gilt auch für komplexe Differenzierbarkeit, und wie in Beispiel 19.2 a) berechnet man $\frac{d}{dz} z^m = m z^{m-1}$ für $m \in \mathbb{N}_0$.

b) Das Analogon zu Aussage 28.6 b) ist für komplexe Differenzierbarkeit *nicht* richtig. Wegen

$$\frac{\mathrm{Re}\, z - \mathrm{Re}\, w}{z - w} = \frac{\mathrm{Re}\,(z - w)}{z - w} = \begin{cases} 1 & , \quad z - w \in \mathbb{R}\backslash\{0\} \\ 0 & , \quad z - w \in i\mathbb{R}\backslash\{0\} \end{cases}$$

ist die Funktion $z \mapsto \mathrm{Re}\, z$ in keinem Punkt komplex-differenzierbar, obwohl dies auf $z \mapsto z$ natürlich zutrifft. □

28.13 Beispiele und Bemerkungen. a) Polynome $Q \in \mathbb{C}[z]$ sind nach Beispiel 28.12 a) komplex-differenzierbar. Ist $Q(z) = (z - z_1)^m Q_1(z)$ mit $m \in \mathbb{N}$ und $Q_1(z_1) \neq 0$, so liefert die Produktregel

$$Q'(z) = m(z - z_1)^{m-1} Q_1(z) + (z - z_1)^m Q_1'(z),$$

also $m = 1 \Leftrightarrow Q'(z_1) \neq 0$.

b) Es sei z_1 ein einfacher Pol von $R = \frac{P}{Q}$. Für $\deg P < \deg Q$ gilt nach (3)

$$R(z) = \frac{c}{z - z_1} + R_1(z),$$

wobei z_1 kein Pol von R_1 ist. Daraus ergibt sich

$$c = (z - z_1)(R(z) - R_1(z)) = \frac{z - z_1}{Q(z) - Q(z_1)}\, P(z) - (z - z_1)\, R_1(z),$$

und wegen $Q'(z_1) \neq 0$ folgt mit $z \to z_1$ die Aussage

$$c = \frac{P(z_1)}{Q'(z_1)}. \tag{12}$$

c) Es wird jetzt die Partialbruchzerlegung von $R(z) := \dfrac{1}{1 + z^4}$ berechnet. Nach Satz 27.9 sind die Nullstellen des Nenners $Q(z) = 1 + z^4$ einfach und gegeben durch (vgl. Abb. 28a)

$$\epsilon = \epsilon_8 = E(\tfrac{\pi}{4}) = \tfrac{\sqrt{2}}{2}(1 + i)$$

sowie ϵ^3, ϵ^5, ϵ^7. Wegen $Q'(z) = 4z^3$ und $\epsilon^8 = 1$ erhält man also

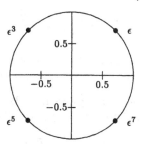

Abb. 28a

$$4\,R(z) \;=\; \frac{1}{\epsilon^3\,(z-\epsilon)} + \frac{1}{\epsilon^9\,(z-\epsilon^3)} + \frac{1}{\epsilon^{15}\,(z-\epsilon^5)} + \frac{1}{\epsilon^{21}\,(z-\epsilon^7)}$$

$$=\; \frac{1}{\epsilon^3\,(z-\epsilon)} + \frac{1}{\epsilon\,(z-\epsilon^3)} + \frac{1}{\epsilon^7\,(z-\epsilon^5)} + \frac{1}{\epsilon^5\,(z-\epsilon^7)}\,.$$

d) Es wird nun eine Stammfunktion von $R(x) = \frac{1}{1+x^4}$ berechnet. Nach c) und Bemerkung 28.10 b) hat man

$$2\int \frac{dx}{1+x^4} \;=\; \mathrm{Re}\,\int \left(\frac{1}{\epsilon^3\,(x-\epsilon)} + \frac{1}{\epsilon\,(x-\epsilon^3)} \right) dx\,. \tag{13}$$

Nach (9) und (10) gilt

$$\frac{1}{\epsilon^3}\int \frac{dx}{x-\epsilon} \;=\; \epsilon^5\int \frac{x - \cos\frac{\pi}{4} + i\sin\frac{\pi}{4}}{(x - \cos\frac{\pi}{4})^2 + \sin^2\frac{\pi}{4}}\,dx$$

$$=\; -\frac{\epsilon}{2}\log\!\left((x - \cos\frac{\pi}{4})^2 + \sin^2\frac{\pi}{4}\right) - i\epsilon \arctan\frac{x - \cos\frac{\pi}{4}}{\sin\frac{\pi}{4}}\,,$$

$$\mathrm{Re}\,\frac{1}{\epsilon^3}\int \frac{dx}{x-\epsilon} \;=\; -\frac{\sqrt{2}}{4}\log(x^2 - \sqrt{2}\,x + 1) + \frac{\sqrt{2}}{2}\arctan(\sqrt{2}\,x - 1)\,.$$

Genauso ergibt sich

$$\mathrm{Re}\,\frac{1}{\epsilon}\int \frac{dx}{x-\epsilon^3} \;=\; \frac{\sqrt{2}}{4}\log(x^2 + \sqrt{2}\,x + 1) + \frac{\sqrt{2}}{2}\arctan(\sqrt{2}\,x + 1)\,,$$

und wegen (13) erhält man schließlich

$$\int \frac{dx}{1+x^4} \;=\; \frac{\sqrt{2}}{8}\log\left(\frac{x^2 + \sqrt{2}\,x + 1}{x^2 - \sqrt{2}\,x + 1} \right) \tag{14}$$

$$+\; \frac{\sqrt{2}}{4}\left(\arctan(\sqrt{2}\,x + 1) + \arctan(\sqrt{2}\,x - 1) \right).$$

Insbesondere ergibt sich daraus

$$\int_0^\infty \frac{dx}{1+x^4} \;=\; \frac{\sqrt{2}}{4}\,\pi\,. \qquad \square \tag{15}$$

Bemerkung: Es folgen noch einige Bemerkungen zur reellen Partialbruchzerlegung, die ohne weiteres übergangen werden können.

28.14 * Beispiele und Bemerkungen. a) Für $R \in \mathbb{R}(x)$ treten nach Bemerkung 28.10 b) in der Partialbruchzerlegung Terme der Form

$$\frac{c}{(x-a)^k} + \frac{\bar{c}}{(x-\bar{a})^k} \;=\; \frac{2\,\mathrm{Re}\,(c\,(x - b + id)^k)}{((x-b)^2 + d^2)^k}$$

für $a = b + id$ auf. Mittels des Euklidischen Algorithmus kann man diese in Summen von Termen der Form $\dfrac{\alpha x + \beta}{((x-b)^2 + d^2)^\ell}$, $\ell \leq k$, zerlegen (vgl. Aufgabe 10.4).

b) Somit kann die *Integration rationaler Funktionen* auch rein reell durchgeführt werden; dabei können die Integrale $I_m(x) := \int \frac{dx}{(1+x^2)^m}$ nur rekursiv berechnet werden. Für $m > 1$ folgt wegen
$\int \frac{x}{(1+x^2)^m}\, dx = \frac{1}{2(1-m)(1+x^2)^{m-1}}$ mit partieller Integration

$$
\begin{aligned}
I_m(x) &= \int \tfrac{1+x^2-x^2}{(1+x^2)^m}\, dx \\
&= I_{m-1}(x) - \tfrac{x}{2(1-m)(1+x^2)^{m-1}} + \int \tfrac{dx}{2(1-m)(1+x^2)^{m-1}} \\
&= \tfrac{2m-3}{2m-2} I_{m-1}(x) + \tfrac{x}{2(m-1)(1+x^2)^{m-1}}\,.
\end{aligned}
$$

c) Für $m = 10$ beispielsweise ergibt sich $\int \frac{1}{(1+x^2)^{10}}\, dx =$

$$
\tfrac{x}{18(1+x^2)^9} + \tfrac{17\,x}{288(1+x^2)^8} + \tfrac{85\,x}{1344(1+x^2)^7} + \tfrac{1105\,x}{16128(1+x^2)^6} + \tfrac{2431\,x}{32256(1+x^2)^5}
$$
$$
+\ \tfrac{2431\,x}{28672(1+x^2)^4} + \tfrac{2431\,x}{24576(1+x^2)^3} + \tfrac{12155\,x}{98304(1+x^2)^2} + \tfrac{12155\,x}{65536(1+x^2)} + \tfrac{12155\,\arctan x}{65536}\,.
$$

d) Die reell unzerlegbare Funktion $\frac{1}{(1+x^2)^{10}}$ hat übrigens die komplexe Partialbruchzerlegung

$$
\begin{aligned}
&-\tfrac{1}{1024(x-i)^{10}} - \tfrac{5i}{1024(x-i)^9} + \tfrac{55}{4096(x-i)^8} + \tfrac{55i}{2048(x-i)^7} - \tfrac{715}{16384(x-i)^6} \\
&-\tfrac{1001i}{16384(x-i)^5} + \tfrac{5005}{65536(x-i)^4} + \tfrac{715i}{8192(x-i)^3} - \tfrac{12155}{131072(x-i)^2} - \tfrac{12155i}{131072(x-i)} \\
&-\tfrac{1}{1024(x+i)^{10}} + \tfrac{5i}{1024(x+i)^9} + \tfrac{55}{4096(x+i)^8} - \tfrac{55i}{2048(x+i)^7} - \tfrac{715}{16384(x+i)^6} \\
&+\tfrac{1001i}{16384(x+i)^5} + \tfrac{5005}{65536(x+i)^4} - \tfrac{715i}{8192(x+i)^3} - \tfrac{12155}{131072(x+i)^2} + \tfrac{12155i}{131072(x+i)}\,. \qquad \square
\end{aligned}
$$

Aufgaben

28.1 Man berechne Partialbruchzerlegung und Stammfunktionen zu den rationalen Funktionen $\dfrac{4x^5}{x^4 - 2x^2 + 1}$ und $\dfrac{3x^2 + 7x - 1}{x^3 - 3x - 2}$.

28.2 Man beweise die Aussagen in Bemerkung 28.8.

28.3 Gelten die Mittelwertsätze der Differential- bzw. Integralrechnung für komplexwertige Funktionen?

28.4 a) Man untersuche folgende Funktionen $f : \mathbb{C} \mapsto \mathbb{C}$ auf komplexe Differenzierbarkeit:
$f(z) = \bar{z}$, $f(z) = |z|^2$, $f(z) = -\operatorname{Re} z + i\operatorname{Im} z$, $f(z) = -\operatorname{Im} z + i\operatorname{Re} z$.
b) Es sei $f : \mathbb{C} \mapsto \mathbb{R}$ in $w \in \mathbb{C}$ komplex-differenzierbar. Man zeige $f'(w) = 0$.

28.5 Man beweise die folgende *Kettenregel*: Es seien $f : K_\rho(a) \mapsto K_r(b)$ und $g : K_r(b) \mapsto \mathbb{C}$ komplex-differenzierbar. Dann ist $g \circ f$ komplex-differenzierbar, und für die Ableitung gilt $(g \circ f)' = (g' \circ f) \cdot f'$.

28.6 Man zeige $\int_0^\infty \frac{x^2}{1+x^4}\, dx = \int_0^\infty \frac{dx}{1+x^4}$.

28.7 Man zeige $\int_0^\infty \frac{dx}{1+x^3} = \frac{2\pi}{3\sqrt{3}}$ und $\int_0^\infty \frac{dx}{1+x^6} = \frac{\pi}{3}$.

28.8 * Man berechne die *reelle* Partialbruchzerlegung von $\frac{1}{1+x^4}$ und gebe damit eine andere Herleitung von (14) und (15).

29   Elementare Stammfunktionen

Aufgabe: Man berechne $\int_2^3 \frac{dx}{\sqrt{x^2-1}}$.

In diesem Abschnitt werden einige Klassen von Funktionen diskutiert, für die *Stammfunktionen explizit angebbar* sind; meist gelingt dies durch Zurückführung auf den Fall *rationaler Funktionen,* der ja im letzten Abschnitt behandelt wurde. In diesem Zusammenhang werden auch die *Hyperbel-Funktionen* und ihre Umkehrfunktionen eingeführt.

Für die Formulierung der folgenden Beispiele ist es bequem, rationale Funktionen in *zwei* oder *drei Variablen* zu verwenden. Ein *Polynom* in zwei Variablen u, v ist eine endliche Summe von Ausdrücken $c\, u^m v^n$ mit $m, n \in \mathbb{N}_0$ und $c \in \mathbb{C}$ (oder $\mathbb{R}$), etwa $P(u, v) = 3 u^3 v - i\, u v^2 + 4 u$. Quotienten $R = P/Q$ solcher Polynome heißen *rationale Funktionen;* man schreibt $R \in \mathbb{C}(u, v)$ (oder $R \in \mathbb{R}(u, v)$ im Fall reeller Koeffizienten). Entsprechend werden rationale Funktionen $R \in \mathbb{C}(u, v, w)$ in drei Variablen definiert.

29.1 Beispiele und Bemerkungen. a) Aufgrund von Bemerkung 28.6 gilt die *Substitutionsregel* 22.9 auch für komplexwertige Funktionen: Für $f \in \mathcal{C}([c, d], \mathbb{C})$ und $g \in \mathcal{C}^1([a, b], \mathbb{R})$ mit $g([a, b]) \subseteq [c, d]$ gilt

$$\int_a^b f(g(x))\, g'(x)\, dx = \int_{g(a)}^{g(b)} f(t)\, dt. \tag{1}$$

Auch die Bemerkungen 22.10 und 22.12 gelten entsprechend.
b) Für $R \in \mathbb{C}(u)$ wird $I := \int R(e^x)\, dx$ berechnet. Die Substitution $t = e^x$ liefert wegen $dt = e^x\, dx = t\, dx$ sofort $I = \int \frac{R(t)}{t}\, dt$, wobei natürlich noch $t = e^x$ einzusetzen ist. Damit ist die Berechnung von I auf die in 28.9 behandelte Methode zurückgeführt. □

29.2 Beispiele. a) Für $R \in \mathbb{C}(u,v)$ soll $\int R\,(\cos s, \sin s)\,ds$ berechnet werden. Dazu benutzt man eine *rationale Parametrisierung* des Einheitskreises $S = \{(\xi, \eta) \in \mathbb{R}^2 \mid \xi^2 + \eta^2 = 1\}$ (vgl. Abb. 29a):
Es sei G die Parallele zur y-Achse durch den Punkt $(1,0)$. Für einen Punkt $Q := (1, 2t) \in G$ sei G_Q die Gerade durch Q und $A := (-1,0)$; weiter sei $P := (x,y)$ der Schnittpunkt von G_Q und S. Durchläuft nun Q die Gerade G, so durchläuft P offenbar $S \backslash \{A\}$. Für die Abbildung $\Phi : Q \mapsto P$ wird nun eine Formel berechnet: Man hat

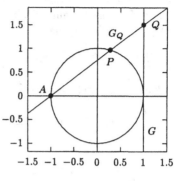

Abb. 29a

$$G_Q = \{P_\lambda := (-1,0) + \lambda(2, 2t) = (2\lambda - 1, 2t\lambda) \mid \lambda \in \mathbb{R}\};$$

$P_\lambda \in S$ bedeutet also $(2\lambda - 1)^2 + 4t^2\lambda^2 = 1$ oder $(t^2 + 1)\lambda^2 = \lambda$. Der Fall $\lambda = 0$ liefert den Punkt A, die andere Lösung $\lambda = (1 + t^2)^{-1}$ liefert

$$\Phi(Q) = P = (x,y) = \left(\frac{1 - t^2}{1 + t^2}, \frac{2t}{1 + t^2}\right). \tag{2}$$

Für $(x,y) = (\cos s, \sin s)$ ergibt sich daraus

$$\frac{2t}{1 - t^2} = \tan s = \tan 2 \cdot \frac{s}{2} = \frac{2\tan\frac{s}{2}}{1 - \tan^2\frac{s}{2}}, \quad \text{also}$$

$$t = \tan\frac{s}{2}. \tag{3}$$

Es ist $\varphi : s \mapsto \tan\frac{s}{2}$ eine C^∞- Bijektion von $(-\pi, \pi)$ auf $\mathbb{R}$ mit $\varphi' > 0$.
b) Mit $t = \tan\frac{s}{2}$ oder $s = 2\arctan t$ ergibt sich nun wegen $ds = \frac{2\,dt}{1+t^2}$ sofort

$$\int R\,(\cos s, \sin s)\,ds = \int R\left(\frac{1 - t^2}{1 + t^2}, \frac{2t}{1 + t^2}\right)\frac{2\,dt}{1 + t^2}, \tag{4}$$

also wieder eine Zurückführung auf 28.9.
c) Oft läßt sich $\int R\,(\cos s, \sin s)\,ds$ auch einfacher berechnen. Ist etwa $R\,(u,v)$ *ungerade* in u, so gilt $R(u,v) = uR_1(u^2, v)$, also $R(\cos x, \sin x) = \cos x\,R_1(\cos^2 x, \sin x) = \cos x\,R_2(\sin x)$. Mit $t = \sin x$ gilt dann einfach

$$\int R_2\,(\sin x)\cos x\,dx = \int R_2\,(t)\,dt.$$

d) Für $R \in \mathbb{C}(u,v)$ und $a > 0$ wird nun $\int R(x, \sqrt{a^2 - x^2})\,dx$ (über dem Intervall $(-a, a)$) berechnet. Wegen $\sqrt{a^2 - x^2} = a\sqrt{1 - (x/a)^2}$ wird dies mit $w = \frac{x}{a}$ zunächst auf $\int R_1(w, \sqrt{1 - w^2})\,dw$ reduziert. Mit $w = \cos s$, $0 \leq s \leq \pi$, erhält man dann

$$\int R_1(w, \sqrt{1 - w^2})\,dw = -\int R_1(\cos s, \sin s)\,\sin s\,ds. \tag{5}$$

Man kann auch direkt $w = \frac{1 - t^2}{1 + t^2}$ substituieren und erhält dann

$$\int R_1(w, \sqrt{1 - w^2})\,dw = -\int R_1\left(\frac{1 - t^2}{1 + t^2}, \frac{2t}{1 + t^2}\right) \frac{4t\,dt}{(1 + t^2)^2}. \quad \square$$

Für $R \in \mathbb{C}(u,v)$ wird nun auf die Integrale $\int R(x, \sqrt{a^2 + x^2})\,dx$ und $\int R(x, \sqrt{x^2 - a^2})\,dx$ eingegangen, wobei man natürlich sofort $a = 1$ annehmen kann. Das Integral $\int \sqrt{1 + x^2}\,dx$ wurde bereits in Beispiel 23.2 b) berechnet; es tritt bei der nun folgenden Einführung der *Hyperbel-Funktionen* auf:

Die Funktionen *Sinus hyperbolicus* und *Kosinus hyperbolicus* können analog zu Sinus und Kosinus definiert werden, wobei an die Stelle des Einheitskreises der *Hyperbelast*

$$H := \{(\xi, \eta) \in \mathbb{R}^2 \mid \xi \geq 0 \text{ und } \xi^2 - \eta^2 = 1\} \tag{6}$$

tritt (vgl. Abb. 29b). Ein Punkt $P = (x, y) \in H$ soll in der Form $P = (\cosh s, \sinh s)$ mit $s \in \mathbb{R}$ geschrieben werden, wobei analog zu Bemerkung 24.5 c) $\frac{1}{2} s$ der (für $y < 0$ als negativ zu interpretierende) *Flächeninhalt* der Menge M_P sei, die (mit $A := (0, 1)$) von den Strecken $\overline{OP}$ und $\overline{OA}$ sowie dem Hyperbelbogen H_P zwischen A und P

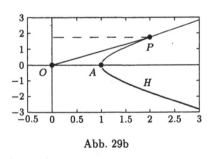

Abb. 29b

begrenzt wird (im Gegensatz zur Konstruktion am Einheitskreis kann man statt dessen *nicht* die Bogenlänge des Hyperbelastes verwenden, vgl. Beispiel 30.2*). Nach Abb. 29b (diese ist wieder „von links nach rechts" zu lesen) und (23.9) gilt für $y \in \mathbb{R}$

$$\tfrac{1}{2} s = \int_0^y \sqrt{1 + \eta^2}\,d\eta - \tfrac{1}{2} y\sqrt{1 + y^2} = \tfrac{1}{2}\log(y + \sqrt{1 + y^2}).$$

29.3 Definition. *Der* Area-Sinus hyperbolicus *wird auf* $\mathbb{R}$ *definiert durch*

$$\text{Arsinh}\, y \quad := \quad 2 \int_0^y \sqrt{1 + \eta^2}\, d\eta - y\sqrt{1 + y^2} \tag{7}$$

$$= \quad \log(y + \sqrt{1 + y^2})\,. \tag{8}$$

29.4 Feststellung. *Es ist* Arsinh : $\mathbb{R} \mapsto \mathbb{R}$ *eine ungerade, streng monoton wachsende und bijektive* C^∞ *- Funktion. Für* $y \in \mathbb{R}$ *gilt*

$$\text{Arsinh}'\, y \;=\; \frac{1}{\sqrt{1 + y^2}}\,. \tag{9}$$

BEWEIS. Es ergibt sich (9) leicht aus (7) oder (8); daraus folgt die strenge Monotonie und Arsinh $\in C^\infty(\mathbb{R})$. Wie im Beweis von Feststellung 24.2 erhält man Arsinh $(-y) = -\,$Arsinh y aus (7); aus (8) folgt Arsinh $y \to +\infty$ für $y \to +\infty$ und daher auch Arsinh $y \to -\infty$ für $y \to -\infty$. Somit ergibt sich die Bijektivität aus dem Zwischenwertsatz. $\diamond$

29.5 Definition. *Die Umkehrfunktion von* Arsinh : $\mathbb{R} \mapsto \mathbb{R}$ *heißt Sinus hyperbolicus* sinh : $\mathbb{R} \mapsto \mathbb{R}$. *Durch* $\cosh x := \sqrt{1 + \sinh^2 x}$ *wird auf* $\mathbb{R}$ *der Kosinus hyperbolicus erklärt.*

Es zeigt Abb. 29c die Funktionen Arsinh und sinh, Abb. 29d die Funktionen sinh und cosh.

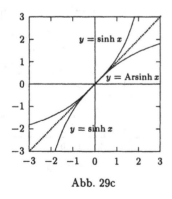
Abb. 29c

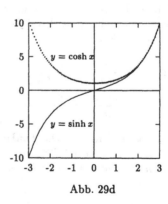
Abb. 29d

29.6 Feststellung. *a) Für die Hyperbel-Funktionen* sinh *und* cosh *gilt*

$$\sinh x \;=\; \tfrac{1}{2}(e^x - e^{-x})\,, \quad \cosh x \;=\; \tfrac{1}{2}(e^x + e^{-x})\,, \quad x \in \mathbb{R}. \tag{10}$$

b) Es gilt sinh, cosh $\in C^\infty(\mathbb{R})$ *und* sinh$' = $ cosh, cosh$' = $ sinh.
c) Es ist sinh *ungerade, und man hat* sinh $x \to \infty$ *für* $x \to \infty$.

d) Es ist cosh *gerade, und man hat* $\cosh x \geq \cosh 0 = 1$ *für* $x \in \mathbb{R}$.

e) Für $x \in \mathbb{R}$ *gelten die* Funktionalgleichungen

$$\sinh(x+y) = \sinh x \cosh y + \sinh y \cosh x, \tag{11}$$

$$\cosh(x+y) = \cosh x \cosh y + \sinh x \sinh y. \tag{12}$$

BEWEIS. Nach (8) ist $x = \operatorname{Arsinh} y$ äquivalent zu $x = \log(y + \sqrt{1+y^2})$ oder $e^x = y + \sqrt{1+y^2} =: g(y)$. Die Umkehrfunktion von g wurde in (23.7) als $h(t) = \frac{1}{2}(t - \frac{1}{t})$ bestimmt; daher ist $x = \operatorname{Arsinh} y$ äquivalent zu $y = h(e^x) = \frac{1}{2}(e^x - e^{-x})$. Damit folgt sofort auch die zweite Formel in (10), und daraus ergeben sich leicht alle weiteren Behauptungen. $\diamond$

29.7 Beispiele. Für $R \in \mathbb{C}(u,v)$ liefert die Substitution $x = \sinh t$

$$\int R(x, \sqrt{x^2+1})\, dx = \int R(\sinh t, \cosh t) \cosh t\, dt; \tag{13}$$

die Substitution $x = \cosh t$ ergibt (für $x \geq 1$)

$$\int R(x, \sqrt{x^2-1})\, dx = \int R(\cosh t, \sinh t) \sinh t\, dt. \tag{14}$$

Nach (10) sind die neuen Integranden rationale Funktionen in e^t, und man verfährt weiter wie in Beispiel 29.1 b). $\square$

Es wird noch kurz auf weitere *Hyperbel- und Area-Funktionen* eingegangen:

29.8 Definition. Tangens und Kotangens hyperbolicus *werden definiert durch (vgl. Abb. 29e)*

$$\tanh x = \frac{\sinh x}{\cosh x} = \frac{e^{2x}-1}{e^{2x}+1},$$

$$\coth x = \frac{\cosh x}{\sinh x} = \frac{e^{2x}+1}{e^{2x}-1} \quad (x \neq 0).$$

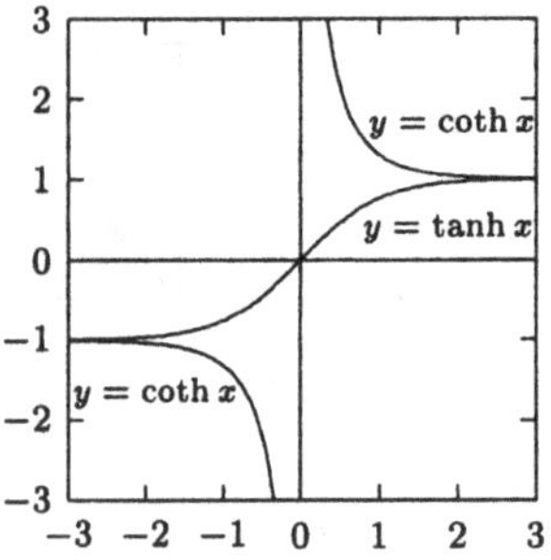

Abb. 29e

29.9 Feststellung. *a) Die Funktion* $\tanh : \mathbb{R} \to (-1,1)$ *ist* C^∞, *ungerade, streng monoton wachsend und bijektiv. Man hat*

$$\tanh' x = \frac{1}{\cosh^2 x} = 1 - \tanh^2 x.$$

b) Es ist $\coth : \mathbb{R}\backslash\{0\} \to \mathbb{R}$ *eine ungerade* C^∞ *- Funktion. Weiter ist* $\coth : (0,\infty) \to (1,\infty)$ *streng monoton fallend und bijektiv, und man hat*

$$\coth' x = -\frac{1}{\sinh^2 x} = 1 - \coth^2 x, \quad x \neq 0.$$

29.10 Definition. *Die Umkehrfunktionen von* tanh *sowie geeigneter Einschränkungen von* cosh *und* coth *heißen* Artanh : $(-1,1) \to \mathbb{R}$, Arcosh : $[1,\infty) \to [0,\infty)$ *und* Arcoth : $(1,\infty) \cup (-\infty,-1) \to \mathbb{R}\backslash\{0\}$.

29.11 Feststellung. *Es gelten die Formeln*

$$\text{Arcosh}\, x = \log(x + \sqrt{x^2 - 1}), \quad x \geq 1 \tag{15}$$

$$\text{Artanh}\, x = \tfrac{1}{2} \log \tfrac{1+x}{1-x}, \quad |x| < 1 \tag{16}$$

$$\text{Arcoth}\, x = \tfrac{1}{2} \log \tfrac{x+1}{x-1}, \quad |x| > 1. \tag{17}$$

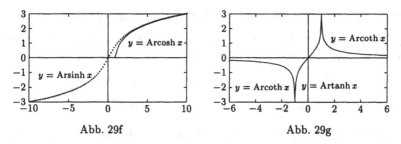

Abb. 29f   Abb. 29g

Die einfachen Beweise der Feststellungen 29.9 und 29.11 werden den Lesern überlassen. Es zeigt Abb. 29f die Funktionen Arsinh und Arcosh, Abb. 29g die Funktionen Artanh und Arcoth. Die *Ableitungen der Area-Funktionen* findet man in der folgenden Tabelle, in der noch einmal eine Reihe wichtiger Stammfunktionen zusammengestellt wird:

29.12 Tabelle.

Funktion f	Stammfunktion F	Definitionsbereich
$x^n \;(n \in \mathbb{N}_0)$	$\dfrac{x^{n+1}}{n+1}$	$\mathbb{R}$
$x^\alpha \;(\alpha \neq -1)$	$\dfrac{x^{\alpha+1}}{\alpha+1}$	$x > 0$
$1/x$	$\log|x|$	$x \neq 0$
e^x	e^x	$\mathbb{R}$
$\cos x$	$\sin x$	$\mathbb{R}$
$\sin x$	$-\cos x$	$\mathbb{R}$
$\dfrac{1}{1+x^2}$	$\arctan x$	$\mathbb{R}$
$\dfrac{1}{1-x^2}$	$\text{Artanh}\, x$	$|x| < 1$

Funktion f	Stammfunktion F	Definitionsbereich
$\dfrac{1}{1-x^2}$	Arcoth x	$\lvert x \rvert > 1$
$\dfrac{1}{\sqrt{1+x^2}}$	Arsinh x	$\mathbb{R}$
$\dfrac{1}{\sqrt{1-x^2}}$	arcsin x	$\lvert x \rvert < 1$
$\dfrac{1}{\sqrt{x^2-1}}$	Arcosh x	$\lvert x \rvert > 1$

Schließlich wird noch kurz der Begriff der *algebraischen Funktion* erwähnt:

29.13 Definition. *Es sei $I \subseteq \mathbb{R}$ ein Intervall. Eine Funktion $f \in \mathcal{F}(I, \mathbb{R})$ heißt* algebraisch, *wenn es Polynome $P_0, \ldots, P_n \in \mathbb{R}[x]$ mit*

$$P_0 + P_1 f + P_2 f^2 + \cdots + P_n f^n = 0 \quad und \quad P_n \neq 0 \qquad (18)$$

gibt. Nicht algebraische Funktionen heißen transzendent.

29.14 Beispiele. a) Für $n = 1$ erhält man aus (18) die rationalen Funktionen, für $n = 2$ Ausdrücke in Quadratwurzeln und rationalen Funktionen wie etwa $f(x) := \sqrt{x^4 + 1}$. Auch Ausdrücke wie $a(x) := \sqrt[6]{\sqrt{x^2 + 2} + 3}$ sind algebraische Funktionen.

b) Für $n \geq 5$ lassen sich algebraische Funktionen i.a. nicht durch Wurzeln ausdrücken, auch nicht im Komplexen (vgl. Bemerkung 27.18 c)).

c) Für festes $x \in \mathbb{R}$ sei $g_x(y) := y^5 + (x^2 + 1)y + (x^3 - 4)$. Dann ist $g_x'(y) = 5y^4 + x^2 + 1 > 0$, g_x also streng monoton wachsend. Nach Satz 10.7 hat somit die Gleichung $y^5 + (x^2 + 1)y + (x^3 - 4) = 0$ genau eine Lösung $y = f(x) \in \mathbb{R}$; dadurch wird dann eine algebraische Funktion f auf $\mathbb{R}$ definiert (vgl. Abb. 29h).

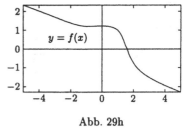

Abb. 29h

d) Die Exponentialfunktion exp ist transzendent. Andernfalls gibt es Polynome $P_0, \cdots, P_n \in \mathbb{R}[x]$ mit $P_0 + P_1 e^x + \cdots + P_n e^{nx} \equiv 0$, und nach Division durch e^{nx} folgt der Widerspruch $P_n(x) \to 0$ für $x \to \infty$. □

Eine genauere Untersuchung der algebraischen Funktionen ist in diesem einführenden Buch nicht möglich.

Es kann nun der Begriff der „*elementaren Funktion*", der ja in der Über-
schrift des Kapitels wie auch des Abschnitts auftritt, etwas genauer gefaßt
werden: Elementare Funktionen sind solche, die durch algebraische Operationen, Verkettungen und Umkehrungen aus algebraischen Funktionen, der
Exponentialfunktion, Sinus und Kosinus bildbar sind.

Alle in Tabelle 29.12 auftretenden Funktionen sind elementar. Nach
28.9 besitzen *rationale* Funktionen *elementare Stammfunktionen,* und dies
gilt auch für die in den Beispielen 29.1, 29.2 und 29.7 betrachteten Funk-
tionenklassen (vgl. auch Aufgabe 29.2). Andererseits besitzen viele elementare Funktionen wie etwa e^{-x^2} oder $\frac{\sin x}{x}$ *keine* elementaren Stammfunktionen; dieses Phänomen tritt auch bei der Berechnung der Längen von
Ellipsenbögen auf, worauf im nächsten Abschnitt näher eingegangen wird.

Aufgaben

29.1 Für die Funktion cosh berechne man die Krümmung sowie die
Bogenlänge des Graphen über ein Intervall $[0, b]$, $b > 0$.

29.2 Man zeige, daß für $R \in \mathbb{C}(u, v)$ bzw. $R \in \mathbb{C}(u, v, w)$ folgende Funktionen elementare Stammfunktionen besitzen:

a) $R\left(x, \sqrt{ax^2 + bx + c}\right)$,
b) $R\left(x, \sqrt[3]{ax + b}\right)$,
c) $R\left(x, \sqrt{ax + b}, \sqrt{cx + d}\right)$.

29.3 Für folgende Funktionen f bestimme man Stammfunktionen über
geeigneten Intervallen:

a) $\dfrac{1}{\sin x}$

b) $\dfrac{x - \sqrt{x}}{x + \sqrt{x}}$

c) $\dfrac{2}{\sqrt{x+1} - \sqrt{x-1}}$

d) $\dfrac{e^x - 1}{e^x + 1}$

e) $\dfrac{3 \cos x \sin^2 x}{1 + \sin^2 x}$

f) $\dfrac{1}{x^2} \sqrt{\dfrac{x-1}{x+1}}$.

29.4 Man zeige $(\cosh x + \sinh x)^n = \cosh nx + \sinh nx$ für alle $n \in \mathbb{N}_0$.

29.5 Für die algebraische Funktion f aus Beispiel 29.14 c) zeige man:
a) Auf unbeschränkten Intervallen ist f unbeschränkt.
b) Es gibt $C > 0$ mit $|f(x)| \leq C(1 + |x|)^{3/5}$ für alle $x \in \mathbb{R}$.
c) Für ein $a \geq 0$ ist f auf $(-\infty, a]$ und $[a, \infty)$ streng monoton fallend.
d) $f : \mathbb{R} \mapsto \mathbb{R}$ ist surjektiv.

30   * Elliptische Integrale

Bemerkung: Dieser ergänzende Abschnitt gehört nicht zum üblichen Stoff einer „Analysis I"-Vorlesung und kann ohne weiteres übergangen werden.

Es wird nun auf eine wichtige Klasse von Integralen eingegangen, die nicht durch elementare Funktionen ausdrückbar sind. Einige der dabei auftretenden langwierigen Rechnungen werden nur kurz skizziert.

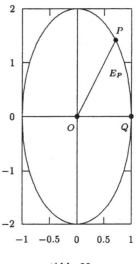

Abb. 30a

30.1 Beispiel. Für eine *Ellipse*

$$E := \{(\xi, \eta) \in \mathbb{R}^2 \mid \tfrac{\xi^2}{a^2} + \tfrac{\eta^2}{b^2} = 1\} \quad (1)$$

mit $0 < a \leq b$ soll die Länge des Ellipsenbogens E_P zwischen den Punkten $Q := (a, 0)$ und $P := (x, y) \in E$ berechnet werden (vgl. Abb. 30a für $a = 1$, $b = 2$). Wie in Abschnitt 24 löst man die Gleichung $\tfrac{\xi^2}{a^2} + \tfrac{\eta^2}{b^2} = 1$ über der rechten Halbellipse $E^r := \{(\xi, \eta) \in E \mid \xi > 0\}$ nach ξ auf und erhält

$$E_P = \{ (\xi, \eta) \in \mathbb{R}^2 \mid \eta \in \backslash 0, y \backslash, \ \xi = f(\eta) := \sqrt{a^2 - \tfrac{a^2}{b^2} \eta^2} \}. \quad (2)$$

Für $|\eta| < b$ gilt $1 + f'(\eta)^2 = \dfrac{b^4 - (b^2 - a^2)\eta^2}{b^4 - b^2\eta^2}$, und man erhält

$$\mathsf{L}(E_P) = \frac{1}{b} \int_0^y \sqrt{\frac{b^4 - (b^2 - a^2)\eta^2}{b^2 - \eta^2}} \, d\eta = \int_0^{y/b} \sqrt{\frac{b^2 - (b^2 - a^2)t^2}{1 - t^2}} \, dt$$

für $0 \leq y \leq b$. Speziell ist die Länge der gesamten Ellipse gegeben durch das absolut konvergente uneigentliche Integral (vgl. Beispiel 25.3 d))

$$\mathsf{L}(E) = 4 J(b, a) := 4 \int_0^1 \sqrt{\frac{b^2 - (b^2 - a^2)t^2}{1 - t^2}} \, dt. \quad \Box \quad (3)$$

Nach A.M. Legendre definiert man das *elliptische Normalintegral zweiter Gattung* zum *Modul* $0 \leq k < 1$ als

$$v(x, k) := \int_0^x \sqrt{\frac{1 - k^2 t^2}{1 - t^2}} \, dt, \quad |x| \leq 1. \quad (4)$$

Mit $k := \frac{a}{b}$ und dem *komplementären Modul* $k' := \sqrt{1 - k^2}$ gilt dann

$$\mathsf{L}(E_P) = b\,v(\frac{y}{b}, k'), \quad \text{speziell} \tag{5}$$

$$\mathsf{L}(E) = 4\,b\,v(1, k') =: 4\,b\,E(k'). \tag{6}$$

Für $x = 1$ heißt $E(k) := v(1, k)$ *vollständiges elliptisches Normalintegral zweiter Gattung* zum *Modul* k (vgl. Abb. 30b).

Wichtig ist auch das *elliptische Normalintegral erster Gattung* zum *Modul* $0 \leq k < 1$, das etwa bei der Beschreibung der Schwingungen eines *mathematischen Pendels* auftritt (darauf wird in Band 2 eingegangen):

$$u(x, k) := \int_0^x \frac{dt}{\sqrt{(1 - t^2)(1 - k^2 t^2)}}, \quad |x| \leq 1; \tag{7}$$

$K(k) := u(1, k)$ sei das entsprechende *vollständige* Integral (vgl. Abb. 30b). Weiter hat man noch das *elliptische Normalintegral dritter Gattung* zum *Modul* $0 \leq k < 1$ und *Parameter* $c \in \mathbb{R}$:

$$w(x, c, k) := \int_0^x \frac{dt}{(1 + ct^2)\sqrt{(1 - t^2)(1 - k^2 t^2)}}, \tag{8}$$

das für $|x| \leq 1$ (im Fall $c < 0$ muß auch $|x| < \frac{1}{\sqrt{|c|}}$ gelten) definiert ist. Man kann dann folgendes zeigen: Ist $R \in \mathbb{R}(u, v)$ und P ein reelles Polynom vom Grad 3 oder 4 ohne mehrfache Nullstellen, so läßt sich das *elliptische Integral* $\int R(x, \sqrt{P(x)})\,dx$ durch elementare Funktionen und die elliptischen Normalintegrale ausdrücken (vgl. etwa [8], Abschnitt 12.5). Als Beispiel für diese Aussage wird in 30.2 die Berechnung der Länge eines Hyperbelbogens skizziert.

Die Integrale dritter Gattung werden hier nicht weiter betrachtet. Durch die Substitution $t = \sin\psi$ können die Integrale erster und zweiter Gattung in die Form

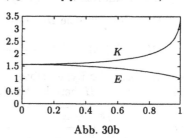

Abb. 30b

$$F(\varphi, k) := u(\sin\varphi, k) = \int_0^\varphi \frac{d\psi}{\sqrt{1 - k^2 \sin^2\psi}}, \quad |\varphi| \leq \frac{\pi}{2}, \tag{9}$$

$$E(\varphi, k) := v(\sin\varphi, k) = \int_0^\varphi \sqrt{1 - k^2 \sin^2\psi}\,d\psi, \quad |\varphi| \leq \frac{\pi}{2}, \tag{10}$$

gebracht werden; speziell gilt dann $\mathsf{L}(E_P) = b\,E(\varphi, k')$, wobei φ der Winkel zwischen der positiven x-Achse und der Strecke $\overline{OP}$ ist (vgl. Abb. 30a). Offenbar gilt $K(k) = F(\frac{\pi}{2}, k)$ und $E(k) = E(\frac{\pi}{2}, k)$. Wegen $0 \leq k < 1$ sind die Funktionen $F(\cdot, k)$ und $E(\cdot, k)$ sogar auf ganz $\mathbb{R}$ definiert, und man sieht leicht

$$F(\varphi+\pi, k) = 2\,K(k)+F(\varphi, k)\,, \quad E(\varphi+\pi, k) = 2\,E(k)+E(\varphi, k)\,. \quad (11)$$

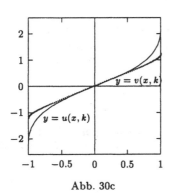

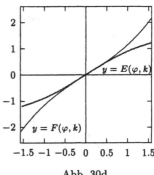

| Abb. 30c | Abb. 30d |

Es zeigt Abb. 30c die Funktionen $u(\cdot, k)$ und $v(\cdot, k)$ sowie Abb. 30d die Funktionen $F(\cdot, k)$ und $E(\cdot, k)$ jeweils für $k = \frac{\sqrt{3}}{2}$, also $k' = \frac{1}{2}$. Im Grenzfall $k = 0$ (dies bedeutet $k' = 1$, also den Fall $a = b$ für die Ellipse in (1)) gilt $u(x, 0) = v(x, 0) = \arcsin x$ und somit $K(0) = E(0) = \frac{\pi}{2}$ sowie $F(\varphi, 0) = E(\varphi, 0) = \varphi$. Für den anderen Grenzfall $k = 1$ hat man $u(x, 1) = \operatorname{Artanh} x$, $v(x, 1) = x$ und somit $K(1) = \infty$, $E(1) = 1$ sowie $F(\varphi, 1) = \operatorname{Artanh}(\sin \varphi)$, $E(\varphi, 1) = \sin \varphi$.

30.2 Beispiel. Für eine *Hyperbel*

$$H := \{(\xi, \eta) \in \mathbb{R}^2 \mid \frac{\xi^2}{a^2} - \frac{\eta^2}{b^2} = 1\} \quad (12)$$

kann die Länge des Hyperbelbogens H_P zwischen den Punkten $A := (a, 0)$ und $P := (x, y) \in H$ berechnet werden. Wie in Beispiel 30.1 erhält man

$$\mathsf{L}(H_P) = \frac{1}{b} \int_0^y \sqrt{\frac{b^4 + (b^2 + a^2)\eta^2}{b^2 + \eta^2}}\, d\eta = \int_0^{y/b} \sqrt{\frac{b^2 + (b^2 + a^2)t^2}{1 + t^2}}\, d\eta\,.$$

Mit $\lambda := \sqrt{a^2 + b^2}$ und $k := \frac{a}{\lambda}$ findet man nach einer langwierigen Rechnung (vgl. [13], Band 3, Abschnitt 132)

$$\frac{1}{\lambda}\,\mathsf{L}(H_P) = \tan \varphi \cdot \sqrt{1 - k^2 \sin^2 \varphi} - E(\varphi, k) + (1 - k^2)\,F(\varphi, k)$$

mit $\varphi = \arctan \frac{y}{\lambda(1-k^2)} = \arctan \frac{\lambda y}{b^2}$. Auch im Fall *gleichseitiger* Hyperbeln (vgl. Abb. 29b), d. h. $a = b$ und $k = \frac{1}{\sqrt{2}}$, treten also die beiden elliptischen Normalintegrale erster und zweiter Gattung auf.   □

Nun wird kurz auf *elliptische Funktionen* eingegangen, die mit Umkehrfunktionen von elliptischen Normalintegralen erster Gattung zusammenhängen. Es gilt $\frac{d}{d\varphi}F(\varphi,k) = (1 - k^2\sin^2\varphi)^{-1/2} > 0$; daher ist $F(\cdot,k) : \mathbb{R} \mapsto \mathbb{R}$ streng monoton wachsend und wegen (11) auch bijektiv. Die entsprechende Umkehrfunktion

$$\mathrm{am}\,(\cdot,k) : \mathbb{R} \mapsto \mathbb{R} \tag{13}$$

heißt *Amplitudenfunktion* zum Modul k, ihre Ableitung

$$\mathrm{am}'\,(t,k) = \frac{1}{F'(\mathrm{am}\,(t,k),k)} = \sqrt{1 - k^2\sin^2\mathrm{am}\,(t,k)} =: \mathrm{dn}\,(t,k)$$

Delta der Amplitude. Wegen (11) gilt

$$\mathrm{am}\,(t + 2\,K(k),k) = \mathrm{am}\,(t,k) + \pi\,; \tag{14}$$

daher besitzen die durch

$$\mathrm{sn}\,(\cdot,k) := \sin\mathrm{am}\,(\cdot,k)\,, \quad \mathrm{cn}\,(\cdot,k) := \cos\mathrm{am}\,(\cdot,k) \tag{15}$$

definierten Funktionen *Sinus Amplitudinis* und *Kosinus Amplitudinis* die *Periode* $4\,K(k)$. Für $\varphi = \mathrm{am}\,(t,k) \in [-\frac{\pi}{2}, \frac{\pi}{2}]$ gilt $t = F(\varphi,k) = u(\sin\varphi,k)$, also $\mathrm{sn}\,(t,k) = \sin\varphi = u(\cdot,k)^{-1}(t)$; somit ist

$$\mathrm{sn}\,(\cdot,k) : [-K(k), K(k)] \mapsto [-1,1]$$

die Umkehrfunktion von $u(\cdot,k)$. Man könnte also $\mathrm{sn}\,(\cdot,k)$ auch durch Fortsetzung von $u(\cdot,k)^{-1}$ wie in 24.8 auf ganz $\mathbb{R}$ definieren.

Für $k = \frac{\sqrt{3}}{2}$ (und $K := K(k) = 2,1565$) zeigt Abb. 30e die Funktionen $\mathrm{sn}\,(\cdot,k)$, $\mathrm{cn}\,(\cdot,k)$ und $\mathrm{dn}\,(\cdot,k)$ (gepunktet), Abb. 30f die Funktionen $F(\cdot,k)$ und $\mathrm{am}\,(\cdot,k)$ sowie Abb. 30g die $4\,K(k)$- periodischen Funktionen $\mathrm{sn}\,(t,k)$ und $\sin\frac{\pi}{2\,K(k)}\,t$ (gepunktet).

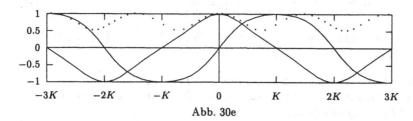

Abb. 30e

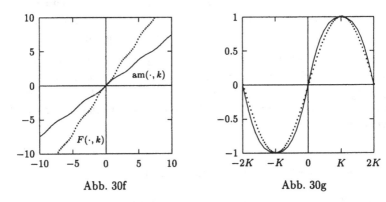

Abb. 30f   Abb. 30g

Bemerkung: Es sei darauf hingewiesen, daß sich die elliptischen Funktionen zu doppeltperiodischen (meromorphen) Funktionen auf $\mathbb{C}$ *fortsetzen lassen (vgl. etwa [13], Band 3, Abschnitt 99); insbesondere können sie daher nicht elementar sein.*

Es wird nun auf die Berechnung der vollständigen elliptischen Normalintegrale erster Gattung mit Hilfe *arithmetisch-geometrischer Mittel* nach C. F. Gauß eingegangen. Analog zu (3) definiert man die absolut konvergenten uneigentlichen Integrale

$$I(a,b) := \int_0^1 \frac{dt}{\sqrt{(1-t^2)(a^2-(a^2-b^2)t^2)}}, \quad a,b > 0. \tag{16}$$

Die Substitution $t = \sin\psi$ liefert

$$I(a,b) = \int_0^{\pi/2} \frac{d\psi}{\sqrt{a^2\cos^2\psi + b^2\sin^2\psi}}, \tag{17}$$

die Substitution $x = b\tan\psi$ dann

$$I(a,b) = \int_0^\infty \frac{dx}{\sqrt{(a^2+x^2)(b^2+x^2)}}. \tag{18}$$

Aus (18) ergibt sich sofort $I(a,b) = I(b,a)$. Für $k := \frac{a}{b} \leq 1$ gilt daher $I(a,b) = I(b,a) = \frac{1}{b}K(k')$.

30.3 Satz. *a) Für* $a, b > 0$ *gilt* $I(a,b) = I(\frac{a+b}{2}, \sqrt{ab})$.
b) Für $a, b > 0$ *und Folgen* $(a_n), (b_n) \subseteq (0,\infty)$ *mit* $a_n \to a$ *und* $b_n \to b$ *gilt* $I(a_n, b_n) \to I(a,b)$.

BEWEIS. a) Nach (18) gilt

$$I\left(\frac{a+b}{2}, \sqrt{ab}\right) = \frac{1}{2} \int_{-\infty}^{\infty} \frac{dx}{\sqrt{\left(\left(\frac{a+b}{2}\right)^2 + x^2\right)(ab + x^2)}}. \tag{19}$$

Analog zu (23.5) substituiert man

$$x = \tfrac{1}{2}\left(s - \tfrac{ab}{s}\right);$$

es ist $h : (0, \infty) \mapsto \mathbb{R}$, $h(s) = \tfrac{1}{2}\left(s - \tfrac{ab}{s}\right)$, eine bijektive $\mathcal{C}^\infty$ - Funktion (vgl. Abb. 23d für $ab = 1$). Analog zu (23.6) gilt dann $ab + x^2 = \tfrac{1}{4}\left(s + \tfrac{ab}{s}\right)^2$, wegen $dx = \tfrac{1}{2}\left(1 + \tfrac{ab}{s^2}\right) ds$ also

$$\frac{dx}{\sqrt{ab + x^2}} = \frac{ds}{s}.$$

Weiter ist $\left(\frac{a+b}{2}\right)^2 + x^2 = \tfrac{1}{4}\left((a+b)^2 + s^2 - 2ab + \tfrac{a^2b^2}{s^2}\right) = \tfrac{1}{4}\left(a^2 + b^2 + s^2 + \tfrac{a^2b^2}{s^2}\right)$, so daß sich aus (19) schließlich ergibt:

$$\begin{aligned}
I\left(\frac{a+b}{2}, \sqrt{ab}\right) &= \int_0^{\infty} \frac{ds}{s\sqrt{a^2 + b^2 + s^2 + \frac{a^2b^2}{s^2}}} \\
&= \int_0^{\infty} \frac{ds}{\sqrt{(a^2 + s^2)(b^2 + s^2)}} = I(a, b).
\end{aligned}$$

b) Jetzt wird (17) verwendet. Man hat $a_n \geq c > 0$ und $b_n \geq c > 0$ ab einem $n_0 \in \mathbb{N}$ und somit auch $a_n^2 \cos^2 \psi + b_n^2 \sin^2 \psi \geq c^2$ für alle $\psi \in [0, \frac{\pi}{2}]$. Da die Funktion $u \mapsto u^{-1/2}$ auf $[c, \infty)$ gleichmäßig stetig ist, folgt aus $a_n \to a$ und $b_n \to b$ leicht

$$(a_n^2 \cos^2 \psi + b_n^2 \sin^2 \psi)^{-1/2} \to (a^2 \cos^2 \psi + b^2 \sin^2 \psi)^{-1/2}$$

gleichmäßig auf $[0, \frac{\pi}{2}]$ (vgl. Aufgabe 14.6). Somit folgt die Behauptung $I(a_n, b_n) \to I(a, b)$ aus Theorem 18.2. ◇

Mehrere andere Beweise von Satz 30.3 a), insbesondere auch das ursprüngliche Argument von C.F. Gauß, findet man in [16], Chapter 1.

Für $a, b > 0$ definiert man nun durch

$$a_0 := a, \quad b_0 := b, \quad a_{n+1} := \sqrt{a_n b_n}, \quad b_{n+1} := \tfrac{1}{2}(a_n + b_n) \tag{20}$$

rekursiv zwei Folgen (a_n) und (b_n). Nach Feststellung 6.17 gilt $a_n \leq b_n$ für $n \geq 1$; man hat daher die Situation

$$a_1 \leq \ldots \leq a_n \leq a_{n+1} \leq \ldots \leq b_{n+1} \leq b_n \leq \ldots \leq b_1. \tag{21}$$

30.4 Satz. *Für die in (20) definierten Folgen* (a_n) *und* (b_n) *gilt* $\lim\limits_{n\to\infty} a_n = \lim\limits_{n\to\infty} b_n =: M(a,b)$. *Die Konvergenz ist* quadratisch.

BEWEIS. a) Die Konvergenz von (a_n) und (b_n) folgt sofort aus (21). Wegen $c_n := \frac{1}{2}(b_{n-1} - a_{n-1}) = b_{n-1} - b_n \to 0$ folgt $\lim\limits_{n\to\infty} a_n = \lim\limits_{n\to\infty} b_n =: M(a,b)$.

b) Für $n \geq 1$ gilt

$$c_n^2 = \tfrac{1}{4}(b_{n-1} - a_{n-1})^2 = \tfrac{1}{4}(b_{n-1} + a_{n-1})^2 - a_{n-1}b_{n-1}$$
$$= b_n^2 - a_n^2 = (b_n + a_n)(b_n - a_n) = 2b_{n+1}(b_n - a_n), \quad \text{also}$$
$$b_n - a_n = \frac{c_n^2}{2b_{n+1}} = \frac{(b_{n-1} - a_{n-1})^2}{8b_{n+1}} \leq \frac{(b_{n-1} - a_{n-1})^2}{8M(a,b)},$$

und man hat in der Tat quadratische Konvergenz. $\diamond$

Die Zahl $M(a,b)$ heißt *arithmetisch-geometrisches Mittel* von a und b. Den Zusammenhang mit elliptischen Integralen zeigt:

30.5 Satz (Gauß). *Für* $a, b > 0$ *gilt* $I(a,b) = \dfrac{\pi}{2M(a,b)}$.

BEWEIS. Nach Satz 30.3 a) gilt $I(a,b) = I(a_n, b_n)$ für alle $n \in \mathbb{N}$, und mit Satz 30.3 b) folgt auch $I(a,b) = I(c,c)$ mit $c := M(a,b)$. Nun ist aber $I(c,c) = \frac{1}{c}I(1,1) = \frac{1}{c}\arcsin 1 = \frac{\pi}{2c} = \frac{\pi}{2M(a,b)}$. $\diamond$

30.6 Beispiel. Die Berechnung von $M(1,2)$ zeigt die folgende Tabelle:

n	a_n	b_n	$b_n - a_n$
1	1	2	1
2	$1,414213$	$1,5$	$0,085786$
3	$1,456475$	$1,457107$	$0,000631$
4	$1,4567910139$	$1,4567910482$	$3,4215 \cdot 10^{-8}$
5	$1,456791031046907$	$1,456791031046907$	$1,004 \cdot 10^{-16}$

Daraus ergibt sich $I(1,2) = \frac{\pi}{2M(1,2)} = 1,078257823749821\ldots$ und damit auch $K(\frac{\sqrt{3}}{2}) = 2I(1,2) = 2,156515647499642\ldots$. $\square$

Abschließend werden noch einige weitere interessante Ergebnisse über elliptische Integrale angegeben, die u.a. für eine auf E. Salamin und R. Brent (1976) zurückgehende Methode zur schnellen Berechnung der Kreiszahl π benötigt werden. Die Beweise findet man etwa in [36], Abschnitt 17C oder in [16], wo auch weitere Varianten dieser Methode diskutiert werden.

30.7 Bemerkungen. a) Es gelten zu den Sätzen 30.3–30.5 analoge Ergebnisse für die elliptischen Normalintegrale zweiter Gattung: Für die Integrale $J(b,a)$ aus (3) gilt $J(b,a) = J(a,b)$ für $a, b > 0$, und man hat

$$J(a,b) \; = \; 2\,J(\tfrac{a+b}{2}, \sqrt{ab}) - a\,b\,I\,(a,b)\,. \tag{22}$$

Mit den Zahlen c_n aus dem Beweis von Satz 30.4 setzt man

$$Q(a,b) \; = \; a^2 + b^2 - \sum_{n=1}^{\infty} 2^n\,c_n^2 \quad (\geq 0) \tag{23}$$

und beweist dann dieses Analogon zum Satz von Gauß:

$$J(a,b) \; = \; \frac{\pi\,Q(a,b)}{4\,M(a,b)} \; = \; \frac{1}{2}\,Q(a,b)\,I\,(a,b)\,. \tag{24}$$

b) Für $0 < k < 1$ und $k' = \sqrt{1-k^2}$ gilt die *Legendresche Relation*

$$E(k)\,K(k') + E(k')\,K(k) - K(k)\,K(k') \; = \; \tfrac{\pi}{2}\,; \tag{25}$$

speziell hat man für $k^2 = \tfrac{1}{2}$ nach Euler

$$2\,E(\tfrac{1}{\sqrt{2}})\,K(\tfrac{1}{\sqrt{2}}) - K(\tfrac{1}{\sqrt{2}})^2 \; = \; \tfrac{\pi}{2}\,. \tag{26}$$

c) Wegen $K(k) = I\,(1, k')$ und $E(k) = J(1, k')$ ergibt sich mit $I := I\,(1, \tfrac{1}{\sqrt{2}})$, $J := J(1, \tfrac{1}{\sqrt{2}})$, $M := M(1, \tfrac{1}{\sqrt{2}})$ und $Q := Q(1, \tfrac{1}{\sqrt{2}})$ nach (24) und 30.5

$$\tfrac{\pi}{2} \; = \; 2\,J\,I - I^2 \; = \; (Q-1)\,I^2 \; = \; \tfrac{(Q-1)\,\pi^2}{4\,M^2}\,,$$

also $\pi = \tfrac{2\,M^2}{Q-1}$. Setzt man daher

$$a_0 := \tfrac{1}{\sqrt{2}}\,, \; b_0 := 1\,, \; a_{n+1} := \sqrt{a_n\,b_n}\,, \; b_{n+1} := \tfrac{1}{2}\,(a_n + b_n)\,, \tag{27}$$

so konvergiert die durch

$$\pi_n := 4\,b_n^2\,(1 - \sum_{k=1}^{n} 2^{k+1}\,(b_{k-1} - b_k)^2)^{-1}\,, \quad n \in \mathbb{N}\,, \tag{28}$$

definierte Folge gegen π, und zwar *quadratisch*. Man beachte, daß die Berechnung der π_n nur rationale Operationen und Quadratwurzeln benötigt; aufgrund des quadratisch konvergenten Verfahrens 6.15 ist deren genaue Berechnung im wesentlichen nicht aufwendiger als eine Multiplikation oder eine Division (vgl. [16], Theorem 6.3). Die ersten Zahlen π_n lauten:

$$\pi_0 = 4$$
$$\pi_1 = 3,18767$$
$$\pi_2 = 3,14168029$$
$$\pi_3 = 3,141592653895446$$
$$\pi_4 = 3,1415926535897932384663606$$
$$\pi_5 = 3,1415926535897932384626433832795028841197169949$$
$$\pi_6 = 3,141592653589793238462643383279502884197169399375105 82 . \square$$

Aufgaben

30.1 Man berechne den Flächeninhalt eines Sektors $S(O, Q, P)$ einer Ellipse $E = \{(x, y) \in \mathbb{R}^2 \mid \frac{x^2}{a^2} + \frac{y^2}{b^2} = 1\}$, vgl. Abb. 30a.

30.2 Man zeige $J(a, b) = \int_0^{\pi/2} \sqrt{a^2 \cos^2 \psi + b^2 \sin^2 \psi} \, d\psi$ und schließe $J(a, b) = J(b, a)$. Weiter zeige man $J(a, b) = \int_0^\infty \frac{\sqrt{(a^2 + b^2 u^2)}}{(1 + u^2)^{3/2}} \, du$.

30.3 Mittels der Substitutionen $t^2 = 1 - u^2$ und $t^2 = \frac{1}{1-v^2}$ zeige man

$$\int_0^x \frac{dt}{\sqrt{1-t^4}} = \frac{1}{\sqrt{2}} \left(K\left(\frac{1}{\sqrt{2}}\right) - u\left(\sqrt{1-x^2}, \frac{1}{\sqrt{2}}\right) \right), \quad 0 \le x \le 1,$$
$$\int_1^x \frac{dt}{\sqrt{1-t^4}} = u\left(\frac{\sqrt{1-x^2}}{x}, \frac{1}{\sqrt{2}}\right), \quad x \ge 1.$$

30.4 Für festes k zeige man die Formeln $\operatorname{dn}^2 t + k^2 \operatorname{sn}^2 t = 1$, $\operatorname{am}' t = \operatorname{dn} t$, $\operatorname{sn}' t = \operatorname{cn} t \operatorname{dn} t$, $\operatorname{cn}' t = -\operatorname{sn} t \operatorname{dn} t$ und $\operatorname{dn}' t = -k^2 \operatorname{sn} t \operatorname{cn} t$.

30.5 Für festes k zeige man die Additionstheoreme

$$\operatorname{sn}(x + y) = \frac{\operatorname{sn} x \operatorname{cn} y \operatorname{dn} y + \operatorname{sn} y \operatorname{cn} x \operatorname{dn} x}{1 - k^2 \operatorname{sn}^2 x \operatorname{sn}^2 y},$$
$$\operatorname{cn}(x + y) = \frac{\operatorname{cn} x \operatorname{cn} y - \operatorname{sn} x \operatorname{sn} y \operatorname{dn} x \operatorname{dn} y}{1 - k^2 \operatorname{sn}^2 x \operatorname{sn}^2 y}.$$

V. Taylor-Formel und Reihenentwicklungen

In diesem letzten Kapitel des Buches wird die *Approximation* möglichst *allgemeiner* Funktionen durch *einfachere* Funktionen, vor allem durch *Polynome* und *trigonometrische Funktionen* untersucht.

Der *Satz von Taylor* in Abschnitt 34 beschreibt präzise den bei der Approximation einer nahe $a \in \mathbb{R}$ definierten C^{m+1} - Funktion durch ihr *Taylor-Polynom* $\sum\limits_{k=0}^{m} \frac{f^{(k)}(a)}{k!} (x - a)^k$ auftretenden *Fehler;* erste Anwendungen sind Aussagen zur *Konvergenzgeschwindigkeit numerischer Verfahren* zur Lösung von Gleichungen in Abschnitt 35*. Durch den Grenzübergang $m \to \infty$ können viele elementare C^∞ - Funktionen in *Taylor-Reihen* entwickelt werden, die auf gewissen Kreisen in $\mathbb{C}$ konvergieren; eine wichtige Anwendung ist die *Eulersche Formel* $e^{iz} = \cos z + i \sin z$, auf der in Abschnitt 37* die Untersuchung der *Exponentialfunktion* und des *Logarithmus* im *Komplexen* aufbaut.

Unendliche Reihen sind nichts anderes als Folgen in einer Summen-Notation $(s_n := \sum\limits_{k=1}^{n} a_k)$; ihre eigenständige Untersuchung wird durch eine Fülle interessanter Ergebnisse ab Abschnitt 31 gerechtfertigt. *Konvergenzkriterien* für Reihen werden in den Abschnitten 31, 33 und 38* entwickelt, auch für die *gleichmäßige* Konvergenz von *Funktionenreihen.* Sicher ist es auf den ersten Blick verblüffend, daß das *Kommutativgesetz* für *unendliche Summen nicht* uneingeschränkt gilt und die naive *Multiplikation konvergenter Reihen* nicht immer möglich ist. Der Zusammenhang dieser Problematik mit dem wichtigen Begriff der *absoluten Konvergenz* wird in den Abschnitten 32 und 39* behandelt.

Die Approximation von Regelfunktionen durch trigonometrische Funktionen und ihre *Entwicklung in Fourier-Reihen* wird in Abschnitt 40* behandelt. Der *Satz von Fejér* besagt, daß für eine stetige 2π - periodische Funktion $f : \mathbb{R} \mapsto \mathbb{C}$ die *arithmetischen Mittel* der Partialsummen der Fourier-Reihe von f *gleichmäßig* gegen f *konvergieren;* daraus ergibt sich auch leicht der *Satz von Weierstraß* über die gleichmäßige Approximation stetiger Funktionen durch Polynome. *Interpolationspolynome* werden in Abschnitt 42* diskutiert.

Mit Hilfe von Taylor- und Fourier-Entwicklungen werden in den Abschnitten 36, 40* und 41* viele *spezielle Reihensummen* berechnet, vor allem mittels der Fourier-Entwicklung der *Bernoulli-Polynome* in Satz 41.7*. Diese treten in der wichtigen *Eulerschen Summenformel* 41.10* auf, die eine präzise Beziehung zwischen gewissen endlichen Summen und Integralen angibt. Eine interessante Anwendung ist die *Stirlingsche Formel* 41.13*, die nach einer Vorstufe in 36.13* das Wachstum der Fakultäten „beliebig genau" beschreibt, eine andere die Fehlerabschätzung für eine Extrapolationsmethode zur *numerischen Berechnung von Integralen* in Abschnitt 43*.

Im letzten Abschnitt wird mit Hilfe von in diesem Buch entwickelten analytischen und einigen zusätzlichen, relativ leicht zugänglichen algebraischen Methoden F. Lindemanns negative Lösung (1882) des klassischen Problems der „*Quadratur des Kreises*" vorgestellt; sogar die *Transzendenz* der Zahlen e und π wird bewiesen.

31   Unendliche Reihen

Aufgabe: Sind die Folgen $(\sum\limits_{k=1}^{n} \frac{(-1)^{k+1}}{k})$ *und* $(\sum\limits_{k=1}^{n} \frac{1}{k\sqrt{k}})$ *konvergent ?*

In diesem Abschnitt beginnt die systematische Untersuchung von durch Summen $(\sum\limits_{k=1}^{n} a_k)$ definierten Folgen.

31.1 Definition. *Für eine Folge* $(a_k) \subseteq \mathbb{C}$ *heißt* $\sum a_k$ **unendliche Reihe**, *kurz:* **Reihe.**[†] *Diese heißt* **konvergent**, *falls die Folge der* Partialsummen $(s_n := \sum\limits_{k=1}^{n} a_k)$ *konvergiert. In diesem Fall heißt*

$$\sum_{k=1}^{\infty} a_k := s := \lim_{n \to \infty} s_n \tag{1}$$

die Summe *der Reihe. Nicht konvergente Reihen heißen* divergent.

31.2 Bemerkungen. a) *Jede* Folge (s_n) kann als Reihe aufgefaßt werden: Mit $s_0 := 0$ und $a_k := s_k - s_{k-1}$ für $k \geq 1$ hat man ja $s_n = \sum\limits_{k=1}^{n} a_k$ für $n \in \mathbb{N}$. Die Untersuchung unendlicher Reihen ist also im Prinzip zu der von Folgen äquivalent; allerdings werden, wie bereits in Satz 6.11 geschehen, solche Aspekte betont, bei denen die Differenzen $a_k = s_k - s_{k-1}$ der Folgenglieder eine besonders wichtige Rolle spielen.

b) Man schreibt $\sum_k a_k$ für $\sum a_k$, wenn der Summationsindex k betont werden soll. Dieser kann auch ab jedem $k_0 \in \mathbb{Z}$ laufen, wodurch das Konvergenzverhalten der Reihe nicht beeinflußt wird. Die Summe $\sum\limits_{k=k_0}^{\infty} a_k$ hängt natürlich von k_0 ab.

c) Wegen (27.12) ist eine Reihe $\sum a_k$ genau dann konvergent, wenn dies auf $\sum \operatorname{Re} a_k$ und $\sum \operatorname{Im} a_k$ zutrifft.   □

[†]Formal betrachtet, ist $\sum a_k$ nichts anderes als die Folge (s_n).

31.3 Feststellung. *Ist die Reihe $\sum a_k$ konvergent, so folgt* $\lim\limits_{k\to\infty} a_k = 0$
und $\lim\limits_{n\to\infty} r_n = 0$, *wobei* $(r_n := \sum\limits_{k=n+1}^{\infty} a_k)$ *die Folge der* Reihenreste *bezeichnet.*

BEWEIS. Mit $s = \sum\limits_{k=1}^{\infty} a_k$ ergibt sich dies aus $a_k = s_k - s_{k-1} \to s - s = 0$
sowie aus $r_n = s - s_n \to 0$. $\hspace{4cm}$ ◇

31.4 Beispiele. a) Für $z \in \mathbb{C}$ ist die *geometrische Reihe* $\sum z^k$ genau für
$|z| < 1$ konvergent. Nach (2.1) gilt ja $\sum\limits_{k=0}^{n} z^k = \frac{1-z^{n+1}}{1-z}$ für $n \in \mathbb{N}$, also

$$\sum_{k=0}^{\infty} z^k = \frac{1}{1-z} \quad \text{für } |z| < 1. \tag{2}$$

Für $|z| \geq 1$ ist (z^k) keine Nullfolge und somit $\sum z^k$ divergent.
b) Nach Beispiel 6.14 ist die Reihe $\sum \frac{1}{k^2}$ konvergent, und es gilt
$1{,}64483 \leq \sum\limits_{k=1}^{\infty} \frac{1}{k^2} \leq 1{,}64494$.

c) Die *harmonische Reihe* $\sum \frac{1}{k}$ ist wegen Satz 4.5 divergent; nach Beispiel
18.9 c) gilt genauer $\lim\limits_{n\to\infty} \left(\sum\limits_{k=1}^{n} \frac{1}{k} - \log n \right) = \gamma$ (Eulersche Konstante). Dies
zeigt auch, daß die Umkehrung der ersten Aussage von Feststellung 31.3
nicht richtig ist. $\hspace{6cm}$ □

Es folgen nun *Konvergenzkriterien* für Reihen, und zwar zunächst für solche mit *positiven Summanden* $a_k \geq 0$. In diesen Fällen ist die Folge (s_n) monoton wachsend, und aus Theorem 6.12 ergibt sich sofort die folgende zu Satz 25.4 b), c) analoge Aussage:

31.5 Feststellung. *a) Gilt $a_k \geq 0$ für $k \in \mathbb{N}$, so ist $\sum a_k$ genau dann konvergent, wenn die Folge (s_n) der Partialsummen beschränkt ist.*
b) Es seien a_k, $b_k \geq 0$ für $k \in \mathbb{N}$, und es gelte

$$\exists\, C > 0,\ k_0 \in \mathbb{N}\ \forall\, k \geq k_0: \quad a_k \leq C \cdot b_k. \tag{3}$$

Ist dann $\sum b_k$ konvergent, so auch $\sum a_k$; ist dagegen $\sum a_k$ divergent, so auch $\sum b_k$.

In der Situation des *Vergleichskriteriums* 31.5 b) heißt $\sum b_k$ eine *Majorante* von $\sum a_k$, und $\sum a_k$ eine *Minorante* von $\sum b_k$. Für die Konvergenz einer Reihe $\sum a_k$ positiver Summanden $a_k \geq 0$ schreibt man kurz

$$\sum_{k=1}^{\infty} a_k < \infty. \tag{4}$$

Die folgenden beiden spezielleren Konvergenzkriterien beruhen auf Vergleichen mit *geometrischen Reihen*:

31.6 Satz (Wurzelkriterium). *Es sei $a_k \geq 0$ für $k \in \mathbb{N}$. Existiert*

$$w := \limsup \sqrt[k]{a_k} \qquad (5)$$

und ist $w < 1$, so ist $\sum a_k$ konvergent. Gilt aber $\sqrt[k]{a_k} \geq 1$ für unendlich viele Indizes k, so ist $\sum a_k$ divergent.

BEWEIS. a) Man wählt $w < q < 1$. Nach (12.2) gibt es $k_0 \in \mathbb{N}$ mit $\sqrt[k]{a_k} \leq q$ oder $a_k \leq q^k$ für $k \geq k_0$. Daher ist $\sum q^k$ eine konvergente Majorante von $\sum a_k$, so daß diese Reihe nach Feststellung 31.5 b) konvergent ist.
b) Gilt dagegen $\sqrt[k]{a_k} \geq 1$ für unendlich viele Indizes k, so ist (a_k) keine Nullfolge und $\sum a_k$ divergent.   ◇

31.7 Satz (Quotientenkriterium). *Es sei $a_k > 0$ für $k \in \mathbb{N}$. Existiert*

$$v := \limsup \frac{a_{k+1}}{a_k} \qquad (6)$$

und ist $v < 1$, so ist $\sum a_k$ konvergent. Gilt aber $\frac{a_{k+1}}{a_k} \geq 1$ ab einem $k_0 \in \mathbb{N}$, so ist $\sum a_k$ divergent.

BEWEIS. a) Man wählt $v < q < 1$. Nach (12.2) gibt es $k_0 \in \mathbb{N}$ mit $\frac{a_{k+1}}{a_k} \leq q$ für $k \geq k_0$. Es folgt $\frac{a_k}{a_{k_0}} = \frac{a_k}{a_{k-1}} \frac{a_{k-1}}{a_{k-2}} \cdots \frac{a_{k_0+1}}{a_{k_0}} \leq q^{k-k_0}$, also $a_k \leq (a_{k_0} q^{-k_0}) \cdot q^k$ für $k > k_0$. Somit ist $\sum q^k$ eine Majorante von $\sum a_k$.
b) Ist $\frac{a_{k+1}}{a_k} \geq 1$ für $k \geq k_0$, so folgt $a_{k+1} \geq a_k \geq \ldots \geq a_{k_0} > 0$, d.h. (a_k) ist keine Nullfolge.   ◇

31.8 Beispiele und Bemerkungen. a) Bei Reihen $\sum a_k$ können ohne Änderung des Konvergenzverhaltens eventuelle Summanden $a_k = 0$ weggelassen werden. Somit ist das Quotientenkriterium auch auf Reihen $\sum a_k$ mit Summanden $a_k \geq 0$ anwendbar.
b) Für $x > 0$ wird die Reihe $\sum \frac{k!}{k^k} x^k$ untersucht. Wegen

$$\frac{a_{k+1}}{a_k} = \frac{(k+1)! \, x^{k+1} \, k^k}{(k+1)^{k+1} \, k! \, x^k} = x \, \frac{(k+1) \, k^k}{(k+1)^{k+1}} = x \left(\frac{k}{k+1} \right)^k = \frac{x}{\left(1 + \frac{1}{k} \right)^k} \to \frac{x}{e}$$

konvergiert die Reihe für $x < e$ und divergiert für $x > e$. Für $x = e$ gilt $\frac{a_{k+1}}{a_k} \geq 1$, d.h. die Reihe divergiert. Man kann diese Aussagen auch mit dem Wurzelkriterium erhalten, muß dann aber Satz 6.5 benutzen. Bei Ausdrücken mit Fakultäten ist das Quotientenkriterium oft leichter zu handhaben als das Wurzelkriterium.

c) Hinreichend für die Divergenz von $\sum a_k$ sind auch $w = \limsup \sqrt[k]{a_k} > 1$ oder $\liminf \frac{a_{k+1}}{a_k} > 1$, nicht aber $\limsup \frac{a_{k+1}}{a_k} > 1$:

d) Es sei $a_k = 2^{-k}$ für gerade k und $a_k = 3^{-k}$ für ungerade k. Wegen $\frac{a_{k+1}}{a_k} = \frac{1}{3}(\frac{2}{3})^k$ für gerade k und $\frac{a_{k+1}}{a_k} = \frac{1}{2}(\frac{3}{2})^k$ für ungerade k ist $\liminf \frac{a_{k+1}}{a_k} = 0$, und $\limsup \frac{a_{k+1}}{a_k}$ („$= \infty$") existiert nicht. Trotzdem ist die Reihe konvergent, was sich wegen $\limsup \sqrt[k]{a_k} = \frac{1}{2} < 1$ sofort aus dem Wurzelkriterium ergibt.

e) Für die Reihen $\sum \frac{1}{k^\alpha}$ mit $\alpha > 0$ gilt $\lim\limits_{k\to\infty} \sqrt[k]{a_k} = \lim\limits_{k\to\infty} \frac{a_{k+1}}{a_k} = 1$. Da auch $\sqrt[k]{a_k} < 1$ und $\frac{a_{k+1}}{a_k} < 1$ gilt, sind Wurzel- und Quotientenkriterium nicht anwendbar. Nach Beispiel 31.4 und Feststellung 31.5 ist $\sum \frac{1}{k^\alpha}$ für $\alpha \geq 2$ konvergent und für $\alpha \leq 1$ divergent, allerdings jeweils *langsamer* als eine geometrische Reihe. Die Fälle $1 < \alpha < 2$ können wegen der *Monotonie* der Folge $\frac{1}{k^\alpha}$ bequem mit Hilfe der *Integralrechnung* behandelt werden: □

31.9 Satz (Integralkriterium). *Es sei $f \in C[1,\infty)$ monoton fallend mit $f \geq 0$. Dann konvergiert die Reihe $\sum f(k)$ genau dann, wenn das uneigentliche Integral $\int_1^{\uparrow\infty} f(x)\,dx$ konvergiert.*

BEWEIS. Wie in Beispiel 18.9 a) hat man

$$\sum_{k=2}^m f(k) \leq \int_1^m f(x)\,dx \leq \sum_{k=2}^m f(k-1),$$

woraus mit Feststellung 31.5 und Satz 25.4 b) die Behauptung folgt. ◇

31.10 Beispiele. Nach Beispiel 25.3 c) gilt also $\sum\limits_{k=1}^\infty \frac{1}{k^\alpha} < \infty \Leftrightarrow \alpha > 1$, und nach Beispiel 25.5 b) hat man $\sum\limits_{k=2}^\infty \frac{1}{k\,(\log k)^\gamma} < \infty \Leftrightarrow \gamma > 1$. Diese Aussagen lassen sich auch ohne Verwendung der Integralrechnung beweisen, vgl. Aufgabe 31.8 b). □

Das *Cauchy-Kriterium* 6.9 gilt nach (27.12) auch für komplexe Folgen; wegen $s_m - s_n = \sum\limits_{k=n+1}^m a_k$ lautet seine Formulierung für Reihen so:

31.11 Feststellung (Cauchy-Kriterium). *Eine Reihe $\sum a_k$ konvergiert genau dann, wenn folgendes gilt:*

$$\forall\, \varepsilon > 0 \; \exists\, n_0 \in \mathbb{N} \; \forall\, m > n \geq n_0 \;:\; \Big| \sum_{k=n+1}^m a_k \Big| < \varepsilon. \tag{7}$$

31.12 Satz. *Es sei* $(a_k) \geq 0$ *monoton fallend mit* $\sum\limits_{k=1}^{\infty} a_k < \infty$. *Dann folgt* $\lim\limits_{k \to \infty} k \cdot a_k = 0$.

BEWEIS. Wegen der Monotonie gilt $2j \cdot a_{2j} \leq 2(a_{j+1} + a_{j+2} + \cdots + a_{2j})$ und analog $(2j - 1) \cdot a_{2j-1} \leq 2(a_j + a_{j+1} + \cdots + a_{2j-1})$. Somit folgt die Behauptung aus (7).   ◇

In der Situation von Satz 31.12 muß also die Folge (a_k) *schneller* gegen 0 streben als $(\frac{1}{k})$. Ohne die Monotonie-Bedingung ist dieses Resultat nicht richtig; dies gilt auch für das folgende Ergebnis über *alternierenden Reihen* reeller Zahlen (vgl. Aufgabe 31.4):

31.13 Satz (Leibniz-Kriterium). *Ist* $(a_k) \subseteq \mathbb{R}$ *eine monoton fallende Nullfolge, so ist die alternierende Reihe* $\sum (-1)^k a_k$ *konvergent.*

BEWEIS. Es wird wieder das Cauchy-Kriterium 31.11 verwendet. Für gerade n und $m > n$ gilt aufgrund der Monotonie der Folge (a_k)

$$\sum_{k=n}^{m} (-1)^k a_k = a_n - (a_{n+1} - a_{n+2}) - (a_{n+3} - a_{n+4}) - \cdots \leq a_n \quad \text{und}$$

$$\sum_{k=n}^{m} (-1)^k a_k = (a_n - a_{n+1}) + (a_{n+2} - a_{n+3}) + \cdots \geq 0;$$

genauso folgt $-a_n \leq \sum\limits_{k=n}^{m} (-1)^k a_k \leq 0$ für ungerade n, in jedem Fall also

$$\left| \sum_{k=n}^{m} (-1)^k a_k \right| \leq |a_n| \quad \text{für} \quad n \leq m \in \mathbb{N}. \tag{8}$$

Wegen $a_n \to 0$ folgt daraus sofort (7).   ◇

Das Leibniz-Kriterium wird in Satz 38.3* verallgemeinert.

31.14 Beispiele. a) Aus (8) ergibt sich sofort die Fehlerabschätzung

$$\left| \sum_{k=1}^{\infty} (-1)^k a_k - \sum_{k=1}^{n-1} (-1)^k a_k \right| \leq |a_n| \quad \text{für} \quad n \in \mathbb{N}.$$

b) Die *Leibnizsche Reihe* $\sum \frac{(-1)^{k+1}}{2k+1}$ ist konvergent; ihre Summe wird in (36.5) bestimmt.

c) Die *alternierende harmonische Reihe* $\sum \frac{(-1)^{k+1}}{k}$ ist konvergent. Es gibt mehrere Möglichkeiten, ihre Summe $\sum\limits_{k=1}^{\infty} \frac{(-1)^{k+1}}{k}$ zu berechnen (vgl. Beispiel

36.3 und Satz 38.10*); hier gelingt dies mit Hilfe der *Eulerschen Konstanten:*
Zunächst gilt

$$\sum_{k=1}^{2n} \frac{(-1)^{k+1}}{k} = \sum_{k=1}^{2n} \frac{1}{k} - 2 \sum_{j=1}^{n} \frac{1}{2j} = \sum_{k=n+1}^{2n} \frac{1}{k}.$$

Mit den $\gamma_n = \sum_{k=1}^{n} \frac{1}{k} - \log n \to \gamma$ aus Beispiel 18.9 c) folgt dann weiter

$$\sum_{k=n+1}^{2n} \frac{1}{k} = \gamma_{2n} + \log 2n - \gamma_n - \log n = \gamma_{2n} - \gamma_n + \log 2 \to \log 2$$

für $n \to \infty$. Somit gilt also

$$\sum_{k=1}^{\infty} \frac{(-1)^{k+1}}{k} = \log 2 = 0.69314718055994530942\ldots \quad \square \qquad (9)$$

Bemerkung: Der Rest des Abschnitts wird im folgenden nicht benötigt und kann übergangen werden.

Es gilt die folgende Verfeinerung des Quotientenkriteriums:

31.15 * Satz (Kriterium von Raabe). *Es sei (a_k) eine Folge mit $a_k > 0$, und es gelte*

$$\exists\, d > 1,\, k_0 \in \mathbb{N}\ \forall\, k \geq k_0 : \quad \frac{a_{k+1}}{a_k} \leq 1 - \frac{d}{k}. \qquad (10)$$

Dann ist die Reihe $\sum a_k$ konvergent. Sie divergiert jedoch, falls gilt

$$\exists\, k_0 \in \mathbb{N}\ \forall\, k \geq k_0 : \quad \frac{a_{k+1}}{a_k} \geq 1 - \frac{1}{k}. \qquad (11)$$

BEWEIS. a) Gilt (10), so ist $\frac{a_{k+1}}{a_k} \leq \frac{k-d}{k}$, also $k\,a_{k+1} \leq k\,a_k - d\,a_k$ oder

$$(d-1)\,a_k \leq (k-1)\,a_k - k\,a_{k+1} \qquad (12)$$

für $k \geq k_0$. Wegen $d > 1$ ist die Folge $(s_k := k\,a_{k+1}) \subseteq [0,\infty)$ monoton fallend. Daraus ergibt sich

$$\sum_{k=k_0+1}^{n} (s_{k-1} - s_k) = s_{k_0} - s_n \leq s_{k_0}$$

für $n > k_0$ und somit die Konvergenz von $\sum (s_{k-1} - s_k)$. Nach (12) ist dann auch $\sum a_k$ konvergent.
b) Gilt (11), so ist die Folge $(s_k = k\,a_{k+1})$ ab k_0 monoton wachsend, d.h. man hat $k\,a_{k+1} \geq c$ für ein $c > 0$. Dies zeigt $a_{k+1} \geq \frac{c}{k}$ für $k \geq k_0$ und

somit wegen Beispiel 31.4 c) die Divergenz von $\sum a_k$.   ◇

Nun wird für *monoton fallende* Folgen $(a_k) \geq 0$ eine „diskrete Variante" der Substitutionsregel formuliert:

31.16 *Satz (Verdichtungs-Kriterium). Es sei $(a_k) \geq 0$ eine monoton fallende Folge. Genau dann ist $\sum a_k$ konvergent, wenn die folgende "verdichtete Reihe" konvergiert:*

$$\sum_j 2^j a_{2^j} \;=\; a_1 + 2\,a_2 + 4\,a_4 + 8\,a_8 + 16\,a_{16} + \cdots .$$

BEWEIS. Es sei $s_n := \sum\limits_{k=1}^{n} a_k$ und $t_m := \sum\limits_{j=0}^{m} 2^j a_{2^j}$. Für $n \leq 2^m$ gilt

$$\begin{aligned}
s_n &\leq a_1 + (a_2 + a_3) + \cdots + (a_{2^m} + \cdots + a_{2^{m+1}-1}) \\
&\leq a_1 + 2a_2 + \cdots + 2^m a_{2^m} = t_m\,;
\end{aligned}$$

ist also (t_m) beschränkt, so auch (s_n). Umgekehrt gilt für $n \geq 2^m$:

$$\begin{aligned}
s_n &\geq a_1 + a_2 + (a_3 + a_4) + \cdots + (a_{2^{m-1}+1} + \cdots + a_{2^m}) \\
&\geq \tfrac{1}{2}a_1 + a_2 + 2a_4 + \cdots + 2^{m-1}a_{2^m} = \tfrac{1}{2}t_m\,;
\end{aligned}$$

ist also (s_n) beschränkt, so auch (t_m). Die Behauptung folgt somit aus Feststellung 31.5.   ◇

Aufgaben

31.1 Man untersuche folgende Reihen auf Konvergenz:

a) $\sum \frac{k+1}{2^k}$, b) $\sum \frac{(k+1)^k}{k^{k+1}}$, c) $\sum \frac{(k!)^2}{(2k)!}$, d) $\sum \frac{1}{(\log k)^3}$, e) $\sum \frac{1}{k\sqrt{k^2+1}}$,

f) $\sum \frac{(-1)^k}{\log k}$, g) $\sum \frac{1}{(\log k)^k}$, h) $\sum \frac{1}{k^{1+\frac{1}{k}}}$, i) $\sum \left(\frac{1}{k} + \frac{(-1)^k}{\sqrt{k}} \right)$,

j) $\sum (-1)^k (\sqrt[k]{a} - 1)$ für $a > 1$.

Weiter finde man eine Folge $\varepsilon_k \to 0$, für die $\sum \frac{1}{k^{1+\varepsilon_k}}$ konvergiert.

31.2 Man untersuche, für welche $x \in \mathbb{R}$ die folgenden Reihen konvergieren:

a) $\sum \frac{x^{2k}}{(1+x^2)^k - 1}$, b) $\sum \frac{x^{2k}}{1+x^{4k}}$.

31.3 Es sei $(a_k) \geq 0$ mit $\sum\limits_{k=1}^{\infty} a_k < \infty$. Man konstruiere eine monoton wachsende Folge $d_k \to +\infty$ mit $\sum\limits_{k=1}^{\infty} d_k a_k < \infty$.

HINWEIS. Für $j \in \mathbb{N}$ finde man $k_j < k_{j+1}$ mit $\sum\limits_{k=k_j}^{k_{j+1}-1} a_k \leq 2^{-j}$.

31.4 Man zeige anhand von Beispielen, daß die Sätze 31.12 und 31.13 für *beliebige* Nullfolgen $(a_k) > 0$ nicht richtig sind.

31.5 Eine Folge $(a_k) \subseteq \mathbb{C}$ heißt *schnell fallend*, falls für alle $n \in \mathbb{N}_0$ die Folge $(k^n a_k)$ *beschränkt* ist. Man zeige, daß dies äquivalent ist zu der Bedingung „ $\sum\limits_{k=1}^{\infty} k^n |a_k| < \infty$ für alle $n \in \mathbb{N}_0$ ".

Ist auch „ $\sum\limits_{k=1}^{\infty} |a_k|^p < \infty$ für alle $p > 0$ " eine äquivalente Bedingung ?

31.6 Es sei $(a_k) > 0$, und $\left(\frac{a_{k+1}}{a_k}\right)$ sei eine beschränkte Folge. Man zeige

$$\liminf \frac{a_{k+1}}{a_k} \leq \liminf \sqrt[k]{a_k} \leq \limsup \sqrt[k]{a_k} \leq \limsup \frac{a_{k+1}}{a_k}.$$

Der Anwendungsbereich des Wurzelkriteriums ist also größer als der des Quotientenkriteriums.

31.7 Es seien $\sum_k a_k$ eine konvergente Reihe und (c_k) eine konvergente Folge mit $c_k \to 1$. Konvergiert dann auch $\sum_k a_k c_k$?

31.8 * a) Für $\alpha > 1$ zeige man die Konvergenz von $\sum \frac{1}{k^\alpha}$ mit Hilfe des Kriteriums von Raabe.

b) Man beweise die Aussagen in 31.10 mit Hilfe des Verdichtungs-Kriteriums.

32   Umordnungen und absolute Konvergenz

In diesem Abschnitt werden das *Assoziativ-* und *Kommutativgesetz* für unendliche Reihen sowie die *Multiplikation* konvergenter Reihen untersucht.

32.1 Bemerkungen. a) Ist $\sum a_k$ eine konvergente Reihe, so können in der Summe

$$s = \sum_{k=1}^{\infty} a_k = a_1 + a_2 + a_3 + a_4 + a_5 + a_6 + \cdots$$

beliebig *Klammern gesetzt* werden, d. h. für jede streng monoton wachsende Folge $(k_n) \subseteq \mathbb{N}$ gilt mit $k_0 := 0$ auch $s = \sum\limits_{j=0}^{\infty} \left(\sum\limits_{k=k_j+1}^{k_{j+1}} a_k \right)$, da ja die Folge der Partialsummen dieser Reihe eine *Teilfolge* von $(s_n = \sum\limits_{k=1}^{n} a_k)$ ist.

b) Dagegen können *Klammern* in einer konvergenten unendlichen Reihe i.a. *nicht weglassen* werden. So ist etwa die Reihe $(1-1)+(1-1)+\cdots$ offenbar konvergent; durch Weglassen der Klammern aber entsteht die divergente Reihe $\sum (-1)^{k+1}$. □

Zum *Kommutativgesetz* hat man das folgende

32.2 Beispiel. Nach (31.9) gilt $\log 2 = 1 - \frac{1}{2} + \frac{1}{3} - \frac{1}{4} + \frac{1}{5} - \frac{1}{6} + \frac{1}{7} - \cdots$.
Für die *umgeordnete Reihe*

$$1 - \frac{1}{2} - \frac{1}{4} + \frac{1}{3} - \frac{1}{6} - \frac{1}{8} + \frac{1}{5} - \frac{1}{10} - \frac{1}{12} + \frac{1}{7} - \frac{1}{14} - \frac{1}{16} + \cdots$$

ergibt sich durch geeignete Klammerung

$$\begin{aligned}
&= \left(1 - \frac{1}{2}\right) - \frac{1}{4} + \left(\frac{1}{3} - \frac{1}{6}\right) - \frac{1}{8} + \left(\frac{1}{5} - \frac{1}{10}\right) - \frac{1}{12} + \left(\frac{1}{7} - \frac{1}{14}\right) - \frac{1}{16} + \cdots \\
&= \frac{1}{2} - \frac{1}{4} + \frac{1}{6} - \frac{1}{8} + \frac{1}{10} - \frac{1}{12} + \frac{1}{14} - \frac{1}{16} + \cdots \\
&= \frac{1}{2}\left(1 - \frac{1}{2} + \frac{1}{3} - \frac{1}{4} + \frac{1}{5} - \frac{1}{6} + \frac{1}{7} - \frac{1}{8} + \cdots\right) = \frac{1}{2}\log 2 \, !
\end{aligned}$$

Ist nun (t_n) die Folge der Partialsummen der umgeordneten Reihe, so hat offenbar die durch die Klammerung entstandene Reihe die Partialsummen $(t_2, t_3, t_5, t_6, t_8, t_9, t_{11}, \ldots)$; wegen $\frac{1}{k} \to 0$ folgt dann auch $t_n \to \frac{1}{2}\log 2$ (vgl. Aufgabe 32.1). □

32.3 Definition. *Eine komplexe Reihe* $\sum a_k$ *heißt* **absolut konvergent**, *falls* $\sum |a_k|$ *konvergiert.*

Das in Beispiel 32.2 auftretende Phänomen hängt eng mit der Tatsache zusammen, daß $\sum \frac{(-1)^{k+1}}{k}$ zwar konvergiert, aber nicht absolut konvergiert (vgl. die Sätze 32.7, 32.9 und Aufgabe 32.6). Umgekehrt gilt:

32.4 Feststellung. *Absolut konvergente Reihen sind konvergent.*

BEWEIS. Wegen $\left| \sum\limits_{k=n+1}^{m} a_k \right| \leq \sum\limits_{k=n+1}^{m} |a_k|$ folgt dies sofort aus dem Cauchy-Kriterium (31.7). ◇

32.5 Bemerkungen. a) Wegen $|a_k| \geq 0$ lassen sich die Kriterien 31.5, 31.6, 31.7 und 31.15*, bei monoton fallenden $(|a_k|)$ auch 31.9 oder 31.16* für Untersuchungen auf absolute Konvergenz verwenden.
b) Der Beweis des *Wurzelkriteriums* zeigt: Für $w := \limsup \sqrt[k]{|a_k|} < 1$ ist die Reihe $\sum a_k$ absolut konvergent, für $w > 1$ aber divergent. Ebenso zeigt der Beweis des *Quotientenkriteriums* Divergenz im Fall $\frac{|a_{k+1}|}{|a_k|} \geq 1$ ab einem $k_0 \in \mathbb{N}$, insbesondere für $\liminf \frac{|a_{k+1}|}{|a_k|} > 1$. □

Für eine *reelle* Reihe $\sum a_k$ setzt man

$$a_k^+ := \begin{cases} a_k &, a_k \geq 0 \\ 0 &, a_k < 0 \end{cases} \quad, \quad a_k^- := \begin{cases} 0 &, a_k \geq 0 \\ -a_k &, a_k < 0 \end{cases} . \tag{1}$$

Dann gelten offenbar die Beziehungen

$$a_k \;=\; a_k^+ - a_k^- \;,\quad k \in \mathbb{N}, \tag{2}$$

$$|a_k| \;=\; a_k^+ + a_k^- \;,\quad k \in \mathbb{N}. \tag{3}$$

32.6 Feststellung. *a) Eine reelle Reihe $\sum a_k$ ist genau dann absolut konvergent, wenn $\sum a_k^+$ und $\sum a_k^-$ konvergieren.*
b) Ist $\sum a_k$ konvergent, aber nicht absolut konvergent, so sind $\sum a_k^+$ und $\sum a_k^-$ divergent.

BEWEIS. a) folgt sofort aus (3), da nur positive Terme vorkommen.
b) Wegen a) muß eine der beiden Reihen divergieren. Würde die andere konvergieren, so müßte wegen (2) auch $\sum a_k$ divergieren. ◇

32.7 Satz. *Es sei $\sum a_k$ eine konvergente, aber nicht absolut konvergente komplexe Reihe. Dann existiert eine Bijektion $\varphi : \mathbb{N} \mapsto \mathbb{N}$, für die die umgeordnete Reihe $\sum_\ell a_{\varphi(\ell)}$ divergiert.*

BEWEIS. a) Zunächst gelte $(a_k) \subseteq \mathbb{R}$. Es sei $K^+ := \{k \in \mathbb{N} \mid a_k \geq 0\}$ und $K^- := \{k \in \mathbb{N} \mid a_k < 0\}$; nach Voraussetzung und Feststellung 32.6 b) sind dann K^+ und K^- unendlich. Es gibt streng monoton wachsende Bijektionen $\psi^\pm : \mathbb{N} \mapsto K^\pm$, und man setzt $p_j := \psi^+(j)$, $n_j := \psi^-(j)$. Wegen Feststellung 32.6 b) sind dann $\sum_j a_{p_j}$ und $\sum_j a_{n_j}$ divergent.

b) Man wählt $j_1 \in \mathbb{N}$ mit $\sum\limits_{j=1}^{j_1} a_{p_j} > 1$; zu $\sum\limits_{j=1}^{j_1} a_{p_j} + a_{n_1}$ gibt es dann $j_2 > j_1$

mit $\sum\limits_{j=1}^{j_1} a_{p_j} + a_{n_1} + \sum\limits_{j=j_1+1}^{j_2} a_{p_j} > 2$; zu $\sum\limits_{j=1}^{j_1} a_{p_j} + a_{n_1} + \sum\limits_{j=j_1+1}^{j_2} a_{p_j} + a_{n_2}$ gibt

es weiter $j_3 > j_2$ mit $\sum\limits_{j=1}^{j_1} a_{p_j} + a_{n_1} + \sum\limits_{j=j_1+1}^{j_2} a_{p_j} + a_{n_2} + \sum\limits_{j=j_2+1}^{j_3} a_{p_j} > 3$, usw.
Man fährt so fort und definiert dann $\varphi : \mathbb{N} \mapsto \mathbb{N}$ durch

$$\varphi(1,2,3,\ldots) :=$$

$$p_1,\ldots,p_{j_1},n_1,p_{j_1+1},\ldots,p_{j_2},n_2,p_{j_2+1},\ldots,p_{j_3},n_3,p_{j_3+1},\ldots,p_{j_4},n_4,\ldots\,;$$

damit erhält man eine Bijektion $\varphi : \mathbb{N} \mapsto K^+ \cup K^- = \mathbb{N}$, für die $\sum_\ell a_{\varphi(\ell)}$ divergiert, da ja die Folge der Partialsummen unbeschränkt ist.
c) Wegen $|a_k| \leq |\operatorname{Re} a_k| + |\operatorname{Im} a_k|$ können für $(a_k) \subseteq \mathbb{C}$ nicht $\sum |\operatorname{Re} a_k|$ und $\sum |\operatorname{Im} a_k|$ beide konvergent sein. Ist etwa $\sum |\operatorname{Re} a_k|$ divergent, so gibt es wegen der Konvergenz von $\sum \operatorname{Re} a_k$ nach b) eine Bijektion $\varphi : \mathbb{N} \mapsto \mathbb{N}$, für die $\sum_\ell \operatorname{Re} a_{\varphi(\ell)}$ divergiert; unabhängig vom Konvergenzverhalten von $\sum_\ell \operatorname{Im} a_{\varphi(\ell)}$ ist dann auch $\sum_\ell a_{\varphi(\ell)}$ divergent. ◇

32.8 Bemerkungen. a) Konvergente, aber nicht absolut konvergente Reihen heißen wegen Satz 32.7 auch *bedingt konvergent*, da die Konvergenz durch Umordnung zerstört werden kann. Durch Abänderung des Beweises von Satz 32.7 läßt sich im reellen Fall zu jeder gegebenen Zahl $\alpha \in \mathbb{R}$ auch eine Umordnung $\psi : \mathbb{N} \mapsto \mathbb{N}$ konstruieren, für die $\sum_{\ell=1}^{\infty} a_{\psi(\ell)} = \alpha$ gilt (vgl. Aufgabe 32.6).

b) Im komplexen Fall[†] ist die Menge derjenigen $\alpha \in \mathbb{C}$, die als Summe einer geeigneten Umordnung einer bedingt konvergenten Reihe vorkommen, entweder ganz $\mathbb{C}$ oder eine Gerade in $\mathbb{C}$, vgl. Aufgabe 32.7.   □

Absolut konvergente Reihen dagegen sind *unbedingt konvergent*:

32.9 Theorem. *Eine komplexe Reihe $\sum a_k$ ist genau dann absolut konvergent, wenn für alle Bijektionen $\varphi : \mathbb{N} \mapsto \mathbb{N}$ die umgeordneten Reihen $\sum_\ell a_{\varphi(\ell)}$ konvergieren. In diesem Fall gilt $\sum_{\ell=1}^{\infty} a_{\varphi(\ell)} = \sum_{k=1}^{\infty} a_k$ für alle Bijektionen $\varphi : \mathbb{N} \mapsto \mathbb{N}$.*

BEWEIS. a) "$\Leftarrow$" folgt sofort aus Satz 32.7.

b) "$\Rightarrow$": Aus dem Cauchy-Kriterium (31.7) für $\sum |a_k|$ erhält man mit $m \to \infty$ sofort

$$\forall \, \varepsilon > 0 \; \exists \, n_0 \in \mathbb{N} \; : \; \sum_{k=n_0+1}^{\infty} |a_k| \leq \varepsilon. \tag{4}$$

Es sei nun $s := \sum_{k=1}^{\infty} a_k$. Für eine Bijektion $\varphi : \mathbb{N} \mapsto \mathbb{N}$ wählt man $\ell_0 \in \mathbb{N}$, so daß $\{1, 2, \ldots, n_0\} \subseteq \{\varphi(1), \varphi(2), \ldots, \varphi(\ell_0)\}$ gilt. Für $m \geq \ell_0$ hat man dann $\sum_{k=1}^{n_0} a_k - \sum_{\ell=1}^{m} a_{\varphi(\ell)} = \sum_{j \in J} a_j$ mit einer gewissen Indexmenge $J \subseteq \mathbb{N}_0 \backslash \{1, \ldots, n_0\}$. Aus (4) folgt daher

$$\left| s - \sum_{\ell=1}^{m} a_{\varphi(\ell)} \right| \leq \left| s - \sum_{k=1}^{n_0} a_k \right| + \left| \sum_{k=1}^{n_0} a_k - \sum_{\ell=1}^{m} a_{\varphi(\ell)} \right|$$

$$\leq \left| \sum_{k=n_0+1}^{\infty} a_k \right| + \sum_{k=n_0+1}^{\infty} |a_k| \leq 2\varepsilon. \qquad \diamond$$

Konvergente Reihen können nach Satz 5.8 ohne weiteres addiert und mit komplexen Zahlen multipliziert werden:

[†]vgl. E. Steinitz: Bedingt konvergente Reihen und konvexe Systeme, J. reine u. angew. Math. Bd. 143, 144, 146 (1913-1915)

32.10 Feststellung. *Es seien* $\sum a_k$ *und* $\sum b_k$ *konvergente Reihen, und es sei* $c \in \mathbb{C}$. *Dann sind auch die Reihen* $\sum(a_k + b_k)$ *und* $\sum c \, a_k$ *konvergent, und es gilt*

$$\sum_{k=1}^{\infty} (a_k + b_k) = \sum_{k=1}^{\infty} a_k + \sum_{k=1}^{\infty} b_k \quad sowie \quad \sum_{k=1}^{\infty} c \, a_k = c \sum_{k=1}^{\infty} a_k .$$

Problematischer ist die *Multiplikation* konvergenter Reihen. Es seien $\sum a_k$ und $\sum b_k$ konvergent mit

$$s_m := \sum_{k=0}^{m} a_k , \; a := \sum_{k=0}^{\infty} a_k , \; t_m := \sum_{k=0}^{m} b_k , \; b := \sum_{k=0}^{\infty} b_k . \tag{5}$$

Offenbar gilt $a \cdot b = \lim_{m \to \infty} s_m t_m$ und

$$s_m t_m = \Big(\sum_{k=0}^{m} a_k \Big) \Big(\sum_{\ell=0}^{m} b_\ell \Big) = \sum_{k,\ell=0}^{m} a_k b_\ell =: \sum_{n=0}^{m} d_n \quad \text{mit}$$

$$d_n := \sum_{\max \{k,\ell\}=n} a_k b_\ell , \quad n \in \mathbb{N}_0 , \quad \text{also}$$

$$a \cdot b = \sum_{n=0}^{\infty} d_n .$$

Die Mengen $\Gamma_n := \{(k,\ell) \in \mathbb{N}_0^2 \mid \max(k,\ell) = n\}$ werden (für $n \le 6$) in Abb. 32a veranschaulicht.

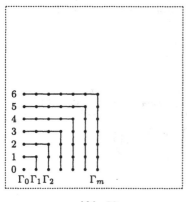

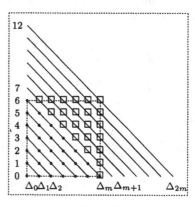

Abb. 32a   Abb. 32b

Oft, etwa bei *Potenzreihen* im nächsten Abschnitt, ist es zweckmäßiger, die Doppelsumme über $\mathbb{N}_0 \times \mathbb{N}_0$ in Teilsummen über die *Diagonalen*

$$\Delta_n := \{(k,\ell) \in \mathbb{N}_0 \times \mathbb{N}_0 \mid k+\ell = n\} = \{(j, n-j) \in \mathbb{N}_0 \times \mathbb{N}_0 \mid 0 \le j \le n\}$$

aufgespalten (vgl. Abb. 32b). Für

$$c_n := \sum_{k+\ell=n} a_k b_\ell = \sum_{j=0}^{n} a_j b_{n-j}, \quad n \in \mathbb{N}_0, \tag{6}$$

gilt nun $\sum_{n=0}^{\infty} c_n = a \cdot b$ genau dann, wenn die Differenzen

$$r_m := s_m t_m - \sum_{n=0}^{m} c_n = \sum_{\substack{0 \le k,\ell \le m \\ k+\ell>m}} a_k b_\ell \tag{7}$$

gegen 0 streben. Für diese gilt die Abschätzung

$$|r_m| \le \sum_{n=m+1}^{2m} c_n^* \quad \text{mit} \tag{8}$$

$$c_n^* := \sum_{k+\ell=n} |a_k b_\ell| = \sum_{j=0}^{n} |a_j b_{n-j}|, \quad n \in \mathbb{N}_0. \tag{9}$$

Die Formeln (7)–(9) werden in Abb. 32b (mit $m = 6$) veranschaulicht: r_m ist die Summe der $a_k b_\ell$ über die durch Kästchen $\square$ gekennzeichneten Indizes (k, ℓ), und daher kann $|r_m|$ durch die Summe der $|a_k b_\ell|$ über die Diagonalen $\Delta_{m+1}, \ldots, \Delta_{2m}$ abgeschätzt werden. Daraus ergibt sich nun:

32.11 Satz. *Es seien* $\sum_{k \ge 0} a_k$ *und* $\sum_{k \ge 0} b_k$ *absolut konvergente Reihen komplexer Zahlen. Mit den* (c_n) *aus (6) und den* (c_n^*) *aus (9) sind auch die Reihen* $\sum_{n \ge 0} c_n$ *und* $\sum_{n \ge 0} c_n^*$ *absolut konvergent, und es gilt*

$$\sum_{n=0}^{\infty} c_n = \left(\sum_{k=0}^{\infty} a_k \right) \cdot \left(\sum_{k=0}^{\infty} b_k \right) = a \cdot b.$$

BEWEIS. Für $m \in \mathbb{N}_0$ hat man

$$\sum_{n=0}^{m} |c_n| = \sum_{n=0}^{m} \Big| \sum_{j=0}^{n} a_j b_{n-j} \Big| \le \sum_{n=0}^{m} \sum_{j=0}^{n} |a_j b_{n-j}| = \sum_{n=0}^{m} c_n^* \quad \text{und}$$

$$\sum_{n=0}^{m} c_n^* \le \sum_{k,\ell=0}^{m} |a_k b_\ell| = \left(\sum_{k=0}^{m} |a_k| \right) \cdot \left(\sum_{k=0}^{m} |b_k| \right)$$

$$\le \left(\sum_{k=0}^{\infty} |a_k| \right) \cdot \left(\sum_{k=0}^{\infty} |b_k| \right).$$

Somit sind die Reihen $\sum_n c_n$ und $\sum_n c_n^*$ absolut konvergent; wegen (8) folgt dann auch $|r_m| \le \sum_{n=m+1}^{2m} c_n^* \to 0$ und die letzte Behauptung. $\Diamond$

In Beispiel 39.8* wird sich ein weiterer Beweis dieses Multiplikationssatzes mit Hilfe des „*großen Umordnungssatzes*" ergeben.

32.12 Beispiele. a) Nach (31.2) gilt $\sum\limits_{k=0}^{\infty} z^k = \frac{1}{1-z}$ für $|z| < 1$, wobei die Reihe absolut konvergiert. Aus Theorem 32.11 ergibt sich daraus sofort
$\frac{1}{(1-z)^2} = \sum\limits_{n=0}^{\infty} c_n$ mit $c_n = \sum\limits_{j=0}^{n} z^j z^{n-j} = (n+1) z^n$. Somit gilt

$$\sum_{n=0}^{\infty} (n+1) z^n = \frac{1}{(1-z)^2}, \quad |z| < 1. \tag{10}$$

b) Für $a_k = b_k = \dfrac{(-1)^k}{\sqrt{k+1}}$ sind die Reihen $\sum a_k$ und $\sum b_k$ bedingt konvergent. Man hat

$$c_n = \sum_{j=0}^{n} \frac{(-1)^j (-1)^{n-j}}{\sqrt{(j+1)(n-j+1)}} = (-1)^n \sum_{j=0}^{n} \frac{1}{\sqrt{(j+1)(n-j+1)}}.$$

Man beachtet nun $(j+1)(n-j+1) = \left(\frac{n}{2}+1\right)^2 - \left(\frac{n}{2}-j\right)^2 \leq \left(\frac{n}{2}+1\right)^2$ und erhält damit $|c_n| \geq \sum\limits_{j=0}^{n} \frac{1}{\frac{n}{2}+1} = 2 \sum\limits_{j=0}^{n} \frac{1}{n+2} = 2\frac{n+1}{n+2}$, d.h. (c_n) ist keine Nullfolge. Somit ist $\sum_n c_n$ divergent. $\qquad\square$

Der Multiplikationssatz $\sum\limits_{n=0}^{\infty} c_n = a \cdot b$ gilt also *nicht*, wenn die beiden Reihen $\sum_{k\geq 0} a_k$ und $\sum_{k\geq 0} b_k$ nur *bedingt* konvergieren. Er ist allerdings bereits dann richtig, wenn die Reihe $\sum_{n\geq 0} c_n$ konvergent ist (vgl. Folgerung 38.12* und auch Aufgabe 38.7*) oder wenn *eine* der Reihen *absolut* konvergiert:

Bemerkung: Es folgt nun ein Beweis der letzten Aussage. Diese wird im folgenden nicht benötigt und kann ohne weiteres übergangen werden.

32.13 * Satz (Mertens). *Es seien $\sum_{k\geq 0} a_k$ eine absolut konvergente und $\sum_{k\geq 0} b_k$ eine konvergente Reihe komplexer Zahlen. Mit den (c_n) aus (6) ist auch die Reihe $\sum_{n\geq 0} c_n$ konvergent, und es gilt*

$$\sum_{n=0}^{\infty} c_n = \left(\sum_{k=0}^{\infty} a_k\right) \cdot \left(\sum_{k=0}^{\infty} b_k\right) =: a \cdot b.$$

BEWEIS. a) Mit $\beta_m := t_m - b$ (vgl. (5)) hat man

$$\begin{aligned}
\sum_{n=0}^{m} c_n &= a_0 b_0 + (a_0 b_1 + a_1 b_0) + \cdots + (a_0 b_m + a_1 b_{m-1} + \cdots + a_m b_0) \\
&= a_0 t_m + a_1 t_{m-1} + \cdots + a_m t_0 \\
&= a_0 (b + \beta_m) + a_1 (b + \beta_{m-1}) + \cdots + a_m (b + \beta_0) \\
&= s_m b + a_0 \beta_m + a_1 \beta_{m-1} + \cdots + a_m \beta_0.
\end{aligned}$$

Wegen $s_m\, b \to a\, b$ genügt es also, zu zeigen:

$$\gamma_m := a_0\,\beta_m + a_1\,\beta_{m-1} + \cdots + a_m\,\beta_0 \to 0\,.$$

b) Dazu seien $a^* := \sum\limits_{k=0}^{\infty} |a_k|$ und $\varepsilon > 0$. Wegen $\beta_m \to 0$ gibt es $M \in \mathbb{N}$ mit $|\beta_m| \leq \varepsilon$ für $m \geq M$. Für diese m folgt dann

$$
\begin{aligned}
|\gamma_m| &\leq |a_0\,\beta_m + \cdots + a_{m-M}\,\beta_M| + |a_{m-M+1}\,\beta_{M-1} + \cdots + a_m\,\beta_0| \\
&\leq a^*\varepsilon + |a_{m-M+1}\,\beta_{M-1} + \cdots + a_m\,\beta_0| =: a^*\varepsilon + \delta_m\,.
\end{aligned}
$$

Da M fest ist, folgt aus $a_k \to 0$ auch $\delta_m \to 0$ für $m \to \infty$. Folglich gibt es $m_0 > M$ mit $\delta_m \leq \varepsilon$ für $m \geq m_0$, und für diese m gilt dann auch $|\gamma_m| \leq (a^* + 1)\varepsilon$. $\Diamond$

Aufgaben

32.1 Es seien $(a_k) \subseteq \mathbb{C}$ eine Nullfolge und $(k_n) \subseteq \mathbb{N}_0$ eine streng monoton wachsende Folge mit $k_0 = 0$, für die $s := \sum\limits_{j=0}^{\infty} \left(\sum\limits_{k=k_j+1}^{k_{j+1}} a_k \right)$ existiert und die Folge $(k_{n+1} - k_n)$ beschränkt ist. Man zeige auch $s = \sum\limits_{k=1}^{\infty} a_k$.

32.2 Es sei $\sum a_k$ absolut konvergent, und (b_k) sei eine beschränkte Folge. Man zeige, daß $\sum a_k\, b_k$ absolut konvergiert.

32.3 Man zeige, daß eine Reihe $\sum a_k$ genau dann absolut konvergiert, wenn für jede Teilfolge (a_{k_j}) von (a_k) die *Teilreihe* $\sum_j a_{k_j}$ konvergiert.

32.4 Man beweise $1 + \frac{1}{3} - \frac{1}{2} - \frac{1}{4} + \frac{1}{5} + \frac{1}{7} - - + + \cdots = \log 2$ sowie $1 + \frac{1}{3} + \frac{1}{5} + \frac{1}{7} - \frac{1}{2} - \frac{1}{4} + + + + - - \cdots = \frac{3}{2} \log 2$.

32.5 Mit $s := \sum\limits_{k=1}^{\infty} \frac{1}{k^2}$ zeige man $1 + \frac{1}{3^2} + \frac{1}{5^2} + \frac{1}{7^2} + \cdots = \frac{3}{4}\,s$, $1 + \frac{1}{5^2} + \frac{1}{7^2} + \frac{1}{11^2} + \frac{1}{13^2} + \cdots = \frac{2}{3}\,s$ sowie $1 - \frac{1}{2^2} - \frac{1}{4^2} + \frac{1}{3^2} + \frac{1}{5^2} - - + + \cdots = \frac{1}{2}\,s$.

32.6 Es sei $\sum a_k$ eine bedingt konvergente reelle Reihe. Zu gegebenen Zahlen $i \leq s \in \mathbb{R}$ konstruiere man eine Bijektion $\varphi : \mathbb{N} \to \mathbb{N}$, so daß für die Partialsummen $s_n := \sum\limits_{\ell=1}^{n} a_{\varphi(\ell)}$ der *umgeordneten Reihe* $\sum_\ell a_{\varphi(\ell)}$ gilt: $\liminf s_n = i$ und $\limsup s_n = s$.

32.7 a) Es seien $\sum a_k$ und $\sum b_k$ bedingt konvergente reelle Reihen. Welche Zahlen $\alpha \in \mathbb{C}$ können als Summen von Umordnungen der Reihe $a_1 + i\,b_1 + a_2 + i\,b_2 + \cdots$ auftreten ?
b) Für $\lambda,\ \mu \in \mathbb{C}$ finde man eine bedingt konvergente komplexe Reihe, so daß die Menge der Summen geeigneter Umordnungen genau die Gerade $G := \{\mu + t\lambda \mid t \in \mathbb{R}\}$ ist.

33 Potenzreihen

Aufgabe: Für welche $z \in \mathbb{C}$ ist die Reihe $\sum_{k\geq 1} \frac{z^k}{k}$ konvergent ? Man versuche (mindestens für reelle z), im Konvergenzfall ihre Summe zu bestimmen.

In diesem Kapitel werden für viele Funktionen interessante *Reihenentwicklungen* hergeleitet. Für die Exponentialfunktion hat man eine solche bereits aufgrund der Definition in 11.2 :

$$e^x = \sum_{k=0}^{\infty} \frac{x^k}{k!} \quad \text{für } x \in \mathbb{R}. \tag{1}$$

Funktionenreihen werden nun zunächst allgemein diskutiert:

33.1 Definition. *Es sei M eine Menge.*
a) Für eine Folge $(f_k) \subseteq \mathcal{F}(M, \mathbb{C})$ heißt $\sum f_k$ Funktionenreihe.
b) $\sum f_k$ heißt punktweise [gleichmäßig] *konvergent, falls die Folge der* Partialsummen $(s_n := \sum_{k=1}^{n} f_k)$ *punktweise [gleichmäßig] konvergiert.*
c) $\sum f_k$ heißt normal *konvergent, falls die Reihe $\sum \| f_k \|$ reeller Zahlen konvergent ist.*

33.2 Bemerkungen. a) Eine Reihe $\sum f_k$ kann nur dann normal konvergent sein, wenn $(f_k) \subseteq \mathcal{B}(M, \mathbb{C})$ gilt (ab einem $k_0 \in \mathbb{N}$).
b) $\sum f_k$ ist genau dann gleichmäßig konvergent, falls das Cauchy-Kriterium

$$\forall\, \varepsilon > 0\ \exists\, n_0 \in \mathbb{N}\ \forall\, m > n \geq n_0\ :\ \Big\| \sum_{k=n+1}^{m} f_k \Big\| < \varepsilon \tag{2}$$

erfüllt ist; in der Tat gilt Satz 14.13 auch für komplexwertige Funktionen.
c) Ist $\sum f_k$ gleichmäßig konvergent, so ergibt sich aus (2) mit $m = n+1$ sofort $\| f_k \| \to 0$. $\qquad\qquad \square$

33.3 Satz (Weierstraßsches Majorantenkriterium). *Ist $\sum f_k$ normal konvergent, so sind die Reihen $\sum |f_k|$ und $\sum f_k$ gleichmäßig konvergent.*

BEWEIS. Dies folgt aus dem Cauchy-Kriterium 33.2 b) wegen

$$\| \sum_{k=n+1}^{m} f_k \| \; = \; \sup_{x \in M} | \sum_{k=n+1}^{m} f_k(x) |$$

$$\leq \; \sup_{x \in M} \sum_{k=n+1}^{m} | f_k(x) | \; = \; \| \sum_{k=n+1}^{m} | f_k | \| \quad \text{und}$$

$$\| \sum_{k=n+1}^{m} | f_k | \| \; \leq \; \sum_{k=n+1}^{m} \| | f_k | \| \; = \; \sum_{k=n+1}^{m} \| f_k \| .$$
◇

Durch (1) wird die Exponentialfunktion in eine auf ganz $\mathbb{R}$ konvergente **Potenzreihe** um 0 entwickelt. Allgemeine Potenzreihen sind gegeben durch

$$\sum_{k \geq 0} a_k (z-a)^k , \qquad a_k, a, z \in \mathbb{C} , \tag{3}$$

mit *Koeffizienten* a_k und *Entwicklungspunkt* a. Die Theorie solcher Reihen wird hier sofort im Rahmen *komplexer* Zahlen entwickelt, wodurch sich im Reellen nicht erkennbare Einsichten und Zusammenhänge (vgl. etwa Bemerkung 36.6 b) oder Abschnitt 37) ergeben. Im Fall $a \in \mathbb{R}$ erhält man durch die Einschränkung $z \in \mathbb{R}$ in (3) *reelle* Potenzreihen; für diese gelten die folgenden Ergebnisse sinngemäß ebenfalls.

Das Konvergenzverhalten von Potenzreihen läßt sich leicht mittels des *Wurzelkriteriums* 31.6 (vgl. auch Bemerkung 32.5 b)) untersuchen. Dazu definiert man den *Konvergenzradius* von (3) durch

$$\rho \; = \; \left(\limsup \sqrt[k]{|a_k|} \right)^{-1} \in [0, \infty] \tag{4}$$

mit den üblichen Konventionen $\frac{1}{0} = \infty$ und $\frac{1}{\infty} = 0$.

33.4 Satz. *Die Potenzreihe (3) ist für* $|z-a| < \rho$ *absolut konvergent und für* $|z-a| > \rho$ *divergent. Für jedes* $0 \leq r < \rho$ *ist sie auf dem kompakten Kreis* $\overline{K}_r(a)$ *normal konvergent und insbesondere gleichmäßig konvergent.*

BEWEIS. Wegen $\limsup \sqrt[k]{|a_k (z-a)^k|} = \frac{1}{\rho} |z-a|$ folgen die ersten beiden Aussagen sofort aus dem Wurzelkriterium. Insbesondere ist die Reihe $\sum |a_k| r^k$ für $0 \leq r < \rho$ konvergent. Aus

$$\sup_{|z-a| \leq r} | a_k (z-a)^k | \; \leq \; |a_k| r^k$$

folgt dann sofort die normale Konvergenz der Potenzreihe auf dem kompakten Kreis $\overline{K}_r(a)$, und ihre gleichmäßige Konvergenz dort ergibt sich aus dem Weierstraßschen Majorantenkriterium.
◇

Für $\rho > 0$ heißt der Kreis $K_\rho(a)$ *Konvergenzkreis* der Potenzreihe (3); natürlich kann $K_\rho(a) = \mathbb{C}$ sein. Für reelle Potenzreihen hat man entsprechend das *Konvergenzintervall* $(a - \rho, a + \rho) = K_\rho(a) \cap \mathbb{R}$ (vgl. Abb. 33a für $a = 0$). Aufgrund des *Quotientenkriteriums* gilt auch

$$\rho = \lim_{k \to \infty} \left| \frac{a_k}{a_{k+1}} \right|, \tag{5}$$

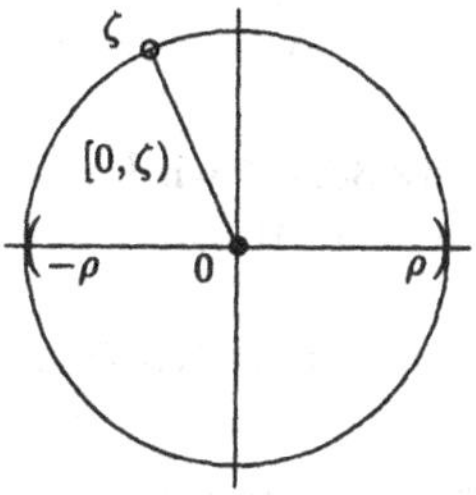

falls dieser Limes existiert (man beachte Bemerkung 31.8 a)).

Abb. 33a

Über das Konvergenzverhalten von Potenzreihen am Rand des Konvergenzkreises läßt sich keine allgemeine Aussage machen:

33.5 Beispiele. Die Reihen $\sum_{k \geq 1} k^\alpha z^k$ haben wegen $\sqrt[k]{k} \to 1$ für alle $\alpha \in \mathbb{R}$ den Konvergenzradius $\rho = 1$.
a) Für $\alpha \geq 0$ gilt $| k^\alpha z^k | \geq 1$ für $z \in S := S_1(0) = \{ \zeta \in \mathbb{C} \mid |\zeta| = 1 \}$, d. h. die Reihe ist für alle $z \in S$ divergent.
b) Für $-1 \leq \alpha < 0$ ist die Reihe für $z = 1$ divergent und für $z = -1$ nach dem Leibniz-Kriterium bedingt konvergent. In Beispiel 38.5* b) wird gezeigt, daß die Reihe für alle $z \in S \backslash \{1\}$ bedingt konvergent ist.
c) Für $\alpha < -1$ hat man absolute Konvergenz für alle $z \in S$. Wegen $\| k^\alpha z^k \|_{\overline{K}_1(0)} \leq k^\alpha$ ist die Reihe sogar auf dem kompakten Einheitskreis $\overline{K}_1(0)$ normal konvergent. □

Das Konvergenzverhalten von Potenzreihen am Rand des Konvergenzkreises hängt eng mit *Gleichmäßigkeitsaussagen* für die Konvergenz auf dem *offenen* Konvergenzkreis zusammen. Interessante Spezialfälle der folgenden Aussage sind etwa $Z = \{\zeta\}$ (dann ist $[a, \zeta)$ ein *Strahl*, vgl. Abb. 33a) oder $Z = S_\rho(a)$ (dann ist $[a, Z) = K_\rho(a)$):

33.6 Satz. *Die Potenzreihe (3) habe den Konvergenzradius* $0 < \rho < \infty$, *und für* $Z \subseteq S_\rho(a)$ *konvergiere sie* gleichmäßig *auf der Menge*

$$[a, Z) := \{ z \in \mathbb{C} \mid z = a + r(\zeta - a), \, 0 \leq r < 1, \, \zeta \in Z \}. \tag{6}$$

Dann konvergiert die Reihe (3) auch gleichmäßig auf Z.

BEWEIS. Dies ergibt sich wie in Satz 14.16 und Folgerung 14.17: Das Cauchy-Kriterium (2) besagt

$$\forall \varepsilon > 0 \, \exists n_0 \in \mathbb{N} \, \forall m, n \geq n_0 \, \forall r \in [0, 1), \zeta \in Z : \left| \sum_{k=n+1}^m a_k r^k (\zeta - a)^k \right| \leq \varepsilon,$$

und mit $r \to 1^-$ folgt dies dann auch für $r = 1$ (und sogar für $0 \le r \le 1$). ◁

In Satz 38.11* wird auch die *Umkehrung* von Satz 33.6 bewiesen. Man be achte auch Aufgabe 33.6.

Konvergente Potenzreihen *definieren Funktionen* auf ihren Konvergenzkrei sen:

33.7 Satz. *Hat die Reihe (3) den Konvergenzradius $\rho > 0$, so wird durch*

$$f(z) := \sum_{k=0}^{\infty} a_k (z - a)^k, \quad |z - a| < \rho, \tag{7}$$

eine stetige *Funktion $f : K_\rho(a) \to \mathbb{C}$ definiert.*

BEWEIS. Für $w \in K_\rho(a)$ wählt man $r > 0$ mit $|w - a| < r < \rho$. Nach Satz 33.4 konvergiert die Reihe *gleichmäßig* auf $\overline{K}_r(a)$, so daß wegen Theorem 14.5 (vgl. auch Bemerkung 28.8 b)) die Funktion f auf $\overline{K}_r(a)$, insbesondere also in w stetig ist.   ◇

Funktionen der Form (7) besitzen eine *Potenzreihenentwicklung* um a. Diese Eigenschaft vererbt sich auf Summen und Produkte:

33.8 Satz. *Es seien $f(z) := \sum_{k=0}^{\infty} a_k (z - a)^k$ und $g(z) := \sum_{k=0}^{\infty} b_k (z - a)^k$ Summen von auf $K_\rho(a)$ $(\rho > 0)$ konvergenten Potenzreihen. Dann folgt*

$$(f + g)(z) = \sum_{k=0}^{\infty} (a_k + b_k)(z - a)^k, \quad |z - a| < \rho, \tag{8}$$

$$(f \cdot g)(z) = \sum_{k=0}^{\infty} \left(\sum_{j=0}^{k} a_j b_{k-j} \right)(z - a)^k, \quad |z - a| < \rho. \tag{9}$$

BEWEIS. (8) ist klar. Da beide Reihen für $z \in K_\rho(a)$ *absolut* konvergieren, ergibt sich (9) aus Satz 32.11 wegen

$$\sum_{j=0}^{k} a_j (z - a)^j b_{k-j} (z - a)^{k-j} = \left(\sum_{j=0}^{k} a_j b_{k-j} \right)(z - a)^k.$$

   ◇

Im reellen Fall gilt:

33.9 Satz. *Für $\rho > 0$ sei $f(x) := \sum_{k=0}^{\infty} a_k (x - a)^k$ Summe einer auf $I := (a - \rho, a + \rho)$ konvergenten Potenzreihe. Dann gilt $f \in \mathcal{C}^1(I)$ und*

$$f'(x) = \sum_{k=1}^{\infty} k \, a_k (x - a)^{k-1}, \quad x \in I. \tag{10}$$

BEWEIS. Auch die Reihe der *Ableitungen* $\sum_{k\geq 1} k \, a_k \, (x-a)^{k-1}$ hat wegen $\sqrt[k]{k} \to 1$ einen Konvergenzradius $\geq \rho$; nach Satz 33.4 konvergieren also die Reihe $\sum a_k \, (x-a)^k$ und die Reihe der Ableitungen auf jedem kompakten Intervall $[a-r, a+r] \subseteq I$ *gleichmäßig*. Wie im Beweis von Satz 33.7 folgt daraus $f \in C^1(I)$ und (10) aufgrund von Theorem 22.14. $\diamond$

33.10 Bemerkungen. a) In der Situation von Satz 33.9 ergibt sich durch Induktion sogar $f \in C^\infty(I)$; für alle $m \in \mathbb{N}_0$ gilt

$$f^{(m)}(x) = \sum_{k=m}^{\infty} k \, (k-1) \cdots (k-m+1) \, a_k \, (x-a)^{k-m}, \quad x \in I. \quad (11)$$

b) Insbesondere hat man

$$a_m = \frac{f^{(m)}(a)}{m!}, \quad m \in \mathbb{N}_0; \quad (12)$$

die *Koeffizienten* einer Potenzreihenentwicklung von f sind also durch f *eindeutig bestimmt*. Dies gilt auch im Fall *komplexer* Potenzreihenentwicklungen wie in Satz 33.8; zum Beweis schränkt man einfach $z - a$ auf $\mathbb{R}$ ein oder verwendet Theorem 33.12*. Eine allgemeinere Formulierung dieser Eindeutigkeitsaussage enthält Aufgabe 33.7. $\square$

33.11 Beispiele. a) Für a, $b > 0$ wurde in Beispiel 20.16 a) die Funktion $h : x \mapsto \frac{a^x - b^x}{x}$ untersucht. Für diese gilt nach (1) und Satz 33.8

$$\begin{aligned} h(x) &= \tfrac{1}{x} \left(e^{x \log a} - e^{x \log b} \right) \\ &= \log a - \log b + \frac{(\log a)^2 - (\log b)^2}{2} \, x + \frac{(\log a)^3 - (\log b)^3}{3!} \, x^2 + \cdots; \end{aligned}$$

da diese Potenzreihe auf ganz $\mathbb{R}$ konvergiert, folgt also $h \in C^\infty(\mathbb{R})$ sowie $h^{(m)}(0) = \frac{(\log a)^{m+1} - (\log b)^{m+1}}{m+1}$ aufgrund von (12).

b) Für die auf $(0, \infty)$ definierte Funktion $\ell : x \mapsto \frac{x^\alpha - 1}{\log x}$ aus 20.16 b) gilt

$$\ell(x) = \alpha \, \frac{e^{\alpha \log x} - 1}{\alpha \log x} = \alpha \cdot (f \circ g)(x)$$

mit $g(x) := \alpha \log x$ und $f(y) := \frac{e^y - 1}{y}$. Wegen (1) hat man

$$f(y) = 1 + \frac{y}{2} + \frac{y^2}{3!} + \frac{y^3}{4!} + \cdots,$$

also $f \in C^\infty(\mathbb{R})$ und $f^{(m)}(0) = \frac{1}{m+1}$ nach (12). Mit Satz 19.12 folgt dann auch $\ell \in C^\infty(0, \infty)$ sowie $\ell(1) = \alpha$, $\ell'(1) = \alpha \, f'(0) \, g'(1) = \frac{\alpha^2}{2}$ und $\ell''(1) = \alpha \, (f'(0) \, g''(1) + f''(0) \, g'(1)^2) = \frac{\alpha^3}{3} - \frac{\alpha^2}{2}$. $\square$

In den Abschnitten 34 und 36 wird die *Existenz von Potenzreihenentwicklungen* für C^∞ - Funktionen mit Hilfe der *Taylor-Formel* untersucht und werden für viele elementare Funktionen *explizite* Entwicklungen konstruiert.

Bemerkung: Der Rest dieses Abschnitts kann übergangen werden.

Die Aussage von Satz 33.9 gilt sogar für *komplexe Differenzierbarkeit:*

33.12 * **Theorem.** *Es sei* $f(z) = \sum\limits_{k=0}^{\infty} a_k \, (z - a)^k$ *Summe einer im Kreis* $K_\rho(a)$ *konvergenten Potenzreihe. Dann ist* f *auf* $K_\rho(a)$ *beliebig oft komplexdifferenzierbar, und es gilt*

$$f^{(m)}(z) = \sum_{k=m}^{\infty} k \, (k-1) \cdots (k-m+1) \, a_k \, (z-a)^{k-m} \,, \quad |z-a| < \rho, \quad (13)$$

für alle $m \in \mathbb{N}_0$ *, speziell (12) und*

$$f'(z) = \sum_{k=1}^{\infty} k \, a_k \, (z-a)^{k-1} \,, \quad |z-a| < \rho. \quad (14)$$

BEWEIS. Wie in Satz 33.9 konvergiert die Potenzreihe $\sum_{k \geq 1} k \, a_k \, (z-a)^{k-1}$ wegen $\sqrt[k]{k} \to 1$ ebenfalls für $z \in K_\rho(a)$; man kann also eine Funktion $g : K_\rho(a) \mapsto \mathbb{C}$ durch $g(z) := \sum\limits_{k=1}^{\infty} k \, a_k \, (z-a)^{k-1}$ definieren. Es seien $w \in K_\rho(a)$ fest, $r := |w - a| \; (< \rho)$ und $d > 0$ so gewählt, daß $r + d =: s < \rho$ ist, vgl. Abb. 33b. Für $0 < |z - w| \leq d$ gilt

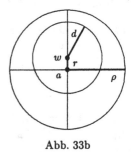

Abb. 33b

$$\frac{f(z) - f(w)}{z - w} - g(w) = \sum_{k=0}^{\infty} a_k \, \frac{(z-a)^k - (w-a)^k}{z - w} - \sum_{k=1}^{\infty} a_k \, k \, (w-a)^{k-1}$$

$$= \sum_{k=1}^{\infty} a_k \, D_k(z) \quad \text{mit}$$

$$D_k(z) \; := \; \frac{(z-a)^k - (w-a)^k}{(z-a) - (w-a)} - k \, (w-a)^{k-1}$$

$$= \; \left(\sum_{j=0}^{k-1} (z-a)^j \, (w-a)^{k-1-j} \right) - k \, (w-a)^{k-1}$$

aufgrund von (10.3). Wegen $|z - w| \le d$ gilt $|z - a| \le s$ und somit

$$|D_k(z)| \le \sum_{j=0}^{k-1} s^j r^{k-1-j} + k r^{k-1} \le k s^{k-1} + k r^{k-1} \le 2 k s^{k-1}.$$

Wegen $s < \rho$ ist die Reihe $\sum |a_k| k s^{k-1}$ konvergent; nach (32.4) gibt es also zu $\varepsilon > 0$ ein $m \in \mathbb{N}$ mit

$$\sum_{k=m+1}^{\infty} |a_k D_k(z)| \le 2 \sum_{k=m+1}^{\infty} |a_k| k s^{k-1} \le 2\varepsilon \quad \text{für } 0 < |z - w| \le d.$$

Wegen $D_k(z) \to 0$ für $z \to w$ gibt es nun $0 < \delta \le d$ mit

$$\sum_{k=1}^{m} |a_k D_k(z)| \le \varepsilon \quad \text{für } 0 < |z - w| \le \delta,$$

insgesamt also $\left| \dfrac{f(z) - f(w)}{z - w} - g(w) \right| \le 3\varepsilon$ für $0 < |z - w| \le \delta$.

Dies zeigt (14), und der Rest der Behauptung folgt durch Induktion. $\diamond$

33.13 * Beispiel. Die Funktion $f : z \mapsto \frac{1}{1-z}$ kann auf $K_1(0)$ in eine geometrische Reihe entwickelt werden: $f(z) = \sum\limits_{k=0}^{\infty} z^k$. Differentiation liefert

$$\frac{1}{(1 - z)^2} = \sum_{k=1}^{\infty} k z^{k-1} \quad \text{für } |z| < 1, \text{ also Formel (32.10)}.$$ $\square$

Es wird noch etwas genauer auf allgemeine Funktionenreihen eingegangen. Man hat die folgende „gleichmäßige Variante" des Leibniz-Kriteriums 31.13:

33.14 * Satz. *Es seien M eine Menge und $(f_k) \subseteq \mathcal{F}(M, \mathbb{R})$ eine Funktionenfolge mit $f_1 \ge \dots \ge f_k \ge f_{k+1} \ge \dots \ge 0$ und $\| f_k \| \to 0$. Dann ist die alternierende Reihe $\sum (-1)^k f_k$ gleichmäßig konvergent.*

BEWEIS. Aus (31.8) ergibt sich sofort $\left\| \sum\limits_{k=n}^{m} (-1)^k f_k \right\| \le \| f_n \|$ für $m > n$ und damit die Behauptung. $\diamond$

Die verschiedenen Konvergenzbegriffe für Funktionenreihen werden von den folgenden Beispielen weiter beleuchtet:

33.15 * Beispiele. a) Für $0 \le x \le 1$ und $k \in \mathbb{N}_0$ definiert man

$$f_k(x) := \begin{cases} \frac{2^{k+2}}{k+1} \left(x - \frac{1}{2^{k+1}} \right) & , \quad \frac{1}{2^{k+1}} \le x \le \frac{3}{2^{k+2}} \\ \frac{2^{k+2}}{k+1} \left(\frac{1}{2^k} - x \right) & , \quad \frac{3}{2^{k+2}} \le x \le \frac{1}{2^k} \\ 0 & , \quad \text{sonst} \end{cases}$$

(vgl. Abb. 33c); der Graph von f_k ist also ein „Zacken" der Höhe $\frac{1}{k+1}$ auf dem Intervall $[2^{-k-1}, 2^{-k}]$. Da die Funktionen $0 \leq f_k \in C[0,1]$ „auf disjunkten Intervallen leben", gilt $\| \sum\limits_{k=n+1}^{m} f_k \| \leq \frac{1}{n+2}$, d. h. die Reihe $\sum_k f_k$ ist gleichmäßig konvergent (gegen eine stetige Grenzfunktion). Andererseits ist aber $\sum_k \| f_k \| = \sum_k \frac{1}{k+1}$ divergent, $\sum_k f_k$ also *nicht normal konvergent*.

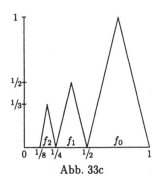

Abb. 33c

b) Für die Folge $(g_k(x) := \frac{x^k}{k}) \subseteq C(0,1)$ gilt $g_1 \geq \ldots \geq g_k \geq g_{k+1} \geq \ldots \geq 0$ und $\| g_k \| \to 0$. Nach Satz 33.14* ist $\sum_k (-1)^{k+1} g_k$ auf $(0,1)$ *gleichmäßig* konvergent; weiter ist für festes $x \in (0,1)$ die Reihe $\sum_k (-1)^{k+1} g_k(x)$ auch *absolut* konvergent. Trotzdem ist aber nach Beispiel 14.18 die Reihe $\sum_k | (-1)^{k+1} g_k | = \sum_k \frac{x^k}{k}$ auf $(0,1)$ *nicht gleichmäßig konvergent*.

c) Ist $\sum_\ell \frac{(-1)^{\varphi(\ell)+1}}{\varphi(\ell)}$ eine *divergente Umordnung* von $\sum_k \frac{(-1)^{k+1}}{k}$ (vgl. Beispiel 32.2 und Satz 32.7), so ergibt sich wie in Beispiel 14.18, daß die entsprechend umgeordnete Reihe $\sum_\ell (-1)^{\varphi(\ell)+1} g_{\varphi(\ell)}$ auf $(0,1)$ nicht gleichmäßig konvergent sein kann.   □

Aus dem Beweis von Theorem 32.9 ergibt sich dagegen:

33.16 * Satz. *Es sei $\sum f_k$ eine Funktionenreihe, für die $\sum | f_k |$ gleichmäßig konvergiert. Dann sind für alle Bijektionen $\varphi : \mathbb{N} \mapsto \mathbb{N}$ auch die umgeordneten Reihen $\sum_\ell f_{\varphi(\ell)}$ gleichmäßig konvergent.*

Natürlich gilt $\sum\limits_{\ell=1}^{\infty} f_{\varphi(\ell)} = \sum\limits_{k=1}^{\infty} f_k$. Man beachte, daß für diesen *Umordnungssatz* die normale Konvergenz der Reihe *nicht* vorausgesetzt werden muß.

Aufgaben

33.1 Für welche $\alpha \in \mathbb{R}$ ist die Funktionenreihe $\sum k^\alpha \chi_{[\frac{1}{k+1}, \frac{1}{k})}$ auf $[0,1]$ punktweise, gleichmäßig bzw. normal konvergent ?

33.2 Man zeige, daß für $\alpha > 1$ die Reihe $\sum_k \frac{\sin kx}{k^\alpha}$ auf $\mathbb{R}$ normal konvergent ist. Für welche α liegt $f : x \mapsto \sum\limits_{k=1}^{\infty} \frac{\sin kx}{k^\alpha}$ in $C^m(\mathbb{R})$ $(m \in \mathbb{N})$?

33.3 a) Man zeige, daß die Reihe $\sum_k \frac{1}{k^x}$ auf jedem Intervall $[c, \infty)$ mit $c > 1$ normal konvergent ist.

b) Ist die Konvergenz auf $(1,\infty)$ gleichmäßig ?

c) Man zeige, daß die Funktion $\zeta : x \mapsto \sum_{k=1}^{\infty} \frac{1}{k^x}$ in $C^{\infty}(1,\infty)$ liegt.

33.4 Für folgende Potenzreihen $\sum_{k\geq 0} a_k (z-a)^k$ bestimme man den Konvergenzradius:

$$a_k = k^5 \log(k+1) + k^2 i, \quad a_k = \frac{k^3 \sin k}{(1,7)^k}, \quad a_k = 3^{\frac{k}{2}} e^{-k}, \quad a_k = \frac{(ik)^k}{k!^2}.$$

33.5 Die Reihe $\sum_{k\geq 0} a_k (z-a)^k$ habe Konvergenzradius $\rho = 2$. Man bestimme die Konvergenzradien der folgenden Reihen ($m \in \mathbb{N}$) :

a) $\sum_{k\geq 0} a_k^m (z-a)^k$, \quad b) $\sum_{k\geq 0} a_k (z-a)^{mk}$, \quad c) $\sum_{k\geq 0} a_k (z-a)^{k^2}$.

33.6 Für eine Reihe $\sum_k a_k$ zeige man die Äquivalenz folgender Aussagen:
(a) $\sum_k a_k$ ist absolut konvergent.
(b) Die Potenzreihe $\sum_{k\geq 0} a_k z^k$ ist normal konvergent auf $\overline{K}_1(0)$.
(c) Die Potenzreihe $\sum_{k\geq 0} a_k z^k$ ist normal konvergent auf $K_1(0)$.

33.7 Es sei $f(z) = \sum_{k=0}^{\infty} a_k (z-a)^k$ in eine Potenzreihe um a entwickelbar. Es gebe eine Folge $(z_n) \subseteq \mathbb{C}\backslash\{a\}$ mit $z_n \to a$ und $f(z_n) = 0$ ab einem $n_0 \in \mathbb{N}$. Man zeige $a_k = 0$ für alle $k \in \mathbb{N}_0$ sowie $f(z) \equiv 0$.

34 Der Satz von Taylor

Aufgabe: Man versuche, den Kosinus in eine Potenzreihe um 0 zu entwickeln.

Es seien $I \subseteq \mathbb{R}$ ein offenes Intervall, $a \in I$ und $f : I \mapsto \mathbb{R}$ (oder auch $f : I \mapsto \mathbb{C}$) eine Funktion. Es wird versucht, f nahe a möglichst gut durch *Polynome zu approximieren*. Ist f *differenzierbar* in a, so gilt

$$f(x) = f(a) + f'(a)(x-a) + r(x), \tag{1}$$

d. h. f wird nahe a durch das *Polynom ersten Grades* $f(a) + f'(a)(x-a)$ bis auf einen *Fehler* $r(x)$ approximiert, der $\lim_{x\to a} \frac{r(x)}{|x-a|} = 0$ erfüllt, für $x \to a$ also *schneller* als $|x-a|$ gegen 0 geht (vgl. Satz 19.14*). Diese Eigenschaft von r kann mit Hilfe eines *Landau-Symbols* formuliert werden: Für Funktionen $f : I\backslash\{a\} \mapsto \mathbb{C}$ und $g : I\backslash\{a\} \mapsto (0,\infty)$ setzt man

$$f(x) = o(g(x)) \text{ für } x \to a : \Leftrightarrow \lim_{x\to a} \frac{f(x)}{g(x)} = 0, \tag{2}$$

$$f(x) = O(g(x)) \text{ für } x \to a : \Leftrightarrow \exists \delta > 0 : \sup_{0<|x-a|\leq\delta} \frac{|f(x)|}{g(x)} < \infty. \tag{3}$$

Entsprechend werden „klein o"- und „groß O"-Bedingungen für $x \to a^+$, $x \to a^-$ und $x \to \pm\infty$ erklärt. In (1) gilt also $r(x) = o(|x-a|)$ für $x \to a$.

Ist nun f in eine Potenzreihe um a entwickelbar, z. B. f ein Polynom (vom Grad $> m$, vgl. (10.8)*), so gilt nach (33.12)

$$f(x) = \sum_{k=0}^{m} \frac{f^{(k)}(a)}{k!} (x-a)^k + r_m(x)$$

für $m \in \mathbb{N}_0$, wobei $r_m(x) = \sum_{k=m+1}^{\infty} \frac{f^{(k)}(a)}{k!}(x-a)^k = O(|x-a|^{m+1})$, erst recht also $r_m(x) = o(|x-a|^m)$ für $x \to a$ gilt.

Für beliebige C^m-Funktionen f sollten daher sehr gute Approximationen nahe $a \in I$ durch die *Taylor-Polynome* gegeben sein:

34.1 Definition. *Es seien $I \subseteq \mathbb{R}$ ein offenes Intervall und $f \in C^m(I, \mathbb{C})$. Für $a \in I$ und $m \in \mathbb{N}_0$ heißt*

$$T_m^a(f)(x) := T_m^a f(x) := \sum_{k=0}^{m} \frac{f^{(k)}(a)}{k!}(x-a)^k \tag{4}$$

das Taylor-Polynom *vom Grad m zu f in a.*

34.2 Beispiele. a) Für $f(x) = e^x$ ist $f^{(k)}(a) = e^a$ für $k \in \mathbb{N}_0$ und somit

$$T_m^a(\exp)(x) = \sum_{k=0}^{m} \frac{e^a}{k!}(x-a)^k . \tag{5}$$

Für $a = 0$ ist also $T_m^0(\exp)(x) = E_m(x)$ (vgl. (11.1)), und allgemein gilt $T_m^a(\exp)(x) = e^a E_m(x-a)$. Aus Theorem 11.4 folgt daher für $x \in \mathbb{R}$:

$$\lim_{m \to \infty} T_m^a(\exp)(x) = \sum_{k=0}^{\infty} \frac{e^a}{k!}(x-a)^k = e^a e^{x-a} = e^x . \tag{6}$$

b) Für $f(x) := \sin x$ und $a \in \mathbb{R}$ erhält man $f'(a) = \cos a$, $f''(a) = -\sin a$, $f'''(a) = -\cos a$, $f^{(4)}(a) = \sin a$. Allgemein gilt $f^{(2j)}(a) = (-1)^j \sin a$ und $f^{(2j+1)}(a) = (-1)^j \cos a$, also

$$T_m^a f(x) = \sin a \sum_{0 \le 2j \le m} \frac{(-1)^j}{(2j)!}(x-a)^{2j} + \cos a \sum_{0 \le 2j+1 \le m} \frac{(-1)^j}{(2j+1)!}(x-a)^{2j+1} .$$

Speziell für $a = 0$ hat man

$$T_m^0(\sin)(x) = \sum_{0 \le 2j+1 \le m} \frac{(-1)^j}{(2j+1)!} x^{2j+1}, \quad x \in \mathbb{R}. \tag{7}$$

c) Analog zu b) ergeben sich für $f(x) := \cos x = \sin' x$ sofort die Formeln $f^{(2j)}(a) = (-1)^j \cos a$ und $f^{(2j+1)}(a) = (-1)^{j+1} \sin a$, also

$$T_m^a f(x) = \cos a \sum_{0 \le 2j \le m} \frac{(-1)^j}{(2j)!}(x-a)^{2j} + \sin a \sum_{0 \le 2j+1 \le m} \frac{(-1)^{j+1}}{(2j+1)!}(x-a)^{2j+1},$$

$$T_m^0(\cos)(x) = \sum_{0 \le 2j \le m} \frac{(-1)^j}{(2j)!} x^{2j}, \quad x \in \mathbb{R}. \tag{8}$$

d) Es seien $I = (0, \infty)$ und $f(x) = \log x$. Dann gelten

$$\log' x = \tfrac{1}{x}, \; \log'' x = -\tfrac{1}{x^2}, \; \dots, \; \log^{(k)}(x) = (-1)^{k-1}\tfrac{(k-1)!}{x^k}, \quad \text{also}$$

$$T_m^a(\log)(x) = \log a + \sum_{k=1}^m \frac{(-1)^{k-1}}{k\, a^k}(x-a)^k \quad \text{für } a > 0. \quad \square \tag{9}$$

Die Approximation des Kosinus nahe 0 und des Logarithmus nahe 1 durch ihre Taylor-Polynome vom Grad 2 wird in Abb. 34a und Abb. 34b illustriert; für die Exponentialfunktion sei an Abb. 11a erinnert.

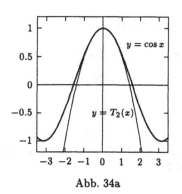

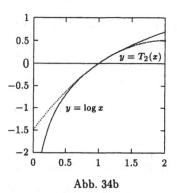

Abb. 34a   Abb. 34b

Die Güte der Approximation einer Funktion durch ihre Taylor-Polynome wird nun durch das folgende sehr wichtige Resultat geklärt:

34.3 Theorem (Taylor). *Es seien* $I \subseteq \mathbb{R}$ *ein offenes Intervall,* $a \in I$ *und* $f \in C^{m+1}(I, \mathbb{C})$. *Dann gilt für* $x \in I$:

$$f(x) = \sum_{k=0}^m \frac{f^{(k)}(a)}{k!}(x-a)^k + R_{m+1}^a(f)(x) \tag{10}$$

mit einem Fehler *oder* Restglied $R_{m+1}^a(f)(x) = O(|x-a|^{m+1})$ *für* $x \to a$. *Genauer hat man für dieses die* Integral-Form

$$R_{m+1}^a(f)(x) = \int_a^x f^{(m+1)}(t)\,\frac{(x-t)^m}{m!}\,dt, \tag{11}$$

für $f \in C^{m+1}(I, \mathbb{R})$ *auch die* Cauchy- *und* Lagrange-Formen *(vgl. (17.1))*

$$R^a_{m+1}(f)(x) = f^{(m+1)}(\xi)\,\frac{(x-\xi)^m}{m!}\,(x-a) \quad \text{für ein } \xi \in \backslash a, x \backslash, \quad (12)$$

$$R^a_{m+1}(f)(x) = f^{(m+1)}(\xi)\,\frac{(x-a)^{m+1}}{(m+1)!} \quad \text{für ein } \xi \in \backslash a, x \backslash. \quad (13)$$

BEWEIS. a) Zunächst wird (11) durch Induktion über m gezeigt. Für $m = 0$ ist dies gerade die Aussage $f(x) = f(a) + \int_a^x f'(t)\,dt$, also der Hauptsatz 22.3. Gilt die Behauptung nun für $m - 1$, so folgt für $f \in C^{m+1}(I, \mathbb{C})$ mit *partieller Integration*

$$\begin{aligned}
R^a_m(f)(x) &= \int_a^x f^{(m)}(t)\,\frac{(x-t)^{m-1}}{(m-1)!}\,dt \\
&= -f^{(m)}(t)\,\frac{(x-t)^m}{m!}\Big|_a^x + \int_a^x f^{(m+1)}(t)\,\frac{(x-t)^m}{m!}\,dt \\
&= \frac{f^{(m)}(a)}{m!}\,(x-a)^m + \int_a^x f^{(m+1)}(t)\,\frac{(x-t)^m}{m!}\,dt,
\end{aligned}$$

und wegen $T^a_{m-1}(f)(x) + \frac{f^{(m)}(a)}{m!}\,(x-a)^m = T^a_m(f)(x)$ ergibt sich daraus die Behauptung (11) für m.

b) Aus (11) und (18.1) ergibt sich wegen der Stetigkeit von $f^{(m+1)}$ sofort

$$\begin{aligned}
|R^a_{m+1}(f)(x)| &\leq \frac{1}{m!}\,\sup_{t\in\backslash a,x\backslash}|f^{(m+1)}(t)\,(x-t)^m|\,|x-a| \\
&= O(|x-a|^{m+1}) \quad \text{für } x \to a.
\end{aligned}$$

c) Aus (11) folgt sofort (12) mit dem Mittelwertsatz der Integralrechnung.

d) Da $\frac{(x-t)^m}{m!}$ auf $\backslash a, x\backslash$ sein Vorzeichen nicht wechselt, folgt aus dem verallgemeinerten Mittelwertsatz 18.5 b) und (11)

$$\begin{aligned}
R^a_{m+1}(f)(x) &= f^{(m+1)}(\xi)\int_a^x \frac{(x-t)^m}{m!}\,dt \\
&= -f^{(m+1)}(\xi)\,\frac{(x-t)^{m+1}}{(m+1)!}\Big|_a^x = f^{(m+1)}(\xi)\,\frac{(x-a)^{m+1}}{(m+1)!}
\end{aligned}$$

für ein geeignetes $\xi \in \backslash a, x \backslash$.   ◇

34.4 Bemerkungen. a) Im Beweisteil a) von Theorem 34.3 wurde *partielle Integration* verwendet; diese ist genauso wie in Satz 22.7 auch für komplexwertige Funktionen möglich.

b) Am besten einprägsam ist sicher die Lagrange-Form des Restgliedes wegen ihrer formalen Ähnlichkeit zum $(m+1)$-ten Term des Taylor-Polynoms. Die Lagrange- und Cauchy-Formeln gelten allerdings *nicht* für komplexwertige Funktionen:

c) Für $m = 0$ reduzieren sich (12) und (13) auf den Mittelwertsatz der

Differentialrechnung, der für komplexwertige Funktionen *falsch* ist: Für die Funktion $E \in C^\infty(\mathbb{R}, \mathbb{C})$, $E(x) = \cos x + i \sin x$ (vgl. (27.9)) etwa gilt $E(2\pi) - E(0) = 0$. Zwar gibt es $\xi \in (0, 2\pi)$ mit $-\sin \xi = 0$ und $\eta \in (0, 2\pi)$ mit $\cos \eta = 0$, aber es ist $\xi \neq \eta$, und in der Tat gilt $E'(x) \neq 0$ für alle $x \in \mathbb{R}$.

d) Analog zu Bemerkung 20.6 läßt sich der Satz von Taylor auch so formulieren:

$$f(a+h) = \sum_{k=0}^{m} \frac{f^{(k)}(a)}{k!} h^k + \int_0^1 \frac{f^{(m+1)}(a+sh)}{m!} h^{m+1} (1-s)^m \, ds. \quad (14)$$

Hier wird also das Taylor-Polynom als Polynom in $h = x - a$ betrachtet; in (11) wurde $t = a + sh$ substituiert. Für $f \in C^{m+1}(I, \mathbb{R})$ lautet die Lagrange-Form des Restgliedes so:

$$R_{m+1}^a(f)(h) = \frac{f^{(m+1)}(a+\theta h)}{(m+1)!} h^{m+1} \quad \text{für ein } \theta \in [0,1]. \quad \square \quad (15)$$

34.5 Beispiele. Für $f(x) = \sin x$ oder $f(x) = \cos x$ gilt $|f^{(m+1)}(t)| \leq 1$ für alle $t \in \mathbb{R}$ und $m \in \mathbb{N}$; für alle $x \in \mathbb{R}$ gilt folglich $R_{m+1}^a(f)(x) \to 0$ für $m \to \infty$, und aus (7), (8) ergeben sich *Potenzreihenentwicklungen des Sinus und Kosinus* um 0 :

$$\sin x = \sum_{j=0}^{\infty} \frac{(-1)^j}{(2j+1)!} x^{2j+1}, \quad x \in \mathbb{R}, \quad (16)$$

$$\cos x = \sum_{j=0}^{\infty} \frac{(-1)^j}{(2j)!} x^{2j}, \quad x \in \mathbb{R}. \quad \square \quad (17)$$

Der Grenzübergang $m \to \infty$ im Satz von Taylor wird ab Abschnitt 36 allgemein untersucht. Zuvor wird noch in diesem und dem nächsten Abschnitt auf Anwendungen der Taylor-Formel im Hinblick auf den Grenzübergang $x \to a$ eingegangen. In Satz 34.7 werden *hinreichende* Kriterien für die Existenz *lokaler Extrema* (vgl. die Sätze 20.2 und 20.13) gezeigt; dazu ist die folgende Variante des Satzes von Taylor nützlich:

34.6 Satz. *Es seien $I \subseteq \mathbb{R}$ ein offenes Intervall, $f \in C^m(I, \mathbb{C})$ und $a \in I$. Dann gilt*

$$f(x) = \sum_{k=0}^{m} \frac{f^{(k)}(a)}{k!}(x-a)^k + o(|x-a|^m). \quad (18)$$

BEWEIS. Aus (10) und (11) für $m - 1$ ergibt sich

$$\begin{aligned} f(x) &= T_m^a(f)(x) - \frac{f^{(m)}(a)}{m!}(x-a)^m + \int_a^x f^{(m)}(t) \frac{(x-t)^{m-1}}{(m-1)!} \, dt \\ &= T_m^a(f)(x) + r(x) \quad \text{mit} \end{aligned}$$

$$r(x) \;=\; \int_a^x f^{(m)}(t)\, \frac{(x-t)^{m-1}}{(m-1)!}\, dt - \frac{f^{(m)}(a)}{m!}(x-a)^m$$

$$=\; \int_a^x (f^{(m)}(t) - f^{(m)}(a))\, \frac{(x-t)^{m-1}}{(m-1)!}\, dt, \quad \text{also}$$

$$|r(x)| \;\le\; \sup_{t\in\backslash a,x\backslash} |f^{(m)}(t) - f^{(m)}(a)|\, \frac{|x-a|^m}{m!} \;=\; o(|x-a|^m)$$

wegen $\int_a^x \frac{(x-t)^{m-1}}{(m-1)!}\, dt = \frac{(x-a)^m}{m!}$ und der Stetigkeit von $f^{(m)}$. $\qquad\qquad \diamond$

34.7 Satz. *Es seien $I \subseteq \mathbb{R}$ ein offenes Intervall, $f \in C^m(I,\mathbb{R})$ und $a \in I$. Es sei $f'(a) = \ldots = f^{(m-1)}(a) = 0$, aber $f^{(m)}(a) \ne 0$. Dann gilt:*
a) Ist m gerade und $f^{(m)}(a) > 0$, so hat f ein lokales Minimum *in a.*
b) Ist m gerade und $f^{(m)}(a) < 0$, so hat f ein lokales Maximum *in a.*
c) Ist m ungerade, so hat f kein lokales Extremum *in a.*

BEWEIS. Laut Voraussetzung ist $T_m^a(f)(x) = f(a) + \frac{f^{(m)}(a)}{m!}(x-a)^m$; aus Satz 34.6 ergibt sich daher $\frac{f(x)-f(a)}{(x-a)^m} \to \frac{f^{(m)}(a)}{m!} \ne 0$ für $x \to a$. Für *gerades* m ist nun $(x-a)^m \ge 0$, und daher hat $f(x) - f(a)$ für x nahe a das Vorzeichen von $f^{(m)}(a)$. Daraus folgen sofort a) und b). Für *ungerades* m wechselt das Vorzeichen von $f(x) - f(a)$ in a, und daraus folgt c). $\diamond$

Man beachte, daß der Satz im Fall $f^{(m)}(a) = 0$ für alle $m \in \mathbb{N}$ (vgl. Beispiel 36.9) keine Aussage macht.

Aufgaben

34.1 Es seien $I \subseteq \mathbb{R}$ ein offenes Intervall und $f \in C^m(I)$. Was kann man aus $f^{(m)}(x) \equiv 0$ schließen ?

34.2 Für die Funktion $f : x \mapsto \sin x + \frac{1}{2}\sin 2x$ bestimme man alle lokalen Extremalstellen auf $\mathbb{R}$.

34.3 Zu $f : x \to \sqrt{1+x}$ bestimme man das Taylor-Polynom vom Grad 3 in $a = 0$ und zeige $|\sqrt{\frac{3}{2}} - \frac{157}{128}| \le \frac{1}{400}$.

34.4 Für $x \in \mathbb{R}$ zeige man $|\cos x - (1 - \frac{x^2}{2})| \le \frac{|x|^4}{24}$.

34.5 Es sei $f \in C^2(a,\infty)$, so daß f und f'' auf (a,∞) *beschränkt* sind.
a) Man zeige auch $f' \in \mathcal{B}(a,\infty)$ sowie

$$\|f'\|^2 \;\le\; 4\,\|f\|\,\|f''\|.$$

HINWEIS. Für $x \in (a,\infty)$ und $h > 0$ gibt es $\xi \in \backslash x, x+2h\backslash$ mit

$$f'(x) \;=\; \frac{1}{2h}\,(f(x+2h) - f(x)) - h f''(\xi).$$

b) Gilt zusätzlich $\lim\limits_{x \to \infty} f(x) = 0$, so folgere man auch $\lim\limits_{x \to \infty} f'(x) = 0$.

HINWEIS. Man wende a) auf (b, ∞) an und untersuche $b \to \infty$.

34.6 Für $f \in C^m(I, \mathbb{R})$ folgere man Satz 34.6 aus Theorem 34.3 unter Verwendung der Lagrange-Form des Restgliedes.

34.7 Es seien $I \subseteq \mathbb{R}$ ein offenes Intervall, $a \in I$ und $f : I \mapsto \mathbb{R}$ $(m + 1)$- mal differenzierbar auf I. Für $x \in I$ zeige man

$$f(x) = T_m^a f(x) + R_{m+1}^a f(x),$$

wobei das *Restglied* durch *Schlömilchs Formel* gegeben ist:
Für $p \in \mathbb{N}$ mit $1 \le p \le m + 1$ gibt es ein $\theta \in (0, 1)$ mit

$$R_{m+1}^a f(x) = \frac{f^{(m+1)}(a + \theta(x-a))}{p \cdot m!} (1 - \theta)^{m+1-p} (x - a)^{m+1}.$$

HINWEIS. Man setze $g(t) := (x - t)^p$, $G(t) := f(x) - T_m^t f(x)$ und wende den zweiten Mittelwertsatz der Differentialrechnung auf $\frac{G(a)-G(x)}{g(a)-g(x)}$ an.

34.8 a) Man zeige $\lim\limits_{m \to \infty} T_m^a (\exp)(x) = e^x$ mit Hilfe des Satzes von Taylor.
Mittels Beispiel 34.2 a) gebe man dann einen neuen Beweis für (11.4).
b) Analog zu a) folgere man (24.11) und (24.12) aus Beispiel 34.2 b), c).

35   * Fixpunkte und Newton-Verfahren

In diesem Abschnitt werden mit Hilfe der Taylor-Formel einige Iterationsverfahren zur Lösung (nichtlinearer) Gleichungen diskutiert.

*Bemerkung: Dieser Abschnitt gehört zum * - Teil des Buches; den Lesern sei aber doch die Lektüre sehr empfohlen.*

Als erstes werden *Fixpunktprobleme*

$$x = g(x) \tag{1}$$

untersucht. Es gilt der folgende einfache

35.1 Satz (Banachscher Fixpunktsatz). *Es seien* $J \subseteq \mathbb{R}$ *ein abge-schlossenes Intervall und* $g : J \to J$ *eine* Kontraktion, *d. h. es gelte*

$$\exists\, 0 \le q < 1 \,\forall\, x, y \in J \;:\; |g(x) - g(y)| \le q\, |x - y|. \tag{2}$$

Dann besitzt g *genau einen Fixpunkt* $x^* \in J$, *d. h. es gibt genau eine Lösung* $x^* \in J$ *der Gleichung (1). Definiert man mit irgendeinem Startwert* $x_0 \in J$ *rekursiv* $x_n := g(x_{n-1})$, $n \ge 1$, *so gilt* $\lim\limits_{n \to \infty} x_n = x^*$.

BEWEIS. a) Gilt $g(x) = x$ und $g(y) = y$, so folgt aus der Kontraktionsbedingung (2) sofort $|x - y| = |g(x) - g(y)| \leq q|x - y|$, also $|x - y| = 0$.

b) Wegen (2) ist g *stetig*. Für $n \in \mathbb{N}_0$ gilt

$$|x_{n+1} - x_n| = |g(x_n) - g(x_{n-1})| \leq q|x_n - x_{n-1}| \leq \ldots \leq q^n|x_1 - x_0|,$$

also (6.10). Nach Satz 6.11 ist daher die Folge (x_n) konvergent, und für $x^* := \lim_{n\to\infty} x_n$ gilt $g(x^*) = \lim_{n\to\infty} g(x_n) = \lim_{n\to\infty} x_{n+1} = x^*$.   ◇

35.2 Bemerkungen. a) Der Banachsche Fixpunktsatz gilt auch z. B. für abgeschlossene Kreise in $\mathbb{C}$ sowie in wesentlich allgemeineren Situationen; darauf wird in Band 2 eingegangen.

b) Wie im Beweis von Satz 6.11 gilt

$$|x_m - x_n| \leq \frac{|x_1 - x_0|}{1 - q} q^n$$

für $m > n$. Mit $m \to \infty$ ergibt sich die Fehlerabschätzung

$$|x^* - x_n| \leq \frac{|x_1 - x_0|}{1 - q} q^n, \quad n \in \mathbb{N}. \tag{3}$$

Man hat *lineare Konvergenz* mit der *linearen Konvergenzrate* $q < 1$.

c) Man nennt (3) eine *a priori-Abschätzung*, da sie bereits vor Beginn der Rechnung feststeht. Hat man schon $x_1, \ldots, x_n$ berechnet, so gilt auch

$$|x_m - x_n| \leq \tfrac{q}{1-q} |x_n - x_{n-1}|,$$

für $m > n$, und $m \to \infty$ liefert die *a posteriori-Fehlerabschätzung*

$$|x^* - x_n| \leq \tfrac{q}{1-q} |x_n - x_{n-1}|, \quad n \in \mathbb{N}. \tag{4}$$

d) Die Kontraktionsbedingung (2) ist aufgrund des Hauptsatzes oder des Mittelwertsatzes sicher dann erfüllt, wenn $\|g'\|_J < 1$ gilt. Wegen

$$x^* - x_{n+1} = g(x^*) - g(x_n) = g'(\xi_n)(x^* - x_n), \quad \xi_n \in \,\backslash x^*, x_n \backslash, \tag{5}$$

ist dann die lineare Konvergenzrate für große n etwa $|g'(x^*)|$.

e) Im Fall $g'(x^*) = 0$ ist die Konvergenz wesentlich schneller. Gilt genauer $g \in C^p(J)$ und $g'(x^*) = \ldots = g^{p-1}(x^*) = 0$, aber $g^{(p)}(x^*) \neq 0$, so liefert die Taylor-Formel (34.13) in x^*

$$x^* - x_{n+1} = g(x^*) - g(x_n) = \pm \frac{g^{(p)}(\xi_n)}{p!}(x^* - x_n)^p, \quad \xi_n \in \,\backslash x^*, x_n \backslash, \tag{6}$$

und man hat *Konvergenz der Ordnung* p.   □

35.3 Beispiel. Zur Berechnung von $\pi/2$ setzt man $g(x) := x + \cos x$; dann ist (1) äquivalent zu $\cos x = 0$, und $\pi/2$ ist die einzige Lösung dieser Gleichung in $(0, \pi)$. Wegen $g'(x) = 1 - \sin x$ hat man $\|g'\|_{J_r} < 1$ für $J_r := [\frac{\pi}{2} - r, \frac{\pi}{2} + r]$ und $0 < r < \frac{\pi}{2}$. Aus $x \in J_r$ folgt dann auch $|g(x) - \frac{\pi}{2}| = |g(x) - g(\frac{\pi}{2})| \le \|g'\|_{J_r} |x - \frac{\pi}{2}| \le r$; somit gilt also $g(J_r) \subseteq J_r$, und $g : J_r \mapsto J_r$ ist eine Kontraktion. Die Iteration $x_n = g(x_{n-1})$ konvergiert also für jeden Startwert $x_0 \in (0, \pi)$, und man hat *kubische Konvergenz* wegen $g'(\frac{\pi}{2}) = g''(\frac{\pi}{2}) = 0$. Wegen $|g'''(\xi)| \le 1$ liefert (6) für die Fehler $d_n := |x_n - \frac{\pi}{2}|$ die Abschätzung

$$d_{n+1} \le \tfrac{1}{6} d_n^3 \le 6^{-4} d_{n-1}^9 \le \cdots \le 6^{-\alpha_n} d_0^{3^{n+1}}$$

mit $\alpha_n = \sum_{k=0}^{n} 3^k = \frac{1}{2}(3^{n+1} - 1)$. Nach Bemerkung 24.5 a) gilt $\sqrt{2} \le \pi/2 \le 2$; für den Startwert $x_0 := 2$ also $d_0 \le 0.6$. Die folgende Tabelle zeigt die Werte x_n, die Fehler $d_n = x_n - \frac{\pi}{2}$ und die Fehlerschranken $A_n := 6^{-\alpha_n - 1} \cdot (0.6)^{3^n}$:

n	x_n	d_n	A_n
0	2	$0,43$	$0,6$
1	$1,58385$	$0,0013$	$0,0036$
2	$1,57079669778$	$3,71 \cdot 10^{-7}$	$7,8 \cdot 10^{-6}$
3	$1,5707963267948966192 3983$	$8,51 \cdot 10^{-21}$	$7,8 \cdot 10^{-17}$
4	$1,5707963267948966192 3132$	$1,03 \cdot 10^{-61}$	$8,1 \cdot 10^{-50}$
5	$1,5707963267948966192 3132$	$1,81 \cdot 10^{-184}$	$8,6 \cdot 10^{-149}$

Die Iteration $x_n = g(x_{n-1})$ konvergiert also kubisch und somit extrem schnell, doch muß stets $\cos x_n$ mit der gleichen Genauigkeit wie x_n berechnet werden. $\square$

Natürlich können Gleichungen auch in der Form

$$f(x) = 0 \tag{7}$$

formuliert werden. Zur *Berechnung von Nullstellen* wird nun das **Newton-Verfahren** besprochen. Es seien $I \subseteq \mathbb{R}$ ein offenes Intervall, $f \in \mathcal{C}^1(I, \mathbb{R})$ und x_n eine Näherung für eine Lösung von (7). Zur Berechnung einer besseren Näherung ersetzt man f durch sein Taylor-Polynom erster Ordnung in x_n, d. h. man versucht

$$f(x_n) + f'(x_n)(x - x_n) = 0 \tag{8}$$

zu lösen. Für $f'(x_n) \ne 0$ ist dies offenbar möglich; die Lösung

$$x_{n+1} := x_n - \frac{f(x_n)}{f'(x_n)} \tag{9}$$

wird dann als nächste Näherung verwendet. *Geometrisch* bedeutet dies, daß die
Funktion f durch ihre *Tangente* in x_n
ersetzt und deren Schnittpunkt mit der
x-Achse bestimmt wird (vgl. Abb. 35a).

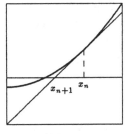

35.4 Beispiel. Für $a > 0$ und $2 \leq p \in \mathbb{N}$
benutzt man zur Berechnung von $\sqrt[p]{a}$ die
Funktion $f(x) := x^p - a$. Als Newton-
Verfahren erhält man:

Abb. 35a

$$x_{n+1} = x_n - \frac{x_n^p - a}{p\, x_n^{p-1}} = \frac{1}{p}\left((p-1)\,x_n + \frac{a}{x_n^{p-1}}\right). \tag{10}$$

Der Fall $p = 2$ wurde in Satz 6.15 behandelt: Für beliebige Startwerte
$x_0 > 0$ ist die Folge $(x_n)_{n \in \mathbb{N}}$ monoton fallend, und sie konvergiert quadratisch gegen $\sqrt{a}$.   □

35.5 Theorem (Newton-Verfahren). *Es seien $I \subseteq \mathbb{R}$ ein Intervall,*
$f \in \mathcal{C}^2(I, \mathbb{R})$, und es gebe $a \in I$ mit $f(a) = 0$.
Es gelte $M := \sup\limits_{x \in I} |f''(x)| < \infty$ und $m := \inf\limits_{x \in I} |f'(x)| > 0$. Für einen
Startwert $x_0 \in I$ und $d := |x_0 - a|$ gelte $[a-d, a+d] \subseteq I$ und $q := \frac{M}{2m}d < 1$.

a) Dann wird durch (9) rekursiv eine Folge (x_n) mit $|x_n - a| \leq d$ definiert;
für $n \in \mathbb{N}_0$ gilt

$$x_{n+1} - a = \tfrac{1}{f'(x_n)} \int_{x_n}^{a} f''(t)\,(a-t)\,dt, \tag{11}$$

$$|x_{n+1} - a| \leq \tfrac{M}{2m}|x_n - a|^2. \tag{12}$$

b) Die Folge (x_n) konvergiert quadratisch *gegen a; genauer gelten die*
a priori- und a posteriori-Abschätzungen

$$|x_n - a| \leq \tfrac{2m}{M}q^{2^n}, \quad n \in \mathbb{N}, \tag{13}$$

$$|x_n - a| \leq \tfrac{1}{m}|f(x_n)| \leq \tfrac{M}{2m}|x_n - x_{n-1}|^2. \tag{14}$$

BEWEIS. a) Es sei bereits $|x_j - a| \leq d$ für $j = 0, 1, \ldots, n$ gezeigt. Aufgrund
der Taylor-Formel (34.10), (34.11) in x_n gilt

$$0 = f(a) = f(x_n) + f'(x_n)\,(a - x_n) + \int_{x_n}^{a} f''(t)\,(a-t)\,dt.$$

Subtrahiert man hiervon die Tangentengleichung (8) mit x_{n+1} statt x, so
folgt $0 = f'(x_n)\,(a - x_{n+1}) + \int_{x_n}^{a} f''(t)\,(a-t)\,dt$, also (11). Daraus erhält
man sofort (12), und damit ergibt sich dann auch

$$|x_{n+1} - a| \leq \tfrac{M}{2m}|x_n - a|^2 \leq q\,|x_n - a| < |x_n - a| \leq d.$$

Insbesondere gilt somit $x_n \in I$ für alle $n \in \mathbb{N}_0$.

b) Für $n = 0$ ist (13) richtig. Ist dies bereits für x_n gezeigt, so folgt

$$|x_{n+1} - a| \leq \tfrac{M}{2m} |x_n - a|^2 \leq \tfrac{M}{2m} \left(\tfrac{2m}{M}\right)^2 q^{2 \cdot 2^n} = \tfrac{2m}{M} q^{2^{n+1}}$$

und damit (13) auch für $n + 1$. Zum Nachweis von (14) beachtet man $|x_n - a| \leq \tfrac{1}{m} |f(x_n) - f(a)| = \tfrac{1}{m} |f(x_n)|$ und dann

$$f(x_n) = f(x_{n-1}) + f'(x_{n-1})(x_n - x_{n-1}) + R_2^{x_{n-1}}(f)(x_n) = R_2^{x_{n-1}}(f)(x_n)$$

wegen (8); daraus folgt dann $|f(x_n)| \leq \tfrac{M}{2} |x_n - x_{n-1}|^2$ nach (34.11). $\diamond$

35.6 Bemerkungen. a) In der Situation von Theorem 35.5 hat wegen $f'(x) \neq 0$ und des Satzes von Rolle f *höchstens eine* Nullstelle in I. Die in Theorem 35.5 vorausgesetzte *Existenz* einer solchen Nullstelle $a \in I$ von f kann oft mit dem Zwischenwertsatz gezeigt werden.

b) Ist diese garantiert und $f'(a) \neq 0$, so konvergiert das Newton-Verfahren sehr schnell gegen a, wenn der Startwert x_0 bereits nahe genug an a liegt. Einen solchen Startwert kann man sich etwa mit dem *Intervallhalbierungsverfahren* (vgl. 10.8) verschaffen. Liegt x_0 nicht nahe genug an a, so kann das Newton-Verfahren divergieren, vgl. Aufgabe 35.4.

c) Auch im Fall $f'(a) = 0$ hat man oft Konvergenz, wenn auch keine quadratische, vgl. Aufgabe 35.6.

d) Wegen $m = \inf\limits_{x \in I} |f'(x)| > 0$ hat f' konstantes Vorzeichen auf I. Ändert auch f'' sein Vorzeichen auf I nicht, ist also f *konvex* oder *konkav* auf I, und hat $\tfrac{f''}{f'}$ das gleiche Vorzeichen wie $x_0 - a$, so impliziert „$\tfrac{M}{2m} d < 1$" wegen (11) bereits $x_n \in \backslash x_0, a \backslash$ für alle n. Dann konvergiert (x_n) *monoton* gegen a, und die Bedingung „$[a - d, a + d] \subseteq I$" ist überflüssig. $\square$

35.7 Beispiel. Für das Polynom $P(x) = \tfrac{1}{5}x^3 + \tfrac{1}{2}x^2 - \tfrac{1}{10}$ wurde in Beispiel 10.8 b) mit dem Intervallhalbierungsverfahren die Näherung $x_7 = 0.41406$ für eine Nullstelle ermittelt. Das Newton-Verfahren liefert mit diesem Startwert dann

$$x_8 = 0,4142135965$$
$$x_9 = 0,4142135623730967$$
$$x_{10} = 0,41421356237309504880168872421 38$$
$$x_{11} = 0,41421356237309504880168872420 9698078569671875,$$

und diese Ziffern sind bereits alle korrekt. $\square$

35.8 Beispiele und Bemerkungen. a) Auch *komplexe Nullstellen* können mit Hilfe des Newton-Verfahrens berechnet werden. Ist etwa $P \in \mathbb{C}[z]$ ein komplexes Polynom mit $\deg P \geq 1$, so konvergiert die Newton-Iteration

$$z_{n+1} := z_n - \frac{P(z_n)}{P'(z_n)}$$

gegen eine Nullstelle von P, falls der Startwert z_0 nahe genug an einer solchen gewählt wurde. Im Fall einfacher Nullstellen kann der Beweis wie der von Theorem 35.5 geführt werden; im Beweisteil a) benutzt man an Stelle der Taylor-Formel die Aussage

$$0 = P(a) = P(z_n) + P'(z_n)(a - z_n) + \frac{P''(z_n)}{2}(a - z_n)^2 + O(|a - z_n|^3)$$

und erhält wieder quadratische Konvergenz. Für den Fall mehrfacher Nullstellen sei auf Aufgabe 35.6 verwiesen.
b) Als Beispiel diene das Polynom $P(z) := z^5 + z + 1$. Mit dem Startwert $z_0 = 1 + i$ etwa erhält man

$$\begin{aligned}
z_1 &= 0,89 &&+\; i \cdot 0,84 \\
z_2 &= 0,87068 &&+\; i \cdot 0,75970 \\
z_3 &= 0,87693 &&+\; i \cdot 0,74478 \\
z_4 &= 0,8774393 &&+\; i \cdot 0,74486159 \\
z_5 &= 0,877438833123 &&+\; i \cdot 0,744861766619,
\end{aligned}$$

und diese Ziffern sind bereits alle korrekt. □

Aufgaben

35.1 a) Man zeige, daß die Gleichung $\cosh x = 2x$ genau zwei Lösungen $\xi_1 \sim 0,6$ und $\xi_2 \sim 2,1$ hat und fertige eine entsprechende Skizze an.
b) Auf welchen Intervallen ist $g : x \mapsto \frac{1}{2}\cosh x$ eine Kontraktion ? Für welche Startwerte konvergiert die Iteration $x_{n+1} = g(x_n)$?
c) Man gebe ein Iterationsverfahren zur Berechnung von ξ_2 an.
d) Man berechne ξ_1 und ξ_2 genauer mit Hilfe des Newton-Verfahrens.

35.2 Man benutze das Newton-Verfahren zur Berechnung von $\log a$ für $a > 0$. Insbesondere berechne man $\log 2$ bis auf einen Fehler $< 10^{-10}$.

35.3 In der Situation von Theorem 35.5 gelte zusätzlich $f \in \mathcal{C}^3(I)$ und $f''(a) = 0$. Mittels partieller Integration in (11) zeige man, daß das Newton-Verfahren sogar kubisch konvergiert.

35.4 Für $\gamma > 0$ sei $f : x \mapsto \arctan(\gamma x)$ gegeben. Man zeige, daß das Newton-Verfahren für Startwerte $|x| \geq \frac{2}{\gamma}$ divergiert.

35.5 Für $f(x) = x^p$, $2 \leq p \in \mathbb{N}$, führe man das Newton-Verfahren mit beliebigem Startwert $x_0 > 0$ durch. Ist die Konvergenz quadratisch ?

35.6 Es seien $I \subseteq \mathbb{R}$ ein Intervall, $f \in C^{m+1}(I)$ und $a \in I$ eine m-fache Nullstelle von f, d. h. es gelte $f(a) = f'(a) = \ldots = f^{(m-1)}(a) = 0$, aber $f^{(m)}(a) \neq 0$.

a) Man zeige die *lineare* Konvergenz des Newton-Verfahrens für geeignete Startwerte, genauer $x_{n+1} - a \sim (1 - \frac{1}{m})(x_n - a)$ für große n.

b) Für das *modifizierte* Newton-Verfahren

$$x_{n+1} := x_n - m \frac{f(x_n)}{f'(x_n)}$$

zeige man *quadratische* Konvergenz für geeignete Startwerte.

36   Taylor-Reihen und Anwendungen (∗)

Aufgabe: Man versuche, den Arcus-Sinus in eine Potenzreihe um 0 zu entwickeln.

Aus der Taylor-Formel ergaben sich in den Beispielen 34.2 und 34.5 *Potenzreihenentwicklungen* des Sinus und Kosinus. In diesem Abschnitt wird die Existenz solcher Entwicklungen für allgemeine C^∞-Funktionen untersucht.

36.1 Definition. *Es seien $I \subseteq \mathbb{R}$ ein offenes Intervall, $f \in C^\infty(I)$ und $a \in I$. Dann heißt die Potenzreihe*

$$T^a(f)(x) := T^a f(x) := \sum_{k \geq 0} \frac{f^{(k)}(a)}{k!}(x-a)^k \tag{1}$$

die **Taylor-Reihe** *von f in $a \in I$.*

Natürlich stellt sich sofort die Frage, ob die Taylor-Reihe von f stets gegen f konvergiert.

36.2 Bemerkungen. a) Aufgrund der Taylor-Formel konvergiert $T^a(f)(x)$ für $x \in I$ genau dann gegen $f(x)$, wenn $\lim\limits_{n \to \infty} R_n^a(f)(x) = 0$ gilt.

b) Kann f *irgendwie* in eine Potenzreihe um a entwickelt werden, d. h. gilt $f(x) := \sum\limits_{k=0}^{\infty} a_k (x-a)^k$ für $|x - a| < \rho$, so stimmt nach (33.12) diese Potenzreihe mit der Taylor-Reihe von f in a überein; es gilt also $T^a f(x) = f(x)$ für $|x - a| < \rho$, und obige Frage ist positiv zu beantworten. $\square$

36.3 Beispiel. a) In Beispiel 34.2 d) wurden die Taylor-Polynome von $\log x$ in Punkten $a > 0$ berechnet. Für die entsprechenden Taylor-Reihen gilt daher:

$$T^a(\log)(x) \;=\; \log a + \sum_{k \geq 1} \frac{(-1)^{k-1}}{k \, a^k} \, (x-a)^k \, .$$

Der Konvergenzradius dieser Potenzreihe ist offenbar a. Nach 34.2 d) gilt $\log^{(n)}(x) = (-1)^{n-1} \frac{(n-1)!}{x^n}$ für $n \in \mathbb{N}$, und die Lagrange-Formel ergibt

$$R_n^a(f)(x) \;=\; \frac{(-1)^{n-1} \, (x-a)^n}{n \, \xi^n} \, , \quad \xi \in \, \backslash a, x \backslash \, .$$

Für $a \leq x \leq 2a$ folgt $\xi \geq a$, also $|\frac{x-a}{\xi}| \leq 1$; dies gilt auch für $\frac{a}{2} \leq x \leq a$. Somit gilt $|R_n^a(f)(x)| \leq \frac{1}{n} \to 0$ für $\frac{a}{2} \leq x \leq 2a$, und für diese x folgt

$$\log x \;=\; \log a + \sum_{k=1}^{\infty} \frac{(-1)^{k-1}}{k \, a^k} \, (x-a)^k \, . \tag{2}$$

Speziell für $a = 1$ und $x = 2$ ergibt sich wieder die *Summe der alternierenden harmonischen Reihe* zu $\sum_{k=1}^{\infty} \frac{(-1)^{k-1}}{k} = \log 2$ (vgl. (31.9)).

b) Für $0 < x < \frac{a}{2}$ ist $R_n^a(f)(x) \to 0$ nicht unmittelbar ersichtlich. Nun hat man aber für $0 < x < 2a$ die *geometrische Reihenentwicklung*

$$\frac{1}{x} \;=\; \frac{1}{x-a+a} \;=\; \frac{1}{a} \, (1 + \tfrac{x-a}{a})^{-1} \;=\; \frac{1}{a} \sum_{j=0}^{\infty} (-1)^j \left(\tfrac{x-a}{a} \right)^j ,$$

die auf jedem kompakten Teilintervall von $(0, 2a)$ *gleichmäßig* konvergiert. Nach dem Hauptsatz und Theorem 18.2 gilt daher

$$\begin{aligned}
\log x - \log a &= \int_a^x \tfrac{dt}{t} = \int_a^x \tfrac{1}{a} \sum_{j=0}^{\infty} (-1)^j \left(\tfrac{t-a}{a} \right)^j dt \\
&= \tfrac{1}{a} \sum_{j=0}^{\infty} (-1)^j \int_a^x \left(\tfrac{t-a}{a} \right)^j dt = \sum_{j=0}^{\infty} \tfrac{(-1)^j}{j+1} \left(\tfrac{x-a}{a} \right)^{j+1} ,
\end{aligned}$$

und (2) gilt auch für $0 < x < 2a$. Nach a) ist dies auch für $x = 2a$ richtig; diese Aussage kann auch wie in Beispiel 36.5 b) unten gezeigt werden.   □

36.4 Beispiel. a) Es wird nun die Taylor-Entwicklung der Funktion $\text{Artanh}\, x = \frac{1}{2} \log \frac{1+x}{1-x}$ in 0 berechnet. Nach Tabelle 29.12 ist

$$\text{Artanh}'\, x \;=\; \tfrac{1}{1-x^2} \;=\; \sum_{k=0}^{\infty} x^{2k} \, , \quad |x| < 1 \, ;$$

wie in Beispiel 36.3 b) ergibt sich daraus wegen Artanh $0 = 0$ sofort

$$\text{Artanh}\, x \;=\; \int_0^x \tfrac{dt}{1-t^2} \;=\; \int_0^x \sum_{k=0}^\infty t^{2k}\, dt \;=\; \sum_{k=0}^\infty \int_0^x t^{2k}\, dt,\quad |x|<1,\quad \text{also}$$

$$\log \tfrac{1+x}{1-x} = 2\,\text{Artanh}\, x = 2 \sum_{k=0}^\infty \tfrac{x^{2k+1}}{2k+1} = 2\,(x + \tfrac{x^3}{3} + \tfrac{x^5}{5} + \cdots),\; |x|<1. \qquad (3)$$

b) Die Entwicklung (3) ist zur *Berechnung* von Logarithmen oft besser geeignet als (2) im Fall $a = 1$. Für $x = \tfrac{1}{3}$ etwa ist $\tfrac{1+x}{1-x} = 2$, also

$$\log 2 \;=\; 2 \sum_{k=0}^\infty \frac{1}{(2k+1)\, 3^{2k+1}}\,. \qquad\qquad\qquad\quad \Box$$

36.5 Beispiel. a) Wie in Beispiel 36.4 wird nun die Taylor-Entwicklung des Arcus-Tangens in 0 berechnet: Aus

$$\arctan' x \;=\; \tfrac{1}{1+x^2} \;=\; \sum_{k=0}^\infty (-1)^k\, x^{2k}\quad \text{für}\ |x|<1$$

erhält man wegen $\arctan 0 = 0$ für $|x|<1$ sofort

$$\arctan x \;=\; \int_0^x \tfrac{dt}{1+t^2} \;=\; \int_0^x \sum_{k=0}^\infty (-1)^k\, t^{2k}\, dt \;=\; \sum_{k=0}^\infty (-1)^k \int_0^x t^{2k}\, dt,\quad \text{also}$$

$$\arctan x \;=\; \sum_{k=0}^\infty (-1)^k\, \tfrac{x^{2k+1}}{2k+1} \;=\; x - \tfrac{x^3}{3} + \tfrac{x^5}{5} - + \cdots,\quad |x|<1. \qquad (4)$$

b) Die Reihe in (4) erfüllt für $0 \le x < 1$ die Voraussetzungen des *Leibniz-Kriteriums* 31.13. Wie bei Satz 33.14∗ gilt daher nach 31.14 a) für $n \in \mathbb{N}$:

$$\Big|\, \arctan x - \sum_{k=0}^{n-1} (-1)^k\, \tfrac{x^{2k+1}}{2k+1} \,\Big| \;\le\; \tfrac{x^{2n+1}}{2n+1} \;\le\; \tfrac{1}{2n+1} \quad \text{für}\ x \in [0,1)\,.$$

Die Konvergenz ist also *gleichmäßig* auf $[0,1)$, und mit $x \to 1^-$ folgt auch

$$\Big|\, \arctan 1 - \sum_{k=0}^{n-1} (-1)^k\, \tfrac{1}{2k+1} \,\Big| \;\le\; \tfrac{1}{2n+1} \quad \text{für}\ n \in \mathbb{N}\,.$$

Wegen $\arctan 1 = \tfrac{\pi}{4}$ erhält man die Summe der *Leibnizschen Reihe:*

$$\sum_{k=0}^\infty \frac{(-1)^k}{2k+1} \;=\; \tfrac{\pi}{4} \;=\; 0.7853981633974483096\ldots\,. \quad\Box \qquad (5)$$

36.6 Bemerkungen. a) Die Taylor-Entwicklung (2) des Logarithmus um a konvergiert auf $(0, 2a)$; wegen $\log x \to -\infty$ für $x \to 0^+$ kann sie natürlich kein größeres Konvergenzintervall besitzen.
b) Die Taylor-Entwicklung (4) des Arcus-Tangens um 0 konvergiert nur auf $[-1, 1]$, obwohl doch arctan eine $\mathcal{C}^\infty$- Funktion *auf ganz* $\mathbb{R}$ ist. Nun konvergiert aber die Potenzreihe in (4) für alle *komplexen* $z \in \mathbb{C}$ mit $|z| < 1$; bezeichnet man ihre Summe weiter mit $\arctan z$ (vgl. Aufgabe 37.3*), so gilt für $z = it$ mit $t \in (-1, 1)$ wegen (3) offenbar

$$\arctan(it) = \sum_{k=0}^{\infty} (-1)^k i^{2k+1} \frac{t^{2k+1}}{2k+1} = i \sum_{k=0}^{\infty} \frac{t^{2k+1}}{2k+1} = i \operatorname{Artanh} t \qquad (6)$$

und insbesondere $|\arctan(it)| \to \infty$ für $t \to \pm 1$ (vgl. Abb. 29g). Folglich kann der Konvergenzradius der Reihe in (4) nicht größer als 1 sein. Die Abbildungen 36a und 36b zeigen die Funktionen $z \mapsto \frac{1}{|1+z^2|}$ und $z \mapsto |\arctan z|$ auf dem Einheitskreis. $\qquad \Box$

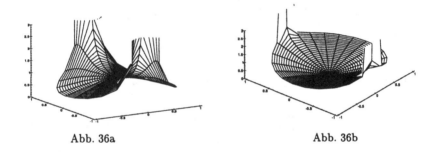

Abb. 36a $\qquad\qquad\qquad\qquad$ Abb. 36b

36.7 Beispiel. a) Für $\alpha \in \mathbb{R}$ wird die Funktion $f : x \mapsto (1 + x)^\alpha$ auf $(-1, 1)$ in ihre Taylor-Reihe um 0 entwickelt. Es gilt

$$f'(x) = \alpha (1 + x)^{\alpha - 1}, \quad f''(x) = \alpha (\alpha - 1)(1 + x)^{\alpha - 2}, \dots,$$
$$f^{(m)}(x) = \alpha (\alpha - 1) \cdots (\alpha - m + 1)(1 + x)^{\alpha - m} = m! \binom{\alpha}{m} (1 + x)^{\alpha - m},$$

wobei die *verallgemeinerten Binomialkoeffizienten* durch $\binom{\alpha}{0} := 1$ und

$$\binom{\alpha}{m} := \frac{\alpha(\alpha-1)\cdots(\alpha-m+1)}{m!}, \quad \alpha \in \mathbb{R}, \ m \in \mathbb{N}, \qquad (7)$$

definiert seien. Somit gilt also

$$T^0(f)(x) = \sum_{k \geq 0} \binom{\alpha}{k} x^k.$$

Für $\alpha \in \mathbb{N}_0$ ist dies eine endliche Summe; für $\alpha \notin \mathbb{N}_0$ hat diese Taylor-Reihe

wegen $\left| \dfrac{\binom{\alpha}{k+1}}{\binom{\alpha}{k}} \right| = \left| \dfrac{\alpha - k}{k+1} \right| \to 1$ für $k \to \infty$ den Konvergenzradius $\rho = 1$.

b) Es sei nun $g(x) := T^0(f)(x)$ für $|x| < 1$. Dann gilt

$$(1 + x)\, g'(x) = \alpha\, g(x), \quad |x| < 1. \tag{8}$$

In der Tat berechnet man

$$
\begin{aligned}
(1+x)\, g'(x) &= (1+x) \sum_{k=1}^{\infty} k \binom{\alpha}{k} x^{k-1} = \sum_{j=0}^{\infty} (j+1) \binom{\alpha}{j+1} x^j + \sum_{j=1}^{\infty} j \binom{\alpha}{j} x^j \\
&= \binom{\alpha}{1} x^0 + \sum_{j=1}^{\infty} \left((j+1) \frac{\alpha(\alpha-1)\cdots(\alpha-j)}{(j+1)!} + j\, \frac{\alpha(\alpha-1)\cdots(\alpha-j+1)}{j!} \right) x^j \\
&= \alpha + \sum_{j=1}^{\infty} \frac{\alpha(\alpha-1)\cdots(\alpha-j+1)}{j!} (\alpha - j + j)\, x^j = \alpha \sum_{j=0}^{\infty} \binom{\alpha}{j} x^j \\
&= \alpha\, g(x).
\end{aligned}
$$

c) Offenbar wird (8) auch von $f(x) = (1+x)^\alpha$ erfüllt. Daher gilt (vgl. auch Aufgabe 22.6)

$$f(x)\, g'(x) - f'(x)\, g(x) = (1+x)^\alpha g'(x) - \alpha (1+x)^{\alpha-1} g(x) = 0,$$

und für $h(x) := \frac{g(x)}{f(x)}$ liefert dann die Quotientenregel $h' = 0$. Wegen $f(0) = g(0) = 1$ folgt $h = 1$, also $f = g$ und die *Binomialentwicklung*

$$(1+x)^\alpha = \sum_{k=0}^{\infty} \binom{\alpha}{k} x^k, \quad |x| < 1. \qquad \Box \tag{9}$$

36.8 Definition. *Eine Funktion $f \in C^\infty(I)$ heißt reell-analytisch, wenn es zu jedem $a \in I$ ein $\delta > 0$ gibt, so daß für $|x - a| < \delta$ die Taylor-Reihe $\sum_{k \geq 0} \frac{f^{(k)}(a)}{k!} (x - a)^k$ von f in a gegen $f(x)$ konvergiert.*

Polynome sind reell-analytisch auf $\mathbb{R}$, ebenso die Exponentialfunktion, Sinus und Kosinus aufgrund der Beispiele 34.2 und 34.5. Nach Beispiel 36.3 ist der Logarithmus reell-analytisch auf $(0, \infty)$.

Nicht alle C^∞-Funktionen sind reell-analytisch:

36.9 Beispiel. a) Es wird die Funktion (vgl. Abb. 36c)

$$g : x \mapsto \begin{cases} \exp(-1/x^2) &, \quad x > 0 \\ 0 &, \quad x \leq 0 \end{cases} \tag{10}$$

untersucht. Nach Satz 19.12 gilt $g \in C^\infty(\mathbb{R}\backslash\{0\})$. Nun wird

$$\lim_{x\to 0} \frac{1}{x^m} e^{-1/x^2} = 0 \quad \text{für alle } m \in \mathbb{N}_0 \tag{11}$$

gezeigt. Nach (33.1) gilt $e^{1/x^2} \geq \frac{1}{(m+1)!} \left(\frac{1}{x^2}\right)^{m+1}$, und daraus folgt

sofort $|\frac{1}{x^m} e^{-1/x^2}| \leq (m+1)! \, |x|^{m+2} \to 0$ für $x \to 0$.

b) Jetzt wird gezeigt, daß die Ableitungen von g für $x > 0$ die Form

$$g^{(k)}(x) = P_k(\tfrac{1}{x}) \, e^{-1/x^2} \quad \text{mit Polynomen } P_k \in \mathbb{R}[x] \tag{12}$$

haben. Für $k = 0$ ist dies offenbar richtig. Gilt (12) für $k \in \mathbb{N}_0$, so folgt

$$g^{(k+1)}(x) = P_k'(\tfrac{1}{x}) \, (\tfrac{-1}{x^2}) \, e^{-1/x^2} + P_k(\tfrac{1}{x}) \, e^{-1/x^2} \, \tfrac{2}{x^3} \,,$$

und dieser Ausdruck hat wieder die Form (12). Aus (11) und (12) folgt dann

$$\lim_{x\to 0} g^{(k)}(x) = 0 \quad \text{für alle } k \in \mathbb{N}_0 \,.$$

c) Aus Folgerung 20.8 ergibt sich nun nacheinander $g \in C(\mathbb{R})$, $g \in C^1(\mathbb{R})$, $g \in C^2(\mathbb{R})$, $\ldots$, also $g \in C^\infty(\mathbb{R})$ und $g^{(k)}(0) = 0$ für alle $k \in \mathbb{N}_0$. Somit gilt $T^0(g)(x) \equiv 0$; die Taylor-Reihe von g in 0 konvergiert also auf ganz $\mathbb{R}$, für $x > 0$ aber nicht gegen $g(x)$. $\qquad\square$

*Bemerkung: Der Rest dieses Abschnitts gehört zum * - Teil des Buches; trotzdem sei den Lesern die Lektüre sehr empfohlen.*

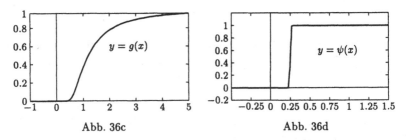

Abb. 36c   Abb. 36d

36.10 * Beispiele. Es werden drei weitere Beispiele von C^∞-Funktionen konstruiert (die Graphen in Abb. 36d–36f ähneln denen von Treppenfunktionen, da sie außerhalb der Zonen extrem steilen Anstiegs extrem flach verlaufen). Mit der Funktion $g \in C^\infty(\mathbb{R})$ aus Beispiel 36.9 setzt man

$$\psi(x) := \frac{g(x)}{g(x) + g(\tfrac{1}{2} - x)} \,, \quad x \in \mathbb{R} \,.$$

Da der Nenner stets > 0 ist, gilt $\psi \in C^\infty(\mathbb{R})$; es ist $0 \leq \psi \leq 1$, $\psi(x) = 0$ für $x \leq 0$ und $\psi(x) = 1$ für $x \geq \frac{1}{2}$. Nun setzt man

$$\eta(x) := 1 - \psi(x - \tfrac{1}{2}), \quad x \in \mathbb{R};$$

dann ist $\eta \in C^\infty(\mathbb{R})$, und es gilt $0 \leq \eta \leq 1$, $\eta(x) = 1$ für $x \leq \frac{1}{2}$, $\eta(x) = 0$ für $x \geq 1$. Für die auf $\mathbb{R}$ definierte C^∞-Funktion

$$\varphi(x) := \eta(x) \cdot \eta(-x), \quad x \in \mathbb{R},$$

gilt dann $0 \leq \varphi \leq 1$, $\varphi(x) = 1$ für $|x| \leq \frac{1}{2}$ und $\varphi(x) = 0$ für $|x| \geq 1$. □

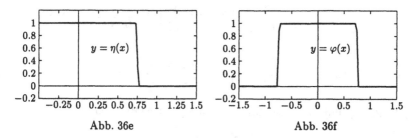

Abb. 36e   Abb. 36f

Es wird nun gezeigt, daß es sogar Taylor-Reihen gibt, die nur im Entwicklungspunkt selbst konvergieren. Allgemeiner gilt das folgende wichtige

36.11 ∗ Theorem (Borel). *Es sei $(c_n)_{n \in \mathbb{N}_0}$ eine beliebige Folge. Dann gibt es $f \in C^\infty(\mathbb{R})$ mit $f^{(n)}(0) = c_n$ für alle $n \in \mathbb{N}_0$.*

BEWEIS. a) Man möchte eigentlich $f(x) := \sum\limits_{k=0}^{\infty} c_k \frac{x^k}{k!}$ setzen, doch ist die Konvergenz dieser Reihe nicht gesichert. Daher wird mit Hilfe der Funktion $\varphi \in C^\infty(\mathbb{R})$ aus Beispiel 36.10∗ dieser Ansatz geeignet modifiziert:
b) Man setzt $\varepsilon_n := \frac{1}{2}$ für $c_n = 0$, $\varepsilon_n := \min(\frac{1}{2}, \frac{1}{2|c_n|})$ für $c_n \neq 0$ und dann

$$f(x) := \sum_{k=0}^{\infty} c_k \frac{x^k}{k!} \cdot \varphi\left(\frac{x}{\varepsilon_k}\right). \tag{13}$$

c) Es wird nun gezeigt, daß alle Reihen $\sum\limits_{k=0}^{\infty} \left(\frac{d}{dx}\right)^n \left(c_k \frac{x^k}{k!} \cdot \varphi\left(\frac{x}{\varepsilon_k}\right)\right)$ von Ableitungen der Terme in (13) auf $\mathbb{R}$ gleichmäßig (sogar normal) konvergent sind. Für festes $n \in \mathbb{N}_0$ gilt nach der Leibniz-Regel

$$\left(\frac{d}{dx}\right)^n \left(c_k \frac{x^k}{k!} \varphi\left(\frac{x}{\varepsilon_k}\right)\right) = \sum_{j=0}^{n} \binom{n}{j} c_k \left(\frac{d}{dx}\right)^{n-j} \left(\frac{x^k}{k!}\right) \cdot \varphi^{(j)}\left(\frac{x}{\varepsilon_k}\right) \frac{1}{\varepsilon_k^j},$$

d. h. für alle $0 \leq j \leq n$ ist

$$\sum_{k \geq n+1} c_k \cdot \frac{x^{k-n+j}}{(k-n+j)!} \cdot \varphi^{(j)}\left(\frac{x}{\varepsilon_k}\right) \frac{1}{\varepsilon_k^j}$$

zu betrachten. Nun gilt aber $\varphi^{(j)}\left(\frac{x}{\varepsilon_k}\right) \neq 0$ höchstens für $\left|\frac{x}{\varepsilon_k}\right| \leq 1$, also höchstens für $|x| \leq \frac{1}{2}$ und $|x| \cdot |c_k| \leq \frac{1}{2}$. Somit folgt

$$\sup_{x \in \mathbb{R}} \left| c_k \cdot \frac{x^{k-n+j}}{(k-n+j)!} \cdot \varphi^{(j)}\left(\frac{x}{\varepsilon_k}\right) \frac{1}{\varepsilon_k^j} \right|$$

$$\leq \sup_{|x| \leq \frac{1}{2}} |c_k\, x| \left| \frac{x^{k-n-1}}{(k-n+j)!} \right| \|\varphi^{(j)}\| \left| \frac{x^j}{\varepsilon_k^j} \right| \leq \frac{1}{(k-n+j)!} \|\varphi^{(j)}\|,$$

also $\displaystyle\sum_{k=n+1}^{\infty} \sup_{x \in \mathbb{R}} \left| c_k \cdot \frac{x^{k-n+j}}{(k-n+j)!} \cdot \varphi^{(j)}\left(\frac{x}{\varepsilon_k}\right) \frac{1}{\varepsilon_k^j} \right| < \infty.$

d) Wegen c) und Theorem 22.14 folgt nun $f \in \mathcal{C}^{\infty}(\mathbb{R})$ sowie

$$f^{(n)}(0) = \sum_{k=0}^{\infty} \left(\frac{d}{dx}\right)^n \left(c_k\, \frac{x^k}{k!} \cdot \varphi(\frac{x}{\varepsilon_k})\right)(0) = c_n, \quad n \in \mathbb{N}_0,$$

wegen $\varphi(x) \equiv 1$ nahe 0. $\diamond$

36.12 * Beispiel. Für $c_n = n!^2$ hat die Reihe $\sum_{k \geq 0} c_k \frac{x^k}{k!} = \sum_{k \geq 0} k!\, x^k$ den Konvergenzradius 0. Durch $f(x) := \sum_{k=0}^{\infty} k!\, x^k \cdot \varphi(2\, k!^2\, x)$ wird dann eine $\mathcal{C}^{\infty}$-Funktion auf $\mathbb{R}$ definiert, die in 0 diese Potenzreihe als Taylor-Reihe besitzt. $\square$

Es wird nun die *Stirlingsche Formel*, eine recht präzise Abschätzung für das *Wachstum der Fakultäten* hergeleitet. Nach Satz 6.5 gilt ja

$$e \left(\frac{n}{e}\right)^n \leq n! \leq en \left(\frac{n}{e}\right)^n, \quad n \in \mathbb{N},$$

und aufgrund von Tabelle 6.6 ist es naheliegend, das *geometrische Mittel* $e \sqrt{n}\, n^n e^{-n}$ dieser beiden Schranken zu untersuchen. Man betrachtet die Quotienten

$$a_n := \frac{n!}{n^{n+1/2}\, e^{-(n-1)}} \quad \text{sowie} \tag{14}$$

$$b_n := \log a_n = \log n! + (n-1) - (n + \tfrac{1}{2}) \log n. \tag{15}$$

Dann gilt

$$b_n - b_{n+1} = \log n! - \log(n+1)! + (n-1) - n$$
$$-(n+\tfrac{1}{2})\log n + (n+\tfrac{3}{2})\log(n+1), \quad \text{also}$$

$$b_n - b_{n+1} = (n+\tfrac{1}{2})\log\tfrac{n+1}{n} - 1. \tag{16}$$

Zur Untersuchung der Folge $(b_n - b_{n+1})$ setzt man $x = \frac{1}{2\mu+1}$ für $\mu \in \mathbb{N}$ in

(3) ein; wegen $\dfrac{1+x}{1-x} = \dfrac{1+\frac{1}{2\mu+1}}{1-\frac{1}{2\mu+1}} = \dfrac{2\mu+2}{2\mu}$ ergibt sich nach Multiplikation

mit $\frac{2\mu+1}{2}$:

$$(\mu+\tfrac{1}{2})\log\frac{\mu+1}{\mu} = 1 + \sum_{k=1}^{\infty}\frac{1}{(2k+1)(2\mu+1)^{2k}}.$$

Die Summe dieser unendlichen Reihe läßt sich so abschätzen:

$$\sum_{k=1}^{\infty}\frac{1}{(2k+1)(2\mu+1)^{2k}} < \tfrac{1}{3}\sum_{k=1}^{\infty}\frac{1}{(2\mu+1)^{2k}} = \frac{1}{3((2\mu+1)^2-1)} = \tfrac{1}{12}\left(\tfrac{1}{\mu}-\tfrac{1}{\mu+1}\right),$$

und damit erhält man

$$0 < b_\mu - b_{\mu+1} = (\mu+\tfrac{1}{2})\log\tfrac{\mu+1}{\mu} - 1 < \tfrac{1}{12}\left(\tfrac{1}{\mu}-\tfrac{1}{\mu+1}\right), \quad \mu \in \mathbb{N}.$$

Setzt man nacheinander $\mu = n, \ldots, n+k-1$ und summiert, so folgt

$$0 < b_n - b_{n+k} < \tfrac{1}{12}\left(\tfrac{1}{n}-\tfrac{1}{n+k}\right) \quad \text{für } n,k \in \mathbb{N}. \tag{17}$$

Die Folge (b_n) ist also monoton fallend und wegen $b_{k+1} \geq b_1 - \frac{1}{12}$ nach unten beschränkt. Somit existiert $b := \lim_{n\to\infty} b_n$, und nach (17) gilt

$$0 \leq b_n - b \leq \tfrac{1}{12n}. \tag{18}$$

Folglich existiert auch $a := \lim_{n\to\infty} a_n = e^b > 0$, und aus (18) erhält man

$$1 \leq e^{b_n - b} = \tfrac{a_n}{a} \leq \exp\left(\tfrac{1}{12n}\right), \quad n \in \mathbb{N}. \tag{19}$$

Zur Berechnung von a beachtet man

$$\frac{a_n^4}{a_{2n}^2} = \frac{n!^4\,(2n)^{4n+1}\,e^{4n-4}}{(2n)!^2\,n^{4n+2}\,e^{4n-2}} = \frac{2^{4n}\,n!^4}{(2n)!\,(2n+1)!}\,\frac{2(2n+1)}{e^2\,n}. \tag{20}$$

Erweitert man in der *Wallisschen Produktformel* für $\frac{\pi}{2}$ (vgl. (24.21))

$$\frac{\pi}{2} = \lim_{n\to\infty}\prod_{k=1}^{n}\frac{(2k)^2}{(2k-1)(2k+1)}$$

das n-te Partialprodukt mit $\prod\limits_{k=1}^{n} (2k)^2$, so erhält man auch

$$\frac{\pi}{2} = \lim_{n\to\infty} \frac{2^{4n}\, n!^4}{(2n)!\, (2n+1)!} \; ;$$

aus (20) daher ergibt sich daher $\dfrac{a_n^4}{a_{2n}^2} \to \dfrac{\pi}{2} \cdot \dfrac{4}{e^2} = \dfrac{2\pi}{e^2}$ für $n \to \infty$. Daraus folgt $a^2 = \frac{2\pi}{e^2}$ und $a = \frac{\sqrt{2\pi}}{e}$. Aus (19) ergibt sich also:

36.13 * Theorem (Stirlingsche Formel). *Es gilt die Abschätzung*

$$1 \le \frac{n!}{\sqrt{2\pi n}\cdot e^{-n}\cdot n^n} \le \exp\left(\frac{1}{12n}\right), \quad n \in \mathbb{N}. \tag{21}$$

Im Gegensatz zur früheren Abschätzung in Satz 6.5 strebt der *relative Fehler* $r_n := \dfrac{n! - \sqrt{2\pi n}\, e^{-n}\, n^n}{\sqrt{2\pi n}\, e^{-n}\, n^n}$ der Stirlingschen Formel gegen 0 (dies gilt nicht für den *absoluten* Fehler); genauer gilt $0 \le r_n \le \exp\left(\frac{1}{12n}\right) - 1 \le \frac{e-1}{12n}$ nach (11.3). Die Güte der Abschätzung (21) wird auch durch die folgende Tabelle illustriert:

36.14 * Tabelle.

n	$\sqrt{2\pi n}\left(\frac{n}{e}\right)^n$	$n!$	$\sqrt{2\pi n}\left(\frac{n}{e}\right)^n e^{\frac{1}{12n}}$
6	$710,078$	$720,000$	$720,009$
7	$4980,396$	$5040,000$	$5040,041$
8	$39902,395$	$40320,000$	$40320,218$
9	$3,5954 \cdot 10^5$	$3,6288000 \cdot 10^5$	$3,6288138 \cdot 10^5$
10	$3,5987 \cdot 10^6$	$3,6288000 \cdot 10^6$	$3,6288101 \cdot 10^6$
20	$2,4228 \cdot 10^{18}$	$2,4329020 \cdot 10^{18}$	$2,4329028 \cdot 10^{18}$
100	$9,3248 \cdot 10^{157}$	$9,33262154 \cdot 10^{157}$	$9,33262157 \cdot 10^{157}$
1000	$4,0235 \cdot 10^{2567}$	$4,0238726 \cdot 10^{2567}$	$4,0238726 \cdot 10^{2567}$

Die obere Abschätzung scheint noch wesentlich genauer zu sein als die untere (für $n = 1000$ sind die relativen Fehler etwa $3 \cdot 10^{-12}$ bzw. 10^{-4}). Dies und weitere Verschärfungen werden in Theorem 41.13* gezeigt.

Es folgt eine Anwendung auf verallgemeinerte Binomialkoeffizienten:

36.15 ∗ **Satz.** *Es gibt $C > 0$ mit* $\left| \binom{\frac{1}{2}}{n} \right| \le \dfrac{C}{n\sqrt{n}}$ *für* $n \in \mathbb{N}$.

BEWEIS. Es gilt

$$\binom{\frac{1}{2}}{n} = \frac{\frac{1}{2}\left(-\frac{1}{2}\right)\left(-\frac{3}{2}\right)\cdots\left(-\frac{2n-3}{2}\right)}{n!} = \pm\frac{1 \cdot 3 \cdots (2n-3)}{2^n\, n!}$$

$$= \pm\frac{1}{2n-1}\,\frac{1 \cdot 3 \cdots (2n-1)}{2^n\, n!}\,\frac{2 \cdot 4 \cdots 2n}{2^n\, n!} = \pm\frac{1}{2n-1}\,\frac{(2n)!}{2^{2n}\, n!^2}\,;$$

mit der Stirlingschen Formel folgt also

$$\left| \binom{\frac{1}{2}}{n} \right| \le \frac{1}{2n-1}\,\frac{\sqrt{2\pi\, 2n}\,(2n)^{2n}\,e^{-2n}\,e^{\frac{1}{24n}}}{2^{2n}\,\sqrt{2\pi\, n}^{\,2}\,n^{2n}\,e^{-2n}} = \frac{e^{\frac{1}{24n}}}{(2n-1)\,\sqrt{\pi\, n}}$$

und damit die Behauptung.   ◇

36.16 ∗ **Folgerung.** *Es gelten die auf* $[-1,1]$ *normal konvergenten Reihenentwicklungen*

$$\sqrt{1+x} = \sum_{k=0}^{\infty} \binom{\frac{1}{2}}{k} x^k\,, \quad |x| \le 1\,, \tag{22}$$

$$|x| = \sum_{k=0}^{\infty} \binom{\frac{1}{2}}{k} (x^2-1)^k\,, \quad |x| \le 1\,. \tag{23}$$

BEWEIS. Nach Satz 36.15∗ ist die Reihe in (22) normal konvergent, ihre Summe also eine auf $[-1,1]$ stetige Funktion. Da (22) nach (9) für $|x| < 1$ richtig ist, ergibt sich dies dann auch für $x = \pm 1$. Schließlich erhält man (23), indem man in (22) einfach x durch $x^2 - 1$ ersetzt.   ◇

In Aufgabe 17.10∗ wurde ein Beweis des *Weierstraßschen Approximationssatzes* skizziert; statt Aufgabe 14.10 e)∗ kann man dort auch die Reihenentwicklung (23) verwenden. Ein weiterer Beweis mit Hilfe von *Fourier-Reihen* folgt in Theorem 40.12∗.

Aufgaben

36.1 Nach Aufgabe 26.3 gilt $\frac{\pi}{4} = 4 \arctan\frac{1}{5} - \arctan\frac{1}{239}$; dies liefert mittels (4) eine weitere Möglichkeit zur Berechnung von π. Man schätze den Fehler ab, der bei Abbruch der Reihen nach m Summanden entsteht.

36.2 Man zeige, daß die Funktionen $\frac{1}{1+x^2}$ und $\arctan x$ reell-analytisch auf $\mathbb{R}$ sind.

36.3 a) Man berechne die Potenzreihenentwicklungen der Funktionen arcsin und Arsinh in 0.

b)* Man zeige, daß diese Entwicklungen auf $[-1, 1]$ normal konvergent sind. Was erhält man für $x = 1$?

36.4 Es seien $I \subseteq \mathbb{R}$ ein offenes Intervall und $f \in C^\infty(I)$. Es gelte folgende Abschätzung für das *Wachstum der Ableitungen* von f:

$$\forall\, a \in I \; \exists\, \delta,\, h,\, C > 0 \;\forall\, k \in \mathbb{N}_0 : \quad \sup_{|x-a| \le \delta} |f^{(k)}(x)| \le C\, k!\, h^k. \qquad (24)$$

Man zeige, daß f reell-analytisch auf I ist.

36.5 Für die Funktion $f(x) := \sum_{k=1}^{\infty} \frac{\cos k^2 x}{2^k}$ zeige man $f \in C^\infty(\mathbb{R})$ und beweise, daß die Taylor-Reihe von f in 0 nur in 0 konvergiert.

36.6 a) Für $\alpha \notin \mathbb{N}_0$ und $b_k := \binom{\alpha}{k}$ zeige man $b_k \to 0 \Leftrightarrow \alpha > -1$.

HINWEIS. Man beachte $|\frac{b_{k+1}}{b_k}| = 1 - \frac{1+\alpha}{k+1}$ für $k \ge k_0$ und $1 + x \le e^x$.

b) Mit Hilfe des Leibniz-Kriteriums zeige man die Konvergenz von $\sum_k \binom{\alpha}{k}$ für $\alpha > -1$.

c)* Mit Hilfe des Raabe-Kriteriums zeige man, daß $\sum_k \binom{\alpha}{k}$ genau für $\alpha > 0$ absolut konvergiert.

36.7 * Es seien $a \le b \in \mathbb{R}$ und $d > 0$. Man konstruiere eine Funktion $\chi \in C^\infty(\mathbb{R})$ mit $0 \le \chi \le 1$, $\chi(x) = 1$ für $a \le x \le b$ und $\chi(x) = 0$ für $x \notin [a - d, b + d]$.

36.8 * Es seien $a \le b \in \mathbb{R}$, $m \in \mathbb{N}_0 \cup \{\infty\}$ und $f \in C^m[a, b]$. Man konstruiere $F \in C^m(\mathbb{R})$ mit $F|_{[a,b]} = f$.

36.9 * Für welche $\alpha \in \mathbb{R}$ konvergiert die Reihe $\sum_k k^\alpha \frac{e^k k!}{k^k}$?

36.10 * Man entwickle die elliptischen Integrale $K(k) = \int_0^{\pi/2} \frac{d\psi}{\sqrt{1 - k^2 \sin^2 \psi}}$ und $E(k) = \int_0^{\pi/2} \sqrt{1 - k^2 \sin^2 \psi}\, d\psi$ in Potenzreihen (bzgl. k) um 0.

37   Komplexer Logarithmus und unendliche Produkte (∗)

Die Exponentialfunktion, Sinus und Kosinus besitzen nach (33.1), (34.16) und (34.17) auf ganz $\mathbb{R}$ konvergente *Potenzreihenentwicklungen* in 0. Diese Potenzreihen haben Konvergenzradius ∞, konvergieren also sogar auf ganz $\mathbb{C}$. Durch

$$\exp z \quad := \quad e^z := \sum_{k=0}^{\infty} \tfrac{z^k}{k!}, \quad z \in \mathbb{C}, \tag{1}$$

$$\sin z \quad := \quad \sum_{k=0}^{\infty} (-1)^k \tfrac{z^{2k+1}}{(2k+1)!}, \quad z \in \mathbb{C}, \tag{2}$$

$$\cos z \quad := \quad \sum_{k=0}^{\infty} (-1)^k \tfrac{z^{2k}}{(2k)!}, \quad z \in \mathbb{C}, \tag{3}$$

erhält man also stetige Fortsetzungen dieser Funktionen auf ganz $\mathbb{C}$. Es sind (1)–(3) die einzig möglichen Fortsetzungen von exp, sin und cos nach $\mathbb{C}$ durch Potenzreihenentwicklungen in 0, da ja nach (33.12) die Koeffizienten solcher Entwicklungen durch die Ableitungen der Einschränkungen dieser Funktionen auf $\mathbb{R}$ in 0 eindeutig bestimmt sind.

Es gilt nun der folgende wichtige, im Reellen nicht erkennbare Zusammenhang zwischen den Funktionen exp, sin und cos :

37.1 Satz (Eulersche Formel). *Es gilt*

$$e^{iz} = \cos z + i \sin z, \quad z \in \mathbb{C}. \tag{4}$$

BEWEIS. Es ist

$$\cos z + i \sin z = \sum_{k=0}^{\infty} \left(\tfrac{(-1)^k}{(2k)!} z^{2k} + i \tfrac{(-1)^k}{(2k+1)!} z^{2k+1} \right)$$

$$= \sum_{k=0}^{\infty} \left(\tfrac{i^{2k}}{(2k)!} z^{2k} + \tfrac{i^{2k+1}}{(2k+1)!} z^{2k+1} \right) = \sum_{n=0}^{\infty} \tfrac{i^n}{n!} z^n = e^{iz}. \diamond$$

Insbesondere gilt $E(\vartheta) = e^{i\vartheta}$ in Formel (27.9).

37.2 Folgerung. *Für $z \in \mathbb{C}$ gilt*

$$\cos z = \tfrac{1}{2}(e^{iz} + e^{-iz}), \quad \sin z = \tfrac{1}{2i}(e^{iz} - e^{-iz}). \tag{5}$$

BEWEIS. Aus (4) folgt auch $e^{-iz} = \cos z - i \sin z$, $z \in \mathbb{C}$. Addiert man dies zu bzw. subtrahiert man dies von (4), so erhält man (5). $\diamond$

Wie in Satz 11.1 zeigt man auch

$$e^z = \lim_{n \to \infty} (1 + \tfrac{z}{n})^n, \quad z \in \mathbb{C}. \tag{6}$$

Die Funktionalgleichung der Exponentialfunktion läßt sich wie in Satz 11.4 beweisen. Ein kürzerer Beweis ergibt sich aus dem Multiplikationssatz 32.11 für absolut konvergente Reihen:

37.3 Satz. *Die Exponentialfunktion erfüllt die* Funktionalgleichung

$$\exp(z+w) = \exp(z)\cdot\exp(w)\,, \quad z,w \in \mathbb{C}\,. \tag{7}$$

BEWEIS. Da die Reihen (1) *absolut* konvergieren, gilt nach Satz 32.11:

$$\exp(z)\cdot\exp(w) = \sum_{n=0}^{\infty}\sum_{j=0}^{n}\frac{z^j}{j!}\frac{w^{n-j}}{(n-j)!} = \sum_{n=0}^{\infty}\frac{1}{n!}\sum_{j=0}^{n}\binom{n}{j}z^j w^{n-j}$$

$$= \sum_{n=0}^{\infty}\frac{1}{n!}(z+w)^n = \exp(z+w)\,. \qquad \diamond$$

Aus (7) und (5) ergibt sich sofort :

37.4 Folgerung. *Für Sinus und Kosinus gelten die* Funktionalgleichungen

$$\cos(z+w) = \cos z\cos w - \sin z\sin w\,, \quad z,w \in \mathbb{C}\,, \tag{8}$$

$$\sin(z+w) = \sin z\cos w + \cos z\sin w\,, \quad z,w \in \mathbb{C}\,. \tag{9}$$

37.5 Beispiel. Als erste Anwendung der Eulerschen Formel wird nun eine „komplexe Herleitung" für Formel (25.4) gegeben. Für $t \in \mathbb{R}\backslash\pi\mathbb{Z}$ gilt :

$$1+2\sum_{k=1}^{m}e^{2ikt} = 1+2e^{2it}\sum_{\ell=0}^{m-1}e^{2i\ell t} = 1+2e^{2it}\frac{1-e^{2imt}}{1-e^{2it}}$$

$$= 1+2e^{it}\frac{1-e^{2imt}}{e^{-it}-e^{it}} = 1+ie^{it}\frac{1-e^{2imt}}{\sin t}$$

$$= \frac{1}{\sin t}(\sin t + ie^{it} - ie^{i(2m+1)t}) = \frac{i}{\sin t}(\cos t - e^{i(2m+1)t})\,.$$

Trennung in Real- und Imaginärteil liefert die *trigonometrischen Formeln*

$$1+2\sum_{k=1}^{m}\cos 2kt = \frac{\sin(2m+1)t}{\sin t}\,, \quad t \in \mathbb{R}\backslash\pi\mathbb{Z}\,, \tag{10}$$

$$2\sum_{k=0}^{m}\sin 2kt = \frac{\cos t - \cos(2m+1)t}{\sin t}\,, \quad t \in \mathbb{R}\backslash\pi\mathbb{Z}\,. \quad \Box \tag{11}$$

Mit Hilfe von *Polarkoordinaten* (vgl. 27.4–27.8 und 27.15) ergibt sich:

37.6 Satz. *Die stetige Exponentialfunktion* $\exp: \mathbb{C} \to \mathbb{C}\backslash\{0\}$ *ist* surjektiv. *Für* $z,\zeta \in \mathbb{C}$ *gilt* $e^z = e^\zeta \Leftrightarrow z-\zeta \in 2\pi i\mathbb{Z}$; *insbesondere ist die Exponentialfunktion* $2\pi i$ *-periodisch.*

BEWEIS. Wegen $e^z \cdot e^{-z} = 1$ gilt $e^z \neq 0$; aus $e^{2\pi i} = \cos 2\pi + i\sin 2\pi = 1$ folgt $e^{z+2\pi i} = e^z e^{2\pi i} = e^z$ für alle $z \in \mathbb{C}$.

Es sei $w = |w|e^{i\arg w} \in \mathbb{C}\backslash\{0\}$ gegeben. Für $z = x + iy$ mit $x, y \in \mathbb{R}$ gilt wegen $e^z = e^x e^{iy}$ und der Eulerschen Formel

$$e^z = w \Leftrightarrow e^x = |w| \quad \text{und} \quad y - \arg w \in 2\pi\mathbb{Z}. \tag{12}$$

Gilt auch $e^\zeta = w$ für $\zeta = \xi + i\eta$, so folgt also $\xi = x$ und $\eta - y \in 2\pi\mathbb{Z}$. ◇

Die Menge aller Lösungen der Gleichung $e^z \doteq w$ ist also gegeben durch

$$z = \log|w| + i\arg w, \quad w \in \mathbb{C}\backslash\{0\}. \tag{13}$$

Man beachte, daß (13) *keine* „Logarithmus-Funktion" auf $\mathbb{C}\backslash\{0\}$ definiert, da ja das Argument *„mehrdeutig"* ist (vgl. Bemerkung 27.5 a)). Ersetzt man in (13) die *Menge* $\arg w$ durch die *Zahl* $\operatorname{Arg} w$, den *Hauptwert des Arguments,* so erhält man die folgende

37.7 Definition. *Der* Hauptzweig des Logarithmus $\operatorname{Log} : \mathbb{C}\backslash\{0\} \mapsto \mathbb{C}$ *wird definiert durch*

$$\operatorname{Log} w = \log|w| + i\operatorname{Arg} w, \quad w \in \mathbb{C}\backslash\{0\}. \tag{14}$$

Nach 27.5 ist Log *stetig auf* $\mathbb{C}\backslash\mathbb{R}_-$ mit $\mathbb{R}_- := \{x \in \mathbb{R} \mid x \leq 0\}$, *nicht* aber in den Punkten von $\mathbb{R}_-\backslash\{0\}$ (vgl. Abb. 27d). Durch andere Wahlen der Werte des Arguments erhält man andere Zweige des Logarithmus, die dann z. B. auf einem Strahl $\{t\,e^{i\alpha} \mid t \geq 0\}$ unstetig sind (für $\alpha \in \mathbb{R}$). Wegen Bemerkung 27.15 b) gibt es *keine* auf ganz $\mathbb{C}\backslash\{0\}$ *stetige* Logarithmus-Funktion. Dieses Problem kann durch Einführung der *„Riemannschen Fläche"* des Logarithmus (vgl. etwa [19]) in gewisser Weise umgangen werden. Es bildet Log die gelochte Ebene $\mathbb{C}\backslash\{0\}$ bijektiv auf den *Streifen*

$$H := \{x + iy \in \mathbb{C} \mid -\pi < y \leq \pi\} \tag{15}$$

ab; dabei werden *Strahlen* $\operatorname{Arg} w = a$ auf *Geraden* $y = a$ und *Kreise* $|w| = r$ auf *Strecken* $x = \log r$ (und $-\pi < y \leq \pi$) abgebildet, vgl. Abb. 37a. Die Umkehrfunktion von $\operatorname{Log} : \mathbb{C}\backslash\{0\} \mapsto H$ ist natürlich $\exp : H \mapsto \mathbb{C}\backslash\{0\}$.

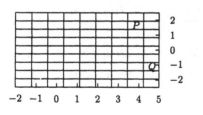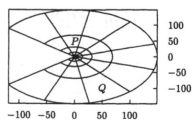

Abb. 37a : $z \mapsto \exp(z)$

Analog zu Definition 11.10 erklärt man nun:

37.8 Definition. *Für $a \in \mathbb{C}\backslash\{0\}$ und $b \in \mathbb{C}$ definiert man*

$$a^b = \exp(b \operatorname{Log} a) \tag{16}$$

als Hauptwert der Potenz a^b.

Nebenwerte sind gegeben durch $a^b = \exp(b(\operatorname{Log} a + 2k\pi i))$, $k \in \mathbb{Z}$. So hat z. B. i^i den Hauptwert $e^{i \operatorname{Log} i} = e^{i \frac{\pi}{2} i} = e^{-\frac{\pi}{2}}$ und die Nebenwerte $e^{-\frac{\pi}{2} - 2k\pi}$, $k \in \mathbb{Z}$.

Bemerkung: Der Rest des Abschnitts gehört wieder zum $*$ - Teil des Buches.

Die komplexe Differenzierbarkeit der Exponentialfunktion kann wegen Satz 37.3 wie in Beispiel 19.2 c) bewiesen werden; aus Folgerung 37.2 ergibt sich dann auch die von Sinus und Kosinus. Man kann statt dessen auch Theorem 33.12* verwenden und erhält durch Differentiation der Potenzreihenentwicklungen (1)–(3) :

$$\exp' z = \exp z, \quad \sin' z = \cos z, \quad \cos z = -\sin z. \tag{17}$$

Die komplexe Differenzierbarkeit von Log ergibt sich aus dem folgenden Satz über Umkehrfunktionen:

37.9 * Satz. *Für $a \in \mathbb{C}$ und $\rho > 0$ sei $f : K_\rho(a) \mapsto \mathbb{C}$ stetig in a, und es gelte $f(K_\rho(a)) \subseteq K_r(b)$ für $b := f(a)$ und ein $r > 0$. Es gebe eine in b komplex-differenzierbare Funktion $g : K_r(b) \mapsto \mathbb{C}$ mit $g'(b) \neq 0$ und $g(f(z)) = z$ für $z \in K_\rho(a)$. Dann ist f komplex-differenzierbar in a, und es gilt*

$$f'(a) = \frac{1}{g'(b)} = \frac{1}{g'(f(a))}. \tag{18}$$

BEWEIS. Für $0 < |z - a| < \rho$ ist $f(z) - f(a) \neq 0$ und somit

$$1 = \frac{g(f(z)) - g(f(a))}{z - a} = \frac{g(f(z)) - g(f(a))}{f(z) - f(a)} \, \frac{f(z) - f(a)}{z - a}.$$

Für $z_n \to a$ folgt nun $f(z_n) \to f(a)$ aufgrund der Stetigkeit von f in a und daher $\dfrac{g(f(z_n)) - g(f(a))}{f(z_n) - f(a)} \to g'(f(a)) = g'(b)$. Wegen $g'(b) \neq 0$ folgt die Behauptung. $\diamond$

Man beachte, daß in diesem Satz $g : K_r(b) \mapsto \mathbb{C}$ weder injektiv sein noch $K_r(b)$ nach $K_\rho(a)$ abbilden muß.

37.10 ∗**Folgerung.** *Die Funktion* Log *ist auf* $\mathbb{C}\backslash\mathbb{R}_-$ *komplex-differenzierbar, und es gilt*

$$\text{Log}' z \;=\; \tfrac{1}{z}\,, \quad z \in \mathbb{C}\backslash\mathbb{R}_-\,. \tag{19}$$

BEWEIS. Für $a \in \mathbb{C}\backslash\mathbb{R}_-$ und $b := \text{Log}\,a \in \mathbb{C}$ wählt man $\rho > 0$ mit $K_\rho(a) \subseteq \mathbb{C}\backslash\mathbb{R}_-$ und $r > 0$ mit $\text{Log}(K_\rho(a)) \subseteq K_r(b)$. Mit

$$g := \exp : K_r(b) \mapsto \mathbb{C} \tag{20}$$

sind dann wegen $g'(w) = e^w \neq 0$ für alle $w \in K_r(b)$ die Voraussetzungen von Satz 37.9∗ erfüllt, und es folgt

$$\text{Log}'\,a \;=\; \tfrac{1}{\exp' b} \;=\; \tfrac{1}{\exp b} \;=\; \tfrac{1}{a}\,. \qquad\qquad \diamond$$

Es werden nun *Potenzreihenentwicklungen* (23) von Log hergeleitet, die (36.2) verallgemeinern. Wie in Satz 19.7 beweist man die folgende Variante der Kettenregel:

37.11 ∗**Satz.** *Es seien* $I \subseteq \mathbb{R}$ *ein offenes Intervall und* $K_\rho(a) \subseteq \mathbb{C}$ *ein offener Kreis; weiter seien* $\varphi : I \mapsto K_\rho(a)$ *in* $t_0 \in I$ *differenzierbar und* $g : K_\rho(a) \mapsto \mathbb{C}$ *in* $\varphi(t_0) \in K_\rho(a)$ *komplex-differenzierbar. Dann ist* $g \circ \varphi$ *in* $t_0 \in I$ *differenzierbar, und es gilt*

$$(g \circ \varphi)'(t_0) = g'(\varphi(t_0)) \cdot \varphi'(t_0)\,. \tag{21}$$

Es seien $z, a \in \mathbb{C}\backslash\mathbb{R}_-$, so daß auch die *Strecke* $[a,z]$ in $\mathbb{C}\backslash\mathbb{R}_-$ liegt (vgl. Abb. 37b). Für $\varphi(t) := a + t\,(z-a)$ gilt nach (19) und der Kettenregel

$$\tfrac{d}{dt}\,\text{Log}\,\varphi(t) \;=\; \tfrac{\varphi'(t)}{\varphi(t)} \;=\; \tfrac{z-a}{a+t(z-a)}$$

für $t \in [0,1]$, und der Hauptsatz liefert

$$\text{Log}\,z - \text{Log}\,a \;=\; \int_0^1 \tfrac{z-a}{a+t(z-a)}\,dt\,. \tag{22}$$

Formel (22) gilt speziell für $z \in K_\rho(a)$ mit $\rho := |a|$ (vgl. Abb. 37b). In diesem Fall konvergiert die *geometrische Reihenentwicklung*

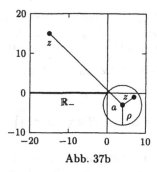

Abb. 37b

$$\tfrac{1}{a+t(z-a)} \;=\; \tfrac{1}{a}\,(1 + \tfrac{t(z-a)}{a})^{-1} \;=\; \tfrac{1}{a} \sum_{j=0}^{\infty} (-1)^j\, t^j\, \left(\tfrac{z-a}{a}\right)^j$$

gleichmäßig in $t \in [0, 1]$; aus (22) folgt daher

$$\operatorname{Log} z = \operatorname{Log} a + \tfrac{z-a}{a} \int_0^1 \sum_{j=0}^{\infty} (-1)^j \, t^j \left(\tfrac{z-a}{a}\right)^j dt$$

$$= \operatorname{Log} a + \sum_{j=0}^{\infty} \frac{(-1)^j}{(j+1) \, a^{j+1}} \, (z-a)^{j+1} , \quad \text{also}$$

$$\operatorname{Log} z = \operatorname{Log} a + \sum_{k=1}^{\infty} \frac{(-1)^{k-1}}{k \, a^k} \, (z-a)^k , \quad z \in K_\rho(a) . \tag{23}$$

Nun wird auf *unendliche Produkte* „$\prod_{k=1}^{\infty} a_k$", $(a_k) \subseteq \mathbb{C}$, eingegangen. Die Konvergenz kann nicht einfach als Konvergenz der *Partialprodukte* ($\prod_{k=1}^{n} a_k$) erklärt werden, da diese ja immer vorliegt, wenn ein Faktor $a_k = 0$ ist. Instruktiv ist das folgende

37.12 * **Beispiel.** Für die Partialprodukte von $\prod_k (1 - \tfrac{1}{k+1})$ gilt

$$\prod_{k=1}^{n} \left(1 - \tfrac{1}{k+1}\right) = \prod_{k=1}^{n} \tfrac{k}{k+1} = \tfrac{1}{2} \cdot \tfrac{2}{3} \cdots \tfrac{n-1}{n} \cdot \tfrac{n}{n+1} = \tfrac{1}{n+1} \to 0 .$$

Würde man dieses unendliche Produkt als konvergent betrachten, so wäre also sein Wert 0, obwohl alle Faktoren $\neq 0$ sind. Dieses bei endlichen Produkten natürlich nicht auftretende Phänomen würde den Umgang mit unendlichen Produkten sehr erschweren; es ist deshalb günstiger, Produkte wie $\prod_k (1 - \tfrac{1}{k+1})$ als *divergent* zu betrachten. $\square$

Allgemein trifft man daher die folgende, etwas umständlich wirkende

37.13 * **Definition.** *Das* unendliche Produkt $\prod_k a_k$ *heißt* konvergent, *falls folgende Bedingungen gelten:*
a) Es gibt $n_0 \in \mathbb{N}$ mit $a_k \neq 0$ für $k \geq n_0$.
b) Die Folge $(p_n := \prod_{k=n_0}^{n} a_k)$ ist konvergent.
c) Es ist $\lim_{n \to \infty} p_n \neq 0$.

In diesem Fall heißt $p := \prod_{k=1}^{\infty} a_k := \lim_{n \to \infty} \prod_{k=1}^{n} a_k$ *der* Wert des Produkts.

37.14 * **Bemerkungen.** a) Ist $\prod_k a_k$ konvergent, so gilt also $\prod_{k=1}^{\infty} a_k = 0$ genau dann, wenn ein Faktor $a_k = 0$ ist.
b) Ist $\prod_k a_k$ konvergent, so folgt $\lim_{k \to \infty} a_k = 1$. $\square$

37.15 ∗ Beispiele. a) Beispiele konvergenter Produkte liefern die Formel (16.12) von Vieta und die Wallissche Produktformel (24.21).

b) Es gilt $\prod\limits_{k=2}^{\infty} (1 - \frac{2}{k(k+1)}) = \frac{1}{3}$. In der Tat hat man

$$\prod_{k=2}^{n} (1 - \frac{2}{k(k+1)}) = \prod_{k=2}^{n} \frac{(k-1)(k+2)}{k(k+1)} = \frac{1\cdot 4}{2\cdot 3} \frac{2\cdot 5}{3\cdot 4} \frac{3\cdot 6}{4\cdot 5} \cdots \frac{(n-2)(n+1)}{(n-1)n} \frac{(n-1)(n+2)}{n(n+1)}$$

$$= \frac{1}{3} \frac{n+2}{n} \to \frac{1}{3}. \qquad\qquad \square$$

Die Konvergenz unendlicher Produkte hängt eng mit der unendlicher Reihen zusammen:

37.16 ∗ Feststellung. *Für eine Folge* $(a_k) \subseteq \mathbb{C}\backslash\{0\}$ *sei die Reihe* $\sum_k \operatorname{Log} a_k$ *konvergent. Dann konvergiert auch das Produkt* $\prod_k a_k$.

BEWEIS. Nach Voraussetzung ist $a_k \neq 0$ für alle $k \in \mathbb{N}$. Wegen (7) und der Stetigkeit der Exponentialfunktion folgt

$$\prod_{k=1}^{n} a_k = \prod_{k=1}^{n} e^{\operatorname{Log} a_k} = \exp\left(\sum_{k=1}^{n} \operatorname{Log} a_k\right) \to \exp\left(\sum_{k=1}^{\infty} \operatorname{Log} a_k\right) \neq 0. \qquad \diamond$$

Wegen Bemerkung 37.14∗ b) schreibt man in konvergenten Produkten oft $a_k = 1 + u_k$ mit $u_k \in \mathbb{C}$. In Bedingung (c) des folgenden Satzes tritt der *reelle* Logarithmus $\log = \operatorname{Log}|_{(0,\infty)}$ auf:

37.17 ∗ Satz. *Für eine Folge* $(1 + u_k) \subseteq \mathbb{C}\backslash\{0\}$ *sind äquivalent :*

(a) $\sum_k |\operatorname{Log}(1 + u_k)|$ *konvergiert,*   (b) $\sum_k |u_k|$ *konvergiert,*

(c) $\sum_k \log(1 + |u_k|)$ *konvergiert,*   (d) $\prod_k (1 + |u_k|)$ *konvergiert.*

BEWEIS. Alle vier Bedingungen implizieren $u_k \to 0$. Mit $1 + z$ statt z und $a = 1$ erhält man aus (22) :

$$\operatorname{Log}(1 + z) = \int_0^1 \frac{z}{1+tz}\, dt, \quad |z| < 1. \tag{24}$$

Daraus ergibt sich

$$|z - \operatorname{Log}(1 + z)| = |z|\,\left|\int_0^1 (1 - \frac{1}{1+tz})\, dt\right| \leq |z| \int_0^1 |\frac{tz}{1+tz}|\, dt$$

$$\leq \frac{1}{2}|z| \int_0^1 |\frac{t}{1+tz}|\, dt \leq \frac{1}{2}|z| \quad \text{für } |z| \leq \frac{1}{2}$$

wegen $|1 + tz| \geq \frac{1}{2}$ für $|z| \leq \frac{1}{2}$, also

$$\frac{1}{2}|z| \leq |\operatorname{Log}(1 + z)| \leq \frac{3}{2}|z| \quad \text{für } |z| \leq \frac{1}{2} \tag{25}$$

(vgl. Abb. 37c für reelle z mit $f(x) := |\log(1+x)|$). Daraus folgt sofort die Äquivalenz von (a) und (b), durch Anwendung auf $(1+|u_k|)$ auch die von (c) und (b). Aus Feststellung 37.16* folgt „(c) $\Rightarrow$ (d)".

Gilt umgekehrt $\prod\limits_{k=1}^{n}(1+|u_k|) \to p$, so folgt wegen der Stetigkeit von log in $p \geq 1$ auch

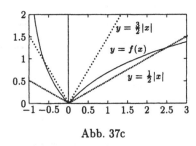

Abb. 37c

$$\sum_{k=1}^{n}\log\left(1+|u_k|\right) = \log\prod_{k=1}^{n}\left(1+|u_k|\right) \to \log p.$$

$\diamond$

Ein unendliches Produkt $\prod_k(1+u_k)$ heißt *absolut konvergent*, falls die äquivalenten Bedingungen aus Satz 37.17* gelten. Nach Feststellung 37.16* impliziert (a) die (gewöhnliche) Konvergenz des Produkts.

37.18 *Beispiel.* Die Divergenz des unendlichen Produkts $\prod_k(1+\frac{1}{k})$ ist also zu der der Reihe $\sum_k \frac{1}{k}$ äquivalent. Man beachte, daß der Divergenzbeweis für das Produkt analog zu Beispiel 37.12* einfacher ist als der für die Reihe in Satz 4.5. □

Weitere Informationen zu unendlichen Produkten findet man etwa in [18], Kapitel VII und §57.

Aufgaben

37.1 Für $t \in \mathbb{R}\backslash 2\pi\mathbb{Z}$ berechne man $\mathrm{Log}\,(1-e^{it})$.

37.2 Man zeige, daß Sinus und Kosinus nur reelle Nullstellen haben.

37.3 Der komplexe *Tangens* wird durch $\tan z := \frac{\sin z}{\cos z}$ definiert.
a) Man zeige, daß dieser den Streifen $S := \{x+iy \in \mathbb{C} \mid -\frac{\pi}{2} < x \leq \frac{\pi}{2}\}\backslash\{\frac{\pi}{2}\}$ bijektiv auf $\mathbb{C}\backslash\{\pm i\}$ abbildet.
b) Die Umkehrabbildung arctan : $\mathbb{C}\backslash\{\pm i\} \mapsto S$ heißt (Hauptzweig des) *Arcustangens*. Man zeige $\arctan z = \frac{1}{2i}\,\mathrm{Log}\,\frac{1+iz}{1-iz}$, $z \neq \pm i$.
c) Mit $A := (-\infty, -1] \cup [1, \infty)$ zeige man $\arctan' z = \frac{1}{1+z^2}$ für $z \in \mathbb{C}\backslash iA$ und folgere $\arctan z = \sum\limits_{k=0}^{\infty}(-1)^k \frac{z^{2k+1}}{2k+1}$ für $|z| < 1$.

37.4 * Gilt die Umkehrung von Feststellung 37.16* ?

37.5 * Es seien $\sum_k u_k$ und $\sum_k |u_k|^2$ konvergent. Man zeige die Konvergenz von $\prod_k (1 + u_k)$.

37.6 * Man untersuche die folgenden unendlichen Produkte auf Konvergenz und versuche, ggf. ihren Wert zu berechnen:

a) $\prod_k (1 + \frac{(-1)^{k+1}}{k})$, b) $\prod_k (1 + \frac{(-1)^{k+1}}{\sqrt{k}})$,

c) $\prod_k (1 + \frac{z}{k})$ für $z \in \mathbb{C}$, d) $\prod_{k \geq 2} (1 - \frac{1}{k^2})$.

37.7 * Es sei $\prod_k (1 + u_k)$ absolut konvergent. Man zeige, daß für jede Bijektion $\varphi : \mathbb{N} \mapsto \mathbb{N}$ auch das umgeordnete Produkt $\prod_\ell (1 + u_{\varphi(\ell)})$ gegen $\prod\limits_{k=1}^{\infty} (1 + u_k)$ konvergiert.

37.8 * Es seien M eine Menge und $(u_k) \subseteq \mathcal{F}(M, \mathbb{C})$, so daß $\sum_k |u_k|$ *gleichmäßig* auf M konvergiert. Man zeige, daß die Folge $(\prod\limits_{k=n_0}^{n} (1 + u_k))$ für ein geeignetes $n_0 \in \mathbb{N}$ gleichmäßig auf M konvergiert, und charakterisiere die Nullstellen von $p(z) := \prod\limits_{k=1}^{\infty} (1 + u_k(z))$.

38 * Partielle Summation

Aufgabe: Für eine konvergente Reihe $\sum_{k \geq 0} a_k$ zeige man $\sum\limits_{k=0}^{\infty} a_k = \lim\limits_{x \to 1^-} \sum\limits_{k=0}^{\infty} a_k x^k$.

Bemerkung: Der vorliegende und alle weiteren Abschnitte gehören zum * - Teils dieses Buches. Interessierten Lesern sei in diesem Abschnitt vor allem die Lektüre der Nummern 38.1–38.13 empfohlen. Der Beweis von Satz 38.18 benutzt keine vorhergehenden Resultate des Abschnitts, der von Satz 38.20 nur Abels Lemma 38.1.

Von ähnlicher Wichtigkeit wie die Methode der *partiellen Integration* für die Integralrechnung ist für die Theorie der (nicht absolut konvergenten) unendlichen Reihen ihre auf N.H. Abel zurückgehende „*diskrete Variante*", die *partielle Summation*:

38.1 Lemma (Abel). *Für $n < m \in \mathbb{Z}$ seien Zahlen $(c_k)_{n+1 \leq k \leq m+1}$ und $(s_k)_{n \leq k \leq m} \subseteq \mathbb{C}$ gegeben. Dann gilt:*

$$\sum_{k=n+1}^{m} c_k (s_k - s_{k-1}) = c_{m+1} s_m - c_{n+1} s_n - \sum_{k=n+1}^{m} (c_{k+1} - c_k) s_k. \qquad (1)$$

BEWEIS. Man zerlegt die linke Summe in zwei Teilsummen und transformiert in der zweiten den Index von k nach $k+1$. Dann ergibt sich

$$\sum_{k=n+1}^{m} c_k \left(s_k - s_{k-1}\right) = \sum_{k=n+1}^{m} c_k s_k - \sum_{k=n}^{m-1} c_{k+1} s_k$$

$$= \sum_{k=n+1}^{m} c_k s_k - \sum_{k=n+1}^{m} c_{k+1} s_k + c_{m+1} s_m - c_{n+1} s_n$$

und damit die Behauptung. ◇

In den folgenden Anwendungen werden auf einer Menge M definierte *Funktionenreihen* im Hinblick auf *gleichmäßige* Konvergenz untersucht. Wählt man M *einpunktig*, so erhält man sofort entsprechende Ergebnisse für (konstante) Reihen komplexer Zahlen.

Für eine Reihe $\sum_{k \geq 0} a_k(z)$ setzt man

$$s_n(z) := \sum_{k=0}^{n} a_k(z), \quad n \in \mathbb{N}_0, \quad \text{sowie} \quad s_{-1}(z) := 0. \tag{2}$$

38.2 Satz. *Eine Reihe $\sum_{k \geq 0} a_k(z) c_k(z)$ konvergiert gleichmäßig, falls*
a) die Reihe $\sum_{k \geq 0} s_k(z) \left(c_k(z) - c_{k+1}(z)\right)$ gleichmäßig konvergiert und
b) die Folge $\left(s_n(z) c_{n+1}(z)\right)$ gleichmäßig konvergiert.

BEWEIS. Wegen $s_k(z) - s_{k-1}(z) = a_k(z)$ erhält man aus Abels Lemma

$$\sum_{k=0}^{m} a_k(z) c_k(z) = \sum_{k=0}^{m} s_k(z) \left(c_k(z) - c_{k+1}(z)\right) + s_m(z) c_{m+1}(z) \tag{3}$$

und somit die Behauptung. ◇

38.3 Satz (Dirichletsches Konvergenzkriterium). *Eine Reihe $\sum_{k \geq 0} a_k(z) c_k(z)$ konvergiert gleichmäßig, falls*
a) die Folge $\left(\| s_n \|\right)$ beschränkt ist und
b) die Funktionen c_k reellwertig sind sowie $c_1 \geq \ldots \geq c_k \geq c_{k+1} \geq \ldots \geq 0$
und $\| c_k \| \to 0$ erfüllen.

BEWEIS. Gilt $\| s_k \| \leq A$ für $k \in \mathbb{N}_0$, so folgt $\| s_k c_{k+1} \| \leq A \| c_{k+1} \| \to 0$, und Bedingung b) aus Satz 38.2 ist erfüllt. Weiter gilt für $0 \leq n < m \in \mathbb{N}$ und $z \in M$ wegen der Monotoniebedingung in b)

$$\left| \sum_{k=n}^{m} s_k(z) \left(c_k(z) - c_{k+1}(z)\right) \right| \leq \sum_{k=n}^{m} |s_k(z)| \left(c_k(z) - c_{k+1}(z)\right)$$

$$\leq A \left(c_n(z) - c_{m+1}(z)\right), \quad \text{also}$$

$$\left\| \sum_{k=n}^{m} s_k \left(c_k - c_{k+1}\right) \right\| \leq A \| c_n - c_{m+1} \|;$$

die gleichmäßige Konvergenz von $\sum_{k\geq 0} s_k(z)\,\big(c_k(z) - c_{k+1}(z)\big)$ folgt daher aus dem Cauchy-Kriterium 33.2 b). $\qquad\qquad\qquad\qquad\qquad\qquad\Diamond$

38.4 Folgerung (Dirichletsches Konvergenzkriterium). *Eine Reihe $\sum_{k\geq 0} a_k c_k$ komplexer Zahlen konvergiert, falls*

a) die Folge $(s_n = \sum\limits_{k=0}^{n} a_k)$ beschränkt ist und

b) die Folge $(c_k) \subseteq \mathbb{R}$ eine monoton fallende Nullfolge ist.

38.5 Beispiele. a) Für $a_k(z) = (-1)^k$ gilt $s_n(z) = 1$ oder $s_n(z) = 0$, also $\|s_n\| \leq 1$. Das Dirichlet-Kriterium verallgemeinert also die Leibniz-Kriterien 31.13 und 33.14*.

b) Für $a_k(z) = z^k$, $z \in \mathbb{C}\backslash\{1\}$, hat man

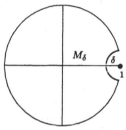

$$s_n(z) = \sum_{k=0}^{n} z^k = \frac{1 - z^{n+1}}{1 - z}\,;$$

für $\delta > 0$ ist daher die Folge (s_n) auf $M_\delta := \{z \in \mathbb{C} \mid |z| \leq 1,\ |z - 1| \geq \delta\}$ (vgl. Abb. 38a) gleichmäßig beschränkt:

$$\|s_n\|_{M_\delta} \leq \tfrac{2}{\delta} \quad \text{für } n \in \mathbb{N}_0\,.$$

Abb. 38a

Für eine Folge $(c_k) \subseteq \mathcal{F}(\overline{K}_1(0), \mathbb{R})$ wie in Satz 38.3 b), z.B. für eine konstante monotone Nullfolge $(c_k) \subseteq \mathbb{R}$, ist somit die Reihe $\sum c_k(z)\,z^k$ für alle $\delta > 0$ auf M_δ gleichmäßig konvergent.

c) Durch Einschränkung von Beispiel b) auf $M_\delta \cap S_1(0)$ und Trennung in Real- und Imaginärteile folgt, daß die Reihen

$$\sum c_k(e^{it}) \cos kt \quad \text{und} \quad \sum c_k(e^{it}) \sin kt$$

auf jedem Intervall $[\gamma, 2\pi - \gamma]$, $\gamma > 0$, gleichmäßig konvergieren, insbesondere auf $(0, 2\pi)$ also konvergieren. $\qquad\qquad\qquad\qquad\qquad\qquad\square$

Für eine *konvergente* Reihe $\sum_{k\geq 0} a_k(z)$ setzt man

$$r_n(z) := \sum_{k=n+1}^{\infty} a_k(z)\,, \quad -1 \leq n \in \mathbb{Z}\,. \qquad\qquad (4)$$

38.6 Satz. *Eine Reihe $\sum_{k\geq 0} a_k(z)\,c_k(z)$ konvergiert gleichmäßig, falls*

a) die Reihe $\sum_{k\geq 0} a_k(z)$ gleichmäßig konvergiert und

b) die Funktionen c_k und die Folge $(\|\sum\limits_{k=0}^{n} |c_k - c_{k+1}|\,\|)$ beschränkt sind.

BEWEIS. Wegen $a_k(z) = r_{k-1}(z) - r_k(z)$ ergibt sich aus (1) analog zu (3)

$$\sum_{k=0}^{m} a_k(z)\, c_k(z) = r_{-1}(z)\, c_0(z) - r_m(z)\, c_{m+1}(z) - \sum_{k=0}^{m} r_k(z)\, (c_k(z) - c_{k+1}(z)).$$

Wegen a) konvergiert (r_n) gleichmäßig gegen 0; für $\varepsilon_n := \sup_{k \geq n} \| r_k \|$ gilt

also $\varepsilon_n \to 0$. Nach b) gibt es $A > 0$ mit $\left\| \sum_{k=0}^{n} | c_k - c_{k+1} | \right\| \leq A$ für

alle $n \in \mathbb{N}_0$. Wegen $|c_n| \leq |c_0| + \sum_{k=0}^{n} |c_k - c_{k+1}|$ folgt daraus auch

$\| c_n \| \leq \| c_0 \| + A$ und somit $\| r_m\, c_{m+1} \| \leq (\| c_0 \| + A)\, \| r_m \| \to 0$. Für $0 \leq n < m$ und $z \in M$ gilt

$$
\begin{aligned}
\left| \sum_{k=n}^{m} r_k(z)\, (c_k(z) - c_{k+1}(z)) \right| &\leq \sum_{k=n}^{m} |r_k(z)|\, |c_k(z) - c_{k+1}(z)| \\
&\leq \varepsilon_n \sum_{k=n}^{m} |c_k(z) - c_{k+1}(z)| \leq 2 A \varepsilon_n,
\end{aligned}
$$

und die gleichmäßige Konvergenz von $\sum_{k \geq 0} r_k(z)\, (c_k(z) - c_{k+1}(z))$ folgt wieder aus dem Cauchy-Kriterium 33.2 b). $\diamond$

Eine wichtiger Spezialfall von Satz 38.6 ist:

38.7 Satz (Abelsches Konvergenzkriterium). *Eine Reihe*
$\sum_{k \geq 0} a_k(z)\, c_k(z)$ *konvergiert gleichmäßig, falls*
a) die Reihe $\sum_{k \geq 0} a_k(z)$ gleichmäßig konvergiert und
b) die Funktionen c_k reellwertig sind, stets $c_k \geq c_{k+1}$ gilt und die Folge
$(\| c_k \|)$ *beschränkt ist.*

BEWEIS. Wegen $\sum_{k=0}^{n} |c_k - c_{k+1}| = \sum_{k=0}^{n} (c_k - c_{k+1}) = c_0 - c_{n+1}$ impliziert b)
sofort die Voraussetzung b) von Satz 38.6. $\diamond$

38.8 Folgerung (Abelsches Konvergenzkriterium). *Eine Reihe*
$\sum_{k \geq 0} a_k\, c_k$ *komplexer Zahlen konvergiert, falls*
a) die Reihe $\sum_{k \geq 0} a_k$ konvergiert und
b) die Folge $(c_k) \subseteq \mathbb{R}$ monoton und beschränkt ist.

38.9 Bemerkung. Folgerung 38.8 ist ohne die Monotoniebedingung in b) nicht richtig, selbst im Fall $c_k \to 1$! Ein entsprechendes Beispiel ist etwa $a_k = \frac{(-1)^k}{\sqrt{k}}$ und $c_k = 1 + \frac{(-1)^k}{\sqrt{k}}$. Dagegen folgt aus *absoluter* Konvergenz von $\sum_k a_k$ auch die von $\sum_k a_k\, c_k$ für *jede* beschränkte Folge (c_k). $\square$

Das folgende, für *absolut* konvergente Reihen $\sum_{k\geq 0} a_k$ unmittelbar klare Resultat ist eine wichtige Konsequenz aus Satz 38.7:

38.10 Satz (Abelscher Grenzwertsatz). *Es sei $\sum_{k\geq 0} a_k$ eine konvergente Reihe. Dann konvergiert die Potenzreihe $\sum_{k\geq 0} a_k x^k$ gleichmäßig auf* $[0,1]$. *Insbesondere gilt*

$$\sum_{k=0}^{\infty} a_k = \lim_{x\to 1^-} \sum_{k=0}^{\infty} a_k x^k. \tag{5}$$

BEWEIS. Die gleichmäßige Konvergenz der Reihe auf $[0,1]$ folgt wegen $x^k \geq x^{k+1}$ dort und $\| x^k \|_{[0,1]} \leq 1$ sofort aus Satz 38.7. Nach Theorem 14.5 ist die Reihensumme auf $[0,1]$ *stetig,* und daraus folgt (5). ◇

Mit (5) folgt z. B. (36.5) unmittelbar aus (36.4). Aus Satz 38.7 ergibt sich allgemeiner auch die folgende Umkehrung von Satz 33.6:

38.11 Folgerung. *Die Potenzreihe $\sum_{k\geq 0} a_k (z - a)^k$ habe den Konvergenzradius $0 < \rho < \infty$, und sie konvergiere gleichmäßig auf einer Menge $Z \subseteq S_\rho(a)$. Dann konvergiert die Reihe auch gleichmäßig auf der Menge $[a, Z] := \{a + r (\zeta - a) \mid 0 \leq r \leq 1, \zeta \in Z\}$, und es gilt*

$$\sum_{k=0}^{\infty} a_k (\zeta - a)^k = \lim_{r\to 1^-} \sum_{k=0}^{\infty} a_k r^k (\zeta - a)^k, \quad \zeta \in Z. \tag{6}$$

BEWEIS. Die Reihe $\sum_{k\geq 0} a_k r^k (\zeta - a)^k$ konvergiert nach Satz 38.7 gleichmäßig auf $[0,1] \times Z$. ◇

Eine Anwendung des Abelschen Grenzwertsatzes 38.10 ist das folgende Ergebnis zur Multiplikation konvergenter Reihen:

38.12 Folgerung. *Es seien $\sum_{k\geq 0} a_k$ und $\sum_{k\geq 0} b_k$ konvergente Reihen und $c_n := \sum_{j=0}^{n} a_j b_{n-j}$ wie in (32.6). Ist $\sum_{n\geq 0} c_n$ konvergent, so gilt*

$$\sum_{n=0}^{\infty} c_n = \left(\sum_{k=0}^{\infty} a_k\right) \cdot \left(\sum_{k=0}^{\infty} b_k\right).$$

BEWEIS. Nach Satz 33.8 gilt

$$\sum_{n=0}^{\infty} c_n x^n = \left(\sum_{k=0}^{\infty} a_k x^k\right) \cdot \left(\sum_{k=0}^{\infty} b_k x^k\right)$$

für $|x| < 1$. Mit $x \to 1^-$ ergibt sich dann die Behauptung aus (5). ◇

38.13 Beispiele. Nach Formel (37.23)* gilt

$$\text{Log}\,(1-z) \;=\; -\sum_{k=1}^{\infty} \frac{z^k}{k} \tag{7}$$

für $|z| < 1$, und nach Beispiel 38.5 b) konvergiert die Reihe auch für $\zeta \in S_1(0)\backslash\{1\}$. Da $\text{Log}\,(1-z)$ in diesen Punkten ζ *stetig* ist, gilt (7) aufgrund von (6) auch für $\zeta \in S_1(0)\backslash\{1\}$. Für $t \in (0,2\pi)$ und $\zeta = e^{it}$ gilt nun

$$|1-\zeta|^2 \;=\; (1-\cos t)^2 + \sin^2 t \;=\; 2\,(1-\cos t) \;=\; 4\sin^2\tfrac{t}{2}$$

(vgl. Aufgabe 24.2 f)), also $|1-\zeta| = 2\sin\tfrac{t}{2}$ sowie

$$\begin{aligned}
\text{Arg}\,(1-\zeta) \;&=\; \text{Arg}\,(e^{i\frac{t}{2}}(e^{-i\frac{t}{2}} - e^{i\frac{t}{2}})) \;=\; \text{Arg}\,(e^{i\frac{t}{2}}(-2i\sin\tfrac{t}{2}))\\
&=\; \text{Arg}\,(-i\,e^{i\frac{t}{2}}) \;=\; \tfrac{t-\pi}{2}\,;
\end{aligned}$$

Trennung von (7) in Real- und Imaginärteile liefert wegen (37.14) dann

$$\sum_{k=1}^{\infty} \frac{\cos kt}{k} \;=\; -\log\left(2\sin\frac{t}{2}\right), \quad t \in (0,2\pi), \tag{8}$$

$$\sum_{k=1}^{\infty} \frac{\sin kt}{k} \;=\; \frac{\pi-t}{2}, \quad t \in (0,2\pi). \tag{9}$$

Für $t = \pi$ liefert (8) wieder (31.9), für $t = \frac{\pi}{2}$ folgt (36.5) aus (9). Nach Beispiel 38.5 c) konvergieren diese Reihen gleichmäßig auf jedem Intervall $[\gamma, 2\pi-\gamma]$, $\gamma > 0$. Wegen $-\log(2\sin\frac{t}{2}) \to \infty$ für $t \to 0^+$ und $t \to (2\pi)^-$ kann die Reihe in (8) auf $(0,2\pi)$ *nicht* gleichmäßig konvergent sein. Dies gilt auch für die Reihe in (9): sie konvergiert für $t = 0$ und $t = 2\pi$ gegen 0; die Reihensumme ist also auf $[0,2\pi]$ *unstetig*. Eine weitere Herleitung von (9) mittels Fourier-Reihen folgt in Beispiel 40.10* b); durch *Integration* von (9) werden sich in Abschnitt 41* weitere interessante Reihenentwicklungen ergeben. □

38.14 Bemerkungen. Es wird eine *Verschärfung des Abelschen Grenzwertsatzes* hergeleitet.

a) Ist $\sum_{k\geq 0} a_k$ eine konvergente Reihe, so konvergiert die Potenzreihe $\sum_{k\geq 0} a_k z^k$ nicht nur auf $[0,1]$ gleichmäßig, sondern sogar auf gewissen größeren Teilmengen W von $\overline{K}_1(0)$ mit $1 \in W$. Gilt die Bedingung

$$\exists\, A > 0 \;\forall\, z \in W : \; |1-z| \leq A\,(1-|z|), \tag{10}$$

so folgt wegen (2.3) für alle $z \in W$

$$\begin{aligned}
\sum_{k=0}^{n} |z^k - z^{k+1}| \;&=\; \sum_{k=0}^{n} |z|^k\,|1-z| \;\leq\; A\sum_{k=0}^{n} |z|^k\,(1-|z|)\\
&\leq\; A\,(1-|z|^{n+1}) \;\leq\; A,
\end{aligned}$$

aus Satz 38.6 also die gleichmäßige Konvergenz von $\sum_{k\geq 0} a_k z^k$ auf W.

b) Es sei $0 \leq \varphi < \frac{\pi}{2}$; für den *Stolzschen Winkelraum* (vgl. Abb. 38b)

$$W_\varphi := \{z = 1 - re^{it} \mid r \leq \cos\varphi, \; |t| \leq \varphi\}$$

wird nun Bedingung (10) nachgewiesen. Für $z = 1 - re^{it} \in W_\varphi$ gilt

$$-2r \cos t + r^2 \leq -2r \cos\varphi + r \cos\varphi \leq -r \cos\varphi + \tfrac{1}{4} r^2 \cos^2\varphi,$$

und somit folgt in der Tat

$$
\frac{|1-z|}{1-|z|} = \frac{r}{1 - \sqrt{1 - 2r\cos t + r^2}} \leq \frac{r}{1 - \sqrt{1 - r\cos\varphi + \tfrac{1}{4} r^2 \cos^2\varphi}}
$$

$$
= \frac{r}{1 - \sqrt{(1 - \tfrac{1}{2} r \cos\varphi)^2}} = \frac{2}{\cos\varphi} =: A.
$$

Für jede Folge $(z_n) \subseteq W_\varphi$ mit $z_n \to 1$ gilt also $\lim\limits_{n\to\infty} \sum\limits_{k=0}^{\infty} a_k z_n^k = \sum\limits_{k=0}^{\infty} a_k$ (vgl. Bemerkung 28.8 b)).   □

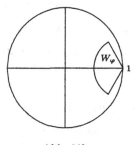

Abb. 38b

Es wird nun auf einen weiteren interessanten Aspekt des Abelschen Grenzwertsatzes eingegangen: Der Limes $\lim\limits_{x\to 1^-} \sum\limits_{k=0}^{\infty} a_k x^k$ aus (5) kann auch für gewisse *divergente* Reihen (mit oszillierenden Vorzeichen) existieren!

38.15 Beispiel. a) Für $\sum_{k\geq 0}(-1)^k$ hat man $\sum\limits_{k=0}^{\infty}(-1)^k x^k = \frac{1}{1+x}$ für $|x| < 1$ und somit $\lim\limits_{x\to 1^-} \sum\limits_{k=0}^{\infty}(-1)^k x^k = \frac{1}{2}$.

b) Eine andere Möglichkeit, dieser divergenten Reihe doch eine Summe zuzuordnen, sie zu *limitieren*, besteht darin, den Grenzwert der *Mittelwerte* $\sigma_n := \frac{1}{n+1} \sum\limits_{j=0}^{n} s_j$ der *Partialsummen* zu nehmen:

Wegen $(s_j) = (1, 0, 1, 0, \ldots)$ gilt $(\sigma_n) = (1, \frac{1}{2}, \frac{2}{3}, \frac{1}{2}, \frac{3}{5}, \ldots)$ und somit auch $\lim\limits_{n\to\infty} \sigma_n = \frac{1}{2}$.   □

Allgemein trifft man die folgende

38.16 Definition. *Eine Reihe* $\sum_{k\geq 0} a_k$ *heißt* Cesàro-konvergent, *wenn die Folge*

$$(\sigma_n := \tfrac{1}{n+1} \sum_{j=0}^{n} s_j) \tag{11}$$

der arithmetischen Mittel *der Partialsummen* s_n *konvergiert. In diesem Fall ist die* Cesàro-Summe *der Reihe gegeben durch*

$$\text{C-}\sum_{k=0}^{\infty} a_k := \lim_{n\to\infty} \sigma_n. \tag{12}$$

b) Eine Reihe $\sum_{k\geq 0} a_k$ *heißt* Abel-konvergent, *wenn ihre* Abel-Summe *existiert:*

$$\text{A-}\sum_{k=0}^{\infty} a_k := \lim_{x\to 1^-} \sum_{k=0}^{\infty} a_k x^k. \tag{13}$$

Für *konvergente* Reihen $\sum_{k\geq 0} a_k$ stimmen Cesàro- und Abel-Summe mit $\sum_{k=0}^{\infty} a_k$ überein. Die erste dieser Aussagen ist sehr einfach zu sehen (vgl. Aufgabe 5.11 a)), die zweite ist gerade der Abelsche Grenzwertsatz. Dieser wird daher durch das folgende Resultat verallgemeinert und auch neu bewiesen:

38.17 Satz. *Eine Cesàro-konvergente Reihe* $\sum_{k\geq 0} a_k$ *ist auch Abel-konvergent, und es gilt* $\text{A-}\sum_{k=0}^{\infty} a_k = \text{C-}\sum_{k=0}^{\infty} a_k$.

BEWEIS. Für $|x| < 1$ gilt nach Satz 33.8

$$\tfrac{1}{1-x} \sum_{k=0}^{\infty} a_k x^k = \left(\sum_{k=0}^{\infty} x^k \right) \left(\sum_{k=0}^{\infty} a_k x^k \right) = \sum_{n=0}^{\infty} s_n x^n,$$

und nochmalige Anwendung dieser Formel liefert

$$\tfrac{1}{(1-x)^2} \sum_{k=0}^{\infty} a_k x^k = \tfrac{1}{1-x} \sum_{n=0}^{\infty} s_n x^n = \sum_{n=0}^{\infty} (n+1)\sigma_n x^n.$$

Nach (32.10) gilt $(1-x)^2 \sum_{n=0}^{\infty} (n+1) x^n = 1$,

und mit $\sigma := \text{C-}\sum_{k=0}^{\infty} a_k = \lim_{n\to\infty} \sigma_n$ hat man also

$$\sigma - \sum_{k=0}^{\infty} a_k x^k = (1-x)^2 \sum_{n=0}^{\infty} (\sigma - \sigma_n)(n+1) x^n.$$

Zu $\varepsilon > 0$ wählt man $n_0 \in \mathbb{N}$ mit $|\sigma - \sigma_n| \leq \varepsilon$ für $n > n_0$; dann folgt

$$\left|(1-x)^2 \sum_{n=n_0+1}^{\infty} (\sigma - \sigma_n)(n+1) x^n\right| \leq \varepsilon \left|(1-x)^2 \sum_{n=0}^{\infty} (n+1) x^n\right| = \varepsilon$$

für alle $x \in [0,1)$. Bei jetzt festem n_0 gibt es $\delta > 0$ mit

$$\left|(1-x)^2 \sum_{n=0}^{n_0} (\sigma - \sigma_n)(n+1) x^n\right| \leq \varepsilon$$

für $\delta < x < 1$, und für diese x gilt dann $\left|\sigma - \sum_{k=0}^{\infty} a_k x^k\right| \leq 2\varepsilon$.   ◇

Gilt $|a_k| = O(\frac{1}{k})$ für $k \to \infty$, so folgt aus der Abel-Konvergenz von $\sum_{k>0} a_k$ bereits die Konvergenz der Reihe; einen Beweis dieses *Satzes von Littlewood* findet man etwa in [18], §62. Wesentlich einfacher ist der Beweis im Fall $|a_k| = o(\frac{1}{k})$ (Satz von Tauber, vgl. Aufgabe 38.6). Hier wird nur das O-Ergebnis für die Cesàro-Konvergenz gezeigt, da dieses für den Beweis des Satzes von Dirichlet-Jordan 40.17* benötigt wird:

38.18 Satz. *Es sei $\sum_{k\geq 0} a_k(z)$ eine Funktionenreihe, für die die Folge $(\sigma_n(z) := \frac{1}{n+1} \sum_{j=0}^{n} s_j(z))$ gleichmäßig gegen $\sigma \in \mathcal{F}(M)$ konvergiert. Weiter gebe es $A > 0$ mit $\|a_k\| \leq \frac{A}{k}$ für alle $k \geq 1$. Dann konvergiert die Reihe $\sum_{k\geq 0} a_k(z)$ gleichmäßig gegen $\sigma(z)$.*

BEWEIS. Für $1 \leq m < n$ berechnet man (die Variable z wird weggelassen):

$$(n+1)\sigma_n - (m+1)\sigma_m = s_n + \cdots + s_{m+1}$$
$$= s_n + (s_n - a_n) + (s_n - a_n - a_{n-1}) + \cdots + (s_n - a_n - \cdots - a_{m+2})$$
$$= (n-m)s_n - (n-m-1)a_n - (n-m-2)a_{n-1} - \cdots - a_{m+2}.$$

Daraus ergibt sich (man beachte (2.4))

$$(n-m)s_n - (n-m)\sigma_n = (m+1)(\sigma_n - \sigma_m) + R_{n,m} \quad \text{mit}$$
$$R_{n,m} = (n-m-1)a_n + (n-m-2)a_{n-1} + \cdots + a_{m+2}, \quad \text{also}$$
$$\|R_{n,m}\| \leq \frac{A}{m+2} \cdot \frac{1}{2}(n-m-1)(n-m).$$

Insgesamt erhält man

$$\|s_n - \sigma_n\| \leq \frac{m+1}{n-m} \|\sigma_n - \sigma_m\| + \frac{A}{2} \cdot \frac{n-m-1}{m+2}. \tag{14}$$

Es sei nun $\varepsilon > 0$ gegeben. Für $n \in \mathbb{N}$ wählt man $m := [\frac{n-\varepsilon}{1+\varepsilon}]$ (vgl. 6.22) und erhält $\frac{n-m-1}{m+2} < \varepsilon$ sowie $\frac{m+1}{n-m} \leq \frac{1}{\varepsilon}$. Da (σ_n) gleichmäßig konvergiert, gibt es $n_0 \in \mathbb{N}$ mit $\|\sigma_n - \sigma_\ell\| \leq \varepsilon^2$ für $n, \ell \geq n_0$; für $\frac{n-\varepsilon}{1+\varepsilon} > n_0$ folgt aus

(14) dann $\| s_n - \sigma_n \| \le (1 + \frac{A}{2})\varepsilon$. Dies zeigt $\| s_n - \sigma_n \| \to 0$ und somit auch $\| s_n - \sigma \| \to 0$. $\diamond$

38.19 Folgerung. *Es sei $\sum_{k \ge 0} a_k$ eine Cesàro-konvergente Reihe mit*

$$\mathrm{c} - \sum_{k=0}^{\infty} a_k = \sigma.$$ *Gilt zusätzlich die Abschätzung $|a_k| = O(\frac{1}{k})$, so ist die*

Reihe sogar konvergent, und es gilt $\sum_{k=0}^{\infty} a_k = \sigma$.

Am Ende dieses Abschnitts folgt noch der *„zweite Mittelwertsatz der Integralrechnung"*. Dieser beruht auf Abels Lemma 38.1 und wird ebenfalls im Beweis von Satz 40.17* verwendet.

38.20 Satz. *Für eine* monotone *Funktion $f : [a,b] \mapsto \mathbb{R}$ und eine Regelfunktion $g \in \mathcal{R}([a,b],\mathbb{R})$ gibt es $\xi \in [a,b]$ mit*

$$\int_a^b f(x)\,g(x)\,dx = f(a^+) \int_a^\xi g(x)\,dx + f(b^-) \int_\xi^b g(x)\,dx. \tag{15}$$

BEWEIS. a) Zunächst wird eine monoton wachsende *Treppenfunktion* $t \in \mathcal{T}([a,b],\mathbb{R})$ betrachtet; gemäß Definition 17.1 hat man eine Zerlegung

$$Z = \{a = x_0 < x_1 < \ldots < x_r = b\}, \quad r \in \mathbb{N},$$

von $[a,b]$, für die die Einschränkungen $t|_{(x_{k-1},x_k)} =: t_k$ für $1 \le k \le r$ konstant sind. Mit $G(x) := \int_a^x g(s)\,ds$ ergibt sich aus Abels Lemma

$$\int_a^b t(x)\,g(x)\,dx = \sum_{k=1}^r t_k \int_{x_{k-1}}^{x_k} g(x)\,dx = \sum_{k=1}^r t_k \left(G(x_k) - G(x_{k-1})\right)$$

$$= t_r\,G(b) - t_1\,G(a) - \sum_{k=1}^{r-1} G(x_k)\,(t_{k+1} - t_k).$$

Mit $M := \max\limits_{x \in [a,b]} G(x)$ und $m := \min\limits_{x \in [a,b]} G(x)$ gilt

$$m\,(t_r - t_1) \le \sum_{k=1}^{r-1} G(x_k)\,(t_{k+1} - t_k) \le M\,(t_r - t_1).$$

Da G stetig ist, kann die Summe nach dem Zwischenwertsatz in der Form $G(\xi)\,(t_r - t_1)$ für ein $\xi \in [a,b]$ geschrieben werden. Somit folgt

$$\int_a^b t(x)\,g(x)\,dx = t_r\,G(b) - t_1\,G(a) - G(\xi)\,(t_r - t_1)$$

$$= t_1\,(G(\xi) - G(a)) + t_r\,(G(b) - G(\xi)),$$

wegen $t_1 = t(a^+)$ und $t_r = t(b^-)$
also (15) für t.
b) Es sei nun $f : [a, b] \mapsto \mathbb{R}$ monoton
wachsend.
Für $n \in \mathbb{N}$, $d := f(b^-) - f(a^+)$ und
$y_k := f(a^+) + \frac{k}{n} d$ (für $0 \le k \le n$)
setzt man (vgl. Abb. 38c)

$$x_0 := a, \quad x_n := b,$$
$$x_k := \sup \{s \in [a, b] \mid f(s) \le y_k\}$$

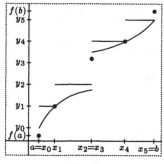

Abb. 38c

für $1 \le k \le n - 1$; dann gilt stets
$x_{k-1} \le x_k$, und für $x \in (x_{k-1}, x_k)$
hat man $y_{k-1} \le f(x) \le y_k$. Definiert man daher $\tau_n \in \mathcal{T}([a, b], \mathbb{R})$ durch

$$\tau_n(x_k) := f(x_k), \quad \tau_n|_{(x_{k-1}, x_k)} := y_k \quad \text{für} \ \ 0 \le k \le n,$$

so ist τ_n monoton wachsend, und es gilt $\| f - \tau_n \| \le \frac{d}{n} \to 0$.
c) Nach a) gibt es $\xi_n \in [a, b]$ mit

$$\int_a^b \tau_n(x)\, g(x)\, dx = \tau_n(a^+) \int_a^{\xi_n} g(x)\, dx + \tau_n(b^-) \int_{\xi_n}^b g(x)\, dx. \quad (16)$$

Nach dem Satz von Bolzano-Weierstraß hat (ξ_n) eine konvergente Teilfolge
$\xi_{n_j} \to \xi \in [a, b]$. Mit $n_j \to \infty$ folgt dann (15) aus (16) wegen Theorem
18.2, $\tau_n(a^+) = f(a^+) + \frac{d}{n}$, $\tau_n(b^-) = f(b^-)$ und der Stetigkeit von G.
d) Für monoton fallende f ergibt sich die Behauptung einfach durch Anwendung auf $-f$. $\diamond$

Aufgaben

38.1 Für welche $x \in \mathbb{R}$ konvergieren die Reihen $\sum_{k \ge 1} \frac{\sin(2k-1)x}{2k-1}$ und
$\sum_{k \ge 1} \frac{\cos(2k-1)x}{2k-1}$?

38.2 Es sei $\sum_{k \ge 2} a_k$ eine konvergente Reihe. Man untersuche, ob auch
folgende Reihen konvergieren:

$$\sum_k \sqrt[k]{k}\, a_k, \quad \sum_k \frac{a_k}{\log k}, \quad \sum_k (-1)^k a_k.$$

38.3 Man beweise den Abelschen Grenzwertsatz für *Dirichlet-Reihen:*
Ist $\sum_{k \ge 1} a_k$ konvergent, so gilt

$$\sum_{k=1}^{\infty} a_k = \lim_{x \to 0^+} \sum_{k=1}^{\infty} \frac{a_k}{k^x}.$$

38.4 Die Reihe $\sum_{k \geq 0} a_k$ sei Abel-konvergent, und es gelte $a_k \geq 0$ für alle $k \in \mathbb{N}_0$. Man zeige, daß die Reihe sogar konvergiert.

38.5 a) Die Reihe $\sum_{k \geq 0} a_k$ sei Cesàro-konvergent. Man zeige $|a_k| = o(k)$ für $k \to \infty$.

b) Man zeige, daß $\sum_{k \geq 0} (-1)^k (k+1)$ Abel-konvergent ist und berechne A-$\sum_{k=0}^{\infty} (-1)^k (k+1)$. Ist diese Reihe Cesàro-konvergent?

38.6 Man beweise den *Satz von Tauber:* Ist $\sum_{k \geq 0} a_k$ Abel-konvergent und gilt $|a_k| = o(\frac{1}{k})$ für $k \to \infty$, so ist die Reihe konvergent.

HINWEIS. Man beachte $s_n - \sum_{k=0}^{\infty} a_k x^k = \sum_{k=0}^{n} a_k(1 - x^k) - \sum_{k=n+1}^{\infty} a_k x^k$ für $0 \leq x < 1$ und $n \in \mathbb{N}$ und setze $x = 1 - \frac{1}{n}$.

38.7 Es seien $\sum_{k \geq 1} a_k$ und $\sum_{k \geq 1} b_k$ konvergent mit $\sum_{k=0}^{\infty} a_k = a$ und $\sum_{k=0}^{\infty} b_k = b$. Mit den $(c_n = \sum_{j=0}^{n} a_j b_{n-j})$ aus (32.6) gilt nach dem Beweis von 38.12 offenbar A-$\sum_{n=0}^{\infty} c_n = a\,b$. Man beweise auch C-$\sum_{n=0}^{\infty} c_n = a\,b$.

39   * Doppelreihen und
großer Umordnungssatz

Bemerkung: Für die Hauptergebnisse dieses Abschnitts werden sich in Band 2 weitere, einfachere Beweise ergeben: für Theorem 39.6 mit Hilfe der Lebesgueschen Integrationstheorie und für Theorem 39.11 mittels komplexer Differentiation.

Zur Motivation von Doppelreihen diene das folgende

39.1 Beispiel. Die *Riemannsche ζ - Funktion* wird durch

$$\zeta(z) := \sum_{k=1}^{\infty} \frac{1}{k^z}, \quad \text{Re } z > 1, \tag{1}$$

definiert; wegen $|k^z| = k^{\text{Re } z}$ ist die Reihe für $\text{Re } z > 1$ absolut konvergent. Zur Berechnung von $\sum_{\ell=2}^{\infty} (\zeta(\ell) - 1) = \sum_{\ell=2}^{\infty} \sum_{k=2}^{\infty} \frac{1}{k^\ell}$ ändert man die *Reihenfolge* der Summation: Für festes $k \geq 2$ gilt ja

$$\sum_{\ell=2}^{\infty} \frac{1}{k^\ell} = \frac{1}{k^2} \frac{1}{1-\frac{1}{k}} = \frac{1}{k^2-k} = \frac{1}{k-1} - \frac{1}{k}, \quad \text{also folgt}$$

$$\sum_{k=2}^{\infty} \sum_{\ell=2}^{\infty} \frac{1}{k^\ell} = \sum_{k=2}^{\infty} (\frac{1}{k-1} - \frac{1}{k}) = 1.$$

Daraus folgt nun auch

$$\sum_{\ell=2}^{\infty} (\zeta(\ell) - 1) = \sum_{\ell=2}^{\infty} \sum_{k=2}^{\infty} \frac{1}{k^\ell} = 1. \tag{2}$$

In der Tat gilt für feste $m, n \in \mathbb{N}$ stets $\sum_{\ell=2}^{m} \sum_{k=2}^{n} \frac{1}{k^\ell} = \sum_{k=2}^{n} \sum_{\ell=2}^{m} \frac{1}{k^\ell} \leq 1$; mit $n \to \infty$ und dann $m \to \infty$ folgt also auch $\sum_{\ell=2}^{\infty} \sum_{k=2}^{\infty} \frac{1}{k^\ell} =: s \leq 1$. Genauso ergibt sich auch $1 \leq s$, und (2) ist bewiesen. □

39.2 Bemerkungen. a) Das in Beispiel 39.1 verwendete Argument zeigt, daß bei einer Doppelreihe $\sum_k \sum_\ell a_{k\ell}$ die Reihenfolge der Summation *vertauscht* werden kann, wenn alle $a_{k\ell} \geq 0$ sind. Allgemein ist dies *nicht* richtig:

b) Für $k, \ell \in \mathbb{N}$ sei $a_{k\ell} := \begin{cases} 1/k & , \quad \ell = 1 \\ -1/k & , \quad \ell = 2 \\ 0 & , \quad \ell \geq 3 \end{cases}$. Dann gilt $\sum_{\ell=1}^{\infty} a_{k\ell} = 0$ für

alle $k \in \mathbb{N}$, also auch $\sum_{k=1}^{\infty} \sum_{\ell=1}^{\infty} a_{k\ell} = 0$. Andererseits sind aber $\sum_k a_{k1}$ und $\sum_k a_{k2}$ divergent, und $\sum_{\ell=1}^{\infty} \sum_{k=1}^{\infty} a_{k\ell}$ existiert nicht. □

In Theorem 39.6 wird gezeigt, daß die Reihenfolge der Summation bei einer *absolut konvergenten* oder *summierbaren* Doppelreihe *vertauscht* werden kann. Dieser Begriff wird nun definiert, und zwar allgemeiner für *Summen über beliebige Indexmengen*. Für eine Menge I wird mit $\mathfrak{E}(I)$ das System aller *endlichen Teilmengen* von I bezeichnet; eine Funktion $a : I \mapsto \mathbb{C}$ heißt auch *Familie* $(a_i)_{i \in I}$ auf I .

39.3 Definition. *Eine Familie* $(a_i)_{i \in I}$ *heißt* **summierbar**, *falls gilt*

$$\exists\, C > 0 \,\forall\, I' \in \mathfrak{E}(I) : \sum_{i \in I'} |a_i| \leq C. \tag{3}$$

Im Fall $I = \mathbb{N}_0$ ist dies zur absoluten Konvergenz der Reihe $\sum_i a_i$ äquivalent. Entsprechend heißt im Fall $I = \mathbb{N}_0 \times \mathbb{N}_0$ die Doppelreihe $\sum_{(k,\ell)} a_{k\ell}$ *absolut konvergent*, falls die Familie $(a_{k\ell})$ summierbar ist. Dies bedeutet

$$\exists\, C > 0 \;\forall\, m \in \mathbb{N}_0 : \sum_{k,\ell=0}^{m} |a_{k\ell}| \leq C. \tag{4}$$

Entsprechendes gilt auch für *mehrfache* Reihen, d. h. für $I = \mathbb{N}_0^p$ mit $p \in \mathbb{N}$. Es wird nicht versucht, eine „bedingte Konvergenz" für Doppelreihen oder Familien zu erklären.

39.4 Satz. *Für eine summierbare Familie $(a_i)_{i \in I}$ ist der* Träger

$$\operatorname{supp}(a_i) := \{i \in I \mid a_i \neq 0\} \subseteq I \tag{5}$$

von (a_i) abzählbar.

BEWEIS. Für $n \in \mathbb{N}$ muß $\{i \in I \mid |a_i| \geq \frac{1}{n}\}$ wegen (3) endlich sein. Die Behauptung folgt somit aus Theorem 3.25 b). $\diamond$

Bei der Untersuchung summierbarer Familien kann man sich also meist auf *abzählbare* Indexmengen beschränken.

39.5 Beispiele. a) Die Doppelreihe $\sum_{k,\ell} \dfrac{1}{2^k + 2^\ell}$ ist absolut konvergent. Für $m \in \mathbb{N}$ gilt nämlich:

$$\sum_{k,\ell=1}^{m} \tfrac{1}{2^k+2^\ell} \;=\; \sum_{k=1}^{m} \Big(\sum_{\ell=1}^{k} \tfrac{1}{2^k+2^\ell} + \sum_{\ell=k+1}^{m} \tfrac{1}{2^k+2^\ell} \Big) \leq \sum_{k=1}^{m} \Big(\sum_{\ell=1}^{k} \tfrac{1}{2^k} + \sum_{\ell=k+1}^{m} \tfrac{1}{2^\ell} \Big)$$

$$\leq \sum_{k=1}^{m} \Big(\tfrac{k}{2^k} + \tfrac{1}{2^k} \Big) \leq \sum_{k=1}^{\infty} \tfrac{k+1}{2^k} =: C.$$

b) Für $p, q, s > 0$ wird die Doppelreihe $\sum_{k,\ell} \dfrac{1}{(k^p + \ell^q)^s}$ untersucht. Nach Beispiel 18.9 a) hat man

$$\sum_{k,\ell=1}^{m} \frac{1}{(k^p + \ell^q)^s} \;\leq\; \sum_{k=1}^{m} \int_0^m \frac{dx}{(k^p + x^q)^s} \;=\; \sum_{k=1}^{m} \frac{1}{k^{ps}} \int_0^m \frac{dx}{(1 + \frac{x^q}{k^p})^s}$$

$$= \sum_{k=1}^{m} \frac{1}{k^{ps}}\, k^{p/q} \int_0^{m\,k^{-p/q}} \frac{dy}{(1 + y^q)^s}$$

aufgrund der Substitution $x = k^{p/q}\, y$. Gilt nun $p\,(s - \frac{1}{q}) > 1$, also

$$s > \frac{1}{p} + \frac{1}{q}, \tag{6}$$

so ist auch $q\,s > 1$ und $M := M(q,s) := \int_0^\infty \dfrac{dy}{(1+y^q)^s} < \infty$. Daher folgt

$$\sum_{k,\ell=1}^m \frac{1}{(k^p + \ell^q)^s} \le M \sum_{k=1}^\infty k^{p(\frac{1}{q}-s)} =: C$$

für alle $m \in \mathbb{N}$ und damit die absolute Konvergenz der Doppelreihe. Ist dagegen (6) nicht erfüllt, so ist diese divergent (vgl. Aufgabe 39.1). $\square$

Es seien I abzählbar und $(a_i)_{i \in I}$ eine summierbare Familie. Für eine unendliche Menge $J \subseteq I$ gibt es eine Bijektion $\varphi : \mathbb{N}_0 \mapsto J$, und wegen (3) ist $\sum_j a_{\varphi(j)}$ absolut konvergent. Ist auch $\psi : \mathbb{N}_0 \mapsto J$ eine Bijektion, so ist $\eta := \psi^{-1} \circ \varphi$ eine Bijektion von $\mathbb{N}_0$ auf $\mathbb{N}_0$, und nach Theorem 32.9 gilt

$$\sum_{j=0}^\infty a_{\varphi(j)} = \sum_{j=0}^\infty a_{\psi(\eta(j))} = \sum_{k=0}^\infty a_{\psi(k)} .$$

Daher kann man definieren:

$$\sum_{i \in J} a_i := \sum_{j=0}^\infty a_{\varphi(j)} , \qquad \varphi : \mathbb{N}_0 \mapsto J \ \text{Bijektion} . \tag{7}$$

39.6 Theorem (Großer Umordnungssatz). *Es seien I eine abzählbare Menge und $(a_i)_{i \in I}$ eine summierbare Familie. Für $n \in \mathbb{N}_0$ seien Mengen $J_n \subseteq I$ gegeben mit $J_n \cap J_m = \emptyset$ für $n \neq m$ und $\bigcup_{n=0}^\infty J_n = I$. Mit $s_n := \sum_{i \in J_n} a_i$ ist dann $\sum_n s_n$ absolut konvergent, und es gilt*

$$\sum_{n=0}^\infty s_n = \sum_{i \in I} a_i .$$

BEWEIS. a) Es sei $s := \sum_{i \in I} a_i$. Man wählt Bijektionen $\varphi : \mathbb{N}_0 \mapsto I$ und $\varphi_n : \mathbb{N}_0^{(n)} \mapsto J_n$, wobei $\mathbb{N}_0^{(n)} = \mathbb{N}_0$ oder $\mathbb{N}_0^{(n)} = \{0, 1, \ldots, r_n\}$ für geeignete $r_n \in \mathbb{N}_0$ gilt. In diesem Fall setzt man $a_{\varphi_n(j)} = 0$ für $j > r_n$.
b) Da $\sum_j a_{\varphi(j)}$ absolut konvergiert, gilt (32.4) in der Form

$$\forall \, \varepsilon > 0 \ \exists \, j_0 \in \mathbb{N}_0 \ : \ \sum_{j=j_0+1}^\infty |a_{\varphi(j)}| \le \varepsilon . \tag{8}$$

Zu $\varepsilon > 0$ fixiert man j_0 und setzt $J_n' := J_n \cap \{\varphi(0), \ldots, \varphi(j_0)\}$ sowie $A := \{n \in \mathbb{N}_0 \mid J_n' \neq \emptyset\}$. Dann ist A endlich, und es gibt $n_0 \in \mathbb{N}_0$ mit $A \subseteq \{0, 1, \ldots, n_0\}$ (vgl. Abb. 39a). Damit folgt

$$\sum_{n=n_0+1}^m |s_n| \le \sum_{n=n_0+1}^m \sum_{i \in J_n} |a_i| \le \sum_{j=j_0+1}^\infty |a_{\varphi(j)}| \le \varepsilon \quad \text{für } m > n_0 . \tag{9}$$

Insbesondere ist $\sum_n s_n$ absolut konvergent.

c) Es sei jetzt $n \leq n_0$ fest. (32.4) impliziert

$$\exists\, j_n \in \mathbb{N}_0 \;:\; \sum_{j=j_n+1}^{\infty} |a_{\varphi_n(j)}| \leq \frac{\varepsilon}{n_0+1}\,; \qquad (10)$$

durch Vergrößerung von j_n kann man auch $J_n' \subseteq \{\varphi_n(0),\dots,\varphi_n(j_n)\}$ erreichen. Für $m > n_0$ gilt nun wegen (9) und (10):

$$\begin{aligned}
\left| s - \sum_{n=0}^{m} s_n \right| &\leq \left| s - \sum_{n=0}^{n_0} s_n \right| + \left| \sum_{n=n_0+1}^{m} s_n \right| \leq \left| s - \sum_{n=0}^{n_0} s_n \right| + \varepsilon \\
&\leq \left| s - \sum_{n=0}^{n_0} \sum_{j=0}^{j_n} a_{\varphi_n(j)} \right| + \left| \sum_{n=0}^{n_0} \sum_{j=j_n+1}^{\infty} a_{\varphi_n(j)} \right| + \varepsilon \\
&\leq \left| s - \sum_{n=0}^{n_0} \sum_{j=0}^{j_n} a_{\varphi_n(j)} \right| + 2\varepsilon\,.
\end{aligned}$$

Nun gilt aber $s = \sum_{j=0}^{\infty} a_{\varphi(j)}$, und nach Konstruktion heben sich die Terme $a_{\varphi(0)},\dots,a_{\varphi(j_0)}$ in der letzten Summe auf. Mit (8) folgt also

$$\left| s - \sum_{n=0}^{m} s_n \right| \leq \sum_{j=j_0+1}^{\infty} |a_{\varphi(j)}| + 2\varepsilon \leq 3\varepsilon\,, \quad m > n_0\,,$$

und damit die Behauptung. $\diamond$

Der Beweis des großen Umordnungssatzes wird in Abb. 39a für $I := \mathbb{N}_0 \times \mathbb{N}_0$, $J_n := \mathbb{N}_0 \times \{n\}$ illustriert. Man setzt $\varphi_n(j) = (j,n)$; die Menge $\{\varphi(0),\dots,\varphi(j_0)\}$ wird für $j_0 = 6$ durch die offenen Kästchen veranschaulicht. Man hat dann $A = \{1,2,3,5\}$ sowie $j_1 \geq 4,\, j_2 \geq 6,\, j_3 \geq 4,\, j_5 \geq 2$ zu wählen.

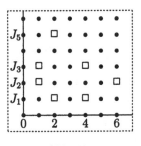

Abb. 39a

39.7 Folgerung. *Für eine absolut konvergente Doppelreihe $\sum_{(k,\ell)} a_{k\ell}$ gilt*

$$\sum_{(k,\ell)\in\mathbb{N}_0\times\mathbb{N}_0} a_{k\ell} = \sum_{k=0}^{\infty}\sum_{\ell=0}^{\infty} a_{k\ell} = \sum_{\ell=0}^{\infty}\sum_{k=0}^{\infty} a_{k\ell} = \sum_{n=0}^{\infty}\sum_{j=0}^{n} a_{j\,n-j}\,. \qquad (11)$$

BEWEIS. Mit $I = \mathbb{N}_0 \times \mathbb{N}_0$ wählt man nacheinander $J_n = \{n\} \times \mathbb{N}_0$, $J_n = \mathbb{N}_0 \times \{n\}$ und $J_n = \Delta_n = \{(j,n-j) \in \mathbb{N}_0 \times \mathbb{N}_0 \mid 0 \leq j \leq n\}$ (vgl. Abb. 32b). $\diamond$

39.8 Beispiel. Aus 39.7 ergibt sich sofort ein neuer Beweis des Multiplikationssatzes 32.11: Sind $\sum a_k$ und $\sum b_\ell$ absolut konvergente Reihen, so ist offenbar die Doppelreihe $\sum_{(k,\ell)} a_k b_\ell$ absolut konvergent, und aus (11) folgt

$$\sum_{n=0}^{\infty} \sum_{j=0}^{n} a_j b_{n-j} = \sum_{k=0}^{\infty} \sum_{\ell=0}^{\infty} a_k b_\ell = \sum_{k=0}^{\infty} \Big(a_k \sum_{\ell=0}^{\infty} b_\ell\Big) = \Big(\sum_{k=0}^{\infty} a_k\Big)\Big(\sum_{\ell=0}^{\infty} b_\ell\Big). \qquad \square$$

39.9 Beispiel. a) Für $2 \le p_1, \ldots, p_n \in \mathbb{N}$ ist die Zahl $p_1 \cdots p_n + 1$ durch keine der Zahlen p_j teilbar; daher ist die Menge $\mathbb{P}$ der *Primzahlen unendlich*. Jede Zahl $m \in \mathbb{N}$ läßt sich in *eindeutiger* Weise als ein *Produkt von Primzahlen* schreiben (vgl. etwa [22], §18). Es wird nun gezeigt, daß $\mathbb{P}$ „so groß" ist, daß die Familie $(\frac{1}{p})_{p \in \mathbb{P}}$ *nicht summierbar ist*:
b) Für $n \in \mathbb{N}$ sei $\mathbb{P}_n = \{p_1, \ldots, p_n\}$ die Menge der ersten n Primzahlen. Für $s \in \mathbb{C}$ gilt nach Satz 32.11

$$\prod_{j=1}^{n} (1 - \frac{1}{p_j^s})^{-1} = \prod_{j=1}^{n} \sum_{\ell_j=0}^{\infty} \frac{1}{p_j^{s\ell_j}} = \sum_{\ell_1,\ldots,\ell_n=0}^{\infty} \prod_{j=1}^{n} \frac{1}{p_j^{s\ell_j}} = \sum_{k \in A_n} \frac{1}{k^s},$$

wobei A_n die Menge der natürlichen Zahlen mit Primfaktoren in $\mathbb{P}_n$ bezeichne. Für $\operatorname{Re} s > 1$ folgt mit $n \to \infty$

$$\zeta(s) = \sum_{k=1}^{\infty} \frac{1}{k^s} = \prod_{p \in \mathbb{P}} (1 - \frac{1}{p^s})^{-1}, \tag{12}$$

und für $s = 1$ ergibt sich die Divergenz des Produkts

$$\prod_j (1 - \frac{1}{p_j})^{-1} = \prod_j \frac{p_j}{p_j - 1} = \prod_j (1 + \frac{1}{p_j - 1}).$$

Nach Satz 37.17* ist also die Familie $(\frac{1}{p-1})_{p \in \mathbb{P}}$ *nicht summierbar*. $\qquad \square$

Es gilt die folgende teilweise Umkehrung von Theorem 39.6:

39.10 Satz. *Es seien $(a_i)_{i \in I}$ eine Familie und $\{J_n\}_{n \in \mathbb{N}_0}$ eine Zerlegung von I wie in Theorem 39.6. Die Teilfamilien $(a_i)_{i \in J_n}$ seien für alle $n \in \mathbb{N}_0$ summierbar, und mit $s_n^* := \sum_{i \in J_n} |a_i|$ gelte $\sum_{n=0}^{\infty} s_n^* < \infty$. Dann ist $(a_i)_{i \in I}$ summierbar.*

BEWEIS. Es ist $\sum_{i \in I'} |a_i| \le \sum_{n=0}^{\infty} s_n^* =: C$ für alle $I' \in \mathfrak{E}(I)$. $\qquad \diamond$

Bemerkung 39.2 b) zeigt, daß es nicht ausreichend wäre, nur $\sum_{n=0}^{\infty} |s_n| < \infty$ zu verlangen (mit $s_n = \sum_{i \in J_n} a_i$ wie in Theorem 39.6).

Der große Umordnungssatz erlaubt den Beweis weiterer Permanenzeigenschaften von Potenzreihenentwicklungen:

39.11 Theorem. *Es gelte* $f(z) = \sum\limits_{k=0}^{\infty} a_k(z - z_0)^k$ *für* $|z - z_0| < \rho$ *und*

$h(w) = \sum\limits_{k=0}^{\infty} b_k(w - w_0)^k$ *für* $|w - w_0| < R$.

a) Gilt $f(K_\rho(z_0)) \subseteq K_R(w_0)$, *so hat auch* $h \circ f$ *eine Potenzreihenentwicklung um* z_0.

b) Ist $f(z_0) \neq 0$, *so hat auch* $\frac{1}{f}$ *eine Potenzreihenentwicklung um* z_0.

c) Für $w_1 \in K_R(w_0)$ *hat* h *auch eine Potenzreihenentwicklung um* w_1, *die mindestens für* $|w - w_1| < d := R - |w_1 - w_0|$ *konvergiert (vgl. Abb. 39b).*

BEWEIS. a) Man kann ohne Einschränkung $w_0 = 0$ annehmen. Die Funktion $\varphi(z) := \sum\limits_{k=0}^{\infty} |a_k| |z - z_0|^k$ ist auf $K_\rho(z_0)$ stetig; wegen $\varphi(z_0) = |a_0| = |f(z_0)| < R$ gibt es daher $0 < r \leq \rho$ mit $\varphi(z) < R$ für $|z - z_0| < r$. Für diese z gilt nach Satz 33.8 b)

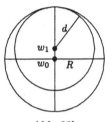

Abb. 39b

$$f(z)^\ell = \Big(\sum_{k=0}^{\infty} a_k(z - z_0)^k \Big)^\ell = \sum_{k=0}^{\infty} a_{k,\ell}(z - z_0)^k \quad \text{mit} \quad (13)$$

$$a_{k,\ell} = \sum_{\substack{j_1,\ldots,j_\ell \geq 0 \\ j_1 + \cdots + j_\ell = k}} a_{j_1} \cdots a_{j_\ell}. \quad (14)$$

Setzt man dies in die Entwicklung von h ein, so folgt

$$(h \circ f)(z) = \sum_{\ell=0}^{\infty} b_\ell f(z)^\ell = \sum_{\ell=0}^{\infty} b_\ell \sum_{k=0}^{\infty} a_{k,\ell}(z - z_0)^k, \quad |z - z_0| < r. \quad (15)$$

Die in (15) auftretende Doppelreihe ist nun absolut konvergent:

Analog zu (13) gilt auch $\varphi(z)^\ell = \sum\limits_{k=0}^{\infty} a_{k,\ell}^* |z - z_0|^k$ mit

$$a_{k,\ell}^* = \sum_{\substack{j_1,\ldots,j_\ell \geq 0 \\ j_1 + \cdots + j_\ell = k}} |a_{j_1}| \cdots |a_{j_\ell}| \geq |a_{k,\ell}|,$$

und damit ergibt sich für alle $m \in \mathbb{N}_0$:

$$\sum_{\ell=0}^{m} \sum_{k=0}^{m} |b_\ell| |a_{k,\ell}| |z - z_0|^k \leq \sum_{\ell=0}^{m} \sum_{k=0}^{m} |b_\ell| a_{k,\ell}^* |z - z_0|^k$$

$$\leq \sum_{\ell=0}^{m} |b_\ell| \varphi(z)^\ell \leq \sum_{\ell=0}^{\infty} |b_\ell| \varphi(z)^\ell =: C.$$

Vertauschung der Summation in (15) liefert somit

$$(h \circ f)(z) = \sum_{k=0}^{\infty} \left(\sum_{\ell=0}^{\infty} b_\ell a_{k,\ell} \right) (z - z_0)^k, \quad |z - z_0| < r.$$

b) ergibt sich sofort aus a) mit $h(w) := \frac{1}{w}$; wie in Beispiel 36.3 b) läßt sich nämlich h in eine Potenzreihe um $f(z_0) \neq 0$ entwickeln.

c) Man setzt (wieder im Fall $w_0 = 0$) einfach $f(z) = w_1 + (z - w_1)$.   ◇

39.12 Bemerkung. Sind f und g in eine Potenzreihe um z_0 entwickelbar, so gilt dies also auch für g/f, falls $f(z_0) \neq 0$ ist. Dies gilt auch noch im Fall $f(z_0) = 0$, wenn in g/f ein Faktor $(z - z_0)^m$ so gekürzt werden kann, daß der neue Nenner in z_0 nicht verschwindet.   □

Aufgaben

39.1 a) Man zeige, daß die Familie $(\dfrac{1}{(k^p + \ell^q)^s})_{\mathbb{N} \times \mathbb{N}}$ für $s \leq \frac{1}{p} + \frac{1}{q}$ nicht summierbar ist.

b) Man beweise die Aussagen von Beispiel 39.5 b) und Teil a) dieser Aufgabe ohne Verwendung der Integralrechnung.

39.2 Für welche $r > 0$ sind folgende Doppelreihen absolut konvergent ?

a) $\displaystyle\sum_{(k,\ell)} \frac{(-1)^k}{(k^{2/3} + \ell^r)^2}$

b) $\displaystyle\sum_{(k,\ell)} \frac{\log k}{(k^{1/4} + \ell^4)^r}$

c) $\displaystyle\sum_{(k,\ell)} \frac{3}{(2^k + \ell^r)^3}$

d) $\displaystyle\sum_{(k,\ell)} \frac{(-1)^{k\ell}}{(\log(k+2) + \ell^2)^r}$

e) $\displaystyle\sum_{(k,\ell)} \frac{1}{k^2 (\log k)^r + \ell^2}$

f) $\displaystyle\sum_{(k,\ell)} \frac{k\ell}{(k^2 + \ell^2)^r}$

39.3 Es seien I eine abzählbare Menge und $(a_i)_{i \in I}$ eine Familie. Man zeige die Äquivalenz der folgenden Aussagen :

(a) $\exists\, C > 0 \; \forall\, I' \in \mathfrak{E}(I) : \left| \sum_{i \in I'} a_i \right| \leq C.$

(b)   Die Familie $(a_i)_{i \in I}$ ist summierbar.

(c)   Für jede Bijektion $\varphi : \mathbb{N}_0 \to I$ ist $\sum_j a_{\varphi(j)}$ absolut konvergent.

(d)   Für jede Bijektion $\varphi : \mathbb{N}_0 \to I$ ist $\sum_j a_{\varphi(j)}$ konvergent.

(e)   Für eine Bijektion $\varphi : \mathbb{N}_0 \to I$ ist $\sum_j a_{\varphi(j)}$ absolut konvergent.

(f)   Es gibt eine Zahl $s \in \mathbb{C}$, für die gilt:
$$\forall\, \varepsilon > 0 \; \exists\, I_0 \in \mathfrak{E}(I) \; \forall\, I' \in \mathfrak{E}(I) : I_0 \subseteq I' \Rightarrow \left| \sum_{i \in I'} a_i - s \right| < \varepsilon.$$

Sind diese Aussagen erfüllt, so zeige man weiter $s = \sum_{i \in I} a_i$.

39.4 a) Für summierbare Familien $(a_i) \subseteq [0, \infty)$ gebe man ähnlich wie in Beispiel 39.1 einen einfachen Beweis des großen Umordnungssatzes an.
b) Mittels (32.1)–(32.3) folgere man daraus diesen für summierbare Familien $(a_i) \subseteq \mathbb{R}$ und schließlich auch das allgemeine Theorem 39.6.

39.5 Man gebe einen neuen Beweis von Theorem 33.12* unter Verwendung von Theorem 39.11 c).

39.6 Man beweise Theorem 39.11 b) ohne Verwendung des großen Umordnungssatzes. Dazu mache man den *Ansatz* $\frac{1}{f(z)} = \sum\limits_{k=0}^{\infty} d_k (z - z_0)^k$, berechne die d_k rekursiv und zeige dann $\rho > 0$ für den Konvergenzradius dieser Potenzreihe.

39.7 Für kleine $|z|$ zeige man die Entwicklungen

$$\frac{1}{\cos z} = 1 + \frac{1}{2} z^2 + \frac{5}{24} z^4 + \frac{61}{720} z^6 + \cdots,$$

$$\tan z = 1 + \frac{1}{3} z^3 + \frac{2}{15} z^5 + \frac{17}{315} z^7 + \cdots,$$

$$\frac{1}{z} - \frac{1}{\sin z} = -\frac{1}{6} z - \frac{7}{360} z^3 - \frac{31}{15120} z^5 - \frac{127}{604800} z^7 - \cdots,$$

$$-\frac{z}{\mathrm{Log}(1-z)} = 1 - \frac{1}{2} z - \frac{1}{12} z^2 - \frac{1}{24} z^3 - \frac{19}{720} z^4 - \cdots.$$

40   * Fourier-Reihen

Bemerkung: Der vorliegende Abschnitt gehört sicher zu den wichtigsten des
∗ - Teils dieses Buches; den Lesern sei insbesondere die Lektüre des ersten Teils
bis zu Folgerung 40.8, der Beispiele 40.10 sowie von Theorem 40.12 sehr empfohlen.

Schwingungsphänomene werden durch **periodische Funktionen** beschrieben. Für die Periode 2π hat man die *Grundschwingungen* $\sin x$ und $\cos x$, aber auch die *Oberschwingungen* $\sin kx$ und $\cos kx$ für $k \geq 2$. Es zeigt Abb. 40a die Funktionen $\sin x$, $\sin 2x$ (gepunktet) und $\sin 3x$.
Man versucht nun, möglichst allgemeine 2π-periodische Funktionen als *Überlagerungen* dieser *harmonischen Schwingungen* zu schreiben, d. h. als *Fourier-Reihen*

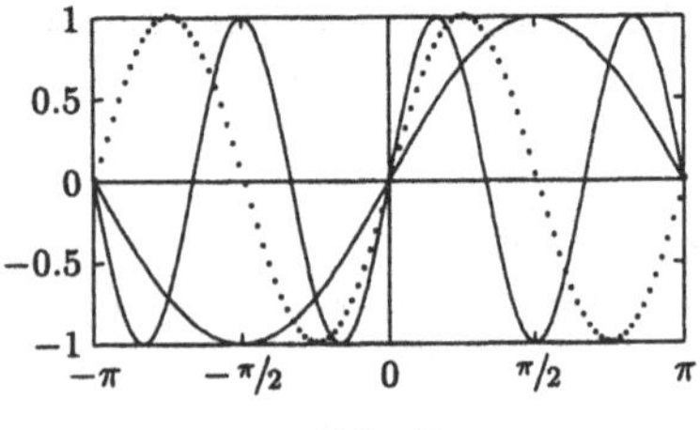

Abb. 40a

$$\tfrac{1}{2} a_0 + \sum\limits_{k=1}^{\infty} (a_k \cos kx + b_k \sin kx), \quad a_k, b_k \in \mathbb{C}, \quad x \in \mathbb{R}. \tag{1}$$

Nach der Eulerschen Formel (37.4) ist es äquivalent, Reihen der Form

$$\sum_{k=-\infty}^{\infty} c_k e^{ikx}\,, \quad c_k \in \mathbb{C}, \quad x \in \mathbb{R}, \tag{2}$$

zu betrachten, deren Konvergenz über die Partialsummen $(s_n := \sum_{k=-n}^{n} c_k e^{ikx})$
definiert sei. Die Koeffizienten hängen folgendermaßen zusammen:

$$c_k = \left\{ \begin{array}{ll} \frac{1}{2}\left(a_k - ib_k\right) &, \quad k > 0 \\ \frac{1}{2}a_0 &, \quad k = 0 \\ \frac{1}{2}\left(a_{-k} + ib_{-k}\right) &, \quad k < 0 \end{array} \right. , \tag{3}$$

$$\left\{ \begin{array}{ll} a_k = (c_k + c_{-k}) &, \quad k \geq 0 \\ b_k = i\,(c_k - c_{-k}) &, \quad k \geq 1 \end{array} \right. . \tag{4}$$

Man hat die folgenden *Orthogonalitätsrelationen*:

40.1 Feststellung. *Für* $m, n \in \mathbb{Z}$ *gilt:*

$$\frac{1}{2\pi} \int_{-\pi}^{\pi} e^{inx} e^{-imx}\, dx = \delta_{nm} := \left\{ \begin{array}{ll} 1 &, \quad n = m \\ 0 &, \quad n \neq m \end{array} \right. . \tag{5}$$

BEWEIS. Es ist $\frac{1}{2\pi} \int_{-\pi}^{\pi} e^{inx} e^{-imx}\, dx = \frac{1}{2\pi} \int_{-\pi}^{\pi} e^{i(n-m)x}\, dx$. Für $n = m$
ist dies 1; für $n \neq m$ erhält man $\frac{1}{2\pi} \frac{e^{i(n-m)x}}{i(n-m)}\big|_{-\pi}^{\pi} = 0$, da $e^{i(n-m)x}$ ja
2π-periodisch ist.   ◇

Es sei nun die Reihe $\sum_{k \in \mathbb{Z}} c_k e^{ikx}$ auf $\mathbb{R}$ *gleichmäßig konvergent*, z. B. gelte
$\sum_{k=-\infty}^{\infty} |c_k| < \infty$. Durch $f(x) := \sum_{k=-\infty}^{\infty} c_k e^{ikx}$ wird dann eine *stetige* und
2π- *periodische* Funktion $f \in \mathcal{C}_{2\pi}(\mathbb{R}, \mathbb{C})$ definiert. Die Koeffizienten c_k lassen sich wegen Feststellung 40.1 und Theorem 18.2 folgendermaßen aus der
Funktion f zurückgewinnen: Es ist

$$\frac{1}{2\pi} \int_{-\pi}^{\pi} f(x) e^{-imx}\, dx = \sum_{k=-\infty}^{\infty} c_k \frac{1}{2\pi} \int_{-\pi}^{\pi} e^{ikx} e^{-imx}\, dx = \sum_{k=-\infty}^{\infty} c_k \delta_{km} = c_m\,.$$

Es liegt daher der Versuch nahe, eine *vorgegebene* Funktion f folgendermaßen in eine Fourier-Reihe zu entwickeln:

40.2 Definition. *Für* $f \in \mathcal{R}[-\pi, \pi]$ *sei*

$$\widehat{f}(k) := \frac{1}{2\pi} \int_{-\pi}^{\pi} f(x)\, e^{-ikx}\, dx\,, \quad k \in \mathbb{Z}, \tag{6}$$

der k-te Fourier-Koeffizient *von f, und*

$$f(x) \ \sim \ \sum_{k \in \mathbb{Z}} \widehat{f}(k) \, e^{ikx} \tag{7}$$

sei die zu f assoziierte **Fourier-Reihe.**

Das Symbol „$\sim$“ in (7) behauptet i. a. keinerlei Konvergenz der Reihe.

Allgemeiner können Fourier-Reihen für Funktionen $f : [-\pi, \pi] \mapsto \mathbb{C}$ definiert werden, für die „$\int_{-\pi}^{\pi} |f(x)| \, dx$“ als *uneigentliches Integral* (mit endlich vielen Singularitäten) existiert; ein entsprechendes Beispiel enthält etwa Formel (38.8)*. In Band 2 werden noch allgemeiner Fourier-Reihen Lebesgue-integrierbarer Funktionen behandelt.

40.3 Beispiele. a) Für *gerade* bzw. *ungerade* Funktionen $f \in \mathcal{R}[-\pi, \pi]$ berechnet man die Fourier-Reihe zweckmäßigerweise in der Form (1), da dann die b_k bzw. a_k dort verschwinden. Aus (4) und (6) folgt

$$a_k \ = \ \tfrac{1}{\pi} \int_{-\pi}^{\pi} f(x) \cos kx \, dx \,, \quad k \in \mathbb{N}_0 \,, \tag{8}$$

$$b_k \ = \ \tfrac{1}{\pi} \int_{-\pi}^{\pi} f(x) \sin kx \, dx \,, \quad k \in \mathbb{N}. \tag{9}$$

b) Die Funktion $h(x) := \begin{cases} -1 &, \ -\pi < x < 0 \\ 0 &, \ x = 0, \pm\pi \\ 1 &, \ 0 < x < \pi \end{cases}$ ist ungerade. Aus

$$b_k \ = \ \frac{2}{\pi} \int_0^{\pi} \sin kx \, dx \ = \ \begin{cases} 0 &, \ k \text{ gerade} \\ \frac{4}{\pi k} &, \ k \text{ ungerade} \end{cases}$$

erhält man daher

$$h(x) \sim \frac{4}{\pi} \sum_{k=1}^{\infty} \frac{\sin(2k-1)x}{2k-1} \,. \tag{10}$$

Offenbar konvergiert die Reihe an den Sprungstellen $0, \pm\pi$ von h gegen den Mittelwert 0 der entsprechenden einseitigen Grenzwerte von h. Für $x \in (-\pi, \pi) \backslash \{0\}$ ergibt sich die Konvergenz der Reihe aus dem Dirichletschen Konvergenzkriterium (vgl. Aufgabe 38.1*), doch ist nicht unmittelbar klar, ob in (10) statt „$\sim$“ sogar „$=$“ gilt. $\square$

Dieses *Konvergenzproblem* wird nun allgemein untersucht.

40.4 Satz. *Es sei* $f \in \mathcal{R}[-\pi, \pi]$. *Für die Partialsummen*

$$s_n(f; x) := \sum_{k=-n}^{n} \widehat{f}(k) e^{ikx} \,, \quad x \in \mathbb{R}, \tag{11}$$

der Fourier-Reihe gilt die Darstellung

$$s_n(f;x) \;=\; \tfrac{1}{2\pi} \int_{-\pi}^{\pi} D_n(x-t)\, f(t)\, dt\,, \quad x \in \mathbb{R}, \tag{12}$$

mit den geraden, stetigen *und* 2π - periodischen **Dirichlet-Kernen**

$$D_n(s) \;=\; \frac{\sin\big((2n+1)\tfrac{s}{2}\big)}{\sin \tfrac{s}{2}}\,, \quad s \in \mathbb{R} \quad (\,D_n(2k\pi) = 2n+1\,)\,. \tag{13}$$

BEWEIS. Nach (11) und (25.4) gilt

$$s_n(f;x) \;=\; \sum_{k=-n}^{n} \tfrac{1}{2\pi} \int_{-\pi}^{\pi} f(t)\, e^{-ikt}\, dt \, e^{ikx} = \tfrac{1}{2\pi} \int_{-\pi}^{\pi} f(t) \sum_{k=-n}^{n} e^{ik(x-t)}\, dt$$

$$= \tfrac{1}{2\pi} \int_{-\pi}^{\pi} D_n(x-t)\, f(t)\, dt \quad \text{mit}$$

$$D_n(s) \;=\; \sum_{k=-n}^{n} e^{iks} = 1 + 2\sum_{k=1}^{n} \cos ks \;=\; \frac{\sin\big((2n+1)\tfrac{s}{2}\big)}{\sin \tfrac{s}{2}}\,. \qquad \diamond$$

Es zeigt Abb. 40b die Dirichlet-Kerne D_2 (gepunktet) und D_7, Abb. 40c die Funktion h aus Beispiel 40.3 b) zusammen mit $s_2(h)$ und $s_7(h)$.

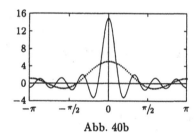

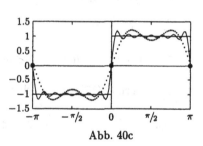

Abb. 40b   Abb. 40c

Es wird nun gezeigt, daß die Fourier-Reihe einer Funktion $f \in \mathcal{R}[-\pi,\pi]$ punktweise *Cesàro-konvergent* ist. Dazu werden die **Fejér-Kerne** $F_n \in \mathcal{C}_{2\pi}(\mathbb{R})$ als *arithmetische Mittel*

$$F_n(s) := \tfrac{1}{n} \sum_{j=0}^{n-1} D_j(s)\,, \quad s \in \mathbb{R}, \tag{14}$$

der Dirichlet-Kerne definiert. Für die arithmetischen Mittel

$$\sigma_n(f;x) := \tfrac{1}{n} \sum_{j=0}^{n-1} s_j(f;x) \tag{15}$$

der Partialsummen $s_n(f;x)$ der Fourier-Reihe von $f \in \mathcal{R}[-\pi,\pi]$ gilt dann

$$\sigma_n(f;x) \;=\; \tfrac{1}{2\pi} \int_{-\pi}^{\pi} F_n(x-t) f(t)\, dt\,, \quad x \in \mathbb{R}. \tag{16}$$

Es zeigt Abb. 40d die Fejér-Kerne F_3 (gepunktet) und F_8, Abb. 40e die Funktion h aus Beispiel 40.3 a) zusammen mit $\sigma_3(h)$ und $\sigma_8(h)$.

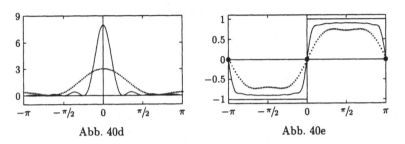

Abb. 40d   Abb. 40e

40.5 Satz. *a) Für die Fejér-Kerne $F_n \in C_{2\pi}(\mathbb{R})$ gilt*

$$F_n(s) \;=\; \frac{1}{n} \left(\frac{\sin \frac{ns}{2}}{\sin \frac{s}{2}} \right)^2, \quad s \in \mathbb{R} \quad (\, F_n(2k\pi) = n \,). \tag{17}$$

b) Es ist F_n gerade und $F_n \geq 0$; weiter gilt

$$\tfrac{1}{2\pi} \int_{-\pi}^{\pi} F_n(s)\,ds \;=\; 1, \tag{18}$$

$$\forall\, \delta > 0 \; \forall\, \varepsilon > 0 \; \exists\, n_0 \in \mathbb{N} \; \forall\, n \geq n_0 \;:\; \tfrac{1}{2\pi} \int_{\delta \leq |s| \leq \pi} F_n(s)\,ds \;\leq\; \varepsilon. \tag{19}$$

BEWEIS. a) Formel (17) ergibt sich aus

$$2\sin^2 \tfrac{s}{2} \sum_{j=0}^{n-1} D_j(s) \;=\; \sum_{j=0}^{n-1} 2\sin \tfrac{s}{2} \sin\big((2j+1)\tfrac{s}{2} \big)$$

$$=\; \sum_{j=0}^{n-1} \big(\cos js - \cos(j+1)s \big) \;=\; 1 - \cos ns \;=\; 2\sin^2 \tfrac{ns}{2}.$$

b) Die ersten Aussagen folgen sofort aus a). Setzt man $f = 1$ in (12), so ergibt sich $\tfrac{1}{2\pi} \int_{-\pi}^{\pi} D_n(s)\,ds = 1$ und daher auch (18). Schließlich gibt es $\eta > 0$ mit $\sin^2 \tfrac{s}{2} \geq \eta > 0$ für $\delta \leq |s| \leq \pi$, und daraus folgt $F_n(s) \leq \tfrac{1}{n\eta} \leq \varepsilon$ für $n \geq n_0$. $\Diamond$

40.6 Definition. *a) Für $f \in \mathcal{R}[-\pi,\pi]$ definiert man $\widetilde{f}$ als 2π - periodische Fortsetzung von $f|_{(-\pi,\pi]}$ auf $\mathbb{R}$.*
b) Für $f \in \mathcal{R}[-\pi,\pi]$ definiert man $f^* : \mathbb{R} \mapsto \mathbb{C}$ durch

$$f^*(x) := \tfrac{1}{2} \big(\widetilde{f}(x^+) + \widetilde{f}(x^-) \big), \quad x \in \mathbb{R}. \tag{20}$$

In Stetigkeitspunkten von $\widetilde{f}$ gilt natürlich $f^*(x) = \widetilde{f}(x)$. Für die Funktion h aus Beispiel 40.3 b) gilt $h^*(x) = \widetilde{h}(x)$ auch in den Sprungstellen.

Zum Beweis des nun folgenden Hauptergebnisses dieses Abschnitts werden nur die in Satz 40.5 b) angegebenen Eigenschaften der Fejér-Kerne benutzt, nicht aber ihre explizite Form (17).

40.7 Theorem (Fejér). *a) Für* $f \in \mathcal{R}[-\pi, \pi]$ *gilt* $\sigma_n(f;x) \to f^*(x)$ *für alle* $x \in \mathbb{R}$.
b) Für $f \in \mathcal{C}_{2\pi}(\mathbb{R})$ *gilt* $\sigma_n(f;x) \to f(x)$ *gleichmäßig auf* $\mathbb{R}$.

BEWEIS. a) Es sei $x \in \mathbb{R}$ fest. Da die Funktion $t \mapsto F_n(x-t)\,\widetilde{f}(t)$ die Periode 2π hat, folgt aus (16) mit der Substitution $s = x - t$ auch

$$\sigma_n(f;x) = -\frac{1}{2\pi} \int_{x+\pi}^{x-\pi} F_n(s)\,\widetilde{f}(x-s)\,ds = \frac{1}{2\pi} \int_{-\pi}^{\pi} F_n(t)\,\widetilde{f}(x-t)\,dt. \quad (21)$$

Da F_n gerade ist, folgt aus (18) auch $\frac{1}{2\pi} \int_0^\pi F_n(s)\,ds = \frac{1}{2}$ und daher

$$\tfrac{1}{2}\widetilde{f}(x^-) - \frac{1}{2\pi} \int_0^\pi F_n(t)\,\widetilde{f}(x-t)\,dt = \frac{1}{2\pi} \int_0^\pi F_n(t)\left(\widetilde{f}(x^-) - \widetilde{f}(x-t)\right) dt.$$

Zu $\varepsilon > 0$ gibt es nun $\delta > 0$ mit $|\widetilde{f}(x^-) - \widetilde{f}(x-t)| \le \varepsilon$ für $0 < t \le \delta$. Man wählt dann $n_0 \in \mathbb{N}$ wie in (19) und erhält

$$|\,\tfrac{1}{2}\widetilde{f}(x^-) - \frac{1}{2\pi} \int_0^\pi F_n(t)\,\widetilde{f}(x-t)\,dt\,|$$
$$\le \frac{1}{2\pi}\left(\int_0^\delta F_n(t)\,|\widetilde{f}(x^-) - \widetilde{f}(x-t)|\,dt + \int_\delta^\pi F_n(t)\,|\widetilde{f}(x^-) - \widetilde{f}(x-t)|\,dt\right)$$
$$\le \frac{\varepsilon}{2\pi} \int_0^\pi F_n(t)\,dt + \frac{2\|f\|}{2\pi} \int_\delta^\pi F_n(t)\,dt$$
$$\le (1 + 2\|f\|)\varepsilon \quad \text{für } n \ge n_0.$$

Genauso folgt auch

$$|\,\tfrac{1}{2}\widetilde{f}(x^+) - \frac{1}{2\pi} \int_{-\pi}^0 F_n(t)\,\widetilde{f}(x-t)\,dt\,| \le (1 + 2\|f\|)\varepsilon$$

ab einem eventuell größeren $n_0 \in \mathbb{N}$, nach (20) und (21) insgesamt also

$$|f^*(x) - \sigma_n(f;x)| \le (2 + 4\|f\|)\varepsilon \quad \text{für } n \ge n_0.$$

b) Im Fall $f \in \mathcal{C}_{2\pi}(\mathbb{R})$ ist $f = \widetilde{f} = f^*$ *gleichmäßig* stetig auf $\mathbb{R}$; im Beweis von a) kann daher $\delta > 0$ und somit auch n_0 *unabhängig* von $x \in \mathbb{R}$ gewählt werden. $\diamond$

Aus dem Satz von Fejér (und Aufgabe 5.11 a)) ergibt sich sofort:

40.8 Folgerung. *Ist die Fourier-Reihe von* $f \in \mathcal{R}[-\pi, \pi]$ *an einer Stelle* $x \in \mathbb{R}$ *konvergent, so gilt*

$$\sum_{k=-\infty}^{\infty} \widehat{f}(k)\, e^{ikx} = f^*(x). \tag{22}$$

40.9 Bemerkung. a) Ist für $f \in \mathcal{R}[-\pi, \pi]$ die Funktion $\widetilde{f}$ in jedem Punkt eines kompakten Intervalls $[a, b] \subseteq \mathbb{R}$ stetig, d. h. gilt $\widetilde{f} \in \mathcal{C}[a, b]$ und zusätzlich $\widetilde{f}(a) = \widetilde{f}(a^-)$, $\widetilde{f}(b) = \widetilde{f}(b^+)$, so gilt $\sigma_n(f; x) \to \widetilde{f}(x)$ gleichmäßig auf $[a, b]$. In der Tat läßt sich wie in Theorem 13.7 die folgende „gleichmäßige Stetigkeit über den Rand hinaus" von f auf $[a, b]$ zeigen:

$$\forall\, \varepsilon > 0\; \exists\, \delta > 0\; \forall\, x \in I, y \in \mathbb{R}\; : \; |x - y| < \delta \;\Rightarrow\; |f(x) - f(y)| < \varepsilon. \tag{23}$$

Aufgrund von (23) kann dann im Beweis von Theorem 40.7 a) wieder $\delta > 0$ und somit auch n_0 *unabhängig* von $x \in [a, b]$ gewählt werden.

b) Die Aussage in a) ist i. a. *nicht* richtig, wenn nur $\widetilde{f} \in \mathcal{C}[a, b]$ vorausgesetzt wird. Ist etwa $\widetilde{f}(a) \neq \widetilde{f}(a^-)$, so gilt ja $\sigma_n(f; a) \to f^*(a) \neq \widetilde{f}(a)$, und die Konvergenz auf (a, b) kann nicht gleichmäßig sein (vgl. Folgerung 14.17). $\square$

40.10 Beispiele. a) Wegen $h^* = \widetilde{h}$ gilt in Formel (10) also tatsächlich „$=$", und man erhält

$$\sin x + \tfrac{\sin 3x}{3} + \tfrac{\sin 5x}{5} + \cdots = \begin{cases} \frac{\pi}{4} &, \quad 2n\pi < x < (2n+1)\pi \\ 0 &, \quad x \in \pi\mathbb{Z} \\ -\frac{\pi}{4} &, \quad (2n-1)\pi < x < 2n\pi \end{cases}. \tag{24}$$

b) Es wird die Fourier-Entwicklung der Funktion $f \in \mathcal{R}^{loc}(\mathbb{R})$ berechnet, die durch $f(x) := \begin{cases} \frac{\pi - x}{2} &, \quad 0 < x < 2\pi \\ 0 &, \quad x = 0, 2\pi \end{cases}$ und 2π-periodische Fortsetzung definiert sei (vgl. Abb. 40f). Da f ungerade ist, gilt $a_k = 0$, und man hat

$$\begin{aligned} b_k &= \tfrac{1}{\pi} \int_0^{2\pi} \tfrac{\pi - x}{2} \sin kx\, dx = -\tfrac{1}{2\pi} \int_0^{2\pi} x \sin kx\, dx \\ &= \tfrac{1}{2\pi}\left(x\,\tfrac{\cos kx}{k}\big|_0^{2\pi} \right) - \tfrac{1}{2\pi} \int_0^{2\pi} \tfrac{\cos kx}{k}\, dx = \tfrac{1}{2\pi k}\, 2\pi \cos 2\pi k = \tfrac{1}{k}. \end{aligned}$$

Folglich gilt $f(x) \sim \sum_{k=1}^{\infty} \tfrac{\sin kx}{k}$. Nach dem Dirichletschen Konvergenzkriterium ist die Reihe auf $\mathbb{R}$ punktweise konvergent (vgl. Beispiel 38.5* c)), und wegen $f = f^*$ gilt $f(x) = \sum_{k=1}^{\infty} \tfrac{\sin kx}{k}$ nach Folgerung 40.8. Insbesondere hat man

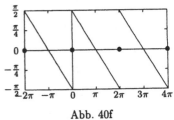

Abb. 40f

$$\frac{\pi - x}{2} = \sum_{k=1}^{\infty} \frac{\sin kx}{k}, \quad 0 < x < 2\pi, \tag{25}$$

in Übereinstimmung mit (38.9)*. Im nächsten Abschnitt werden sich aus (25) weitere interessante Reihenentwicklungen ergeben.   □

40.11 Beispiele. a) Für $z \in \mathbb{C} \backslash \mathbb{Z}$ wird die Fourier-Entwicklung der geraden Funktion $c_z \in C[-\pi, \pi]$, $c_z(x) := \cos zx$ berechnet. Man hat $b_k = 0$ und

$$
\begin{aligned}
a_k &= \frac{2}{\pi} \int_0^\pi \cos zx \cos kx \, dx = \frac{1}{\pi} \int_0^\pi \big(\cos(z+k)x + \cos(z-k)x \big) \, dx \\
&= \frac{1}{\pi} \left(\frac{\sin (z+k)x}{z+k} + \frac{\sin (z-k)x}{z-k} \right)\Big|_0^\pi \\
&= \frac{1}{\pi(z^2 - k^2)} \big((z-k) \sin (z+k)\pi + (z+k) \sin (z-k)\pi \big) \\
&= \frac{1}{\pi(z^2 - k^2)} \big((-1)^k (z-k) \sin z\pi + (-1)^k (z+k) \sin z\pi \big) \\
&= \frac{2}{\pi} z \sin z\pi \, \frac{(-1)^k}{z^2 - k^2} \, .
\end{aligned}
$$

Wegen $|a_k| = O(\frac{1}{k^2})$ ist die Fourier-Reihe von c_z also normal konvergent auf $\mathbb{R}$, und aus Satz 40.8 folgt

$$\cos zx = \frac{2}{\pi} z \sin z\pi \left(\frac{1}{2z^2} + \sum_{k=1}^{\infty} (-1)^k \frac{\cos kx}{z^2 - k^2} \right), \quad x \in [-\pi, \pi]. \tag{26}$$

b) Setzt man $x = \pi$ in (26) und dividiert durch $\sin z\pi$, so ergibt sich $\cot z\pi = \frac{\cos z\pi}{\sin z\pi} = \frac{2z}{\pi} \left(\frac{1}{2z^2} + \sum_{k=1}^{\infty} (-1)^k \frac{(-1)^k}{z^2 - k^2} \right)$ und damit die *Partialbruchzerlegung des Kotangens*

$$\pi \cot \pi z = \frac{1}{z} + 2z \sum_{k=1}^{\infty} \frac{1}{z^2 - k^2}, \quad z \in \mathbb{C} \backslash \mathbb{Z}. \tag{27}$$

Für einen kompakten Kreis $K := \overline{K}_r(0) \subseteq \mathbb{C}$ und $\mathbb{N} \ni k_0 \geq 2r$ gilt $\inf_{z \in K} |z^2 - k^2| \geq \frac{k^2}{2}$ für $k \geq k_0$, so daß die Reihe $\sum_{k \geq k_0} \frac{1}{z^2 - k^2}$ auf K normal konvergent ist.

c) Für $x \in \mathbb{R}$ mit $|x| < 1$ gilt

$$\pi \int_0^x \big(\cot \pi t - \frac{1}{\pi t} \big) \, dt = \big(\log | \sin \pi t | - \log | \pi t | \big)\Big|_0^x = \log \frac{\sin \pi x}{\pi x}$$

und andererseits auch

$$\sum_{k=1}^{\infty} \int_0^x \frac{2t}{t^2 - k^2} \, dt = \sum_{k=1}^{\infty} \log | t^2 - k^2 | \Big|_0^x = \sum_{k=1}^{\infty} \log \frac{k^2 - x^2}{k^2} \, .$$

Anwendung der Exponentialfunktion liefert dann die *Produktdarstellung des Sinus*

$$\sin \pi x = \pi x \prod_{k=1}^{\infty} \left(1 - \frac{x^2}{k^2}\right), \quad -1 < x < 1. \tag{28}$$

In Band 2 soll gezeigt werden, daß dies sogar für alle $x \in \mathbb{C}$ gilt (vgl. auch Aufgabe 40.9). Für $x = \frac{1}{2}$ ergibt sich

$$1 = \frac{\pi}{2} \prod_{k=1}^{\infty} \left(1 - \frac{1}{4k^2}\right) = \frac{\pi}{2} \prod_{k=1}^{\infty} \frac{(2k-1)(2k+1)}{(2k)^2}$$

und damit wieder die *Wallissche Produktformel* (24.21) für $\frac{\pi}{2}$. □

Der Satz von Fejér impliziert, daß stetige 2π-periodische Funktionen gleichmäßig durch *trigonometrische Polynome*

$$T_m(x) := \sum_{k=-m}^{m} c_k e^{ikx} \tag{29}$$

approximiert werden können. Daraus folgt leicht auch die folgende wichtige Aussage über die *gleichmäßige Approximation stetiger Funktionen durch Polynome* (vgl. auch Aufgabe 17.10*) :

40.12 Theorem (Weierstraßscher Approximationssatz). *Es seien* $J \subseteq \mathbb{R}$ *ein kompaktes Intervall,* $f \in C(J, \mathbb{C})$ *und* $\varepsilon > 0$. *Dann gibt es ein Polynom* $P \in \mathbb{C}[x]$ *mit*

$$\| f - P \|_J = \sup_{x \in J} | f(x) - P(x) | \leq \varepsilon. \tag{30}$$

BEWEIS. Durch eine lineare Substitution $x = \alpha t + \beta$ kann $J \subseteq (-\pi, \pi)$ erreicht werden. Da f zu einer stetigen Funktion in $C_{2\pi}(\mathbb{R})$ fortgesetzt werden kann (vgl. Aufgabe 8.6), gibt es nach dem Satz von Fejér 40.7 b) ein $m \in \mathbb{N}$ und Zahlen $(c_k)_{-m \leq k \leq m} \subseteq \mathbb{C}$ mit

$$\sup_{x \in J} | f(x) - \sum_{k=-m}^{m} c_k e^{ikx} | \leq \frac{\varepsilon}{2}.$$

Aufgrund der auf J gleichmäßig konvergenten Entwicklung $e^{ikx} = \sum_{\ell=0}^{\infty} \frac{(ikx)^\ell}{\ell!}$ gibt es $n_k \in \mathbb{N}$ mit

$$\sup_{x \in J} | c_k | | e^{ikx} - \sum_{\ell=0}^{n_k} \frac{(ikx)^\ell}{\ell!} | \leq \frac{\varepsilon}{2(2m+1)}.$$

Mit $P(x) := \sum_{k=-m}^{m} c_k \sum_{\ell=0}^{n_k} \frac{(ikx)^\ell}{\ell!} \in \mathbb{C}[x]$ folgt dann die Behauptung.   ◇

Für $f \in C(J, \mathbb{R})$ kann natürlich $P \in \mathbb{R}[x]$ gewählt werden; notfalls ersetzt man einfach P durch $\mathrm{Re}\, P$.

Bemerkung: Eine an dieser Stelle ohne weiteres mögliche Behandlung der Konvergenz von Fourier-Reihen im quadratischen Mittel soll erst in Band 2 im Rahmen der Hilbertraum-Theorie erfolgen. Statt dessen wird hier noch auf das schwierigere Problem der punktweisen und gleichmäßigen Konvergenz eingegangen.

Für eine Funktion $f \in \mathcal{R}[-\pi, \pi]$ ist die Fourier-Reihe *i. a.* nicht punktweise konvergent, selbst nicht für $f \in C_{2\pi}(\mathbb{R})$; diese Tatsache soll erst in Band 2 bewiesen werden. Dagegen läßt sich die *punktweise* oder auch *gleichmäßige* Konvergenz von Fourier-Reihen aus zusätzlichen *Glattheits- oder Monotonie-Bedingungen* folgern.

Genügend starke *Differenzierbarkeitsvoraussetzungen* implizieren die *normale Konvergenz* von Fourier-Reihen:

40.13 Satz. *a) Für $f \in C_{2\pi}(\mathbb{R}) \cap C^1(\mathbb{R})$ gilt*

$$\widehat{f}(k) = \tfrac{1}{ik}\, \widehat{f'}(k) \quad \textit{für } k \in \mathbb{Z}\backslash\{0\}. \tag{31}$$

b) Für $m \in \mathbb{N}_0$ und $f \in C_{2\pi}(\mathbb{R}) \cap C^m(\mathbb{R})$ gilt

$$|\widehat{f}(k)| \leq \frac{\|f^{(m)}\|}{|k|^m} \quad \textit{für } k \in \mathbb{Z}\backslash\{0\}; \tag{32}$$

für $m \geq 2$ ist die Fourier-Reihe von f normal konvergent (gegen f).

BEWEIS. a) folgt durch partielle Integration aus (6), da sich die Randterme wegen der 2π-Periodizität wegheben.
b) Mit f sind auch alle Ableitungen $f^{(j)}$, $j = 1, \ldots, m$, 2π-periodisch; aus a) folgt daher induktiv $\widehat{f}(k) = \frac{1}{(ik)^m}\, \widehat{f^{(m)}}(k)$ für $k \in \mathbb{Z}\backslash\{0\}$. Damit folgt (32) unmittelbar aus (6), und die letzte Behauptung ergibt sich aus $\|\widehat{f}(k)\, e^{ikx}\| = |\widehat{f}(k)|$.   ◇

Auch für $f \in C_{2\pi}(\mathbb{R}) \cap C^1(\mathbb{R})$ ist die Fourier-Reihe normal konvergent; eine noch allgemeinere Aussage wird in Band 2 gezeigt.

Für die *punktweise Konvergenz* von Fourier-Reihen genügen wesentlich schwächere Glattheits-Bedingungen:

Für $f \in \mathcal{R}[-\pi, \pi]$ und $x \in \mathbb{R}$ gilt nach (12) und (13) analog zu (21) :

$$s_n(f;x) - \widetilde{f}(x) = \frac{1}{2\pi} \int_{-\pi}^{\pi} \frac{\widetilde{f}(x-t) - \widetilde{f}(x)}{\sin \frac{t}{2}} \sin(2n+1)\frac{t}{2} \, dt, \qquad (33)$$

$$s_n(f;x) - f^*(x) = \frac{1}{2\pi} \int_{0}^{\pi} \frac{\widetilde{f}(x-t) - \widetilde{f}(x^-)}{\sin \frac{t}{2}} \sin(2n+1)\frac{t}{2} \, dt \qquad (34)$$

$$+ \frac{1}{2\pi} \int_{-\pi}^{0} \frac{\widetilde{f}(x-t) - \widetilde{f}(x^+)}{\sin \frac{t}{2}} \sin(2n+1)\frac{t}{2} \, dt.$$

Aus $\lim\limits_{t \to 0} \frac{\sin t}{t} = 1$ und dem Riemann-Lebesgue Lemma 25.8 folgt daher:

40.14 Satz (Dini). *Es seien $f \in \mathcal{R}[-\pi, \pi]$ und $x \in \mathbb{R}$, so daß die uneigentlichen Integrale*

$$\int_{0\downarrow}^{\pi} \frac{\widetilde{f}(x-t) - \widetilde{f}(x^-)}{t} \, dt \quad und \quad \int_{-\pi}^{\uparrow 0} \frac{\widetilde{f}(x-t) - \widetilde{f}(x^+)}{t} \, dt$$

absolut konvergieren. Dann gilt $\sum\limits_{k=-\infty}^{\infty} \widehat{f}(k) \, e^{ikx} = f^*(x)$.

Aufgrund von Beispiel 25.3 d) ergibt sich daraus unmittelbar:

40.15 Folgerung (Lipschitz). *Für $f \in \mathcal{R}[-\pi, \pi]$ erfülle $\widetilde{f}$ für ein $0 < \alpha \leq 1$ in $x \in \mathbb{R}$ die Hölder-Bedingung*

$$\exists \, \eta > 0, \, C > 0 \; \forall \, t \in [-\eta, \eta] : \; |\widetilde{f}(x-t) - \widetilde{f}(x)| \leq C|t|^\alpha. \qquad (35)$$

Dann gilt $\sum\limits_{k=-\infty}^{\infty} \widehat{f}(k) \, e^{ikx} = \widetilde{f}(x)$.

40.16 Folgerung (Riemannscher Lokalisierungssatz). *Gegeben seien Funktionen $g, h \in \mathcal{R}[-\pi, \pi]$. Stimmen $\widetilde{g}$ und $\widetilde{h}$ auf einem kleinen Intervall um $x \in \mathbb{R}$ überein, so gilt $\sum\limits_{k=-n}^{n} (\widehat{g}(k) - \widehat{h}(k)) e^{ikx} \to 0$.*

Beweis. Für ein $\eta > 0$ gilt $\widetilde{g}(s) - \widetilde{h}(s) = 0$ für $|s - x| \leq \eta$; die Funktion $f := g - h$ erfüllt also Bedingung (35). $\qquad \diamond$

Die *Konvergenz* der Fourier-Reihe einer Funktion $f \in \mathcal{R}[-\pi, \pi]$ in einem speziellen Punkt x hängt also nur vom *Verhalten* von f *in der Nähe von x* ab, obwohl für die Bestimmung der Fourier-Koeffizienten $(\widehat{f}(k))$ nach (6) *alle* Funktionswerte von f auf $[-\pi, \pi]$ benötigt werden.

Auch für *Funktionen von beschränkter Variation* konvergiert die Fourier-Reihe punktweise; der Beweis beruht auf dem Satz von Fejér und dem Satz 38.18* über Cesàro-Konvergenz. Für $f : [a, b] \mapsto \mathbb{C}$ läßt sich der Begriff der beschränkten Variation wie in Definition 23.4* erklären, und wegen (27.2) gilt $f \in \mathcal{BV}([a, b], \mathbb{C}) \Leftrightarrow \operatorname{Re} f \in \mathcal{BV}([a, b], \mathbb{R})$ und $\operatorname{Im} f \in \mathcal{BV}([a, b], \mathbb{R})$.

40.17 Satz (Dirichlet-Jordan). *a) Für eine Funktion* $f \in \mathcal{BV}[-\pi, \pi]$ *gilt* $|\widehat{f}(k)| = O(\frac{1}{|k|})$ *für* $|k| \to \infty$ *sowie* $\sum\limits_{k=-\infty}^{\infty} \widehat{f}(k)\, e^{ikx} = f^*(x)$ *für alle* $x \in \mathbb{R}$.

b) Für $f \in \mathcal{C}_{2\pi}(\mathbb{R}) \cap \mathcal{BV}[-\pi, \pi]$ *gilt sogar* $\sum\limits_{k=-\infty}^{\infty} \widehat{f}(k)\, e^{ikx} = f(x)$ *gleichmäßig auf* $\mathbb{R}$.

BEWEIS. Man kann f als reellwertig annehmen, und aufgrund der Jordan-Zerlegung 23.9* genügt es, $|\widehat{f}(k)| = O(\frac{1}{|k|})$ für $|k| \to \infty$ für *monoton wachsende* Funktionen f nachzuweisen. Nach dem zweiten Mittelwertsatz der Integralrechnung 38.20* gilt für $k > 0$:

$$a_k = \frac{1}{\pi} \int_{-\pi}^{\pi} f(x) \cos kx \, dx$$
$$= \frac{f((-\pi)^+)}{\pi} \int_{-\pi}^{\xi} \cos kx \, dx + \frac{f(\pi^-)}{\pi} \int_{\xi}^{\pi} \cos kx \, dx , \quad \text{also}$$
$$|a_k| \leq \frac{1}{k} \left| \frac{f((-\pi)^+)}{\pi} (\sin k\xi - \sin(-k\pi)) + \frac{f(\pi^-)}{\pi} (\sin k\pi - \sin k\xi) \right|$$
$$\leq \frac{4}{\pi} \|f\| \frac{1}{k} .$$

Genauso folgt auch $|b_k| \leq \frac{4}{\pi} \|f\| \frac{1}{k}$ für $k > 0$ und somit nach (3) auch $|\widehat{f}(k)| \leq \frac{4}{\pi} \|f\| \frac{1}{|k|}$ für $|k| \geq 1$. Die übrigen Behauptungen folgen nun aus dem Satz von Fejér und Satz 38.18*.   ◇

40.18 Bemerkungen. a) Für die Konvergenz der Fourier-Reihe von $f \in \mathcal{R}[-\pi, \pi]$ in einem speziellen Punkt $x \in \mathbb{R}$ genügt es nach dem Riemannschen Lokalisierungssatz, daß $\widetilde{f}$ auf einem kleinen Intervall um x von beschränkter Variation ist.

b) Erfüllt $\widetilde{f}$ auf einem kompakten Intervall J die *Hölder-Bedingung*

$$\exists\, \eta > 0,\, C > 0\, \forall\, x \in J,\, |t| \leq \eta : |\widetilde{f}(x - t) - \widetilde{f}(x)| \leq C\, |t|^{\alpha} \tag{36}$$

für ein $0 < \alpha \leq 1$, so gilt $\sum\limits_{k=-\infty}^{\infty} \widehat{f}(k)\, e^{ikx} = \widetilde{f}(x)$ gleichmäßig auf J.

Zum BEWEIS verwendet man Formel (33). Da die Integrale $\displaystyle\int_{-\pi}^{\uparrow 0} \frac{|t|^{\alpha}}{\sin \frac{t}{2}}\, dt$ und $\displaystyle\int_{0\downarrow}^{\pi} \frac{t^{\alpha}}{\sin \frac{t}{2}}\, dt$ *absolut* konvergieren, gibt es wegen (36) zu $\varepsilon > 0$ ein $\delta > 0$

mit $0 < \delta \leq \eta$ und

$$\sup_{x \in J} \frac{1}{2\pi} \int_{-\delta}^{\delta} \left| \frac{\widetilde{f}(x-t) - \widetilde{f}(x)}{\sin \frac{t}{2}} \sin(2n+1)\frac{t}{2} \right| dt \leq \varepsilon \quad \text{für } n \in \mathbb{N}. \qquad (37)$$

Man hat $\widetilde{f}(x) \int_{\delta \leq |t| \leq \pi} \frac{\sin(2n+1)\frac{t}{2}}{\sin \frac{t}{2}} dt \to 0$ *gleichmäßig* in $x \in \mathbb{R}$ nach
dem Riemann-Lebesgue Lemma, da $\widetilde{f}$ beschränkt ist. Dessen Beweis zeigt
schließlich auch

$$\sup_{x \in \mathbb{R}} \left| \int_{\delta \leq |t| \leq \pi} \frac{\widetilde{f}(x-t)}{\sin \frac{t}{2}} \sin(2n+1)\frac{t}{2} dt \right| \to 0 \quad \text{für } n \to \infty. \qquad (38)$$

c) Aufgrund von b) gilt der Riemannsche Lokalisierungssatz in schärferer
Form: Aus $\widetilde{g} = \widetilde{h}$ auf $[a-\eta, b+\eta]$ für $\eta > 0$ folgt $\sum_{k=-n}^{n} (\widehat{g}(k) - \widehat{h}(k)) e^{ikx} \to 0$
gleichmäßig auf $[a, b]$.

d) Durch Kombination von Bemerkung 40.9, c), Satz 40.17 a) und Satz
38.18* ergibt sich schließlich die folgende Version des Satzes von Dirichlet-
Jordan: Ist $\widetilde{f}$ in jedem Punkt von $[a, b]$ stetig (vgl. Bemerkung 40.9) und
auf $[a-\eta, b+\eta]$ von beschränkter Variation, so gilt $\sum_{k=-\infty}^{\infty} \widehat{f}(k) e^{ikx} = \widetilde{f}(x)$
gleichmäßig auf $[a, b]$.   □

Aufgaben

40.1 Man beweise die Formeln (3) und (4).

40.2 Für die Funktion $f(x) := \begin{cases} x + \frac{\pi}{2} &, \quad -\pi \leq x \leq 0 \\ -x + \frac{\pi}{2} &, \quad 0 \leq x \leq \pi \end{cases}$ zeige man
die normal konvergente Entwicklung $\widetilde{f}(x) = \frac{4}{\pi} \sum_{k=0}^{\infty} \frac{\cos(2k+1)x}{(2k+1)^2}$, $x \in \mathbb{R}$.
Man folgere $\sum_{k=0}^{\infty} \frac{1}{(2k+1)^2} = \frac{\pi^2}{8}$.

40.3 Man zeige die normal konvergente Entwicklung

$$|\sin x| = \frac{2}{\pi} - \frac{4}{\pi} \sum_{k=1}^{\infty} \frac{\cos 2kx}{(2k-1)(2k+1)}.$$

Was erhält man für $x = 0$ und $x = \frac{\pi}{2}$?

40.4 Analog zu Beispiel 25.6 b) zeige man für die Dirichlet-Kerne

$$\exists\, c > 0 \; \forall\, n \in \mathbb{N} \;\; : \;\; \tfrac{1}{2\pi} \int_0^\pi \big| D_n(t) \big|\, dt \;\geq\; c \log n \,.$$

40.5 Für $f \in \mathcal{R}[-\pi, \pi]$ sei $\tilde{f}$ in $x \in \mathbb{R}$ differenzierbar.
Man zeige $\sum\limits_{k=-\infty}^{\infty} \hat{f}(k)\, e^{ikx} = \tilde{f}(x)$.

40.6 Für $\gamma > 1$ beweise man Folgerung 40.15 und Bemerkung 40.18 b) unter der schwächeren Bedingung „$\leq C \,(\log \frac{1}{|t|})^{-\gamma}$" (statt „$\leq C\,|t|^\alpha$") in (35) und (36).

40.7 a) Man konstruiere eine stetige und monoton wachsende Funktion $g : [-\pi, \pi] \mapsto \mathbb{R}$, auf die der Satz von Dini 40.14 in 0 nicht anwendbar ist.
b) Für welche Exponenten α erfüllt die Funktion $f : x \mapsto x W(x)$ aus Beispiel 23.6* die Hölder-Bedingung (36) auf $J = [-\pi, \pi]$?
c) Zu $0 < \alpha < 1$ konstruiere man eine Funktion $h \in \mathcal{C}[-\pi, \pi]$, die (36) auf $J = [-\pi, \pi]$ erfüllt, dort aber nicht von beschränkter Variation ist.

40.8 a) Für $f \in \mathcal{R}[-\pi, \pi]$ zeige man $|\sigma_n(f; x)| \leq \|f\|$ für alle $x \in \mathbb{R}$ und $n \in \mathbb{N}$ (vgl. Abb. 40e).
b) Für die Funktion h aus Beispiel 40.3 b) und $n \in \mathbb{N}$ zeige man

$$s_{2n-1}(h; x) \;=\; s_{2n}(h; x) \;=\; \tfrac{2}{\pi} \int_0^x \tfrac{\sin 2nt}{\sin t}\, dt$$

und berechne die lokalen Extremalstellen von s_{2n} (vgl. Abb. 40c).
c) Man zeige (im Gegensatz zu a)) das *Gibbssche Phänomen*:

$$\lim_{n \to \infty} s_{2n}(h; \tfrac{\pi}{2n}) \;=\; \tfrac{2}{\pi} \int_0^\pi \tfrac{\sin t}{t}\, dt \;=\; 1.17898\ldots > 1\,.$$

d) Für $f \in \mathcal{BV}[-\pi, \pi]$ und $a \in \mathbb{R}$ zeige man $\tilde{f}(x) = c\, h(x - a) + \varphi(x)$ für x nahe a mit einer geeigneten Zahl $c \in \mathbb{C}$ und einer in a *stetigen* Funktion φ. Das Gibbssche Phänomen tritt somit in *jeder Sprungstelle* von f auf.

40.9 Man zeige, daß das unendliche Produkt in (28) für alle $z \in \mathbb{C}$ absolut konvergiert und die *Periode* 2 hat. Man schließe daraus die Gültigkeit von Formel (28) für alle $x \in \mathbb{R}$.

40.10 Man führe den Beweis von (38) aus.

41   * Bernoulli-Polynome und Eulersche Summenformel

Aufgabe: Man versuche, $\sum\limits_{k=1}^{m-1} k^p = \frac{1}{p+1}\, m^{p+1} - \frac{1}{2}\, m^p + \frac{p}{12}\, m^{p-1} + O(m^{p-3})$ für $p \geq 3$ zu zeigen.

In diesem Abschnitt werden mit Hilfe der *Bernoulli-Polynome* die *Euler-schen Formeln* für die *Werte $\zeta(2m)$*, $m \in \mathbb{N}$, der *Riemannschen ζ -Funktion* hergeleitet und wird mit Hilfe der *Eulerschen Summenformel* die *Stirlings-che Formel verfeinert.*

41.1 Beispiele. a) Ausgangspunkt für die Berechnung der $\zeta(2m)$ ist die in (38.9)* und (40.25)* gezeigte Formel

$$g(t) := \frac{\pi - t}{2} = \sum_{k=1}^{\infty} \frac{\sin kt}{k}, \quad 0 < t < 2\pi. \tag{1}$$

Setzt man $t = 2\pi x$ in (1) ein, so erhält man

$$B_1(x) := x - \frac{1}{2} = -\frac{1}{\pi} \sum_{k=1}^{\infty} \frac{\sin 2k\pi x}{k}, \quad 0 < x < 1, \tag{2}$$

wobei die Reihe auf jedem kompakten Intervall $J \subseteq (0,1)$ gleichmäßig konvergiert. Daher ist $f(x) := \frac{1}{\pi^2} \sum\limits_{k=1}^{\infty} \frac{\cos 2k\pi x}{k^2}$ eine Stammfunktion von $2x - 1$ auf $(0,1)$, und es folgt $f(x) = x^2 - x + c$. Nun ist

$$\int_0^1 f(x)\, dx = \frac{1}{\pi^2} \sum_{k=1}^{\infty} \frac{1}{k^2} \int_0^1 \cos 2k\pi x\, dx = 0$$

wegen $\sum\limits_{k=1}^{\infty} \frac{1}{k^2} < \infty$ und Theorem 18.2. Somit muß $c = \frac{1}{6}$ sein, und es folgt

$$B_2(x) := x^2 - x + \frac{1}{6} = \frac{1}{\pi^2} \sum_{k=1}^{\infty} \frac{\cos 2k\pi x}{k^2}, \quad 0 < x < 1. \tag{3}$$

Da beide Seiten von (3) auf $\mathbb{R}$ stetige Funktionen definieren, gilt (3) sogar für $x \in [0,1]$.
b) Mit $x = 0$ und $x = \frac{1}{2}$ erhält man aus (3) unmittelbar die Eulerschen Formeln

$$\sum_{k=1}^{\infty} \frac{1}{k^2} = 1 + \frac{1}{4} + \frac{1}{9} + \frac{1}{16} + \frac{1}{25} + \cdots = \frac{\pi^2}{6}, \tag{4}$$

$$\sum_{k=1}^{\infty} \frac{(-1)^{k+1}}{k^2} = 1 - \frac{1}{4} + \frac{1}{9} - \frac{1}{16} + \frac{1}{25} - + \cdots = \frac{\pi^2}{12}. \quad \square \tag{5}$$

Formel (3) wird nun weiter integriert. Zwecks bequemer Formulierung der sich dabei ergebenden interessanten Ergebnisse werden die **Bernoulli-Polynome** $(B_n) \subseteq \mathbb{R}[x]$ durch die Bedingungen

$$B_0(x) := 1, \quad B'_{n+1}(x) = (n+1)B_n(x), \quad \int_0^1 B_{n+1}(x)\,dx = 0 \qquad (6)$$

rekursiv definiert. Offenbar gibt es genau eine Folge $(B_n) \subseteq \mathcal{C}^1[0,1]$, die (6) erfüllt. Natürlich gilt $B_1(x) = x - \frac{1}{2}$ und $B_2(x) = x^2 - x + \frac{1}{6}$. Man hat $\deg B_n = n$, und die höchsten Koeffizienten von B_n sind stets 1. Die *konstanten Terme*

$$B_n := B_n(0), \quad n \in \mathbb{N}_0, \qquad (7)$$

heißen *Bernoulli-Zahlen*. Für $n \geq 2$ gilt auch

$$B_n(1) = B_n + n \int_0^1 B_{n-1}(x)\,dx = B_n. \qquad (8)$$

41.2 Satz. *Für die Bernoulli-Polynome gilt*

$$B_n(x) = \sum_{k=0}^n \binom{n}{k} B_k\, x^{n-k}. \qquad (9)$$

BEWEIS. Für $n = 0$ ist dies richtig. Gilt (9) für $n - 1$, so folgt

$$\frac{d}{dx} \sum_{k=0}^n \binom{n}{k} B_k\, x^{n-k} = \sum_{k=0}^{n-1} \frac{n!}{k!\,(n-k)!} B_k\,(n-k)\,x^{n-k-1}$$

$$= n \sum_{k=0}^{n-1} \frac{(n-1)!}{k!\,(n-1-k)!} B_k\, x^{n-1-k}$$

$$= n \sum_{k=0}^{n-1} \binom{n-1}{k} B_k\, x^{n-1-k} = n\,B_{n-1}(x) = B'_n(x).$$

Da beide Seiten von (9) den konstanten Term B_n haben, folgt somit auch (9) für n. $\diamond$

41.3 Folgerung. *Es gilt* $(B_n) \subseteq \mathbb{Q}$, *und man hat die Rekursionsformel*

$$B_0 = 1, \quad \sum_{k=0}^n \binom{n+1}{k} B_k = 0, \quad n \in \mathbb{N}. \qquad (10)$$

BEWEIS. Nach (8) und (9) gilt für $n \in \mathbb{N}$

$$B_{n+1} = B_{n+1}(1) = \sum_{k=0}^{n+1} \binom{n+1}{k} B_k,$$

und Subtraktion von B_{n+1} liefert (10). Daraus folgt sofort $(B_n) \subseteq \mathbb{Q}$. $\diamond$

41.4 Satz. *a) Für $n \in \mathbb{N}_0$ gilt $B_n(1-x) = (-1)^n B_n(x)$.*
b) Es ist $B_{2m+1} = 0$ für $m \in \mathbb{N}$.

BEWEIS. a) Die Polynome $\left((-1)^n B_n(1-x)\right)$ erfüllen die Rekursion (6).
b) Aus a) folgt $B_{2m+1} = B_{2m+1}(1) = -B_{2m+1}(0) = -B_{2m+1}$. $\diamond$

Aus (10) ergeben sich die folgenden Werte der ersten Bernoulli-Zahlen:

41.5 Tabelle.

n	B_n	n	B_n
0	1	10	$5/66$
1	$-1/2$	12	$-691/2730$
2	$1/6$	14	$7/6$
4	$-1/30$	16	$-3617/510$
6	$1/42$	18	$43867/798$
8	$-1/30$	20	$-174611/330$

Für die ersten Bernoulli-Polynome erhält man daraus:

41.6 Tabelle.

n	$B_n(x)$
3	$x^3 - \frac{3}{2}x^2 + \frac{1}{2}x$
4	$x^4 - 2x^3 + x^2 - \frac{1}{30}$
5	$x^5 - \frac{5}{2}x^4 + \frac{5}{3}x^3 - \frac{1}{6}x$
6	$x^6 - 3x^5 + \frac{5}{2}x^4 - \frac{1}{2}x^2 + \frac{1}{42}$
7	$x^7 - \frac{7}{2}x^6 + \frac{7}{2}x^5 - \frac{7}{6}x^3 + \frac{1}{6}x$
8	$x^8 - 4x^7 + \frac{14}{3}x^6 - \frac{7}{3}x^4 + \frac{2}{3}x^2 - \frac{1}{30}$

Im Fall $n \geq 2$ hat man für die *1-periodischen Fortsetzungen*

$$\tilde{B}_n(x) := B_n(x - [x]), \quad x \in \mathbb{R}, \tag{11}$$

der Einschränkungen $B_n|_{[0,1]}$ auf $\mathbb{R}$:

41.7 Theorem. *Es gelten die auf $\mathbb{R}$ normal konvergenten Fourier-Entwick-lungen*

$$\tilde{B}_{2m}(x) = 2 \frac{(-1)^{m-1}(2m)!}{(2\pi)^{2m}} \sum_{k=1}^{\infty} \frac{\cos 2k\pi x}{k^{2m}}, \quad m \in \mathbb{N}, \tag{12}$$

$$\tilde{B}_{2m+1}(x) = 2 \frac{(-1)^{m-1}(2m+1)!}{(2\pi)^{2m+1}} \sum_{k=1}^{\infty} \frac{\sin 2k\pi x}{k^{2m+1}}, \quad m \in \mathbb{N}. \tag{13}$$

BEWEIS. Für $n = 2m = 2$ ist dies nach (3) richtig. Da die rechten Seiten von (12) und (13) die Rekursion (6) auf $[0,1]$ erfüllen, folgt die Behauptung. ◇

Die Fourier-Entwicklung von $\widetilde{B}_1$ (dies entspricht dem Fall $m = 0$ in (13)) erhält man natürlich aus (2), wobei $\widetilde{B}_1(k) = 0$, $k \in \mathbb{Z}$, zu setzen ist. Da $\widetilde{B}_1$ auf $\mathbb{Z}$ Sprungstellen hat, ist diese Entwicklung nicht gleichmäßig konvergent. Die Abbildungen 41a–d zeigen die Funktionen $\widetilde{B}_1, \ldots, \widetilde{B}_4$.

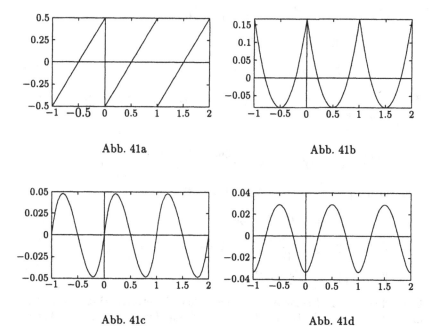

Abb. 41a   Abb. 41b

Abb. 41c   Abb. 41d

Mit $x = 0$ in (12) erhält man

$$B_{2m} = 2 \frac{(-1)^{m-1}(2m)!}{(2\pi)^{2m}} \sum_{k=1}^{\infty} \frac{1}{k^{2m}}, \quad m \in \mathbb{N}, \tag{14}$$

und damit

41.8 Folgerung (Eulersche Formeln). *Für $m \in \mathbb{N}$ gilt*

$$\zeta(2m) = \sum_{k=1}^{\infty} \frac{1}{k^{2m}} = (-1)^{m-1} B_{2m} \frac{2^{2m-1}}{(2m)!} \pi^{2m}. \tag{15}$$

Insbesondere ergeben sich die folgenden Werte:

41.9 Tabelle.

n	$\zeta(n)$		
2	$\pi^2/6$	$=$	$1,64493\ldots$
4	$\pi^4/90$	$=$	$1,08232\ldots$
6	$\pi^6/945$	$=$	$1,01734\ldots$
8	$\pi^8/9450$	$=$	$1,00408\ldots$
10	$\pi^{10}/93555$	$=$	$1,00099\ldots$

Speziell ergibt sich aus (14) auch

$$(-1)^{m-1} B_{2m} > 0, \quad m \in \mathbb{N}. \tag{16}$$

Wegen $\zeta(2m) \to 1$ für $m \to \infty$ (vgl. Beispiel 39.2*) und der Stirlingschen Formel folgt weiter

$$\lim_{m\to\infty} \sqrt[2m]{\frac{|B_{2m}|}{(2m)!}} = \frac{1}{2\pi}, \quad \lim_{m\to\infty} \frac{1}{m} \sqrt[2m]{|B_{2m}|} = \frac{1}{\pi e}. \tag{17}$$

Schließlich ergeben sich aus (12), (14) und (13) noch

$$\|\widetilde{B}_{2m}\| = |B_{2m}| \quad \text{sowie} \tag{18}$$

$$\|\widetilde{B}_{2m+1}\| \leq 2 \frac{(2m+1)!}{(2\pi)^{2m+1}} \zeta(2m+1) \leq 2 \frac{(2m+1)!}{(2\pi)^{2m+1}} \zeta(2m),$$

$$\|\widetilde{B}_{2m+1}\| \leq \frac{2m+1}{2\pi} |B_{2m}|. \tag{19}$$

Es wird nun die *Eulersche Summenformel* hergeleitet. Zunächst seien $k \in \mathbb{Z}$ und $f \in C^1[k, k+1]$. Da $x - k - \frac{1}{2}$ eine Stammfunktion von 1 ist, liefert *partielle Integration*

$$\int_k^{k+1} f(x)\, dx = \frac{f(k)+f(k+1)}{2} - \int_k^{k+1}\left(x-k-\tfrac{1}{2}\right) f'(x)\, dx. \tag{20}$$

Nun ist $\frac{1}{2}\widetilde{B}_2$ eine Stammfunktion von $x - k - \frac{1}{2}$ über $[k, k+1]$, und für $f \in C^2[k, k+1]$ liefert nochmalige partielle Integration

$$\int_k^{k+1} f(x)\, dx = \frac{f(k)+f(k+1)}{2} - \left.\frac{\widetilde{B}_2(x)}{2} f'(x)\right|_k^{k+1} + \int_k^{k+1} \frac{\widetilde{B}_2(x)}{2} f''(x)\, dx$$

$$= \frac{f(k)+f(k+1)}{2} - \frac{B_2}{2}\left(f'(k+1) - f'(k)\right) + \int_k^{k+1} \frac{\widetilde{B}_2(x)}{2} f''(x)\, dx.$$

Ist nun $\ell < m \in \mathbb{Z}$ und $f \in C^2[\ell, m]$, so liefert Summation über k sofort

$$\int_\ell^m f(x)\,dx = \frac{f(\ell)+f(m)}{2} + \sum_{k=\ell+1}^{m-1} f(k) - \frac{B_2}{2}\left(f'(m) - f'(\ell)\right)$$

$$+ \int_\ell^m \frac{\widetilde{B_2}(x)}{2} f''(x)\,dx, \quad \text{also}$$

$$\sum_{k=\ell}^m f(k) = \frac{f(\ell)+f(m)}{2} + \int_\ell^m f(x)\,dx + \frac{B_2}{2}\left(f'(m)-f'(\ell)\right) \quad (21)$$

$$- \int_\ell^m \frac{\widetilde{B_2}(x)}{2} f''(x)\,dx.$$

Entsprechend hat man für $f \in C^1[\ell, m]$:

$$\sum_{k=\ell}^m f(k) = \frac{f(\ell)+f(m)}{2} + \int_\ell^m f(x)\,dx + \int_\ell^m \widetilde{B}_1(x) f'(x)\,dx. \quad (22)$$

Weitere partielle Integrationen in (21) liefern nun:

41.10 Theorem (Eulersche Summenformel). *Für $\ell < m \in \mathbb{Z}$, $n \in \mathbb{N}$ und $f \in C^n[\ell, m]$ gilt mit $\nu = \left[\frac{n}{2}\right]$:*

$$\sum_{k=\ell}^m f(k) = \frac{f(\ell)+f(m)}{2} + \int_\ell^m f(x)\,dx \quad (23)$$

$$+ \sum_{j=1}^\nu \frac{B_{2j}}{(2j)!}\left(f^{(2j-1)}(m) - f^{(2j-1)}(\ell)\right) + R_n,$$

$$R_n = \frac{(-1)^{n+1}}{n!} \int_\ell^m \widetilde{B}_n(x)\, f^{(n)}(x)\,dx. \quad (24)$$

BEWEIS. Für $n = 1$ und $n = 2$ ist dies nach (22) und (21) richtig. Partielle Integration in (21) liefert induktiv

$$\sum_{k=\ell}^m f(k) = \frac{f(\ell)+f(m)}{2} + \int_\ell^m f(x)\,dx + \sum_{\mu=2}^n (-1)^\mu \frac{B_\mu}{\mu!}\left(f^{(\mu-1)}(m) - f^{(\mu-1)}(\ell)\right)$$

$$+ \frac{(-1)^{n+1}}{n!} \int_\ell^m \widetilde{B}_n(x)\, f^{(n)}(x)\,dx,$$

und wegen $B_{2\mu+1} = 0$ für $\mu \in \mathbb{N}$ folgt daraus (23). $\diamond$

41.11 Beispiel. Für die Potenzfunktion $f(x) := x^p$, $p \in \mathbb{N}$, ist $f^{(p)}$ konstant und $f^{(p+1)} = 0$; mit $n := p+1$ und $\nu = \left[\frac{p}{2}\right]$ ergibt sich aus (23)

$$\sum_{k=0}^m k^p = \frac{m^p}{2} + \frac{m^{p+1}}{p+1} + \sum_{j=1}^\nu \frac{B_{2j}}{(2j)!}\, p\,(p-1)\cdots(p-2j+2)\, m^{p+1-2j},$$

$$\sum_{k=0}^{m-1} k^p = \frac{m^{p+1}}{p+1} - \frac{m^p}{2} + \frac{1}{p+1} \sum_{j=1}^\nu \frac{B_{2j}}{(2j)!}\,(p+1)\,p\cdots(p-2j+2)\, m^{p+1-2j}$$

$$= \frac{m^{p+1}}{p+1} - \frac{m^p}{2} + \frac{1}{p+1} \sum_{j=1}^\nu \binom{p+1}{2j} B_{2j}\, m^{p+1-2j},$$

wegen $B_0 = 1$, $B_1 = -\frac{1}{2}$ und $B_{2j+1} = 0$ für $j \in \mathbb{N}$ also die (2.4) und Aufgabe 2.3 wesentlich erweiternde *Summenformel*

$$\sum_{k=1}^{m-1} k^p = \frac{1}{p+1} \sum_{\mu=0}^{p} \binom{p+1}{\mu} B_\mu \, m^{p+1-\mu}.$$ (25)

Speziell gilt

$$\sum_{k=1}^{m-1} k^p = \frac{1}{p+1} m^{p+1} - \frac{1}{2} m^p + \frac{p}{12} m^{p-1} + O(m^{p-3}). \quad \Box$$ (26)

41.12 Beispiel. Anwendung der Eulerschen Summenformel auf die Funktion $f(x) := \frac{1}{x}$ für $n = 5$ und $\nu = 2$ über $[1,m]$ liefert

$$\sum_{k=1}^{m} \frac{1}{k} = \frac{1}{2}\left(1 + \frac{1}{m}\right) + \int_1^m \frac{dx}{x} - \frac{B_2}{2} \frac{1}{x^2}\Big|_1^m - \frac{B_4}{4!} \frac{6}{x^4}\Big|_1^m - \frac{1}{5!} \int_1^m \widetilde{B}_5(x) \frac{120}{x^6} dx,$$

und daraus ergibt sich

$$\sum_{k=1}^{m} \frac{1}{k} - \log m = \frac{1}{2} + \frac{1}{12} - \frac{1}{120} - \int_1^\infty \frac{\widetilde{B}_5(x)}{x^6} dx$$ (27)

$$+ \frac{1}{2m} - \frac{1}{12m^2} + \frac{1}{120m^4} + \int_m^\infty \frac{\widetilde{B}_5(x)}{x^6} dx.$$

Mit $m \to \infty$ erhält man für die *Eulersche Konstante*

$$\gamma = \frac{1}{2} + \frac{1}{12} - \frac{1}{120} - \int_1^\infty \frac{\widetilde{B}_5(x)}{x^6} dx$$ (28)

und dann aus (27) auch

$$\gamma = \sum_{k=1}^{m} \frac{1}{k} - \log m - \frac{1}{2m} + \frac{1}{12m^2} - \frac{1}{120m^4} - \int_m^\infty \frac{\widetilde{B}_5(x)}{x^6} dx$$ (29)

für alle $\mathbb{N} \ni m \geq 2$. Nach (19) gilt nun $\| \widetilde{B}_5 \| \leq \frac{5}{2\pi} |B_4| = \frac{1}{12\pi}$, und daraus folgt

$$\left| \int_m^\infty \frac{\widetilde{B}_5(x)}{x^6} dx \right| \leq \frac{1}{12\pi} \int_m^\infty \frac{dx}{x^6} = \frac{1}{60\pi m^5}.$$

Für $m = 100$ etwa wird dann γ durch

$$\gamma \sim \sum_{k=1}^{100} \frac{1}{k} - \log 100 - \frac{1}{200} + \frac{1}{12} \cdot 10^{-4} - \frac{1}{12} \cdot 10^{-9} = 0.5772156649015\ldots$$

bis auf mindestens 12 Stellen genau berechnet (der wahre Fehler ist etwa $4 \cdot 10^{-15}$). Für höhere n und ν erhält man natürlich noch genauere Approximationen von γ. $\Box$

Schließlich folgt nun die angekündigte Verfeinerung der Stirlingschen Formel. Die Anwendung von (22) auf $f(x) := \log x$ über $[1,n]$ liefert

$$\log n! \;=\; \sum_{k=1}^{n} \log k \;=\; \tfrac{1}{2}\log n + \int_1^n \log x\,dx + \int_1^n \frac{\widetilde{B}_1(x)}{x}\,dx\,.$$

Es gilt $\int_1^n \log x\,dx = n\log n - n + 1$. Wegen

$$\int_c^d \frac{\widetilde{B}_1(x)}{x}\,dx \;=\; \frac{\widetilde{B}_2(d)}{2d} - \frac{\widetilde{B}_2(c)}{2c} + \int_c^d \frac{\widetilde{B}_2(x)}{2x^2}\,dx \tag{30}$$

(wie bei der Herleitung von (21) aus (20) ist das Integral in solche über Teilintervalle aufzuspalten) ist das uneigentliche Integral $\alpha := \int_1^\infty \frac{\widetilde{B}_1(x)}{x}\,dx$ konvergent, und es folgt

$$\log n! \;=\; (n + \tfrac{1}{2})\log n - n + 1 + \alpha - \int_n^\infty \frac{\widetilde{B}_1(x)}{x}\,dx\,.$$

Nach Theorem 36.13 gilt

$$0 \le \log n! - (n + \tfrac{1}{2})\log n + n - \log\sqrt{2\pi} \le \tfrac{1}{12n} \to 0\,, \tag{31}$$

woraus sich $1 + \alpha = \log\sqrt{2\pi}$ ergibt. Somit gilt also

$$\log n! \;=\; (n + \tfrac{1}{2})\log n - n + \log\sqrt{2\pi} + \mu(n) \quad \text{mit} \tag{32}$$

$$\mu(n) \;=\; -\int_n^\infty \frac{\widetilde{B}_1(x)}{x}\,dx\,. \tag{33}$$

Nach (31) gilt $0 \le \mu(n) \le \tfrac{1}{12n}$. Eine wesentliche Verschärfung dieser Aussage ist das folgende

41.13 Theorem (Stirlingsche Formel). *Für $k \in \mathbb{N}_0$ gilt mit einem geeigneten $\theta \in [0,1]$:*

$$n! \;=\; \sqrt{2\pi n} \cdot e^{-n} \cdot n^n \cdot e^{\mu(n)} \quad \text{mit} \tag{34}$$

$$\mu(n) = \frac{B_2}{2} \cdot \frac{1}{n} + \frac{B_4}{3\cdot 4} \cdot \frac{1}{n^3} + \frac{B_6}{5\cdot 6} \cdot \frac{1}{n^5} + \cdots + \frac{B_{2k}}{(2k-1)\cdot 2k} \cdot \frac{1}{n^{2k-1}} \tag{35}$$

$$+ \;\theta \cdot \frac{B_{2k+2}}{(2k+1)(2k+2)} \cdot \frac{1}{n^{2k+1}}\,.$$

BEWEIS. Analog zu (30) ergibt sich aus (33)

$$\mu(n) \;=\; \frac{B_2}{2n} - \int_n^\infty \frac{\widetilde{B}_2(x)}{2x^2}\,dx \;=\; \frac{B_2}{2n} + \frac{B_3}{3\cdot 2n^2} - \int_n^\infty \frac{\widetilde{B}_3(x)}{3x^3}\,dx$$

$$=\; \frac{B_2}{2n} + \frac{B_4}{4\cdot 3n^3} - \int_n^\infty \frac{\widetilde{B}_4(x)}{4x^4}\,dx$$

und dann induktiv

$$\mu(n) \;=\; \sum_{j=1}^{k} \frac{B_{2j}}{(2j-1)\cdot 2j}\cdot\frac{1}{n^{2j-1}} \;+\; R_{2k+1} \quad \text{mit}$$

$$R_{2k+1} \;=\; -\int_{n}^{\infty} \frac{\widetilde{B}_{2k+1}(x)}{(2k+1)\,x^{2k+1}}\,dx$$

$$\;=\; \frac{B_{2k+2}}{(2k+1)\,(2k+2)}\cdot\frac{1}{n^{2k+1}} - \int_{n}^{\infty} \frac{\widetilde{B}_{2k+2}(x)}{(2k+2)\,x^{2k+2}}\,dx\,.$$

Wegen (18) gilt $|\int_{n}^{\infty} \frac{\widetilde{B}_{2k+2}(x)}{(2k+2)\,x^{2k+2}}\,dx| \le |\frac{B_{2k+2}}{(2k+1)\,(2k+2)}\cdot\frac{1}{n^{2k+1}}|$, und somit hat R_{2k+1} das Vorzeichen von B_{2k+2}, also $(-1)^{k}$. Andererseits gilt auch

$$R_{2k+1} \;=\; \frac{B_{2k+2}}{(2k+1)\,(2k+2)}\cdot\frac{1}{n^{2k+1}} \;+\; R_{2k+3}\,,$$

wobei nun R_{2k+3} das Vorzeichen $(-1)^{k+1}$ hat. Daraus folgt dann

$$R_{2k+1} \;=\; \theta\cdot\frac{B_{2k+2}}{(2k+1)(2k+2)}\cdot\frac{1}{n^{2k+1}} \quad \text{für ein } \theta\in[0,1]$$

und somit die Behauptung.   ◇

Für $k=5$ etwa erhält man

$$\mu(n) \;=\; \frac{1}{12\,n} - \frac{1}{360\,n^{3}} + \frac{1}{1260\,n^{5}} - \frac{1}{1680\,n^{7}} + \frac{1}{1180\,n^{9}} - \theta\,\frac{691}{360360\,n^{11}}\,.$$

Aufgaben

41.1 a) Man zeige $\dfrac{z\,e^{tz}}{e^{z}-1} = \sum_{k=0}^{\infty} \dfrac{B_{k}(t)}{k!}\,z^{k}$ für $t\in\mathbb{C}$ und $|z|<2\pi$.

b) Man beweise die *Differenzengleichung*

$$B_{k}(t+1) - B_{k}(t) \;=\; k\,t^{k-1} \quad \text{für } k\in\mathbb{N}.$$

c) Man folgere (25) in der Form

$$\sum_{k=1}^{m-1} k^{p} \;=\; \tfrac{1}{p+1}\,\big(B_{p+1}(m) - B_{p+1}\big), \quad p\in\mathbb{N}.$$

41.2 a) Mittels $z\cot z = iz + \frac{2iz}{e^{2iz}-1}$ und Aufgabe 41.1 zeige man

$$z\cot z \;=\; \sum_{k=0}^{\infty} (-1)^{k}\frac{2^{2k}B_{2k}}{(2k)!}\,z^{2k}, \quad |z| \text{ klein.} \tag{36}$$

b) Mittels $\tan z = \cot z - 2\cot 2z$ folgere man

$$\tan z = \sum_{k=1}^{\infty} (-1)^{k-1} \frac{2^{2k}(2^{2k}-1)B_{2k}}{(2k)!} z^{2k-1}, \quad |z| \text{ klein.} \tag{37}$$

41.3 Für welche $p \in \mathbb{R}$ gilt Formel (25)?

41.4 Man bestimme alle Nullstellen der Bernoulli-Polynome im Intervall $[0,1]$.

41.5 Für $s \in \mathbb{C}$ mit $\operatorname{Re} s > 1$ zeige man $\sum_{k=1}^{\infty} \frac{(-1)^{k+1}}{k^s} = (1 - 2^{1-s})\,\zeta(s)$ und $\sum_{k=1}^{\infty} \frac{1}{(2k+1)^s} = (1 - 2^{-s})\,\zeta(s)$.

41.6 Man berechne weitere Reihensummen durch Einsetzen von $x := \frac{1}{4}$ in (13). Speziell berechne man $\sum_{k=0}^{\infty} \frac{(-1)^k}{(2k+1)^3}$.

41.7 Man schätze den relativen Fehler bei der Berechnung von $n!$ ab, der beim Ersetzen von $\mu(n)$ in (35) durch die Näherung $\sum_{j=1}^{k} \frac{B_{2j}}{(2j-1)\cdot 2j} \cdot \frac{1}{n^{2j-1}}$ entsteht.

42 * Interpolation

In vielen praktischen Anwendungen der Mathematik treten Funktionen f auf, deren Werte nur näherungsweise berechnet werden können oder sogar nur auf gewissen endlichen Mengen $\{x_0, x_1, \ldots, x_m\}$ bekannt sind. In solchen Fällen ersetzt man f durch „einfachere" Funktionen, etwa durch Polynome.

Taylor-Polynome genügend oft differenzierbarer Funktionen f liefern gute Approximationen von f nur in der Nähe der Entwicklungspunkte. Oft ist es wichtig, Approximationen zu finden, die in der Nähe *mehrerer* Punkte sehr genau sind. Eine einfache derartige Möglichkeit besteht darin, für gegebene Punkte $x_0, x_1, \ldots, x_m$ die Bedingung $P(x_j) = f(x_j)$ für $j = 0, 1, \ldots, m$ zu stellen. Diese **Interpolation** ist stets möglich:

Zu *Stützstellen* $x_0, x_1, \ldots, x_m \in \mathbb{R}$ und $0 \le k \le m$ definiert man die Polynome

$$\omega(x) := \prod_{j=0}^{m} (x - x_j) \in \mathbb{R}_{m+1}[x] \quad \text{und} \tag{1}$$

$$\omega_k(x) := \frac{\omega(x)}{x - x_k} = \prod_{j \ne k} (x - x_j) \in \mathbb{R}_m[x] \tag{2}$$

sowie die *Lagrange-Basispolynome* (vgl. Abb. 42a–42c)

$$L_k(x) := \frac{\omega_k(x)}{\omega_k(x_k)} = \prod_{j \neq k} \frac{x - x_j}{x_k - x_j} \in \mathbb{R}_m[x]. \tag{3}$$

42.1 Satz. *Gegeben seien Punkte* $x_0, x_1, \ldots, x_m \in \mathbb{R}$ *(mit* $x_i \neq x_j$ *für* $i \neq j$ *) und Zahlen* $\alpha_0, \alpha_1, \ldots, \alpha_m \in \mathbb{C}$*. Dann gibt es genau ein Polynom* $P \in \mathbb{C}_m[x]$ *mit*

$$P(x_j) = \alpha_j, \quad j = 0, 1, \ldots, m. \tag{4}$$

Dieses ist gegeben durch

$$P(x) = \sum_{k=0}^{m} \alpha_k L_k(x). \tag{5}$$

BEWEIS. Wegen $L_k(x_j) = \delta_{kj} = \begin{cases} 1 &, \quad k = j \\ 0 &, \quad k \neq j \end{cases}$ wird (4) von dem Polynom $P \in \mathbb{C}_m[x]$ aus (5) gelöst. Ist $Q \in \mathbb{C}_m[x]$ eine weitere Lösung von (4), so hat $P - Q \in \mathbb{C}_m[x]$ die $m + 1$ Nullstellen $x_0, x_1, \ldots, x_m$, und aus Satz 10.5 b) folgt $P - Q = 0$. $\diamond$

42.2 Bemerkungen. a) Formel (5) hat den Nachteil, daß die Hinzunahme einer weiteren Bedingung $P(x_{m+1}) = \alpha_{m+1}$ die völlige Neuberechnung der Lagrange-Basispolynome erfordert. Dieser Nachteil tritt nicht auf bei einer anderen Darstellung der Interpolationspolynome nach Newton (vgl. Aufgabe 42.1) und auch nicht bei der folgenden *rekursiven* Methode zur Berechnung der Interpolationspolynome P nach Aitken-Neville :
b) Zu den Daten (4) interpoliere für $k, i \in \mathbb{N}_0$ mit $k + i \leq m$ das Polynom $P_{k,i} \in \mathbb{C}_k[x]$ die Daten $\{(x_j, \alpha_j) \mid i \leq j \leq k + i\}$; dann gilt offenbar $P = P_{m,0}$. Für $k \geq 1$ und $k + i \leq m$ interpoliert nun

$$Q(x) := \frac{(x_{i+k} - x) P_{k-1,i}(x) - (x_i - x) P_{k-1,i+1}(x)}{x_{i+k} - x_i} \in \mathbb{C}_k[x]$$

die Daten $\{(x_j, \alpha_j) \mid i \leq j \leq k + i\}$; daher gilt die *Rekursionsformel*

$$P_{k,i}(x) = \frac{(x_{i+k} - x) P_{k-1,i}(x) - (x_i - x) P_{k-1,i+1}(x)}{x_{i+k} - x_i}. \tag{6}$$

Ausgehend von den $P_{0,i} = \alpha_i$ für $0 \leq i \leq m$ berechnet man gemäß (6) die $P_{1,i} \in \mathbb{C}_1[x]$, dann die $P_{2,i} \in \mathbb{C}_2[x], \ldots$ usw.
c) Ist nur ein Wert $P(\xi) = P_{m,0}(\xi)$ zu bestimmen, so ist es nicht nötig,

die Koeffizienten von P zu berechnen; man bestimmt einfach die Zahlen $\alpha_{k,i} := P_{k,i}(\xi)$ gemäß $\alpha_{0,i} = \alpha_i$ und der *Rekursionsformel*

$$\alpha_{k,i} = \frac{(x_{i+k} - \xi)\,\alpha_{k-1,i} - (x_i - \xi)\,\alpha_{k-1,i+1}}{x_{i+k} - x_i}. \tag{7}$$

Eine Veranschaulichung dieser Rekursionsformel und eine Anwendung auf die *numerische Berechnung von Integralen* folgt in Abschnitt 43*.   □

Für ein Intervall $I \subseteq \mathbb{R}$ und eine Funktion $f : I \mapsto \mathbb{R}$ ist also

$$P_m(x) := \sum_{k=0}^{m} f(x_k)\,L_k(x) \in \mathbb{R}_m[x] \tag{8}$$

das *Interpolationspolynom* zu f und den Stützstellen $x_0, x_1, \ldots, x_m$. Der Einfachheit wegen werden in diesem Abschnitt nur *reellwertige* Funktionen f betrachtet; durch Zerlegung in Real- und Imaginärteil lassen sich die Ergebnisse leicht auch auf komplexwertige Funktionen übertragen.

Für die Untersuchung der *Interpolationsfehler*

$$R_{m+1}(x) := f(x) - P_m(x) \tag{9}$$

wird die folgende Erweiterung des Satzes von Rolle 20.4 benutzt:

42.3 Lemma. *Es seien* $x_0 < x_1 < \ldots < x_m \in I$ *und* $g \in C^m(I, \mathbb{R})$ *mit* $g(x_0) = g(x_1) = \ldots = g(x_m) = 0$. *Dann gibt es* $\xi \in [x_0, x_m]$ *mit* $g^{(m)}(\xi) = 0$.

BEWEIS. Für $m = 1$ ist dies genau der Satz von Rolle. Die Behauptung gelte nun für $m - 1$. Nach dem Satz von Rolle gibt es $y_k \in (x_{k-1}, x_k)$ mit $g'(y_k) = 0$ für $k = 1, 2, \ldots, m$. Nach Induktionsvoraussetzung gibt es dann $\xi \in [y_1, y_m] \subseteq [x_0, x_m]$ mit $g^{(m)}(\xi) = g'^{(m-1)}(\xi) = 0$.   ◇

42.4 Satz. *Es seien* $x_0 < x_1 < \ldots < x_m \in I$ *und* $f \in C^{m+1}(I, \mathbb{R})$. *Für* $x \in I$ *gibt es dann ein* $\xi \in I$ *mit*

$$R_{m+1}(x) = f(x) - P_m(x) = \frac{f^{(m+1)}(\xi)}{(m+1)!}\,\omega(x). \tag{10}$$

BEWEIS. Für festes $x \in I \backslash \{x_0, \ldots x_m\}$ betrachtet man die Hilfsfunktion

$$g : y \mapsto R_{m+1}(y) - \frac{\omega(y)}{\omega(x)}\,R_{m+1}(x);$$

dann ist $g \in C^{m+1}(I, \mathbb{R})$ mit $g(x_0) = g(x_1) = \ldots = g(x_m) = 0$, aber auch $g(x) = 0$. Nach Lemma 42.3 existiert ein $\xi \in I$ mit $g^{(m+1)}(\xi) = 0$, also

$$0 = g^{(m+1)}(\xi) = R_{m+1}^{(m+1)}(\xi) - \frac{\omega^{(m+1)}(\xi)}{\omega(x)} R_{m+1}(x)$$
$$= f^{(m+1)}(\xi) - \frac{(m+1)!}{\omega(x)} R_{m+1}(x)$$

wegen $\deg P_m \leq m$ und $\omega^{(m+1)}(\xi) = (m+1)!$. $\diamond$

42.5 Beispiele und Bemerkungen. a) Im Grenzfall $x_0 = \ldots = x_m$ geht der Interpolationsfehler $R_{m+1}(x) = \frac{f^{(m+1)}(\xi)}{(m+1)!} \omega(x)$ in das Lagrange-Restglied $\frac{f^{(m+1)}(\xi)}{(m+1)!} (x - x_0)^{m+1}$ der Taylor-Formel über. Satz 42.4 kann daher als eine Variante des Satzes von Taylor betrachtet werden.

b) Die Größe des Interpolationsfehlers wird also einerseits von dem von f unabhängigen Faktor $|\omega(x)|$ und andererseits von $\frac{|f^{(m+1)}(\xi)|}{(m+1)!}$ bestimmt. Offenbar gilt $|\omega(x)| \leq |I|^{m+1}$ für $x \in I$; außerhalb von I steigt $|\omega(x)|$ schnell an. Da ξ ein nicht näher bestimmbarer Punkt zwischen x und den Stützstellen ist, hat man für den zweiten Ausdruck nur die oft viel zu grobe Abschätzung durch $\frac{\| f^{(m+1)} \|_I}{(m+1)!}$.

c) Es seien nun $f \in C^\infty(I)$ und $(x_k) \subseteq I$ eine *Folge* von Stützstellen. Interpoliert man f an den Stützstellen $x_0, \ldots x_{m-1}$, so gilt also

$$|R_m(x)| \leq |I|^m \frac{\| f^{(m)} \|_I}{m!}, \quad x \in I, \tag{11}$$

für die Interpolationsfehler. Aufgrund des Satzes von Borel 36.11* kann diese Schranke mit $m \to \infty$ beliebig schnell anwachsen; es ist also keineswegs klar, ob $\lim\limits_{m \to \infty} R_m(x) = 0$ gilt. Dies ist in der Tat für die Funktion

$$f(x) := \begin{cases} e^{-1/x^2} \sin \frac{1}{x} & , \quad x > 0 \\ 0 & , \quad x \leq 0 \end{cases} \quad \text{nicht der Fall (vgl. Abb. 24g; ähnlich}$$

wie in Beispiel 36.9 kann $f \in C^\infty(\mathbb{R})$ gezeigt werden): Für die Stützstellen $x_k := \frac{1}{(k+1)\pi}$, $k \in \mathbb{N}_0$, sind alle Interpolationspolynome $\equiv 0$!

d) Hat man dagegen für f eine Abschätzung

$$\| f^{(m)} \|_I \leq C \, m! \, h^m \quad \text{mit } h \, |I| < 1, \tag{12}$$

so folgt $\| R_m \| \to 0$ aufgrund von (11), d. h. die *Interpolationspolynome P_m konvergieren gleichmäßig* gegen f. Bedingung (12) ist etwa für e^x, $\sin x$ und $\cos x$ erfüllt; sie impliziert, daß die Taylor-Reihen von f in allen Punkten $a \in I$ einen Konvergenzradius $\geq \frac{1}{h} > |I|$ haben und auf ganz I gegen f konvergieren.

e) Für die Funktion $f(x) := \frac{1}{1+x^2}$ ist (12) über $I := [-5,5]$ nicht erfüllt; man hat ja $f(x) = \sum_{k=0}^{\infty} (-1)^k x^{2k}$ für $|x| < 1$ und somit $\frac{|f^{(m)}(0)|}{m!} = 1$ für gerade m. Interpoliert man nun f durch $P_{10} \in \mathbb{R}_{10}[x]$ in den Stützstellen $\mathbb{Z} \cap I$, so erhält man aus (10) wegen $\frac{\|f^{(11)}\|_I}{11!} \sim 0,9$ nur die Abschätzung $\|R_{11}\|_I \le 0,9 \cdot \|\omega\|_I$. Nach (17) unten gilt aber $\|\omega\|_I \ge 2 \cdot (\frac{10}{4})^{11}$, und man erhält bestenfalls $\|R_{11}\|_I \le 42916$. In Wahrheit ist $\|R_{11}\|_{[-5,5]} \sim 2$ (vgl. Abb. 42d und Abb. 42f), wobei der Fehler nahe am Rand des Intervalls maximal wird. P_{10} ist also keine geeignete Approximation von f. $\qquad \square$

Es zeigt Abb. 42d die Funktion $f(x) = \frac{1}{1+x^2}$ (gepunktet) und das Interpolationspolynom P_{10} aus Beispiel 42.5 e), die Abbildungen 42a–c zeigen die entsprechenden Lagrange-Basispolynome L_0, L_2 und L_5.

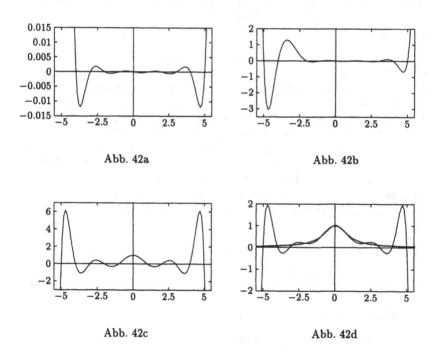

Abb. 42a

Abb. 42b

Abb. 42c

Abb. 42d

Es folgt nun eine genauere Untersuchung von $\|\omega\|$ und insbesondere ein Beweis der in Beispiel 42.5 e) erwähnten Abschätzung nach unten. Dazu wird das folgende auch unabhängig davon interessante *Alternanten-Kriterium* für *bestmögliche Polynom-Approximationen* benötigt:

42.6 Satz (Tschebyscheff). *Es seien* $J \subseteq \mathbb{R}$ *ein kompaktes Intervall,* $f \in \mathcal{C}(J,\mathbb{R})$, $P \in \mathbb{R}_m[x]$ *und* $d := \epsilon \| f - P \|_J$ *für ein* $\epsilon \in \{-1,+1\}$. *Es gebe* $(m+2)$ *Punkte* $x_0 < x_1 < \ldots < x_{m+1} \in J$ *mit*

$$f(x_k) - P(x_k) = (-1)^k d \quad \textit{für} \quad 0 \le k \le m+1. \tag{13}$$

Dann ist P *eine* bestmögliche Approximation *zu* f *in* $\mathbb{R}_m[x]$, *d. h. es gilt*

$$\| f - P \|_J = \min \{ \| f - Q \|_J \mid Q \in \mathbb{R}_m[x] \}. \tag{14}$$

BEWEIS. Andernfalls gibt es $Q \in \mathbb{R}_m[x]$ mit $\| f - Q \|_J < \| f - P \|_J$. Im Fall $\epsilon = +1$ gilt nach (13) für gerade k dann

$$f(x_k) - Q(x_k) < f(x_k) - P(x_k) = d, \quad \text{also} \quad P(x_k) - Q(x_k) < 0,$$

und für ungerade k hat man $P(x_k) - Q(x_k) > 0$. Nach dem Zwischenwertsatz hat $P - Q$ also $(m+1)$ Nullstellen. Dies gilt auch im Fall $\epsilon = -1$, und es folgt der Widerspruch $Q = P$. $\diamond$

42.7 Bemerkungen. Zu jedem $f \in \mathcal{C}(J,\mathbb{R})$ gibt es eine beste Approximation $P_m^* \in \mathbb{R}_m[x]$, für die also (14) gilt (vgl. Aufgabe 42.3). Nun ist auch die *Umkehrung* von Satz 42.6 richtig (vgl. etwa [20], Satz 15.4), d. h. es folgt die Existenz von $(m+2)$ Punkten $x_0 < x_1 < \ldots < x_{m+1} \in J$ mit (15) für $P = P_m^*$ (woraus sich nach Aufgabe 42.4 auch die *Eindeutigkeit* von P_m^* ergibt). Nach dem Zwischenwertsatz gilt dann $f(\xi_j) - P_m^*(\xi_j) = 0$ für gewisse $\xi_j \in (x_j, x_{j+1})$, d. h. P_m^* kann als *Interpolationspolynom* zu f an den Stützstellen $\xi_0 < \ldots < \xi_m$ aufgefaßt werden. Aufgrund des Weierstraßschen Approximationssatzes gilt nun $\| f - P_m^* \| \to 0$ für $m \to \infty$; im Gegensatz zu Beispiel 42.5 c) *konvergieren* also bei *geschickter* Wahl der Stützstellen die Interpolationspolynome *jeder stetigen* Funktion f *gleichmäßig* gegen f. $\square$

42.8 Bemerkungen. a) Es werden nun die *Tschebyscheff-Polynome*

$$T_{m+1}(x) := 2^m \prod_{k=0}^{m} \left(x - \cos \tfrac{2k+1}{2(m+1)}\pi \right) \in \mathbb{R}_{m+1}[x] \tag{15}$$

untersucht. Nach Aufgabe 27.12 gilt

$$\cos (m+1)\vartheta = T_{m+1}(\cos \vartheta), \quad \vartheta \in \mathbb{R}. \tag{16}$$

Das Polynom $P_m^*(x) := x^{m+1} - 2^{-m} T_{m+1}(x)$ hat Grad m und ist über $J := [-1,1]$ die *bestmögliche Approximation* zu x^{m+1} in $\mathbb{R}_m[x]$: In der Tat gilt $x^{m+1} - P_m^*(x) = 2^{-m} T_{m+1}(x)$, und nach (16) ist $\| T_{m+1} \|_J = 1$ und $T_{m+1}(\cos \tfrac{m+1-k}{m+1}\pi) = \cos (m+1-k)\pi = (-1)^{m+1-k}$ für $k = 0, \ldots m+1$, so daß also (13) erfüllt ist.

b) Aufgrund von $T_0(x) = 1$, $T_1(x) = x$ und der Rekursionsformel (vgl. Aufgabe 27.12) $T_{n+2}(x) = 2xT_{n+1}(x) - T_n(x)$ gilt stets $T_n \in \mathbb{Z}_n[x]$. Man berechnet:

n	$T_n(x)$
2	$2x^2 - 1$
3	$4x^3 - 3x$
4	$8x^4 - 8x^2 + 1$
5	$16x^5 - 20x^3 + 5x$
6	$32x^6 - 48x^4 + 18x^2 - 1$
7	$64x^7 - 112x^5 + 56x^3 - 7x$.

c) Für beliebige Stützstellen $x_0 < x_1 < \ldots < x_m \in J = [-1, 1]$ gilt nun

$$\omega(x) = \prod_{j=0}^{m} (x - x_j) = x^{m+1} - Q(x) \quad \text{mit } Q \in \mathbb{R}_m[x];$$

nach a) folgt also

$$\|\omega\| = \|x^{m+1} - Q\| \geq \|x^{m+1} - P_m^*\| = \|2^{-m}T_{m+1}\| = 2^{-m},$$

und insbesondere wird $\|\omega\|$ minimal, wenn als Stützstellen die Nullstellen $t_k = \cos\frac{2(m-k)+1}{2(m+1)}\pi$, $0 \leq k \leq m$, von T_{m+1} gewählt werden. Diese liegen *nicht äquidistant* in J, wohl aber ihre Bilder $a_k := \arccos t_{m-k} = \frac{2k+1}{2(m+1)}\pi$ unter der Arcus-Kosinus-Transformation in $[0, \pi]$ (vgl. Abb. 26b.)

d) Die Überlegungen aus a)–c) lassen sich durch die Transformation

$$\Phi : [-1, 1] \mapsto [a, b], \quad \Phi(x) := \frac{b-a}{2}x + \frac{a+b}{2},$$

auf beliebige kompakte Intervalle $I := [a, b]$ übertragen. Für Stützstellen $y_j = \Phi(x_j) \in I$ und $y = \Phi(x) \in I$ gilt

$$\omega(y) := \prod_{j=0}^{m} (y - y_j) = \prod_{j=0}^{m} (\Phi(x) - \Phi(x_j)) = (\tfrac{b-a}{2})^{m+1} \prod_{j=0}^{m} (x - x_j),$$

und aus c) folgt

$$\|\omega\| \geq 2\left(\frac{|I|}{4}\right)^{m+1}, \tag{17}$$

wobei der minimale Wert für $y_k = \Phi(t_k)$ angenommen wird. □

Es zeigt Abb. 42e die Funktion $f(x) := \frac{1}{1+x^2}$ (gepunktet) sowie das mit den Stützstellen $y_k = 5t_k$, $k = 0, \ldots, 10$, gebildete Interpolationspolynom

$Q_{10}(x)$ von f auf $[-5,5]$. Weiter zeigt Abb. 42f die entsprechende Fehler-funktion $f(x) - Q_{10}(x)$ im Vergleich mit der Fehlerfunktion $f(x) - P_{10}(x)$ (dünnere Linie) der Interpolation aus Beispiel 42.5 e). Im Gegensatz zu $\|f - P_{10}\|_{[-5,5]} \sim 2$ hat man $\|f - Q_{10}\|_{[-5,5]} \sim 0.11$.

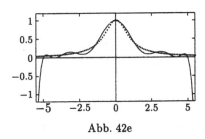

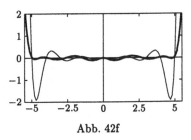

Abb. 42e   Abb. 42f

Aufgaben

42.1 Die Lösung des Interpolationsproblems (4) kann auch mit Hilfe der *Newtonschen Basispolynome*

$$N_0(x) := 1\,, \quad N_i(x) := \prod_{j=0}^{i-1}(x - x_j)$$

berechnet werden. Dazu mache man den *Ansatz* $P(x) = \sum_{i=0}^{m} \gamma_i\, N_i(x)$ und bestimme die Koeffizienten γ_i *rekursiv*.

42.2 Man berechne das Interpolationspolynom über $[0, 2\pi]$ zu $\sin x$ und den folgenden Stützstellen mit (8) sowie mit Hilfe der Newtonschen Basis-polynome aus Aufgabe 42.1:
a) $0, \pi, 2\pi$,   b) $0, \frac{2\pi}{3}, \frac{4\pi}{3}, 2\pi$,   c) $0, \frac{\pi}{2}, \pi, \frac{3\pi}{2}, 2\pi$.

42.3 Es seien $J \subseteq \mathbb{R}$ ein kompaktes Intervall und $f \in \mathcal{C}(J, \mathbb{R})$. Man zeige die Existenz von $P \in \mathbb{R}_m[x]$ mit (14), also

$$\|f - P\|_J \;=\; \inf\{\|f - Q\|_J \mid Q \in \mathbb{R}_m[x]\} \;=: E_m(f)\,.$$

HINWEIS. Man wähle $(P_n) \subseteq \mathbb{R}_m[x]$ mit $\|f - P_n\|_J \to E_m(f)$, setze $P_n(x) = \sum_{k=0}^{m} a_{n,k}\, x^k$ an, zeige die Beschränktheit der Folgen $(a_{n,k})$ und verwende den Satz von Bolzano-Weierstraß.

42.4 Es seien $f \in \mathcal{C}(J, \mathbb{R})$ und $P \in \mathbb{R}_m[x]$ wie im Satz 42.6 von Tscheby-scheff. Für $Q \in \mathbb{R}_m[x]$ mit $\|f - Q\|_J \le \|f - P\|_J$ zeige man $Q = P$.

43 * Numerische Integration

Aufgabe: Man berechne $\log 2 = \int_1^2 \frac{dx}{x}$ *bis auf einen Fehler* $< 10^{-5}$.

Es folgt nun eine Diskussion *numerischer Methoden zur Berechnung von Integralen.* Für $f \in C[a, b]$ ist der Hauptsatz $\int_a^b f(x)\,dx = F(b) - F(a)$ zur Berechnung des Integrals nur in günstigen Fällen geeignet; oft sind Stammfunktionen nicht explizit angebbar oder so kompliziert, daß sie für die numerische Berechnung nicht hilfreich sind.
Es ist naheliegend, $\int_a^b f(x)\,dx$ mit Hilfe der Polynominterpolation zu approximieren. Nach (42.10) gilt

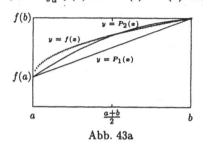

Abb. 43a

$$\int_a^b f(x)\,dx = \int_a^b P_m(x)\,dx + \int_a^b R_{m+1}(x)\,dx \qquad (1)$$

$$= \sum_{k=0}^m \gamma_k\, f(x_k) + Q_{m+1}(f)$$

mit den *Gewichten* $\gamma_k = \int_a^b L_k(x)\,dx$ und dem Integrations- oder *Quadraturfehler* $Q_{m+1}(f) = \int_a^b R_{m+1}(x)\,dx$. Für *äquidistante* Stützstellen ergeben sich speziell sogenannte *„Newton-Cotes-Formeln"* :

43.1 Beispiele. a) Für $m = 1$ und $x_0 = a$, $x_1 = b$ gilt $L_0(x) = \frac{x-b}{a-b}$, $L_1(x) = \frac{x-a}{b-a}$, $\gamma_0 = \gamma_1 = \frac{b-a}{2}$, und man erhält die *Sehnentrapezregel* oder *Trapezregel* (vgl. Abb. 43a)

$$\int_a^b P_1(x)\,dx = \frac{b-a}{2}\,(f(a) + f(b)). \qquad (2)$$

Für $f \in C^2[a, b]$ gilt $|Q_2(f)| \le \frac{\|f''\|}{2} \int_a^b |(x-a)(x-b)|\,dx$ nach (42.10), also

$$|Q_2(f)| \le \frac{(b-a)^3}{12}\, \|f''\|. \qquad (3)$$

b) Für $m = 2$ und $x_0 = a$, $x_1 = \frac{a+b}{2}$, $x_2 = b$ berechnet man mit Hilfe von Aufgabe 22.2 $\gamma_0 = \gamma_2 = \frac{b-a}{6}$ und $\gamma_1 = 4\frac{b-a}{6}$. Man erhält die *Keplersche Faßregel* (vgl. Abb. 43a)

$$\int_a^b P_2(x)\,dx = \frac{b-a}{6}\,(f(a) + 4f(\tfrac{a+b}{2}) + f(b)). \qquad (4)$$

Für ein $y \in [a, b] \backslash \{x_0, x_1, x_2\}$ sei nun P_y das kubische Interpolationspolynom mit den Stützstellen y, x_0, x_1, x_2 zu f. Dann hat $P_y - P_2$ in x_0, x_1, x_2 Nullstellen, und nach Satz 10.5 folgt

$$P_y(x) - P_2(x) = c(x - x_0)(x - x_1)(x - x_2) \quad \text{für ein } c \in \mathbb{R}.$$

Mit Aufgabe 22.2 d) folgt $\int_a^b (P_y(x) - P_2(x)) \, dx = 0$; für $f \in C^4[a, b]$ folgt nach (42.10) weiter

$$
\begin{aligned}
|Q_3(f)| &= \left| \int_a^b (f(x) - P_y(x)) \, dx \right| \\
&\leq \frac{\|f^{(4)}\|}{24} \int_a^b |(x - y)(x - x_0)(x - x_1)(x - x_2)| \, dx.
\end{aligned}
$$

Nun beachtet man

$$
\begin{aligned}
&\left| \int_a^b (y - x_1)(x - x_0)(x - x_1)(x - x_2) \, dx \right| \\
&\leq |y - x_1| \int_a^b |(x - x_0)(x - x_1)(x - x_2)| \, dx;
\end{aligned}
$$

mit $y \to x_1$ folgt also weiter

$$
\begin{aligned}
|Q_3(f)| &\leq -\frac{\|f^{(4)}\|}{24} \int_a^b (x - x_0)(x - x_1)^2 (x - x_2) \, dx \quad \text{und} \\
|Q_3(f)| &\leq \frac{(b-a)^5}{2880} \|f^{(4)}\| \tag{5}
\end{aligned}
$$

nach Aufgabe 22.2 e). Insbesondere werden auch Polynome *dritten* Grades durch die Keplersche Faßregel *exakt integriert*.

c) Für $m = 3$ erhält man mit $k := \frac{b-a}{3}$ die *Newtonsche $\frac{3}{8}$-Regel*

$$\int_a^b P_3(x) \, dx = \frac{b-a}{8} \left(f(a) + 3f(a+k) + 3f(b-k) + f(b) \right) \tag{6}$$

mit $|Q_4(f)| \leq \frac{(b-a)^5}{6480} \|f^{(4)}\|$ für $f \in C^4[a, b]$; für $m = 4$ und $k := \frac{b-a}{4}$ ergibt sich

$$\int_a^b P_4(x) \, dx = \frac{b-a}{90} \left(7f(a) + 32f(a+k) + 12f(a+2k) + 32f(b-k) + 7f(b) \right)$$

mit $|Q_5(f)| \leq \frac{(b-a)^7}{1935360} \|f^{(6)}\|$ für $f \in C^6[a, b]$. □

Auf Newton-Cotes-Formeln höherer Ordnung wird nicht eingegangen; für $m \geq 7$ treten auch *negative* Gewichte auf, so daß die Formeln gegen *Rundungsfehler* anfällig werden. Wegen Beispiel 42.5 e) und c) ist ohnehin i.a. keine hohe Genauigkeit und keine Konvergenz für $m \to \infty$ zu erwarten. Die Genauigkeit von Quadraturformeln wird aber nun wesentlich erhöht, wenn sie nur *auf kleinen Intervallen angewendet* wird und die Resultate *summiert* werden:

43.2 Satz. *Es seien* $f \in C[a,b]$, $n \in \mathbb{N}$, $h = \frac{b-a}{n}$, $x_k = a + k\frac{h}{2}$ *und* $y_k = f(x_k)$ *für* $k = 0, 1, \ldots, 2n$. *Dann gelten die* summierte Trapezregel *und die* Simpson-Regel

$$\int_a^b f(x)\,dx = \frac{h}{2}\left(y_0 + 2y_2 + 2y_4 + \cdots + 2y_{2n-2} + y_{2n}\right) + \tau_h(f), \qquad (7)$$

$$\int_a^b f(x)\,dx = \frac{h}{6}\left(y_0 + 4y_1 + 2y_2 + \cdots + 4y_{2n-1} + y_{2n}\right) + \sigma_h(f) \qquad (8)$$

mit den folgenden Fehlerabschätzungen für $f \in C^2[a,b]$ *bzw.* $f \in C^4[a,b]$:

$$|\tau_h(f)| \leq \frac{h^2}{12}(b-a)\,\|f''\| = \frac{(b-a)^3}{12\,n^2}\,\|f''\|, \qquad (9)$$

$$|\sigma_h(f)| \leq \frac{h^4}{2880}(b-a)\,\|f^{(4)}\| = \frac{(b-a)^5}{2880\,n^4}\,\|f^{(4)}\|. \qquad (10)$$

BEWEIS. Dies ergibt sich einfach durch Addition aus (2)–(5). Beispielsweise hat man $|\sigma_h(f)| \leq n\frac{h^5}{2880}\,\|f^{(4)}\| = \frac{h^4}{2880}(b-a)\,\|f^{(4)}\|$.   ◇

Die Simpson-Regel liefert also bei etwa doppelter Anzahl von Funktionsauswertungen wesentlich genauere Ergebnisse als die Trapezregel (jedenfalls für große n).

Eine weitere Steigerung der Genauigkeit gelingt für genügend oft differenzierbare Funktionen durch das folgende auf W. Romberg (1955) zurückgehende *Halbierungsverfahren:*

43.3 Satz. *Es seien* $f \in C^{2m+2}[a,b]$, $n \in \mathbb{N}$ *und* $h = \frac{b-a}{n}$. *Für die summierte Trapezregel (7)*

$$T(h) := \frac{h}{2}\left(f(a) + 2f(a+h) + 2f(a+2h) + \cdots + 2f(b-h) + f(b)\right) \qquad (11)$$

gilt dann die Entwicklung

$$T(h) = \int_a^b f(x)\,dx + \sum_{j=1}^m \frac{B_{2j}}{(2j)!}\left(f^{(2j-1)}(b) - f^{(2j-1)}(a)\right) h^{2j} \qquad (12)$$

$$+ \frac{h^{2m+2}}{(2m+2)!} \int_a^b \left(B_{2m+2} - \widetilde{B}_{2m+2}\left(\frac{x-a}{h}\right)\right) f^{(2m+2)}(x)\,dx\,.$$

BEWEIS. Anwendung der *Eulerschen Summenformel* auf $g(t) := h\,f(a+th)$ liefert

$$T(h) = \frac{g(0)}{2} + g(1) + \cdots + g(n-1) + \frac{g(n)}{2}$$

$$= \int_0^n g(t)\,dt + \sum_{j=1}^m \frac{B_{2j}}{(2j)!}\left(g^{(2j-1)}(n) - g^{(2j-1)}(0)\right) + R_{2m+2}(h),$$

$$R_{2m+2}(h) = \frac{1}{(2m+1)!} \int_0^n \widetilde{B}_{2m+1}(t)\,g^{(2m+1)}(t)\,dt$$

$$= \left. \frac{\widetilde{B}_{2m+2}(t)}{(2m+2)!}\, g^{(2m+1)}(t) \right|_0^n - \frac{1}{(2m+2)!} \int_0^n \widetilde{B}_{2m+2}(t)\, g^{(2m+2)}(t)\, dt$$

$$= \frac{1}{(2m+2)!} \int_0^n \left(B_{2m+2} - \widetilde{B}_{2m+2}(t) \right) g^{(2m+2)}(t)\, dt\,,$$

und mittels der Substitution $x = a + th$ ergibt sich (12). $\qquad\diamond$

Im Fall leicht berechenbarer Ableitungen von f kann (12) unmittelbar zur numerischen Berechnung von $\int_a^b f(x)\, dx$ benutzt werden. Ist etwa f sogar $(b-a)$-*periodisch*, so liefert die summierte Trapezregel das Integral $\int_a^b f(x)\, dx$ bis auf einen Fehler der Ordnung $O(h^{2m+2})$!

Zur Abkürzung wird (12) jetzt in der folgenden Form geschrieben :

$$T(h) \; =: T_0(h) := \int_a^b f(x)\, dx + \sum_{j=1}^m A_{0,j}\, h^{2j} + O(h^{2m+2})\,. \tag{13}$$

Danach gilt nun auch

$$T_0(\tfrac{h}{2}) \;=\; \int_a^b f(x)\, dx + A_{0,1}\, \frac{h^2}{4} + \sum_{j=2}^m A_{0,j}\, (\tfrac{h}{2})^{2j} + O(h^{2m+2}); \quad \text{für}$$

$$T_1(h) \;:=\; \tfrac{1}{3}\left(4\, T_0(\tfrac{h}{2}) - T_0(h) \right)$$

hat man dann offenbar

$$T_1(h) \;=\; \int_a^b f(x)\, dx + \sum_{j=2}^m A_{1,j}\, h^{2j} + O(h^{2m+2})$$

mit geeigneten Zahlen $A_{1,j} \in \mathbb{R}$. Es sei darauf hingewiesen, daß $T_1(h)$ gerade das Ergebnis der *Simpson-Regel* (8) zur Schrittweite h liefert; mit dieser als Ausgangspunkt erhält man daher ebenfalls das im folgenden entwickelte Integrationsverfahren.
Dieses besteht nun einfach in der *Iteration* dieser *Halbierungsmethode:*

43.4 Satz. *Ausgehend von* $T_0(h)$ *werden rekursiv durch*

$$T_k(h) := \frac{2^{2k}\, T_{k-1}(\tfrac{h}{2}) - T_{k-1}(h)}{2^{2k} - 1}\,, \quad 1 \le k \le m\,, \tag{14}$$

Approximationen von $\int_a^b f(x)\, dx$ *mit asymptotischen Entwicklungen*

$$T_k(h) \;=\; \int_a^b f(x)\, dx + \sum_{j=k+1}^m A_{k,j}\, h^{2j} + O(h^{2m+2}) \tag{15}$$

definiert.

Zur Bestimmung von $T_m(h)$ berechnet man zunächst $t_{0,i} := T(2^{-i}h)$ für $0 \le i \le m$ und bildet dann rekursiv

$$t_{k,i} := T_k(2^{-i}h) := \frac{2^{2k}\, t_{k-1,i+1} - t_{k-1,i}}{2^{2k} - 1} \qquad (16)$$

für $0 \le i \le m - k$; offenbar ist dann $t_{m,0} = T_m(h)$. Diese Rechnung kann durch das folgende *Romberg-Schema* veranschaulicht werden:

$$
\begin{array}{ccccccc}
t_{0,0} & t_{1,0} & t_{2,0} & \cdots & t_{m-1,0} & t_{m,0} \\
t_{0,1} & t_{1,1} & t_{2,1} & \cdots & t_{m-1,1} \\
\vdots & \vdots & \vdots \\
t_{0,m-1} & t_{1,m-1} \\
t_{0,m}
\end{array}
$$

Durch Berechnung weiterer $t_{0,i}$ läßt sich dieses problemlos nach unten erweitern.

43.5 Beispiele und Bemerkungen. a) Setzt man in Formel (42.7) $\xi = 0$ und $x_i = (2^{-i}h)^2$ ein, so erhält man genau (16). Somit ist $t_{k,i} = T_k(2^{-i}h)$ gerade der Wert in 0 des Interpolationspolynoms vom Grad k zu den Daten $\{((2^{-j}h)^2, T(2^{-j}h))\}_{i \le j \le k+i}$. Durch die Halbierungsmethode wird also eine *Extrapolation auf die Schrittweite* 0 erreicht.
b) Die Funktion T wird also in den Stützstellen $h_j := 2^{-j}h$, $j = 0, \dots, m$, berechnet und dann interpoliert. Numerisch günstiger kann die Verwendung anderer Folgen $h_0 > h_1 > \dots$ von Stützstellen sein; unter der Bedingung „$\frac{h_{k+1}}{h_k} \le q < 1$" erhält man ein zu Theorem 43.8 analoges Ergebnis.
c) Das Romberg-Schema wird nun für $h = 1$ illustriert anhand der Berechnung von

$$\log 2 = \int_1^2 \tfrac{dx}{x} = 0.69314718055994530942\dots :$$

0.75	0.6944	0.69317	0.6931475	0.69314718
0.7083	0.69325	0.6931479	0.69314718	0.69314718
0.6970	0.69315	0.69314719	0.69314718	
0.6941	0.6931476	0.69314718		
0.6934	0.69314721			
0.6932				

c) Die entsprechenden Fehler $t_{k,i} - \log 2$ sind :

$$5.7 \cdot 10^{-2} \quad 1.3 \cdot 10^{-3} \quad 2.7 \cdot 10^{-5} \quad 3.0 \cdot 10^{-7} \quad 1.4 \cdot 10^{-9}$$
$$1.5 \cdot 10^{-2} \quad 1.1 \cdot 10^{-4} \quad 7.2 \cdot 10^{-7} \quad 2.5 \cdot 10^{-9} \quad 3.7 \cdot 10^{-12}$$
$$3.8 \cdot 10^{-3} \quad 7.4 \cdot 10^{-6} \quad 1.4 \cdot 10^{-8} \quad 1.3 \cdot 10^{-11}$$
$$9.7 \cdot 10^{-4} \quad 4.7 \cdot 10^{-7} \quad 2.3 \cdot 10^{-10}$$
$$2.4 \cdot 10^{-4} \quad 3.0 \cdot 10^{-8}$$
$$6.1 \cdot 10^{-5}$$

Bei einem Aufwand von etwa 32 Funktionsauswertungen erhält man also $t_{0,5} - \log 2 \sim 6.1 \cdot 10^{-5}$ für die summierte Trapezregel, $t_{1,4} - \log 2 \sim 3 \cdot 10^{-8}$ für die Simpsonregel, jedoch sogar $t_{5,0} - \log 2 \sim 2.4 \cdot 10^{-12}$ für das Halbierungsverfahren.   □

Für den Quadraturfehler $T_m(h) - \int_a^b f(x)\,dx = O(h^{2m+2})$ wird nun eine genauere Abschätzung hergeleitet (vgl. [36], 18.C.5):

43.6 Satz. *Für $0 \le k \le m$ gibt es Funktionen $A_k \in C^{2k}(\mathbb{R})$ mit*

$$T_k(h) = \int_a^b f(x)\,dx + h^{2k+2} \int_a^b A_k \left(\tfrac{x-a}{h}\right) f^{(2k+2)}(x)\,dx \tag{17}$$

für $f \in C^{2m+2}[a,b]$. Diese sind
(α) 1 - periodisch und gerade mit $A_k(0) = 0$,
(β) streng monoton wachsend bzw. fallend auf $[0, \tfrac{1}{2}]$ bzw. $[\tfrac{1}{2}, 1]$.
Insbesondere gilt also $A_k \ge 0$.

BEWEIS. a) Für $k = 0$ folgt dies aus (12) mit $A_0(t) = \tfrac{1}{2}(B_2 - \widetilde{B}_2(t))$ wegen $A_0(t) = \tfrac{1}{2}(t - t^2)$ für $t \in [0, 1]$.
b) Gilt die Behauptung für k, so folgt aus (14)

$$
\begin{aligned}
T_{k+1}(h) - \int_a^b f(x)\,dx &= \frac{4^{k+1} T_k(\tfrac{h}{2}) - T_k(h)}{4^{k+1} - 1} - \int_a^b f(x)\,dx \\
&= \frac{h^{2k+2}}{4^{k+1}-1} \int_a^b \left(A_k\left(2\,\frac{x-a}{h}\right) - A_k\left(\frac{x-a}{h}\right) \right) f^{(2k+2)}(x)\,dx \\
&= \frac{h^{2k+2}}{4^{k+1}-1} \int_0^n \left(A_k(2t) - A_k(t) \right) f^{(2k+2)}(a+th)\,dt .
\end{aligned}
$$

Für $F_k(t) := \int_0^t A_k(s)\,ds$ ist nun die Funktion $U_k(t) := \tfrac{1}{2} F_k(2t) - F_k(t)$ *ungerade* und 1 - *periodisch* (vgl. Aufgabe 43.5); insbesondere gilt also $U_k(\ell) = 0$ für $\ell \in \mathbb{Z}$ und $\int_\tau^{\tau+1} U_k(t)\,dt = 0$ für alle $\tau \in \mathbb{R}$. Partielle Integration liefert daher

$$
\begin{aligned}
\int_0^n \left(A_k(2t) - A_k(t) \right) f^{(2k+2)}(a+th)\,dt &= -h \int_0^n U_k(t) f^{(2k+3)}(a+th)\,dt \\
&= h^2 \int_0^n V_k(t) f^{(2k+4)}(a+th)\,dt
\end{aligned}
$$

mit $V_k(t) := \int_0^t U_k(s)\, ds$. Folglich gilt (17) mit

$$A_{k+1}(t) \;=\; \frac{1}{4^{k+1}-1}\, V_k(t) \;=\; \frac{1}{4^{k+1}-1} \int_0^t U_k(s)\, ds\,;$$

die Eigenschaften (α) für A_{k+1} folgen leicht aus denen von U_k, Eigenschaft (β) für A_{k+1} folgt aus (β) für A_k (vgl. Aufgabe 43.5). $\qquad\qquad\diamond$

Die Abbildungen 43b–e zeigen A_0, F_0, U_0 und A_1.

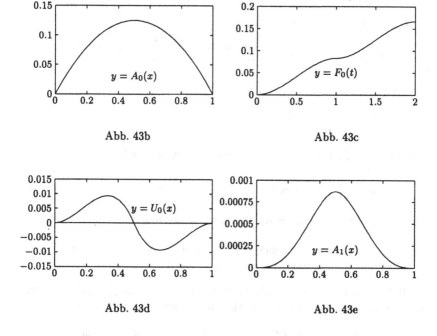

Abb. 43b

Abb. 43c

Abb. 43d

Abb. 43e

43.7 Folgerung. *Es gilt*

$$\left| T_m(h) - \int_a^b f(x)\, dx \right| \;=\; h^{2m+2} \left| \int_a^b A_m\!\left(\tfrac{x-a}{h}\right) dx \right| \cdot \left| f^{(2m+2)}(\xi) \right| \qquad (18)$$

für ein $\xi \in [a,b]$; weiter ist

$$h^{2m+2}\,(2m+2)! \int_a^b A_m\!\left(\tfrac{x-a}{h}\right) dx \;=\; T_m(x^{2m+2};h) - \int_a^b x^{2m+2}\, dx \qquad (19)$$

gerade der Quadraturfehler von $T_m(h)$ für die spezielle Funktion x^{2m+2}.

BEWEIS. Wegen $A_m \geq 0$ folgt (18) aus (17) und dem verallgemeinerten Mittelwertsatz; auch die letzte Aussage ergibt sich sofort aus (17). $\diamond$

43.8 Theorem. *Für $f \in C^{2m+2}[a,b]$ gilt*

$$|T_m(h) - \int_a^b f(x)\,dx| \leq \frac{b-a}{2^{m(m+1)}} \frac{|B_{2m+2}|}{(2m+2)!} \|f^{(2m+2)}\| h^{2m+2}. \tag{20}$$

BEWEIS. Für $f(x) := x^{2m+2}$ werde der $O(h^{2m+2})$- Term in (15) mit $C_k(h)\, h^{2m+2}$ bezeichnet. Nach (12) gilt

$$C_0(h) = (b-a)\, B_{2m+2}, \tag{21}$$

und nach (14) hat man rekursiv

$$C_k(h)\, h^{2m+2} = \frac{2^{2k}\, C_{k-1}(\frac{h}{2})\,(\frac{h}{2})^{2m+2} - C_{k-1}(h)\, h^{2m+2}}{2^{2k}-1}.$$

Folglich sind alle $C_k(h) = C_k$ konstant, und es gilt

$$C_k = \frac{4^{k-m-1}-1}{4^k-1}\, C_{k-1}.$$

Mit (21) und (2.4) ergibt sich daraus (vgl. Aufgabe 43.6)

$$|C_m| = \prod_{k=1}^m \frac{1}{4^k}\,|C_0| = \frac{b-a}{2^{m(m+1)}}\,|B_{2m+2}|, \tag{22}$$

und somit ergibt sich die Behauptung aus Folgerung 43.7. $\diamond$

Für $m=0$ und $m=1$ ergeben sich aus (20) wieder die Abschätzungen (9) und (10) der summierten Trapezregel und der Simpsonregel.

43.9 Beispiel. Zum Vergleich mit der Tabelle in Beispiel 43.5 c) werden nun die entsprechenden Fehlerabschätzungen aus (20) angegeben:

$8.3 \cdot 10^{-2}$	$2.1 \cdot 10^{-3}$	$6.2 \cdot 10^{-5}$	$1.0 \cdot 10^{-6}$	$7.3 \cdot 10^{-9}$
$2.1 \cdot 10^{-2}$	$1.3 \cdot 10^{-4}$	$9.7 \cdot 10^{-7}$	$4.0 \cdot 10^{-9}$	$7.1 \cdot 10^{-12}$
$5.2 \cdot 10^{-3}$	$8.1 \cdot 10^{-6}$	$1.5 \cdot 10^{-8}$	$1.6 \cdot 10^{-11}$	
$1.3 \cdot 10^{-3}$	$5.1 \cdot 10^{-7}$	$2.4 \cdot 10^{-10}$		
$3.3 \cdot 10^{-4}$	$3.2 \cdot 10^{-8}$			
$8.1 \cdot 10^{-5}$				

Die Fehlerabschätzung für $t_{5,0}$ lautet $|t_{5,0} - \log 2| \leq 2 \cdot 10^{-11}$. Für den Fall dieses Beispiels sind die Abschätzungen (20) also recht genau. $\square$

43.10 Bemerkungen. a) Man beachte, daß $\lim_{h \to 0+} T(h) = \int_a^b f(x)\,dx$ für alle $f \in \mathcal{R}[a,b]$ gilt. Mit (14) folgt dann auch $\lim_{h \to 0+} T_m(h) = \int_a^b f(x)\,dx$ für alle $m \in \mathbb{N}_0$; die Fehlerabschätzung (20) gilt allerdings nur für $f \in C^{2m+2}[a,b]$.

b) Für festes $h > 0$ und $f \in \mathcal{R}[a,b]$ gilt auch $\lim_{m \to \infty} T_m(h) = \int_a^b f(x)\,dx$ (vgl. Aufgabe 43.7 b)); für $f \in C^\infty[a,b]$ hängt die Konvergenzgeschwindigkeit nach (20) wesentlich vom Wachstum der Ableitungen von f ab. Gilt etwa die im Vergleich zu (12) wesentlich schwächere *Gevrey-Bedingung*

$$\| f^{(m)} \| \leq C\, m!^s\, H^m \quad \text{für ein } s \geq 1 \text{ und ein } H > 0, \tag{23}$$

so ergibt sich aus (20) und (41.17*) die Konvergenzgeschwindigkeit

$$| T_m(b-a) - \int_a^b f(x)\,dx | \leq C_1^{2m+2} \frac{(2m+2)!^s}{2^{m(m+1)}}. \tag{24}$$

c) Schließlich sei noch auf eine „*a-posteriori-Schätzung*" von Restgliedern hingewiesen, für die weder Bernoulli-Zahlen noch Ableitungen zu berechnen sind. Gilt für eine Quadraturformel

$$I(h) = \int_a^b f(x)\,dx + A\,h^m + O(h^{m+d}) \tag{25}$$

für eine feste Funktion f, so ergibt sich analog zu Satz 43.4 der Koeffizient A näherungsweise aus

$$A = h^{-m} \frac{I(h) - I(\frac{h}{2})}{1 - 2^{-m}} + O(h^d). \tag{26}$$

Soll der Fehler $| I(h) - \int_a^b f(x)\,dx | \leq \varepsilon$ sein, so hat man also etwa $h = (\varepsilon/A)^{1/m}$ zu wählen. □

Aufgaben

43.1 Warum kann auf das Integral $\int_a^b \frac{f''(\xi(x))}{2} (x-a)(x-b)\,dx$ der verallgemeinerte Mittelwertsatz nicht unmittelbar angewendet werden? Man zeige trotzdem $\int_a^b \frac{f''(\xi(x))}{2} (x-a)(x-b)\,dx = -\frac{(b-a)^3}{12} f''(\eta)$ für ein $\eta \in [a,b]$.

43.2 Man gebe eine Fehlerabschätzung für die Simpson-Regel mit Hilfe der dritten Ableitung an.

43.3 In der Situation von Satz 43.2 leite man durch Ersetzen von f über $[x_{2k-2}, x_{2k}]$ durch das Taylor-Polynom erster Ordnung in x_{2k-1} die *summierte Tangententrapezregel* her:

$$\int_a^b f(x)\,dx \;=\; h\,(y_1 + y_3 + \cdots + y_{n-3} + y_{n-1}) \;+\; \rho_h(f)\,,$$

$$|\rho_h(f)| \;\leq\; \tfrac{h^2}{24}\,(b-a)\,\|f''\| \;=\; \tfrac{(b-a)^3}{24n^2}\,\|f''\|\,.$$

43.4 Man berechne $\int_1^2 \frac{dx}{x}$ näherungsweise mit Hilfe von (12) für $m = 5$ und gebe eine entsprechende Fehlerabschätzung an.

43.5 Man bestätige die im Beweis von Satz 43.6 gemachten Aussagen über die Funktionen U_k und A_{k+1}.

43.6 Man bestätige (22).

43.7 a) Man zeige $\lim\limits_{h\to 0^+} T(h) = \int_a^b f(x)\,dx$ für alle $f \in \mathcal{R}[a,b]$.

b) Für festes $h > 0$ zeige man auch auch $\lim\limits_{m\to\infty} T^m(h) = \int_a^b f(x)\,dx$ für alle $f \in \mathcal{R}[a,b]$.

HINWEIS. Mit $L_i^m(0) = \prod\limits_{\substack{j=0 \\ j\neq i}}^{m} \dfrac{2^{-2j}}{2^{-2j} - 2^{-2i}}$ gilt $T^m(h) = \sum\limits_{i=0}^{m} T(2^{-i}h) L_i^m(0)$

aufgrund von (8). Man beachte $\sum\limits_{i=0}^{m} L_i^m(0) = 1$ sowie $\sum\limits_{i=0}^{\infty} |L_i^m(0)| < \infty$!

44   * Quadratur des Kreises ? –
Transzendenz von e und π

In diesem letzten Abschnitt des Buches wird F. Lindemanns Lösung (1882) des klassischen Problems der *„Quadratur des Kreises"* vorgestellt. Eine Zahl $\kappa \in \mathbb{R}$ heißt *konstruierbar*, falls, ausgehend von einer Strecke der Länge 1, mit Zirkel und Lineal eine Strecke der Länge $|\kappa|$ konstruiert werden kann. Das bereits seit der Antike bekannte klassische Problem ist die Frage, ob eine Strecke konstruierbar ist, deren Länge mit der Länge der Einheitskreislinie übereinstimmt, d. h. ob π *konstruierbar* ist.

Bemerkung: Für die Beweise in diesem Abschnitt werden in diesem Buch bereits entwickelte analytische, aber auch algebraische Methoden verwendet, vor allem ein Resultat über symmetrische Polynome. Letzteres wird vor und in Satz 44.9 ausführlich erklärt und bewiesen. *Der im Beweis von Satz 44.3 auftretende Dimensionsbegriff für Vektorräume wird in jeder Vorlesung und in jedem Buch über Lineare Algebra ausführlich behandelt, beispielsweise auch in [22], § 20.*

Wie in Bemerkung 10.4 d) bezeichnet $\mathbb{M}[z]$ die Menge der Polynome (in z) mit Koeffizienten in $\mathbb{M} \subseteq \mathbb{C}$. Zunächst wird gezeigt, daß jede konstruierbare Zahl *algebraisch* ist im Sinne der folgenden

44.1 Definition. *Eine Zahl* $\alpha \in \mathbb{C}$ *heißt* algebraisch, *wenn es ein Polynom*
$$P(z) = \sum_{k=0}^{m} b_k \, z^k \in \mathbb{Q}[z] \ \ \text{mit} \deg P = m \geq 1 \ \text{gibt, so daß} \ P(\alpha) = 0 \ \text{gilt. Die}$$
Menge aller algebraischen Zahlen wird mit $\mathbb{A}$ *bezeichnet. Zahlen aus* $\mathbb{C}\backslash\mathbb{A}$ *heißen* transzendent.

44.2 Definitionen und Bemerkungen. a) Für $\alpha \in \mathbb{A}$ heißt

$$m := \min \{\deg P \mid 0 \neq P \in \mathbb{Q}[z], \ P(\alpha) = 0\} \tag{1}$$

der *Grad* von α. Sind $P, Q \in \mathbb{Q}[z]$ mit $\deg P = \deg Q = m$, so gibt es $0 \neq c \in \mathbb{Q}$ mit $\deg(P - cQ) < m$. Aus $P(\alpha) = Q(\alpha) = 0$ folgt dann auch $(P - cQ)(\alpha) = 0$, wegen der Minimalität von m also $P = cQ$. Folglich gibt es genau ein Polynom $M \in \mathbb{Z}[z]$ mit $M(\alpha) = 0$, $\deg M = m$ und *teilerfremden* ganzen Koeffizienten, das *Minimalpolynom* von α.
b) Im Fall $m \geq 2$ hat das Minimalpolynom M keine rationalen Nullstellen: Ist $r \in \mathbb{Q}$ mit $M(r) = 0$, so folgt aus Satz 10.3 sofort $M(z) = (z - r)\, Q(z)$ für ein Polynom $Q \in \mathbb{Q}[z]$ mit $\deg Q = m - 1$ (vgl. 10.4 a)); $Q(\alpha) = 0$ widerspricht dann aber der Minimalität von m. $\qquad\square$

44.3 Satz. *Konstruierbare Zahlen sind algebraisch.*

BEWEIS. a) Es sei $\mathbb{K}$ die Menge aller konstruierbaren Zahlen. Aus a, $b \in \mathbb{K}$ folgt auch $a + b \in \mathbb{K}$, $a \cdot b \in \mathbb{K}$ und, für $b \neq 0$, $a/b \in \mathbb{K}$, wie man durch Konstruktion geeigneter paralleler und senkrechter Strecken in der Ebene sieht. Die Menge $\mathbb{K}$ ist somit ein *Unterkörper* von $\mathbb{R}$ (vgl. Definition 15.5*); insbesondere gilt $\mathbb{Q} \subseteq \mathbb{K}$.
b) Ausgehend von den konstruierten rationalen Punkten in $\mathbb{Q}^2$ kann man nun Schnittpunkte von Geraden und Kreisen konstruieren. Man erhält wieder rationale Strecken oder solche, deren Länge $x_1 \notin \mathbb{Q}$ einer *quadratischen Gleichung* $a\, z^2 + b\, z + c = 0$ mit a, b, $c \in \mathbb{Q}$ genügt. Nach a) gilt dann $\mathbb{K}_1 := \{r + r'\, x_1 \mid r, r' \in \mathbb{Q}\} \subseteq \mathbb{K}$, und ähnlich wie in Feststellung 27.1 zeigt man, daß $\mathbb{K}_1$ ein *Unterkörper* von $\mathbb{K}$ ist (vgl. auch Aufgabe 44.3).
c) Ausgehend von Punkten in $\mathbb{K}_1^2$ erhält man nun aus Schnittpunkten von Geraden und Kreisen solche Strecken, deren Längen x_2 *quadratischen Gleichungen* $a\, z^2 + b\, z + c = 0$ mit a, b, $c \in \mathbb{K}_1$ genügen. Für ein solches x_2

konstruiert man dann mit $\mathbb{K}_2 := \{h + h'\, x_2 \mid h, h' \in \mathbb{K}_1\}$ einen weiteren Unterkörper von $\mathbb{K}$.

d) Jede konstruierbare Zahl $\kappa \in \mathbb{K}$ kann man durch endlich viele Schritte der Form b), c) erhalten. Es gibt also eine aufsteigende endliche Folge von Körpern

$$\mathbb{Q} =: \mathbb{K}_0 \subseteq \mathbb{K}_1 \subseteq \mathbb{K}_2 \subseteq \ldots \subseteq \mathbb{K}_m \subseteq \mathbb{K}$$

mit $\kappa \in \mathbb{K}_m$. Dabei ist stets $\mathbb{K}_{j+1}$ ein *Vektorraum* der *Dimension* 2 über $\mathbb{K}_j$, und somit gilt $\dim_{\mathbb{Q}} \mathbb{K}_m = 2^m$.

e) Wegen $\kappa \in \mathbb{K}_m$ müssen also die $2^m + 1$ Elemente $1, \kappa, \kappa^2, \ldots, \kappa^{2^m}$ über $\mathbb{Q}$ *linear abhängig* sein. Folglich gibt es $b_\ell \in \mathbb{Q}$ mit $\sum\limits_{\ell=0}^{2^m} b_\ell\, \kappa^\ell = 0$, d. h. κ ist algebraisch. $\diamond$

Die *Existenz transzendenter Zahlen* ist nicht sofort offensichtlich. Erste Beispiele wurden 1844/1851 von J. Liouville angegeben. Seine Konstruktion beruht auf der Beobachtung, daß sich irrationale algebraische Zahlen „*schlecht durch rationale Zahlen approximieren lassen*":

Nach Satz 7.4* können irrationale Zahlen $x \in \mathbb{R} \backslash \mathbb{Q}$ durch rationale Zahlen p/q so approximiert werden, daß die Abschätzung $|x - p/q| \leq 1/q^2$ gilt. Für $x = \sqrt{2}$ etwa ist der Exponent 2 *optimal* nach Satz 7.6* und Beispiel 7.7* b). Allgemein hat man für reelle $\alpha \in \mathbb{A} \backslash \mathbb{Q}$ die folgenden umgekehrten Abschätzungen:

44.4 Satz. *Für* $\alpha \in \mathbb{A} \cap \mathbb{R}$ *mit Grad* $m \geq 2$ *gibt es* $c > 0$ *mit*

$$\left| \alpha - \frac{p}{q} \right| \geq \frac{c}{|q|^m} \quad \text{für alle } \frac{p}{q} \in \mathbb{Q}. \tag{2}$$

BEWEIS. a) Es sei $M \in \mathbb{Z}[z]$ das Minimalpolynom von α. Wegen Bemerkung 44.2 b) gilt $0 \neq q^m M(\frac{p}{q}) \in \mathbb{Z}$; daraus ergibt sich $|q^m M(\frac{p}{q})| \geq 1$ und somit $|M(\frac{p}{q})| \geq \frac{1}{|q|^m}$.

b) Es sei $C := \max \{|M'(x)| \mid x \in \mathbb{R}, |x - \alpha| \leq 1\}$. Für $\frac{p}{q} \in \mathbb{Q}$ mit $|\frac{p}{q} - \alpha| \leq 1$ gilt nach a) und dem Mittelwertsatz der Differentialrechnung

$$\frac{1}{|q|^m} \leq |M(\tfrac{p}{q})| = |M(\tfrac{p}{q}) - M(\alpha)| = |M'(\xi)\, (\tfrac{p}{q} - \alpha)|$$

für ein $\xi \in \,] \frac{p}{q}, \alpha [$. Somit gilt also $|\alpha - \frac{p}{q}| \geq \frac{1}{C |q|^m}$ für $|\frac{p}{q} - \alpha| \leq 1$, und mit $c := \min (1, \frac{1}{C})$ folgt die Behauptung (2). $\diamond$

44.5 Beispiel. Für $\alpha = \sqrt{2}$ kann man $M(z) = z^2 - 2$ im Beweis von Satz 44.4 wählen. Wegen $M'(x) = 2x$ für $x \in \mathbb{R}$ folgt dann $C = 2(\sqrt{2} + 1)$

und $c = \frac{1}{2(\sqrt{2}+1)}$. Dies kann man folgendermaßen verbessern: Für rationale Zahlen mit $|\sqrt{2} - \frac{p}{q}| \le \frac{1}{2q^2}$ gilt sogar

$$|\sqrt{2} - \frac{p}{q}| \ge \frac{1}{2(\sqrt{2} + \frac{1}{2q^2})\, q^2} = \frac{1}{2\sqrt{2}\, q^2 + 1},$$

und diese Abschätzung gilt somit für alle rationalen $\frac{p}{q}$. Wegen Beispiel 7.7* b) ist $2\sqrt{2}$ die minimal mögliche Konstante mit dieser Eigenschaft.   □

44.6 Beispiele. Man kann nun Zahlen angeben, die keine Abschätzung (2) erfüllen und daher transzendent sein müssen. Ein Beispiel ist

$$\alpha := 0.110001000000000000000000100\ldots = \sum_{k=1}^{\infty} 10^{-k!} . \tag{3}$$

Es ist $r_n := \sum_{k=1}^{n} 10^{-k!} \in \mathbb{Q}$ mit Nenner $q_n := 10^{n!}$, und man hat

$$|\alpha - r_n| = |\sum_{k=n+1}^{\infty} 10^{-k!}| \le 2 \cdot 10^{-(n+1)!} = 2 \cdot q_n^{-(n+1)},$$

so daß keine Abschätzung (2) gelten kann. Entsprechend sind auch alle Zahlen $\sum_{k=1}^{\infty} g_k\, g^{-k!}$ mit Ziffern $g_k \in \{1,\ldots,g-1\}$ transzendent (vgl. (7.2)*).

□

Die Existenz transzendenter Zahlen ergibt sich auch aus dem folgenden Resultat von G. Cantor:

44.7 Satz. *Die Menge $\mathbb{A}$ der algebraischen Zahlen ist abzählbar.*

BEWEIS. Es ist $f : \mathbb{Q}^{m+1} \mapsto \mathbb{Q}_m[z]$, $f(b_0,\ldots,b_m) := \sum_{k=0}^{m} b_k z^k$, surjektiv (sogar bijektiv); mit $\mathbb{Q}^{m+1}$ ist daher auch $\mathbb{Q}_m[z]$ abzählbar. Aus Theorem 3.25 ergibt sich dann auch die Abzählbarkeit von $\mathbb{Q}[z] := \bigcup_{m=0}^{\infty} \mathbb{Q}_m[z]$.
b) Da ein Polynom P nach Satz 10.5 nur endlich viele Nullstellen hat, gibt es eine Surjektion ν_P von $\mathbb{N}$ auf die Menge der Nullstellen von P . Die Abbildung $g : \mathbb{Q}[z] \times \mathbb{N} \to \mathbb{A}$, $g(P,n) := \nu_P(n)$, ist dann surjektiv, und mit $\mathbb{Q}[z] \times \mathbb{N}$ ist auch $\mathbb{A}$ abzählbar.   ◇

Die Frage, ob eine gegebene komplexe Zahl algebraisch oder transzendent ist, ist i.a. schwierig zu beantworten. Die Transzendenz von e wurde 1873 von C. Hermite bewiesen, die von π dann 1882 von F. Lindemann. Wegen

Satz 44.3 impliziert dies eine **negative Lösung** für das **Problem der Quadratur des Kreises.**

Es werden nun Beweise für die Transzendenz von e und π angegeben, die im wesentlichen auf der Darstellung in [15] basieren. Die auf Hermite und Lindemann zurückgehende Beweisstrategie kann hier nicht ohne weiteres motiviert werden; die Leser sollten aber in der Lage sein, die Beweise Schritt für Schritt zu verfolgen.

Für ein Polynom $Q(z) = \sum\limits_{k=0}^{m} a_k\, z^k \in \mathbb{C}[z]$ definiert man

$$I(z) := I_Q(z) := e^z \int_0^1 z\, e^{-zt}\, Q(zt)\, dt\,, \quad z \in \mathbb{C}\,. \tag{4}$$

Partielle Integration liefert

$$
\begin{aligned}
I(z) &= e^z \left(-e^{-zt} Q(zt)\big|_0^1 + \int_0^1 e^{-zt}\, z\, Q'(zt)\, dt \right) \\
&= e^z \left(Q(0) - e^{-z} Q(z) + \int_0^1 z\, e^{-zt}\, Q'(zt)\, dt \right) \\
&= e^z \left(Q(0) - e^{-z} Q(z) + Q'(0) - e^{-z} Q'(z) + \int_0^1 z\, e^{-zt}\, Q''(zt)\, dt \right).
\end{aligned}
$$

So fortfahrend, erhält man schließlich

$$I(z) = e^z \sum_{j=0}^{m} Q^{(j)}(0) - \sum_{j=0}^{m} Q^{(j)}(z)\,. \tag{5}$$

Mit $Q^*(z) := \sum\limits_{k=0}^{m} |a_k|\, z^k$ erhält man aus (4) sofort die Abschätzung

$$|I(z)| \leq |z| \cdot e^{|z|} \cdot Q^*(|z|)\,, \quad z \in \mathbb{C}\,. \tag{6}$$

44.8 Theorem. *Die Eulersche Zahl e ist transzendent.*

BEWEIS. Anderfalls gibt es $q_0, q_1, \ldots, q_n \in \mathbb{Z}$ mit $q_0 \neq 0$ und

$$q_0 + q_1 e + q_2 e^2 + \cdots + q_n e^n = 0\,. \tag{7}$$

Für große Primzahlen p betrachtet man nun die Polynome

$$Q_p(z) := z^{p-1}\, (z-1)^p\, (z-2)^p \cdots (z-n)^p\,, \tag{8}$$

setzt $I_p(z) := I_{Q_p}(z)$ und (trotz $I_p(0) = 0$!)

$$A_p := q_0\, I_p(0) + q_1\, I_p(1) + q_2\, I_p(2) + \cdots + q_n\, I_p(n)\,. \tag{9}$$

Aus (6) ergibt sich dann die Abschätzung

$$|A_p| \leq c_n^{(n+1)p-1} \leq C^p \tag{10}$$

mit einer von p unabhängigen Konstanten $C = C(n)$.
Andererseits hat man wegen (9) und (5) mit $m = (n+1)p - 1$:

$$A_p \;=\; q_0 \left(e^0 \sum_{j=0}^{m} Q_p^{(j)}(0) - \sum_{j=0}^{m} Q_p^{(j)}(0) \right)$$

$$+\; q_1 \left(e^1 \sum_{j=0}^{m} Q_p^{(j)}(0) - \sum_{j=0}^{m} Q_p^{(j)}(1) \right)$$

$$+\; q_2 \left(e^2 \sum_{j=0}^{m} Q_p^{(j)}(0) - \sum_{j=0}^{m} Q_p^{(j)}(2) \right) + \cdots$$

$$+\; q_n \left(e^n \sum_{j=0}^{m} Q_p^{(j)}(0) - \sum_{j=0}^{m} Q_p^{(j)}(n) \right)$$

$$=\; - \sum_{k=0}^{n} q_k \sum_{j=0}^{m} Q_p^{(j)}(k)$$

aufgrund von (7). Somit gilt also

$$A_p \;=\; - \sum_{j=0}^{m} \sum_{k=0}^{n} q_k \, Q_p^{(j)}(k) \,. \tag{11}$$

Es sei nun $1 \le k \le n$. Für $j < p$ gilt offenbar $Q_p^{(j)}(k) = 0$, und für $j \ge p$ verschwinden nach der Produktregel nur die Summanden in $Q_p^{(j)}(k)$ nicht, bei denen der Faktor $(x - k)^p$ genau p- mal differenziert wird. Somit ist $Q_p^{(j)}(k) \in \mathbb{Z}$ durch $p!$ teilbar. Weiter hat man $Q_p^{(j)}(0) = 0$ für $j < p-1$, und für $j \ge p$ ist $Q_p^{(j)}(0)$ durch $p!$ teilbar. Somit sind alle Summanden in (11) bis auf $q_0 Q_p^{(p-1)}(0)$ durch $p!$ teilbar. Für diesen gilt aber

$$q_0 \, Q_p^{(p-1)}(0) \;=\; q_0 \, (p-1)! \, (-1)^{np} \, (n!)^p \,.$$

Wählt man nun $p > |q_0|$ und $p > n!$, so ist $q_0 Q_p^{(p-1)}(0)$ durch $(p-1)!$, nicht aber durch p teilbar. Dies gilt dann auch für A_p, und es folgt $|A_p| \ge (p-1)!$. Für große Primzahlen p (man beachte Beispiel 39.9 a)) ist dies ein Widerspruch zu (10). $\diamond$

Wegen $e^{i\pi} = -1$ kann der Transzendenzbeweis für π so ähnlich wie der für e geführt werden. Es werden allerdings einige Tatsachen über *symmetrische Polynome* benötigt:

Für $t_1, \ldots, t_d \in \mathbb{C}$ betrachtet man das Polynom

$$\Pi(z) \;:=\; (z - t_1)(z - t_2) \cdots (z - t_d) \tag{12}$$
$$=: \; z^d - \sigma_1 z^{d-1} + \sigma_2 z^{d-2} - \cdots + (-1)^d \sigma_d \,;$$

die Koeffizienten $\sigma_k \in \mathbb{Z}[t_1, \ldots, t_d]$ sind offenbar *Polynome in den* t_j mit ganzen Koeffizienten. Da die linke Seite von (12) sich bei Vertauschungen (Permutationen) der t_j nicht ändert, gilt dies auch für die rechte Seite; die σ_k sind also *symmetrische* Polynome über $\mathbb{Z}$ in den t_j, die *elementarsymmetrischen Polynome*. Explizit gilt

$$
\begin{aligned}
\sigma_1 &= t_1 + t_2 + \cdots + t_d, && (13) \\
\sigma_2 &= t_1 t_2 + t_1 t_3 + \cdots + t_2 t_3 + \cdots + t_{d-1} t_d, \\
\sigma_3 &= t_1 t_2 t_3 + t_1 t_2 t_4 + \cdots + t_{d-2} t_{d-1} t_d, \\
&\ \vdots \quad \vdots \quad \vdots \\
\sigma_d &= t_1 t_2 \cdots t_d.
\end{aligned}
$$

Jedes Polynom über $\mathbb{Z}$ in den σ_k ist offenbar ein *symmetrisches* Polynom über $\mathbb{Z}$ in den t_j; es wird nun auch die Umkehrung dieser Aussage gezeigt. Für deren Beweis betrachtet man auf der Menge $\mathbb{N}_0^d$ aller Multiindizes $\alpha = (\alpha_1, \ldots, \alpha_d)$ die durch

$$
\alpha \succ \beta :\Leftrightarrow \exists\, j \in \{1, \ldots, d\} : \alpha_1 = \beta_1, \ldots, \alpha_{j-1} = \beta_{j-1}, \ \alpha_j > \beta_j \qquad (14)
$$

definierte *lexikographische Ordnung*.
In $\mathbb{N}_0^4$ gilt beispielsweise $(3, 4, 0, 1) \succ (3, 3, 7, 2) \succ (3, 3, 7, 1) \succ (2, 8, 5, 6)$.
Schließlich wird für ein Polynom $P = \sum c_\alpha\, t_1^{\alpha_1}\, t_2^{\alpha_2} \cdots t_d^{\alpha_d}$ der *Grad* von P als $\deg P := \max_\alpha (\alpha_1 + \cdots + \alpha_d)$ definiert. Offenbar gilt dann stets $\deg \sigma_k = k$.

44.9 Satz. *Jedes symmetrische Polynom P über $\mathbb{Z}$ in den t_j läßt sich als Polynom über $\mathbb{Z}$ in den σ_k schreiben.*

BEWEIS. Es sei $\deg P = r$ und ρ der bzgl. „$\succ$" größte in den Termen von P vorkommende Multiindex. Da die Menge $\mathbb{N}_0^d(r)$ der Multiindizes α mit $\alpha_1 + \cdots + \alpha_d \leq r$ endlich ist, kann der Beweis durch „endliche Induktion" über ρ geführt werden:

Dem minimalen Element $(0, \ldots, 0)$ von $\mathbb{N}_0^d(r)$ entsprechen die konstanten Polynome, die offenbar auch Polynome über $\mathbb{Z}$ in den σ_k sind. Dem nächstkleinsten Multiindex $(0, \ldots, 1)$ entsprechen die Polynome $c\,t_d$, die aber nicht symmetrisch sind. Das minimale symmetrische Polynom, das den Term $c\,t_d$ enthält, ist $c\,(t_1 + \cdots + t_d) = c\,\sigma_1$.

Die Behauptung sei nun für alle symmetrischen Polynome mit höchstem Multiindex $\mathbb{N}_0^d(d) \ni \alpha \prec \rho$ bewiesen. Ist nun $c\,t_1^{\rho_1}\, t_2^{\rho_2} \cdots t_d^{\rho_d}$ der höchste Term von P, so gilt $\rho_1 \geq \rho_2 \geq \ldots \geq \rho_d$ wegen der Symmetrie von P. Der höchste Term des Polynoms

$$
Q := c\,\sigma_1^{\rho_1 - \rho_2}\, \sigma_2^{\rho_2 - \rho_3} \cdots \sigma_{r-1}^{\rho_{d-1} - \rho_d}\, \sigma_d^{\rho_d}
$$

ist ebenfalls $c\, t_1^{\rho_1}\, t_2^{\rho_2} \cdots t_d^{\rho_d}$, und es gilt

$$
\begin{aligned}
\deg Q &= \rho_1 - \rho_2 + 2\,(\rho_2 - \rho_3) + \cdots + (d-1)\,(\rho_{d-1} - \rho_d) + d\,\rho_d \\
&= \rho_1 + \rho_2 + \cdots + \rho_d \;\le\; r .
\end{aligned}
$$

Das symmetrische Polynom $P - Q$ hat somit Grad $\le r$ und einen höchsten Multiindex $\prec \rho$. Aufgrund der Induktionsannahme ist also $P - Q$ ein Polynom über $\mathbb{Z}$ in den σ_k, und dies gilt dann auch für P. $\diamond$

Die soeben bewiesene Aussage bedeutet, grob gesprochen, daß jede „symmetrische Kombination" der Nullstellen von Π sich „genauso gut verhält" wie die Koeffizienten von Π.

44.10 Theorem. *Die Kreiszahl π ist transzendent.*

BEWEIS. Ist π algebraisch, so gilt dies auch für $\theta_1 := i\pi$. Es sei

$$
M(z) := \ell\, z^d - \ell_1\, z^{d-1} + \ell_2\, z^{d-2} - \cdots + (-1)^d\, \ell_d
$$

das Minimalpolynom von θ_1, und θ_2, θ_3, $\ldots$, θ_d seien die übrigen Nullstellen von M. Die Zahlen $\ell\,\theta_j$ sind dann die Nullstellen des Polynoms

$$
\Pi(z) := z^d - \ell_1\, z^{d-1} + \ell\,\ell_2\, z^{d-2} - \cdots + (-1)^d\, \ell^{d-1}\, \ell_d ;
$$

daher folgt

$$
\Pi(z) = (z - \ell\,\theta_1)\,(z - \ell\,\theta_2) \cdots (z - \ell\,\theta_d) ,
$$

und durch Vergleich mit (12) erhält man

$$
\sigma_k(\ell\,\theta_1, \ldots, \ell\,\theta_d) = \ell^{k-1}\, \ell_k \in \mathbb{Z} . \tag{15}
$$

Wegen $e^{i\pi} = -1$ gilt nun

$$
(1 + e^{\theta_1})\,(1 + e^{\theta_2}) \cdots (1 + e^{\theta_d}) = 0 .
$$

Die linke Seite besteht aus 2^d Termen der Form e^{Θ} mit

$$
\Theta := \varepsilon_1\,\theta_1 + \varepsilon_2\,\theta_2 + \cdots + \varepsilon_d\,\theta_d , \quad \varepsilon_j = 0 \text{ oder } 1 .
$$

Bezeichnet man die nicht verschwindenden Zahlen Θ mit $\alpha_1, \ldots, \alpha_n$ und setzt $q := 2^d - n \in \mathbb{N}$, so gilt

$$
q + e^{\alpha_1} + e^{\alpha_2} + \cdots + e^{\alpha_n} = 0 . \tag{16}
$$

Der Rest des Beweises verläuft nun ähnlich wie der von Theorem 44.8: Für große Primzahlen p betrachtet man die Polynome

$$
Q_p(z) := (\ell z)^{p-1}\,(\ell z - \ell\,\alpha_1)^p\,(\ell z - \ell\,\alpha_2)^p \cdots (\ell z - \ell\,\alpha_n)^p , \tag{17}
$$

definiert $I_p(z) := I_{Q_p}(z)$ mit den Integralen aus (4) und setzt

$$B_p := I_p(\alpha_1) + I_p(\alpha_2) + \cdots + I_p(\alpha_n)\,. \tag{18}$$

Aus (6) ergibt sich dann wieder die Abschätzung

$$|B_p| \leq c^{(n+1)p-1} \leq C^p \tag{19}$$

mit einer von p unabhängigen Konstanten $C = C(n,\ell)$.
Andererseits hat man wegen (16) und (5) mit $m = (n+1)p - 1$:

$$B_p = (e^{\alpha_1} + e^{\alpha_2} + \cdots + e^{\alpha_n}) \sum_{\mu=0}^{m} Q_p^{(\mu)}(0) - \sum_{\nu=1}^{n} \sum_{\mu=0}^{m} Q_p^{(\mu)}(\alpha_\nu)\,,$$

$$B_p = -q \sum_{\mu=0}^{m} Q_p^{(\mu)}(0) - \sum_{\mu=0}^{m} \sum_{\nu=1}^{n} Q_p^{(\mu)}(\alpha_\nu)\,. \tag{20}$$

Für $\mu < p$ gilt $Q_p^{(\mu)}(\alpha_\nu) = 0$, und für $\mu \geq p$ ist $\frac{1}{p!} \sum_{\nu=1}^{n} Q_p^{(\mu)}(\alpha_\nu)$ ein symmetrisches Polynom über $\mathbb{Z}$ in den $\ell\,\alpha_\nu$, nach Satz 44.9 also ein Polynom über $\mathbb{Z}$ in den elementarsymmetrischen Polynomen in den $\ell\,\alpha_\nu$. Diese sind offenbar auch symmetrische Polynome in den 2^d Zahlen $\ell\,\Theta$ und somit, wieder nach Satz 44.9, Polynome in den $\sigma_k(\ell\theta_1, \ldots, \ell\theta_d)$. Mit (15) ergibt sich also

$$\frac{1}{p!} \sum_{\nu=1}^{n} Q_p^{(\mu)}(\alpha_\nu) \in \mathbb{Z}\,, \quad \mu = 0, \ldots, m\,.$$

Genauso folgt $\frac{1}{p!} Q_p^{(\mu)}(0) \in \mathbb{Z}$ für $\mu \geq p$. Weiter ist $Q_p^{(\mu)}(0) = 0$ für $\mu < p-1$ und

$$q\,Q_p^{(p-1)}(0) = q\,(p-1)!\,\ell^{p-1}\,(-1)^{np}\,((\ell\,\alpha_1)\,(\ell\,\alpha_2)\cdots(\ell\,\alpha_n))^p$$

eine durch $(p-1)!$ teilbare ganze Zahl, die aber für große Primzahlen p nicht durch p teilbar ist. Dies gilt dann auch für B_p, und es folgt wieder $|B_p| \geq (p-1)!$ im Widerspruch zu (19). $\diamond$

Aufgaben

44.1 Man führe den Beweisteil a) von Satz 44.3 aus.

44.2 Die folgenden symmetrischen Polynome schreibe man als Polynome über $\mathbb{Z}$ in den entsprechenden elementarsymmetrischen Polynomen:
a) $t_1^2 + t_2^2 + t_3^2$,   b) $t_1\,t_2^4 + t_1^4\,t_2$.

44.3 Für $\alpha \in \mathbb{C}\backslash\{0\}$, $m \in \mathbb{N}$ und einen Körper $\mathbb{K} \subseteq \mathbb{C}$ definiere man

$$\mathbb{K}_m(\alpha) := \{ \sum_{j=0}^{m-1} k_j \, \alpha^j \mid k_j \in \mathbb{K} \} \quad \text{sowie} \quad \mathbb{K}(\alpha) := \bigcup_{m=1}^{\infty} \mathbb{K}_m(\alpha).$$

a) Man zeige: $\mathbb{K}_m(\alpha)$ und $\mathbb{K}(\alpha)$ sind Vektorräume über $\mathbb{K}$; außerdem gilt $x, y \in \mathbb{K}(\alpha) \Rightarrow x \cdot y \in \mathbb{K}(\alpha)$.

b) Man beweise die Äquivalenz der folgenden Aussagen:

(1) $\alpha^m \in \mathbb{K}_m(\alpha)$ für ein $m \in \mathbb{N}$.
(2) $\mathbb{K}(\alpha) = \mathbb{K}_m(\alpha)$ für ein $m \in \mathbb{N}$.
(3) $\dim_{\mathbb{K}} \mathbb{K}(\alpha) < \infty$.
(4) $\mathbb{K}(\alpha)$ ist ein Körper.

Im Fall $\mathbb{K} = \mathbb{Q}$ zeige man, daß diese Aussagen zu $\alpha \in \mathbb{A}$ äquivalent sind.

44.4 Man zeige, daß $\mathbb{A}$ ein Körper ist.

44.5 Für $\alpha \in \mathbb{C}$ gebe es ein Polynom $P \in \mathbb{A}[z]$ mit $\deg P \geq 1$ und $P(\alpha) = 0$. Man zeige $\alpha \in \mathbb{A}$.

44.6 Eine Zahl $\gamma \in \mathbb{C}$ heißt *ganz-algebraisch*, falls ein Polynom

$$P(z) = z^m + \sum_{k=0}^{m-1} b_k \, z^k \in \mathbb{Z}[z] \quad \text{mit } P(\gamma) = 0 \tag{21}$$

existiert. Man zeige:

a) Ist $\gamma \in \mathbb{Q}$ ganz-algebraisch und $P \in \mathbb{Z}[z]$ wie in (21), so folgt bereits $\gamma \in \mathbb{Z}$, und γ ist ein Teiler von b_0.

b) Zu $\alpha \in \mathbb{A}$ gibt es $\ell \in \mathbb{N}$, so daß $\ell \, \alpha$ ganz-algebraisch ist.

44.7 a) Es sei $\alpha \in \mathbb{R}$ algebraisch vom Grad m und m keine Potenz von 2. Man zeige, daß α nicht konstruierbar ist.

b) Man zeige die trigonometrische Formel $\cos 3x = 4 \cos^3 x - 3 \cos x$.

c) Mit Hilfe von Aufgabe 44.6 zeige man, daß $\sqrt[3]{2}$ und $\cos \frac{\pi}{9}$ algebraisch vom Grad 3 sind.

d) Aus a) schließe man, daß $\sqrt[3]{2}$ und $\cos \frac{\pi}{9}$ nicht konstruierbar sind. Dies bedeutet, daß mit Zirkel und Lineal ein Würfel nicht verdoppelt und der Winkel $\frac{\pi}{3}$ nicht gedrittelt werden kann.

Lösung ausgewählter Aufgaben

1.2 Es ist $A \cap B$ die Menge der durch 6 teilbaren und $B \backslash A$ die der ungeraden durch 3 teilbaren ganzen Zahlen.

1.3 Die Aussage ist nicht richtig (vgl. Beispiel 13.9 a)). Ihre Negation lautet:
$\exists \, \varepsilon > 0 \; \forall \, \delta > 0 \; \exists \, x, y \in \mathbb{R} \, : \, |x - y| < \delta \, , \; |x^2 - y^2| \geq \varepsilon$.

1.5 Die Lösungsmengen sind $\{x \in \mathbb{R} \mid -\frac{2}{3} \leq x \leq -\frac{1}{3}\} \cup \{x \in \mathbb{R} \mid 1 \leq x \leq 2\}$ bzw. $\{x \in \mathbb{R} \mid x \leq -5\} \cup \{x \in \mathbb{R} \mid x \geq \frac{1}{2}\}$.

2.4 Die Summen sind n^2 und $\frac{1}{3}(4n^3 - n)$.

2.5 a) $n = 1$ und $n \geq 5$, b) $n \geq 2$, c) $n \geq 2$.

2.6 Man setze $x = y = 1$ bzw. $x = 1, y = -1$ in Satz 2.7.

3.1 Nein. Für $f : \mathbb{Z} \mapsto \mathbb{Z}$, $f(n) := n^2$, gilt $f(\{-1, 0\} \cap \{0, 1\}) = \{0\}$, aber $f(\{-1, 0\}) \cap f(\{0, 1\}) = \{0, 1\}$.

3.2 a) nur surjektive Abbildungen, b) nur injektive Abbildungen.

3.3 Es ist $I : x \mapsto x$ monoton wachsend, $I^2 : x \mapsto x^2$ aber nicht. Die anderen 5 Fragen sind zu bejahen.

3.6 richtig, falsch; falsch, richtig.

3.8 $f : x \mapsto 10x - 3$; $f : x \mapsto \frac{1}{x} - 1$; $f(x) = \frac{1}{2x-1} - 1$ für $\frac{1}{2} < x < 1$, $f(\frac{1}{2}) = 0$, $f(x) = \frac{1}{2x-1} + 1$ für $0 < x \leq \frac{1}{2}$.

3.9 a) Für eine Abbildung $f : \mathbb{N} \mapsto \{0, 1\}^{\mathbb{N}}$ definiert man $\varphi : \mathbb{N} \mapsto \{0, 1\}$ durch

$$\varphi(n) := \begin{cases} 0 & , \quad f(n)(n) = 1 \\ 1 & , \quad f(n)(n) = 0 \end{cases} \; ; \; \text{dann gilt } \varphi \neq f(n) \text{ für alle } n \in \mathbb{N}, \text{ d. h. } f \text{ ist}$$

nicht surjektiv.

b) Die Abbildung $\chi : \mathfrak{P}(\mathbb{N}) \mapsto \{0, 1\}^{\mathbb{N}}$, $\chi(A)(n) := \begin{cases} 1 & , \quad n \in A \\ 0 & , \quad n \notin A \end{cases}$, ist bijektiv.

4.1 und **4.2** Vollständige Induktion.

4.3 Nicht unmittelbar, wohl aber $s_n \leq 2 - \frac{1}{n}$.

4.4 Man benutze $\frac{1}{(n+1)^2} \leq \frac{1}{n} - \frac{1}{n+1}$.

4.5 a) $\frac{h_n}{n} = \sum\limits_{k=1}^{n} \frac{1}{n \cdot k} \leq \sum\limits_{k=1}^{n} \frac{1}{k \cdot k} = s_n \leq 2$.

b) Für $2^{m-1} \leq n < 2^m$ gilt $h_n \leq m$, also $\frac{h_n^2}{n} \leq \frac{m^2}{2^{m-1}} \leq \frac{9}{4}$.

4.6 Die letzte Abschätzung ergibt sich wie in Beweisteil a) von Satz 4.8:
$(1 + \frac{1}{n^2})^n \leq 1 + \frac{1}{n}(E_n - 1) \leq 1 + \frac{2}{n}$.

4.7 $e_{2n} = (1 + \frac{1}{2n})^{2n} = (1 + \frac{1}{n} + \frac{1}{4n^2})^n \geq e_n$.

5.1 a): 2, b): 0, c): divergent, d), e): 0 .

5.2 Man beachte $\binom{n}{k} \leq n^k$ und (5.5) .

5.6 Es gilt $\frac{a_n^2 - 9}{a_n - 3} = a_n + 3 \to 6$.

5.7 $\frac{1}{2}$ und $\frac{1}{3}$.

5.8 Wie in Aufgabe 4.5 hat man $\frac{h_n^p}{n} \leq \frac{m^p}{2^{m-1}}$ für $2^{m-1} \leq n < 2^m$. Man verwendet dann wieder (5.5) .

5.10 Dies folgt aus Aufgabe 5.9 wegen $\frac{a_n - a_{n-1}}{b_n - b_{n-1}} = \frac{n^p}{n^{p+1} - (n-1)^{p+1}} \to \frac{1}{p+1}$.

5.11 a) Für $\varepsilon > 0$ wählt man $n_1 \in \mathbb{N}$ mit $|s_n - \ell| < \varepsilon$ für $n \geq n_1$. Dann folgt

$$|\sigma_n - \ell| = \frac{1}{n+1} \Big| \sum_{k=0}^{n} (s_k - \ell) \Big| \leq \frac{1}{n+1} \Big| \sum_{k=0}^{n_1} (s_k - \ell) \Big| + \frac{n - n_1}{n+1} \varepsilon < 2\varepsilon$$

für $n \geq n_0 \geq n_1$.   b) $(s_n) = ((-1)^n)$.

c) Es ist $\sum_{k=1}^{n} k\, a_k = (s_1 - s_0) + 2(s_2 - s_1) + 3(s_3 - s_2) + \cdots + n(s_n - s_{n-1}) =$
$-s_0 - s_1 - \cdots - s_{n-1} - s_n + (n+1)s_n$.

d) Wegen c) folgt $s_n - \sigma_n \to 0$ sofort aus a).
Aussage d) gilt sogar, wenn (na_n) nur beschränkt ist (vgl. Satz 38.18*) !

6.2 Die geometrischen Mittel $e \sqrt{n} \left(\frac{n}{e} \right)^n$.

6.3 Für $J_n = [a_n, b_n]$ ist die Folge (a_n) monoton wachsend und beschränkt, und es gilt $\lim\limits_{n \to \infty} a_n \in \bigcap\limits_{n=1}^{\infty} J_n$.

6.4 Nein. Beispiel: $0, 1, \frac{1}{2}, 0, \frac{1}{4}, \frac{1}{2}, \frac{3}{4}, 1, \frac{7}{8}, \ldots$

6.5 Für $m > n$ gilt $|a_m - a_n| \leq \sum\limits_{k=n}^{m-1} \frac{C}{k^2} = C(s_{m-1} - s_{n-1})$. Da (s_n) eine Cauchy-Folge ist, gilt dies auch für (a_n) .

6.6 Für $y \in [0,6]$.

6.7 Es ist $x_n \geq 2a > 0$; weiter gilt $x_{n+1} x_n = 2ax_n + 1 \geq 1$. Aus $x = 2a + \frac{1}{x}$ folgt $x = a + \sqrt{a^2 + 1} > 1$. Damit ergibt sich

$$\begin{aligned}
d_{n+1} &= \left| x - \left(2a + \tfrac{1}{x_n}\right) \right| = \left| 2a + \tfrac{1}{x} - \left(2a + \tfrac{1}{x_n}\right) \right| = \left| \tfrac{1}{x} - \tfrac{1}{x_n} \right| \\
&= \tfrac{d_n}{x x_n} \leq \tfrac{d_{n-1}}{x^2 x_n x_{n-1}} \leq \tfrac{d_{n-1}}{x^2} \leq \cdots \leq \tfrac{c}{x^n} \to 0 .
\end{aligned}$$

6.8 a) : $\frac{b}{2}$ für $a = 0$, divergent für $a \neq 0$,   b) : 4 ,   c), d) e) : 0 ,   f) : $\sqrt{e}$.

6.9 576 und 96 .

6.11 Man wähle $k_n = \left[\frac{a}{\varepsilon_n}\right]$.

7.2 $r_{\ell-1}$ ist der größte gemeinsame Teiler von m und n .

7.3 Man hat $\rho_1 = \frac{20}{27}$, $\rho_2 = \frac{125}{189}$, $\rho_3 = \frac{5}{8}$, $\rho_4 = \frac{49}{81}$.
Es folgt $\lambda_j = C_R \left(\frac{1}{4} - \frac{1}{(3+j)^2} \right)$ mit der Rydberg-Konstanten $C_R = 109678$.

7.5 Für den Limes gilt $x = 1 + \frac{1}{3+\frac{1}{x}}$, also $x = \frac{1}{2} + \frac{1}{6}\sqrt{21}$.

8.1 0 , 0 , $\frac{1}{7}$, $\frac{3}{2}$.

8.3 In $x = +1$ und $x = -1$.

8.4 Falsch sind a) „$\Leftarrow$“ und c) „$\Leftarrow$“; Gegenbeispiele sind $f = g = D$.

8.5 Nein. Ein Gegenbeispiel ist wieder $f = D$.

8.6 Man setze $f(x) := f(a)$ für $x \leq a$ und $f(x) := f(b)$ für $x \geq b$.

8.7 Nach 6.12 existiert $\ell := \lim\limits_{n \to \infty} f(b - \frac{1}{n})$, und es folgt auch $\lim\limits_{x \to b^-} f(x) = \ell$.

8.10 Nein. Wegen Satz 8.20 ist $f = D$ ein Gegenbeispiel; ein *stetiges* Gegenbeispiel findet man in 23.6*.

9.1 a) $\max M = \sqrt{10}$, $\min M = -\sqrt{10}$, b) $\sup M = 3$,
c) $\max M = 2$, $\inf M = 1$, d) $\sup M = \frac{3}{2}$, $\inf M = 0$,.

9.5 Es sei etwa $M = [-1, 1]$, $f(x) = x$ und $g(x) = -x$.

9.8 Für $g(x) := x - f(x)$ gilt $g(a) \leq 0 \leq g(b)$.

9.9 Dies folgt aus $W(\frac{1}{4n}) = 1$, $W(\frac{1}{4n+2}) = -1$ und dem Zwischenwertsatz.

9.10 (a_n) konvergiert genau für $p \leq q$.

9.11 a) 1, b), c) 0.

9.12 Für $a > b$ gilt $\sqrt[n]{a^n + b^n} = a \sqrt[n]{1 + (\frac{b}{a})^n} \to a$.

10.1 $P(x) = Q(x)(x^2 + 4)$ und 8.

10.2 Für $x \neq 0$ folgt (3) aus (2.1) mit $q = \frac{a}{x}$. Aus (3) ergibt sich leicht $\lim\limits_{x \to a} \frac{x^m - a^m}{x - a} = m\, a^{m-1}$.

10.3 b) $\frac{4}{3}$ und $\frac{1}{2}$.

10.4 Man hat $P = T_0 Q + P_0 = (T_1 Q + P_1)Q + P_0 = T_1 Q^2 + P_1 Q + P_0 = \dots$.

10.5 $-1 \pm \sqrt{2}$.

10.6 ja, etwa $P(x) = x^2(x - 1)$.

10.8 Die erste Aussage folgt indirekt aus $\left| \sum\limits_{k=0}^{m-1} a_k x_0^k \right| \leq (|a_0| + \cdots + |a_{m-1}|)\, |x_0|^{m-1}$
für $|x_0| \geq 1$. Wäre $|x_0| > 2R := 2 \max \left\{ \sqrt[m-k]{|a_k|} \mid k = 0, \dots, m-1 \right\}$, so folgte
$|x_0|^m = \left| \sum\limits_{k=0}^{m-1} a_k x_0^k \right| \leq \sum\limits_{k=0}^{m-1} R^{m-k}\, |x_0|^k = R \frac{|x_0|^m - R^m}{|x_0| - R} < |x_0|^m$.

10.9 $x_0 = -0,754878$.

10.10* Es ist $P(x) = y^4 - 8y^3 + 22y^2 - 21y - 5$ mit $y = x + 2$. Weiter gilt $P(2) = 7$, $P(0, 2) = -6,4784$, $P(0, 02) = -6,9408$.

11.2 Die Grenzwerte sind 1, 0 und 1.

11.3 Eine Skizze von f für $x > 0$ liefert Abb. 36a.

11.4 Man beachte $\log \gamma_n = \frac{1}{n+1} \sum\limits_{k=0}^{n} \log a_k$ und behandle den Fall $\ell = 0$ getrennt.

11.5 Wegen (10.3) gilt $|e_n(x) - e_n(a)| = \left| \sum\limits_{k=1}^{n} \binom{n}{k} \frac{x^k - a^k}{n^k} \right| = \left| \sum\limits_{k=1}^{n} \frac{c_{n,k}}{k!} (x^k - a^k) \right| \leq$
$\leq |x - a| \sum\limits_{k=1}^{n} \frac{1}{k!} k b^{k-1} \leq e^b |x - a|$.

11.6 Die erste Aussage folgt aus (18); daraus ergibt sich $\lim\limits_{n \to \infty} \frac{(1 - \frac{1}{n})^\alpha - 1}{\log(1 - \frac{1}{n})} = \alpha$ mit
$x := 1 - \frac{1}{n}$. Dann folgt auch die zweite Aussage wegen $\lim\limits_{n \to \infty} n \log(1 - \frac{1}{n}) = -1$.

12.1 Es ist n genau dann Gipfelstelle, wenn $[\sqrt{n}]$ gerade ist. Gipfelstellen sind also $4, 5, 6, 7, 8, 16, 17, \ldots, 23, 24, 36, 37, \ldots, 47, 48, 64 \ldots$.

12.3 Für die divergente Folge $(a_n) = (n(1 + (-1)^n))$ gilt $\Lambda(a_n) = \{0\}$. Ist (a_n) beschränkt, so folgt $\liminf a_n = \limsup a_n$ und somit die Konvergenz von (a_n).

12.4 $\limsup a_n = 3$ und $\liminf a_n = -1$.

12.6 Ein solches Beispiel ist etwa $(a_n) = ((-1)^n)$ und $(b_n) = ((-1)^{n+1})$.

13.1 a) f ist beschränkt und nimmt das Maximum 1 genau in 0 an. $\inf f = 0$ wird nicht angenommen.

b) g ist beschränkt. $\sup g = 1$ und $\inf g = -1$ werden nicht angenommen.

c) h ist beschränkt und nimmt das Minimum 0 genau in 0 an.
Wegen $\lim_{x \to \infty} h(x) = 0$ besitzt h ein Maximum auf $[0, \infty)$ (vgl. Beispiel 13.3).

d) P besitzt ein Minimum, ist aber nach oben unbeschränkt.

13.2 a) Es gebe $c > a$ mit $f(c) > \ell := \lim_{x \to \infty} f(x)$. Dann gibt es $b \ge c$ mit $f(x) < f(c)$ für $x > b$, und es folgt $\max_{x \in [a,b]} f(x) = \max_{x \in [a,\infty)} f(x)$. Gibt es $c > a$ mit $f(c) < \ell$, so besitzt f ein Minimum auf $[a, \infty)$.

b) Zu $\varepsilon > 0$ gibt es $b > a$ mit $|f(x) - f(y)| < \varepsilon$ für $x, y \ge b$; weiter gibt es $0 < \delta < 1$ mit $|f(x) - f(y)| < \varepsilon$ für $x, y \in [a, b+1]$ mit $|x - y| < \delta$.

13.4 a) nein, b) ja, c) ja, d) nein, e) nein, f) ja.

13.6 $f + g$ und $h \circ f$ ja, $f \cdot g$ nein.

13.7 Nein. Gegenbeispiel: $f : x \mapsto \frac{1}{x}$ auf $(0, 1)$ und $x_n = \frac{1}{n}$.

13.8 Andernfalls gibt es $a < b \in I$ mit $f(a) = f(b)$. Eine Extremalstelle c von f auf $[a, b]$ liegt dann in (a, b); nach Voraussetzung und Satz 9.13* ist aber f streng monoton auf $(a - \delta, a + \delta)$.

14.1 Die Funktionenfolgen in 1), 2) und 4) haben unstetige Grenzwerte. In 3) gilt $f_n \to 0$ punktweise, wegen $f_n(\frac{1}{n}) = (1 - \frac{1}{n^2})^n \to 1$ aber nicht gleichmäßig.

14.2 Die Funktionen in 1) und 2) sind auf den angegebenen Intervallen unbeschränkt. Die Funktionenfolge in 3) konvergiert nicht in den Randpunkten. Die Funktionenfolge in 4) ist wegen $\|x(1 - x)\| = \frac{1}{4}$ gleichmäßig konvergent.

14.4 $(B) \Rightarrow (A)$ folgt indirekt mit dem Satz von Bolzano-Weierstraß.

14.7 $\mathcal{V}_m(\mathbb{R})$ ist ein Funktionenraum, für $m \le 0$ auch eine Funktionenalgebra.

14.8 Dies ist nur im Fall $\mathcal{C}(I)$ richtig.

14.9 b) Die Gleichmäßigkeitsbedingung lautet:
$$\forall\, \varepsilon > 0 \; \exists\, n_0 \in \mathbb{N}\; \forall\, n \ge n_0 \; \forall\, m \in \mathbb{N} \; : \; |a_{n,m} - \ell_m| < \varepsilon.$$
Der Beweis verläuft wie der von Satz 14.16.

15.1 Ist $(J_n = [a_n, b_n])$ eine Intervallschachtelung, so ist (a_n) eine Cauchy-Folge.

15.2 Es ist $p \in \mathbb{Z}$ genau dann durch 3 teilbar, wenn dies auf p^2 zutrifft und genau dann gerade, wenn dies auf p^3 zutrifft. Ist aber p^2 durch 4 teilbar, so muß dies nicht für p gelten.

16.1 a) Es ist $p_{n+1} = \frac{p_n}{h_n}$ und $h_n^2 = \frac{p_n}{q_n}$.

b) Nach (8) und a) ist $q_{n+1} = \frac{2p_{n+1}}{1+h_n} = \frac{2p_{n+1}}{1+\frac{p_n}{p_{n+1}}} = \frac{2p_{n+1}}{1+\frac{p_{n+1}}{q_n}} = \frac{2p_{n+1}q_n}{p_{n+1}+q_n}$.

16.2 Man hat $q_n - p_n = q_n (1 - h_n^2) \leq 4 (1 - h_n^2) = 2 (1 - h_{n-1}) = \frac{2 (1 - h_{n-1}^2)}{1 + h_{n-1}} =$
$\frac{1 - h_{n-2}}{1 + h_{n-1}} \leq \frac{1 - h_{n-2}}{1 + h_1} = \frac{2 (1 - h_{n-2})}{2 + \sqrt{2}} \leq \frac{2 (1 - h_{n-3})}{(2 + \sqrt{2})^2} \leq \cdots \leq \frac{2}{(2 + \sqrt{2})^{n-1}}$.

17.1 $S(t) = 2 (5 - \sqrt{3} - \sqrt{2})$.

17.2 Es gibt $Z \in 3(J)$ mit $t, u \in \mathcal{T}_Z(J)$.

17.3 Es muß $t|_{Z_k} = t_k = 0$ für $1 \leq k \leq r$ gelten; die Werte $t(x_k)$ sind beliebig.

17.4 Dies wird im Beweisteil b) von Satz 38.20 gezeigt.

17.5 Gilt $\| f - t_n \| \to 0$, so folgt für die Mengen der Unstetigkeitsstellen
$S_f \subseteq \bigcup_{n=1}^{\infty} S_{t_n}$ nach Theorem 14.5; die S_{t_n} sind aber endlich!

17.6 a) nein; b) nein; c) ja.

17.8 a) Man hat $F(\alpha, a, b) = \frac{b^{\alpha+1} - a^{\alpha+1}}{\alpha+1}$ für $\alpha \neq -1$.
b) Für $\alpha = -1$ beachte man $F(-1, a, b) = \log b - \log a$ und (11.18).
c) Für $\alpha < -1$ bzw. $\alpha > -1$.

17.9 Zu $\varepsilon > 0$ gibt es $t_0 \in \mathcal{T}_{Z_0}(J)$ mit $\| f - t_0 \| \leq \varepsilon$. Für $Z_0 \subseteq Z \in 3(J)$ folgt dann auch $\| t(f, Z, \xi) - t_0 \| \leq \varepsilon$, also (vgl. Satz 18.1)
$| \int_J f(x)\, dx - \Sigma(f, Z, \xi) | \leq | \int_J f(x)\, dx - S(t_0) | + | S(t_0) - \Sigma(f, Z, \xi) | \leq 2 |J| \varepsilon$.

18.1 Es gilt stets $t_n \to 0$ punktweise, $t_n \to 0$ gleichmäßig genau für $c_n \to 0$ und $\int_0^1 t_n(x)\, dx \to 0$ genau für $c_n d_n \to 0$.

18.2 Nach 18.11* gilt $B \in \mathcal{R}[0, 1]$; für die Treppenfunktion $g := \chi_{(0, \infty)}$ jedoch ist $g \circ B = D \notin \mathcal{R}[0, 1]$.

18.3 a) und b) "$\Rightarrow$": Ist $f(c^-) \neq 0$, so gibt es $\delta > 0$ mit $| f(x) | \geq \frac{|f(c^-)|}{2}$ für
$c - 2\delta \leq x \leq c - \delta$, und es folgt $\int_J | f(x) |\, dx \geq \delta \frac{|f(c^-)|}{2} > 0$.
b)* "$\Leftarrow$": Ist $t \in \mathcal{T}(J)$ mit $\| f - t \| \leq \varepsilon$, so folgt $| t|_{Z_k} | \leq \varepsilon$ für $k = 1, \ldots, r$.
c)* folgt aus b)* "$\Rightarrow$" und Aufgabe 17.5, d)* aus b)*.

18.4 Es gilt $(f + \lambda g, f + \lambda g) = (f, f)^2 + 2\lambda (f, g) + \lambda^2 (g, g)^2 \geq 0$ für alle $\lambda \in \mathbb{R}$.

18.5 Wegen $| \int_{y_1}^b f(x)\, dx - \int_{y_2}^b f(x)\, dx | = | \int_{y_1}^{y_2} f(x)\, dx | \leq \| f \| | y_1 - y_2 |$ folgt dies aus dem Cauchy-Kriterium 8.17.

18.6 $\int_{x_{k-1}}^{x_k} s(x)\, dx = s_{k-1} |Z_k| + \frac{1}{2} s_k^* |Z_k|^2 = \frac{1}{2} (s_{k-1} + s_k) |Z_k|$.

19.1 b) Es ist $f'_-(0) = 0$ und $f'_+(0) = \alpha$. c) $f'(x) = x^x (1 + \log x)$.
d) $f'(x) = \frac{p}{x} (\log \frac{1}{x})^{-p-1}$.

19.2 Die vierte Ableitung ist $x \mapsto \frac{24 (1 - 10x^2 + 5x^4)}{(1 + x^2)^5}$.

19.4 Es ist $f(0) = 0$ und $| \frac{f(h) - f(0)}{h} | \leq |h|^{\gamma - 1} \to 0$.

19.5 Nein, ein Gegenbeispiel ist $\max(-x, x) = |x|$.

19.8 Man hat $1 + 2x + 3x^2 + \cdots + nx^{n-1} = \frac{1 - (n+1) x^n + n x^{n+1}}{(1-x)^2}$.

19.9 Es ist $f'(a) \cdot (f^{-1})'(f(a)) = (f \circ f^{-1})'(f(a)) = 1$.

19.11 Dies ergibt sich rekursiv aus der Quotientenregel.

20.1 Die Funktion $f : x \mapsto bx + \frac{c}{4x}$ besitzt auf $(0, \infty)$ das Minimum $\sqrt{bc}$.

20.2 Ist $\lim_{x \to \infty} f'(x) = 2c > 0$, so gilt $f'(x) \geq c$ für $x \geq x_0$.

Dann folgt $f(x) = f(x_0) + f'(\xi)\,(x - x_0) \geq f(x_0) + c\,(x - x_0) \to \infty$.
Genauso ist $\lim\limits_{x \to \infty} f'(x) < 0$ unmöglich.

20.3 Hat $h(x) := f(x) - x$ zwei Nullstellen, so gibt es $\xi \in [a,b]$ mit $f'(\xi) - 1 = h'(\xi) = 0$.

20.4 Es gibt $\eta \in [0,1]$ mit $f'(\eta) = f(1) - f(0) = 1$. Ist $\eta \leq \frac{1}{2}$, so gibt es $\xi \in [0,\eta]$ mit $f''(\xi) \cdot \eta = f'(\eta) - f'(0) = 1$, also $f''(\xi) \geq 2$. Ist $\eta \geq \frac{1}{2}$, so verwendet man $f'(1) = 0$.

20.5 b) „$\Leftarrow$" folgt wegen der Stetigkeit der Δ_n aus Theorem 14.5.
„$\Rightarrow$": Es gilt $\Delta_n(x) = f'(\xi_n(x))$ mit $x < \xi_n(x) < x + \frac{1}{n}$. Man benutze 13.7.

20.6 Man hat $h'(a) < 0 < h'(b)$. Aus $h(a) \leq h(x)$ für alle $x \in [a,b]$ folgte aber $h'(a) \geq 0$, aus $h(b) \leq h(x)$ ebenso $h'(b) \leq 0$.

20.7 Nein. Ein Gegenbeispiel ist etwa $f(x) = x^{2m}\,(2 + \cos\frac{1}{x})$ mit $m \in \mathbb{N}$.

20.9 a) 2; b) $\frac{a-b}{2}$; c) $\frac{1}{k!} \sum\limits_{j=1}^{k} \frac{1}{j}$.

21.2 Summen ja, Produkte nein: $x^3 = x \cdot x^2$ ist nicht konvex auf $\mathbb{R}$.

21.3 a) Nein; man wähle etwa $g : x \mapsto -x$.
b) Nein: x ist konvex, $\log x$ aber nicht.

21.8 Es sei $a^r := \sum\limits_{k=1}^{n} |x_k|^r > 0$; dann gilt $|x_k| \leq a$ für alle k und somit $\sum\limits_{k=1}^{n} \left(\frac{|x_k|}{a}\right)^t \leq \sum\limits_{k=1}^{n} \left(\frac{|x_k|}{a}\right)^r = 1$. Für Integrale kann eine solche Aussage nicht gelten, da sie für $|J| < 1$ der ersten Aussage von Aufgabe 21.7 widerspricht.

21.9 Nein; ein Gegenbeispiel ist etwa $\chi_{(0,1)}$.

22.1 Für $h : y \mapsto \int_1^y \frac{dt}{1+e^{2t}}$ gilt $f(x) = x\,h(x)$ und $g(x) = x\,h(x^3)$.

22.2 a) $-\frac{4}{3}h^3$, b), c) $\frac{2}{3}h^3$, d) 0, e) $-\frac{4}{15}h^5$.

22.3 a) $-\frac{4}{9}x^{3/2} + \frac{2}{3}x^{3/2}\log x$, b) $6x\,(\log x - 1) - 3x\log^2 x + x\log^3 x$,
c) $2e^{\sqrt{x}}\,(\sqrt{x} - 1)$, d) $-\log\frac{\sqrt{1+e^x}+1}{\sqrt{1+e^x}-1}$, e) x^x, f) $\log\log x$.

22.4 Man hat $f_n' \to 0$ punktweise, aber nicht gleichmäßig.

22.5 Es ist $\gamma = 4$.

22.9 Man setze $M := \{x \in [a,b] \mid |f(x) - f(a)| \leq \varepsilon\,|x - a|\}$ für $a < b \in I$ und $\varepsilon > 0$ und zeige $\sup M = b$. Mit $\varepsilon \to 0$ folgt die Konstanz von f und somit Folgerung 20.7. Der Hauptsatz ergibt sich aus
$\Delta F(x; x+h) - f(x) = \frac{1}{h}\int_x^{x+h} f(t)\,dt - f(x) = \frac{1}{h}\int_x^{x+h} (f(t) - f(x))\,dt$.

22.10 Es gilt $F(x) = x\,H(x)$ und $G(x) = 0$. F ist in 0 nicht differenzierbar, sonst gilt stets $F'(x) = H(x)$. Man hat $G'(x) = B(x)$ nur für irrationale x.

22.11 a) folgt wie im Beweis des Hauptsatzes, b) aus Satz 18.10* und dem Darbouxschen Zwischenwertsatz in Aufgabe 20.6.

23.1 $\mathsf{L}_a^b(x^{3/2}) = \frac{1}{2}\int_a^b \sqrt{4+9x}\,dx = \frac{1}{27}\,(4+9x)^{3/2}\big|_a^b$. Für $I := \mathsf{L}_a^b(\log x) = \int_a^b \sqrt{1+\frac{1}{x^2}}\,dx$ liefert partielle Integration $I = \sqrt{x^2+1}\,\big|_a^b + \int_a^b \frac{dx}{x\,\sqrt{x^2+1}}$, die Substitution (5) dann $I = \sqrt{x^2+1}\Big|_a^b + 2\int_{g(a)}^{g(b)} \frac{dt}{t^2-1} = \sqrt{x^2+1}\Big|_a^b + \log\frac{x+\sqrt{x^2+1}-1}{x+\sqrt{x^2+1}+1}\Big|_a^b$.

23.2 $\int_a^b \sqrt{1+f'(x)^2}\,dx = \int_c^d \sqrt{1+f'(g(t))^2}\,|g'(t)|\,dt = \int_c^d \sqrt{g'(t)^2+1}\,dt$.

23.3 Dies ergibt sich aus den Aufgaben 23.2, 23.1 und Beispiel 23.2 b).

23.5 a) $|f(x)| \le |f(a)| + |f(x)-f(a)| \le |f(a)| + \bigvee(f)$.

b) Man verwende den Trick aus dem Beweisteil b) von Satz 5.8.

23.7 Man verwende eine Jordan-Zerlegung und Beweisteil b) von Satz 38.20*.

24.3 a) 1, b) $\frac{1}{120}$, c) 0 d) $\frac{1}{24}$, e) 0, f) 1.

24.4 Man lese den Beginn von Abschnitt 26.

24.5 Es gilt $\frac{d}{dx}(h^2+h'^2) = 0$.

24.6 a) $\|f_n\| = \frac{1}{n}$. b) $f'_n(0) = n$.

24.7 a) $f(\frac{\pi}{2}) = 1$, $f(x) = 0$ sonst. b) Nein. c) Zu $\varepsilon > 0$ gibt es $n_0 \in \mathbb{N}$ mit $|\int_0^{\frac{\pi}{2}-\varepsilon} \sin^n x\,dx| \le \varepsilon$ und $|\int_{\frac{\pi}{2}-\varepsilon}^{\pi} \sin^n x\,dx| \le \varepsilon$.

24.8 $2\sqrt{2}$ und $\cos\log 2 + \sin\log 2 - \frac{1}{2}$.

24.9 Man hat $u(x) = 2x\sin\frac{1}{x} - \frac{d}{dx}(x^2\sin\frac{1}{x})$.

24.10 Man beachte (15).

24.11 $u_\alpha \in \mathcal{C}^1(\mathbb{R}) \Leftrightarrow \alpha > 2$; u_α ist genau für $\alpha > 3$ zweimal differenzierbar, und $u_\alpha \in \mathcal{C}^2(\mathbb{R}) \Leftrightarrow \alpha > 4$. Weiter gilt $(*)$ $u_\alpha \in \mathcal{BV}[-1,1] \Leftrightarrow \alpha > 1$.

24.12* $\sqrt{\pi}$ und $\frac{1}{\sqrt{\pi}}$.

24.13* Aus Satz 7.5* erhält man $\Lambda(\sin n) = [-1,1]$.

25.1 a) ist divergent, b) – f) sind konvergent.

25.4 Die Antwort in allen Fällen lautet: nein.

25.5 Man hat $\int_{y_1}^{y_2} f(x)\sin x\,dx = -f(x)\cos x\big|_{y_1}^{y_2} + \int_{y_1}^{y_2} f'(x)\cos x\,dx = -f(x)\cos x\big|_{y_1}^{y_2} + \cos\xi\, f(x)\big|_{y_1}^{y_2}$ nach dem verallgemeinerten Mittelwertsatz 18.5. Wegen $\lim_{x\to\infty} f(x) = 0$ folgt die Behauptung.

25.6 $F'(x) = f(x)$.

25.7 Nein, man hat $\int_0^\infty f_n(x)\,dx = \frac{\pi}{2}$.

25.8 Nein, ein Gegenbeispiel ist $f(x) = g(x) = \frac{1}{\sqrt{x}}$.

25.9 $F(t) = \pm\frac{\pi}{2}$ für $t \gtrless 0$ und $F(0) = 0$.

26.1 $|\cos x|$ und $(\operatorname{sign}\cos x)\sin x$.

26.3 Für festes y berechnet man $\frac{d}{dx}\arctan\frac{x+y}{1-xy} = \frac{1}{1+x^2} = \frac{d}{dx}(\arctan x + \arctan y)$. Da für $x = 0$ Gleichheit gilt, folgt die Behauptung.

26.4 Man argumentiert wie in der vorigen Aufgabe.

26.5 0 und $\frac{1}{40}$.

26.6 a) $\sqrt{1-x^2} + x\arcsin x$, b) $-\log\cos x$, c) $\tan x - x$, d) $x\arctan x - \frac{1}{2}\log(1+x^2)$, e) $\arctan(x+2)$, f) $\frac{1}{2}\arctan^2 x$.

27.1 $-\frac{35+85i}{169}$ und 64.

27.3 $1 - i\sqrt{3} = 2E(-\frac{\pi}{3})$, $-1+i = \sqrt{2}E(\frac{3\pi}{4})$, $-\sqrt{3} - 3i = 2\sqrt{3}E(-\frac{2\pi}{3})$.

27.4 a) Auf $\mathbb{C}\backslash\{x \in \mathbb{R} \mid x \le 0\}$.

27.5 Es ist $f^{-1}(w) = \frac{w-1}{w+1}$, $f(\mathbb{C}) = \mathbb{C}\backslash\{-1\}$, $f(S) = i\mathbb{R}$ und
$f(K_1(0)) = \{w \in \mathbb{C} \mid \mathrm{Re}\, w > 0\}$.

27.6 Es gilt $g(z) = w \Leftrightarrow z = w_\pm := w \pm \sqrt{w^2 - 1}$, und es ist $w_+ \cdot w_- = 1$.

27.7 a) $\to 0$ b) ist divergent, c) $\to 1$,   d) $\to 0$ für ungerade p, divergent für gerade p.

27.8 q und n müssen teilerfremd sein.

27.9 a) Man multipliziere (19) aus!

27.11 a) $\sqrt[12]{2}\, E(\frac{\pi}{24} + \frac{k\pi}{3})$, $k = 0,\dots,5$.   b) -6, $3 \pm 2\sqrt{7}$,   c) $\pm\sqrt{5}$, $\pm 2i$.

27.12 a) $\cos n\vartheta = \mathrm{Re}\,(\cos\vartheta + i\sin\vartheta)^n$. b) Es ist $\cos(n + 2)\vartheta = \cos 2\vartheta \cos n\vartheta - 2\cos\vartheta \sin\vartheta \sin n\vartheta = (2\cos^2\vartheta - 1)\cos n\vartheta + 2\cos\vartheta\,(\cos(n + 1)\vartheta - \cos\vartheta \cos n\vartheta) = 2\cos\vartheta\cos(n + 1)\vartheta - \cos n\vartheta$. c) Man hat $T_n(\cos\frac{2k+1}{2n}\pi) = \cos\frac{2k+1}{2}\pi = 0$.

28.1 Stammfunktionen sind $2x^2 - \frac{2}{x^2-1} + 4\log(x^2 - 1)$ und
$-\frac{5}{3(x+1)} + \frac{2}{9}\log(x + 1) + \frac{25}{9}\log(x - 2)$.

28.3 Nein.

28.4 a) Nur die letzte Funktion ist komplex-differenzierbar.
b) Man hat $f'(w) = \lim\limits_{n\to\infty} \frac{f(w+h_n)-f(w)}{h_n}$ für *jede* Folge $\mathbb{C} \ni h_n \to 0$.
Mit $(h_n) \subseteq \mathbb{R}$ folgt $f'(w) \in \mathbb{R}$, mit $(h_n) \subseteq i\mathbb{R}$ aber auch $f'(w) \in i\mathbb{R}$.

28.6 Man substituiere $x = \frac{1}{u}$.

29.1 $\kappa(x) = \frac{1}{\cosh^2 x}$, $\mathsf{L}_0^b(\cosh) = \sinh b$.

29.2 a) Man reduziert das Polynom unter der Wurzel auf $x^2 + 1$, $x^2 - 1$ oder $1 - x^2$.
b), c) Man substituiere $t = \sqrt[n]{ax + b}$ und $t = \sqrt{ax + b}$.

29.3 a) $\log\tan\frac{x}{2}$,   b) $x - 4\sqrt{x} + 4\log(1 + \sqrt{x})$,   c) $\frac{2}{3}((x + 1)^{3/2} + (x - 1)^{3/2})$,
d) $2\log(1 + e^x) - x$,   e) $3\sin x - 3\arctan(\sin x)$,   f) $-\frac{\sqrt{x^2-1}}{x} - \arctan\frac{1}{\sqrt{x^2-1}}$.

29.5 b) Man verwende Aufgabe 10.8.

30.1 Der Flächeninhalt ist $ab(\frac{\pi}{4} - \frac{1}{2}\arcsin\frac{x}{a})$ für $x, y \geq 0$.

30.2 Man substituiere $t = \sin\psi$ und dann $\psi = \arctan u$.

31.1 Konvergent sind genau die Reihen in a), c), e), f), g) und j). Weiter kann man etwa $\varepsilon_k = (\log k)^{-\alpha}$ mit $0 < \alpha < 1$ nehmen.

31.2 Die Reihe a) konvergiert für alle $x \in \mathbb{R}$, die Reihe b) für $x \neq \pm 1$.

31.4 Für Satz 31.12 wähle man etwa $a_{2\ell} = 2^{-\ell}$ und $a_k = k^{-2}$ für alle übrigen k, für Satz 31.13 etwa $a_k = k^{-1}$ für gerade und $a_k = k^{-2}$ für ungerade k.

31.5 Nein; dies ist aber für monoton fallende $(|a_k|)$ richtig.

31.7 Nein, ein Gegenbeispiel ist etwa $(a_k = \frac{(-1)^k}{\sqrt{k}})$ und $(c_k = 1 + \frac{(-1)^k}{\sqrt{k}})$.

32.1 Es sei $k_{n+1} - k_n \leq C$. Zu $\varepsilon > 0$ gibt es j_0 mit $|a_j| \leq \varepsilon$ für $j \geq j_0$ und n_0 mit $|s_{k_n} - s| \leq \varepsilon$ für $n \geq n_0$. Für $j > j_0 + C$ und $j > k_{n_0} + C$ wählt man $n \geq n_0$ mit $0 \leq k_n - j \leq C$ und erhält $|s_{k_n} - s_j| = |a_{j+1} + \cdots + a_{k_n}| \leq C\varepsilon$ und somit $|s - s_j| \leq (C + 1)\varepsilon$.

32.3 „⇐": Ist $\sum a_k$ nicht absolut konvergent, so ist eine der Teilreihen $\sum a_{p_j}$ oder $\sum a_{n_j}$ divergent (vgl. den Beweisteil a) von Satz 32.7).

32.4 Die erste Aussage folgt aus Aufgabe 32.1, die zweite daraus und aus $1 + \frac{1}{3} - \frac{1}{2} + + - \cdots = \frac{3}{2} \log 2$.

32.5 Man beachte die Aufgaben 41.5 und 32.1.

32.6 Ähnlich wie im Beweis von Satz 32.7 addiert man so viele a_{p_j} wie nötig, um die Summe $> s$ zu machen, dann so viele a_{n_j} wie nötig, um die Summe $< i$ zu machen, dann wieder so viele a_{p_j} wie nötig, um die Summe $> s$ zu machen, usw.

32.7 a) Alle $\alpha \in \mathbb{C}$. b) zum Beispiel $\sum_k \left(\frac{\mu}{k^2} + \lambda \frac{(-1)^k}{k} \right)$.

33.1 Für $\alpha \in \mathbb{R}$, $\alpha < 0$ bzw. $\alpha < -1$.

33.2 Für $\alpha > m + 1$.

33.3 a) Es ist $\| k^{-x} \|_{[c,\infty)} = k^{-c}$. b) Nein. c) Man hat $\sum\limits_{k=1}^{\infty} \| (\frac{d}{dx})^m \frac{1}{k^x} \|_{[c,\infty)} < \infty$ für $c > 1$ und $m \in \mathbb{N}_0$ und argumentiert wie im Beweis von Satz 33.7.

33.4 $\rho = 1$; $1, 7$; $\frac{e}{\sqrt{3}}$; ∞.

33.5 $\rho = 2^m$; $\sqrt[m]{2}$; 1.

33.6 Man hat $\| a_k z^k \|_{K_1(0)} = |a_k|$.

33.7 Aus der Stetigkeit von f folgt $a_0 = f(a) = 0$. Ist schon $a_0 = \ldots = a_k = 0$ gezeigt, so ist auch $h(z) := \frac{f(z)}{z^{k+1}}$ stetig, und aus $h(z_n) = 0$ für $n \in \mathbb{N}$ folgt auch $a_{k+1} = h(a) = 0$.

34.1 f ist ein Polynom vom Grad $\leq m - 1$.

34.2 $\pm \frac{\pi}{3} + 2k\pi$, $k \in \mathbb{Z}$. Weiter gilt $f'((2k+1)\pi) = f''((2k+1)\pi) = 0$, aber $f'''((2k+1)\pi) = -3 \neq 0$.

34.4 Man verwende (13) mit $m = 3$ und beachte $|\cos \xi| \leq 1$.

34.5 a) Man beweise den Hinweis und minimiere bezüglich $h > 0$.

34.8 a) Mit $b := \max(a, x)$ gilt $|R_{m+1}^a(\exp)(x)| \leq e^\xi \frac{|x-a|^{m+1}}{(m+1)!} \leq e^b \frac{|x-a|^{m+1}}{(m+1)!} \to 0$. Damit folgt $e^x = \sum\limits_{k=0}^{\infty} \frac{e^a}{k!}(x-a)^k = e^a \cdot e^{x-a}$.

35.1 Die Iteration konvergiert für $|x_0| < \xi_2 = 2.1268$ stets gegen ξ_1, da $(x_n)_{n \geq 1}$ monoton fällt; für $|x_0| > \xi_2$ hat man Divergenz. Nur für $a < \text{Arsinh} \, 2 = 1.4436$ hat man $\| g' \|_{[-a,a]} < 1$. Zur Berechnung von ξ_2 löst man $x = \text{Arcosh}(2x)$; es gilt nämlich $|2 \, \text{Arcosh}'(2\xi_2)| < \frac{2}{\sqrt{15}}$.

35.3 Man beachte $|f''(x_n)| = |f''(x_n) - f''(a)| \leq \| f''' \| \, |x_n - a|$.

35.4 Es ist $\frac{f(x)}{f'(x)} = \frac{1}{\gamma}(1 + \gamma^2 x^2) \arctan(\gamma x)$; für $|x| \geq \frac{2}{\gamma}$ gilt daher $|\arctan(\gamma x)| \geq \arctan 2 > 1$. Ist nun $|x_n| \geq \frac{2}{\gamma}$, so folgt $|\frac{f(x_n)}{f'(x_n)}| \geq \gamma x_n^2 |\arctan(\gamma x_n)| \geq (2 \arctan 2) |x_n|$, also $|x_{n+1}| \geq (2 \arctan 2 - 1)|x_n|$. Insbesondere ist auch $|x_{n+1}| \geq \frac{2}{\gamma}$, und es folgt $|x_n| \to \infty$.

35.5 Nein; man hat $x_{n+1} = (1 - \frac{1}{p}) x_n$.

35.6 Die Taylor-Formel liefert $\frac{f(x)}{f'(x)} \sim \frac{x-a}{m} + \frac{f^{(m+1)}(a)}{m(m+1)f^{(m)}(a)}(x-a)^2$ für x nahe a.

36.1 Dieser ist $\leq \frac{4}{(2m+1)\,5^{2m+1}}$ bei der Berechnung von $4 \arctan \frac{1}{5}$.

36.2 Für kleine $|x-a|$ schreibe man $\frac{1}{1+x^2} = \frac{1}{1+(x-a+a)^2} = \frac{1}{(1+a^2)+2a\,(x-a)+(x-a)^2}$
$= (1+a^2)^{-1} \left(1 + \frac{2a}{1+a^2}(x-a) + \frac{1}{1+a^2}(x-a)^2\right)^{-1}$ und benutze die geometrische Reihe. Durch Integration erhält man Reihenentwicklungen des Arcus-Tangens. Man beachte auch Theorem 39.11* und Aufgabe 39.6*.

36.3 a) Es ist $\arcsin x = \sum\limits_{k=1}^{\infty} (-1)^k \binom{-\frac{1}{2}}{k} \frac{x^{2k+1}}{2k+1}$ für $|x| < 1$; dies folgt wegen 24.1 durch Integration aus (36.9). Für den Area-Sinus hyperbolicus verwendet man analog 29.4.   b) Man beachte $\binom{-\frac{1}{2}}{k} = \pm(2k-1)\binom{\frac{1}{2}}{k}$ und 36.15*.
36.4 Dies folgt leicht aus 36.2 a) und (34.13).
36.8* Nach dem Satz von Borel gibt es $g \in C^m(\mathbb{R})$ mit $g^{(k)}(a) = f^{(k)}(a)$ für alle k, und man setzt $F(x) := g(x)$ für $x \leq a$. Analog verfährt man für $x \geq b$.
36.9* Für $\alpha < -\frac{3}{2}$.
36.10* $K(k) = \frac{\pi}{2} \sum\limits_{j=0}^{\infty} \binom{2j}{j}^2 \left(\frac{k}{4}\right)^{2j}$, $E(k) = -\frac{\pi}{2} \sum\limits_{j=0}^{\infty} \frac{1}{2j-1} \binom{2j}{j}^2 \left(\frac{k}{4}\right)^{2j}$ für $0 \leq k < 1$.

37.1 siehe Beispiel 38.13*.
37.2 Ist etwa $\cos z = 0$, so ist $e^{iz} + e^{-iz} = 0$, also $e^{2iz} = -1$ und somit $2z - \pi \in 2\pi\mathbb{Z}$ nach Satz 37.6.
37.3 Man verwende die Eulersche Formel, Satz 37.9* und verfahre analog zur Herleitung von (23).
37.4 Ja.
37.5 Man hat $\operatorname{Log}(1 + u_k) = u_k - \frac{1}{2}\theta_k\, u_k^2$ mit *beschränkten* θ_k.
37.6 a) 1,   b), c) divergent,   d) $\frac{1}{2}$.
37.7 Man verwende Satz 37.17* und Theorem 32.9.
37.8 Es ist $p(z) = 0 \Leftrightarrow 1 + u_k(z) = 0$ für ein geeignetes $k \in \mathbb{N}$.

38.1 Für $x \in \mathbb{R}$ und $x \in \mathbb{R}\backslash\pi\mathbb{Z}$.
38.2 Die beiden ersten konvergieren nach Satz 38.7, die letzte i. a. nicht.
38.3 Nach Satz 38.7 konvergiert die Reihe gleichmäßig auf $[0,\infty)$.
38.4 Die Funktion $f(x) := \sum\limits_{k=0}^{\infty} a_k x^k$ wächst monoton auf $[0,1)$; mit $A:=A-\sum\limits_{k=0}^{\infty} a_k$
gilt daher $\sum\limits_{k=0}^{n} a_k x^k \leq f(x) \leq A$ für $n \in \mathbb{N}$ und $0 \leq x < 1$.
Somit folgt $\sum\limits_{k=0}^{n} a_k \leq A$ für alle $n \in \mathbb{N}$.
38.5 a) Man hat $\frac{s_n}{n+1} = \sigma_n - \frac{n}{n+1}\sigma_{n-1} \to 0$ und damit auch $\frac{a_n}{n} \to 0$.
b) $\frac{1}{4}$. nein nach a).

38.7 Es seien s_m, t_m wie in (32.5) und $C_m = \sum\limits_{n=0}^{m} c_n$. Nach der dritten Zeile des
Beweises des Satzes von Mertens folgt $\sum\limits_{m=0}^{\ell} C_m = \sum\limits_{m=0}^{\ell} s_m\, t_{\ell-m}$ und daraus die
Behauptung wie in Aufgabe 5.11 a).

39.1 Man schreibe $\sum\limits_{k,\ell=1}^{m} \frac{1}{(k^p+\ell^q)^s} = \sum\limits_{k=1}^{m} \left(\sum\limits_{\ell^q \leq k^p} \frac{1}{(k^p+\ell^q)^s} + \sum\limits_{\ell^q > k^p} \frac{1}{(k^p+\ell^q)^s} \right)$.

39.2 Für a) $r > 2$, b) $r > \frac{17}{4}$, c) $r > \frac{2}{3}$, d) kein r, e) $r > 2$, f) $r > 2$.

39.3 Man verwende Theorem 32.9.

39.5 Für $w \in K_\rho(a)$ und z nahe w gilt $f(z) = \sum\limits_{\ell=0}^{\infty} b_\ell\,(z-w)^\ell$, woraus sofort

$f'(w) = b_1$ folgt. Der Beweis von Theorem 39.11 liefert $b_1 = \sum\limits_{k=1}^{\infty} k\,a_k\,(w-a)^{k-\ell}$

und somit (33.14)*.

39.7 Man macht den Ansatz $\frac{1}{\cos z} = \sum\limits_{k=0}^{\infty} \frac{c_k}{k!}\,z^k = \sum\limits_{\ell=0}^{\infty} \frac{c_{2\ell}}{(2\ell)!}\,z^{2\ell}$, da $\cos z$ gerade ist.

Es folgt $1 = \left(\sum\limits_{k=0}^{\infty} \frac{(-1)^k}{(2k)!}\,z^{2k} \right) \cdot \left(\sum\limits_{\ell=0}^{\infty} \frac{c_{2\ell}}{(2\ell)!}\,z^{2\ell} \right) = \sum\limits_{k=0}^{\infty} \left(\sum\limits_{j=0}^{k} (-1)^{k-j}\,\frac{c_{2j}}{(2j)!\,(2k-2j)!} \right) z^{2k}$,

also $c_0 = 1$ und $\sum\limits_{j=0}^{k} (-1)^{k-j} \binom{2k}{2j} c_{2j} = 0$ für $k \in \mathbb{N}$. Rekursiv erhält man daraus

dann $c_2 = 1$, $c_4 = 5$, $c_6 = 61$, $c_8 = 1385$, $c_{10} = 50521$, usw.

40.3 $\sum\limits_{k=1}^{\infty} \frac{1}{(2k-1)(2k+1)} = \frac{1}{2}$ und $\sum\limits_{k=1}^{\infty} \frac{(-1)^k}{(2k-1)(2k+1)} = \frac{1}{2} - \frac{\pi}{4}$.

40.5 $\tilde{f}$ erfüllt die Hölder-Bedingung (35) in x.

40.6 Man benutze Beispiel 25.5 c) statt Beispiel 25.3 d).

40.7 a) $g(x) := |\log x|^{-1}$ für $x > 0$, $g(0) := 0$ und ungerade Fortsetzung.
b) Für $\alpha \geq \frac{1}{2}$.

c) Man wähle $\lambda > 0$ mit $(\lambda+1)\alpha \leq 1$ und setze $h(\frac{1}{k^\lambda}) := \frac{(-1)^k}{k}$.

40.8 a) Dies folgt aus (16), $F_n \geq 0$ und (18).

b) $s_{2n}(h;x) = \frac{4}{\pi} \sum\limits_{k=1}^{n} \frac{\sin(2k-1)x}{2k-1} = \frac{4}{\pi} \sum\limits_{k=1}^{n} \int_0^x \cos(2k-1)t\,dt = \frac{2}{\pi} \int_0^x \frac{\sin 2nt}{\sin t}\,dt$. Die

lokalen Extremalstellen von s_{2n} sind daher $x_k = \frac{k\pi}{2n}$, $k \in \mathbb{Z}$.

c) Nach b) gilt $s_{2n}(h;\frac{\pi}{2n}) = \frac{2}{\pi} \int_0^{\frac{\pi}{2n}} \frac{\sin 2nt}{\sin t}\,dt = \frac{2}{\pi} \int_0^{\pi} \frac{\sin u}{2n \sin \frac{u}{2n}}\,du$, und man benutzt $\lim\limits_{x \to 0} \frac{\sin x}{x} = 1$.

40.9 Die absolute Konvergenz folgt aus Satz 37.17* und $\sum\limits_{k=1}^{\infty} \frac{1}{k^2} < \infty$. Weiter gilt

$p_n(x) := \pi x \prod\limits_{k=1}^{n} \left(1 - \frac{x^2}{k^2}\right) = \frac{(-1)^n\,\pi}{n!^2}\,(x-n) \cdots (x-1)\,x\,(x+1) \cdots (x+n)$. Daraus

folgt $p_n(x+2) = p_n(x)\,\frac{(x+n+1)\,(x+n+2)}{(x-n)\,(x-n+1)}$.

40.10 Man zeigt zuerst (38) für $f = \chi_{[a,b]}$, $-\pi \leq a < b \leq \pi$ mittels partieller Integration. Für allgemeine $f \in \mathcal{R}[-\pi,\pi]$ folgt dann (38) durch Approximation wie im Beweis des Riemann-Lebesgue Lemmas.

41.1 a) Man betrachte die rechte Seite als einen Ansatz. Für $t = 0$ zeige man, daß die $(B_k(0))$ die Rekursion (41.10) erfüllen; anschließend multipliziere man mit e^{tz} und vergleiche Koeffizienten!

b) Für $F(t,z) := \frac{z e^{tz}}{e^z - 1}$ gilt $F(t+1,z) - F(t,z) = z\,e^{tz}$. Man vergleiche Koeffizienten in a)!

c) Man schreibe die rechte Seite als Teleskop–Summe und verwende b).

41.3 Für $p \geq 3$.

41.4 für ungerade n : $0, \frac{1}{2}, 1$; für gerade n hat man genau zwei Nullstellen x_n, x_n' mit $x_n + x_n' = 1$.

41.5 Man benutze $\sum\limits_{k=1}^{\infty} \frac{1}{(2k)^s} = 2^{-s}\,\zeta(s)$.

41.6 $\sum\limits_{k=0}^{\infty} \frac{(-1)^k}{(2k+1)^3} = \frac{\pi^3}{32}$.

41.7 Dieser ist $\leq \exp\left(\frac{|B_{2k+2}|}{(2k+1)(2k+2)} \cdot \frac{1}{n^{2k+1}}\right) - 1 \leq (e-1)\,\frac{|B_{2k+2}|}{(2k+1)(2k+2)} \cdot \frac{1}{n^{2k+1}}$.

42.2 a) 0, b) $\frac{27\sqrt{3}}{16\pi^3}\,x\,(x^2 - 3\pi x + 2\pi^2)$, c) $\frac{8}{3\pi^3}\,x\,(x^2 - 3\pi x + 2\pi^2)$.

43.1 a) Die Funktion $x \mapsto \xi(x)$ kann „beliebig wild" sein, und aus $R_2(x) = \frac{f''(\xi(x))}{2}\,(x-a)\,(x-b)$ folgt die Stetigkeit von $f''(\xi(x))$ zunächst nur auf (a,b).

b) Mit $m := \min\{f''(t) \mid t \in [a,b]\}$ und $M := \max\{f''(t) \mid t \in [a,b]\}$ gilt aber $-\frac{(b-a)^3}{12}\,m \geq \int_a^b \frac{f''(\xi(x))}{2}\,(x-a)\,(x-b)\,dx \geq -\frac{(b-a)^3}{12}\,M$.

43.2 Der Fehler ist $\leq \frac{h^3}{192}\,(b-a)\,\|f^{(3)}\|$.

43.7 a) Man fasse $T(h)$ als Integral einer stückweise affinen Funktion auf.

43.6 Man hat $\frac{(1-\frac{1}{4})\,4^m}{4^m - 1} \frac{(1-\frac{1}{4^2})\,4^{m-1}}{4^{m-1}-1} \cdots \frac{(1-\frac{1}{4^m})\,4}{4-1} = 1$.

44.2 Man hat $t_1^2 + t_2^2 + t_3^2 = \sigma_1^2 - 2\,\sigma_2$ und $t_1 t_2^4 + t_1^4 t_2 = \sigma_1^3 \sigma_2 - 3\,\sigma_1 \sigma_2^2$.

44.3 (1) $\Rightarrow$ (2): Aus $\alpha^m \in \mathbb{K}_m(\alpha)$ folgt induktiv auch $\alpha^p \in \mathbb{K}_m(\alpha)$ für $p \geq m$.

(3) $\Rightarrow$ (4): Ist $m = \dim_\mathbb{K} \mathbb{K}(\alpha)$, so sind $1, \alpha, \ldots, \alpha^{m-1}$ über $\mathbb{K}$ linear unabhängig; ist $0 \neq x \in \mathbb{K}(\alpha)$, so gilt dies dann auch für $x, x \cdot \alpha, \ldots, x \cdot \alpha^{m-1}$. Folglich gibt es $k_j \in \mathbb{K}$ mit $\sum\limits_{j=0}^{m-1} k_j\, x\, \alpha^j = 1$.

(4) $\Rightarrow$ (1): Man hat $\frac{1}{\alpha} \in \mathbb{K}(\alpha)$ und somit $\frac{1}{\alpha} \in \mathbb{K}_m(\alpha)$ für ein $m \in \mathbb{N}$. Die letzte Behauptung folgt sofort aus (1).

44.4 Für $\alpha, \beta \in \mathbb{A}$ ist $\mathbb{Q}(\alpha,\beta) := \mathbb{Q}(\alpha)(\beta) \subseteq \mathbb{A}$ nach Aufgabe 44.3 b) ein Körper.

44.5 Ist $P(z) = z^m + \sum\limits_{j=0}^{m-1} \beta_j\, z^j$, so folgt $\alpha \in \mathbb{Q}(\beta_0, \ldots, \beta_{m-1})(\alpha)$, und es ist $\dim_\mathbb{Q} \mathbb{Q}(\beta_0, \ldots, \beta_{m-1}) < \infty$.

44.6 a) Für $\gamma = \frac{p}{q}$ multipliziere man (44.21) mit q^m. Dann ist q ein Teiler von p^m und somit von p.

b) dies wurde am Anfang des Beweises von Theorem 44.10 gezeigt.

44.7 a) Ist α konstruierbar, so ist $\mathbb{Q}(\alpha)$ Unterraum eines Körpers $\mathbb{K}$ über $\mathbb{Q}$ mit $\dim_\mathbb{Q} \mathbb{K} = 2^r$ (vgl. den Beweis von Theorem 44.3). Da $\mathbb{K}$ auch ein Vektorraum über $\mathbb{Q}(\alpha)$ ist, muß $m = \dim_\mathbb{Q} \mathbb{Q}(\alpha)$ ein Teiler von 2^r sein.

c) Ist $r \in \mathbb{Q}$ mit $r^3 - 2 = 0$, so muß $r \in \mathbb{Z}$ ein Teiler von 2 sein; das ist unmöglich. Für $\alpha := \cos\frac{\pi}{9}$ ist $8\alpha^3 - 6\alpha - 1 = 0$; diese Gleichung hat keine Lösung in $\mathbb{Q}$.

Literatur

Eine Auswahl von Lehrbüchern der Analysis:

1. M. Barner / F. Flohr, Analysis 1, De Gruyter, Berlin- New York 1987[3]
2. R. Courant, Vorlesungen über Differential- und Integralrechnung I. Springer, Berlin-Göttingen-Heidelberg 1961[3]
3. F. Erwe, Differential- und Integralrechnung I, II, BI, Mannheim 1962 , 1973[3]
4. O. Forster, Analysis 1, rororo-vieweg, Braunschweig 1983[4]
5. H. Grauert / I.Lieb, Differential- und Integralrechnung I, Springer, Berlin-Heidelberg-New York 1976[4]
6. H. Heuser, Lehrbuch der Analysis 1, Teubner, Stuttgart, 1980
7. H. König: Analysis 1, Birkhäuser, Basel, 1984
8. K. Königsberger, Analysis 1, Springer, Berlin- Heidelberg-New York, 1990
9. W. Rudin, Analysis, Physik-Verlag, Weinheim 1980
10. S.L. Salas / E. Hille, Calculus, Spektrum Akademischer Verlag, Heidelberg-Berlin-Oxford, 1994
11. M. Spivak, Calculus, Benjamin, New York 1967
12. U. Storch / H.Wiebe, Lehrbuch der Mathematik I, Spektrum Akademischer Verlag, Heidelberg-Berlin-Oxford, 1996
13. K. Strubecker, Einführung in die höhere Mathematik I-III, Oldenbourg, München-Wien 1956 ,1967, 1980
14. W. Walter, Analysis I, Springer, Berlin- Heidelberg-New York 1989[2]

Weitere im Text zitierte Literatur:

15. A. Baker, Transcendental Number Theory, Cambridge University Press 1975
16. J.M. Borwein / P.B. Borwein, Pi and the AGM, Wiley-Interscience, New York 1987
17. H.-D. Ebbinghaus et al., Zahlen, Springer, Berlin- Heidelberg-New York 1988[2]
18. K. Knopp, Theorie und Anwendung der unendlichen Reihen. Springer, Berlin-Heidelberg-New York, 1964[5]
19. K. Knopp, Funktionentheorie II, De Gruyter, Berlin 1965[11]
20. M. Reimer, Grundlagen der Numerischen Mathematik I, Akademische Verlagsgesellschaft, Wiesbaden 1980
21. A.M. Rockett / P. Szüsz, Continued Fractions, World Scientific Publishing Comp., Singapore 1992
22. B.L. van der Waerden, Algebra (Band 1), Springer, Berlin-Heidelberg-New York 1966[7]

(Die kleinen Exponenten bezeichnen die jeweilige Auflage eines Buches.)

Namenverzeichnis

Sachverzeichnis

Symbolverzeichnis